한국역사지리

The Korean Historical Geography

한국역사지리
The Korean Historical Geography

초판 1쇄 발행 | 2011년 9월 9일
초판 3쇄 발행 | 2020년 9월 7일

엮은이 | 한국문화역사지리학회
지은이 | 이준선 외

펴낸이 | 김선기
펴낸곳 | (주)푸른길
출판등록 | 1996년 4월 12일 제16-1292호
주소 | (08377) 서울특별시 구로구 디지털로 33길 48 대륭포스트타워 7차 1008호
전화 | 02-523-2907, 6942-9570~2 팩스 | 02-523-2951
이메일 | purungilbook@naver.com
홈페이지 | www.purungil.co.kr

ISBN 978-89-6291-171-8 93980

이 도서의 국립중앙도서관 출판시도서목록(CIP)은 e-CIP홈페이지(http://nl.go.kr/ecip)에서 이용하실 수 있습니다.(CIP 제어번호: CIP2011003620)

푸른길학술 008

한국역사지리
The Korean Historical Geography

한국문화역사지리학회 엮음
이준선 외 지음

푸른길

머리말

■

  1988년에 창립한 한국문화역사지리학회는 회원들의 연구 성과를 지리학 전공자뿐만 아니라 이 분야에 관심을 가진 사람들과 공유하는 계기를 마련하려는 의도에서 지금까지 3권의 단행본을 출간하였다. 1991년 『한국의 전통지리사상』, 2003년 『우리 국토에 새겨진 문화와 역사』, 2008년 『지명의 지리학』이 바로 그것이다. 『한국역사지리』 발간 또한 이와 같은 출간 사업의 일환으로 발행한 우리 학회의 네 번째 책에 해당되는 셈이다. 앞선 세 권의 책들과 마찬가지로 전문적인 연구자들을 위한 내용을 담고 있지만, 대학생들을 대상으로 한 역사지리 개론서로도 사용할 수 있을 것이다.

■■

  역사지리학은 지리학의 한 분과로서 자연·인문·사회에 걸치는 다양한 지리적 현상들은 물론, 이러한 현상들이 긴밀하게 결합함으로써 형성된 여러 계층의 지역들이 시간의 흐름에 따라서 역동적으로 변천되어 온 과정을 복원하고 설명하는 연구 분야이다. 따라서 역사지리학은 본질적으로 융합이나 통섭의 학문인 셈이다. 만년에 이 분야에 관심을 기울이는 지리학자들이 적지 않은 까닭도 역사지리학의 이러한 성격과 무관하지 않다고 생각된다.

■■■

  우리나라의 역사지리 연구는 1960년대에 시작되어 1980년대 이후에 활기를 띠기 시작하였다. 따라서 지금까지 이 분야의 주요 관심사에 대한 전문적인 연구 성과가 어느 정도 축적되었다고 할 수 있다. 그러나 대학의 지리학과 학생들이 늘어나고 역사지리학이 정규 과목으로 개설된 점을 감안하면, 우리글로 쓴 마땅한 역사지리학 개론서가 없다는 사실은 불편함을 넘어 면구스러운 일이었다. 이 책은 바로 이러한 필요에 부응하려는 목적에서 3년 전에 출간을 계획하고 노력한 끝에 마련되었다. 학회의 회장단을 중심으로 선임된 실무 위원들이 서로 의견을 교환하며 출간을 위한 제반 작업을 지속적으로 추진해왔다. 그 결과 역사지리학의 10가지 주요 주제들로 목차를 정하고, 우리 학회의 중견 학자들로 집필진을 구성하였다.

■■■■

총 10개의 장으로 구성된 『한국역사지리』의 제1장은 역사지리학의 본질과 접근 방법, 제2장은 한민족의 기원과 형성 과정, 제3장은 영토와 행정 구역, 제4장은 전통적 자연관을 다루었다. 또한 제5장은 공간의 표상인 고지도, 제6장은 지역 정보의 보고인 지리지, 제7장은 인구 현상의 시간적 변화에 관하여 기술하였다. 그리고 제8장은 농업과 농업 공간의 변천 과정, 제9장은 촌락의 형성 과정과 발달, 제10장은 도시의 입지와 구조의 변천을 다루었다. 지리학의 다른 분과와 마찬가지로 역사지리학이 지역 과학의 성격을 띠고 있음은 물론, 한국문화역사지리학회 회원들의 연구 성과가 대부분 우리나라를 대상으로 하고 있어 서론에 해당하는 제1장을 제외한 각 장의 주제들은 국내의 사례를 위주로 서술하였다.

▪▪▪▪▪
 각 장별 집필자는 1인을 원칙으로 하되, 제10장의 경우에만 구체적인 연구 분야를 고려하여 2인으로 배정하였다. 주제의 선정과 집필자 위촉은 한국문화역사지리학회의 실무 위원회에서 하였다. 그러나 각 주제에 담겨진 내용은 집필자 개인의 것임을 분명히 밝혀 두고자 한다. 다만, 앞으로 필요하다고 판단되는 경우에는 집필자와의 협의를 거쳐 개정해 나갈 예정이다. 또한 계획 당시 구상하였던 것과는 달리 안타깝게도 '교통로'와 '지역의 역사지리'에 관한 주제 등 일부 내용이 이 책에 수록되지 못했다. 이와 같은 내용은 후일 개정판을 낼 때에 보완하기로 하였다.

▪▪▪▪▪
 본문 내용 가운데 다소 어려운 한자어와 서양 용어가 포함되어 있어 가능한 한 한글로 쉽게 표현하려고 노력하였다. 그럼에도 불구하고 역사지리학의 연구 주제 및 방법과 관련하여 어려운 용어 사용이 불가피한 경우에는 괄호 안에 원어를 제시하였다. 그리고 각 장의 끝부분에는 참고문헌을 수록하였다. 이것은 역사지리학을 더 깊이 연구하려고 하는 사람들에게 편의를 제공하기 위한 것이다.

▪▪▪▪▪
 우리 학회의 이름으로 이 책을 출간할 수 있게 된 것을 기쁘게 생각하면서, 이를 계기로 한국 역사지리학의 연구와 교육이 더욱 발전할 수 있기를 기대한다. 귀한 원고를 작성하고, 예정된 출간일이 훨씬 지났음에도 끝까지 인내의 미덕을 발휘해 주신 집필자 여러분, 그리고 편집 작업에 동참하신 홍금수, 오상학 두 교수님께 진심으로 고마움을 전하고 싶다. 아울러 어려운 상황에서도 이 책의 출판을 기꺼이 맡아 주신 푸른길 출판사의 김선기 사장님과 이선주 님을 비롯한 편집팀 여러분께도 깊이 감사 드린다.

2011년 8월

필자들을 대신하여, **이준선**

차 례

머리말 _4_

제1장 역사지리학의 본질과 접근 방법

1. 역사지리학의 본질 _20_

1) 역사지리학의 정의... 20

　(1) 역사와 지리의 관계 / 20　(2) 역사지리학의 정의 / 23

2) 역사지리학의 구성... 26

　(1) 시간과 지역·공간·장소 / 27　(2) 시·공간의 접목 / 34

3) 주제와 방법론... 37

　(1) 주제 / 37　(2) 방법론(철학)과 이론적 토대 / 43

2. 자료와 접근 방법 _50_

1) 자료... 50

　(1) 사료 / 50　(2) 사료의 유형 / 52

2) 접근 방법... 79

　(1) 수평적 방법 / 79　(2) 수직적 방법 / 82　(3) 통합적 방법과 대안적 방법 / 83

3) 기법... 87

　(1) 답사 / 87　(2) 사진 촬영 / 88　(3) 지도화 / 88　(4) 역사 GIS의 응용 / 90

　(5) 그래프 구축 / 91　(6) 통계 분석 / 93　(7) 모델화 / 95

제2장 한민족의 기원과 형성 과정

1. 민족의 개념에 대한 고찰 _102_
    1) 국민 개념과 구별해야 할 민족 개념... 102
    2) 영어의 ethnicity에 상응하는 민족에 대한 개념... 103
    3) 민족의식의 공유와 국민 의식의 확립... 105
    4) 민족 개념과 구별해야 할 인종 개념... 106

2. 고조선을 우리 민족사에 편입하는 과정 _108_
    1) 단군신화가 등장하는 고문헌... 108
    2) 역사적 실체가 아니라 상징적 실체인 단군조선... 110
    3) 기자조선의 역사적 실체... 113
    4) 위씨조선의 역사적 실체... 115
    5) 고조선의 영역은 어디인가?... 118

3. 고구려의 형성과 팽창 과정 _121_
    1) 건국 설화 등을 통해 본 고구려의 기원... 121
    2) 고구려족의 형성과 범위... 123
    3) 고구려의 영역 확장 과정... 125

4. 통일신라의 삼한일통의식과 삼한 개념의 변화 _129_
    1) 통일신라의 삼한일통의식... 129
    2) 삼한 개념의 변화... 131
    3) 남북국 시대 용어의 문제... 134

5. 고구려 계승 이데올로기의 형성 과정 _135_
    1) 고구려는 우리 한민족이 세운 국가인가?... 135
    2) 고려의 고구려 계승 이데올로기 조성과 확립... 137

6. 한민족의 형성 과정에 관한 '과학적인 역사관' *139*
1) 동아시아의 국수주의 역사관에 대한 비판...139
2) 재야 사학자들의 민족주의 사관 비판...140
3) '과학적인 역사관'과 '비과학적인 역사관'...142

제3장 영토와 행정 구역

1. 영토와 지방 *152*

2. 조선 시대 이전 *154*
1) 강역...154
2) 지방의 분할과 지배...156
   (1) 통일신라 / 156 (2) 고려 / 158

3. 조선 시대 *160*
1) 동북아시아와 조선...160
   (1) 조선의 북방 정책 / 160 (2) 청나라와 만주의 봉금 / 162 (3) 러시아의 동아시아 진출 / 163
2) 조선의 영토...165
   (1) 백두산과 『황여전람도』 / 165 (2) 동해와 독도 / 167
3) 지방의 분할과 지배...169
   (1) 8도제 / 170 (2) 군현 제도 / 170

4. 개화기 이후 *172*
1) 개화기...172
   (1) 1895년 23부제 / 172 (2) 1896년 13도제 / 173 (3) 연안 도서 지방의 설읍 / 174
2) 일제 강점기...174

제4장 전통적 자연관

1. 역사지리·문화·자연관 *180*

2. 원형적 지리 인식과 자연관의 문화적 차이 *183*
    1) 원형적 지리 인식... 183
    2) 상징적 공간 구조화... 184
    3) 동·서 문화권의 자연관 차이... 185

3. 자연을 개발의 대상으로 보는 서구적 자연관 *187*

4. 자연을 본받고자 하는 동아시아 자연관 *191*
    1) 생명계로서 자연... 191
    2) 음양오행설과 천인우주론 도식... 193
    3) 심성수양론의 심미적 천인합일 전통... 196

5. 한국의 전통 자연관 *199*
    1) 산을 중심으로 하는 지리 인식... 199
    2) 재이설과 도참사상... 202
    3) 풍수 사상... 205
    4) 유교의 천인감응 사상과 풍수... 206

6. 한국 땅에 새겨진 전통적 자연관 *209*
    1) 천인합일의 장소 동천과 구곡... 209
    2) 조선 시대 도시와 건축물... 211
    3) 지명... 214

7. 역사지리학 연구에서 전통 자연관의 의의 *217*

제5장 공간의 표상, 고지도

1. 한국 고지도의 사회·문화사　*228*

1) 지도 제작의 사회사... 228

(1) 제작의 주체 / 228　(2) 지도의 제작과 이용의 목적 / 231　(3) 지도의 유통과 관리 / 233

2) 지도 제작의 문화사... 237

(1) 지도 제작의 정량적, 기술적 특성 / 237　(2) 지도 제작의 정성적, 예술적 특성 / 245

2. 전통적 세계관과 세계지도　*253*

1) 중화적 세계관과 세계지도... 253

2) 원형 『천하도』와 세계관... 257

3) 서구식 세계지도와 세계관의 변화... 258

3. 국토 인식과 조선전도　*260*

1) 조선 전기 국토의 표현... 260

2) 조선 후기 국토 인식의 진전과 정상기의 『동국지도』... 263

3) 조선 지도학의 금자탑: 김정호의 『대동여지도』... 269

4. 도성도와 군현지도　*274*

1) 왕권의 상징과 도성도... 274

2) 생활 공간과 군현지도... 276

5. 다양한 유형의 고지도　*279*

1) 조선 시대 국방 정책과 관방지도... 279

2) 천문의 기능과 천문도... 281

3) 명당도와 특수지도... 282

제6장 지역 정보의 보고, 지리지

1. 국토의 이력서, 지리지   *290*
  1) 지리지의 의의... 290
  2) 지리지의 유형... 291

2. 조선 전기 전국지리지의 편찬과 국가의 지역 파악   *294*

3. 읍지의 편찬과 지리 정보의 종합   *297*

4. 주제별 지리서의 편찬과 지역 파악의 체계화   *300*

5. 고산자 김정호의 전국지리지   *302*

6. 실학적 지리서와 지리학 지평의 확대   *306*
  1) 공간과 사회의 유기적 파악: 유형원... 308
  2) 종합적, 실천적 지리학의 구현: 신경준... 311
  3) 새로운 지역지리학의 체계화: 이중환... 316
  4) 하천 중심의 국토 인식의 체계화: 정약용... 320
  5) 세계에 대한 파악과 세계지리의 중시: 최한기... 323
  6) 조선 후기의 역사지리학과 윤정기의 『동환록』... 329

제7장 인구의 역사지리

1. 인구와 역사지리학 _338_

2. 인구 연구의 자료 _340_
1) 인구 연구와 문헌 자료... 340
2) 고대부터 고려 시대까지의 인구 관련 자료... 341
3) 조선 시대의 인구 관련 자료... 342
4) 일제 강점기의 인구 관련 자료... 346
5) 해방 이후의 인구 관련 자료... 347

3. 인구의 변천 _349_
1) 고대부터 고려 시대까지의 인구 성장... 349
2) 조선 시대의 인구 성장... 350
3) 일제 강점기의 인구 성장... 353
4) 해방 이후의 인구 성장... 355

4. 인구의 지역적 분포 _358_
1) 조선 시대의 인구 분포... 358
2) 일제 강점기의 인구 분포... 365
3) 해방 이후의 인구 분포... 366

5. 인구의 이동 _369_
1) 고대부터 고려 시대까지의 인구 이동... 369
2) 조선 시대의 인구 이동... 370
3) 일제 강점기의 인구 이동... 374
4) 해방 이후의 인구 이동... 375

제8장 농업과 농업 공간의 변천 과정

1. 농법과 수전 농업의 발전 과정 *382*

1) 고려 중기 이전... 383
   (1) 재배 곡물의 변천과 농경지의 분화 / 383 (2) 농법의 변천과 수전 농업의 비중 / 385

2) 고려 후기~조선 전기... 389
   (1) 집약적 농법으로의 전환과 한국적 농법의 형성 / 389
   (2) 군·현별 수전 면적의 비율과 그 분포 / 392

3) 조선 중기~후기... 397
   (1) 수전 이앙법의 보급과 도·맥 이모작의 성립 / 397
   (2) 번전의 조성과 새로운 관개 수단의 개발 / 399
   (3) 군·현별 수전 면적의 비율과 그 분포 / 401

4) 일제 강점기... 405
   (1) 일제의 산미증식계획과 수전의 확대 / 405
   (2) 부·군별 수전 면적의 비율과 그 분포 / 406

5) 광복 이후... 409
   (1) 공업화·도시화의 진전과 전통적 농업 문명의 변화 / 409
   (2) 시·군별 수전 면적의 비율과 그 분포 / 410

2. 수전 농업 발전의 지역적 차이 *414*

1) 15세기 전기~18세기 중기... 414
2) 18세기 중기~20세기 초기... 418
3) 20세기 초기~20세기 후기... 420

3. 수전 농업의 발전 요인과 입지 확대 *423*

1) 수전 농업 발전의 요인... 423
2) 수전 농업 입지의 확대 과정... 425

제9장 촌락의 형성 과정과 발달

1. 촌락이란 무엇인가? *436*

2. 촌락을 보는 역사지리적 관점 *438*
  1) 촌락의 '무엇을', '어떻게' 볼 것인가?... 438
  2) 어떤 자료들이 전하는가?... 439

3. 고려 시대 이전의 촌락 *443*
  1) 신라 시대의 촌락... 443
  2) 고려 시대의 지역촌: '촌'의 두 가지 의미... 446
  3) 고려 후기 이후 농법의 발달과 촌락의 확산... 448

4. 조선 시대의 촌락 발달과 분화 *450*
  1) 면리 제도의 실시와 '리' 명칭의 보편화... 450
  2) 자연 촌락의 성장: '모촌-분촌'의 분화... 451
  3) 종족 의식의 성장과 종족 마을의 발달... 454

5. 근·현대 이후의 간척 촌락과 산촌 *460*
  1) 20세기 초 해안 저지대 개척과 간척 촌락의 발달... 460
  2) 구릉성 삼림 지대 개간과 산촌 경관의 형성... 463

제10장 도시의 입지와 구조의 변천

1. 백제의 도성 _474_

   1) 백제 전기 도성 한성의 위치... 475

      (1) 유적·도로·지명에서 본 한성의 위치 / 478 (2) 한성 시대의 '제언' 흔적 / 481

      (3) 항공 사진을 이용한 왕궁지 비정 / 484

   2) 백제 중기 웅진도성의 내부 구조... 486

   3) 백제 후기 사비도성의 토지 구획... 488

2. 신라의 수도 _495_

   1) 최초 입지의 특징 : 소국 신라의 중심지... 495

   2) 도시의 상징 경관과 기본 구조... 497

   3) 도시의 행정 구역과 규모... 504

3. 고려의 수도 _512_

   1) 후삼국 시대 개성의 건설... 512

   2) 도시의 상징 경관과 기본 구조... 515

   3) 도시의 행정 구역과 규모... 521

4. 신라와 고려의 지방 도시 _526_

5. 조선의 수도 _531_

   1) 풍수적 계획 입지... 531

   2) 도시의 상징 경관과 기본 구조... 533

   3) 도시의 행정 구역과 규모... 541

6. 조선의 지방 도시 _544_

   1) 입지와 구조 및 상징 경관... 544

   2) 도시의 성격과 규모... 549

한국역사지리
The Korean Historical Geography

과거의 지리를 복원하다…

제1장

역사지리학의 본질과 접근 방법

고려대학교 홍금수

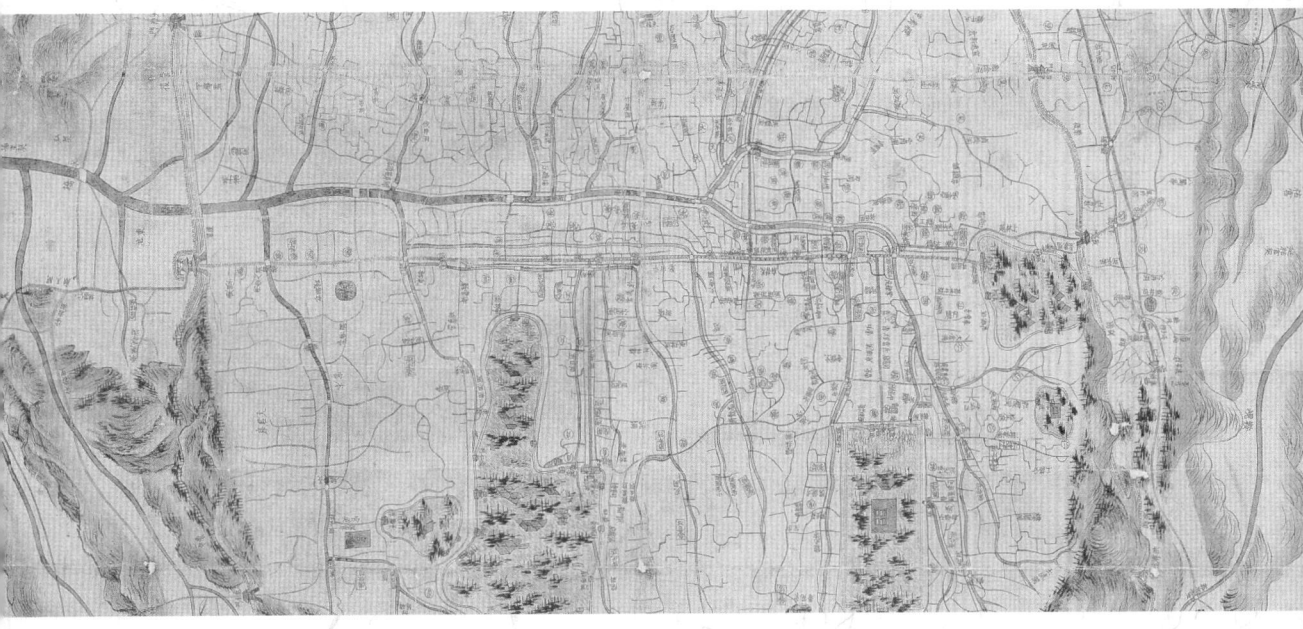

1. 역사지리학의 본질

1) 역사지리학의 정의

(1) 역사와 지리의 관계

시간과 공간은 현상에 대한 역동적이고 입체적인 인식을 형성하는 기본 개념으로서 동·서양 사상 체계의 근간을 이루었다. 시간과 공간이 종횡으로 교차하는 3차원의 세계에서 인류의 사고는 폭과 깊이를 더할 수 있었고 인간의 지각 또한 전에 볼 수 없을 정도로 급속히 활성화되었다. 학문 발달의 과정에서 시간과 공간은 주목할 만한 족적을 남기고 있는데 인문학과 사회과학의 영역에서 역사학과 지리학의 태동을 이끌었고, 두 학문이 끊임없이 교류하는 가운데 시간을 대상으로 하는 역사학과 공간의 문제를 다루는 지리학이 만나 통섭의 학문인 역사지리학을 성립시켰다. 영국의 다비(H.C. Darby)와 미국의 위틀지(D. Whittlesey)는 경관 변화에 초점을 맞추고 횡단면 분석을 통해 과거지리 연구의 기틀을 다져나갔으며, 사우어(C. Sauer)는 생물학과 인류학의 방법론을 원용하면서 문화가 시간의 흐름 속에서 어떻게 전파되는지 해명하였다. 이들을 포함한 여러 학자의 노력에 힘입어 역사지리학은 오늘날 지리학 내에서 굳건한 위치를 주장할 수 있게 되었다.

하지만 20세기 중반을 넘긴 시점까지도 역사지리학자들은 독자적인 방법론과 이론을 겸비한 학문으로 역사지리학을 정립하기 위해 분투하지 않을 수 없었는데, 무엇보다 역사학과 지리학이 명확한 경계를 가진 별개의 학문이라 주장하는 경직된 논리를 극복해야만 했다. 학문의 경계를 넘나드는 건설적인 교섭, 다시 말해 융합을 정체성의 근간으로 하는 역사지리학이 독립된 연구 분야로 출범을 알리기까지 오랜 시일이 소요되었던 것은 시간과 공간의 전유를 주장하는 역사학과 지리학이 독립된 학문이라는 칸트(I. Kant)의 이분법적 인식이 뿌리 깊게 자리하고 있었기 때문이다. 1756년부터 1796년까지 쾨니히스베르크대학에서 수리지리학, 자연지리학, 역사지리학을 강의했던 칸트에게 지리학은 공간에 기초한 일차원의 학문이었다. 칸트의 지리학 강의는 인간 중심적이었고 인문·자연 현상의 인과관계를 조명하였으며, 다양한 사상(事象)을 공간의 틀에서 종합적으로 이해하고자 했던 점에서 지리학 발달에 기여한 공적이 인정된다. 그러나 그가 이해한 공간은 인식론의 또 다른 축인 시간과 대립적이지는 않더라도 각기 독자적인 영역을 구축하고 있는 엄연한 별개의 실체였으며 이는 결국 역사지리학 발달의 질곡으로 작용하였다.

인식론적 장벽이 가로막고 있는 상황에서 역사학과 지리학은 상대방을 침범하지 않는 퇴행적인 양보의 관행을 지속할 수밖에 없었다. 결과적으로 역사학은 공간이 빠진 지식 체계, 지리학은 시간의 흐름이 고려되지 못하고 정지해 있는 학문으로 침체의 늪에서 헤어날 수 없었다. 시간과 공간의 분리에 입각해 학문의 영역을 규정하려는 태도는 지리학의 본질에 대해서 단행본 분량의 논평을 시도한 핫숀(R. Hartshorne)에 이르러서도 변함이 없었다. 설상가상으로 핫숀은 역사학의 경우 과거를 다루며 지리학은 현재만을 대상으로 한다고 주장하여 역사학과 지리학의 건설적인 접합을 방해하는 또 다른 장애물을 만들어 냈다. 그에게 지리학이란 현재의 지리적 패턴을 다루며 과거는 단지 현재를 이해하기 위한 전제로서 의미가 있었을 뿐이다. 칸트의 시대로부터 여러 세대가 지난 1930년대 말의 시점이었지만 핫숀은 연대기(年代記)와 지역지(地域誌)를 구분 지으려는 이분법적 틀을 탈피하지 못했으며, 현재와 과거를 분리시킴으로써 과거의 지리를 연구 대상으로 하는 역사지리학에 치명타를 가했다.

그러나 시간 개념이 빠진 지리학은 현실적으로 존재하지 않는다. 지역은 끊임없이 변형을 거치기 때문이다. 역사학과 지리학은 분명 세계를 보는 관점을 달리하지만 서로를 규정하는 측면이 더 강하다. 그리고 이런 입장이 학계에 관철될 수 있었던 것은 1940년 미국 루이지애나 주 배턴루지에서 열린 미국지리학회 연차학술대회에서였다. 사우어의 회장 연설은, 지역이 가진 개성에 의미를 두고 현재의 지역 간 차이를 규명하되 과거와는 무관한 것이 '지리학의 본질'이라 역설한 핫숀을 비판하는 데 많은 부분을 할애하였다. 논쟁에서 사우어는 분분한 개념 논의로 지리학의 혼란을 가중시키거나 칸트가 강조한 비역사적이고 무미건조한 지역 연구를 지향해서는 곤란하다는 논지를 펴 시간과 지리의 조우를 공식적으로 천명하였으며, 이를 계기로 과거의 지리를 복원하는 역사지리학이 추진력을 얻게 된다. 사실 현재의 경관과 현상 안에는 과거의 흔적이 잔존하며 과거는 대개의 경우 현재의 관점에서 해석되기 때문에 과거는 현재와 불가분의 관계에 있다. 그런 의미에서 시간은 단독으로 진행하기보다는 과거와 현재라는 이중의 나선 구조 형태로 서로 얽혀 연동한다고 비유하는 것이 오히려 타당하다.

건설적인 논의가 이어지고 지역을 대상으로 한 사례 연구가 축적되면서 역사지리학은 현재 독립된 연구 분과로 확고히 자리를 잡고 있다. 이론과 방법론의 측면에서 학문 간 교류의 폭이 넓어진 오늘, 지리학은 역사적 관점을 수용함으로써 세계를 보다 깊이 이해할 수 있으리라는 확신에 기초한 '역사적 전환'의 시기를 맞고 있으며, 역사학계는 나름대로 역사적 사건의 공간성에 관심을 표명하면서 '지리적 전환'을 환영하고 있다. 지리학자들이 경관, 인간-환경 관계, 공간, 장소, 영역 등을 사고할 때 역사적 설명을 필요로 하는 것과 마찬가지로, 역사학자들 또한 도시, 인구, 지도, 문화, 국가, 환경, 정체성 등을 연구할 때 장소와 공간에 관한 지리적 이론을 원용하게 된 것이다. 지리학과 역사학의 경계 구분은 의미를 상실한 지 이미 오래며 양자의 건설적인 접목은 곧 역사지리학의 성립으로 귀결되었다. 역사지리학은 나아가 지리학 내 여러 계통지리 분야는 물론 인접 학문과 진지한 대화를 모색하였으며 그러한 적극적인 교류의 결과 새로운 개념, 이론, 연구 틀을 정립할 수 있게 된다.

지리학과 역사학을 중심으로 한 학문 간 대화는 역사지리학(historical geography)뿐만 아니라 지리역사학(geographical history; *geohistoire*)과 지리역사학적 사회과학(geohistorical social science)의 세 가지 양상으로 진행되고 있다. 이들 간에는 접근 방식과 태도에서 미묘한 차이가 존재한다. 역사지리학이 지나온 시간을 배후에 두고 당대의 지리를 복원하는 입장을 취한다면, 지리역사학은 역사 전개의 배경으로서 지리에 의미를 부여한다. 이에 대해 지리역사학적 사회과학은 역사지리학과 지리역사학의 구분이 학문 간 교류가 대세인 작금의 상황에서 큰 의미가 없다고 보고 역사지리학의 정체성을 과감하게 지리역사학에 양보하는 한편, 사회과학의 다양한 연구 방법을 도입하려는 제3의 대안이라 하겠다. 그렇다고 하더라도 지리역사학적 사회과학 역시 역사학과 지리학의 접목이 핵심에 있음은 부인할 수 없는 사실이다.

(2) 역사지리학의 정의

역사지리학은 과거에 발생한 사실을 다양한 스케일에서 지리적으로 설명하는 연구 분야이다. 이에 종사해 온 학자들은 전문 용어와 개념을 사용해 자신들이 관여하고 있는 분과 학문을 다양하게 정의해 왔다. 예를 들어 다비는 과거의 지리, 변화하는 경관, 현재 속의 과거, 지리역사(역사 속 지리적 요인의 역할) 등에 관한 연구로 역사지리학을 규정하면서 과거의 지리를 복원하는 시도야말로 그 출발점이라 주장한 바 있다. 베이커(A.R.H. Baker)는 역사지리학이 기본적으로 지역의 지리와 역사에 관여한다고 보고 학문적 정통을 찾는 대신 입지지리와 역사, 환경지리와 역사, 경관지리와 역사, 지역지리와 역사 등 네 가지 일반적인 접근 방법을 소개하는 것으로 역사지리학에 대한 정의를 대신하였다.

역사지리학의 발달을 주도해 온 두 대표적인 역사지리학자의 의견이 갈리는 것처럼 각기 다른 맥락에서 시기를 달리해 제시된 여러 학자의 정의 또한 한결같지 않다. 역사지리학은 제기된 주요 내용에 비추어 크게 일곱 가지 유형으로 범주화시켜 정의할 수 있다(표 1-1). 첫째, 역사지리학은 과거의 지리를 대상으로 하는 학문이다. 구체적으로, 과거로 돌아가 이루어지는 지리학자의 연구 분과, 과거 지역지리의 복원에 관한 학문, 지난 시기의 지리적 상황을 복원하는 학문, 과거의 인문지리와 지역지리를 복원하는 학문, 역사 발전의 자연적 배경을 복원하는 학문, 역사 속 현재를 연구하는 학문 등의 정의를 확인할 수 있다.

둘째, 역사지리학은 역사적 사건이 지리에 미친 영향을 탐구하는 학문이다. 역사는 다양한 사건의 연속으로 구성되며 그에 따른 지리적 파장은 역사 속 사실의 유형에

표 1-1 역사지리학의 정의

관점	정의	관련 학자
과거지리	the geography of the past	H.H. Barrows(1923), H.C. Darby(1962)
	geographer's studies back into the past	E.G.R. Taylor(1932)
	the reconstruction of regional geographies of the past	E.W. Gilbert(1932)
	the reconstruction of the geographical conditions of past times	J.N.L. Baker(1932)
	the reconstruction of past human and regional geographies	C.T. Smith(1965)
	the reconstruction of the physical setting of the stage in the different phases of development	P.M. Roxby(1930)
	a study of historical present	H. Mackinder(1931)
역사 사건	the influence of historical events on geographical facts	C.B. Fawcett(1932)
지속 변화	geographical change through time	C.T. Smith(1965)
	changing geographies	A.H. Clark(1960)
	the reconstruction of the general and regional geography (physical and human) of successive past periods	E.G.R. Taylor(1932)
	a study of evolutionary development treated regionally	H.J. Woop(1932)
	description and interpretation of human distributions and their successive changes within a defined area throughout historical time	A.J. Herbertson(1904)
	continuous shaping of geographies	D. Meinig(1978)
	discontinuous shaping of geographies	C.V. Earle(1978; 1999)
유물 유적	the past in the present	H.C. Darby(1962)
경관	changing landscapes	H.C. Darby(1962)
	the evolution of the cultural landscape	C.T. Smith(1965)
인간 생태	human ecology in past times	H.H. Barrows(1923)
지리역사	geographical history	H.C. Darby(1962)
	geography behind history	H.C. Darby(1962)
	the operation of the geographical factor in history	C.T. Smith(1965)
	the influence of geographical environment on the course of history	E.W. Gilbert(1932)
기타	history of the mapping of the earth	C.T. Smith(1965)
	history of changes in the boundaries of political units; the history of the changes of political frontiers of states	E.W. Gilbert(1932), C.T. Smith(1965)
	history of discovery and exploration; history of geographical exploration	E.W. Gilbert(1932), E.G.R. Taylor(1932), C.T. Smith(1965)
	history of geography	E.G.R. Taylor(1932), C.T. Smith(1965)
	history of geography as a science	E.W. Gilbert(1932)

따라 규모, 강도, 양상을 달리할 것으로 생각된다. 셋째, 역사지리학은 연속된 시간의 흐름 속에서 이루어지는 지리적 변화를 탐구하는 학문이다. 세분하면 역사에서의 지리적 변화를 연구하는 학문, 지속적으로 변화하는 지리를 연구하는 학문, 과거의 계통지리와 지역지리 또는 자연지리와 인문지리를 복원하는 학문, 지역의 발전상을 연구하는 학문, 역사에서 특정 지역에 나타나는 인문 현상의 분포와 그 연속된 변화를 기술하고 해석하는 학문 등의 정의가 포함된다. 흥미롭게도 마이닉(D. Meinig)과 얼(C.V. Earle)은 지속적 변화의 양상을 각각 연속성과 단속성이라는 상반된 입장에서 접근하고 있는데, 특히 얼은 단속적 변화를 야기하는 '계기'와 아울러 변화가 발생하는 '시기(timing)' 및 '변화율(rate)'에 무게를 두고 역사지리 변화의 역동성을 밝혀 연구에 활력을 불어넣었다.

넷째, 역사지리학은 과거의 지리적 상황을 반영하는 잔적이지만 이미 기능을 상실한 유물과 유적을 통해 지난 시기를 유추하는 학문이다. 바꾸어 말해 현재 속 과거를 탐구하는 학문이라는 것이다. 이와 유사하게 역사지리학에 대한 다섯 번째 관점으로서 변화하는 경관, 특히 문화 경관의 변화를 연구하는 학문으로 정의되기도 한다. 그리고 이상의 유물·유적과 경관에 대한 관심은 호스킨스(W. Hoskins)의 경관사(landscape history)에서 방법론이 체계화되는데, 잔존하는 문화 경관과 역사 경관을 통해 과거 지리를 복원하는 접근 기법을 특징으로 한다.

여섯째, 역사지리학은 과거의 인간생태학이다. 지난 시기에 인간과 자연환경의 상호작용이 어떤 양상으로 발현되었는지가 관심사라 하겠다. 일곱째, 역사지리학은 역사 배후에 놓인 지리에 관한 학문, 역사에서 지리적 요인의 작동에 관한 학문, 지리적 환경이 역사의 궤적에 미치는 영향을 탐구하는 학문이다. 이 유형은 지리에 대한 고찰을 전제로 변화무쌍한 역사를 설명하며, 엄밀히 말해 지리역사학에 가까운 입장을 취한다. 그밖에 지도학사, 영토·경계·프런티어의 역사, 모험과 발견의 역사, 지리상의 탐험의 역사, 지리학사 등 지금은 별개의 분과로 분리되어 있는 연구 영역도 한때는 역사지리학의 관심 분야 또는 역사지리학의 다른 이름으로 이해되었다.

요컨대, 역사지리학은 연구 대상, 주제, 관점, 방법론에 입각해 다양하게 정의되었고 학자에 따라 이해 방식을 달리하였지만, '과거지리의 복원'이라는 공통된 관심사를 가진다. 이는 영국을 대표하는 역사지리학자 다비의 견해와 일치하는 바이기도 하다. 역사지리학은 결국 지난 시기의 지역, 공간, 장소를 배경으로 형성된 지리적 패턴과 그 변화상을 복원하고 설명하는 학문으로 정리될 수 있을 것 같다.

2) 역사지리학의 구성

역사지리학은 궁극적으로 지역의 역사를 파악하고 과거의 지역 상황을 사실에 가깝게 재현하는 데 관여한다. 과거의 지리에 관한 학문으로서 역사지리학은 시간·공간·현상(주제)의 3대 기본 요소로 성립된다. 〈그림 1-1〉이 보여 주는 것처럼 과거, 현재, 미래를 잇는 시간의 흐름 속에서 다양한 스케일의 공간을 배경으로 펼쳐지는 각종 인문 및 자연 현상의 변화라는 주제가 역사지리학의 체계를 완성하는 것으로 이해되었다. 지리적 변화를 야기하는 동인으로 인간 이성에 의해 창출된 사상이나 문화가 거론되며 나아가 인구 성장, 도시화, 상업화, 공업화, 근대화, 세계화, 교통·통신의 발달, 자본주의 등도 변화의 메커니즘을 촉발하는 기제로서 비중 있게 다루어져 왔는데, 이들의 근본적인 물음이 시간, 공간, 현상의 틀에서 구조화되었던 것이다.

역사지리에 관한 많은 연구 성과를 개관해 보면 역사지리학은 위에 소개한 3대 기본 요소 외에 추가적인 여러 요인에 의해 구성되고 있음을 확인할 수 있다. 사례 연구를 리뷰하여 도출한 역사지리학의 구성 요소로는 시간(time), 공간(space)·지역

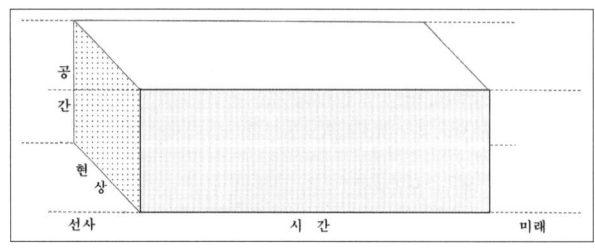

그림 1-1 역사지리학의 3차원 구성

자료: H.C. Darby, 2002, *The Relations of History and Geography*, University of Exeter Press, p.66.

(region)·장소(place), 주제(themes), 사료(data), 기법(techniques), 접근 방법(approaches), 방법론(methodologies) 등을 거론할 수 있겠다. 그리고 이들 요소 간의 관계를 구성 식으로 정리하면 다음과 같다.

$$HG = f(scale)[time + space \cdot place \cdot region] + themes(repertoires) + data + techniques(methods) + approaches + methodologies(philosophies)$$

역사지리 연구를 수행한다고 가정할 때 먼저 '연구 시기'로 표현되는 시간 요소를 고려해야 하며 동시에 지역, 공간, 장소의 차원에서 '연구 지역'을 설정하는 작업이 필요하다. 이때 시간과 공간은 스케일의 제약을 받을 것이다. 이어 관심을 두고 풀어 가고자 하는 연구 주제가 제시되어야 하는데, 통상 계획한 논저의 제목으로 표현된다. 이후 논지를 뒷받침할 만한 각종 역사적 자료를 확보하고, 수집된 자료를 다양한 기법을 동원해 일차적으로 분류·처리하며 이차적으로 다양한 그래픽으로 재구성하거나 수치 자료의 경우 통계 분석을 통해 유의미한 결과를 도출하는 데 활용한다. 그리고 이러한 일련의 작업은 횡단면법과 종단면법이라는 두 가지 접근 방식에 입각해 체계적으로 통제한다. 하지만 이상의 구성 요소를 의미 있게 조직하는 것은 다름 아닌 연구자의 신념과 철학일 것이다. 연구 주제를 위시해 접근 방법, 기법, 사료, 공간, 시간 등을 총체적으로 규정하는 철학은 방법론의 다른 이름이라 하겠다.

(1) 시간과 지역·공간·장소

① 시간

도시 이미지를 연구한 린치(K. Lynch)는 "이곳은 몇 시일까요?(What time is this place?)"라는 다소 도발적인 질문을 던진 일이 있다. 시간과 장소를 둘러싼 단편적인 의문을 뛰어넘는 제기 방식도 이례적이지만 본인의 의도와 무관하게 역사지리가 추구하는 바를 간접적으로 제시해 준다는 점에서 더욱 주목되는 언급이다. 역사지리적 현상은 시간의 제약을 받는다. 중단 없이 흘러가는 시간 속에서 형성, 변용, 소실되기 때문에 린치의 물음과도 일맥상통한다.

   시간을 대하는 태도와 입장은 근대를 전후해 크게 달라진다. 무엇보다 시간을 계측하는 방식에서 차이가 나타나는데, 전통의 시간은 주로 해와 달이 뜨고 지는 천문 현상과 아울러 닭의 울음소리, 매미와 제비의 내왕, 매화, 진달래, 벚꽃, 유채 등의 개화 같은 동식물의 생리에 근거해 감각적으로 이루어졌다. 해안 지역의 주민들은 하루 두 차례 반복되는 조수간만과 한 달에 두 번의 주기를 가지는 물때에 기초해 시간의 흐름을 감지한다. 계절의 추이나 농작물의 수확을 즈음해 열리는 축제를 통해 세시(歲時)가 환기되기도 한다. 요컨대 전통의 시간은 자연의 시간이자 농촌과 농민의 시간인 동시에 업무 지향적인(task-oriented) 전근대의 시간이었던 셈이다.

   근대는 기계 장치에 의한 시간의 계측을 특징으로 한다. 해시계, 물시계, 모래시계 등 초보적인 유형에서 출발한 계측 기구는 진자시계의 점이 단계를 거쳐 초침 시계로 이행하면서 시간 측량의 정밀도를 더해 간다. 더불어 근대의 시간은 통제의 대상인 동시에 교환 가치를 인정받는다는 점에서 전 산업 시대의 그것과 대비된다. 통제 장치로서 종탑(belfry)을 두고 일상생활을 조율하던 관행은 중세에도 확인되지만 시간이 금전적 가치로 평가될 정도는 아니었다. 반면 신대륙 상업 영농의 본거지였던 미국 남부의 플랜테이션은 노예의 노동 시간을 통제함으로써 농업 자본의 축적을 도모할 수 있었다. 결국 근대의 시간은 기계적 시간, 도시의 시간, 상인과 장인의 시간, 자본의 시간으로서 일상생활 속의 객관적인 사실이 된다. 시간의 계측을 보조하기 위해 6일간의 천지 창조 작업을 마치고 7일째 안식을 맞았다는 구약성경 창세기의 기록을 토대로 캘린더를 만들어 확대된 시간 개념의 일종인 날짜를 헤아렸다. 태양력은 기독교권을 필두로 여러 대륙으로 전파되어 날짜 계측의 세계화를 이끌었다. 근대의 시간은 이처럼 표준화를 지향한다는 점에서 지역 중심의 전통적 시간관과 차이가 있다.

   시간의 특성에 기초하여 근대와 전근대의 시간이 갈리는 것처럼 시간은 기준에 따라 다양한 유형을 가진다. 먼저, 시간의 흐름이 양으로 계측되고 수치로 제시되는 절대 시간을 생각해 볼 수 있다. 절대 시간은 지속 기간에 따라 단기(short-term : …), 중기(mid-term : ---), 장기(*longue duree* : ~~)의 유형으로 구분할 수 있다. 시간의 지속성과 함께 연구 지역의 스케일에 따라 규명해야 할 영역도 달라지는데, 브로델(F.

Braudel)은 이론적으로 단기간에 발생하는 사건(*evenement*), 지역 혹은 광역에 걸쳐 중기의 시간 속에서 전개되는 상황(*conjuncture*), 국가, 대륙, 세계의 무대에서 장기간에 걸쳐 형성되는 구조(*structure*)를 거론하면서 이들 각각을 정치사, 사회경제사, 지리역사를 탐구하는 지침으로 삼았다. 한편 과거, 현재, 미래가 끊임없이 반복되어 어제의 미래가 현재가 되고, 현재가 이내 과거로 변해가는 상대적 시간은 절대 시간과는 뚜렷이 구별되며, 시간의 빠르고 느린 정도는 심리적으로 처한 상황에 따라 달라질 수 있기 때문에 또한 상대적이다. 시간이 상대적이라는 사실은 아인슈타인의 일반 상대성 이론을 통해서도 검증된 바 있다. 빛의 속도로 달린다고 가정할 때 관찰자에게 시간은 정지된 것처럼 느껴지며, 빛의 속도보다 빠르게 달려 나가면 이론적으로 시공간을 초월해 과거로의 회귀도 가능하다는 결론에 이른다.

역사의 진행 방식과 관련해서 단선적 시간과 순환적 시간이 대조를 이룬다. 단선적 시간은 창조에서 예정된 종말까지를 상정한 기독교적 시간관으로서 지속적인 발전을 설명하는 사회 변천 이론에 자주 인용된다. 반면 시작과 끝이 연속되어 기점과 종점을 알 수 없는 순환론적 시간은 생로병사와 환생으로 이어지는 불교의 윤회설에 입각하며 천문 현상에 착안한 24절기와도 일맥상통한다(그림 1-2). 그런가 하면 유물사관을 뒷받침하는 역동적인 변증법적 시간관도 있다. 대립적인 정(thesis)과 반(antithesis)이 순차적으로 출현하고 양자가 비판적으로 절충된 합(synthesis)이 따라오며, 이 합이 또 다른 형태의 정'이 되어 반'과 대립하는 가운데 또 다른 합'을 이루어 가는 방식으로 끊임없이 대립, 절충하면서 진행되는 유형이라 하겠다.

한편, 콘드라티예프(N. Kondratieff)의 장파 이론에서 파생되어 경제학 및 경영학 분야에서 자주 인용되는 주기론적 시간은 25년의 경기 상승기에 해당하는 A국면에 이어 동일 기간의 경기 하강기로서 B국면이 찾아오는 50년 주기의 장기 파동을 가정한다. 중요한 것은 이런 반복적 양상으로 진행되는 경제 주기가 지리적 변동으로 직결된다는 데 있다. 비근한 예로 경기가 진작될 경우 투자에 필요한 재정적 여력을 확보함으로써 각종 개발 사업을 추진할 수 있고 이는 다시 지역 구조에 변화를 초래하는 것이다. 스키너(G.W. Skinner)는 단순 주기론을 한 단계 발전시켜 거시 과정이 추진하는 광역 주기(macro-regional, dynastic cycle), 중기 과정 주도하에 진행되는 지역 주기

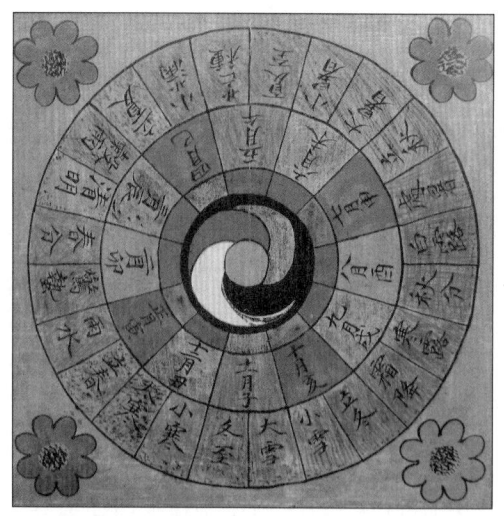

그림 1-2 민화에 반영된 동양의 순환적 시간관
자료: 志和池昭一郎·龜倉雄策 編, 1982, 李朝の民畵(上), 講談社, p.147.

(regional cycle), 미시적 과정에 의한 소지역 주기(local cycle)로 삼분하여 파악하였다.

주기론에서 주목할 점은 하강 국면을 상승 국면으로 전환시키기 위해서 '창조적 파괴(creative destruction)'가 불가피하고 이를 유발하는 촉발 요인(triggering factor)이 시기별로 양상을 달리하며 등장한다는 사실이다. 슘페터(J. Schumpeter)는 철도, 면화, 전기, 내연 기관 등을 지역 구조에 획기적 변화를 초래한 촉발 요인으로 거론하였다. 같은 맥락에서 역사지리의 계기적 변천을 주장한 얼(C.V. Earle)은 기술 발달에 따른 주기의 축소를 인정하는 한편, 지역 구조의 광범한 변동을 야기하는 거대 주체로서 중앙 정부(Big Stick), 대기업(Big Business), 법원(Court)을 들고 그들의 심대한 역할을 비중 있게 해석하였다.

역사지리학에서 시간은 일정한 의미와 내용을 가진 단위로 편성된다. 시대 구분은 접근 방식에 따라 달리 이루어지는데, 시간의 원근이 한 기준이 될 수 있다. 종래 왕조 중심 사관에 대한 비판에서 출발하며 서양 사학의 영향을 받은 구분법으로서 현재를 기점으로 시간의 원근에 기초해 설정한 고대, 중세, 근대의 3분법이 중심이 된다. 하지만 구분의 실체가 불분명하고 의미 또한 박약해 결국 왕조 중심으로 회귀하는 맹점을 보인다. 대안으로 사회 발전 단계에 의한 구분이 제기되기도 한다. 사회의 형태와 구성이라는 구체적 내용을 담으려는 시도로서 원시 사회, 고대 노예 사회, 봉건 사회, 근대 자본주의 사회 등의 체제를 가지지만, 지역에 따라 사회 발전의 양상이 달라지므로 유럽 역사의 전개에 착안한 이 같은 도식을 비판 없이 그대로 적용하기는 곤란한 측면이 있다.

다소 국수적인 방향으로 치우칠 우려가 있지만 민족의 성장 과정이라는 지표도 시대를 구분하는 방안의 하나이다. 통상 민족주의 사관을 주창하는 학자들이 민족의 역사를 체계화하기 위해 채택하는 방식으로서 태동기, 성장기, 전성기, 침체기, 각성기 등의 술어가 동원된다. 발전을 보는 기준을 먼저 수립한 다음 역사를 정해진 도식에 끼워 맞춘 인상이 짙다. 사회 발전과 왕조를 겸용하여 부족 연맹의 형성, 고대 국가 형성, 고대 통일 국가, 고려 왕조, 조선 왕조, 열강의 침략과 근대화, 현대 등으로 구분하는 또 하나의 방식은 한 단계 진전된 것처럼 보이나 충실도는 떨어진다.

지배 세력의 변화에 착안한 구분은 나름대로 의미를 갖는다. 정치, 경제, 사회, 문화, 대외 정책 등의 연관성에 주목하여 시대의 성격을 부각시키려는 노력의 일환이라 하겠는데, 예를 들어 씨족 사회, 부족 국가, 부족 연맹, 고대 국가, 고대 전제 국가, 호족 시대, 귀족 정치, 무인 정권, 사대부의 등장, 양반 사회의 성립, 상업 자본주의의 발달, 개화 세력의 성장, 농민 전쟁과 근대 개혁, 민족주의의 발전, 민주주의의 성장 등의 구분법을 취한다. 일정한 기준을 가지고 있어 특징을 이해하는 데 유효한 반면, 시대 구분으로서는 다소 복잡하며 각 시대의 계기성에 대한 이론적 뒷받침이 부족하다는 약점을 가진다.

역사에 절대적 기준은 없다. 한 시대에서 다른 시대로 넘어가는 과정에 대한 냉철한 분석이 선행된 뒤에 명확한 지표에 근거하여 논리적 일관성을 유지할 수 있는 시대 구분을 도출한다면, 역사지리를 서술하는 틀로 유용할 것이며 민족이나 국가의 특수성과 세계사적 보편성을 비교하는 기준으로서 활용도 또한 클 것으로 보인다.

② 지역 · 공간 · 장소

인간이 보유한 공간 지각에 대해 위틀지는 시원 지각이 지역 지각으로, 지역 지각이 세계 지각으로 확대됨으로써 궁극적으로 3차원의 지각이 형성된다고 이야기하였다. 시원의 공간 지각은 일상생활 속 구체적인 지점에서 형성되며, 지역적 공간 지각은 상호작용의 결과로 형성된 소집단의 지역적 지각에 해당한다. 세계적 공간 지각은 지리상의 발견에 따른 2차원의 공간관을 말하며 3차원의 공간 지각은 교통·통신의 발달에 수반된 지리적 지평의 확대와 함께 형성된 입체적 지각을 지칭한다. 여기에 시간이 개입되면 4차원의 공간 지각도 생각해 볼 수 있을 것이다.

그런데, 역사지리학을 구성하는 주요 개념으로서 공간(space)은 지역(region) 및 장소(place)와 연동하기 때문에 이들 상호 간의 유사점과 차이점을 비교, 검토한 이후라야 역사지리 연구의 방향을 올바로 정립할 수 있을 것 같다. 일반적으로 지역은 경계를 가지는 지리적 범역을 일컫는다. 장소나 공간이 자연환경과 유기적으로 상호 작용하여 하나의 공통된 성향을 가진 집합체를 이룬 것이 바로 지역이라 하겠으며, 학문적으로 접근할 때에는 경험주의에 입각해 해당 지역이 가진 특성과 개성, 다시 말해 지역성의 기술과 종합이 시도될 수 있는 영역이 된다. 그리고 시간이 단기, 중기, 장기의 구별을 갖는 것과 마찬가지로 지역 역시 소지역, 지역, 광역, 국가, 대륙, 범세계라는 다양한 스케일을 가진다. 다차원의 스케일은 독시아디스(C.A. Doxiadis)가 도시에 초점을 두고 개인을 출발점으로 세계도시까지 외연의 확대 과정을 추적한 사례를 통해 확인할 수 있는데, 범위가 확장되는 순서에 따라 사람, 방, 주거, 주거 단지, 이웃, 근린, 소도회, 도회, 대도시, 메트로폴리스, 연담도시, 메갈로폴리스, 도시 지역, 도시 대륙, 세계 도시로 연결시켰던 것이다.

공간은 기하학의 지리적 범위를 지칭한다. 종합보다는 분석의 대상으로서 기능적으로 복잡하게 얽힌 도시를 연구할 때 주로 거론되는 개념이라 하겠다. 실증주의의 사상적 토대 위에 통계와 그래프에 기초하여 이론과 법칙을 정립하고 모델을 구축하여 현상을 설명하는 접근 방식을 취하지만 공간성(spatiality)과 공간의 의미를 묻는 작업이 수반되기도 한다. 지역에 얽매임이 없이 이동 성향이 강하기 때문에 방랑벽이 있다고 간주되는 서양인의 시간 중시 전통(time-bound tradition)과도 밀접하게 연관되는 개념이다.

반면 장소는 집, 고향, 모국처럼 애착을 느낄 수 있는, 감정 이입된 실존적 지리 영역을 의미한다. 종래 인본주의 지리학에서 체현하고자 한 개념으로서 이해와 해석의 방법론적 접근을 요한다. 농경 생활에 기초하여 오랜 기간 정착한 땅에 머물면서 애착감을 형성하고 잠시라도 그곳을 이탈했을 때 강한 귀소 본능이 발동하는, 다분히 동양적인 자연관의 총합이 바로 장소인 것이다. 지모사상(地母思想)은 이를 단적으로 대변한다. 장소에 매이는 전통은 오랜 기간의 정착 생활을 계기로 장소애를 자아내며 애착 관계가 형성된 그곳을 이탈하기 어렵게 만든다. 조상 숭배의 윤리적 덕목이 장소에 대한 미련을 만들어 내기도 한다. 예를 들어 간석지를 개간한 뒤에 확보한 경지를 운영하기 위해 간척촌이 들어서는데, 무에서 유가 창조되는 만큼 취락이 뿌리를 내리기까지 불안정한 국면이 한동안 지속될 수밖에 없고 그것이 해소되는 것은 1세대 정착민의 분묘가 마련되는 단계이다. 그 전까지는 타지로의 이주를 결정할 때 정신적으로 감당해야 할 충격이 이주에 따른 이득에 미치지 못하기 때문에 유동성이 해소되지 못하고 인구 유출을 자주 경험하는 것으로 보고된다.

시대 구분과 마찬가지로 지역 구분 또한 역사지리 연구를 수행하는 중요한 과정으로서 목적에 따라 구분의 방식과 유형이 달라지는데, 크게 등질지역과 기능지역(결절지역)으로 나뉜다. 등질지역(homogeneous region)은 지리적 속성과 변수의 유무를 기준으로 규정되는, 하나 이상의 인문 또는 자연적 특성이 공유되는 영역이라 하겠다. 사회·경제·문화적 특성과 자연지리적 변수에 착안하여 파악되는 등질지역은 한강 유역, 농업 지역, 도시 지역, 온대 지역 등으로 명명된다. 다양한 기준에 입각해 설정되는 문화 지역 또한 등질지역의 대표적인 예이다. 등질지역의 경계는 통상 지역 내부의 차이는 최소, 지역 간 차이는 최대가 되도록 설정되며 이를 수식으로 표현하면 다음과 같다.

$$\text{External(between region) Variation} / \text{Internal(within region) Variation} = \text{Maximum}$$

기능지역(functional region)은 기능적인 상호 의존성 또는 통일성을 기준으로 구분한 공간 영역이다. 여기에 중심지로서 결절점과 그에 예속된 배후지, 그리고 구조에서의 계층성이 고려되면 기능지역은 결절지역(nodal region)으로 달리 불리기도 한다. 전 산업 시대의 역사지리를 분석하기에 적합한 등질지역과 달리 기능지역과 결절지역은 타운과 도시에서 이루어지는 여객, 화물, 서비스, 정보, 자본의 이동과 관련된 연결 체계를 분석하여 권역을 설정하는 데 효과적이다. 결절지역은 중심지와 배후지 간 정형화된 소통이 최대가 되도록 경계를 설정하며 이를 수식으로 표현하면 다음과 같다.

$$\text{Internal Bonds} / \text{External Bonds} = \text{Maximum}$$

지역의 유형이 정해지고 실제적으로 지역 구분에 사용되는 요소, 인자, 사상(事象), 지표 등이 결정되면 지역 구분의 준칙과 내용이 진지하게 고려되는데, 기후구·지형구·식생구 같은 자연 지역 구분, 농업 지역·문화 지역 등의 인문 지역 구분, 지지 구분, 통계 지역 구분, 정치·행정 구분 등이 상정된다. 이상 일련의 고려와 판단이 마무리되면 지표면이나 지도상에 실질적인 구획이 이루어지고 이는 역사지리 연구의 범위로 활용된다.

(2) 시·공간의 접목

시간과 공간은 실재를 구성하는 중요한 개념으로서 서로를 규정한다. 일각에서는 공간과 거리의 마찰 효과가 점차 미약해지는 상황을 시공압축(time-space compression)이나 시공수렴(time-space convergence) 등으로 표현하며 시간에 의한 공간의 괴멸을 논하지만, 이는 교통 및 통신의 발달에 따른 최근의 현상일 뿐 도보 교통 시대로 되돌아가면 시간과 공간은 평행선을 그리는 독립된, 그러나 양립할 수밖에 없는 실체였다.

현재의 지리적 패턴은 과거의 지리를 일부 계승하고 있다. 지리적 현상은 시대를 종관하기 때문에 지난 시기의 공간적 분석을 통해 현재의 지리를 이해하는 단초를 획득할 수 있다. 역사지리학은 지역·공간·장소라는 구체적인 무대를 상정하고 그 위에서 끊임없이 변화를 반복하는 지리적 현상에 관심을 두며, 역사지지의 측면에서 접근하는가 하면 역사자연지리와 역사인문지리의 관점에서 조망하기도 하는데 접근 방식이야 어떻든 주로 과거의 지역과 공간을 상대한다는 점에서 일치한다. 한 가지 중요한 사실은 시간이란 항상 유동하며 지역, 공간, 장소를 떠나서는 큰 힘을 발휘할

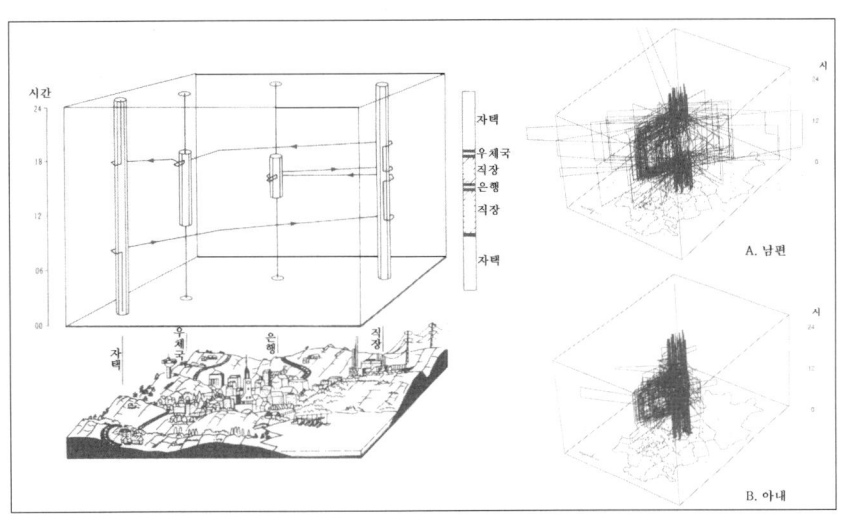

그림 1-3 일상생활 속 시간지리학의 구성
자료: 伊藤喜榮, 2004, 日本の生活圈, 古今書院, p.7.

수 없을 뿐더러 의미를 상실한다는 것이다. 양자 역학에서는 양자 입자가 파동성을 지니므로 일정 운동 공간 내에서 서로 다른 위치에 동시에 존재할 수 있다는 양자 중첩을 인정한다. 그러나 하나의 실체가 배타적인 두 공간을 동시에 차지할 수 있다는 편재성은 미시 세계에 국한된 현상일 뿐 역사지리를 구성하는 현상은 특정 시점에 특정 공간에서만 성립된다. 따라서 시·공간의 접목은 역사지리의 패턴과 과정을 이해하는 출발점이라 하겠다. 시간과 공간의 행렬에서 전개되는 일상생활에 관한 분석은 시간지리학(Time Geography)이 일찍부터 관심을 보여 왔으며 개인의 이동로를 추적

표 1-2 시·공간 행렬의 역사지리적 구성

시간\지역	t_0	t_1	t_2	t_3	t_4	…	t_n	○
r_0	$t_0 \times r_0$	→					$t_n \times r_0$	통시적
r_1		p_1	p_1'	p_1''	p_1'''	…		↑
r_2		p_2	p_2'	p_2''	p_2'''	…		
r_3	↓	p_3	p_3'	p_3''	p_3'''	…	↓	비교
r_4		p_4	p_4'	p_4''	p_4'''	…		↓
…		…	…	…	…			
r_n	$t_0 \times r_n$	→					$t_n \times r_n$	통시적
○	공시적	← 비교 →					공시적	○

하여 구성한 도식을 분석의 출발점으로 삼는다(그림 1-3).

역사지리적 사건과 현상은 이처럼 시간과 공간이 만나는 지점에서 발생하고 변화를 겪는다. 시간(T)이 t_0에서 t_n으로 추이하고 지역(R)은 r_0에서 r_n까지 다양성을 띤다고 할 때, 역사지리적 현상(P)은 시간과 지역이 이루는 행렬의 셀 안에서 다채롭게 전개된다(표 1-2). 가깝고 먼 과거에 형성된 역사지리를 분석하는 작업은 크게 공시적인 방법과 통시적인 방법으로 이루어진다. 특정 시점에 한 곳 또는 그 이상의 지역에서 발생한 사건과 현상을 대상으로 연구가 이루어질 수 있고, 한 지역의 지리적 패턴과 구조가 시간의 흐름에 따라 경험하는 변화를 연구하는 것도 중요한 관심이 될 수 있다. 그리고 이상의 작업은 비교 연구로 이어지기도 하는데, 둘 이상의 연구 시점 간, 또는 둘 이상의 지역 간 비교가 가능하기 때문이다.

x와 y축의 시·공간 행렬에서 발생하는 역사적 사건은 실제로 시간의 흐름에 내맡겨진 채 무한한 변환의 궤도를 그린다. 결절지역 체계의 변용을 설명한 하게트(P. Haggett)의 모델은 그 점을 입체적으로 조망할 수 있는 방법의 하나로서 지역 구조가 상호 작용, 네트워크의 형성, 중심지의 등장, 계층의 형성, 영향권의 수립, 확산 등 일련의 과정을 거쳐 형성된다고 가정하였다(그림 1-4). 이 모델은 사회 현상이 사회적

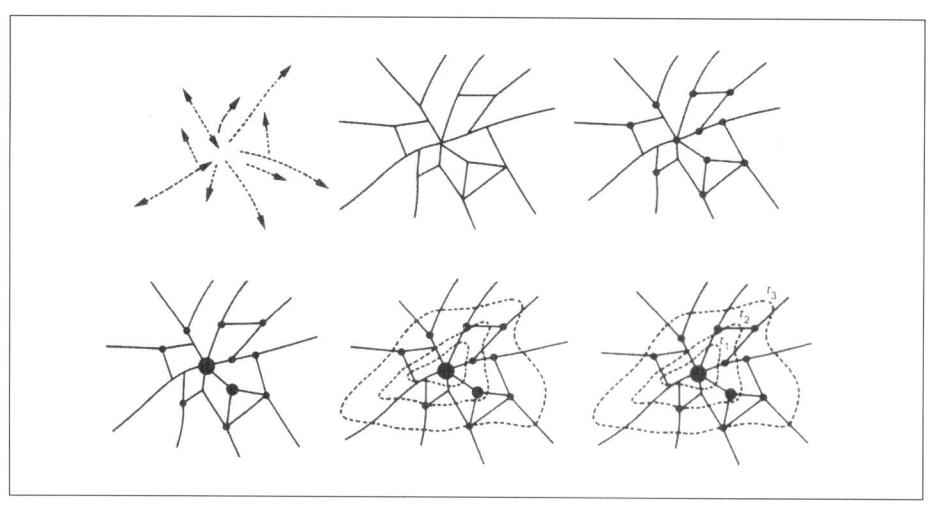

그림 1-4 하게트의 지역 체계 변용 모델

자료 : P. Haggett, A. Cliff and A. Frey, 1977, *Locational Analysis in Human Geography*, 2nd ed., Arnold, p.7.

관계의 구조를 형성하는 과정이나 역사적 사건이 역사적 관계의 구조를 형성하는 과정 등을 '체계적'으로 분석하는 데에 유효하다. 여기서 현상을 구성하는 요소(factor)와 요소 상호 간의 결합 관계를 추상화한 개념인 체계(system)는 요소의 수, 종류, 크기, 배열, 관계 등을 매개로 성립된 지역 구조를 분석하는 이론적 토대를 부여한다. 요소와 요소를 연결하는 관계가 일정하다 가정하더라도 체계의 원형(○-○-○-○)은 요소의 수(○-○-○), 종류(형태, ○-○-●-○), 크기(○-○-○-○), 배열(⚬⚬⚬)에 따라 그 외형과 속성을 달리하며 시간 요인이 추가되면 변용을 겪는다. 역사지리의 전개 과정을 이해하는 데 체계는 단순한 개념 이상의 의미를 가지며 그 자체가 일종의 시·공간 모델이 된다.

3) 주제와 방법론

(1) 주제

시·공간의 틀은 자연 현상과 인문 현상의 범주에 속하는 여러 연구 영역과 접목되어 지리적 변화에 관한 물음을 풀어 가는 배경이 되어 준다. 전통이 확고한 영국과 미국의 역사지리학자들은 다양한 연구 주제를 그들만의 방식으로 다루어왔다. 독일의 경우 환경과 토지 이용의 변화가 역사지리 연구의 주류였고, 가까운 일본의 경우 19세기 이전의 지리에 관한 관심이 지대하였지만 최근 들어 근대화와 제국주의를 둘러싼 문제가 관심을 끌고 있다. 호주와 뉴질랜드에서는 환경 관리, 토지 이용, 식민지의 소외화와 재정착, 식민지 문화 경관 등의 분야에서 연구가 활발히 진행되고 있다. 캐나다 학계는 환경사와 식민주의 못지않게 도시, 산업, 문화, 경관에 관한 연구를 활발히 전개하고 있으며, 이스라엘의 경우 국가 성립 과정에 당면했던 식민주의와 후기식민주의 정책에 관심을 돌리고 있다.

이상의 다양한 주제에 당면하여 도전과 응전이라는 거대 담론에 따라 의문을 풀어 가는 학자가 있는가 하면, 인구 증가, 도시화, 상업화, 공업화, 근대화, 세계화, 교

표 1-3 역사지리 지식의 탐색 유형

	지리	지역 서술	공간 분석	장소 해석
시 간	역사 서술	실제 세계	실제+추상	실제+지각
	역사 분석	추상+실제	추상 세계	추상+지각
	역사 해석	지각+실제	지각+추상	지각 세계

지역 · 공간 · 장소

통·통신의 발달, 기술 개발이라는 세속적 사회 변동의 기제를 들어 접근하는 연구자도 있다. 나아가 자본주의의 등장을 전후한 급진적인 사회 변화를 노동 과정의 측면에서 비판적인 관점으로 해석하거나 문화와 인간 이성에 가치를 두고 지리적 변동과 연결시켜 설명하는 등 접근 방식을 달리하는 여러 부류의 학자가 있다. 최근의 역사지리 연구 주제는 자본주의가 지리적 변화에 미친 영향, 인간-환경의 관계, 환경 변화, 역사 경관, 제국의 후기식민주의적 해석, 식민지의 역사지리, 정체성의 형성, 민족주의와 민족성, 젠더의 공간 등을 아우르는 방향으로 다변화되고 있다. 현재의 경관에 활발하게 작동하는 힘으로서 기억과 노스탤지어를 분석하려는 새로운 동향도 감지되고 있다.

이상에서 거론한 역사지리학의 연구 주제는 지구과학, 인간-환경 관계, 지역 연구, 공간 분석 등 지리학의 4대 전통을 주장한 패티슨(W. Pattison)의 구분법을 좇아 탐색해 볼 수 있겠지만 지리학 일반이 아닌 역사지리학에 국한한다면 프린스(H. Prince)가 주창한 실제적(real), 추상적(abstract), 지각적(perceived) 지식의 유형에 기초해 추급하는 것이 더 보편적이다(표 1-3).

① 실제 세계에 관한 주제

구도로에 대한 한 가지 진술을 살펴보자. "의주로는 서울을 출발해 홍제원, 벽제역, 임진, 장단, 개성부, 금교역, 봉산, 대동강, 평양, 순안, 안주, 청천강, 가산, 정주, 곽산, 선천, 용천 등을 거쳐 의주에 이르고 이후 압록강을 건너는 도로이다." 이는 구체적으로 존재하던 과거의 지리적 사실에 대한 설명으로서 실제적 세계에 관한 역사지리적 지식의 유형을 말해 준다. 경험주의에 입각해 개성기술적 접근이 가능한 주제에 대한 탐색이 이루어지는 영역으로서 과거의 지리와 지리적 변화를 사실적으로 복원하는 작업이 시도된다. 지역, 공간, 장소의 3대 핵심 개념을 두고 비교한다면 '지역'을 기술하는 데 어울리는 주제 유형이다.

   과거의 일상적이고 현실적인 지리적 패턴과 구조에 관한 연구 영역으로서 일반적으로 역사지리학이라 하면 대개 이 부류의 연구를 지칭해 왔다. 각종 자료를 분석하여 지명과 행정 구역의 경계를 비정한다거나 역사 경관을 재구성하며, 과거의 지리를 가능한 한 실제적으로 기술하고 지리적 변화의 프로세스 및 메커니즘을 사실적으로 해명한다. 종래 연구의 주류를 점하였다지만 과거의 실제적인 지리상을 재구성하는 데에는 자료의 제약이 큰 것 또한 사실이다. 참고할 만한 자료가 많지 않거나 수합한 자료가 있다 해도 주관이 개입된 경우가 다분해 엄격한 사료 비판을 통해 검증된 경우에 한해 자료의 가치가 인정되기 때문이다. 하지만 많은 노력이 들어간 만큼 과거의 실제 세계에 대한 복원은 그 가치를 오래도록 인정받을 수 있는 의미 있는 작업임이 분명하다.

② 추상적 세계에 관한 주제

   1950년대 계량 혁명기를 거쳐 신지리학이 맹위를 떨치면서 일군의 소장학자들이 표방한 공간 이론의 실험장이 추상적인 세계에서 마련된다. 이는 과거지리의 보편적, 추상적 현상을 대상으로 한 분야인 동시에 계량화, 모델 구축, 이론화 등의 시도가 가능한 주제를 탐색하는 영역이다(그림 1-5). 공간적 상호 작용의 패턴과 과정을 규명하여 법칙을 도출하는 공간 분석의 작업이 수행된다. 추상적 영역에서는 '공간'이 핵심 개념이라 하겠다. 앞서 든 구도로의 예에 비유하자면 간선과 지선으로 구성된 전통적 노선을 복원해 접근도와 연결도를 분석하여 중심지 계층을 확인하는 등의 작업이 이루어진다.

   과거의 사회와 다양한 현상 그 자체보다도 통계 분야의 전문적 식견을 동원한 공간 모델의 구축에 주된 관심을 쏟는 경우가 많다. 역사지리학에서 추상적 세계란 계량 분석법을 도입해 과거의 지리를 소재로 수리적인 공간 모델을 구축하는 방식으로 접근하는 연구 영역을 지칭한다. 공간 모델을 구축하는 과정에서 과거의 데이터, 특히

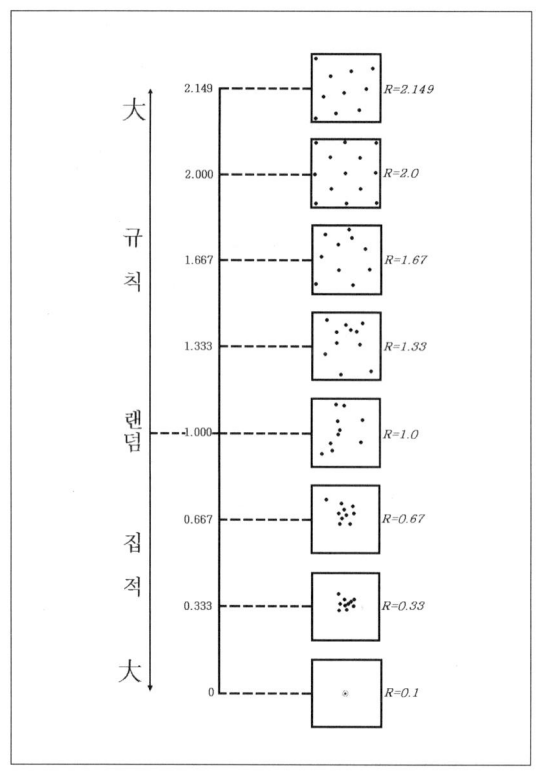

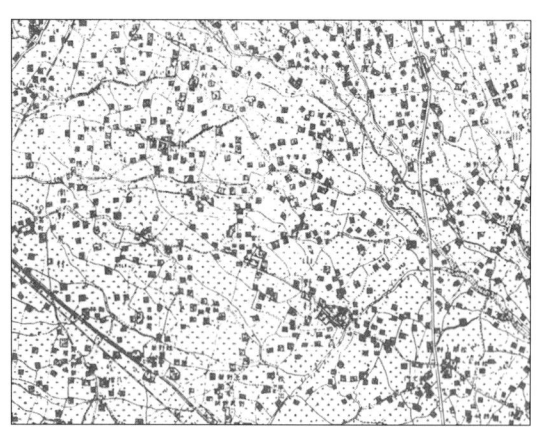

그림 1-5 취락 밀집도의 계량적 비교

자료 : B.J.L. Berry and D.F. Marble, eds., 1968, *Spatial Analysis*, Englewood Cliffs, NJ: Prentice-Hall, p.150.

수치 데이터의 활용이 불가피하고 구축된 공간 모델이 과거의 상황을 설명하는 데 타당한지 검증을 거쳐 유의성이 입증된 연후라야 실질적인 연구에 원용할 수 있다. 그러나 비록 유의하지 않은 결과가 얻어지더라도 통계와 모델에 의해 과거를 설명하려는 태도는 역사지리 연구에 반향을 불러일으키기 충분하다. 공간 분석학파의 저돌적인 공략에 울타리를 높게 세우고 저항하던 역사지리학이지만 광역에 걸친 과거의 지리적 현상을 설명하는 데 공간 모델이 지닌 강점을 서서히 인정하고 있다.

③ 지각 세계에 관한 주제

전통 상지관의 하나인 풍수 사상은 역사지리의 형성과 변동에 많은 영향을 끼쳤다. 음양오행의 원리에 따라 작동하며 삼라만상의 존재 이유가 되는 기(氣)가 산줄기, 즉 용맥을 타고 이동한다는 신념 때문에 예로부터 산을 관통해 교통로를 조성하는 것은 금기시되었다. 일제 강점을 전후해 철도 건설이 본격화되면서 여러 지역에서 터널의 굴착을 놓고 마찰이 빚어지고 감정적 대립이 첨예했던 경험이 생생하다. 이러한 인식은 실제적 또는 추상적 세계와는 차원을 달리하는 인지 영역의 문제로서 지각적 세계에 관한 지식의 유형으로 다루어진다. 지각적 세계는 '장소'를 둘러싼 해석과 연관되는, 과거지리의 내면적 지식으로서 이해를 요하는 주제, 가치와 문화적 평가가 필요한 주제, 상상력을 요구하는 주제 등의 탐색이 이루어지는 영역이라 하겠다.

실제 세계와 추상적 세계의 분석에서는 엄밀한 비판을 거친 객관적인 사료만이 의미를 지닌다. 하지만 진실의 이해를 방해하는 잡음으로 이해되던 주관적인 진술과 이미지도 과거의 지리를 이해하는 중요한 매개가 된다는 인식이 고조되면서 관심을 받기 시작하는데, 그 계기를 마련한 것은 라이트(J.K. Wright)였다. 그는 "미지의 세계(*Terrae Incognitae*)"라는 다소 파격적인 주제의 논문에서 상상력이 중요한 연구 주제로 정립되어야 한다는 취지로 열변을 토한다. 땅에 대한 올바른 이해를 위해 사람들 내면에 형성된 지리적 관념을 망라해서 살펴야 한다고 보고 연구자 자신뿐만 아니라 농부, 어부, 소설가, 화가 등 여러 계층의 사람들이 가진 지각을 먼저 이해해야 한다고 역설한다.

자연재해에 대한 인식의 차이에 따라 그 대처 방식과 지리적인 결과가 판이해지는 것이 좋은 예이다. 타락한 세계에 내리는 신의 징벌이기 때문에 수동적으로 수용할 수밖에 없다는 체념의 사고가 우세한 곳에서는 피해를 감수하거나 신을 달래기 위한 의식으로 대응하는 반면, 과학적 사고에 기초하여 재해를 자연의 이상 현상이라 보는 측에서는 보다 적극적으로 대처함으로써 지리적 변화를 낳는다. 선원의 전언, 신대륙 소개 책자, 소문, 친인척의 서간 등의 이미지 형성체(image maker)에 자극을 받아 구대륙에서 대서양 건너 신대륙으로의 이주 행렬이 이어졌던 사실 또한 일반인의 머릿속에 형성된 이미지와 지각이 사실 여부와 무관하게 지리적인 결과를 초래한 사례라 하겠다. 한국 전쟁의 피난민 일부가 정감록의 십승지 가운데 으뜸으로 지목된 풍기 금계동으로 이주해 지역의 모습을 바꾸어 놓은 우리의 경험도 있다. 개성의 실향민은 인삼 재배 기술을 이식하였고, 평양으로부터 남하한 피난민은 인조견을, 황주 등지의 황해도 난민은 평생 체득한 사과 재배법을 신정착지에 전수함으로써 지금의 풍기를 만들었다. 이상향에 대한 인식이 전통 농경 사회의 면모를 일신하였던 것이다.

　인식과 지각의 발현인 이미지는 비단 전통적인 생활 양식을 고수하는 농촌뿐만 아니라 도시에 대해서도 적용이 가능하다. 린치는 실재하는 환경이 인간의 가치 체계에 의해 평가되고 선택됨으로써 지각 환경을 구성한다고 믿고 면접 조사를 통해 시민의 도시 경관 이미지에 의한 심상 지도(mental map)를 작성하였다(그림 1-6). 그가 면접자로부터 끌어낸 도시 이미지 구성 요소는 도로·보도·철도·운하 등 이동로를 의미하는 통로(path), 해안선·벽·철도 절개지·개발 주변부처럼 연속성이 끊기지만 통과

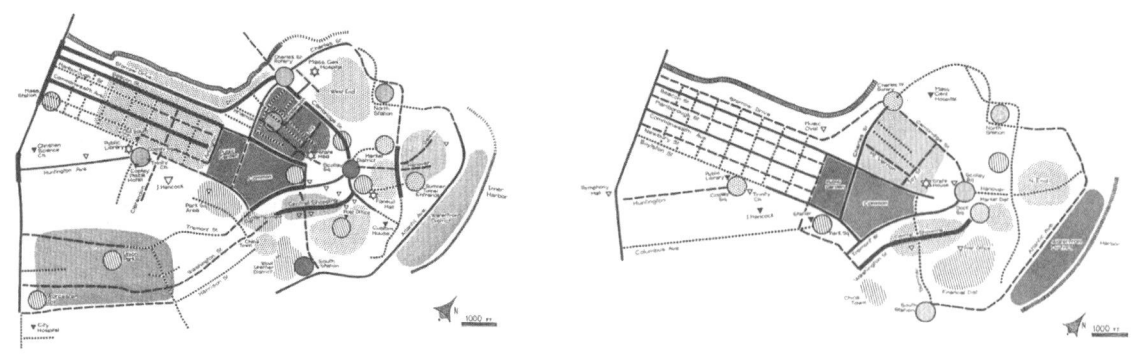

그림 1-6 인터뷰와 스케치 자료로부터 복원한 보스턴 시가지
자료 : K. Lynch, 1960, *The Image of the City*, The MIT Press, pp.146-147.

는 가능한 경계로서의 언저리(edge), 이차원의 범역으로서 내부적으로는 등질적이나 외부와의 관계에서 구별의 지표가 되는 구역(district), 전략적으로 중요한 이동의 초점으로서 교차로로 대표되는 결절점(node), 도시를 상징적으로 보여 주는 향상된 기준점으로서의 랜드마크(landmark) 등이다.

(2) 방법론(철학)과 이론적 토대

역사지리학은 과거의 지리와 그 변화를 관심의 대상으로 하며 공간적 변화의 동인과 메커니즘을 인과론의 측면에서 규명하고자 한다. 이때 역사지리 연구를 총체적으로 조직화하고 구조화시키는 것은 다름 아닌 철학의 영역일 것이다. 신념의 차원과도 직접적으로 연관되는 철학은 연구의 주제는 물론 시간, 공간, 사료, 기법, 접근 방법 등을 규정하기 때문에 중요하다. 역사지리의 설명과 해석은 경험 과학, 분석 과학, 해석 과학, 비판 과학 등의 방법론적 범주 또는 실증주의, 휴머니즘, 구조주의, 실재론, 포스트이즘 등의 유형으로 구분할 수 있으며, 그들 각각에는 독자적인 철학이 담긴다.

① 실증주의와 휴머니즘

역사지리의 가치는 일차적으로 도서관과 현장을 발로 뛰며 과거의 지리를 사실적으로 복원하는 데 있다. 경험한 사실을 있는 그대로 제시하는 방법론은 사상적으로 경험주의(Empiricism)에 닿아 있다. 가치와 의도를 포함하는 규범의 문제는 과학적 측정이 어렵다는 이유로 배제하는 대신 객관적인 사실을 탐구하는 태도로서 이론적 설명은 최소에 그치도록 설계한다. 설명과 해석을 위한 자료는 현장을 방문해 습득하며, 사진 촬영, 스케치, 면담 채록, 설문 수집 등의 작업이 수행된다. 경험한 사실을 제시하고 설명하는 것은 역사지리학의 처음이자 끝이다.

실증주의(Positivism)는 과학적으로 계측할 수 없는 형이상학의 문제를 지양한다는 점에서 경험주의와 맥이 닿아 있다. 그러나 사실을 단순히 나열하는 선을 넘어 논리 실증주의의 토대 위에 가정을 검정하며 때론 비판적 합리주의의 입장에서 수립한 가정을 허구화시키는 등 경험주의에서 한 단계 나아간 측면이 다분하다. 실증주의가 중요시하는 것은 체계적, 과학적 접근과 객관적 분석으로서 귀납적으로 수합한 자료에 근거하여 이론을 정립하고 이를 연역적으로 추론하여 미래의 지리적 변화를 예측하는 한편 사실의 수용 여부를 검정을 거쳐 결정하는 절차를 거친다. 공간분석학파의 사상적 기틀을 마련한 실증주의자들은 하나의 사건(Event)이 여러 원인(Cause$_1$, C$_2$, C$_3$, C$_4$....C$_n$)에 의해 성립된다는 포괄 법칙론(Covering Law Thesis)을 주창한다. 지리적 현상에 관한 객관적인 데이터를 수집한 다음 엄밀한 분석을 통해 지리적 주체의 행위를 원인과 결과에 입각해 설명하고 예측하려 한다.

실증주의는 윤리, 규범, 가치의 문제를 배제하고 자연 과학의 법칙을 사회 현상에 적용하는 한편, 연구의 최종 목표를 이론의 도출에 두었다는 점에서 한계를 노정한다. 이를 극복하기 위해 심리학과 사회학적 기반에서 인간의 지각, 인식, 태도, 행동을 중시하며 인지 과정에 기초한 의사 결정을 정밀하게 분석하는 행태주의(Behaviouralism)가 출범했다. 행태주의는 인간의 행동이 정보의 인지 과정을 통해 매개된다는 데 착안한 사조로서, 지리 정보를 기억하고 처리하며 평가하는 인간의 능력을 측정함으로써 공간의 선택과 의사 결정의 행태를 모델로 정립하려 한다. 그러나 이 역시 공간 분석 기법에 의존하는 한계를 노정한다. 반면, 인본주의(Humanism)는 개인을 외부 자극에 능동적으로 반응하는 변화의 목적인으로 간주한다. 인간이 모든 제약으로부터 자유로운 것은 아니지만 가급적 그들이 지닌 자각, 주체성, 의식, 창의력 등을 중심에 두려는 시도라 하겠다. 인본주의적 접근은 인간의 주관적 경험에 의미를 부여하면서 역사의 주체로서 인간의 행태를 이해하는 데 목적을 둔다. 역사주의, 관념론, 현상학, 해석학 등은 이 계열의 철학에 속한다.

역사주의(Historicism)는 역사의 진행에 내재된 불변의 구조를 부정하며 보편적 법칙 대신 자연적이고 개별적인 것을 강조하여 논리에서 실증주의에 정면으로 배치된다. 역사 이성과 역사적 비판의 성장을 촉진한 사조로서 우발성에 기인한 역사란 자연 현상처럼 일반 원리로 환원될 수 없음을 주장하는 역사주의는, 모든 현상의 진실, 의미, 가치가 전적으로 역사적 과정 속에서 자연스럽게 결정된다는 명제, 즉 역사성에 대한 믿음에 기초한 관념이다. 내재적 이념의 변화를 수반하는, 부단히 유전(流轉)하는 역사 세계의 차이를 인정하여 추상화와 분류에 기초한 자연과학적 방법을 대신해 살아 움직이는 인간의 직관적 이해를 강조한다.

관념론(Idealism)은 그러한 입장을 대변하는 사조의 하나로서 실제란 개인이 관찰하고 재현하는 것 바깥에 존재하는 것이 아니며 심성에 의해 구성된다는 가정 아래 역사의 주체가 자신이 살고 있는 세상에 대해 어떻게 생각하는지 통찰한다. 행위자 내면에 자리한 사고 또는 사상(Verstehen)을 이해하고자 하는 것이다. 모든 역사는 사상의 역사라는 콜링우드(R. Collingwood)의 입장과도 궤를 같이 한다. 그는 역사적 주체의 행위에 깔려 있는 사상에 대한 이해가 우선해야 한다고 믿고 역사가는 개인의 주관적 신념 및 관념을 분석하는 데 주력해야 한다고 주장한다. 관념론은 뚜렷한 이론을 구비하지 못하고 주관을 강조하면서 동시에 인간 이성의 합리성을 가정하는 한편, 집단적인 측면을 소홀히 할 수밖에 없는 난점을 안고 있다. 역사는 현재의 역사이어야 하고 자신이 속한 시대에 속박된다는 콜링우드의 주장 또한 과거를 대상으로 하는 역사지리학의 존립에 의문을 던지지만, 해리스(C. Harris)와 같은 학자는 역사적 심상(historical mind)에 대한 이해를 강조하면서 서사(narrative)와 종합(synthesis)에 입각해 역사지리를 구성하여 관념론의 타당성을 입증한 바 있다.

현상학(Phenomenology)은 관념론과 다소 다른 각도에서 실증주의와 행태주의의 과학적, 정량적 접근에 도전한다. 세상을 설명하기보다는 이해하려는 태도를 취하며 이론에 의거함이 없이 세계 안에서 전개되는 개인의 행동과 현상의 의미를 복원하고자 한다. 주체가 경험한 삶에 의미를 부여하는 작업으로서 인간 본인과 그들의 생활에 주목하기 때문에 추상화와 객관성을 배제하며 주관적 관점, 특히 가치를 중시한다. 이 분야의 연구에서는 현상을 경험한 사람들과의 심층 면담과 자신의 직관을 통해 일차 자료를 습득한다. 철학적 기초가 어렵고 인간 행태의 객관적, 상호 주관적 파악을 가급적 떨치려 하며, 실질적 규범과 사회 활동의 결과를 간과하는 약점이 있다.

이와 유사한 부류의 사조로서 해석학(Hermeneutics)은 세계의 상징적 구성을 강조하며 말하고 행동하는 개인에 의해 이 세계가 창조되는 방식, 그리고 세계를 함께하는 사람들에 의해 창조가 이해되는 방식을 알아내려는 지식의 전통이다. 성경과 기타 신학 서적에 담긴 의미를 검토하는 과정에서 파생된 사조로서 이내 일상생활의 사건과 사회적 삶을 포함한 온갖 종류의 텍스트에 대한 연구로까지 확대된다. 일차적으로 언어에 관심을 표명하지만 해독자로서의 인간에게 의미를 전달하는 매체로서 비언어적 현상에 대해서도 관심을 표명한다. 상징적 텍스트의 분석을 주요 과제로 하며 경관은 주요 연구 대상 가운데 하나가 된다. 신문화지리학의 도래와 함께 경관의 의미에 관한 역사지리 기술에도 작지 않은 변화가 초래되었다. 과거의 상징 경관을 재현하고 그러한 재현에 내재된 권력관계에 관심을 표명하며 정체성, 기억, 유산 등을 형성하는 데 경관이 담당한 역할에 의미를 부여한다.

② 구조주의와 실재론

인본주의는 자신의 행위를 주도하는 개개인의 힘을 과도하게 강조한 나머지 다종의 사회적, 공간적 제약을 간과했다는 비판에 직면한다. 사회 내부의 개인에 초점을 두는 것은 인간의 행동이 통제할 수 없는 힘에 의해 제한되는 실재에 대한 왜곡이라 일관되게 주장하면서 대안으로 등장한 구조주의(Structuralism)는, 주관적인 의미에 관심을 보이기는 하지만 감정적 편향에는 의문을 제기하며 공간 조직 등의 형태로 발현되는 상부 구조를 성립시키는 것은 경험적으로 확인할 수 없는 하부 구조라 보고 그에 대한 천착에 나선다. 언어학, 기호학, 인류학에서 태동하여 인문학과 사회 과학에 뿌리를 깊게 내리고 있는 구조주의는 현상의 세계에 표출된 패턴을 이해하기 위해 인간의 행동과 경험에 틀을 지우며 의미의 생성을 지배하는 총체적 구조에 대한 이해가 선행되어야 한다는 입장을 취한다. 본 사조는 인간의 행위에서 드러난 패턴의 기저에 놓인 원인을 밝히는 일련의 원칙과 절차로도 이해될 수 있는데, 관찰된 현상을 경험 하나에 의존해서 설명할 수 없으며 따라서 지배적인 사회, 경제, 정치 구조를 검토해 추구해야 한다는 입장을 취한다. 마르크시즘과 실재론은 구조주의를 구체화시킨다.

헤겔(G.W.F. Hegel)의 변증법적 사관에 사적 유물론(Historical Materialism)이 결합된 마르크시즘(Marxism)은 사회가 물질적 요구를 제공하며 사회 경제적 구조를 재생산하는 일련의 제도화된 실천으로서 생산 양식의 토대 위에 성립한다고 주장한다. 역사 변화의 역학에 관심을 두고 대립적 사회 구도에 착안해 자본에 의한 노동의 착취 과정을 분석함으로써 사회 정의를 꾸준히 요구하고 관철시키려는 실천성이 두드러진다. 자본주의 생산 및 소비 양식을 영속적으로 재생산하는 정치 경제적 구조에 대한 천착에 관심을 두며, 사회 구조와 개인 사이에 존재하는 변증법적 관계를 분석하기 위해 관찰과 아울러 이차 자료의 비판적 검토를 단행한다. 마르크시즘은 역사지리의 형성과 변화에 미치는 정치경제적 요인에 대한 실질적 통찰을 부여한다. 한편, 실재론(Realism)은 실재를 구성하는 토대를 확인하고 현상이 공간상에 존재하는 경험적 규칙성에 관심을 두며, 특히 변화를 초래하고 용인하며 강제하는 동인을 규명하고자 한다. 상황이 발생하는 인과론적 메커니즘을 분석하는데, 정책과 실천의 사회적 관계 하부에 놓인 구조에 관심을 두고 그 안에서 각종 사회 문제의 근본 원인을 찾는다.

구조주의가 지리학에 수용되면서 구조화 이론(Structuration theory)이라는 독자적인 방법론을 만들어 내는데, 인간 동인(agency), 구조(structure), 사회 변화(social change) 사이의 긴밀한 관계를 유기적으로 연결해 준다. 과학적 실증주의와 주관적 현상학의 중간 지점에서 구조와 동인의 역학 관계를 심층적으로 규명하는 구조화 이론은 일상의 행위가 사회를 구조화시키는 동시에 역으로 사회적 상황에 의해 구조화되는 일면을 종합적으로 해부한다.

③ 포스트이즘(Post-*ism*)

1980년대 들어 소장 역사지리학자들은 사회 이론, 인본주의, 페미니즘 등에서 영감을 얻어 새롭고 대안적인 역사적 설명을 추구하기 시작하였으며, 그 과정에서 전에 볼 수 없었던 개념, 지침, 주제, 논점 등을 발굴하게 된다. 특히 근대와의 전면 대결을 선언하며 후기(post-), 탈(de-), 초(super-)를 지향하는 여러 유형의 사조가 역사지리학에 신선한 바람을 몰고 왔다. 보편적 진리를 추구하는 근대를 사상적으로 극복하고자 한 포스트모더니즘(Post-modernism)은 현상과 사실의 탈근대적 재현을 지향하는 사조로서 이성, 질서, 진리, 합리성에 의문을 제기하며 근대성을 강하게 부인한다. 담론 간의 우열을 가리지 않는 것은 물론 대화 중에 흘러나오는 어떤 목소리도 배제되어서는 안 된다는 입장을 견지하는 포스트모더니즘은 포괄적인 일반화, 거대서사(grand narrative)를 거부하는 대신 다어(多語, heteroglossia), 소음, 다성음악(polyphony)에 경의를 표한다. 단일성, 일체, 정체, 동질성, 계층보다는 복합성, 분절, 차이, 타자성, 탈계층에 가치를 부여하는 포스트모더니스트들은 절대적인 진리란 없으며 해석 바깥에 내버려진 진리 또한 없다고 단정한다. 따라서 관찰보다는 독해,

발견보다는 해석을 옹호하며 인과론을 대신해 상호 텍스트적 관계로서 코드에 주목하면서 역사지리의 해체를 시도한다. 단편적인 역사지리를 지양하고 젠더, 인종, 민족, 계급 등 분절된 정체성을 다양한 시각에서 정립하고자 하여 결과적으로 연구 주제의 다변화에 크게 기여하였다.

후기구조주의(Poststructuralism)는 의미가 안정되게 머무를 수 있는 기저에 깔린 구조를 부정하는 대신 끊임없이 계속되는 해석의 해석이라는 흐름 속에서 단지 순간적인 머무름에 불과한 것으로 의미를 이해한다. 다시 말해 기표(signifiant)는 단순히 기의(signifié)를 암시하는 것이 아니며 더 많은 기표를 양산한다고 보아 의미란 매우 불안정하다는 해석을 내놓는다. 의미의 소통이 실패할 경우도 엄연히 존재한다며 기호(sign)의 다의성을 인정하는 한편, 구조주의에서처럼 심층 구조를 이해하였다고 해서 표층 구조를 쉽게 해명할 수 있는 것은 아니라 주장한다. 의미의 그물망으로 짜인 텍스트와 메시지에 대해 후기구조주의자들이 취하는 해석 방식은 대체로 심층 기술(thick description)과 해체(deconstruction)로 집약된다.

식민주의자의 제국주의적 우위를 정당화하는 담론을 극복하여 진정으로 탈식민을 달성하자는 의제는 후기식민주의(Post-colonialism)에서 마련된다. 식민주의자의 식민지에 대한 군사적, 정치적, 지적, 문화적 우위의 담론은 아프리카에 대한 서구인의 묘사에서 극명하게 드러난다. 열대 지역으로서 가치중립적으로 분류되다가 중세 들어 문명의 침범을 받지 않은 고결한 지상 낙원으로 묘사되었고, 식민지 쟁탈이 치열해지면서 이내 문명화의 대상이 되는 야만의 지역으로 멸시되어 소위 문명 세력의 침탈을 정당화하는 논리로 둔갑되었던 것이다. 심지어 인간성이 탈취된 타락의 지역으로 묘사함으로써 노예 매매를 정당화하기도 하였다. 이처럼 서구인의 특권적 관점에서 구축한 상상의 지리로서, 편견 섞인 동양관을 사이드(E. Said)는 오리엔탈리즘(Orientalism)으로 명명하고 교만한 서구인들의 반성과 성찰을 촉구하였다. 그러나 동양으로서도 그와 같은 유형의 편견에서 자유로울 수 없었다. 문명의 중심에 중화가 놓이고 주변으로 갈수록 야만의 도를 더해 간다는 옥시덴탈리즘(Occidentalism)의 덫에 오랫동안 사로잡혀 있었던 것이다. 탈식민은 궁극적으로 우리(Us)와 타자(Them)의 경계를 거부하는 양심을 통해 쟁취할 수 있다. 제국주의적 발상에서 자연을 지배와 억압의 대상으로 간주한 나머지 각종 환경 문제를 야기한 인간의 도덕률에 반성을 촉구하는 환경사의 일부 관점도 후기식민주의에 자극을 받았다.

　페미니즘(Feminism)은 가부장주의와 남성 패권주의를 극복하고 궁극적으로 역사에서 감추어진 여성의 존재를 재발견하는 데 기여하였다. 젠더 정체성의 구성을 둘러싼 과정에 대한 이해에 기초하여 남성 중심의 차별적 구도, 남성의 권위를 고착시키고 재생산하는 구도를 타파할 것을 역설한다. 한국 역사에서 여성 지위의 변천을 살펴보면 그러한 노력이 필요한 이유가 분명해진다. 한국 여성은 오랜 기간 차별 없이 주체적인 역할을 수행하였던 것 같은데, 신라의 군주로 선덕여왕과 진덕여왕이 등극했던 역사적 사실 하나만으로도 납득하고 남음이 있다. 고려 시대는 물론 가까운 조선 중기까지 양계적 친족의 테두리 안에서 균분 상속, 윤회 봉사, 남귀여가혼(男歸女家婚)이 보편적인 풍속으로 뿌리내리고 있었으며, 족보에 남녀의 구별 없이 연령에 따라 이름이 기재되는가 하면 과부의 재가도 인정되었다.

　16세기 중반을 기해 양반 계층이 양적으로 팽창하면서 경제 기반의 상대적 저하가 심화되기 시작하였고, 그런 가운데 신분보다 경제력이 우선시되는 사회 발전 국면에 접어들면서 위기를 감지한 양반들은 자체적인 보호 장치의 하나로 적장자 중심의 가부장제을 공고히 다져나간다. 이후 여성은 사회적인 활동 무대에서 가정이라는 좁은 생활 공간으로 후퇴, 격리되며 보호라는 미명 아래 강요된 규율은 서민층보다 특히 상류층에게 엄격하였다. 내외법을 강조하고 효부·열녀를 추앙하는 분위기를 조성하여 여성의 종속적 지위를 공고히하는 가운데, 이를 경관이라는 재현의 수단을 통해 의식 속에 각인시키는 과정에서 등장한 것이 정표이다. 사회적인 성 역할 또한 궁녀, 의녀, 무당, 기생 등으로 하향 축소되며 이런 차별적인 구도는 갑오개혁에 이르러 신분 타파와 성차별 금지의 형식으로 해소된다. 남성 축첩권이 폐지되고 여성의 이혼권이 회복되는 동시에 과부의 재가가 허용되는 건설적인 변화도 함께 찾아온다. 돌아보면 남성의 지배와 여성의 종속 현상은 16세기 중엽에서 19세기 말, 즉 250년도 채 안 되는 기간에 첨예해졌다고 하겠다. 역사지리의 형성과 변화에 미친 여성의 역할은 결코 과소평가할 수 없음에도 불구하고 지금까지 그들의 존재는 가려져 있었다. 이제는 장막을 걷어 낼 시점이 된 것 같다.

2. 자료와 접근 방법

1) 자료

(1) 사료

역사지리 연구에는 사실을 입증하거나 일반화된 가정을 검증하고 이론을 구축하는 데 연구 자료가 필수적으로 요구된다. 역사학과 마찬가지로 역사지리학에서 사용되는 자료는 일반적으로 사료(史料)라 불린다. 사료는 언어, 민속, 구전, 사상 등 무형의 것에서 유물과 문헌 같은 유형의 것을 아우르며, 그 자체가 이론이자 사실이 되는 중요한 요소이다. 역사지리 연구의 기초 자료는 무엇보다 문헌으로서 저서, 편찬서, 일기, 비망록, 장적, 등록, 고문서 등을 포함한다.

자료는 직접적인 분석의 대상이 되는 일차 자료와 이미 한 차례의 분석을 거쳐 간접적으로 인용할 수 있는 형태로 정리된 이차 자료로 나뉜다. 원자료를 의미하는 일차 자료에는 유물과 유적을 필두로 실록, 등록, 지리지, 문학 작품, 일기류 등의 고문헌이 있으며, 양안, 호적 대장, 가호안, 호구 총수 같이 역사적 사실을 수치로 뽑아 쓸 수 있는 통계 자료, 족보, 고지도, 지명, 풍속화, 신문, 사진, 역사 경관 등 과거의 정보를 풍부히 담고 있는 자료도 포함한다. 반면 이차 자료는 전사된 것으로서 학술 연구에서 흔하게 사용되는 논문, 저서, 보고서, 통계집 등 각종 인쇄 자료가 포함된다. 정보 혁명을 계기로 자료의 수집, 저장, 추출, 처리에 일대 혁신이 초래되어 사료의 해석이 보다 정치해지고 방대한 양을 소화할 수 있게 됨으로써 그간 단편적으로 인식된 역사지리적 사실의 장기 동향을 추적할 수 있는 길이 열렸다.

하지만 과거의 지리를 이해하는 데 필요한 자료에는 적지 않은 오류와 허점이 발견된다. 특히 한 차례 재해석을 거친 이차 자료, 예를 들어 일차 자료를 편집한 문헌은 편찬자에 의한 취사선택이 불가피하기 때문에 왜곡될 가능성이 농후하다. 그런 이유에서 역사지리학자는 역사학자와 마찬가지로 엄밀한 사료 비판을 필요로 한다. 이론과 설명이 그럴듯하게 포장되었다 하더라도 근거로 제시된 자료 자체가 왜곡되었거나 자료에 대한 해석이 주관에 치우칠 경우 도출해 낸 결과는 날조에 불과하기 때문이다. 역사지리를 복원하고 그에 대한 논지가 설득력을 얻으려면 무엇보다 신뢰성 있는 자료를 선택해야 하며 자료를 활용할 때에는 각별한 주의가 요망된다.

경우에 따라 사료가 편찬될 당시의 정황이 오히려 사료의 내용보다 중요하게 작용하기도 한다. 주관으로 흐를 수밖에 없는 일기와 비망록 같은 개인 저술은 일상사를 정리하는 데 목적이 있기 때문에 내용 자체보다는 문서를 둘러싼 정황을 제대로 읽어내는 노력이 절실하다. 한편, 장적과 양안 같은 경제 문서는 중요한 기록이지만 이해관계가 얽혀 있으므로 무엇보다 치우치지 않는 공정한 관점을 유지하는 것이 중요하다. 등록은 기관에서 입수한 문서를 등사하여서 책으로 엮은 자료로서 일시별로 구분되어 사료의 이용 가치가 크다. 하지만 분류자의 손을 거치기 때문에 원형 그대로 전달되지 않을 가능성을 완전히 배제하기 힘든 것도 사실이다.

사료는 역사지리 연구의 뼈대인 동시에 살이 된다. 그 가운데 "일차적인 것이 으뜸(First Things First)!"이라는 클라크(A.H. Clark)의 말처럼 가공되지 않은 일차 자료야말로 그 자체가 한 편의 역사이고 한 장의 역사지리가 된다. 일차 자료에 지리적 상상력(Geographical Imagination)과 역사학자의 장인 기질(Historian's Craft)이 가미되면 누구도 확인한 적 없는 과거의 지리를 뚜렷하게 그려 낼 수 있을 것이다.

(2) 사료의 유형

① 유물과 유적

그림 1-7 유물과 유적

왼쪽에서부터 속리산 법주사의 철확, 고령 고분군, 칭경기념비전(稱慶紀念碑殿) 석문, 강경 구 대동전기상회가 보인다. 광무 6년(1902)에 건립된 칭경기념비전은 고종 즉위 40주년과 51세에 기로소(耆老所)에 입적된 것을 기념하기 위해 세워진 유적이다.

고고학은 선사 시대와 역사 시대의 지리적 상황을 복원하는 실질적인 단서를 중시한다. 고고학적 자료라 하면 주로 지하에 매장된 물질문화의 잔적을 지칭하는데, 여기에는 주거, 묘지, 생산 시설, 군사 시설, 도로 등의 유적과 각종 도구, 무기, 장신구, 제기 등의 유물이 포함된다(그림 1-7). 토지 구획과 토지 이용 상황도 경관을 복원하는 결정적 증거로 활용 가능하다. 발굴된 유물과 유적의 유형, 문양, 재료, 양식 등을 분석해 제작 시기와 형성 시기를 비정하는 작업이 이루어진다. 고고학적 자료의 강점이라면 사실성이 다분한 신뢰도 높은 직접적 증거를 제시해 준다는 데 있을 것이다. 역사지리학이 야외 조사의 중요성을 강조한다지만 매장된 유물과 유적을 발굴하는 데에는 미치지 못하기 때문에 고고학의 성과에 의존하지 않을 수 없고 따라서 학제 간 협력이 절실하다.

　금석문처럼 일부 유물에 새겨진 글귀 또한 지리적 상황을 유추하고 복원하는 데 긴요한 참고 자료가 된다(그림 1-8). 문서의 내용은 반드시 종이에 적혀야 하는 것은 아니며 목편, 죽간, 금속, 석재, 천 등 대상을 불문한다. 단편적이기는 하나 묘비, 기념비, 벽면, 불상, 청동거울, 칠기, 허리띠, 동종, 석등, 탑, 돌기둥, 부도, 각종 생활용구, 심지어 칼날에 역사가 기록된다. 인물의 행적은 묘비를 통해 일단을 엿볼 수 있고 기억할 만한 사건은 사적비에 각인된 내용으로 어느 정도 복원이 가능하다. 목재 위주의 일반 건축물과 달리 비는 주로 석재로 조성되기 때문에 여러 대를 거쳐 잔존할 수 있는 내구력을 갖는다. 암벽에 새겨진 선사 시대의 암각화를 통해 당시의 생활상을 회고할 수 있듯이 문자로 기록된 내용을 분석하여 보다 구체적인 정황을 되돌릴 수 있는 것이다. 금석문은 1차 자료로서 역사 시대 이전까지 연대가 소급되므로 선사지리와 역사지리를 재구성하는 데 큰 도움이 된다. 영천에서 발견된 청제비, 진흥왕순수비, 광개토왕릉비, 중원 고구려척경비, 부여 당평백제비 등은 수리관개와 지정학적 상황을 유추하는 정황 증거를 제공한다.

그림 1-8 ¨온정개건비
동래부사 강필리가 온정을 대대적으로 수리한 공로를 기리기 위해 1766년에 세웠다. 비문에 따르면 이곳에는 석재로 지은 두 개의 탕이 있었다고 한다.

제1장 : 역사지리학의 본질과 접근 방법　53

② 지도

지도(map)란 지표의 일부 혹은 전부를 축소시켜 인문지리와 자연지리에 관한 사실을 기호로써 평면상에 표시한 것이다. 건설교통부령 지도 도식 규칙에는 "지표면, 지하, 수중 및 공간의 위치와 지형, 지물, 지명, 행정 구역 경계 등의 각종 지형 공간 정보를 일정한 축척에 의하여 기호나 문자 등으로 표시한 도면"으로 정의되어 있다. 지도는 일반에 널리 보급하기 위해 국가가 제작하여 기본도로 사용하는 일반도(general map)와 구체적인 용도 및 목적을 염두에 두고 특정 사항을 선택하여 그 공간적 분포, 패턴, 구조를 표현한 주제도(thematic map) 또는 특수도(special map)로 구분된다. 제작 기법을 기준으로 직접 측량하여 제작한 실측도와 그것을 편집해 완성한 편집도, 제작 시기와 관련하여 고지도, 근대 지도, 현대 지도의 구분을 생각해 볼 수도 있다.

동서양을 막론하고 지도는 상징적 세계관을 표현한 원시 미술에 기원을 둔다. 점판암, 파피루스, 암벽 등에 새겨지던 지리적 사상은 점차 평면의 종이 위로 옮겨진다. 육상 및 해상 교통이 발달하고 교역을 비롯한 지역 간 교류가 활성화되면서 미지의 세계는 속속 지도상에 추가되고 이는 궁극적으로 세계 인식의 확장에 크게 기여하였다. 측량술의 발달에 힘입어 도법이 다양해지게 되는데, 삼각 측량을 거쳐 완성된 지도의 경우 지표의 윤곽을 보다 명확하고 사실적으로 재현할 수 있었다. 경위선 개념이 도입되어 참고할 점을 가지게 됨으로써 지도의 표준화를 기할 수 있게 되었고 인쇄술의 발달에 힘입어 지도의 대중화가 이루어졌다.

고지도는 표현하고자하는 범위와 주제에 따라 천하도, 조선도, 도별도, 도성도, 군현도, 관방도, 특수도 등으로 구분된다. 전통적인 원형천하도는 중심 대륙으로서 중국을 내부에 포진시키고 그 바깥에 내해, 환대륙, 외해를 차례로 그려 유교, 도교, 민간 신앙이 복합된 동양 특유의 상상적 세계관을 표현하였다. 조선도는 국토관, 자연관, 과학 지식, 지도 제작 기술, 예술적 감각의 총체적 투사체로 인정되며 독자적인 발전 단계를 밟아 왔다. 특히 정상기(1678~1752)에 이르러 방안 좌표의 일종인 백리척이 고안되면서 지도학 발달의 전기가 마련되었으며 이후에 그려진 지도는 사실성과 정확도를 높일 수 있었다(그림 1-9). 전통 지도의 결정판으로 일컬어지는

 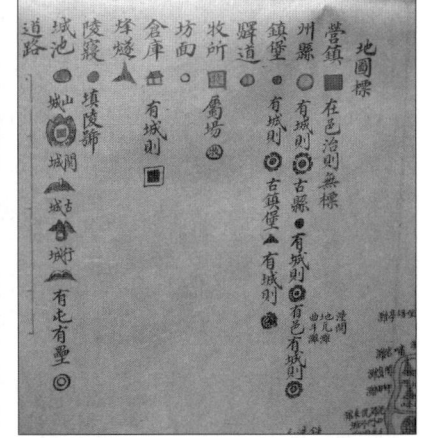

그림 1-9 백리척과 동여도의 지도표
자료 : 김정호, 동여도, 서울대학교규장각, 2003.

『대동여지도』1861년에 제작되었으며 남북 120리, 동서 80리의 방안 축척을 사용하여 엄밀성을 더했다. 김정호의 지도가 중요한 이유는 그려진 산계와 수계에 반영된 예술적 감각과 아울러, 10리마다 눈금을 표시하고 범례를 사용하는 등 표현 방식이 독창적이었던 데 있다. 목판 인쇄에 의거해 지도를 대량으로 발간함으로써 지도의 대중화에도 앞장섰다.

  전국 팔도를 대상으로 한 도별도의 경우 지리 정보가 다소 빈약하고 형태상 왜곡이 심했으나 제작 기법이 정교해지면서 내용이 대폭 확충되어 자료로서의 가치를 더하게 되며, 진경산수화풍으로 묘사된 도성도는 자연과 합일된 서울의 수려한 전통 경관을 화사하게 재현한다. 그러나 역사지리 연구에서 가장 긴요하게 다루어지는 것은 다름 아닌 읍지도이다. 군현지도로 불리며 조선 시대 지방 통치의 기초 단위였던 부·대도호부·목·도호부·군·현을 묘사한 읍지도는 회화식으로 그려진 대축척 지도로서 행정 중심지인 읍치를 세심하게 처리한 반면 주변 지역은 소략하게 표현했다는 단점은 있으나 생활권을 반영해 설정된 단위 지역의 지리적 실상을 한 눈에 확인할 수 있는 긴요한 자료로 쓰인다. 그밖에 접경 지대, 산성, 병영, 수영 등 전략적 요충과 군사 시설의 분포를 부각시키는 동시에 지형지세를 상세히 묘사한 관방 지도를 비롯해 궁궐도, 관아도, 산도, 수도, 묘도, 천문도, 도로 지도, 봉수도, 사찰도, 수진본 지도 등 특수한 목적과 기능을 가진 지도의 자료적 가치도 크다.

지도가 담고 있는 사실적 가치가 중요한 만큼 이면에 가려진 지도 제작자의 저의를 파헤치는 고난도의 작업 역시 역사지리에 부여된 과업의 일부이다. 이는 "지도를 해체해야 한다."라는 할리(J.B. Harley)의 주장과도 맥이 닿아 있는데, 그는 지도학을 지리적인 관계를 분석하고 해석하며 그 결과를 지도라는 수단을 통해 교류하는 학문인 동시에 예술(art), 과학(science), 기술(technology)의 종합으로 인식하고 지도를 매개로 행사되는 권력의 행방을 좇고자 노력하였다. 17세기까지 지도는 객관적인 동시에 실재라는 인식이 보편적이었다. 바꾸어 말해 실재(reality)는 지도상의 재현(representation)과 다를 바 없었다. 체계적인 관찰과 계측이 지도학적 지식의 기초라는 가정에서 지도는 과학(science)의 산물, 자연 세계에 대한 거울로 비유되었으며, 객관성, 정밀성, 진실성을 반영하는 가치중립적 수단으로 인식되었다. 할리는 그러나 해체에 의한 지도의 비판적 이해에 무게를 둔다. 지도란 기하학과 이성의 산물이지만 동시에 사회적인 전통, 규범, 가치를 반영하는 예술(art)이라 여기고 지도의 표상 배후에 존재하는 모순과 침묵을 발견하고자 하였다. 해체된 지도는 세계관과 가치관을 표출하는 독특한 재현 양식으로서 문화적, 역사적 텍스트(text)로 인정받는다.

『해동지도』에 수록된 「제주삼현도」를 예로 들면 회화식으로 제작된 지도임에도 화산 지형 면면을 자세히 드러내는 사실성과 아울러 상대적으로 크게 부각된 한라산 백록담을 통해 당대 제주인의 상징적 향토관을 엿볼 수 있게 해 준다. 남쪽이 지도의 위로 향해 있어 서울의 정궁에 주재한 절대 군주의 시점이 강요되고 있다는 점에서 숨겨진 권력의 자취를 또한 읽을 수 있다(그림 1-10).

고지도는 정밀하게 측정된 것이 아니어서 자료로서 많은 한계를 지닌다. 다행인지 불행인지 『대동여지도』를 정점으로 고지도는 1895년경 일제가 식민화 책략의 일환으로 비밀리에 작성한 근대 지형도로 맥이 이어진다. 평판 측량에 입각해 제작된 1:50,000 구한말 한반도 지형도는 우리의 의도와 무관하게 작성된 자료이지만 역사지리 연구를 위한 귀중한 자료가 아닐 수 없다. 축척, 지명, 지형 등이 다소 부정확하나 고지도와 확연히 구별되는 신개념의 지도로서 당대인의 지리관에 큰 파장을 몰고 왔음이 분명하다. 뒤이어 조선총독부 육지측량부가 제작한 『근세한국오만분지일지형도』

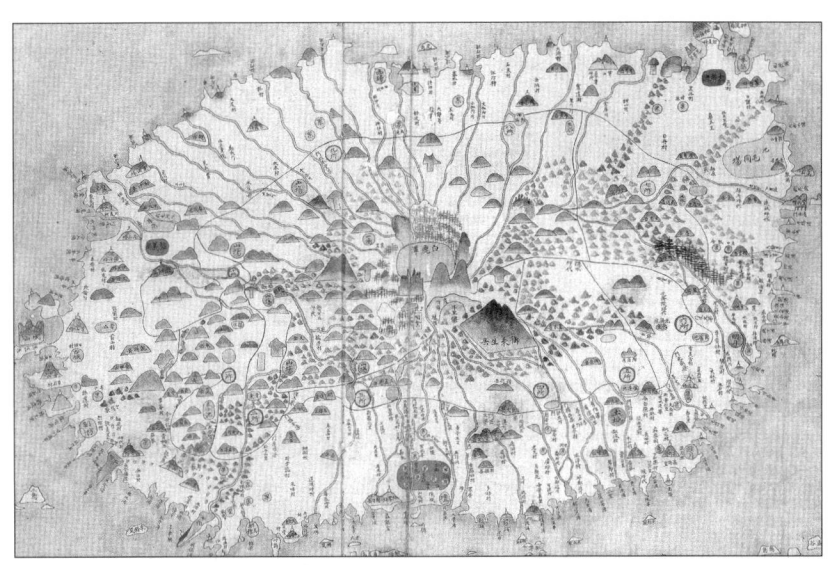
그림 1-10 해동지도의 제주삼현도

722도엽은 삼각 측량과 수준 측량에 의해 제작된, 명실상부한 근대 대축척 지도의 정수라 해도 과언이 아니다. 이 지형도는 1890년에 일본 육군육지측량부가 비용, 시간, 기술적 부담 때문에 계획했던 1:20,000 지형도를 포기하면서 대안으로 채택되었던 지도였다. 메이지 정부가 국가 기본도인 1:50,000 지형도 제작에 착수한 것은 1892년의 일이었으며, 동아시아 침략을 획책하는 과정에서 조선, 대만, 중국 등지에 확대 적용하였다. 실제로 메이지 정부 말기부터 쇼와기에 걸쳐 5만분의 1 지형도는 식민지 지배를 위해 보조 역할을 충실히 수행하였다. 이 지도는 제작 당시인 일제 강점기는 물론 조선 후기, 나아가 그 이전의 지리적 상황을 복원할 수 있는 길을 열어 준 자료로서 식민사관에 대한 비판과 관계없이 역사지리 연구를 위한 가장 중요한 자료로 인정된다(그림 1-11).

5만분의 1 지형도 제작은 토지의 강제적 점탈을 염두에 두고 1910년대 초에 시행한 토지조사사업이 계기가 되었다. 조사의 결과『조선지지자료』가 간행되고 대축척의 지적도가 제작되었으며 실측도인 지적도를 기초로 지형도가 편집되는 과정을 밟았다. 1:1,200의 대축척으로 제작된 지적원도 표지에는 인덱스 지도와 함께 도로 및 하천 등을 경계로 설정된 행정 구역이 명시되어 있으며, 각 도엽마다 필지에 따라 붙는 지

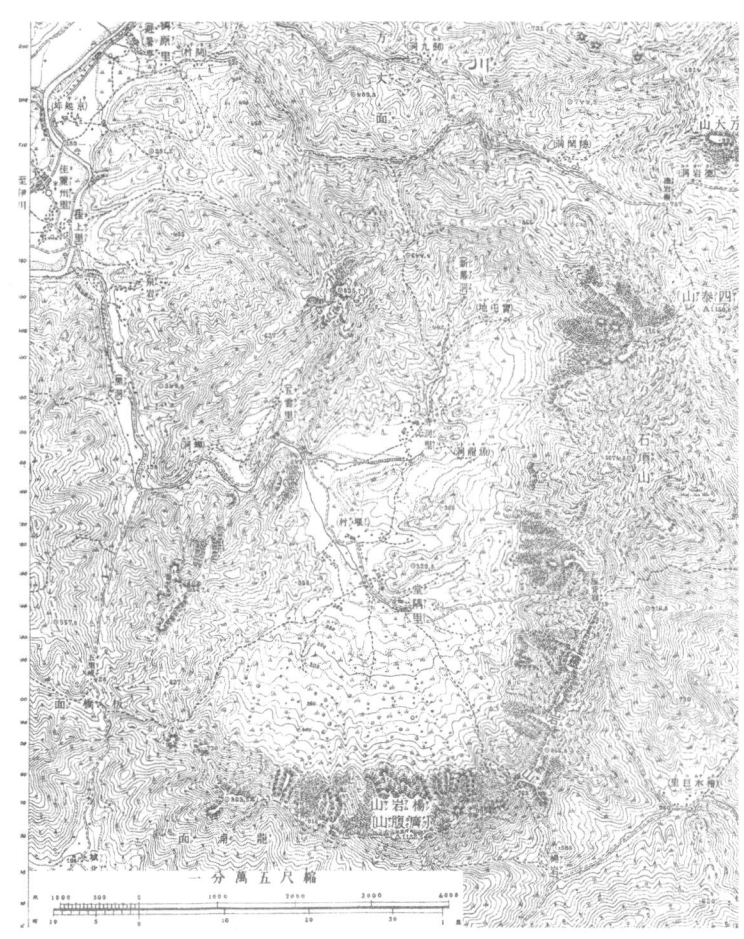

그림 1-11 강원도 이천 광복동
택리지에 명촌으로 지목된 지역으로서 주변의 높은 산지로 둘러싸인 취락 내부로 들어오는 입구는 좁아 외부로부터의 접근을 허락하지 않으나 소하천변에 형성된 소로를 따라 내부로 진입하면 비교적 넓은 정주 공간이 펼쳐진다.

번과 아울러 대지, 논밭, 임야, 잡종지, 도로, 도랑, 못, 분묘, 사원 등의 지목이 명시되어 토지 이용 상황을 한 눈에 확인할 수 있다. 일부 지적도에는 간혹 소유주의 이름이 기록되기도 한다. 지적원도와 일체를 이루는 토지조사부에는 지번, 지목, 지적, 신고일, 소유자 주소, 성명, 비고 등의 항목으로 관련 정보가 집계된다. 지적원도와 토지조사부를 접목하면 필지 구획에 반영된 경지의 형태, 촌락과 도회 경관, 구도로, 시장, 토지 소유 관계, 부재 지주, 토지 이용, 취락의 규모와 구조 등 인문지리의 종합적 복원이 가능하다. 그러나 상대적으로 보존이 양호한 지적도에 비해 토지조사부는 태반이 유실되어 이용에 많은 제약이 따른다(그림 1-12).

일제 강점기에 제작된 지형도는 현대 지형도의 모태가 되었다. 앞서 역사지리는 현대를 연구 시기에서 배제하지 않는다고 밝혔기 때문에 국방부 지리연구소가 제작한 1958년판 지형도를 비롯해 내무부 국립건설연구소가 1962년에 제작한 민수용 1:50,000 기본도의 가치 또한 인정하지 않을 수 없다. 국립건설연구소는 1967년에 항공사진 측량법을 적용해 1:25,000 지형도 제작을 시작한 이래 1974년까지 762도엽을 완료하였고, 1973년과 1974년에 이를 축소하여 1:50,000 지형도 239도엽을 제작

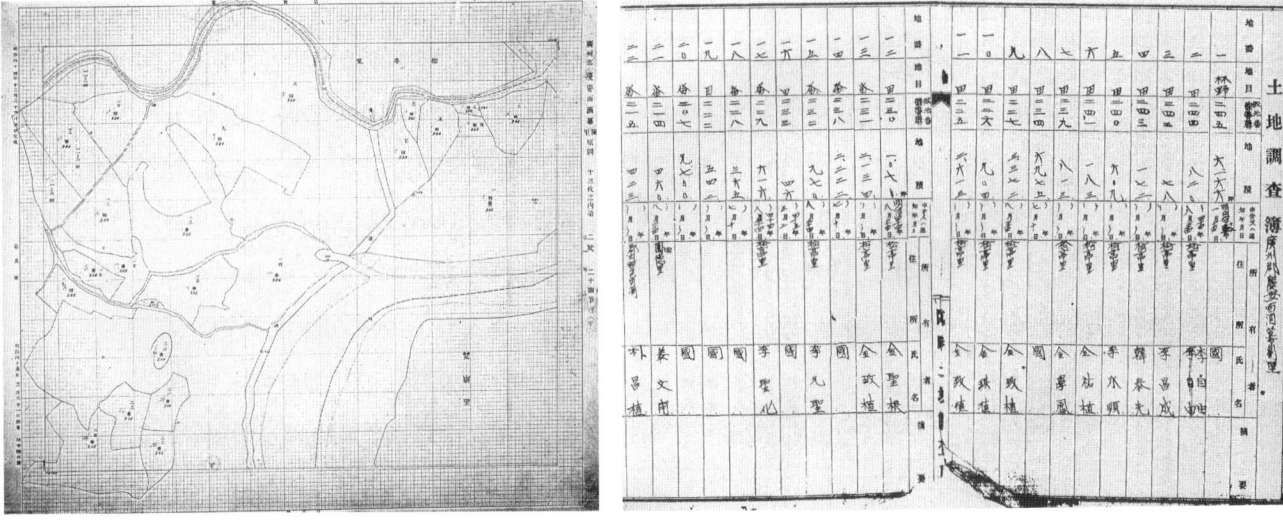

그림 1-12 지적원도와 토지조사부(경기도 광주군 경안면 주막리, 1911)

하는 성과를 올렸다. 동 연구소는 국립지리원을 거쳐 국토지리정보원으로 기관명을 달리하였으며, 지형도에서 위성 영상 지도에 이르는 각종 국가 표준도는 물론 국가지리정보시스템(National Geographic Information System) 구축의 일환으로 수치 지도를 제작함으로써 역사지리 연구의 폭을 대폭 확충시켰다.

지형도를 편집하는 데 쓰이는 항공 사진은 두 장의 컷이 6% 정도 중첩되게 촬영함으로써 스테레오그래픽을 이용한 입체적 판독이 가능하도록 하였으며, 물체의 크기, 형태, 색채, 음영, 조직 등 다양한 특징을 읽어 내는 작업이 이루어진다. 산지, 평야, 해안 등의 지형과 아울러 각종 건물, 교통로, 필지 구획, 토지 이용 등의 정보를 판독하여 지역을 개관한다. 항공 사진의 가치는 시기를 달리하는 여러 장을 비교하는 가운데 확연해진다. 한편, 위성 영상은 농지, 항만, 도시, 교통, 수리, 방재 등과 관련한 계획을 수립하고 지도를 제작하는 등 다양한 목적과 요구에 부응하지만 일차적으로는 지형, 지질, 식생, 수문, 토지 이용, 유적 등의 조사와 연구를 수행하는 데 활용된다(그림 1-13).

그림 1-13 서해안 금강 일대의 위성 영상

③ 고문서

고문서는 옛 문서를 의미한다. 일상의 필요에서 작성된 단편적인 기록으로 문서를 주고받는 당사자 상호 간의 약속에 의해 성립되기 때문에 형식성이 강한 사료이다. 문서의 발급자와 수취자 사이에 명령, 지시, 건의, 청원, 진정, 고지, 조회, 계약, 증여 등 특정 목적이 개재되는 명문화된 자료로서 그러한 상황이 해소되면 문서 본연의 효용성을 상실한 채 오직 과거의 기록으로 용도가 한정되는 특수성을 가진다. 편찬서, 일기, 비망록, 저술, 등록, 장부 등과 구별되는, 특정한 목적을 위하여 작성된 문헌으로서 고문서는 실용성이 강하며 기록 당시의 삶을 투영하는 일차 자료이다. 공식적인 경로를 거쳐 편찬되는 자료에서 확인할 수 없는 과거의 생생한 정황을 있는 그대로 전해 준다는 점에서 사료의 가치는 매우 크다. 고문서는 국가와 왕실, 중앙 정부, 지방 행정 기관, 사찰, 향교, 서원, 유서 깊은 가문에 적잖이 보관되어 있으며, 문권, 문계, 문기 등 개인의 재산과 권리에 관련되는 사문서와 기관에서 공적인 목적을 위해 작성하는 공문서 혹은 관문서로 구분된다. 발송 주체에 입각해 국가, 왕실, 중앙 및 지방 관부, 사찰, 유교 단체, 사회단체, 개인, 기타 등으로 분류하기도 한다(표 1-4).

백성이 관에 올리는 소지, 등장(等狀), 상서, 다짐(侤音), 국왕에게 올리는 상언과 원정, 신하가 국왕에게 올리는 상소와 차자, 국가의 길흉사에 국왕에게 올리는 전문, 아전이 공무에 관하여 관장에게 올리는 고목, 하급 관청이 상급 관청에 대해 공무에 관한 사항을 올리는 첩정과 장계 등은 기록된 시대의 사회상과 지리적인 실상을 추론할 수 있는 몇 가지 유형이다. 첩정과 장계는 군현의 역사지리적 정황을 파악할 수 있는 귀중한 자료라 하겠으며, 관에서 관으로 보내는 관문, 첩문, 감결, 전령, 관이 백성에게 내리는 완문, 입안, 데김(題音), 입지 등을 분석해 얻을 수 있는 정보도 적지 않다. 매매 명문인 토지문기, 가옥문기, 노비문기, 염분문기, 도장문기 등은 취락의 현황을 담고 있어 중요성이 더욱 크다(그림 1-14).

고문서는 민간의 생활사를 엿볼 수 있는 귀중한 자료로서 관찬사서에 언급되지 않는 미시사를 밝혀 준다는 점에 가장 큰 가치가 있다. 여타 자료와 달리 문서의 작성, 발송, 수령에 관한 사실을 가감 없이 전하며 기재 내용에 윤색이 가해지지 않아 정확

표 1-4 고문서의 유형

문서 종류	수신	유형
국왕 문서	왕실	옥책문, 죽책, 시책, 교명, 유교
	관부	수교, 교서, 유서, 유지, 밀교, 교지, 교첩, 녹패, 봉서, 록권, 오공신회맹문, 비답, 선패, 하선장
	개인	교서, 윤음
	사원	사패
왕실(궁방) 문서	왕실	전문
	관부	내지, 자지, 휘지, 의지, 영서, 영지, 하답, 수본, 준원록세계단자, 돈령단자, 도서패자
	개인	도장허급문
관부 문서	국왕	왕책, 전문, 상소, 차자, 계문, 초기, 계본, 계목, 장계, 서계, 정사, 천단자, 포폄단자, 진상단자, 하직단자, 사은단자, 육행단자, 문안단자, 지수단자, 처녀단자
	왕실	상서, 신본, 신목, 장달, 왕책, 전문
	관부	관, 첩정, 첩, 입법출의첩, 기복출의첩, 해유, 서목, 수본, 감결, 전령, 차사첩, 지만, 서경단자, 익호망경, 시호망단자, 포폄동의단자, 문안물종단자, 자문, 진성, 논보, 문장, 문장서목, 고목, 품고, 치통, 회통, 통유, 망기, 조보, 저보, 부거장, 군령장, 녹표, 물금첩, 마첩, 초료, 노문, 노인, 행장, 고풍, 행하
	개인	완문, 공명첩, 입안, 입지, 예김, 제사, 준호구, 전준, 등급, 조흘첩, 물금첩, 고시
	사원	완문, 체문
사인 문서	국왕	상소, 상언, 원정, 시권
	관부	소지, 발괄, 등상, 단자, 원정, 상서, 의송, 다짐, 호구단자, 진고장, 진시장, 공신자손세계단자
	개인	입후성문, 화회문기, 분깃문기, 금촌문기, 별급문기, 허여문기, 유서, 토지문기, 가옥문기, 노비문기, 어장문기, 염분문기, 선척문기, 공인문기, 기인문기, 경주인문기, 여각주인문기, 감관문기, 도장문기, 전당문기, 수표, 속량문기, 자매문기, 완의, 제수단자, 부의단자, 서장, 혼서
사사 문서		상소, 소지, 모연문
서원(향교) 문서		상소, 상언, 품목, 통문, 묵패
도관 문서		상소, 상언, 소지
결사 문서		상소, 소지, 등상, 통문, 전령, 첩문, 차정, 험표
봉신불 문서		치제문

자료: 최승희, 1989, 한국고문서연구, 지식산업사, pp.48-52.

성이 두드러진다. 일회성의 단편적인 자료라는 점에서 지속과 변화를 중시하는 역사지리의 자료로 활용하는 데 부담이 따르는 것은 사실이지만, 역사 인식의 일대 전환을 가져오는 경우도 적지 않으니 소홀히 다룰 수 없다. 역사지리의 공백을 메우는 자료로서의 가치를 높이기 위해서는 산일된 자료를 수집하여 체계적으로 정리·분류하

그림 1-14 도장문기

육상궁이 개인의 자본을 투자하여 저습지를 개간한 공적으로 조창손을 도장으로 임명한다는 내용을 담고 있다.
자료 : 황해도장토문적, 규 19303

는 작업이 선행되어야 한다.

④ 전적

역사지리 연구의 주요 자료로서 전적은 손으로 쓰거나 전사한 필사본과 목판, 석판, 금속 활자, 목활자 등으로 반복해서 찍어낸 인쇄본으로 나뉜다. 민간에서 판매를 염두에 두고 출판한 전적을 방각본이라 일컫기도 한다. 관청, 사찰, 서원, 향교, 문중이 남긴 서책의 종류와 분량도 상당하다. 전적은 사고전서총목의 사부법(四部法) 체제에 따라 유학자의 윤리와 철학에 관한 경부(經部), 역사 분야인 사부(史部), 제가의 사상을 포함한 자부(子部), 여러 학자의 글을 모아 정리한 집부(集部)로 분류할 수 있다(표 1-5).

역사지리 복원을 위해 가장 중요한 자료는 총지, 도지, 읍지, 영진사례, 산천, 도로, 이정, 고적, 기행, 지도, 향약, 계 등을 아우르는 지리서이다. 이 가운데 읍지는 조선 시대의 지리적 상황을 파악하는 데 없어서는 안 될 귀중한 자료원이다. 조선 시대 읍지는 도지에 수록된 53종과 군현지로 간행된 866종을 헤아린다(표 1-6). 읍지는 자연지리와 인문지리를 망라해 풍부한 내용을 담고 있다(표 1-7).

표 1-5 사고전서 분류 체계

사부	유형
경부	총경류, 역류, 서류, 시류, 춘추류, 예류, 효경류, 사서류, 소학류
사부	정사, 편년, 기사본말, 별사, 잡사, 사표, 초사, 조령·주의, 전기, 보계, 직관, 정법, 탁지(호구, 전제, 부세, 재정, 군사, 형옥·사송, 외교·통상, 교통·통신, 교육·선거, 공영, 관서문안), 산업(농림업, 어염업, 광공업, 상업, 무역, 화폐·금융, 운수, 기타), 지리[총지, 방지(도지, 군읍지, 영진사례), 산천, 도로·이정, 고적, 기행, 지도, 향약·계], 서지, 금석
자부	총자류, 유가류, 도가류, 석가류, 병가류, 농가류, 의가류, 잡가류, 천문·산법류, 술수류, 예술류, 정음류, 역학류, 보록류, 류서류, 서학류, 동학류, 기독교류, 기타 종교류
집부	총집류, 별집류, 서간류, 사곡류, 시문평류, 소설류, 수필류, 잡저류

　가호와 인구에 관한 사항은 일차적으로 호적 대장에 정리된다. 호적은 군역과 요역의 부과, 신분과 가계의 확인, 노비 소유 상태의 파악 등 여러 목적에서 작성되며, 지배층의 입장에서 국가 운영에 필요한 인적·물적 재원을 안정적으로 확보하기 위한 필수 불가결한 수단이었다. 조선 시대에는 자·묘·오·유 식년에 한 차례 군현별로 호적 대장을 작성하였다. 면임과 호적리 주관 아래 가호로부터 호구 단자를 신고 받은 다음 보고 내용의 사실 여부를 확인한 뒤 가좌 순서에 따라 오가작통하여 면리별로 호적 대장을 작성하였다. 해당 군현은 양역과 군역의 변통을 위해 원본 1부를 고을에 남기고, 등사한 사본 2부는 각각 감영과 호조 또는 한성부로 상송하였다. 신고자가 호구 관련 자료를 필요로 할 때에는 관아에서 발급하는 준호구를 증명서로 활용

표 1-6 읍지의 도별 분포

도	도지			군현지	
	종류	수록 읍	읍 평균	종류	읍 평균
경기도	3	78	2.2	143(155)	3.7(4.0)
충청도	11	254(2종미상)	4.7	90(102)	1.7(1.9)
전라도	10	174(6종미상)	2.9	154(162)	2.7(2.8)
경상도	9(11)	312(4종미상)	4.4	184(195)	2.6(2.7)
강원도	4(6)	68	2.6	82(89)	3.2(3.4)
황해도	3	69	3.0	49(60)	2.1(2.6)
평안도	3	101	2.3	113(130)	2.6(3.0)
함경도	10	149	6.0	51(64)	2.0(2.6)
총	53(57)	1,205	3.5	866(956)	2.5(2.8)

주 : 괄호 안의 내용은 현전하지 않으나 기록에 등장하는 읍지를 고려한 수치
자료 : 양보경, 1987, 조선시대 읍지의 성격과 지리적 인식에 관한 연구, p.43.

표 1-7 읍지의 수록 내용

분류		일반 항목	기타
자연지리		산천, 형승, 도서	임수, 온천, 영현
인문지리	역사, 문화, 사회	건치연혁, 군명, 강계	읍치, 분야(分野), 태봉, 교방
		능침, 총묘, 풍속, 고적, 누정, 학교, 사찰, 단묘, 공해, 비판(碑板), 고사, 제영	
		성씨, 인물, 충신, 효자, 효녀, 열녀, 명환, 과환, 은일, 학행, 유우(流寓), 행의(行誼), 선생안	
	경제	호구, 결총, 조세(전세, 대동, 균세, 상세, 선세, 곽세, 염세), 장시, 토산, 제언, 창고, 요역, 환곡, 봉름	진공, 읍사례
		역원, 봉수, 발참, 도로, 교량, 진도	
	정치, 행정, 군사	관직, 방리, 성곽, 진관, 진보, 군액, 군기, 관방, 목장	천안(賤案), 토관(土官), 병선

자료 : 양보경, 1987, 조선시대 읍지의 성격과 지리적 인식에 관한 연구, p.32.

할 수 있었다.

호적 대장은 신분 확인, 징병, 조역, 노비의 추쇄 등에 없어서는 안 될 자료로서 일정한 양식을 갖추었는데, 『경국대전』 호전의 호구식에 준하였다. 즉 가구의 소재지, 호주의 신분(직역)·성명·연령·본관, 4조의 신분·성명, 처의 신분·성명·연령·본관, 4조의 신분·성명, 동거인의 호주와의 관계·신분·성명·연령, 소유 노비 및 고공의 신분·(성)명·연령·부모 등을 기록하도록 규정되어 있었다. 대장의 작성에 간혹 피역을 위한 작간이 개재되어 실상을 온전히 전하지 못하는 경우가 있기는 하지만 호구 관련 사료가 희소한 상황에서 그 가치는 결코 작지 않다. 특히 한 지역의 호적 대장이 여러 시대에 걸쳐 잔존한다거나 한 해의 대장이 여러 지역에 걸쳐 작성되었을 경우 생활사의 변천과 지역별 차이를 파악하는 데 더없이 좋은 자료가 된다.

경상도 단성현 호적 대장에서 그 기재 양식을 개략적으로 확인할 수 있다(그림 1-15). 첫 3단에 '縣內面第一里竹田村第一統統首步保柳㐘明 第一戶步保柳㐘明年參拾玖己未本晉州父守貞祖應守曾祖應吉外祖洪善本軍威妻私婢九禮年肆拾陸壬子主縣居李珖父奴明先母婢還介三祖不知率子柳鶴拾辛卯主上同甲午戶口相準'이라는 기록이 보인다. 면리 명, 촌 명, 통수의 직역과 성명을 기록한 뒤 호별로 호주의 직역·이름·연령·간지·본관·3대조·외조·외조의 본관, 처의 직역·이름·나이·간지·원주인·부

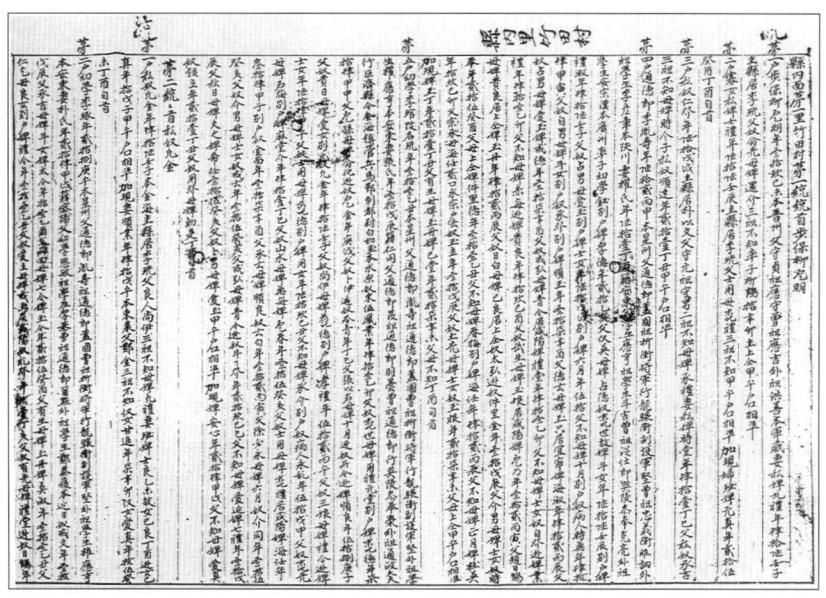

그림 1-15 단성현 호적 대장(숙종 43, 1717년)
경상도 단성현의 정유년 호적 대장으로서 숙종 43년(1717)의 작성되었다
자료 : 경상도단성현호적대장, 한국정신문화연구원, 1980.

모·3대조, 장남의 이름·연령·간지·원주인 등이 기록되어 있다. 말미에 정유년에 작성된 이 호적 대장의 경우 갑오년 호구에 준해 작성되었음을 적고 있다.

　1896년 9월 1일을 기해 칙령 제 61호로 〈호구조사 규칙 및 세칙〉이 반포되기 전에 작성된 구식 호적 대장은 총 550책이 전한다. 지역별로 경상도가 408책(국내 소장 284책, 일본 소장 124책)으로 가장 많고, 제주도 127책(국내 소장), 전라도 8책(국내 소장), 강원도 4책(1책 미국 소장), 한성부(국내 소장) 1책, 평안도(일본 소장) 1책, 지역 미상 1책 등의 분포를 보인다. 시기상으로 1606년에 작성된 경상도 단성현의 것이 가장 이르며 대체로 18~19세기의 것이 절대 다수를 차지한다. 〈호구조사 규칙 및 세칙〉이후 1909년 3월 4일 반포된 법률 제 8호에 의해 〈민적법〉이 제정될 때까지 작성된 소위 신식 호적 대장은 총 254책이 전하는데, 구식 호적 대장과는 달리 전국적인 분포를 보이지만 국내에는 불과 46책만이 소장되어 있고 나머지 199책은 일본, 9책은 미국에 남아 있다.

　역사지리 연구에서 조선 시대 호적 대장은 촌락과 인구를 연구하는 데 긴요하다.

산촌, 강촌, 평지촌, 어촌 등 촌락의 입지는 물론 분동(分洞)과 합동(合洞)으로 인한 촌락 수의 변화와 아울러 '신촌'이라는 지명으로 대변되는 새로운 촌락의 등장을 파악할 수 있다. 촌민의 수에 비추어 촌락의 규모를 대촌, 중촌, 소촌, 잔촌 등으로 분류하는 것도 가능하며, 무엇보다 역촌, 원촌, 주막촌, 사하촌 등 기능에 따른 유형과 아울러 반촌, 민촌, 동성촌 등 촌락의 성격도 엿볼 수 있다. 구식 호적 대장 본문에 이래호(移來戶)가 적혀 있고, 말미의 잡질(雜秩)에는 이거(移去)에 관한 내용이 기록되어 군현 간 주민들의 이주 사실을 파악할 수 있다. 호주와 처에 관해 4조의 신상을 파악하여 가문, 신분, 지역 간 주민들의 통혼 관계를 살필 수 있으며, 나아가 특수 신분층의 가족 관계, 신분 세습, 세거 양상 등을 다각적으로 고찰하는 것도 가능하다.

양안은 호적 대장 이상으로 지리적 내용이 풍부한 자료이다. 전산업 시대 경제생활의 근간은 농업에 있었고 토지는 국가 운영에 필요한 재원을 확보하는 원천이자 생계 유지를 위한 생명줄이나 다름없었다. 따라서 부와 신분의 상징이기도 한 중요한 물적 토대에 대한 관리는 철저하였다. 토지 정책을 수립하는 데 조정에서 참고한 자료는 토지 대장, 즉 양안(量案)이었다. 양전은 원칙적으로 20년마다 시행되어야 하지만 정치사회적인 이유로 법전의 규정이 그대로 준수되지는 못하였다. 조선 시대의 양전은 건국 초인 15세기, 17세기 전반, 18세기 전반, 19세기 말~20세기 초 등 모두 네 차례에 걸쳐 이루어졌다. 양안은 3부를 작성하여 읍, 감영, 호조에 보관하였다.

양안의 작성 방식은 지역마다, 서책마다 조금씩 편차가 있는 것은 사실이지만 대체로 면의 이름, 자호(字號), 지번, 양전 방향, 토지 등급, 지형(地形), 지목, 열좌(劉座), 장광척(長廣尺), 결부, 마지기(斗落) 또는 하루갈이(日耕), 사표(四標), 시주(時主) 또는 진주(陳主), 작인(作人) 등의 순으로 기재된다. 1898~1904년의 양안에서는 토지의 실체를 파악하기 쉽도록 필지마다 토지의 형상, 즉 지형이 그림으로 제시되었다. 황무지로 변해버린 진전(陳田), 황폐화되었다가 재차 개간된 속전(續田), 새로이 개간된 가경전(加耕田)의 경우 토지 등급 다음에 내역이 밝혀지기도 한다.

구체적으로 보면, 양전 시기와 행정 구역에 대한 정보가 먼저 기록되며 이어 '○○坪'처럼 구체적인 측량 지역이 명시된다. 계속해서 자호가 기록되는데 일자오결(一字五結)의 원칙에 따라 양전 단위를 천자문 순으로 표시하며 특별한 규정이 없는 한 객사에서 출발한다. 『지계감리응행사목(地契監理應行事目)』에도 '字號는 國朝舊典을 依 ᄒᆞ야 千字文으로 標ᄒᆞ야 量滿五結ᄒᆞ거든 字號를 變호디 每郡客舍北壁에서 字號를 起 始ᄒᆞᆯ사' 라고 출발점을 명시하고 있다. 자호에 이어 필지를 대상으로 부여되는 지번, 양전 방향이 기재된다. 양전의 방향은 '○犯'의 형식으로 표기되는데, 앞에는 방향을 가리키는 글자가 추가된다. 예를 들어 서범은 측량이 서쪽으로 진행되었다는 것을 의미한다.

토지의 형상, 즉 지형은 측량한 토지의 구체적인 형태와 이용 상태를 말해 준다. 제답(梯畓)으로 표기되었다면 사다리꼴 형태의 논을 지칭한다. 『지계감리응행사목』에 '田畓의 形은 國朝舊典의 方形·直形·圭形·句股形外에 圓形과 橢形과 弧矢形과 三角形과 眉形을 添定ᄒᆞ고 十形에 不合혼 田畓은 直以邊形으로 定名ᄒᆞ야 等邊不等邊을 勿論ᄒᆞ고 四邊形·五邊形으로 以至多形까지 隨形命ᄒᆞ야 量案에 懸錄ᄒᆞᆯ사' 라 하여 형상의 유형이 구체적으로 거론된다. 지목은 주로 밭과 논으로 구성된다. 가대(家垈) 또한 밭으로 분류되었다. 필지의 규모는 장광척으로 표기하였는데, 99.992cm에 해당하는 양전척을 사용해 각 변의 길이, 넓이, 높이를 측량한 결과라 하겠다. 필지의 사방 경계를 의미하는 사표는 동서남북 사방의 지형지물과 인접 토지의 소유자를 기록하는 방식으로 처리하였다. 필지 내부의 구획도 명시하였는데, 일례로 '九畓'는 아홉 배미로 구획된 논임을 암시한다. 필지는 통상 논의 경우 배미(夜味), 밭은 뙈기(座)로 구분한다.

이어 비옥도 또는 생산성에 기초한 경지의 등급이 기재되며 등급이 높을수록 토지 생산성이 높다는 것을 의미한다. 〈그림 1-16〉에 사례로 제시된 전라도 흥양현 남면 소재 기로소 둔전 양안의 논은 사다리꼴 형상을 취하였기 때문에 구적법(求積法)의 관례에 따라 밑변(63척)과 아랫변(32척)을 더하여 2로 나눈 다음 높이(60척)를 곱하여 2,850척 이라는 절대 면적이 얻어졌다. 그리고 이렇게 계산한 면적은 경지의 비옥도 가 최상인 1등전으로 가정했을 경우 28부 5속이 되지만, 그보다 척박한 5등전에서는 11부 4속으로 환산된다. 1등급의 토지 1결(10,000제곱 양전척)은 대략 1정보의 면적에 해당하는데, 2등급 토지에서는 85부, 3등급은 70부, 4등급은 55부, 5등급은 40부, 6등급은 25부의 비율로 줄어든다. 토지 등급이 한 단계 떨어질수록 1부에 1속 5파씩

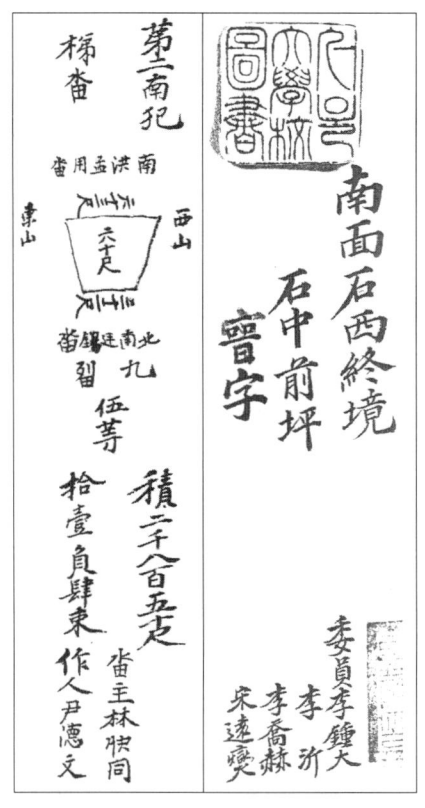
그림 1-16 필지 구획 그림이 추가된 양안
자료 : 전라도흥양현소재기로소둔전답양안, 규 17701

체감한다. 1결의 토지라 해도 6등급의 토지는 동일한 수확을 올리기 위해 1등급보다 4배 더 넓은 절대 면적을 필요로 했던 것이다. 수확량을 기준으로 한 토지의 면적은 把(줌), 束(다발 = 10把), 負(지게 = 짐 = 10束), 結(먹 = 한 섬 = 100負) 등의 단위로 표시한다. 절대 면적이 같다고 하더라도 비옥한 땅이면 결수가 커지고 척박하여 수확이 적으면 반대로 결수가 작아진다.

민간에서 상용하던 경지 면적 단위에는 마지기와 하루갈이가 있다. 한 마지기는 한 말의 종자를 파종할 수 있는 논의 면적으로 시대와 지역에 따라 달라지지만 대략 120~180평으로 상당하였다. 한편, 하루갈이는 한 사람의 농부가 소 한 마리를 끌어갈 수 있는 밭의 면적으로 대략 800~1,200평의 면적으로 환산된다. 시간의 길고 짧음에 따라 반일경(半日耕)과 4~10식경(息耕)으로 세분되기도 한다. 끝으로 토지 소유주와 소작인의 성명이 추가된다. 소작인은 일부 빈한한 양반을 포함해 다수의 평민과 노비로 구성되었는데, 노비의 경우 성을 가질 수 없었기 때문에 이름만이 기재되었다. 지주는 답주, 전주, 또는 기경전의 소유주임을 암시해 기주(起主) 등으로 표기되었다.

양안은 지주-전호제하 농민층의 토지 소유관계를 분석하고 농업 소득에 관한 실상을 확인하는 일차 자료로서 가치가 크다. 해당 지역의 경작지 면적과 아울러 농경지의 분포 비율, 즉 경지율을 추정하고 토지의 비옥도를 판단하는 기준이 되며, 사회적 상황의 변화에 따라 역동적으로 변해 가는 토지 이용상은 양안에 등장하는 진전, 속전, 가경전을 통해 추정할 수 있다. 역사학계는 부농, 중농, 소농, 빈농 등 조선 후기 농촌 사회의 계층 분화를 치밀하게 분석해 왔는데, 양안을 근거로 활용하여 농민층의 영세화와 계층적 차이의 심화라는 변화를 밝혔다. 노동력을 상품화해 근면하게 부를 축적해 온 농민과 천민층의 내적인 성장을 역동적으로 규명하였던 것이다.

광무 양안에는 가옥 또는 가호를 일컫는 거호(居戶)와 대지의 소유관계를 포함해 면과 군 단위로 가호 수와 칸 수가 수록되어 있다. 이들 가옥에 관한 내용을 선별해 별도로 묶은 것이 바로 가호안(家戶案)이다. 현전하는 가호안은 진주군 5책, 함양군 2책, 함안군 2책, 동래군 2책, 창원군 1책, 기장군 1책, 삼가군 1책, 진해군 1책, 김해군 1책, 단성군 팔면 1책, 진남군 동면 1책 등으로서 경상남도 소재 11개 군을 대상으로 작성된 18책이 전부이다. 규장각에 소장된 이들 가호안은 탁지부 사세국이 광무 8년(1904)에 펴낸 것으로서 양안의 체제에 준하여 가호의 소재지, 자호, 지번, 토지 등급, 지목, 좌(座) 수, 가주 또는 대주, 초가 또는 와가 등이 자세히 기록되었다.

경상남도 김해군 진례면 청천리 관곡동의 가호안은 거(擧)자 내 제33번부터 시작되고 있는데(그림 1-17), 전품 1등의 대지에 들어선 가호를 대상으로 대지 소유주(垈主)와 가호 소유주(家主), 그리고 초가와 와가로 구분된 가옥 유형이 제시되어 있다. 가옥의 규모는 칸수가 대변하고 있다. 문서 말미에 동리와 면 단위로 거주민의 가호 수, 초가 또는 와가의 칸 수, 공해·사찰·전각·강당의 좌 수와 지붕 재료별 칸 수 등의 합계를 내고, 서책 말미에 군 전체의 통계를 기록하였다. 가호안은 대지의 소유관계

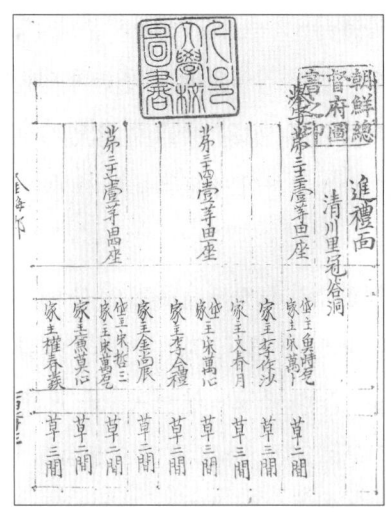

그림 1-17 김해군의 가호안
자료 : 경상남도김해군가호안, 규 17954

와 지붕의 재료에 반영된 주변 환경 또는 사회경제적 측면에 대한 분석은 물론, 인구 자료를 추가하여 취락의 규모와 기능 등을 역사지리적으로 복원하는 데 유효하다. 가옥의 규모는 사회적 지위와 대체로 비례하였고, 농민들이 반드시 자신의 토지에 가옥을 두고 있었던 것은 아니며, 대주와 가주가 다른 임대 주택도 적지 않았음이 밝혀졌다. 대지는 밭으로 분류되었지만 경작을 하지 않고 가옥을 짓더라도 법적으로 아무런 하자가 없었으며 임차인이 원하는 방식대로 활용할 수 있었다고 한다.

그러나 가호안을 해석하는 데에는 신중을 기해야 한다. 1897년에 작성된 경남 의령군 상정면의 호구조사표를 토대로 호주의 후손을 추적해 기록에 나타난 것과 조사된 실제 가옥 한 채를 비교 검토한 건축학자 신영훈의 치밀한 관찰에 힘입어 '이엉을 이어 작고 초라하며 볼품없다.'고 해석된 초가삼간이 실제로는 정면의 경우 방 2칸, 대청 1칸, 부엌 칸 반으로 4칸 반의 형태였고, 측면은 방 전면에 앞 퇴 반 칸이 딸린 칸 반이었으며, 정면과 측면의 곱으로 계산한 가옥의 규모가 총 6칸이라는 사실이 밝혀졌다. 오늘날의 칸 수 계산법과 달리 거주 공간 위주의 셈 가림 방식에 따라 부엌은 물론 중요한 부속 건물이 보고되지 않았던 것이다. 예전에는 반빗간의 기능이 축소되어 더부살이로 덧붙여졌다는 의미에서 부엌은 열외로 취급하였고 호구조사표에는 부엌이 딸린 4칸 집이 '초가삼간'이라 기록되었다고 한다. 따라서 호구조사표 또는 가호안에 기재된 칸 수를 액면 그대로 해석하면 안 되며 기재 사항에 대한 면밀한 비판이 선행되어야 한다.

일차 자료로서 족보의 활용도 적극적으로 이루어지고 있다. 족보는 동일 씨족의 관향을 중심으로 시조이하 세계(世系)의 계통과 씨족원의 행적 등을 상세히 수록하고 있다. 종족 내부의 일체감을 조성하여 강력한 친족 조직을 구성하고 계승하는 수단이라 하겠다. 시조의 뿌리를 계승한 동족 구성원의 선후 대수와 항렬별 친소 관계, 즉 혈통 의식을 반영한 기록으로서 친족 연구에 필수적인 자료이며 호적 자료와 함께 인구의 동태 및 취락을 연구하는 데에도 긴요하다. 족보는 기본적으로 성, 씨, 본관에 입각해 구성된다. 성이란 동계 혈족 집단의 명칭을 의미하며 씨는 동일 성에서 갈라져 나온 지역별 분파를 지칭하지만, 우리나라에서는 분화되지 못한 상태로 성에 통합되어 내려온다. 본관이란 시조의 출신 지역을 지칭하며 계보 의식을 강화시키는 지리적 요인이 되고 있다. 본관은 고려조의 성씨 분정과 아울러 관직자의 개경 거주에 따라 출신 군현을 기록하던 관행에서 파생되었다고 한다. 그러나 기동성의 증대와 잦은 지리적 이동으로 본관은 점차 출신 지역과 무관해지고 급기야 동성도 본관이 다를 경우에 타성과 다를 바 없이 취급되기에 이른다.

족보에는 시조 이하 중시조, 파조 등 혈통의 유래를 밝히는 가승보(家乘譜), 부계의 친족을 종합해 만든 대동보(大同譜), 직계 조상과 후손을 기록한 파보(派譜) 등의 유형이 있다. 파보의 시원이 되는 인물은 중시조(中始祖)라 일컬어지며 각 파의 호칭은 대개 중시조의 관직, 시호, 세거지 등에서 차용한다. 현재 남아 있는 대부분의 족보는 조선 후기에 편찬되었으며, 그 순서는 다음과 같다. 편찬의 목적을 밝힌 서문에 이어 시조로부터 대수를 밝히고 한 면을 6칸으로 구분하여 직계 후손을 기록한다. 성명, 자, 출생년월일에 이어 과거 급제인 경우 생원, 진사, 문과 등 출신과를 적고, 최후 관직, 사망 연월일, 묘소의 위치와 좌향, 배우자의 성씨, 본관, 출생 연월일, 묘소의 위치와 좌향 등을 기록한다. 자녀에 관해서는 다음 줄에 내려 동일 칸에 쓰되 아들을 우선하여 출생 순으로 기록하고 딸은 사위와 함께 뒤에 몰아 기록하였다. 본인을 기점으로 4대 조상인 고조까지 가계를 밝힌 팔고조도(八高祖圖)는 혈통을 확인하고 통혼 관계를 밝히는 중요한 근거로 사용된다.

이처럼 족보는 호적 자료와 함께 인구 동태, 취락, 가족 제도 등을 연구하는 귀중한 자료임에 분명하지만 역사지리 연구에 활용하고자 할 때에는 상당한 주의가 요구된다. 가문의 위상을 과장하기 위해 조상의 직역은 물론 세계를 조작하는가 하면, 현조를 확보하기 위해 족보 수찬 시 개관(改貫)이나 환본(換本)을 서슴지 않았고, 족보에 이름을 허위로 등재하는 과정에서 위보(僞譜)가 발생하기도 하였다. 역사지리 연구에서 족보는 첨부된 선영도를 토대로 종족 집단의 세거지 이주 동향을 파악하는 데 긴요히 활용되고 있다.

⑤ 통계 자료

사료에 등장하는 수치는 시대적인 상황을 양적인 측면에서 파악하는 중요한 근거가 된다. 통계 분석을 시행하거나 그래픽의 형태로 시계열적 변화를 확인하는 데 긴요하며 지역 간 비교에 더없이 유효하다. 그간 호구, 전결, 전세 등 전산업 시대의 수치 정보를 활용한 분석이 종종 이루어졌으며, 군현 간 고을의 규모와 경제력의 위상을 확인할 수 있었다. 전국의 호구를 파악할 수 있는 포괄적인 수치 자료 가운데 『호구

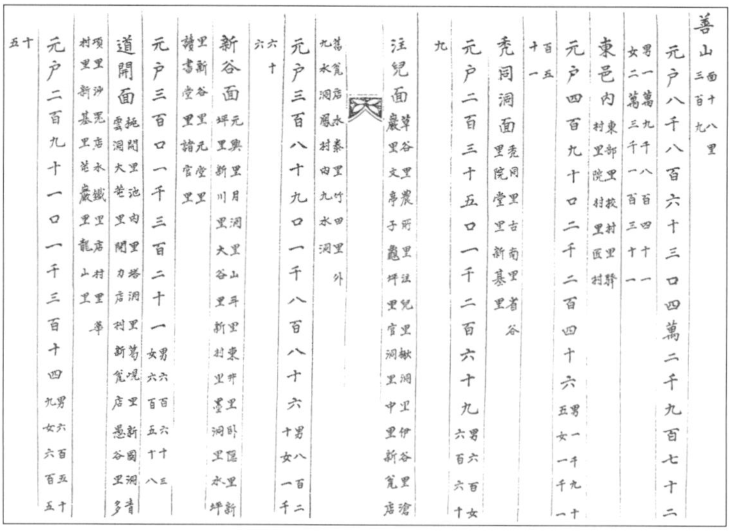

그림 1-18 경상도 선산의 호구

총수』는 아마도 시기상으로 다른 자료에 앞설 것으로 추정된다(그림 1-18). 서책은 소속 면리의 수, 원호(元戶), 총 인구, 성별 인구 등에 이어 각 면의 호구를 순서대로 기재하는 체제를 취하고 있으며, 이들 통계를 가지고 지역별 인구 분포와 인구 밀도 상황을 파악하는 것은 물론 읍면의 계층 구조와 순위 규모 분포 등을 복원하는 것도 가능하다.

통계는 일반 사료에서 관련 항목의 출현 빈도를 추출해 구성하기도 하는데, 예를 들어 사마방목에 등재된 생원시와 진사시 합격자의 명단을 참고로 급재 인원을 파악하여 지역 엘리트의 정계 진출 양상을 짚을 수 있다. 실록에 기록된 재해 발생 건수를 종합하여 당대의 기후 상황을 간접적으로 복원하는 작업도 이루어진 바 있다. 하지만 통계를 활용할 때에는 신중을 기해야 한다. 노동력과 세원의 원천인 인구만 하더라도 누락이 많아 신뢰도가 높지 않고 가구 또한 3정 1호의 원칙에 입각해 편성한 편호를 등록하는 경우도 있어 실제 가구 수를 파악하는 데 어려움이 따른다. 또한 연속성을 보장할 수 있는 통계를 담고 있는 자료원이 많지 않다는 사실은 역사지리 연구의 결정적 취약점으로 남는다.

⑥ 신문 기사

우리나라 최초의 신문은 한성순보로 기록된다. 개화파 주도하에 박문국이 고종 20년(1883)에 발행하였던 이 신문은 정부의 간행물로서 의욕적으로 시사를 논하고 신문화를 소개하였지만 오래 지속되지 못하고 창간 1년 만에 폐간된다. 이후로 독립신문, 황성신문, 제국신문, 대한매일신보, 만세보, 대한민보 등이 속속 간행되는데, 기사에 소개되는 지역 관련 내용을 분석하면 당대의 역사지리적 군상을 복원하는 데 도움을 얻을 수 있다. 아울러 기사 주변에 배치되는 광고 또한 사회경제적인 시대 상황을 간접적으로 경험하는 좋은 자료로 활용할 수 있다. 신문의 생명력은 무엇보다 현장감과 역동성에 있다. 1913년 말에 단행되었던 부군폐합 결정을 둘러싼 긴박했던 정황은 아래 매일신보 호외 기사에서 생생하게 엿볼 수 있다.

每日申報 號外, 大正二年十二月二十九日

府郡廢合發表

各道의府郡區劃은大體上舊韓國時代의例를襲用ᄒ야今日에至ᄒ얏슴으로地域의大小가不同ᄒ고境界線이極히錯雜ᄒ야地方行政上에不便이莫大호故로當局者는倂合當時브터旣히廢合의必要를認ᄒ얏거니와各般地方行政事務가着着進行홈을隨ᄒ야愈益整理홀必要를感홈에至호지라故로作春브터其調査硏究에着手혼바今秋에야此를終了ᄒ야畢竟本日官報號外總督府令百十一號로써府郡의廢合을發表ᄒ얏되大體로此를言ᄒ면府數에는增減이無ᄒ고郡에는百郡을廢ᄒ고三郡을新設ᄒ얏는즉 結局은九十七郡을減홈이오其廢合에當ᄒ야는山川의地勢를察ᄒ고交通의便否를鑑ᄒ고其他地方의行政及經濟各般의狀況을斟酌ᄒ야分割倂合을行ᄒ야써由來의凸凹錯雜을極혼府郡의境界線을整理ᄒ얏는고로道界에도多少變更이有홀것은想像키不難ᄒ도다九十餘郡을廢혼結果에當然히此等의郡衙도同時에廢止될것은勿論인즉其廢罷된郡衙附近의居住民은廢郡後에多少不便을感홀것은不得已혼事이다大體로見ᄒ면新設郡의地勢及交通等의關係가自然纏合되는一地域을劃定홀것임으로써大多數의住民은此의便益을感홀것은更無容疑오更히各郡衙에셔는自然職員의增加를見홀지오且事務進行上에급는影響이甚大홀者유홈은必然혼事인디施行期日은大正三年三月一日로決定ᄒ고明治四十三年總督府令第六號及七號는廢止ᄒ얏더라玆에本紙는休刊中임을不拘ᄒ고卽時號外로써迅速히讀者에게報ᄒ는바이라

府郡廢合에就ᄒ야

府와郡의名稱及管轄區域은大槪舊韓政府時代의施行ᄒ던바를襲用ᄒ다가倂合될時에二三郡을改ᄒ야府로ᄒ고府를改ᄒ야郡으로ᄒ며其後에多少間의境界를變更ᄒ얏슬지라도其數에在ᄒ야는增減이無히十二府三百十七郡으로써今日에至ᄒ얏도다然而是等府郡은其境域의廣狹이甚히區區ᄒ야大혼者는五百方里以上에達ᄒ야優히一道의面積과匹敵홀者이有ᄒ되그小혼者에至ᄒ야는僅히三方里에不過ᄒ야一面의大에不及홈이有ᄒ고又戶數로見ᄒ야도大혼者는二万八千餘戶에達ᄒ되小혼者는一千三百餘戶에不過ᄒ야其相違홈이著顯ᄒ며且此等區域은必히地勢의適否와交通의便否等에依홈이안이오甚者에至ᄒ야는或은他郡地域內에飛入ᄒ거니又는突入홈이有ᄒ며或은管下를隔ᄒ야境域을異케ᄒ는바이有혼지라故로府郡의大小를緩和ᄒ고且境界의整理를圖ᄒ야一은써行政上不便을矯正하며一은써住民의便益을增進케ᄒ는것이必要홈즐로認ᄒ야昨年來로此調査를始行ᄒ야愼重히審議혼後遂히今回에此를發布ᄒ고大正三年三月一日로브터實施ᄒ게되얏도다今回의府郡統合의主旨는道內府郡境界의整理를目的홈이로되地勢關係上一二道의管轄區域을變更혼者가無치안이ᄒ고今에其結果에依ᄒ면從來十二府三百十七郡中廢合의關係가全無혼者는七十一郡이오其他府郡은大小의差는有ᄒ나皆其境域이變更되야新府郡의數가實로十二府二百 郡이되며府에在ᄒ야는增減이無홀지라도郡에在ᄒ야는九十七郡을減ᄒ얏도다尙히各道에在ᄒ야此를見혼건디

▲ 府郡廢合一覽表 (●符號가 有홈은 增)

道名	現在府郡數	廢合後府郡數	增減
京畿道	三八	二二	一六
忠淸北道	一八	一〇	八
忠淸南道	三七	一四	二三
全羅北道	二八	一五	三三
全羅南道	二九	二三	六
慶尙北道	四一	二四	一七
慶尙南道	二九	二一	八
黃海道	一九	一七	二
江原道	二五	二一	四
平安南道	二九	一六	三
平安北道	二一	二〇	一
咸鏡南道	一四	一七	●三
咸鏡北道	一一	一二	●一
合計	三二九	二三二	(減)九七

과 如ᄒᆞ야 廢合의 數가 南鮮地方에 多ᄒᆞ고 北鮮地方에 少ᄒᆞᆫ 中 特히 咸鏡南北道에ᄂᆞᆫ 反히 其數를 增加ᄒᆞ얏스니 此ᄂᆞᆫ 南鮮地方은 比較的 小郡이다ᄒᆞ나 北鮮地方의 郡은 大槪 廣大ᄒᆞ야 廢合의 餘地가 少ᄒᆞᆷ에 依ᄒᆞᆷ이오 此 咸鏡南道와 如ᄒᆞᆫ 地域의 廣大ᄒᆞᆷ을 不拘ᄒᆞ고 府郡의 數가 甚少ᄒᆞ야 行政 上 不便이 大ᄒᆞᆷ으로써 特히 府郡을 分割ᄒᆞ야 新郡을 設ᄒᆞᄂᆞᆫ 것이 必要ᄒᆞᆫ 줄로 認ᄒᆞᆷ에 在ᄒᆞᆷ이로다. 以上 廢合ᄒᆞᆫ 結果에 依ᄒᆞ면 一郡 管轄區域이 大槪 廣大됨을 因ᄒᆞ야 郡內에서 郡廳 所在地에 至ᄒᆞᄂᆞᆫ 里程도 亦 大槪 延長됨으로 此 方住民 中 多少의 不便을 蒙ᄒᆞᆷ을 免키 難ᄒᆞᆷ과 如ᄒᆞ여 從來 府郡에 在任ᄒᆞᆫ 官吏ᄂᆞᆫ 其數가 比較的 少數오 向此 挽近 地方의 發展을 隨伴ᄒᆞ야 逐年 其 事務가 激增됨을 因ᄒᆞ야 休日을 廢ᄒᆞ고 早出晩退로써 職務에 鞅掌ᄒᆞ나 尙히 事務에 忙殺ᄒᆞ야 幾히 他를 願ᄒᆞᆯ 餘暇가 無ᄒᆞᆫ 狀況이더니 廢合ᄒᆞᆫ 結果로 自然 一郡 在勤官吏의 定員이 增加되야 從來의 最多數ᄒᆞᆫ 內地人 二名을 配置ᄒᆞᆫ 郡과 如ᄒᆞᆫ 者ᄂᆞᆫ 不過 屈指ᄒᆞᆫ 狀態가 되고 多都分은 三名 以上의 配置ᄒᆞᆷ을 得ᄒᆞᄂᆞᆫ 同時에 事務進ᄒᆞᆫ 上多大ᄒᆞᆫ 便宜를 得ᄒᆞᆯ지라. 故로 地方發展 上 其 效果가 多大ᄒᆞ겟스며 從ᄒᆞ야 地方人民의 多少 不便ᄒᆞᆷ과 如ᄒᆞᆷ은 此를 補ᄒᆞ야 有餘ᄒᆞᆷ을 信ᄒᆞ노라.

⑦ 지명

지명은 자연환경과 인문 현상을 압축해서 표현하는 지리적 설명 방식을 대변한다. 어원을 분석하면 과거 지리의 일단을 복원할 수 있어 지명은 역사지리학에서 소중하게 다루는 주제이자 연구 대상의 하나이다. 국문학적 가치 또한 작지 않다. 우리말의 표기는 한자와 한글을 병용한다. 문제는 일상적인 대화를 중재하는 구어의 경우 소리글자인 언문과 달리 한자는 음운을 좇아 그대로 발음되는 것이 아니라는 데 있으며,

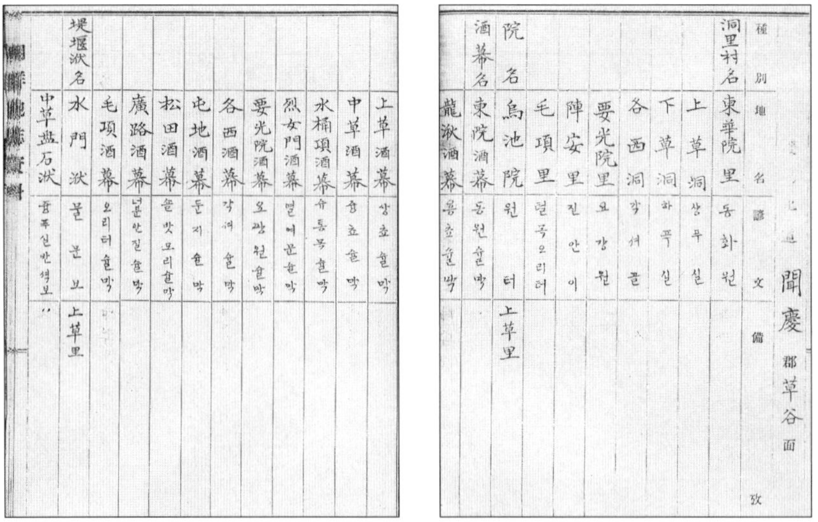

그림 1-19 ˙˙ 조선지지자료(문경군 초곡면)

이는 고어를 추급해가는 국어학자가 풀어가야 할 과제이기도 하다. 그런 의미에서 1911년에 간행된 『조선지지자료』(지명편)의 가치는 무척 커 보인다. 동 자료는 지명 표기의 한 축을 담당하고 있는 한자와 아울러 소리글자인 언문을 병기하여 표기와 발음의 일치 또는 이원화 여부를 확인할 수 있는 것은 물론 현지에서 불리던 원음을 그대로 재현해 놓고 있다.

  지명은 시대와 지역적 상황에 따라 다양하게 변해가는 역동적 실체이다. 경상도 문경현 초곡면의 사례를 통해 그 점을 살펴볼 수 있다. 1789년에 간행된 『호구총수』에 초곡면은 東華院里, 陣安里, 上草谷里, 下草谷里, 閣西洞里, 要光院里 등 6개 리를 관할하였던 것으로 확인된다. 그러던 것이 1912년의 『한국지방행정구역명칭일람』에는 東華院里, 毛項里, 陣安里, 上草洞, 下草洞, 各西洞, 要光里 등으로 소속 리에 약간의 변화가 생기는데, 모항리가 추가되고 상초곡리와 하초곡리는 각각 상초동과 하초동, 각서동리는 각서동, 요광원리는 요광리로 표기가 달라진 것이다. 그리고 이들 지명은 『조선지지자료』를 참조할 때, '동화원', '털목오리터', '진안이', '샹푸실', '하푸실', '각셔골', '요강원' 등으로 불리었다(그림 1-19; 표 1-8).

표 1-8 ˙˙ 문경군 초곡면의 자연 및 인문 지명

유형	한자 표기(언문)
마을	東華院里(동화원), 上草洞(상푸실), 下草洞(하푸실), 各西洞(각셔골), 要光院里(요강원), 陣安里(진안이), 毛項里(털목오리터)
산곡	主屹山(주흘산), 月項(달목), 餠峰谷(시루봉골), 鷹巖嶝(미바우등), 片橋谷(쪽다리골), 聖主谷(승쥬골), 義陣基(이진터), 暗谷(어둠이골), 三橋谷(삼다리골), 花德谷(화덕골), 坤木谷(권목골), 望峙嶝(망지둥), 蘇酒谷(쇼쥬골), 龍華寺谷(용아사골), 谷春谷(곡춘이골), 馬口谷(마구리골), 坤眞巖(곤진바우), 靈山谷(영산골), 突卿谷(돌경실), 朝雄谷(아치너미골), 桶谷(홈골), 望石谷(망셕골), 山祭堂谷(산제당골), 黃鷄山(한게산), 箕山(제기졀), 靑龍嶝(청용모롱이), 狐巖谷(어이바우골), 霧巖谷(안기바우골), 春發山嶝(츈발뫼등), 梨木谷(비나무골), 缶項(장구목이), 草堂谷(쵸당골), 書堂谷(셔당골), 南境地嶝(남경지둥), 楮田陽地嶝(닥밧양지둥), 墓踰谷(메너미골), 蜂巖谷(별바우골), 立巖嶝(션바우등), 鷹峰(미봉), 山堂嶝(산당둥), 道涯嶝(도등), 小茱谷(자근치골), 大茱谷(큰치골), 花田嶝(꾳밧모롱니), 間谷(시골), 屯地嶝(둔지둥), 白華山, 獨巖谷(독박골), 後谷(뒤골), 華柱谷(숫더박이골), 道德谷(도덕골), 可禁谷(씩금골), 五里長谷(오리쟝골), 上使嶝(상사둥)
평야	城外坪(셩박들), 蔦坪(소록이들), 後坪(뒷들), 烈女坪(열여문들), 新坪(시들), 屯地坪(둔지들), 新基坪(시터들), 越坪(건네들), 後谷坪(시논가들), 內谷坪(안골들), 道羅坪(도러들), 松田坪(솔밧모롱이들), 陣安坪(진안이들), 踏沙坪(답사리들), 毛項坪(털목들)
하천	鳥嶺川(죠령천), 龍湫川(용츄천), 烈女門川(열여문천), 陣安川(진안이너물)
개울	桶谷溪(홈골도랑물), 梨花谷溪(이우리골도랑), 茱谷溪(칙골도랑)
원	鳥池院(원터)
주막	東院酒幕(동원술막), 龍湫酒幕(용쵸술막), 上草酒幕(상쵸술막), 中草酒幕(즁쵸술막), 水桶項酒幕(슈통목술막), 烈女門酒幕(열여문술막), 要光院酒幕(요광원술막), 各西酒幕(각셔술막), 屯地酒幕(둔지술막), 松田酒幕(솔밧모리술막), 광로酒幕(너분안질술막), 毛項酒幕(오리터술막)
수리시설	水門洑(물보), 中草盤石洑(즁푸실반셕보), 水桶項洑(슈통목이보), 後坪洑(뒷들보), 新坪洑(시들보), 烈女門洑(열여문보), 道乃洑(도러보), 松田洑(솔밧모롱이보), 踏沙洑(잡사리보), 陣安洑(진안보)
고개	鳥嶺(시지), 堂峴(당지), 盜毒幕嶺(도독막지), 梨花嶺(이우리지), 德田峴(덕밧지)
관방	鳥嶺關(상문), 鳥東門(즁문), 主屹關(한문), 北夜門, 東夜門, 御留洞(어류동)
사찰	惠國寺(허국사), 安寂菴(안젹암), 隱仙巖(은션암)
고적	大闕基(더궐터), 交龜亭(괴구정), 鳥嶺鎭基(별장관사)
비석	去思碑(거사비)

⑧ 회화 및 사진 자료

회화는 일견 예술적 가치를 논하는 자리에 있을 법한 소재이나 풍경화의 경우 화폭에 담길 당시의 산수를 사실적으로 전하기 때문에 현실성이 다분히 묻어난다. 화원의 미학적 소양에 기대어 그려진 작품 속에 시대를 초월한 존재감을 엿볼 수 있는 것이다. 과거에 그려진 회화 작품과 작품에 담긴 실제 경관이 시대를 초월해 공존하는 상황은 무척이나 흥미롭고 역사지리 연구에 활력을 더해 준다. 인왕산을 즐겨 찾던 겸

그림 1-20 겸재의 진경풍경화 속 수성동 돌다리

시내와 바위가 빼어나 여름을 감상하기에 좋았던 수성동 계곡의 돌다리는 기린교(麒麟橋)라 불리었다. 원으로 표시된 다리는 옥인동에 그 자리를 지키고 있다.
자료: 최완수, 2009, 겸재 정선 3, 현암사, p.317; 오른쪽의 돌다리 사진은 현지 촬영

재 정선이 화폭에 담은 수성동의 모습은 좋은 예가 아닐까 한다. 그림 속에서 계곡을 가로질러 놓인 돌다리의 자취를 뚜렷이 확인할 수 있는데, 철거를 앞둔 아파트 단지 후미진 구석에 방치된 상태이기는 하나 지금까지 변함없이 잔존해 있다는 사실이 놀랍다(그림 1-20).

그림 1-21 조선고적도보

〈그림 1-21〉은 조선총독부 주관으로 시행된 고적조사사업의 결과 수합된 사진과 도면을 엮어 15권 분량으로 펴낸 귀중 도서 『조선고적도보』이다. 일본인 關野貞, 谷井濟一, 栗山俊一 3인이 주도하여 1909년부터 시작한 조사의 성과를 1915년부터 1935년에 걸쳐 순차적으로 출간하였으며, 수록된 사진만 하더라도 6,633장에 이르는 방대한 자료집이다. 책에 담긴 내용은 낙랑·대방·고구려 시대의 유적, 성지, 고분, 백제·임나·옥저·예·신라 시대의 유적, 통일 신라 시

대의 불교 유적, 왕릉, 불상, 불탑부장품, 고려 시대의 성지, 궁지, 석탑, 묘탑, 불상, 종묘, 석관, 묘지(墓誌), 탑지(塔誌), 기타 석조물, 도자기, 분묘부장품, 조선 시대의 궁전 건축, 성곽, 학교, 문묘, 객사, 사고, 불사, 탑파, 묘탑, 석비, 교량, 회화, 도자 등으로 구성된다. 지난 시대의 지리적 상황을 엿볼 수 있는 적지 않은 자료를 도록 안에서 확보할 수 있다. 구한말에 이국땅에 발을 디딘 서구인의 사진기에 잡힌 우리의 산천과 풍속 또한 과거의 상황을 재현하는 중요한 매개가 되어 준다.

2) 접근 방법

(1) 수평적 방법

역사지리는 공시적인 횡단면법과 통시적인 종단면법에 입각해 복원된다. 수평적인 방법의 일종으로서 횡단면법(cross-section method)은 정태적인 '형태' 분석에 초점을 둔다. 연속적인 시간의 흐름 속에서 특정 시기를 대상으로 분석이 이루어지기 때문에 먹기 좋게 잘라 놓은 식빵을 연상하여 '시간의 조각(time slice)'을 연구한다고 표현하기도 한다. 이 방법은 크게 한 시기만을 대상으로 한 단일 횡단면법과 다수의 시기를 분석하는 누적 횡단면법으로 나뉘며, 단일 횡단면법은 다시 초점을 어디에 두느냐에 따라 과거의 횡단면법과 유물에 기초한 횡단면법으로 구분된다.

특정 시기를 집중적으로 연구하는 과거의 횡단면법(past cross-section)은 "역사적 현재(historical present)"를 상대한다고 하겠는데, 역사지리적 측면에서 중대한 변화가 감지되거나 특별히 자료가 풍부하다는 이유로 조명이 시도된다. 이 방법은 단순하고 경제적이며 연구의 틀을 짜는데 따르는 수월성을 장점으로 가진다. 시기가 한정되어 엄밀하고 밀도 있는 접근이 가능하다는 이점도 있다. 그러나 변화에 대한 파악이 어려워 박물관의 전시물을 보는 것 같은 고답적인 인상을 주며, 공간 패턴에 근거하여 과정을 유추하는 데 수반되는 해석상 오류의 가능성을 단점으로 지적할 수 있겠다. 브라운(R. Brown)이 1810년 당시 미국 대서양 연안을 논한 『미국인의 잔상(Mirror for

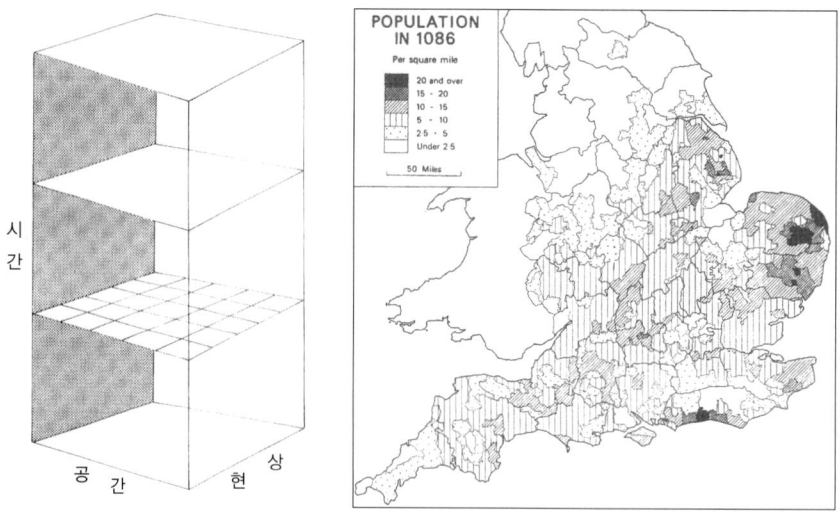

그림 1-22 과거의 횡단면과 다비의 둠즈데이 지리(Domesday Geography)
자료: H.C. Darby, 1977, *Domesday England*, Cambridge: Cambridge University Press, p.90.

Americans: Likeness of the Eastern Seaboard, 1810)』이 과거의 횡단면에 입각한 저작이라 하겠으며, 영국을 대표하는 역사지리학자 다비가 1066년에 간행된 둠즈데이(Domesday) 자료를 토대로 당대의 지리적 상황을 재구성한 일련의 논저 또한 동일 부류에 속한다(그림 1-22).

지표상에는 현재 형성되고 있는 지리와 함께 과거의 지리가 혼재한다. 과거의 지리는 이미 소멸되었거나 기능을 상실한 채 화석의 상태로 남아 있는가 하면, 어떤 경우에는 형태를 다소 달리하면서 존속한다. 과거지리의 유제로서 이미 당대의 기능을 상실한 구식의 잔존물을 일컬어 흔히 유물이라 한다. 현 경관의 일부를 구성하는 과거의 족적으로서 유물과 유적을 통해 과거의 지리를 복원하는 방법(relic cross-section)도 큰 틀에서는 횡단면법에 속한다(그림 1-23). 잔존하는 과거의 지리를 대상으로 그것이 성립된 과거의 시점으로 돌아가 당시의 지리적 상황을 재현하고 연구하는 방법으로서 역행법(逆行法, retrospective method) 또는 성찰법(省察法, reflective method)으로 일컬어진다. 현재 잔존하는 경관 가운데 지난 시대에 형성된 역사 경관을 식별한 다음 역사를 소급하면서 후세에 추가된 경관을 환원 또는 제거해 나가는 방법으로 목표하는 과거의 역사지리를 재현하는 방법이라 하겠다.

이 방법 역시 과거의 횡단면법에 내재된 장단점을 공유한다. 접근하기에 수월한 반면 변화에 대한 고찰이 소홀해질 수 있으며, 의미 있는 성과를 내기 위해서 현존하는 유물과 유적의 양과 질이 담보되어야 한다는 것이다. 남아 있는 과거의 증거가 많을수록, 그리고 형태에 변형이 가해지지 않을수록 증빙의 신뢰도는 높아진다고 하겠다. 역사교통지리의 연구 대상으로 주목 받고 있는 영남대로, 삼남대로 등 구도로(relic road)의 복원을 위해 포장되지 않은 노면과 노선을 면밀히 분석해 과거의 흔적을 확인하는 작업은 좋은 예이다.

누적 횡단면법(synchronic cross-section method)은 정태적 횡단면 비교법(comparative statics), 연속적 횡단면법(successive cross-section method)이라 일컬어진다. 시기별로 여러 개의 횡단면을 상정해 분석하는 방법으로서 종단면법에서 기대되는 정도의 연속성은 담보하지 못한다 하더라도 한 시기에서 다음 시기로의 전이 과정에서 초래되는 지리의 변동을 대략적으로 파악할 수 있는 방법이라 하겠다(그림 1-24). 진행 방향의 측면에서 먼 과거에서 현재로 접근해 오는 순행적 방법(progressive method)과 가까운 시점에서 과거로 소급해 가는 역행적 방법(retrogressive method)의 두 가지가 있다. 누적 횡단면법은 시기별 공간 패턴을 확인할 수 있을 뿐더러 변화를 추적하며 개재된 과정에 대한 추론의 여지를 부여한다는 데 특징이 있다. 시기별 비교 연구의 가능성을 어느 정도 열어 놓고 있는, 횡단면법과 종단면법의 중간적인 위치를 차지한다. 다

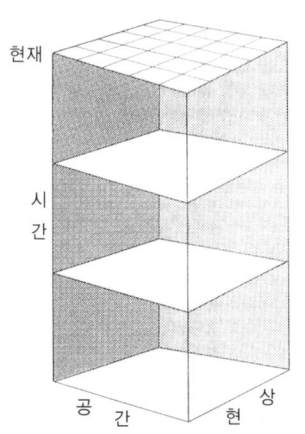 

그림 1-23 현재 속의 과거(공주 공산성 연못)

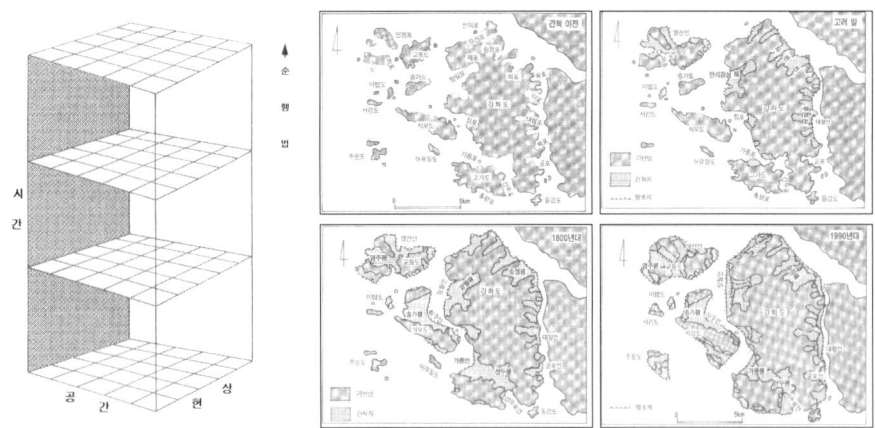

그림 1-24 누적 횡단면법과 강화도 간척지의 변천
자료: 최영준, 1997, 국토와 민족생활사, 한길사, pp.186~187.

만, 자료상의 이유로 단면이 적을 경우 변화를 추적하는 데 어려움이 따르며, 단면과 단면 사이의 시기는 원론적으로 추론에 의존하기 때문에 해석에 오류가 있을 수 있고, 시기 간 변화율의 차이를 반영하기 어려운 점이 한계라 하겠다.

(2) 수직적 방법

시간을 종관하여 역사지리의 변화에 초점을 둔 접근 방법을 일컬어 종단면법(diachronic subsection method)이라 한다(그림 1-25). 통시법으로서 '과정'을 중시하는 동태적 분석을 시도할 때 원용하는 경향이 있다. 수직적, 발생학적 방법으로도 불리는 이 종단면법 역시 복원의 진행 방향에 따라 순행법과 역행법을 선택적으로 적용할 수 있다. 어떤 경로를 취하든 종단면법은 일련의 변화와 상호 작용을 연속적으로 재현할 수 있다는 측면에서 강점을 가진다. 하지만, 역사의 단절기는 해석과 추론에 맡겨야 하고, 긴 시간과 다양한 사건을 다루어야 하기 때문에 선택과 가정(ceteris paribus)이 불가피하다는 난점을 안고 있기도 하다. 변화를 인정했을 때 변화율의 차이가 엄연히 존재하므로 조작상의 어려움이 수반되며 공간 구조의 고찰을 소홀히 함으로써 얻어진 결과물이 과연 지리학인지 역사학인지 판단하기 모호한 것도 약점의 하나이다. 지리학과의 교섭을 통해 독자적인 역사 기술 방법의 하나로 지리역사학의 체계를 다진 프랑스 아날학파는 대체로 이 수직적 방법을 채택해 왔다. 자본주의 세

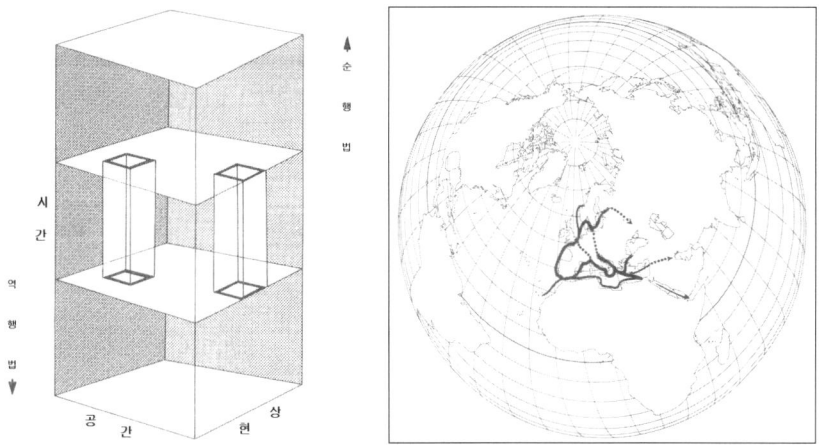

그림 1-25 종단면법과 아날학파 브로델(F. Braudel)의 1500년경 유럽의 교역망

자료: F. Braudel, 1984, *Civilization & Capitalism 15th-18th Century*, Vol. 3: The Perspective of the World, trans. S. Reynolds, Berkeley: University of California Press, p.28.

계 체제의 성립 과정을 치밀하게 분석해 온 브로델의 경우만 하더라도 지리적인 관점을 취하여 입체적인 조망을 시도하지만 논지는 역사 서술의 틀을 벗어나지 않는 선에서 개진하고 있다.

(3) 통합적 방법과 대안적 방법

이론상으로 횡단면법과 종단면법을 접목한 복합단면법(diachronically linked cross sections)을 가정해 볼 수 있다. 횡단면법이 지닌 장소, 공간, 지역 분석의 장점과 종단면법이 지닌 과정 중시의 분석을 중첩한 방법으로서 두 개 이상의 횡단면을 인과론적으로 연결시킨 점이 특징이다(그림 1-26). 위틀지의 점거계열법(sequent occupance)은 이 방법을 적용한 대표적인 연구라 하겠는데, 천이 이론을 원용하되 필연적인 추이는 배제한 상태에서 미국 인디언의 수렵 경제, 백인 이주민의 농업 경제, 농업의 쇠퇴, 삼림 지대로의 회귀 등 일련의 점거 단계와 과정을 충실히 복원해 내고 있다. 일부 잘못된 가정에 대한 비판은 있으나 비교적 성공적인 시도였다는 평가를 받고 있는 위틀지의 연구와 유사한 방식으로 역사지리 연구를 실천에 옮기는 데에는 적지 않은 부담이 따르는 것이 사실이다. 그런 가운데에서도 브록(J. Broek)의 산타클라라 강 유역 내 경관 변화에 관한 연구는 복합단면법을 원론에 충실하게 구현하였던 것으로

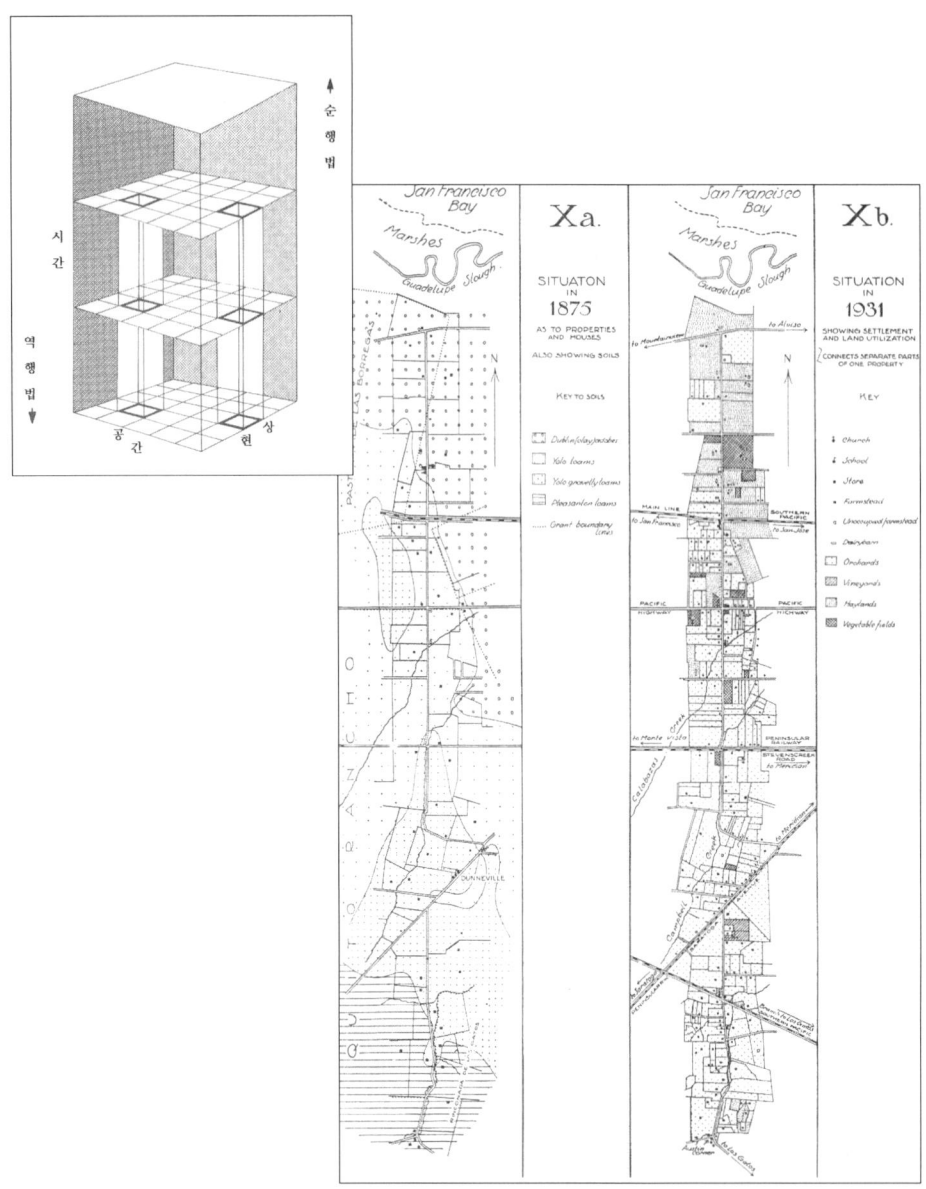

그림 1-26 복합단면법과 브록의 산타클라라 계곡 북부 지역의 경관 변화

자료: J. O. M. Broek, 1932, *The Santa Clara Valley, California: A study in landscape changes*, Utrecht: N.V.A. Oosthoek's Uitgevers, p.95.

평가되는데, 그는 에스파냐-멕시코 시대, 미국 초창기, 현재(1930년대 초)의 세 시기로 나누어 경관의 변화와 그러한 경관 변화를 초래한 사회경제적 요인을 분석하였다.

(equifinality)		동일 패턴	(pattern indeterminacy)	
상이 과정				상이 과정
⇨	⇨	□	⇨	⇨
⇒	⇒	□	⇒	⇒
➡	➡	□	➡	➡
→	→	□	→	→
(process indeterminacy)		상이 패턴	(equifunctionality)	
동일 과정				동일 과정
⇨	⇨	■	⇨	⇨
⇨	⇨	●	⇨	⇨
⇨	⇨	▲	⇨	⇨
⇨	⇨	◆	⇨	⇨

그림 1-27 패턴-프로세스 연관 오류

복수의 횡단면과 종단면을 복합적으로 접목해서 형태(pattern)와 과정(process)을 분석하려면 여러 가지 변수를 고려해야 한다. 먼저, 역사지리에는 평형 상태(equilibrium)를 유지하려는 속성이 잠재해 있다(그림 1-27). 이 경우 변화보다는 안정이 뚜렷하기 때문에 연속된 단면을 채택하는 것이 오히려 상황 인식을 저해하는 경우가 발생한다. 마찬가지로 지리적 관성(inertia) 또한 과정의 영향을 파악하기 어렵게 만든다. 이런 저런 변수가 개재되어 패턴과 프로세스의 직접적인 연관성을 곡해하는 경우가 자주 발생한다. 상이한 과정이 동일한 패턴으로 귀결되는 '등결과성(equifinality)'이 엄연히 존재하고, 상이한 패턴이 동일한 과정을 유발하는 '등과정성(equifunctionality)' 또한 작동한다. 동일한 과정이 상이한 패턴을 낳는 '과정 비결정성(process indeterminacy)'과 동일한 패턴이 상이한 과정으로 이어지는 '패턴 비결정성(pattern indeterminacy)'이 작용하기 때문에 역사지리의 진행에 내재된 인과 관계를 도식화시켜 설명하기 어려운 측면이 있다.

결국 역사지리는 단일 원인보다 복합적인 원인, 예상 가능한 결과보다는 비예측성을 상정해 접근해야 한다. 그럴 경우 복수의 단면을 설정한 복합단면법은 연구 수행의 어려움과 복잡성을 감안해 현실적인 조정을 거쳐 실제 연구에 적용하는 것이 바람직할 것이다. 횡단면의 공간과 종단면의 시간 사이에 타협과 보합이 요구된다고 하겠다. 대안으로서 두 개의 횡단면을 설정하고 종단면법에 입각해 설명해 가는 방식을

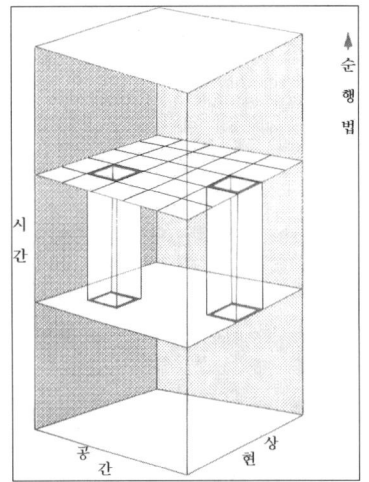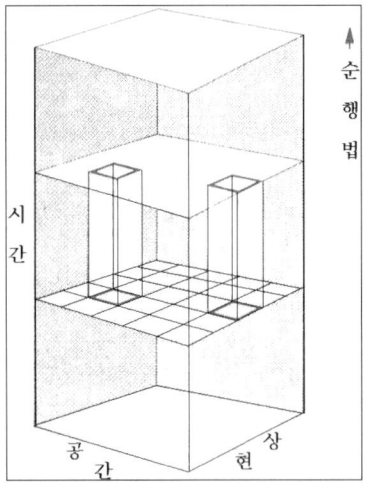

그림 1-28··복합단면법(대안 A와 B)

생각해 볼 수 있는데(그림 1-28), 가까운 과거의 지리적 패턴을 설명하기 위해 그보다 앞선 시기의 횡단면을 출발점에 놓고 순행적으로 서술해 가는 방식은 그 하나가 될 것이다. 시간을 거쳐 가는 현상의 이동 속도를 늦춤으로써 공간 분석의 정확성을 높여 가는 방법으로서 역사적인 과정을 거쳐 형성된 공간 패턴의 발견과 설명에 초점을 둔다. '변화하는 지리(changing geographies)'를 규명하기 위해 결과로서 초래되는 횡단면을 집중적으로 분석하는 것이다. 또 하나는 지리적인 배경을 상세하게 설정한 연후 사건을 통시적으로 설명하고 해석해 가는 방식이다. 이는 특정 공간 현상의 역사적 전개를 이해하는 방법으로서 '지리적 변화(geographical change)'를 규명하는 작업이 될 것이다. 시간 속 현상의 이동 속도를 촉진함으로써 과정에 대한 분석의 정밀도를 높여 가기 위한 방법으로서 종단면에 비중을 둔다. 이 두 가지 중에서 어떤 방식을 취할지는 주어진 시간과 여건을 고려해 신중하게 선택해야 할 것이다.

3) 기법

(1) 답사

역사지리학은 종합 과학의 성격을 지니며 안정된 토대를 요한다. 학문적 발전을 기약해 주는 확고한 토대로서 현지 조사는 다른 무엇에 비할 수 없는 중요한 의미를 가진다. 지역성을 이해하기 위해 연역적 방법이 동원되기도 하지만, 일차적으로는 현장에서 획득한 자료, 현지 주민들과 나눈 생생한 경험담, 눈으로 목격한 실상 등을 통해 직접적으로 체득하는 것만 같지 않기 때문이다. 답사는 관찰력을 강화시키고 지식의 습득 과정을 활성화하며 궁극적으로 지역에 대한 이해를 심화시키는 기제가 된다. 지역 주민들을 직접 대면해 삶의 경험을 배우고 생활 양식을 체험함으로써 연구의 사실성을 제고하는 효과를 기대할 수도 있다. 현장에 나가 특정 주제에 관한 사실을 기록, 수합하는 한편 수집한 사실을 분류하고 평가함으로써 지리적 진실에 보다 가깝게 다가설 수 있는 것이다.

지리학은 우리가 살고 있는 세계에 대한 관심에서 출발하며 따라서 야외 답사는 그 자체로 학문의 존재 이유가 된다. 한때 미첼(J.B. Mitchell)은 "지도, 메모장, 튼튼한 신발과 함께 강심장만 있으면 역사지리학자는 산으로 들로 떠날 준비를 마친다. 그들은 도로를 따라가며 눈을 크게 뜨고 주의 깊게 시야에 들어온 경관을 놓치지 않고 살피되 그것들을 과거와 연결된, 끊임없이 변해가는 패턴의 현 국면이자 미래를 위한 디딤돌로서 감상한다."라고 지적한 바 있다. 역사지리 연구에서 무엇보다 야외 답사의 중요성이 크다는 사실을 환기시키는 발언이라 하겠다. 비록 과거를 상대하더라도 현장에 나가 지역 전반에 관한 기초적인 조사를 수행하는 작업은 역사지리 연구의 다음 단계로 이행하는 선결 과제이다. 설사 동일한 지역이라 할지라도 가깝게는 계절에 따라 그 외형과 삶의 양식을 달리하며, 오랜 시간이 지난 뒤 현지를 다시 찾았을 때 그간의 변화상은 더욱 확연해진다. 그러므로 답사는 역사지리를 수행하는 본질적인 기법이다.

(2) 사진 촬영

사진은 촬영 시점과 맥락에 따라 일차 자료가 될 수도 있고 피사체의 단순한 재현에 불과한 이차 자료로 평가될 수도 있다. 직접 촬영한 당사자가 아닌 제3자의 입장에서 사진을 간접적으로 이용할 경우 그것은 단지 평면적인 기록에 불과해 현장의 생생함을 온전히 전달할 수 없는 한계를 지닌다. 촬영 현장의 색조와 율동, 음향, 향기, 맛, 촉감 등 인간의 오감을 자극하는 요소들, 구체적으로 흐르는 강물, 흔들리는 배, 오고 가는 사람들, 바삭거리는 낙엽과 심지어 정적, 은은한 꽃향기, 산들거리는 바람 등은 오직 그 자리에 있었던 당사자만이 체득할 수 있을 뿐 나머지 사람들에게는 무의미한 허상에 지나지 않는다. 그럼에도 불구하고 역사지리에서 오래된 빛바랜 사진은 과거를 간접적으로 경험해 볼 수 있는 몇 안 되는 매개가 된다. 그리고 한 가지 분명한 것은 사진은 시간이 지날수록 자료로서의 가치가 더해 간다는 사실이다(그림 1-29). 최근 화재로 소실된 숭례문처럼 원 피사체가 인멸될 경우 사진 자료는 경관 기억을 되살리는 촉매제로서의 중요한 역할을 수행한다.

그림 1-29 20세기 초 사진 자료 속 부평군 관아
자료 : 韓國土地農産調査報告(경기도 · 충청도 · 강원도 편), p.372.

(3) 지도화

역사지리 연구의 결과물 일부는 지도를 통해 제시된다. 자연 및 인문지리적 사상은 보통 서술의 형식을 빌려 표현하지만 관련 내용을 행정구역도, 하계망도, 단면도, 분포도, 등치선도, 파이도, 단계구분도, 지적도, 토지이용도, 토양도, 개략지형도, 가옥평면도 등 각종 형태의 주제도로 제시했을 경우 이해를 배가시킬 수 있는 장점이 있다. 지도 제작은 추상화와 일반화의 과정을 거치며 구체적으로 범주화, 단순화, 기호화의 원칙에 의해 규정되는데, 이들은 지리 자료의 측정 수준에 따라 달라진다. 지리 자료의 측정 수준은 지도화 대상 간의 차이점과 유사점을 기준으로 동일 집단은 동일한 값을 가지도록 분류하는 명목 척도(nominal scale), 토지의 비옥도 같이 지도화 대상과 현상의 상대적인 차이를 순위로 표시하고 계층적 등급화와 계급화에 유효한 서열 척도(ordinal scale), 기온처럼 지도화 대상의 속성이나 현상을 순위로 표시하고 속성 간의 차이를 양으로 표시하며 절대적인 영점이 존재하지 않는 등간 척도(interval scale), 고도와 같이 절대적 영점을 가지고 있어 비율 계산이 가능한 비율 척도(ratio scale)의 4개 척도로 구분된다.

  이들 척도와 범주에 따라 지도화에 활용되는 기호의 유형이 달라진다. 기호는 크게 지도화 대상이 되는 현상을 실제 모습에 가깝게 표현함으로써 범례를 추가하지 않아도 독도가 가능한 형상 기호(iconic symbol), 문자를 사용하는 언어 기호(linguistic symbol), 기하학적 도형과 기호에 입각한 추상 기호(abstract symbol)로 분류할 수 있다. 이 가운데 대부분의 지도는 점, 선, 면으로 구성된 추상 기호를 채택하고 있다. 점은 취락, 군청, 묘지, 병원, 광산, 시장 등과 같이 특정 위치나 비교적 좁은 범위를 차지하고 있는 사상, 선은 교통로와 하천을 중심으로 정치·행정 경계 같이 길게 연장된 사상, 면은 경지, 임야, 수면 등 일정 규모의 면적을 차지하고 있는 사상의 표현에 사용된다.

  주제도는 사용자의 요구에 부합하고 이용에 편리하며 정확한 정보를 전달하는 것은 물론 무엇보다 단순·명료해야 한다는 4가지 원칙에 입각해 제작된다. 지도 디자인은 문제의 확인, 예비적 사고, 정교화, 분석, 의사 결정, 시행의 순차적인 단계를 거쳐 이루어진다. 제도(製圖)의 목적과 필요성을 명확히 인식한 연후에 제도 기준의 설정을 포함한 창조적 해법을 모색하고, 당초의 발상을 수정·보완하여 디자인에 필요한 결정을 내린다. 디자인 작업은 크기, 형상(모양), 명도, 색상, 채도, 방향, 배열, 조직,

포커스 등 지도 그래픽 처리의 효과를 고려하여 수행한다.

주제도는 제목, 범례, 축척, 방향, 외곽선, 텍스트 등의 기본 요소로 구성된다. 지도의 전체적인 내용을 전달하는 제목은 지도화의 대상 지역, 주제, 시기 등을 반영해 선정하며, 대개 지도의 상단부에 배치하고 공간의 제약을 고려해 글자의 수와 크기를 적절히 조정한다. 범례는 제도에 사용된 기호에 대한 설명 자료로서 범주화와 계층화의 원칙을 살려 제작하되 쉽게 이해할 수 있는 사항은 생략하는 것이 일반적이다. 범례에 표시된 기호는 지도상의 크기 및 형상과 일치시키는 것이 원칙이며, 일반적으로 지도의 하단 혹은 측면에 배치한다. 축척은 도상 거리와 실제 거리의 관계를 설명한다. 문자와 수치로 기록되는 비율 축척과 막대 축척의 두 가지 유형이 있다. 지도의 여백을 고려해 축척의 위치는 융통성 있게 조정할 수 있다. 인쇄용 지도의 위는 북쪽을 향하도록 제작되어 방향 표시가 일반적으로 생략되지만 주제도는 연구 목적에 따라 임의로 작성되기 때문에 지도의 우상단 혹은 그 밖의 적절한 위치에 방향을 알 수 있는 표시를 추가하는 것이 바람직하다. 구체적인 위치 정보를 제공하고자 한다면 경위선과 좌표를 밝히는 것도 하나의 방법이다. 도면상에 또는 난외주기의 형태로 추가되는 글자(text)는 형태, 크기, 간격, 배열 등의 묵시적 조정을 거쳐 지리적인 의사소통을 매개한다.

(4) 역사 GIS의 응용

일상생활 속에서 당면하는 시설물 관리, 방재 시스템, 교통 네트워크 운영 시스템, 내비게이션 등에서 공통점을 찾는다면 이들 요소가 모두 지리정보체계(Geographic Information System)에 기초하고 있다는 점일 것이다. 그 폭발적인 응용력으로 인해 GIS '산업'이라는 신조어가 나올 정도인데, 시장 장악력과 상업적인 경쟁력이 발전의 원동력이 되고 있으며 하드웨어, 소프트웨어, 응용 프로그램, 데이터베이스, 자문, 교육 훈련, 출판 등의 부문이 독자적인 사업으로 분화되어 가고 있다.

지리정보체계는 흔히 지리 정보를 다루는 컴퓨터 시스템으로 정의된다. 도형 정보인 지도와 속성 정보인 데이터를 결합하여 분석하는 공간 정보의 모델링인 것이다. 실세계로부터 공간 데이터를 수집, 저장, 추출, 변환, 연출하는 강력한 도구로서 GIS

는 지역의 분석과 종합을 위한 망원경이자 현미경이며, 컴퓨터이자 복사 기계로 비유되기도 한다. 지리 공간을 구성하는 점(0차원), 선(1차원), 면(2차원)을 대상으로 위치, 크기, 형태, 배열, 색채 등 지리 공간의 단순한 표현 방식을 넘어 도형 자료와 속성 자료의 통합적 분석을 시행한다.

역사지리와 지리정보체계의 만남은 역사 GIS(Historical Geographic Information System)의 성립으로 이어진다. 자연 및 인문 현상을 역사 지도에 투영하여 역사지리의 형성과 변동을 분석하는데, 예를 들어 행정 구역을 복원한 조선 시대 군현지도에 인구, 경제 지표, 취락 등 당대의 인문지리 속성 정보를 접목하는 방식으로 역사지리를 복원하고 그 변화상을 파악해 볼 수 있다.

강력한 분석의 틀이며 변해가는 지리를 입체적으로 재구성하는 신개념 연구 영역이자 연구 수단으로서 역사 GIS는 국내에서 전자 지도의 형태로 성과를 냄으로써 점차 토대를 다져나가고 있다. 국외에서는 영국의 Mark I GIS ~ Mark IV GIS가 성공적인 역사 GIS 프로젝트로서 공인되고 있다. 잉글랜드와 웨일즈의 19세기 센서스에 보고된 출생, 사망, 혼인 등의 수치와 영세민 구호 관련 통계를 지도로 표현하였는데, 기본적으로 지방 정부의 행정 구역을 복원한 뒤 역대 센서스 수치를 삽입함으로써 해당 시기의 지리적 상황을 일목요연하게 정리하는 성과를 올린 바 있다. 현재 국내외에서 시도되고 있는 전자역사지도집 프로젝트의 활성화는 역사 GIS 연구의 지평을 활짝 열어 줄 것으로 기대한다.

(5) 그래프 구축

통계 자료를 그래프로 변환하면 세밀한 관측에서 드러나지 않던 거시적 추이를 일목요연하게 파악할 수 있다. 순위-규모 분포(rank-size distribution)는 아마도 가장 많이 인용되는 그래프가 아닐까 하는데, 도시의 순위와 해당 도시의 실제 인구수를 각각 x축과 y축에 배치하여 작성한다. 그래프는 도시의 순위와 거주 인구의 규모를 곱한 수치는 수위 도시의 인구와 같다는 순위-규모 법칙(rank-size rule)의 공식, 즉 $Pr = C/r$로 제시될 수 있다. 여기서 r 도시의 순위, Pr은 순위 r 도시의 인구 규모, C는 상수로서 수위 도시의 인구인 P_1을 가리킨다. 다양한 사회·경제적 상황을 반영한 파라

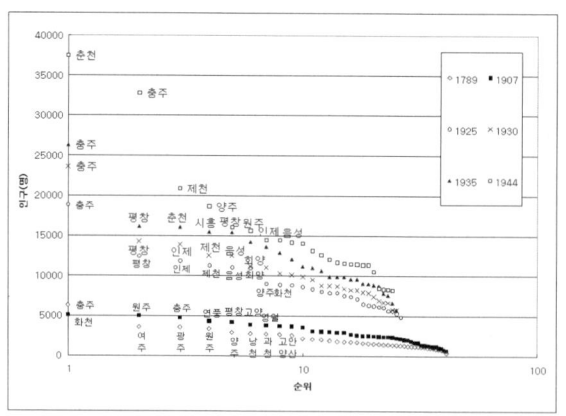

그림 1-30 행정 도회의 순위-규모 분포 체계

미터(q)를 고려했을 경우 순위-규모 법칙은 $Pr \cdot r^q = C$로 달리 표현할 수 있다. 이를 대수로 치환하면 $lnPr = lnC - qlnr$이 되며 좌표상에 표시한 그래프는 직선으로 나타난다. q값에 따라 그래프의 기울기는 달라진다.

도출한 그래프는 네 가지 관점에서 해석할 수 있는데, x축 상에서 순위의 변화를 확인할 수 있고, y축을 따라 규모의 변화를 읽을 수 있으며, x축과 y축을 결합한 여러 시기의 그래프를 작성, 비교하면 변화의 추이를 추적할 수 있다. 또한 기울기의 변화를 통해 도시 분포의 패턴을 좌우하는 주체가 상위 도시인지 하위 도시인지를 판가름할 수 있다. q값이 1보다 크면 상위 도시가, 작으면 하위 도시가 순위-규모 분포의 패턴을 좌우한다는 사실을 말해 준다. 분석 시기를 역사 시대로 소급시켜 연구 대상을 도시에서 도회로 바꾸거나, 개별 도회 대신에 면과 리 같은 단위 취락으로 대신해 접근하면 전통 시대의 취락 체계, 나아가 지역 체계의 변화 양상을 분석하는 데 유효할 것으로 판단된다. 행정 중심지가 자리한 읍면의 인구를 지표로 구축한 순위-규모 분포 그래프에서 그 일단이 드러난다(그림 1-30). 시대적인 맥락과 상황의 차이로 인해 전체적인 패턴에서 시기별로 적지 않은 변동이 있었음을 확인할 수 있는데, 행정의 효율을 증진시킬 목적으로 추진한 군 간 통폐합의 결과 읍·면의 수가 감소하였고, 인구 규모에서 읍·면 간 격차가 현저해지며, 구성 요소의 전체적인 배열에서 도출한 가상의 추세선을 비교해 알 수 있듯이 중상위 계층에 해당하는 도시의 영향으로 점차 기울기가 급해지고 있다. 지역 체계의 변화를 선도하는 주체는 다름 아닌 중상위 지역 중심지임이 분명해진다. 전반적으로 근대로의 이행에 수반하여 지역 체계, 나아가 지역 구조에 심층적인 변화가 초래되고 있음이 느껴진다.

(6) 통계 분석

역사지리에 관한 수치 데이터를 사용해 평균, 표준 편차, 군집 분석, 요인 분석, 상관 분석 등을 시행할 수 있는데, 기법으로서 통계의 처리와 분석은 여러 가지 이점을 지닌다. 먼저, 표본을 추출해 이루어지는 분석은 방대한 분량의 정보를 처리하는 데 소요되는 시간, 비용, 노력을 절약하면서 유의한 해석을 도출할 수 있다. 신분, 성, 연령, 민족, 인종, 직업 등 역사의 주체가 내포하는 정성적 측면을 강조했을 때 초래되는 맹점을 극복하는 데 유효한 것이 또한 통계이다. 이와 같은 특성으로 강자의 입장을 대변하는 편향성을 불식시키는 긍정적인 기능을 수행한다. 영웅 중심의 시각에서 탈피해 민중의 중요성을 재인식하고 정치사를 대신해 사회경제사의 중요성을 부각시킬 수 있었던 것도 가중치를 두지 않고 모든 사람에게 동등한 가치를 부여한 수치 자료의 공이 적지 않다.

기술 통계(descriptive statistics)는 분산되어 있는 방대한 자료를 비율과 지수로 정리하여 복잡한 과거의 지리적 상황을 간단히 설명해 준다. 『경세유표』에 제시된 정약용의 군현분등을 예로 들면, 전결수와 인구라는 두 가지 지표를 합산해 얻은 지수에 기초한 대주, 대군, 중군, 소군, 대현, 중현, 소현, 잔피읍의 도회 계층을 설정하여 조선 시대 취락 연구에 작지 않은 기여를 하였다. 복잡한 수치 자료를 산술 평균(mean), 최빈수(mode), 중위수(median) 등 간단한 평균치로 환산하는 것만으로도 다중의 의미를 끌어낼 수 있는데, 계층별 소유 노비의 산술 평균이 중위수보다 높고 양자의 차이가 커질수록 상류층 중심의 편향도가 심해진다는 의미심장한 해석도 도출할 수 있는 것이다. 추론 통계(inferential statistics)는 기술 통계를 통한 단순한 설명의 차원을 넘어 다른 시기, 지역, 대상에 대한 정보를 유추하는 데에 유효하다.

시계열·인과 분석(time-series and causal analysis)은 임금, 가격, 수출, 범죄, 파업, 민란, 성씨 같은 각종 변수의 월, 분기, 년, 세기에 걸친 시기별 변동 성향을 복원해 성장이나 감소 추세를 파악하는 데 유효하다. 통계가 지닌 또 다른 매력은 장기에 걸친, 광범한 지역의 연구를 가능케 한다는 데 있으며 그 과정에서 때로 예기치 못한 결론이 도출되기도 한다. 캠브리지 대학교의 인구·사회구조사 연구 모임(Cambridge Group for the History of Population and Social Structure)의 경우 영국 근대 초기의 인구 성장이 사망률의 감소보다는 오히려 혼인 연령의 하락 및 혼인율의 상승에 의해 초래되었다는 다소 파격적인 수정론을 이끌어 낼 수 있었다. 접근 방법에서 그들은 역행법에 근사한 역추적법(Back Projection)을 사용하였다.

그밖에도 통계 분석은 수학과 모델을 통해 새로운 사실을 확인하는 데 다방면으로 기여하였다. 반(反)사실 가정(Counterfactual)에 입각해 사회 저축(social savings)을 계산하는 방식으로 철도의 영향력을 추정하거나 자유 임금 노동에 대해 가지는 미국 남부 노예제의 비교 우위를 증명한 연구 등은 계량 모델의 파급력을 잘 말해 준다. 이처럼 수식과 공식은 표준화된 형태로 과거의 지리를 전하는 효율적인 매개가 된다.

그러나 계량화에 대한 맹신은 자칫 함정으로 유도할 수도 있다. 먼저 데이터의 신뢰성을 둘러싼 의문이 항시 따라다닌다. 자료 수집자의 작위적 해석, 지배층에 유리한 각색, 실수로 인한 자료의 누락 등 편향되고 불완전한 자료의 문제가 개재되기 때문에 '공식적'인 자료라 해서 무비판적으로 받아들이기보다는 엄밀한 비판을 거쳐야 한다. 통계 수집가의 자의적인 분류에 따른 왜곡의 가능성이 내재하고, 표준화의 결여로 자료 처리의 일관성이 훼손될 우려가 있다. 이와 관련해 통계의 유의성과 역사적 유의성은 별개라는 점을 명확히 해둘 필요가 있다. 통계는 특정 경향과 추세를 밝혀 주지만 그러한 경향을 도출하고 인과관계를 설명하는 것은 연구자이기 때문에 해석의 적절성 여부는 연구자의 자질과 능력에 따라 확연히 달라질 수 있다. 부적절한 비교 또한 예상치 못한 문제를 야기한다. 넓은 공간, 긴 시간, 다양한 상황을 측정한 통계는 그만큼 비교의 가치가 떨어진다. 특정 상황에서 도출한 모델을 무비판적으로 유사한 상황에 적용할 때 당면하게 될 오류의 가능성을 염두에 두어야 하는 것도 물론이다.

(7) 모델화

역사지리를 설명하고 해석하는 강력한 수단의 하나로 모델을 지목할 수 있다. 일종의 구조화된 생각이자 가정이며 이론과 법칙인 동시에 구체적으로는 데이터의 종합이 바로 모델인 것이다. 모델은 시간과 공간상에 구현되는 의미의 구성체와 그들 사이의 정형화된 관계를 일반화된 형태로 전해 주는 이른바 실제의 단순화된 구성이라 하겠다. 그렇기 때문에 모델은 실제 가운데에서 핵심적인 측면을 드러내고 우연적인 요소는 가리며, 관찰의 차원과 이론의 차원을 잇는 가교 역할을 수행한다.

자연지리 분야에 지형·기후·수문 모델이 있다면, 인문지리에는 인구, 산업, 취락, 토지 이용, 네트워크 등에 관련된 모델이 있다. 여기에 시간 요소가 추가된 모델은 역사지리의 형성과 변화를 설명하고 예측케 한다. 아마도 정주 체계를 설명하는 중심지 이론(Central Place Theory)이 가장 널리 알려진 사례가 아닐까 한다. 정기 시장을 분석하거나 취락 분포를 설명할 때 빠지지 않고 거론되는 중심지 이론은 등질 공간, 균등한 인구 분포, 거리에 비례하는 수송 비용 등의 가정과 함께 배후지역에 재화와 서비스를 공급하는 지역으로서 중심지, 중심지의 기능을 유지하는 데 필요한 배후지역의 최소 수요인 최소 요구치, 중심 기능이 미치는 최대거리로서 재화의 도달범위 등의 개념에 입각해 도출한 모델이다. 중심지의 계층 관계를 정립한 이론으로서 상위 중심지는 하위 중심지보다 최소 요구치가 크고 도달 범위가 넓으며 하위 중심지가 가진 기능에 추가적으로 하위 중심지에 없는 기능을 보유한다는 논리에 입각해 중심지의 수, 규모, 분포를 설명한다. 특히 중심지 배열에 내재된 시장 원리($k = 3$), 교통 원리($k = 4$), 행정 원리($k = 7$)의 발견은 공간 분석을 한 단계 끌어올리는 계기가 되었는데, 이들 원리가 공간 조직 내에 배타적으로 작용하는 것이 아니라 혼재하며 나아가 시대에 따라 주도하는 원리가 바뀐다는 사실은 역사지리적으로 의미 있는 지적이 아닐 수 없다.

시·공간 변화의 동인으로서 확산의 과정을 구체적으로 해명한 확산 모델의 의미도 각별하다. 확산은 도로, 수로, 해로, 철로 같은 교통로를 거치며 정치, 경제, 사회, 문화 등에 기인한 다양한 유형의 장벽을 극복하면서 진행된다. 근린 효과(neighborhood effect)와 거리 조락(distance decay)의 원리에 영향을 받는 한편, 시간의

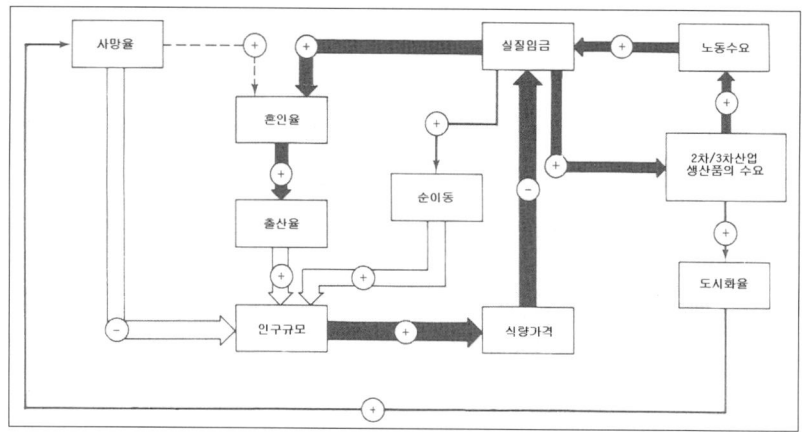

그림 1-31 17세기 영국의 인구 성장 모델

자료: E.A. Wrigley and R.S. Schofield, 1981, *The Population History of England, 1541-1871: A reconstruction*, Cambridge: Cambridge University Press, p.470.

흐름에 따라 S자 곡선을 그리며 단계별로 진행된다. 즉, 확산이 시작되어 기원지와 배후지 간 채택률에 차이가 크게 나타나는 초기 단계(primary stage), 원심 효과를 수반하며 확산이 본격적으로 진행됨으로써 중심지와 외곽 배후지 간 채택률의 간극이 축소되는 확산 단계(diffusion stage), 채택률이 거의 모든 지역에서 비슷해지는 응축 단계(condensing stage), 채택률이 계속해서 낮아지다가 결국에는 확산이 정체하는 포화 단계(saturation stage) 등을 거친다는 것이다. 확산 모델은 과거의 취락, 인구, 경관, 문화 등의 연구 주제에 적용되어 의미 있는 성과를 내고 있다.

뤼글리(E. Wrigley)와 스코필드(R. Schofield)는 사회경제적 변화와 도시화 등의 변수를 인구 성장과 연결시켜 인구 현상을 해석하는 독창적이고 정교한 방식을 고안하였다(그림 1-31). 모델은 선, 화살표, 부호, 박스 등의 단순한 요소로 구성되며, 선의 유형과 굵기, 화살표의 방향, 정·부의 부호 등을 다채롭게 활용해 가며 복잡한 인구 현상을 일목요연하게 설명해 준다. 예를 들어 실선의 굵기를 통해 변수 간 상관관계의 강약을 표현하는 한편, 상관도가 미약할 경우 아예 파선을 추가하였다. 경험적인 자료에 의거하지 않아도 논리적으로 추론이 가능한 관계, 예를 들어 출생률이 높으면 전체 인구가 증가한다는 식의 관계는 겹선을 사용해 설명하였다. 상호 관계가 더 이상 성립되지 않는다고 판단될 때에는 선을 삭제한다. 이런 방식으로 특정 시기의 인구 현상을 명확하게 재구성하였는데, 각 시기의 모델을 서로 비교하면 사회경제적 상황의 변화에 따른 인구의 적응 양태를 도식적으로 이해할 수 있는 것은 물론, 인구 성장의 시기별 변천사를 체계적으로 설명할 수 있다.

저개발 지역의 교통로 발달을 단계적으로 설명한 태프(E. Taaffe)·모릴(R. Morrill)·굴드(P. Gould) 모델은 현재는 물론 과거의 교통 발달을 설명하는 데 자주 인용된다. 내륙 안쪽으로 소규모 배후지를 가지며 어선과 상선이 간헐적으로 왕래하는 가운데 자급 생활을 영위하는 해안의 소규모 항구를 상정한 1단계, 항구로부터 내륙의 무역 중심지를 연결하는 간선 교통로가 발달함으로써 지역 발전에 격차가 생기는 한편 배후지의 확대와 지선 교통로의 항구로의 집중을 특징으로 하는 2단계, 지선 교통로가 횡적으로 연결되고 교역을 둘러싼 경쟁과 항구의 차별 성장이 뚜렷해지는 가운데 해안과 내륙 종착점 중간에 새로운 중심지가 형성되는 3단계, 교통로의 연결과 집중이 반복된 결과 주요 중심지 상호 간의 최우선 연결이 발생하여 교통로의 계층화가 뚜렷해지는 4단계로 나누어 교통로 발달사를 정리해 준다. 식민지를 경험한 한국의 교통로 발달사의 일면을 해석하는 데에도 유효하다.

그밖에 크로스비(A. Crosby)의 생태제국주의 모델, 반스(J. Vance)의 중상주의 모델, 튀넨의 고립국 모델, 베버의 공업 입지 모델, 스키너(G.W. Skinner)의 지역 체계 모델, 죄버그(G. Sjoberg)의 전산업 도시 모델, 왈러스틴(I. Wallerstein)의 세계 체제 모델, 매거던(E. Margadant)의 도시 경쟁 모델, 팍스(E. Fox)의 항구 도시-내륙 행정 도회 모델 등도 역사지리 연구에 자주 응용된다.

참고문헌

권혁재, 1976, 지리학, 한국현대문화사대계 II(학술·사상·종교사), 고려대학교 민족문화연구소.
노도양, 1953, 지리학적 제현상에 있어서의 역사적 요소, 사상계 1(4), 212-219.
류제헌, 2002, 문화역사지리학, 한국의 학술연구: 인문지리학, 인문·사회과학편 3, 대한민국학술원.
신영훈, 2000, 한옥의 향기, 대원사.

양보경, 1987, 조선시대 읍지의 성격과 지리적 인식에 관한 연구, 지리학논총 별호 3, 서울대학교 사회과학대학 지리학과.

오상학, 2001, 조선시대의 세계지도와 세계 인식, 서울대학교 대학원 박사학위논문.

우낙기, 1961, 역사지리, 동국대출판부.

윤홍기, 2001, 왜 풍수는 중요한 연구주제인가?, 대한지리학회지 36(4), 343-355.

이기백, 1990, 한국사신론, 일조각.

이수건, 2003, 한국의 성씨와 족보, 서울대학교출판부.

이은숙, 1992, 문학지리학 서설: 지리학과 문학의 만남, 문화역사지리 4, 147-166.

이 찬, 1968, 한국지리학사, 한국문화사대계: 과학기술사 3, 고려대학교 민족문화연구소, 681-734.

이해준·김인걸 외, 1993, 조선시기 사회사 연구법, 한국정신문화연구원.

임학성, 2004, 조선시대 호적대장의 현황과 활용방안, 문화역사지리 16(3), 155-156.

정구복, 2002, 고문서와 양반사회, 일조각.

차하순 편, 1986, 사관이란 무엇인가, 청람.

최기엽, 1983, 장소의 이해와 상징적 공간의 해석, 지리학논총 10, 151-163.

최승희, 1989, 한국고문서연구, 지식산업사.

최영준, 1990, 영남대로: 한국 고도로의 역사지리적 연구, 고려대학교 민족문화연구소.

최영준, 1997, 국토와 민족생활사: 한국역사지리학 논고, 한길사.

이중환, 1912, 택리지, 조선광문회.

한국경제사학회, 1991, 한국사시대구분론, 을유문화사.

한국고문서학회, 1996, 조선시대 생활사, 역사비평사.

한국사시민강좌 15집(한국사상의 여성), 일조각.

허흥식, 1988, 한국의 고문서, 민음사.

홍이섭 외, 1983, 한국의 명저 3: 역사, 지리, 과학기술, 예술, 기타, 현암사.

谷岡武雄, 1979, 歷史地理學, 古今書院.

菊地利夫, 1977, 歷史地理學方法論, 大明堂.

藤岡謙二郎 編, 1978, 地域調査ハンドブック, ナカニシヤ出版.

飯塚浩二 譯, 1961, 人文地理學原理, 岩波書店.

山崎謹哉 編, 1985, 近世歷史地理學, 大明堂.

臨時土地調査局, 1911, 朝鮮地誌資料.

朝鮮總督府, 1915~1935, 朝鮮古蹟圖譜.

Baker, A. R. H., 2003, *Geography and History: Bridging the divide*, Cambridge University Press.

Bloch, M., 1966, *French Rural History: An essay on its basic characteristics*, trans. J. Sondheimer, Berkeley: University of California Press.

Braudel, F., 1980, History and the Social Sciences, in *On History*, trans. S. Matthews, pp.25-54, Chicago: University of Chicago Press.

Broek, J. O. M., 1932, *The Santa Clara Valley, California: A study in landscape changes*, Utrecht: N.V.A. Oosthoek's Uitgevers.

Butlin, R. A., 1993, *Historical Geography*, Edward Arnold.

Chorley, R. J. and Haggett, P., eds., 1967, *Models in Geography*, Methuen.

Clark, A. H., 1975, First Things First, in *Patterns and Process: research in historical geography*, ed. R. E. Ehrenberg, pp.9-21, Washington: Howard University Press.

Conzen, M. P., 1993, The Historical Impulse in Geographical Writing about the United States, 1850-1990, in *A Scholar's Guide to Geographical Writing on the American and Canadian Past*, ed. M. P. Conzen, T. A. Rumney and G. Wynn, pp.3-90, Geography Research Paper No. 235, University of Chicago.

Darby, H. C., 1977, *Domesday England*, Cambridge: Cambridge University Press.

Darby, H. C., 2002, *The Relations of History and Geography*, University of Exeter Press.

Dodgshon, R. A., 1998, *Society in Time and Space: A Geographical Perspective on Change*, Cambridge: Cambridge University Press.

Earle, C., 1999, Continuity or discontinuity - that is the question!, *Journal of Historical Geography* 25, 12-16.

Gillett, J., 1986, *Fieldwork Studies in Geography*, Longman.

Glacken, C. J., 1956, Changing Ideas of the Habitable World, in W. L. Thomas, Jr., ed., *Man's Role in Changing the Face of the Earth*, pp.70-92, Chicago: University of Chicago Press.

Gould, P. and White, R., 1974, *Mental Maps*, New York: Penguin Books.

Graham, B. and Nash, C., eds., 2000, *Modern Historical Geographies*, Longman.

Green, D. B., ed., 1991, *Historical Geography: A Methodological Portrayal*, Rowman & Littlefield.

Harley, J. B., 1989, Deconstructing the Map, *Cartographica* 26, 1-20.

Hartshorne, R.. 1939. *The Nature of Geography: A critical survey of current thought in the light of the past*. Lancaster, PA: Association of American Geographers.

Hoskins, W. G., 1955, *The English Landscape*, Penguin Books.

Hudson, P., 2000, *History by Numbers: An introduction to quantitative approaches*, London: Arnold.

Knowles, A. K., ed., 2002, *Past Time, Past Place: GIS for History*, Redlands, CA: ESRI Press.

Kondratieff, N. D., 1935, The Long Waves in Economic Life, *Review of Economic Statistics* 17, 105-115.

Meinig, D. W., 1989. The Historical Geography Imperative, *Annals of the AAG* 79, 79-87.

Norton, W., 1984, *Historical Analysis in Geography*, Longman.

Prince, H.C., 1971, Real, imagined and abstract worlds of the past, *Progress in Geography* 3, 1-86.

Rogers, A., Viles, H. and Goudie, A., eds., 1992, *The Student's Companion to Geography*, Blackwell.

Sauer, C. O., 1925. *The Morphology of Landscape*. Berkeley: University of California Publications in Geography vol. 2.

Sauer, C. O., 1941, Forward to Historical Geography, *Annal of the AAG* 31, 1-24.

Stone, L., 1979, The Revival of Narrative: Reflections on a new old history, *Past & Present* 85, 3-24.

Tuan, Yi-Fu, 1974, *Topophilia: A study of environmental perception, attitudes, and values*, New York: Columbia University Press.

Tuan, Yi-Fu, 1977, *Space and Place: The perspective of experience*, Minneapolis: University of Minnesota Press.

Whittlesey, D. S., 1929. Sequent Occupance, *Annals of the AAG* 19, 162-165.

Winder, G. M., 2009, Historical Geography, in *International Encyclopedia of Human Geography*, Vol. 5, ed., R. Kitchin and N. Thrift, Amsterdam and Oxford: Elsevier, 152-157.

Wright, J. K., 1947, *Terrae Incognitae*: The Place of the Imagination in Geography, *Annals of the AAG* 37, 1-15.

제2장

한민족의 기원과 형성 과정

경상대학교 이전

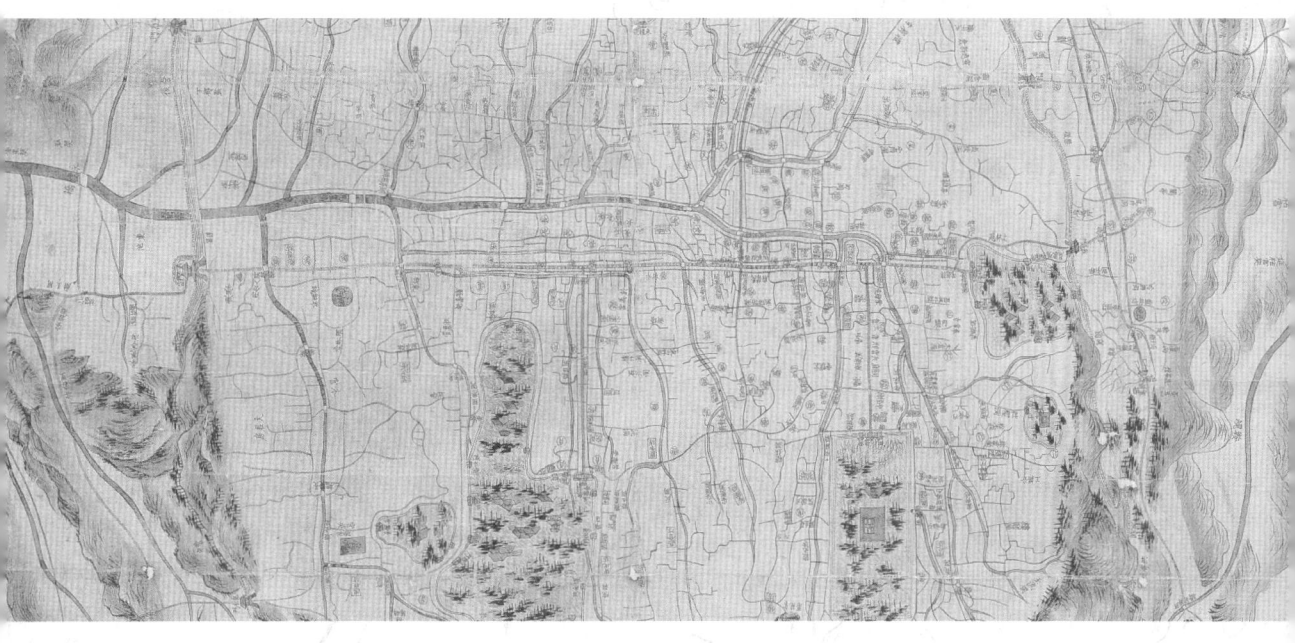

1. 민족의 개념에 대한 고찰

1) 국민 개념과 구별해야 할 민족 개념

우리나라 사람들은 일상생활에서 민족과 국민이라는 두 용어를 서로 엄격하게 구별하여 사용하지 않는다. 우리나라 사회과학자들조차도 민족과 국민의 개념을 정확하게 규정하지 않은 채 두 용어를 매우 혼란스럽게 사용하고 있다. 그뿐만 아니라 이와 밀접하게 관련된 용어들, 즉 인종, 부족 사회, 군장 사회 등의 개념도 명확히 규정하지 않은 채로 사용하고 있다. 민족 개념이 명확하게 규정되지 않은 채 우리 민족의 기원과 형성 과정을 과학적으로 논할 수는 없다. 그래서 먼저 민족의 개념을 명확하게 규정하고자 한다.

국민은 그 사람의 국적과 관련되는 개념이고, 민족은 그 사람의 문화적 속성과 관련되는 개념이다. 근래 외국인들이 한국 국적을 취득하여 한국 국민으로 귀화하는 경우가 점차로 많아지고 있다. 외국인이 한국 국적을 취득하는 경우, 그는 한국 국민이 되는 것이지만 한민족(韓民族)의 사람이 되는 것은 아니다. 예를 들면, 러시아인이 귀화하여 한국 국민이 될 수 있고 베트남 여성이 한국 남성과 결혼하여 한국 국적을 획득할 수는 있지만, 러시아인이나 베트남인이 한민족의 사람이 쉽게 될 수는 없다. 이러한 경우와 마찬가지로, 어떤 한인(Korean)이 미국 시민권을 획득하여 미국의 국민이 되었다고 하더라도 그는 민족(ethnicity) 분류상으로 볼 때 여전히 한인에 속한다.

민족은 영어의 ethnicity 혹은 ethnic group에 상응하는 개념이고, 국민은 '국가를 구성하고 있는 주민'의 개념으로서 영어의 nation과 상응하는 개념이다. 대체적으로 문화인류학자·문화지리학자·고대사연구자들은 민족을 영어의 ethnicity 혹은 ethnic group에 상응하는 개념으로 이해한다. 『조선왕조실록』을 비롯한 우리의 고문헌에서는 종족(種族)이 영어의 ethnicity에 상응하는 개념으로 사용되는데, 이러한 입장에서 본다면 민족은 『조선왕조실록』을 비롯한 우리의 고문헌에서 사용하던 종족과 동일한 개념이라고 하겠다.

그런데 우리나라의 일부 사회과학자들이 민족이라는 용어를 영어의 nation에 상응하는 개념의 용어로 사용함으로써 민족 개념의 혼란을 초래하고 있다.■1 우리나라 사회과학자들은 영어의 nationalism, national economy, nation-state를 국민주의·국민 경제·국민 국가로 번역하기도 하고 민족주의·민족 경제·민족 국가로 번역하기도 하는데, 이것은 바로 우리나라 사회과학자들이 국민과 민족을 혼동하고 있음을 보여 주는 사례이다.■2 앞으로 민족은 영어의 ethnicity에 상응하는 개념으로만, 국민은 영어의 nation에 상응하는 개념으로만 사용함으로써 이러한 혼란을 더 이상 초래하지 않았으면 좋겠다.

2) 영어의 ethnicity에 상응하는 민족에 대한 개념

그러면 영어의 ethnicity에 상응하는 민족에 대한 개념을 명확하게 규정해 보자. 민족은 특정한 문화(언어·종교·관습 등)를 공유하는 인간 집단인데, 흔히 이들은 동질적인 소속감, 즉 민족의식(ethnic consciousness)을 공유하고 있다. 그러므로 민족은 문화(언어·종교·관습 등)와 민족의식 등을 주요한 지표로 삼아 구분되는 동질적인 인간 집단이라고 할 수 있다.

민족은 특정한 문화, 즉 동질적인 언어·종교·관습 등을 공유하는 인간 집단이다.

인간은 언어라는 수단을 통하여 인위적으로 의미를 창작하고, 사물이나 사건에 의미를 부여하며, 그런 의미를 전달하기 때문에 언어가 다른 집단들은 서로 다른 상징체계를 가지고 있는 셈이다. 그래서 언어는 민족을 구분하는 객관적 지표로 가장 중요한 것이다. 언어 다음으로 중요한 객관적 지표는 종교이다. 다수의 종교는 특정한 인간 집단의 기원에 관해 기술하고 있기 때문에 종교가 다른 집단들은 서로 다른 기원을 갖는다고 인식하는 경우가 많다. 언어·종교 다음으로 중요한 지표는 관습인데, 관습은 주로 혼인 제도·가족 제도·친족 제도 등을 의미한다. 관습은 오랜 역사 과정에서 형성된 것이기 때문에 관습이 서로 다른 집단들은 연대감을 갖기 어렵다. 언어·종교·관습은 민족 단위를 규정하는 객관적 지표로 가장 중요한 세 요소임에 틀림없다.

그런데 특정 단일 민족의 언어·종교·관습 모두가 반드시 동일한 것은 아니라는 사실에 유의해야 한다. 오늘날 세계 곳곳에 흩어져 살고 있는 유대 민족은 비록 다양한 언어를 사용하고 있지만, 동일한 종교·관습을 공유하고 유대 민족 특유의 민족의식을 공유하고 있기 때문에 그들은 단일 민족으로 간주된다. 우리 한민족은 오랜 역사 과정에서 불교·유교·기독교 등의 다양한 종교를 수용하여 신봉하게 되었는데, 그렇다고 해서 우리 한민족이 분열되었다고 하지 않는다. 또한 단일 민족이라고 해서 그 구성원들의 혼인 제도·가족 제도·친족 제도 등의 관습이 완전하게 동일한 것은 아니고, 지역적으로 혹은 계급적으로 다소 다를 수 있다.

흔히 일반 사람들은 혈연적인 계보, 즉 혈통을 민족 구분의 객관적 지표로서 가장 중요시하지만, 민족이 혈연 공동체라는 개념은 현실적으로 적용되지도 않고 과학적인 사실에 근거하지도 않는다. 현실 사회에서 민족 구분의 지표로서 혈연 공동체적 요소보다 문화 공동체적 요소가 중요하게 간주된다. 예를 들면, 어떤 사람이 유대인인지 아닌지를 구분할 때 그 사람의 혈연, 즉 유전 인자를 기준으로 구분하는 것이 아니라 그 사람의 생활 양식과 민족의식을 기준으로 구분한다. 비록 어떤 사람이 흑인일지라도, 그가 유대인의 생활 양식을 가지고 있고 그 자신이 유대인이라고 믿고 있으면 그는 유대인이다.

민족의 존재는 시간을 초월하는 불변의 것이 아니고 역사 과정에서 지속적으로 변화하는 것이다. 오늘날 한반도에 살고 있는 우리나라 사람들이 단일 민족이라고 말한다고 해서 과거에 한반도에 살았던 우리 조상들도 처음부터 단일 민족이었다고 이해해서는 안 된다. 마한·진한·변한·동예·옥저·고구려·백제·신라·발해 등을 모두 동일한 민족으로 규정하는 것은 잘못된 것이다. 사실, 태초부터 단일 민족으로 시작된 국가는 지구상에서 찾아보기 힘들지도 모른다. 한반도와 그 인근에 살고 있던 다수의 민족들이 시간이 지남에 따라 문화적 동화 과정을 거치면서 하나의 한민족으로 발전한 것이다. 단일 민족은 역사 과정에서 형성된 것이지 태초부터 주어진 것이 아니다. ■3

3) 민족의식의 공유와 국민 의식의 확립

동일한 민족에 속한다고 인식하는 민족의식의 강약 정도는 민족을 구분하는 중요한 지표가 된다. 민족의식이란 한 민족의 구성원들이 다른 민족과는 구별되는 독자적 정체성(identity)을 집단적으로 인식하는 것이다. 일반적으로 볼 때, 특정 인간 집단의 구성원들이 서로 동일한 민족에 속한다고 인식하고 있다면 그 인간 집단이 단일 민족에 속할 것이고, 특정 인간 집단의 구성원들이 서로 다른 민족에 속한다고 인식하고 있다면 그 인간 집단은 단일 민족에 속한다고 할 수 없을 것이다. 즉 언어·종교·관습 등의 동질성이 민족 구분의 객관적 지표라면 민족의식은 민족 구분의 주관적 지표이다.

인간 집단의 언어·종교·관습 모두가 동일하다고 할지라도 민족의식을 공유하지 않는다면, 그 인간 집단을 단일 민족에 속한다고 간주할 수 없다. 오늘날 대다수 잉글랜드인·웨일스인·스코틀랜드인은 언어나 종교라는 측면에서 동질적이지만, 단일 민족의식을 공유하지 않기 때문에 단일 민족에 속한다고 볼 수 없다. 이들은 오늘날 영국의 국민으로서 일상생활에서 영어를 사용하고 있지만, 오랫동안 서로 다른 역사적 과정을 밟아 왔고 아직도 각 지방 자체의 고유한 관습을 많이 간직하고 있다. 다수의 서남아시아 사람들이 이슬람교를 신봉하고 있지만, 그들 사이에는 생활 양식의 차이가 심할 뿐만 아니라 그들 자신들이 단일 민족의식을 공유하고 있지 않으므로 그들 모두를 단일 민족에 속한다고 간주할 수 없다.

단일 민족으로 구성되어 있는 국가는 극히 드물지만, 다수의 민족으로 구성되어 있는 국가는 대단히 많다. 대부분의 다민족 국가는 민족 간의 조화를 강조하는 정책을 입안하면서도, 특정 민족의 민족의식을 강화하는 정책은 입안하지 않는다. 다민족 국가에서 민족의식의 고양과 국민 의식(national sentiment)의 확립은 양립하기 어렵기 때문에 다민족 국가가 정책적으로 강조하는 것은 민족의식의 고양이 아니라 국민 의식의 확립이다. 다민족 국가에서 국민 의식이 약화되면 민족 간의 갈등이나 국가 분열의 위험성이 드러난다. 이러한 이유 때문에 다민족 국가들은 국민 의식을 확립하여 다수의 민족들을 하나의 국가 체제에 통합하는 데 많은 노력을 기울인다. 연변의 조선족에게 바라는 중국 정부의 입장은 조선족 민족의식의 고취가 아니라 중국 국민 의식의 확립인 것이다. 우리나라 사람들은 민족의식과 국민 의식이 거의 동일한 개념인 것으로 인식하고 있지만, 대부분의 다른 나라 사람들은 민족의식과 국민 의식이 서로 다른 개념인 것을 분명히 인식하고 있다.

4) 민족 개념과 구별해야 할 인종 개념

인종은 인간의 체질적 상이성에 기초한 분류 개념으로서 영어의 race에 해당하는 개념이다. 흔히 피부색, 눈과 두발의 색깔과 형태, 코의 높이와 모양, 키의 크기 등은 모두 인간의 체질적 특성을 가리키는 지표로 이용된다. 식생활의 변화나 관습의 변화에 따라 인간의 체질적 특성은 다소 변하지만, 전체적인 체질적 특성은 유전자에 의해 결정된다. 여태까지는 흔히 지구상의 인종을 황인종, 흑인종, 백인종의 세 인종으로 구분하였거나, 혹은 황인종, 흑인종, 백인종, 오스트랄로이드, 아메리칸 인디언의 다섯 인종으로 구분하였다.

어떠한 체질적 특성을 중심으로 인종을 구분하느냐에 따라서 인종 구분이 달라질 수 있기 때문에 인종 구분은 매우 임의적인 것이다. 그리고 인종을 아무리 자세히 구분하더라도, 점이 지대에 해당하는 인종이 있음을 알아야 한다. 오늘날 미국에서는 황인종·흑인종·백인종 등과 같이 피부색에 기초한 인종 개념보다는 아시아인(Asians), 유럽인(Europeans), 아프리카인(Africans), 아메리카 원주민(Amerindians), 태평양 제도인(Pacific Islanders) 등과 같이 출신 지역을 기반으로 하는 인종 개념이 널리 사용되고 있다. 인간의 체질적 상이성에 기초한 인종 구분보다는 이와 같이 출신 지역을 기반으로 하는 인종 구분이 좀 더 객관적일 수 있다.

유대인은 오랫동안 세계 각지에 흩어져 살면서 그들의 체질적 특성이 다양하게 변화하였다. 아프리카로 이주한 유대인들이 현지인과 혼혈 과정을 반복하였기 때문에 오늘날 아프리카에 살고 있는 유대인은 생물학적으로 아프리카의 현지인과 다를 바 없게 되었다. 그러나 아프리카의 유대인들은 유대 민족의 종교와 관습을 공유하고 그들 자신들이 유대 민족에 속한다고 인식하기 때문에 그들도 유대 민족이다. 오늘날 이스라엘에는 소수의 흑인들이 있는데, 이들은 아프리카 각국에서 들어온 유대인들이다. 아프리카의 유대인들과 유럽의 유대인들은 서로 다른 인종에 속하지만, 그들은 모두 유대 민족에 속하는 것이다.

우리나라 사람들은 오랫동안 혈연 공동체로서 살아 왔기 때문에 서로 체질적 특성이 유사하다. 그래서 단일 민족에 속할 뿐만 아니라 동일한 인종에 속한다. 그렇지만 우리는 사회과학의 용어로서 인종과 민족을 엄격하게 구분하여 사용할 수 있어야 한다. 인종은 혈연적·체질적 특징을 지표로 인간 집단을 구분하는 것이고, 민족은 언어·종교·관습 등의 객관적 지표와 더불어 민족의식이라는 주관적 지표로 인간 집단을 구분하는 것이다.

2. 고조선을 우리 민족사에 편입하는 과정

1) 단군신화가 등장하는 고문헌

고조선(古朝鮮)이라는 명칭과 고조선의 건국 신화인 단군신화(檀君神話)는 고려 충렬왕대(1274년~1308년)에 일연(一然)이 쓴 『삼국유사(三國遺事)』에 처음으로 나온다. 『삼국유사』의 정확한 편찬 연도는 알 수 없으나 1281년경 또는 늦게 잡아도 1289년까지는 저작이 완료되었을 것으로 추정한다.[4] 『삼국유사』를 쓴 일연은 단군신화에 나오는 조선을 위만조선과 구분하려는 의도로 옛 조선, 즉 고조선이라고 불렀으나, 오늘날 우리는 단군조선·기자조선·위만조선을 이성계가 세운 조선 왕조와 구별하기 위한 의도로 고조선이라 부르고 있다.

『제왕운기(帝王韻紀)』, 『응제시주(應製詩註)』, 『세종실록(世宗實錄)』 「지리지(地理志)」 등에서도 단군에 관한 내용이 실려 있다. 『제왕운기』는 충렬왕 13년(AD 1287년)에 이승휴(李承休)가 칠언시(七言詩)와 오언시(五言詩)로 지은 역사책이다. 이 책의 하권 제1부에서는 신라·고려·남옥저·북옥저·동부여·북부여·예·맥 등이 모두 단군의 후예라고 기록하고 있다.[5] 이 책은 『삼국유사』와 더불어 단군신화에 관한 문헌 중에서 가장 오래된 것이다. 『응제시주』는 조선 태조 때의 문신 권근(權近; AD 1352년~1409년)의 응제시에 손자 권람(權擥; AD 1416년~1465년)이 자세히 주석을 붙여 엮은

책인데, 세조 8년(AD 1462년)에 간행되었다. 이 책에 나오는 단군신화는 『삼국유사』의 단군신화와 거의 일치한다. 단종 2년(1454년)에 편찬한 『세종실록』「지리지」에도 단군신화가 들어 있는데, 이 책에 들어 있는 단군신화는 『제왕운기』의 단군신화와 거의 동일한 내용을 담고 있다.

그러나 『삼국유사』보다 140여 년이나 앞서 편찬된 『삼국사기』에는 단군에 관한 내용이 없다. 『삼국사기』는 김부식(金富軾) 등이 고려 인종 23년(1145년)에 기전체(紀傳體)로 편찬한 역사책이다. 김부식은 우리나라의 관점에서만 역사를 논하지 않고 당시 세계의 보편성을 띤 유교라는 관점에 입각하여 이 책을 편찬하였는데, 그는 철저하게 문헌 기록에 의존하였고 또한 기록된 사료의 사실 여부를 비판적으로 검토하여 수록하였다. 그런데 이 책에는 단군에 관한 내용이 전혀 들어 있지 않다.

김부식의 『삼국사기』에 단군신화가 들어 있지 않는 이유는 김부식이 활동하던 당대에 고려인들이 단군을 민족의 선조로 인식하지 않았다는 데 있을 것이다. 신라·백제·고구려의 삼국 중에 어떤 국가도 국가의 기원을 단군조선과 연결하지 않았는데, 김부식은 그러한 사료를 그대로 수록하였으므로 『삼국사기』에는 단군에 관한 내용이 들어 있지 않았을 것이다. 김부식은 『삼국사기』에 고구려·백제·신라의 건국 설화에 관한 내용을 수록하였다는 점에서 당대에 전승되는 설화를 배제하지 않았다고 할 수 있다. 그렇지만 김부식이 활동하던 당대의 고려인들은 단군을 민족의 선조로 인식하지 않았기 때문에 단군신화를 수록하지 않았을 것이다. 더 정확히 말하면, 김부식이 『삼국사기』를 집필할 무렵에 아직 단군신화는 창조되지 않았을 것이다.

당연한 말이지만, 『삼국유사』보다 1,000년이나 앞선 『삼국지』[6]「위서동이전」에서도 단군에 관한 기록을 찾을 수 없다. 『삼국지』「위서동이전」은 동이에 속하는 민족 단위로서 부여·고구려·동옥저·읍루·예·마한·진한·변진·왜를 들고, 이러한 민족들의 생활상을 기록하고 있다. 그런데 그 다수의 민족들은 서로 다른 언어를 사용하였고, 서로 다른 종교적 의례를 행하고 있었으며, 서로 다른 관습을 가지고 있었다. 서로 다른 민족들은 당연하게도 공통의 조상을 설정하지 않았을 것이고, 단군신화도 창조하지 않았을 것이다. 그렇기 때문에 『삼국지』「위서동이전」에는 단군신화에 관한 기록이 없는 것이다.

『삼국유사』에 의하면, 일연은 『위서』, 『고기』, 『배구전』 등의 문헌에서 단군에 관한 내용을 인용하였다고 한다. 그렇지만 『위서』와 『고기』는 현존하지 않아서 단군에 관한 내용이 실제로 기록되어 있었는지 확인할 수가 없다. 『배구전』은 『수서(隋書)』나 『신·구당서(新·舊唐書)』에 나오고 있으나, 일연은 『배구전』으로부터 단군에 관한 내용을 인용한 것이 아니어서 『배구전』이 현존한다고 해서 단군에 관한 기록이 『수서』나 『신·구당서』에 등장하는 것은 아니다. 결국, 『삼국유사』 이전의 어떤 문헌에서도 단군에 관한 기록이 전혀 나타나지 않고, 고려 후기 이전의 어떤 고고학적 자료에서도 단군에 관한 물적 증거가 전혀 나타나지 않는다.

2) 역사적 실체가 아니라 상징적 실체인 단군조선

『삼국유사』의 단군신화에 따르면, 환인의 아들 환웅이 하늘에서 내려와 곰에서 변신한 여자와 결혼하여 단군을 낳았고 단군은 BC 2333년에 고조선을 건국하였다. 단군의 즉위년이 중국 전설 시대의 요(堯)와 같은 때라고 한 것은 한족과 대등한 우리 민족이라는 민족 자주성의 입장에서 주장된 것이다.[7] 환인이라는 말은 원래 범어(산스크리트어)의 석제환인다라(釋提桓因陀羅; 東方護法神)에 어원을 둔 것이므로, 환인은 불교가 들어온 뒤에 표현상의 수정을 통해 붙여진 이름이라고 볼 수 있다. 한편 단군신화에는 오늘날까지도 전해 오는 거목숭배 신앙과 연결되는 신단수가 나타난다. 여기서는 부족 사회 애니미즘의 흔적을 찾을 수 있다. 또 단군이 뒤에 아사달의 산신이 되었다는 기록은 후세의 산신 신앙에 의해 윤색되어 가필된 부분이라고 하겠다. 이와 같이 단군신화는 오랜 역사적 과정에서 고대 사회의 관념에다 도교·불교·유교의 사고방식에 맞게 각색된 흔적을 갖고 있다.[8]

단군이 민족 전체의 공동 시조로 인식된 것과 단군조선이 민족 최초의 왕조로 인식된 것은 고려 후기에 들어서였다. 그래서 바로 이 시기에 집필된 『삼국유사』와 『제왕운기』에서는 민족 역사의 첫머리를 단군조선에서 찾았던 것이다. 당시에 단군이 강조된 것은 몽고 침략을 겪으면서 그리고 원과의 관계에서 우리가 하나의 민족이라는 인식을 고양해야 할 필요성에서 비롯되었다. 고려 후기 지배층은 몽고 침략과 원의 간섭에 대항하기 위해 고려 주민들을 단합시키고 통합시키기 위해서 상징적 실체가 필요하였을 것이다. 당시에 한반도 주민들은 통일신라 이래로 문화적 동화 과정이 크게 진척되어 있었기 때문에 상징적 실체인 단군을 매우 자연스럽게 받아들일 수 있었다.

단군조선은 우리 민족 최초의 국가라고 볼 수 없다. 우리 민족에 의해 창조된 상징적 실체인 단군조선을 인정할 수는 있으나, 단군이 우리 민족의 시조라는 주장을 '과학적인 역사'로 해석해서는 안 된다. 단군조선을 우리 민족 최초의 국가라고 볼 수 없는 이유를 세 가지로 정리하면 다음과 같다.

첫째, 이미 언급한 바와 같이 단군조선은 고려 후기의 시대적 필요성에서 등장한 것이다. 고려 후기 이전의 어떠한 사료에서도 단군조선에 관한 기록이 남아 있지 않다. 중국의 문헌 사료에도 단군조선은 등장하지 않는다. 또한 고고학적으로도 단군조선을 입증할 만한 명확한 증거를 전혀 발견할 수 없다. 단군조선의 실체를 부정하는 것과 요동 반도를 중심으로 기원전에 고대 문화권이 존재한 사실을 부정하는 것은 별개의 문제이다. 기원전에 요동 반도를 중심으로 선진 문화가 발달하였던 사실은 고고학적으로 입증된 사실이다.■9 그러나 그것을 단군조선으로 연결시킬 수 있는 과학적 근거는 없다.

몽고는 고종 6년(AD 1219년)에 고려와 접촉한 이후부터 고려에 대하여 무리한 요구를 하기 시작하였고, 고종 18년(AD 1231년)에 제1차로 침입하였다. 이에 고려의 최씨 정권은 고종 19년(AD 1232)년 강화도로 도읍을 옮겨 항몽 태도를 분명히 하였다. 그 후에도 몽고군은 고종 46년(AD 1259년)에 강화가 맺어질 때까지 여러 차례 고려를 침입하였다. 고려의 조정은 강화도 천도를 감행하여 몽고군에 대항하였고, 아마도 이 기간 동안에 고려의 지배층들은 단군을 창조하여 우리 민족의 시조로 정립함으로써 우리 민족의 단합을 추구하였다고 본다.

둘째, 단군조선이라는 실체가 있었다 하더라도 그 실체가 존재할 때에는 한반도와 그 주변에 다수의 민족들이 산재하였다. 그러한 민족들은 각각 서로 다른 언어를 사용하고 있었고, 서로 다른 관습을 가지고 있었으며, 서로 다른 독자적인 신화를 가지고 있었다. 개별 민족은 동질적인 민족의식을 공유하면서 단합하고 있었지만, 서로 다른 민족들은 서로를 이질적인 민족으로 인식하고 있었다. 수천 년 이전부터 한반도와 그 주변에 흩어져 있던 다양한 인간 집단들이 단일 민족의식을 가지고 있었을 가능성은 전혀 없다. 한민족은 그러한 다수의 민족들이 오랫동안 문화적 동화 과정을 거쳐서 후대에 하나의 민족으로 형성된 것이다.

춘추 시대의 사실을 전하는 『관자(管子)』라는 책에 '조선'의 이름이 나오며, 조선이 제(齊)와 교역을 하였다는 기록이 있다.■10 이러한 기록을 통하여 BC 7세기 초경에는 고조선의 실체가 있었음을 알 수 있다. 그러나 고조선의 실체가 있었다는 사실이 곧바로 우리 한민족 최초의 국가가 고조선이라는 사실을 뒷받침하지는 않는다. 왜냐하면 우리 한민족이 형성되기 이전에 고조선이 존재하였다고 해서 우리 한민족 최초의 국가가 고조선이라고 할 수는 없기 때문이다. 한민족이 형성되기 이전에 어떻게 한민족 최초의 국가가 형성될 수 있겠는가?

셋째, 신라가 통일한 영역은 과거의 마한·진한·변한의 영역에 해당하고, 이 영역에 살고 있던 사람들은 한어군(韓語群) 계통의 민족들이었다. 통일신라의 건국 이데올로기로서 '삼한일통의식(三韓一統意識)'이 있었는데, 이것은 마한·진한·변한이 하나의 통합체라는 것이었다. 통일신라의 건국 당시에 마한·진한·변한의 문화는 매우 유사한 것이었는데, 우리 한민족의 형성에 가장 중요하게 기여한 사람들은 바로 한어군 계통의 민족들이었음은 의심의 여지가 없다. 한어군 계통의 민족들은 대동강 하구에서 원산만을 잇는 선의 남쪽에 거주하고 있었을 것이다.

한편 대동강 하구에서 원산만을 잇는 선의 북쪽에는 부여어군(夫餘語群) 계통의 민족들이 살고 있었을 것이다. 기자조선이나 위만조선은 당연하게도 부여어군의 민족들이 살고 있는 영역에 위치하였을 것이다. 그런데 부여어군 계통의 민족들은 부여족, 고구려족, 읍루족(후대의 말갈족·여진족·만주족 등과 연결) 등을 포함하는데, 이들은 한어군 계통의 민족들과 비교하여 볼 때 우리 한민족의 형성에 부분적으로만 기여한 것으로 보인다. 그렇기 때문에 우리 한민족의 기원을 한어군계 민족 영역에서 찾지 않고, 기자조선이나 위만조선 등과 같은 부여어군계 민족 영역에서 찾은 것은 애초부터 잘못된 발상이었다.

고려 후기의 지배층 사람들은 부여어군계 민족들과 한어군계 민족들이 사뭇 다른 계보의 민족들이었다는 지식을 가지고 있지 않았을 것이다. 다만 그들은 한반도와 그 인근에서 가장 오래된 역사 기록을 기자조선에서 찾았을 것이고, 우리 민족의 장구한 역사를 강조하기 위해 기자조선보다 오래된 단군조선을 창조하여 우리 민족 최초의 국가로 삼은 것이라고 판단된다. 이와 같은 이유로 우리 한민족의 기원을 단군조선으로부터 찾는 것은 '과학적인 역사'에 근거한 행위가 결코 될 수 없다. 단군조선이 우리 한민족 최초의 국가라는 기록은 '비과학적인 역사'로서 고려 후기의 시대적 필요성에 의하여 위조된 것이고 날조된 것이며 창조된 것이다.

그러나 단군조선은 고려 후기부터 오늘날에 이르기까지 우리 민족에게 정서적으로 또한 상징적으로 의미가 있는 실체임에는 틀림없다. 특히 우리 민족이 어려운 처지에 있을 때 단군조선은 우리 민족의 전통과 문화에 있어 정신적 지주가 되어 왔다는 사실도 부정할 수 없다. 다시 말해, 우리 민족은 단군조선을 창조하여 우리 민족의 정신적 지주로 삼았다. 우리는 이러한 맥락에서 단군조선을 정확히 이해하여야 한다.

3) 기자조선의 역사적 실체

한대(漢代)의 문헌 『상서대전(尙書大全)』에는 "은(殷)나라 말엽에 '기자(箕子)'라는 현인(賢人)이 있었는데, 주왕(紂王)의 폭정을 말리다가 투옥되었다. 주(周)의 무왕(武王)이 기자를 풀어주었는데, 그는 곧 '조선'으로 도망하였다. 나중에 이를 알게 된 무왕은 그를 조선의 제후로 책봉하였다. 기자는 조선의…"라는 기록이 나타난다.■11 이후 사마천(司馬遷)의 『사기(史記)』나 반고(班固)의 『한서(漢書)』에도 비슷한 내용이 실려 있다. 『위략(魏略)』에는 위만조선 이전에 고조선이 전국칠웅(全國七雄)의 하나인 연나라와 각축하였던 것으로 나타나며, 조선왕이 기자의 후예라고 언급하고 있다.■12 『춘추좌씨전(春秋左氏傳)』이라는 책에는 주나라 초기에 '기국(箕國)'이 존재하였고 '기자'가 춘추시대 진(晉)나라의 장래 문제를 논하였다는 대목이 나온다. 그래서 기자가 특정 개인의 이름이 아니고 '기국의 제후'를 가리키는 말이라고 보는 견해도 제기되고 있다. 기국의 존재는 고고학적 유물들을 통해 실제로 확인할 수 있다. 난하(灤河) 유역에서는 '기후(箕侯)아기'라는 명문(銘文)이 있는 청동기가 출토되었으며, 또한 '기후(箕侯)' 혹은 '기(箕)' 등의 명문이 새겨져 있는 은나라 · 주나라 때의 청동기가 중국 각지에서 출토되고 있다.[13]

일찍이 황하 유역에서 고대 문명이 탄생하였는데, 이것을 황하 문명이라고 부른다. 황하 유역에서 고대 문명이 탄생하였다는 것은 세계적으로 공인된 학설이다. 고등학교 세계사 교과서에서는 황하 문명, 인더스 문명, 메소포타미아 문명, 이집트 문명을 4대 문명이라고 부르고 이 4대 문명은 후에 여러 문명의 모태가 되었다고 기록하고 있다. 황하 문명의 발상지인 황화 유역에서는 일찍부터 민족들 간의 통합이 진행된 반면에 황하 유역에서 멀리 떨어진 지역에서는 다양한 민족들이 제각기 고유한 문화를 간직하고 있었다. 당시에 황하 유역의 통합된 민족을 한족이라 부른다. 한족은 일찍부터 문자를 사용함으로써 주변의 다양한 민족들을 동화시켜 민족적 세력 범위를 넓혀 갔다.

문명의 중심지에서 주변 지역으로 문화가 확산되는 것은 널리 알려진 사실이다. 요동 반도와 한반도는 황하 문명의 주변 지역에 위치하기 때문에 당연히 황하 문명의 영향을 받았을 것이고 또한 황하 문명권으로부터 지배 민족의 유입이 있었을 가능성도 대단히 높다. 우리는 이러한 대전제에 동의하면서도 "주(周)의 무왕(武王)이 기자(箕子)를 조선에 봉하였다."는 기록을 '과학적인 역사'라고 받아들이는 것을 참으로 곤란하게 여긴다. 중 · 고등학교 국사 교과서에는 아예 기자조선의 내용을 없애버렸다. 변태섭은 그의 한국사 교재『한국사통론』에서 "기자전설은 중국사서인『상서대전』,『사기』,『한서』 등에 기록되어 있는데, 그 내용은 은(殷)나라 말엽에 성현 기자가 조선에 가서 왕이 되고 이른바 '기자의 8조교'로 교화시켰다는 것이지만 역사적 사실이 아니었음은 더 말할 나위가 없다."라고 단적으로 기자조선의 실체를 부정하고 있다.[14]

우리나라 사람들은 동아시아 고대사를 논할 때 한국인과 중국인, 한국인과 일본인 대결 구도를 너무나 심각하게 의식하고 있다. 그러한 대결 구도를 근대사에 적용하는 것은 어떤 의미가 있을지 모르겠지만, 고대사에 적용하는 것은 '과학적인 역사' 정립에 막대한 지장을 초래하는 것이다. 은·주 시대에는 한국인·중국인·일본인이 아직 형성되지도 않았다는 사실을 정확히 이해하여야 한다. 그래서 기자의 동래(東來)를 인정한다고 하더라도, 중국인 기자가 한국의 고조선을 건설한 것으로 이해하여서는 안 된다.

 고구려의 평양 도읍기에는 기자가 민간 신앙의 차원에서 받들어졌고 고려 시대에는 왕실에서 공인되어 제사가 행해지기도 하였다. 조선 시대의 유학자들은 기자를 우리나라에 예의범절을 가르친 성현으로 숭배하면서, 그 교화를 입은 것을 자랑으로 여겼다.[15] 평양에는 기자묘(箕子墓)라고 전해지는 무덤과 기자가 실시했다고 하는 정전제(井田制)의 옛터가 남아 있다. 또한 한씨(韓氏), 기씨(奇氏), 선우씨(鮮于氏)의 족보에는 기자가 시조로 되어 있다. 기자는 문헌상에 나오는 바와 같이 실존 인물일 가능성이 높다. 은·주 시대에 황하 유역으로부터 유입한 세력들이 동쪽으로 와서 요하 유역에 살던 원주민들과 접촉한 이후에 이 지역에서 국가의 기틀이 마련되었을 것이고, 기자조선은 그러한 유형의 국가에 속하는 하나의 국가였을 것이다. 기자의 무리는 오늘날의 한민족을 형성한 수많은 요소 중의 하나가 될 뿐임을 알아야 한다.

4) 위씨조선의 역사적 실체

 기자조선은 대동강과 요하 유역 일대에 있는 여러 성읍 국가들과 연합해서 그 통치자를 왕(王)이라 칭할 정도로 커다란 연맹체를 형성하였다. 이러한 연맹 왕국 체제는 이미 BC 300년 이전에 출발하였다. 왜냐하면 주(周)가 쇠약해지고 연(燕)이 왕의 칭호를 쓸 무렵에 기자조선도 스스로 왕이라고 칭하였기 때문이다.[16] BC 3세기 초에 연이 요동으로 침입함으로써 기자조선은 쇠퇴하여 갔다. 요동 지방은 연의 지배에서 진(秦)의 세력권으로 넘어가고, 다시 한(漢)의 세력권에 들어갔다. 이러한 가운데 위만(衛滿)은 동쪽으로 망명하는 유랑민 1,000여 명을 이끌고 기자조선으로 들어 왔다.

처음에 위만은 기자조선의 준왕(準王)에게 기자조선의 서쪽 변경에 거주할 것을 청하여 허락을 받았으며, 그 뒤에 준왕의 신임을 받아 서쪽 변경을 수비하는 임무를 맡게 되었다고 한다. 위만은 이곳에 거주하는 이주민 세력을 기반으로 삼아 세력을 확대하여 마침내 기자조선의 준왕(準王)을 축출하고 왕이 되었다(BC 194년~180년). 위씨조선은 진번(眞番)과 임둔(臨屯) 등을 복속시켜 세력을 넓혔으나, 한나라 무제(武帝)의 침략을 받아 결국 멸망하였다(BC 108년). ▪17

김철준은 위씨조선에 관한 설명을 "연(燕)나라 장군 진개(秦開)의 침입으로 고조선이 쇠약하게 되었다. 이와 같은 한족의 동방 진출이 그 뒤 중국 통일 시기나 진·한(秦·漢) 교체기에도 계속되어, 중국 유이민(流移民)이 만주와 한반도로 밀려오고 그 압력에 따라 만주 지방에 있던 토착족도 남방으로 이동하는 일대 유이민의 파동이 있었던 것이었다."라는 기술로 시작하고 있다. ▪18 김철준은 연(燕)의 장군 진개와 그의 무리를 한족으로 간주하고 있고, 또한 동방으로 이주하는 사람들을 중국 유이민으로 표현하고 있다. 이러한 기술은 연인(燕人)이 한족에 속한다는 전제가 성립할 때 가능한 것이다. 그러나 연나라 사람을 한족 혹은 중국인이라고 하는 것보다는 그냥 연인이라고 칭하는 것이 명확한 기술이다. 그 당시 연나라에는 한족보다는 동이계 민족들이 거주하고 있었을 것으로 보는 학자들이 있는데, ▪19 만약 연나라 사람들이 동이계에 속하는 사람들이라면 연인을 한족 혹은 중국인이라고 칭하는 것은 더욱 곤란하다.

국사학계에서는 '위만이 조선인(한민족)인가 아니면 중국인인가'에 대하여 지대한 관심을 갖고 있다. 변태섭을 비롯한 다수의 국사학자들은 위만이라는 인물이 상투를 틀고 조선옷을 입었다는 점, 정권을 빼앗은 후 국호를 여전히 조선이라고 했다는 점, 또한 위만 정권에는 조선인으로서 높은 지위를 차지하는 자들이 많았다는 점 등을 내세우면서 "위씨조선은 중국인 이주자들에 의하여 지배되는 식민지 정권이 아니다."라고 서술하고 있다. ▪20

이러한 역사 서술은 매우 잘못된 것이다. 왜냐하면 이미 기원전의 역사를 한민족과 중국인의 대립 구도 입장에서 서술하기 때문이다. 기원전에 한반도와 그 인근에 조선인이라는 단일 민족이 거주하고 있지 않았다. 기원전 한반도에는 다수의 민족들이 살고 있었고, 고조선(기자조선과 위씨조선) 사람들은 대동강 유역 혹은 요동 지방에 살고 있었던 하나의 민족에 불과한 것이다. 한민족이란 한반도에 살고 있던 다수의 민족과 외부에서 유입된 사람들이 오랫동안의 문화적 동화 과정을 거쳐 형성된 것이지, 기원전에 이미 형성되었던 것이 아니다. 그러므로 기원전에 대동강 유역 혹은 요동에 살던 고조선 사람들을 한민족이라고는 규정할 수 없다. 더군다나 그들을 중국인과 대립되는 개념으로 서술해서는 안 된다.

한 가지만 보다 심도 있게 지적하여 보자. 위만이 상투를 틀고 있었기 때문에 조선인이라고 할 수 있을까? 그럴 수는 없다. 상투를 틀고 있는가를 조선인과 중국인을 구별하는 기준으로 보는 것은 당시에 조선인과 중국인을 구별하는 것이 가능했었다는 전제를 인정하고 있는 것인데, 이러한 전제는 이미 지적한 바와 같이 잘못된 것이다. 또한 상투를 트는 것이 원래부터 조선인의 풍습인지 아닌지에 대해서도 정확히 알 수 없다. 진시황의 무덤에서 나온 토용군졸(土俑軍卒; 진흙을 구워 만든 모형 병사들) 대다수는 상투를 틀고 있다. 그러면 진시황의 군졸 대다수는 조선인이라는 말인가? 물론 진시황의 군졸들이 조선인일 리 없다.

기원전의 중국에서도 다수의 민족들이 지역별로 분포하고 있었다. 기원전부터 한족이 중국에 널리 분포하여 살았다는 증거는 없다. 비록 지배계급 중에 한족에 속하는 사람들이 많았지만, 지역적으로 무수히 많은 민족들이 자신들의 고유한 문화를 간직하면서 분포하고 있었다. 그러므로 기원전 역사를 서술하는 데 있어 한족이 바로 중국인이라고 말해서는 안 된다. 기원전의 한반도에 다수의 민족들이 살고 있었고, 중국에도 훨씬 더 많은 민족들이 살고 있었다. 이러한 맥락에서 볼 때, 중국 전국 시대(BC 453년~BC 221년)에 있었던 '고조선과 연과의 대립'을 '한국인과 중국인의 대립'으로 이해하는 것은 적절하지 못하다.

기원전 요동 지방에 거주하던 사람들은 단지 요동 지방 사람일 뿐이지 한족이나 중국인으로 볼 수는 없다. 따라서 위씨조선이 중국인에 의하여 형성된 것인가 아니면 조선인에 의하여 형성된 것인가 하는 것은 잘못된 전제에서 출발한 잘못된 질문이다. 위에서 언급한 바와 같이 중국인의 개념은 후에 만들어진 것이기 때문에 위만은 중국인이 아니다. 기록에 의해서 볼 때에도, 위만은 한족이 아니라 연인이었다. 그렇지만 위만이 고조선의 지배자로 군림하였던 것 자체는 부정할 수 없다.

여태까지 고조선(단군조선→기자조선→위만조선)은 우리 한민족 최초의 국가가 아님을 검토하였다. 우리 한민족은 통일 신라 시대부터 형성되기 시작하여 고려와 조선을 거치면서 형성된 것이기 때문에 기원전에 우리 한민족이 세운 국가란 있을 수 없다. 기자조선이나 위만조선은 역사 기록에 있는 그대로 고조선으로 간주하면 된다. 기자조선이나 위만조선이 중국인에 의해 지배된 국가인지 아닌지에 대한 논쟁은 잘못된 역사 인식에서 비롯된 부질없는 논쟁에 불과하다. 다만, 우리 한민족은 고려 후기부터 고조선(단군조선→기자조선→위만조선)을 우리 한민족 최초의 국가로 인식하기 시작하였다는 사실을 부정할 수는 없다.

5) 고조선의 영역은 어디인가?

이미 언급한 바와 같이, 단군에 관한 기록은 고려 충렬왕대(1274년~1308년)에 일연이 쓴 『삼국유사』에 처음으로 나타난다. 중국의 어떤 문헌에도 단군에 관한 기록을 찾을 수 없다. 그러나 기자조선 혹은 위씨조선의 고조선에 관한 중국 문헌으로는 『관자(管子)』, 『전국책(戰國策)』, 『산해경(山海經)』 등의 선진 시대(先秦 時代) 문헌, 『상서대전(尙書大全)』과 같은 한대(漢代)의 문헌, 『사기(史記)』, 『한서(漢書)』, 『위략(魏略)』 등과 같은 한대 이후의 문헌 등이 있다. 선진 시대의 문헌에는 고조선의 위치가 너무나 모호하게 기록되어 있기 때문에 이를 통하여 고조선의 위치를 찾는다는 것은 매우 어렵다. 한대 이후의 문헌에는 고조선에 대한 구체적인 기록이 나타나지만, 이를 해석하는 관점이 서로 달라 국사학자들 사이에는 고조선 영역에 관한 논란이 매우 활발하게 일어나고 있다.[21] 토론의 주요 쟁점은 고조선의 중심지와 강역에 관한 것이다.

일부 국사학자들은 "고조선 전성기의 서쪽 경계는 난하(灤河)[22]였고 고조선 말기의 서쪽 경계는 대릉하(大陵河)[23]였다."라고 주장하고 있으며, "고조선의 남쪽 경계는 압록강이나 청천강 혹은 예성강이었다."라고 보고 있다. 특히 일부 재야 사학자들은 고조선이 시종 발해만 북안에서 북한의 서부 지방에 이르는 광대한 영역을 강역으로 했음을 강조하고 있는 실정이다. 북한 학계는 고조선의 중심이 만주에 있었다고 주장해 왔으나, 최근에는 종래의 주장을 번복하고 고조선의 중심이 단군 시대부터 평양에 있었다고 주장하고 있다. 이는 평양을 우리 문화의 중심지로 부각시켜 북한의 정통성을 이끌어 내려는 노력의 일환으로 보인다.[24] 근래 북한에서는 평양에서 단군릉이 발견되었다며 단군릉을 성역화해 놓고 있지만, 실존 인물이 아닌 단군의 무덤이 어떻게 존재할 수 있을까? 평양에서 단군릉이 발견될 확률은 전혀 없기 때문에 북한 학계의 역사 왜곡을 다시 한 번 확인할 수 있을 뿐이다.

현재 중·고등학교 국사 교과서는 고조선의 세력 범위를 나타내는 지도를 싣고 있다. 이 지도를 살펴보면, 고조선이 만주 남부와 한반도 북부에 광대한 영토를 차지하고 있었던 것으로 나타난다. 하지만 이 지도는 정확한 사료에 근거하여 만든 지도가 결코 아니다. 만약 고조선의 영역에 관한 문헌 기록이 부족하기 때문에 고고학적 자료를 가지고 고조선의 영역을 설정하는 것이라면 여기에는 많은 위험성이 있다. 왜냐하면 정치권(政治圈)은 문화권(文化圈)과 항상 일치하는 것이 아니기 때문이다. 또한 이 영역 안에는 고조선과 비슷한 성격을 가진, 현재로서는 그 이름을 알 수 없는 여타 정치 집단이 존재하였을 가능성도 배제할 수 없기 때문이다.[25]

혹자는 태조 이성계가 건국한 조선이 우리 한민족의 국가임에 틀림없으므로 고조선(기자조선과 위씨조선)도 한국사에 포함된다고 주장할지도 모른다. 그렇다면 이성계가 국호를 주(周)라고 하였다면, 고대 중국의 왕조 주나라(BC 1046년~BC 771년)도 한국사에 편입된다는 말인가? 그럴 수는 없을 것이다. 비록 이성계가 국호를 주라고 하였더라도, 우리는 고대 중국의 왕조 주나라를 한국사에 편입시킬 필요가 없을 것이다. 간단히 말하면, 이성계가 건국한 조선이 우리 한민족의 국가임에 틀림없다는 사실이 고조선(기자조선과 위씨조선)도 우리 한민족이 세운 국가라는 주장의 근거가 결코 될 수 없다.

일부 사학자들의 주장대로 고조선의 중심이 만주에 있었다면, 우리는 고조선을 한국사에 편입시켜야 할 필요성부터 다시 검토해야 한다. 고조선이라는 국가가 한국인과 중국인이 형성되기 이전에 있었고 고조선 사람들의 주요 활동무대가 한반도 외부였다는 사실이 밝혀진다면, 고조선이 한민족 형성 과정에 실질적으로 기여한 바가 무엇인가를 밝혀야만 고조선을 한국사에 편입시킬 수 있다. 만일 고조선이 한민족 형성 과정에 실질적으로 기여한 바가 별로 없다면, 고조선을 한국사에 편입시킬 필요가 없게 된다. 한반도에 흩어져 살던 다수의 민족들이 오랜 기간 동안에 점차적으로 통합되어 오늘날의 한민족으로 발전하였다는 사실을 인정한다면, 한반도 외부에 살던 민족들이 우리 한민족의 형성 과정에 기여한 것은 어디까지나 파편적인 것일 수밖에 없지 않을까?

다시 강조하면, 우리가 오늘날 고조선 사회에 관심을 갖는 것은, 그것이 우리 한민족이 세운 최초의 국가였기 때문이 아니다. 한사군(漢四郡)이 설치되기 이전에 만주와 한반도에는 다수의 민족들이 흩어져 살고 있었다. 그러한 민족들의 대부분은 넓은 의미로 동이족(東夷族)에 속하는 민족들이었지만, 그 민족들은 결코 단일 민족이 아니었다. 당시에는 동이족에 속하는 민족이 수십 혹은 수백여 민족에 달했기 때문에 동이족이 바로 우리 한민족이라고 주장할 수 없다. 그러므로 고조선의 강역이 만주에서 아무리 넓었다고 해도 고조선의 남변이 압록강이었다면, 고조선은 우리 민족과 직접적인 관계가 없는 실체가 될지도 모른다.

3. 고구려의 형성과 팽창 과정

1) 건국 설화 등을 통해 본 고구려의 기원

고구려의 건국 설화는 주몽설화(朱蒙說話)이다. 주몽설화는 동명설화(東明說話)라고 칭하기도 하지만, 주몽과 동명은 각각 고구려와 부여를 건국한 별개의 인물이기 때문에 고구려의 건국 설화를 주몽설화, 부여의 건국 설화를 동명설화라고 칭하는 것이 좋다. 『삼국사기』와 『동국이상국집』 「동명왕편」[26]은 "고구려의 시조 주몽은 하백의 딸 유화가 낳은 알에서 나왔는데, 한나라 건소 2년(BC 37년)에 동부여에서 도망쳐 나와 졸본천에 이르러 비류수가에 고구려를 세웠다."라는 내용의 고구려 건국 설화를 담고 있다.[27]

그런데 AD 414년에 세워진 광개토왕릉비문(廣開土王陵碑文)에는 북부여의 천제(하느님) 아들인 추모(鄒牟)가 북부여 왕실에서 쫓겨난 것이 아니라 수레를 타고 남으로 내려와 부여의 엄리대수(奄利大水)를 건너 비류곡의 홀본(忽本) 서쪽 산위에 성을 쌓고 도읍을 정했다고 되어 있다. 광개토왕릉비문에는 '동부여 구시추모왕지속민(東夫餘 舊是鄒牟王之屬民)'이라는 기록이 보인다.[28] 홀본은 광개토왕릉비문에 나오는 지명이고, 졸본(卒本)은 『삼국사기』 등의 문헌에 실려 있는 지명인데, 일반적으로 홀본과 졸본은 동일한 지명으로 간주된다.

『삼국사기』「백제본기」「온조왕조」본문에 백제의 건국 설화가 등장하는데, 여기서 백제의 시조 온조는 고구려 주몽의 아들이라고 언급하고 있다. 『삼국유사』에도 주몽이 동명왕으로 표기되어 있는 건국 설화를 싣고 있으나, 온조를 백제의 시조로 삼는다는 점에서 『삼국사기』「백제본기」「온조왕조」본문 건국 설화와 동일한 계통의 건국 설화라고 하겠다. 다만, 왕의 성(姓)을 『삼국사기』에서는 부여씨(扶餘氏)로, 『삼국유사』에서는 해씨(解氏)로 보는 점이 다르다.[29] 『삼국사기』「백제본기」「온조왕조」세주(細註)에는 주몽을 비류와 온조의 양아버지로 묘사하는 백제 건국 설화가 기록되어 있다. 이 설화는 해부루-우태-비류가 백제 왕실의 뿌리가 되기 때문에 비류설화로 알려져 있다.

주몽설화는 부여의 동명설화에 바탕을 두고, 4세기 후반 집권적 국가 체제의 정비와 함께 건국 설화로 확립되었다. 고구려의 건국 설화는 한국과 중국의 여러 역사책에 실려 있다. 우리의 문헌 중에는 『삼국사기』, 『삼국유사』, 『동국이상국집』「동명왕편」등이 있고, 중국의 문헌으로는 『위서(魏書)』, 『양서(梁書)』, 『주서(周書)』, 『수서(隋書)』, 『북사(北史)』등을 들 수 있다. 『삼국사기』에 실린 고구려의 건국 설화에 의하면, 고구려의 건국 연대는 한나라 효원제 건소 2년(BC 37년)이다. 각종 기록에서 고구려 주몽의 출신지(출자지)는 '동부여', '북부여', '부여'라고 서로 다르게 기술되어 있다. 그래서 동부여, 북부여, 부여, 그리고 고구려 사이의 관계에 대하여 다소 다양한 의견이 개진되고 있다.

『삼국사기』백제 건국 설화에 따르면, 주몽이 부여에서 남하하기 이전부터 졸본 지역에는 졸본부여나 소서노 집단 등 선주 토착 집단이 있었고, 주몽은 이들과 결합하여 세력을 확대하였다고 한다. 이러한 이유로 고구려의 진정한 건국 주체는 주몽 집단이 아니라 오히려 그 이전부터 압록강 중류일대 각지에서 성장하고 있던 졸본부여나 소서노 집단 등과 같은 선주 토착 집단이었다고 분석하기도 한다. 압록강 연안의 선주 토착 집단은 일찍부터 철기 문화를 받아들여 적석묘를 축조하면서 주변 지역과 구별되는 독자적인 문화를 형성하고 있었던 것으로 보인다.[30]

2) 고구려족의 형성과 범위

BC 108년 한(漢)은 위만조선을 멸망시키고 낙랑군·진번군·임둔군을 설치한 다음에 BC 107년에는 압록강 중류 일대에 현도군(玄菟郡)을 설치하였다. 『후한서』「고구려전」에서는 한 무제가 BC 108년 고조선을 멸망시키고 나서 고구려를 현으로 만들어 현도군에 속하게 했다고 기록되어 있다. 한 무제가 현도군을 설치할 무렵에 현도군에 고구려라는 실체가 있었던 것이다. 현도군에 고구려 현이 귀속되었다는 기록으로 보아 한 무제 당시 이미 고구려족들이 특정 지역에 모여 살고 있었던 것으로 판단된다.

현도군 설치 이후 한군현과 결탁한 일부 나(那) 집단들은 한의 선진 문물을 받아들이고 다른 토착 집단에 대하여 영향력을 행사하였지만, 대다수 토착민은 한군현의 일방적인 수탈과 지배에 강하게 반발하였을 것이다. 압록강 중류 일대의 나 집단들은 다시 유력한 집단을 중심으로 결집하여 연맹체를 형성하고, 마침내 BC 75년 현도군의 치소를 구려(句麗) 서북의 소자하(蘇子河) 방면으로 물리쳐 한군현의 직접적인 지배로부터 벗어났다.■31

고구려는 압록강·동가강 유역 일대에서 출발하였다. 이 일대는 산악이 많고 농경지가 좁고 척박하였다. 『삼국지』「위서동이전」은 "(고구려는) 큰 산과 깊은 계곡이 많으며 넓은 들판이 없어 산골짜기에 의지하여 살면서 산골짜기를 흐르는 물을 먹고 산다. 기름진 농토가 없어 부지런히 농사를 짓는다 해도 먹고 살기 힘들다."라고 기술하고 있다. 고구려는 수도를 몇 번이나 옮긴 것으로 나타난다. 주몽이 졸본성에 도읍한 이래 유리왕은 AD 3년~4년에 국내의 위나암성으로 천도하였으며, 산상왕은 AD 209년 10월에 환도성으로 천도하였다.■32 그리고 광개토왕을 이어 즉위한 장수왕은 AD 427년에 수도를 환도성에서 평양성으로 옮겼다.

역사학자들은 고구려족의 기원과 관련하여 예(濊)·맥(貊)·예맥(濊貊) 등의 명칭을 주목하여 왔다. 고구려를 '맥족'으로 표현한 것은 기원 이후의 중국사서에 집중되어 있다. 『한서(漢書)』「왕망전(王莽傳)」에서 고구려후(高句驪侯) 추(騶)의 집단을 '맥(貊)' 혹은 '예맥(濊貊)'이라 칭하였고, 『삼국지』와 『후한서(後漢書)』에서도 구려(句麗)와 맥(貊)을 관련시키고 있다. 『삼국지』에는 대수(大水) 유역에 나라를 세운 구려(句麗)는 대수맥(大水貊), 서안평으로 흘러드는 소수(小水)에 사는 구려별종(句麗別種)은 소수맥(小水貊)이라 하여 고구려를 명확하게 맥족으로 기술하고 있다. 그리고 중국 북방의 돌궐인도 고구려를 매크리(Mökli) 곧 맥구려(貊句麗)라고 불렀다.

한편 발해만 동부 지역은 선진(先秦) 시기에 대체로 이예지향(夷穢之鄕) 곧 예족(穢族)의 거주 지역으로 인식되었다. 예족 가운데 조선(朝鮮)이 가장 일찍 독자적인 정치세력으로 등장하였고, 그 뒤 부여(夫餘)·진번(眞番)·임둔(臨屯) 등이 독자적인 정치세력으로 등장하였다. 『사기(史記)』에서는 조선을 둘러싼 주변 정치 세력과 그 주민 집단을 통칭할 때 예맥이라는 명칭을 사용하였다. 원래 중국의 북방 민족에 대한 명칭이던 맥(貊)이 『사기』 이후로 예라는 명칭과 결합하여 중국 동북방에 거주하던 예족 일반에 대한 표현으로 바뀌었던 것이다. ■33

『삼국지』 「위서동이전」에는 고구려의 영역에 관해 "고구려는 요동 동쪽으로 천리, 남으로는 조선(朝鮮)·예맥(濊貊), 동으로는 옥저(沃沮), 북으로는 부여(夫餘)와 인접하고 있다."라고 기록하고 있다. 이러한 기록은 『삼국지』 「위서동이전」을 집필한 무렵인 3세기 후반에 서로 구분되는 고구려족, 조선족, 예맥족, 옥저족, 부여족 등의 실체가 있었음을 말해 주는 것이다. 그러므로 고구려족의 기원을 예족(濊族)·맥족(貊族)·예맥(穢貊), 혹은 예맥족(穢貊族) 등과 연결시킬 수는 있으나, 고구려족이 바로 예족·맥족·예맥, 혹은 예맥족이라고 말할 수는 없다.

중국 후한 시대의 학자 응소(應劭)는 『사기』 「조선열전」에 대한 주석에서 "현도는 본래 진번국(眞番國)이었다."라고 썼으며, 『한서』 「지리지」 현도군 고구려 현에 대한 주석에서는 "고구려 현은 옛 고구려 오랑캐(胡)이다."라는 응소의 말을 인용했다. 중국의 『후한서』는 "구려(句驪)는 고구려를 세운 족속의 원래 이름이다."라고 썼다. 고구려에 관한 가장 오랜 기록은 『삼국지』인데, 이 사서는 고구려를 한자로 '高句麗(고구려)'라고 표기하였으나, 뒤의 『후한서』는 고구려를 '高句驪(고구려)'라고 표기하였다. 그런데 『남제서(南齊書)』는 고구려를 '高麗(고려)'라고 표기하였고, 『수서』·『당서』·『신당서』는 모두 『남제서』를 따라 고구려를 '高麗(고려)'라고 표현하였다. ■34

초기에 고구려를 구성하던 나(那) 혹은 노(奴) 집단은 원래 독자적인 정치세력 집단이었다. 『삼국사기』 「고구려본기」에는 태조왕 20년(AD 72년)과 22년(AD 74년)에 고구려에 통합된 조나(藻那)·주나(朱那)를 비롯하여 관나부(貫那部)·비류나부(沸流那部)·연나부(椽那部)·환나부(桓那部) 등이 나온다.■35 『삼국사기』「고구려본기」에서 언급하는 관나부·비류나부·연나부·환나부의 4개 나부(那部)는 『삼국지』「위서동이전」에서 언급하는 관노부(灌奴部)·소노부(消奴部)·절노부(絶奴部)·순노부(順奴部)의 4개 노부(奴部)와 각각 대응된다. 『삼국사기』「고구려본기」의 나부와 『삼국지』「위서동이전」의 노부는 동일한 정치적 실체로 계루부와 대비되는 존재일 것이다. 『후한서(後漢書)』「고구려전」에도 고구려는 계루부·관노부·소노부·절노부·순노부로 구성되었는데, 이 중에서 소노부가 왕을 맡았다가 계루부가 소노부를 대신하여 왕을 맡았다는 기록이 나온다. 『후한서』「고구려전」과 『삼국지』「위서동이전」에서는 고구려의 5부(部)를 족(族)이라고 하고 있다.

고구려는 압록강·동가강 유역 일대에서 출발하였고, 고구려족은 이 일대에 살고 있는 하나의 민족이었다. 고구려족은 처음에 5개의 민족이 연합하여 출범하였으나, 곧 하나의 민족으로 발전하여 고구려의 주류 민족으로 자리 잡았다. 나중에 고구려가 팽창하여 거대한 제국을 이룰 때, 고구려에는 매우 다양한 민족들이 포함되었기 때문에 고구려족과 고구려인을 엄격히 구별하여 사용하여야 한다. 고구려족은 고구려의 중심에 위치하는 특정한 민족을 가리키는 용어이고, 고구려인은 고구려 국가에 귀속되는 모든 민족들을 일컫는 용어이다. 이 시대의 고구려인 중에는 고구려족에 속하는 사람들보다는 고구려족이 아닌 사람들이 훨씬 많았을 것이고, 고구려의 지배 계급 중에는 고구려족이 아닌 사람들도 많았을 것이다.

3) 고구려의 영역 확장 과정

이미 언급한 바와 같이 고구려족은 고구려라는 국가를 처음에 세운 특정한 민족을 의미한다. 고구려에 종속된 민족 중에서는 곧 독자적 민족성을 상실하고 고구려족과 통합된 민족이 있을 수 있지만, 상당수의 종속된 민족들은 고구려에 종속된 이후에도 독자적 민족성을 간직하였을 것이다. 아무튼 고구려가 이웃 국가를 복속하는 과정에서 다수의 민족들이 고구려 영역에 편입된 것은 부인할 수 없는 사실이라고 하겠다. 다양한 문헌 자료를 통하여, 고구려라는 국가에는 말갈족·마한족·선비족·한족·거란족 등을 비롯한 다수의 민족들이 살고 있었음을 알 수 있다. 고구려가 거대한 국가를 형성하였다는 것을 인정한다면, 그 국가 안에는 다수의 민족들이 살고 있었다는 것을 인정해야 한다. 고구려의 영역 확장에 대한 역사는 세 시기로 구분해 볼 수 있다.■36

첫째는 고구려가 초기 국가를 형성해 나가는 시기이다. 이 시기에 진행된 영역 확장은 고구려 왕실의 중앙 집권력 강화 과정과 더불어 수행되었다. 압록강·동가강 유역으로 이주해 온 계루부 집단은 고구려 연맹체의 주도권을 장악한 이후에 왕권 강화를 위해 끊임없는 노력을 전개하였다. 이러한 노력의 일환으로 나타나는 것이 영역 확장을 통한 대외 진출이다. 고구려 왕실에 의해 주도된 대외 진출은 연맹체의 군사력을 왕권에 예속시킬 수 있는 계기가 되었다.

둘째는 고구려가 확립된 왕권을 배경으로 하여 사방으로 영토를 확장해 나가는 시기이다. 미천왕(美川王; AD 300년~331년)부터 광개토왕(廣開土王; AD 391년~413년)까지가 이 시기에 속한다. 이 시기에 영토 확장과 예속민 집단의 확대는 왕실의 경제력 및 정치·군사력의 강화로 나타났다. 고구려 왕실에 의하여 추진되어 온 왕권 강화책이 성과를 거두면서 정치·군사력의 결속이 강화되었고, 이를 바탕으로 하여 사방으로 영토를 확장해 나갔다.

셋째는 고구려가 영역 확장의 방향을 남쪽으로 전환하게 되는 시기이며, 이는 장수왕대에 해당한다. 공석구는 "고구려의 대외 팽창이 중국계 세력의 남하를 저지하는 한반도의 방파제 역할을 해주어 이에 백제, 신라가 국가로서 성장할 수 있는 외적 계기가 되었다는 점도 간과할 수가 없을 것이다."라고 표현하고 있다. 그리고 고구려를 연구하는 국사학자들은 흔히 고구려가 중국 특히 한군현과 투쟁하고 한군현을 축출하는 과정을 통하여 성장하였다고 본다.

우리는 고구려의 성장 과정을 이해하기 이전에 서진의 멸망과 오호십육국(五胡十六國) 시대의 등장이라는 중국사에 대하여 눈을 돌려볼 필요가 있다. 오호십육국 시대

동안에 고구려는 영토를 확대하여 거대한 국가로 발전하였기 때문이다.

서진 시대에는 귀족들의 사치스러운 생활로 전란이 전 영토로 확대되었다. 유민에 의한 반란이 빈번하던 AD 304년, 유연(劉淵)이라는 흉노족의 부장이 좌국성(左國省; 산서성)에서 자립하여 한(漢)을 세웠다. 남흉노 선우의 자손이던 유연은 8왕의 난(八王의 亂) 때 성도왕 영의 휘하에서 활약하였던 용병 대장이었는데, 자신이 유씨 성임을 강조하여 한이라 칭했던 것이다. 동해왕 월에 의하여 306년 회제(懷帝)가 옹립되었는데, 회제가 즉위할 무렵에 이미 서진은 변방을 통치할 여력이 없었다. 이에 회제는 연호를 영가(永嘉)라고 바꾸고 국정의 쇄신을 꾀하였지만 오히려 동란은 본격화되었다. 이후 유연은 AD 308년 수도를 평양(平陽)으로 옮겼고, 황제를 칭하였으며, 석륵을 파견해 하남·산동과 화북을 점령하였다. AD 310년 유연이 죽은 후 아들인 유총(劉聰)이 뒤를 이어 유요(劉曜)를 파견해 서진의 수도 낙양을 공략하였다. 낙양은 AD 311년 함락되어 약탈과 살육의 장으로 변했다. 생존한 대관과 장병이 장안에서 민제(愍帝)를 세웠지만 AD 316년 유요의 군대에게 함락되고 서진은 완전히 멸망하였다.▪37

서진이 멸망한 후 화북에서는 한족을 포함해 여섯 민족이 130년간 18개국, 22개의 정권을 건립하는 오호십육국(五胡十六國)의 동란 시대를 맞이하였다. 오호(五胡)란 흉노족·선비족·저족·갈족·강족을 말하는 것이고, 십육국이란 최홍(崔鴻)이 지은 십육국춘추(十六國春秋)라는 저서에서 시대의 이름을 딴 것이다. 따라서 정확히 십육국만을 지칭하는 것은 아니었다.▪38 AD 4세기 초 서진이 멸망하자 양자강 북방에서는 오호십육국의 동란 시대가 전개되었고 강남에서는 동진이 성립되었다. 이와 같이 오호십육국 시대는 AD 304년 흉노족 출신인 유연이 한을 세우면서 시작되어 북위가 통일을 완수하는 AD 409년까지 지속되었다.

AD 4세기에 접어들면서 진(晉)이 붕괴되고 유목민들의 이동과 정복 활동이 활발해짐에 따라 동아시아 전체가 격변하였다. 이런 국제적인 혼란기 동안에 고구려는 대외적으로 급속히 팽창할 수 있었다.▪39 미천왕 14년(AD 313년)에 낙랑군과 대방군을 병탄하고, 이어 요동평야의 지배권을 놓고 모용연(慕容燕)과 각축을 벌였다. 북으로는 부여를 압박하여 길림 일대를 장악하였다. 이러한 대외적인 팽창으로 인하여 4세기 후반 서쪽에서의 모용연의 반격과 남에서의 백제의 도전을 받아 고구려는 오히려 국가적 위기에 봉착하기도 하였다. 하지만 이러한 위기를 극복하고 중앙집권적인 지배 체제를 구축하기 위하여, 소수림왕대에 일련의 개혁을 도모하였다. 소수림왕은 율령을 반포하고 태학을 세우며 불교를 공인하였다.

선비족(鮮卑族) 모용씨(慕容氏)의 고구려 공격 사실은 『삼국사기』에 구체적으로 나타나고 있다. AD 341년 모용황(慕容皝)은 동진(東晋)으로부터 연왕(燕王)의 봉작을 받게 됨으로써 요서(遼西)·요동(遼東) 지방에 대한 지배권을 대외적으로 인정받았는데, 이듬해(AD 342년) 수도를 용성(龍城)으로 옮기고 대대적인 고구려 정벌 사업에 착수하였다. 모용황은 고구려 왕 부친(미천왕)의 시신을 파서 가져갔고, 보물을 약탈하였을 뿐만 아니라 왕의 생모 등 남녀 5만여 명을 생포해갔으며, 궁실을 불태우며 환도성을 허물어 버리고 돌아갔다.

고구려와 전연의 전쟁 과정을 기술할 때 이를 한민족과 한족의 대립 혹은 한국인과 중국인의 대립으로 기술하는 것은 잘못된 것이다. 전연은 선비족이 세운 국가이다. 선비족은 한족도 아니고 또한 중국인도 아니다. 오늘날의 만주 지방은 중국의 영역임에 틀림없으나 당시에 만주 지방에 살고 있던 민족들을 한족 혹은 중국인이라 부르는 것은 옳지 않다. 또한 선비족이 한족 혹은 중국인이 아닌 것과 마찬가지로 당시의 고구려족은 한민족 혹은 한국인이 아니다. 그러므로 고구려족과 선비족의 대립은 만주 지방에서 펼쳐진 역사일 뿐이고, 이를 한민족과 한족의 대립 혹은 한국인과 중국인의 대립으로 이해하여서는 안 된다.

삼국 시대의 고구려는 고구려족이 중심이 되어 형성된 다민족 국가였다. 고구려의 다양한 민족들은 고구려족에 복속되어 지배를 받고 있었지만, 문화적으로 볼 때 독자적 민족성을 유지하고 있었다. 즉, 초기의 고구려는 고구려족으로 구성된 국가이지만, 전성기의 고구려는 고구려족뿐만 아니라 말갈족·마한족·선비족·한족·거란족 등 다양한 민족을 다스리는 제국이었다. 그러나 삼국 시대에 고구려 지배하에 놓여 있던 다수의 민족들이 고구려족으로 완전히 통합된 것은 아니었다. 오히려 다수의 민족들은 고구려가 패망하여 분열될 때까지 그들 고유의 민족성을 잃지 않고 있었다.

4. 통일신라의 삼한일통의식과 삼한 개념의 변화

1) 통일신라의 삼한일통의식

통일신라의 건국 이데올로기로서 '삼한일통의식(三韓一統意識)'이 있었는데, 이것은 마한·진한·변한의 삼한 사람들이 하나의 통합체라는 개념이었다. 원래 삼한은 마한·진한·변한의 세 민족을 지칭하였다. 삼한을 이렇게 세 부류로 나누어 파악하고 그에 관해 자세히 기술한 것은 『위략』과 『삼국지』에서 비롯한다. 통일신라의 건국 당시에 마한·진한·변한의 세 민족은 이미 상당히 통합되어 있었다. 그래서 마한·진한·변한의 세 민족을 구분하지 않고 그냥 삼한 사람이라고 불렀다. 마한·진한·변한의 세 민족들은 원래부터 유사한 문화를 갖고 있었는데, 7~8세기경에는 이미 상당히 동화되었기 때문에 마한·진한·변한의 삼한 사람들은 어느 정도의 일체감을 가지고 있었다. 이에 신라는 삼한일통의식을 통일신라 건국의 이데올로기로 삼아 삼한 사람들의 영역을 통일하는 데 정당성을 찾으려고 했다.

신라의 삼한일통의식은 다양한 사료에서 드러난다. 신라가 백제·고구려를 멸망시키고 대당 전쟁을 수행하고 있던 문무왕 13년(AD 673년)에 김유신은 '삼한위일가(三韓爲一家)'라고 말하였고,■40 신문왕 6년(AD 686년)에 건립된 청주 운천동의 신라 사적비(寺蹟碑)■41 비문에는 민합삼한이광지(民合三韓而廣地)라는 표현이 들어 있다. 또한 신문왕 12년(AD 692년)에 당의 사신이 신라에 와서 태종 무열왕(太宗 武烈王)의 묘호(廟號)가 당 태종과 같은 것을 힐책하고 묘호를 바꾸도록 요구하였는데, 이에 대한 신라측의 대답에는 일통삼한(一統三韓)이라는 말이 들어 있다.■42 이 외에도 경주 백률사 석당비(AD 818년)에 삼한(三韓)이라는 표현이 있으며, 당군이 세운 부여 정림사 평제탑에도 이정삼한(而定三韓)이라는 표현이 있다. 또한 중국의『수서』「우작전」에 삼한숙청(三韓肅淸), 『문관사림』에 삼한지역(三韓地域)이라는 표현이 있다.■43

통일신라를 건국할 무렵의 문헌상에 등장하는 삼한일통에서 말하는 삼한(三韓)이란 곧 마한·진한·변한의 삼한 사람들을 의미한다고 본다. 신라는 백제·고구려 국가를 멸망시키고 마한·진한·변한의 삼한 사람들을 통일하여 통일신라를 건국한 것이다. 신라는 고구려를 패망시켰지만, 고구려 중심지 평양도 차지하지 못하고 고구려 영토의 극히 일부만 차지하였다. 당시에 기록된 어떤 문헌이나 금석문에도 신라가 삼국을 통일하려고 했다는 기록이 발견되지 않는다. 황해도 지방은 일찍부터 고구려의 영토에 귀속되어 있었지만, 황해도의 대다수 주민들은 문화적으로 볼 때 오히려 삼한(특히 마한계)에 속하는 주민들이었을 가능성이 높다. 그 때문에 신라가 황해도를 통합하는데 주저할 필요가 없었던 것이 아닐까? 삼한일통의식을 건국 이데올로기로 삼았다는 점에서, 통일신라가 고구려 중심지 평양을 차지하지 못한 것이 아니라 처음부터 차지할 의도가 없었을지도 모른다. 평양과 그 인근에 살고 있던 고구려의 주류민족은 삼한 사람들이 아니었기 때문에 통일신라는 고구려 중심지 평양을 정복하기 위한 정당성을 확보할 수 없었을지도 모른다. 하여튼 통일신라의 건국 이데올로기가 삼한일통의식이었던 것으로 보아서 통일신라의 영역은 삼한 사람들의 거주 지역으로 한정되었다고 보는 것이 가장 합리적인 사고일 것이다. 이런 입장에서 통일신라의 건국 당시에 삼한일통에서 말하는 삼한은 마한·진한·변한에서 유래한 삼한 사람들을 의미하는 것이고, 신라·백제·고구려 삼국을 의미하는 것은 결코 아니었다고 판단된다.

통일신라의 건국 당시에, 신라·백제·고구려를 삼국이라고 부르지도 않았고 삼국통일이라는 개념은 성립할 수도 없었다. 또한 신라·백제·고구려 삼국의 주민들이 그들 스스로 서로 동일 민족으로 간주하지도 않았다. 특히 신라의 건국신화는 고구려·백제의 건국신화와 심히 다른 것으로 보아서 그들 자신들이 서로 동일 민족으로 간주하지 않았음을 알 수 있다. 동일 민족이 아닌 이질적인 민족 사이에는 정복–피정복의 개념은 성립할 수 있어도 민족 통일의 개념은 적용할 수 없다. 더구나 신라·백제·고구려의 삼국 내부 자체도 동질적인 민족들로 구성되지 않았다. 특히 고구려가 다민족으로 구성된 국가였음이 틀림없지 않은가?

고구려가 고구려족을 중심으로 거대한 국가로 성장한 지 수세기가 지난 후에 패망하였지만, 그 당시에 고구려 영역에는 아직 다수의 민족들이 그들의 문화를 간직한 채 살고 있었다. 고구려의 영역에 살고 있던 고구려족·말갈족·선비족·마한족·한족·거란족들은 아직 그들의 고유한 민족적 정체성을 가지고 있었다. 통일신라가 통합한 고구려 영역은 삼한 사람들이 살고 있는 영역에 한정되었을 것이다. 통일신라의 건국 당시에는 고구려 정복이라는 말은 성립할 수 있을지 몰라도 고구려 통일이라는 말은 성립할 수 없었을 것이다. 통일신라 건국의 이데올로기가 삼국통일의식이 아니라 삼한일통의식인 것은 이러한 이유 때문일 것이다.

2) 삼한 개념의 변화

통일신라가 출범한 이후 수백 년이 지나면서 삼한의 개념이 마한·진한·변한의 삼한을 의미하기도 하고, 신라·백제·고구려의 삼국을 의미하기도 하는 개념으로 바뀌었다. 당나라에 유학하여 당나라에서 활동하다가 AD 885년 귀국한 최치원(崔致遠, AD 857년~?)■44은 문장가로서 유명한데, 그는 "마한은 곧 고구려이고, 변한은 곧 백제이며, 진한은 곧 신라이다(新羅崔致遠曰 馬韓則高麗 卞韓則百濟 辰韓則新羅也)."라고 말하였다. ■45 최치원은 마한=고구려, 변한=백제, 진한=신라의 대응 관계로 설정한 것이었다. 오늘날의 관점에서 볼 때, 이러한 최치원의 삼한관은 분명하게도 잘못된 것이었다. ■46

최치원은 왜 이러한 착오를 범하였을까? 최치원은 통일신라의 건국 시점에서 200여 년이 지난 뒤에 활동한 사람이었다. 통일신라가 출범한 이후 200여 년이 지났을 때는 통일신라 영역에 살던 마한·진한·변한의 세 민족은 이미 문화적으로 동화되어 구분하기 어려운 상태에 있었다. 다시 말해, 최치원이 활동하던 당대에는 마한·진한·변한의 세 민족을 문화적으로 구별하는 것이 쉽지 않은 상황에 도달하였다. 그렇지만 고구려·백제·신라의 세 국가는 엄연히 과거에 존재하던 국가로서 인식할 수 있었을 것이다. 이러한 당시의 상황에서 당대의 엘리트인 최치원조차도 삼한과 삼국을 대응 관계로 설정하는 착오를 범하였고, 또한 마한을 고구려와 대응 관계로 놓고 백제를 변한과 대응 관계로 놓는 우를 범하였다.

통일신라가 출범한 이후 200여 년이 지난 후에 통일신라의 주민들이 삼한과 삼국을 대응 관계로 놓기 시작하면서 자연스럽게 고구려·백제·신라의 삼국을 공히 통일신라의 선대 국가로 인식하게 되었다. 통일신라는 삼한을 통일한 것이지만, "삼한이 곧 고구려·백제·신라의 삼국이다."라는 명제가 성립하면서 "통일신라는 고구려·백제·신라를 통일한 것이다."라는 명제도 성립하게 된 것이다. 이 무렵부터 통일신라의 '삼한일통의식'은 '삼국통일의식'과 동일한 개념으로 인식되었다.

후삼국 시대에 대동강 하구와 원산만을 잇는 선의 남쪽 지방 주민들은 문화적 동질화가 더욱 크게 진전되었다. 원래는 서로 다른 민족이었던 마한·진한·변한의 세 민족들이 통일신라의 250여 년 동안 거의 완전하게 동화되었다. 그래서 후삼국 시대에는 삼한이 서로 다른 세 민족 마한·진한·변한을 칭하는 용어가 아니라 우리나라 민족 혹은 우리나라를 칭하는 용어로 사용되었다. 『삼국사기』 견훤전에 따르면, 928년 왕건이 견훤에게 보낸 답서에서 "앞서 삼한의 액운이 지나가고 구주의 흉년을 만났으니 백성은 황건에 많이 소속되었고 전야는 적토가 아닌 곳이 없었소(頃以三韓厄會 九土凶荒 黔黎多屬於黃巾 田野無非於赤土)."라는 문구가 나온다. 여기서 삼한은 구주와 마찬가지로 우리나라 사람 혹은 우리나라를 뜻한다. 또한 『삼국사기』 견훤전에는 "삼가 생각건대 대왕은 신무가 뛰어나고 영모가 고금에 으뜸이나 말세에 태어나 경륜을 자신의 임무로 삼아 삼한의 땅을 순시하고 백제를 부흥시켰다(恭惟大王神武超倫 英謀冠古 生丁衰季 自任經綸 徇地三韓 復邦百濟)."라는 문구와 "아마도 하늘이 낸 분으로서 반드시 삼한의 주인이 될 것이니 우리 왕에게 위안의 글을 올리고 겸하여 왕공에게 은근하게 하여 장래의 복을 도모하여야 할 것이오(殆天啓也 必爲三韓之主 蓋致書以安

慰我王 兼殷勤於王公 以圖將來之福乎).”라는 문구가 나오는데, 여기서 삼한도 우리나라를 뜻한다.

그런데 후삼국 시대의 사람들도 원래 삼한이 역사적 실체인 마한·진한·변한을 뜻하는 것을 알고 있었다는 증거가 있다. 『삼국사기』 견훤전에 의하면, 견훤이 자신을 후백제 왕으로 칭하면서 "내가 삼국의 근원을 살피니 마한이 일어나고 뒤에 혁거세가 발흥하였다. 그러므로 진(辰)·변(卞)이 따라서 일어났다. 이에 백제는 금마산에서 개국하여 600여 년이 되었는데, 당나라 고종이 신라의 요청에 따라 소정방 장군을 보내어 해군 13만 명으로 바다를 건넜으며, 신라 김유신도 황산을 지나 사비에 이르러 당의 군사와 합세하고 백제를 공격하여 멸하였다. 지금 내가 감히 완산에 도읍을 세워 의자왕의 숙분을 씻지 않을 것인가?"■47라고 말하였다. 여기서 견훤은 마한·진한·변한을 삼국으로 보고 있었다. 그리고 백제는 마한을 이어받은 것으로 보면서 마한이 삼한 중에 가장 먼저 일어났음을 내세워 마한→백제의 정통성을 강조하고 있었다.

후삼국을 거쳐 새로이 들어선 고려 시대에도 한반도 주민들은 마한·진한·변한의 삼한과 신라·고구려·백제의 삼국을 선대 국가로 인식하였고, 이 삼한과 삼국이 모두 고려의 역사를 구성하는 국가체임을 당연한 것으로 받아들였다. '통일삼한(統一三韓)'이라는 표현을 통해 고려 태조 왕건은 통일 국가를 이룩하였다는 생각을 가지고 있었음을 알 수 있는데, 여기서 '통일삼한'의 삼한은 마한·진한·변한의 삼한뿐만 아니라 고구려·백제·신라의 삼국도 가리켰다. 고려 시대에 들어서 한반도 주민들은 이미 오랫동안 문화적 동화 과정을 겪었기 때문에 마한·진한·변한의 민족적 실체는 더 이상 남아 있지 않았다. 삼한이 세 민족이었다는 사실을 인식할 수 없는 상황에서 고려 시대의 사람들은 '마한=고구려, 변한=백제, 진한=신라'라는 최치원의 주장을 받아들였고,■48 삼한을 우리나라, 아방(我邦), 아국(我國)이라는 말로도 흔히 사용하였다.

3) 남북국 시대 용어의 문제

　근래 국사학자들은 우리 한민족이 발해를 주도적으로 건국하였다고 주장하고, 통일신라와 발해의 시대를 남북국 시대로 지칭한다. 발해 사람들은 나라 이름을 스스로 고려라고 칭하기도 하였고, 일본에 보낸 국서에서 고려 국왕이라 서명하기도 하면서 고구려를 계승한 나라로 자처하였다. 통일신라 사람들도 역시 이를 부정하지 않았다. 통일신라 말기의 대표적인 지식인 최치원이 "저 고구려가 오늘의 발해가 되었다."라고 한 말은 통일신라 사람들의 생각을 표현한 것으로 보인다. 사실, 고구려의 장군 출신인 대조영을 중심으로 고구려 유민과 말갈 집단들이 발해를 세워 고구려를 계승하였다. 이러한 맥락에서 우리나라 국사학자들은 발해의 역사를 우리 한민족의 역사라고 주장하고, 통일신라와 발해 모두를 균형 있게 취급하기 위해 남북국 시대라는 용어를 사용한다.

　그런데 중국의 역사책 『신당서』 「발해전」에서는 대조영이 속말말갈(粟末靺鞨) 출신으로 말갈의 한 부족 출신인 것을 명백하게 기록하고 있고, 『구당서』 「발해말갈전」에서는 "발해말갈의 대조영은 본래 고려(고구려)의 별종이다."라고 언급하고 있다. 『삼국유사』에는 『신라고기(新羅古記)』를 인용하여 "고구려의 옛 장군 조영의 성은 대씨인데, 그는 남은 군사를 모아 태백산 남쪽에 나라를 세우고 국호를 발해라고 하였다."라는 글을 싣고 있다. ■49 대조영은 고구려 사람(고구려인)이었고, 고구려의 장군 출신이었음에 틀림없지만, 그는 고구려족이 아니었다. 민족적 계보상으로 대조영은 고구려족이 아니고 말갈족에 속하였다. 이미 여러 차례 언급한 바와 같이 고구려는 다수의 민족을 아우르는 제국이었다. 고구려가 패망하자, 고구려에 속하던 말갈족들은 말갈족계 지도자 대조영을 중심으로 발해를 건국한 것이다.

　발해는 말갈족, 즉 여진족(만주족)의 국가였음에 틀림없기 때문에 우리 한민족이 발해를 세웠다면, 여진족이 우리 한민족에 속하는 민족이어야 한다. 만일 여진족이 우리 한민족에 속하는 민족이라면, 여진족이 세운 금나라와 청나라도 우리 한민족이 세운 국가이어야 한다. 이러한 논리에 비추어 볼 때, 발해를 결코 우리 한민족이 세운 국가라고 볼 수 없고, 통일신라와 발해의 시대를 남북국 시대라고 부를 수도 없다.

5. 고구려 계승 이데올로기의 형성 과정

1) 고구려는 우리 한민족이 세운 국가인가?

김부식은 『삼국사기』 권50 중 신라본기 12권, 고구려본기 10권, 백제본기 6권으로 편성하여 신라·백제·고구려의 삼국 역사를 하나의 역사 체계 속에서 서술하였고, 열전에서는 을지문덕, 을파소, 명림답부, 창조리, 연개소문 등의 고구려 인물을 신라와 백제의 인물과 함께 입전하였다. 일연은 『삼국유사』 「기이」 2권에 우리의 역사 체계 속에 인식된 왕조의 조목들을 기록하였다. 그는 여기서 고조선, 위만조선, 마한, 2부, 72국, 낙랑국, 북대방, 남대방, 말갈, 발해, 이서국, 오가야, 북부여, 동부여, 고구려, 변한, 백제, 진한 등을 기록함으로써 이러한 국가들의 역사를 하나의 체계 속에서 인식하고 서술하였다. 더구나 동부여·북부여와 아울러 고구려·백제를 각각 졸본부여·남부여로 칭하여 부여 계통으로 함께 묶어 인식하였다. ■50

이승휴의 『제왕운기』와 이규보의 『동국이상국집』 「동명왕편」에서는 고구려가 더욱 선명하게 우리 역사 체계 속에서 인식되었다. 『제왕운기』에서는 전조선기, 후조선기, 위만조선기, 한사군 및 열국기 다음에 고구려기라는 편목이 설정되었고, 그 뒤에 고려기가 설정되었다. 더구나 고구려기에서 천제가 태자인 해모수를 보내 하백의 삼녀와 결합하여 동명왕이 출생하였으므로 천신의 손자이며 하백의 사위라 기록되었는데,

여기서 하늘의 손자라는 것은 중국과 대등한 입장에서 건국자의 계보를 밝히는 것이었다. 『제왕운기』에서는 우리 역사 체계가 '고조선→고구려→고려'로 이어지는 체계로 인식되었다. ▪51

고구려는 통일신라의 후기부터 오늘날에 이르기까지 우리 한민족의 국가로서 인식되어 왔다. 그러나 엄밀한 의미에서 고구려는 우리 한민족이 세운 국가라고 볼 수 없다. 고구려가 우리 한민족에 많은 영향을 미쳤고 우리 한민족이 고구려 전통의 일부를 이어 받은 것은 사실임에 틀림없지만, 그렇다고 해서 고구려의 주류 민족이 우리 한민족의 역사에 편입된 것은 아니었다. "고구려는 우리 한민족이 세운 국가라고 볼 수 없다."라는 주장은 우리나라 사람들을 당혹스럽게 만들지 모르지만, 이 주장은 엄연한 사실이기 때문에 이를 부정하고는 우리 한민족의 역사를 올바르게 이해할 수 없다. 고구려는 다음과 같은 이유 때문에 한민족이 세운 국가가 아니라고 하겠다.

첫째, 통일신라는 고구려의 극히 일부 영역을 정복하여 통합하였을 뿐이고 대부분의 고구려 영역을 통합하지 못하였다. 통일신라는 대동강 하구에서 원산만을 잇는 선의 남쪽 지역을 통합하였을 뿐이고 고구려의 발원지였던 압록강 중류 지방은 물론이거니와 고구려의 중심지였던 평양 역시 정복하여 통합하지 못하였다. 고구려 패망 이후에 고구려의 중심지 평양은 당나라 지배를 받게 되었고, 고구려 영역에 속하던 오히려 보다 넓은 부분은 발해에 속하게 되었다. 후에 발해는 영역을 확대하여 옛 고구려 땅의 대부분을 차지하였다.

둘째, 고구려를 구성하던 삼한(특히 마한계) 사람들만 통일신라에 편입되고 고구려의 대다수 민족들은 통일신라에 편입되지 못하고 다른 역사적 과정을 밟게 되었다. 고구려는 처음에는 고구려족으로 구성된 국가였지만, 나중에는 고구려족뿐만 아니라 말갈족·마한족·선비족·한족·거란족 등 다양한 민족으로 구성되었다. 고구려는 다민족 사회였는데, 고구려가 패망하자 고구려 민족들 중에 삼한 사람들만 통일신라로 편입되었다. 따라서 고구려를 우리 한민족이 세운 국가라고 할 수 없으며, 우리 한민족이 고구려를 실질적으로 계승하였다고 할 수도 없다.

셋째, 삼국 시대와 그 이전에는 한민족이 아직 형성되지도 않았기 때문에 한민족이 세운 국가가 있을 수 없다. 우리 한민족은 한반도의 다수 민족들이 수천 년 동안, 특히 지난 1,350여 년 동안, 문화적 동화 과정을 거쳐서 단일 민족으로 형성된 것이다. 삼국 시대 초기에는 한민족이 형성되지도 않았는데, 어떻게 한민족이 세운 국가가 있을 수 있겠는가? 우리 한민족의 기원에 관련된 민족이라고 해서 그들을 모두 한민족으로 부를 수는 없는 것이다. 고구려는 우리 한민족의 기원과 밀접하게 관련된 국가임에 틀림없지만, 고구려는 우리 한민족이 세운 국가는 아니다.

2) 고려의 고구려 계승 이데올로기 조성과 확립

통일신라는 대동강 하구부터 원산만을 잇는 선의 남쪽 영역을 정복하여 통합하였는데, 통일신라의 영역에 살고 있는 사람들을 삼한 사람들이라고 불렀다. 삼한 사람들은 원래 마한·진한·변한의 세 민족에서 유래한 사람들이었는데, 통일신라의 건국 당시에 삼한 사람들은 어느 정도의 유대감을 가지고 있었다. 그리고 통일신라의 통치 기간 동안에 삼한 사람들 사이에는 문화적 동화 과정이 급속하게 진행되었고, 후삼국 시대에 들어서는 삼한 사람들이 이미 문화적으로 동화된 상태에 있었다.

후삼국 시대에 평안도와 함경도에는 여진족이 살고 있었는데, 이들은 남쪽의 삼한 사람들과 상당히 이질적인 민족이었다. 후삼국 시대에 황해도 호족들을 기반으로 하는 왕건은 북방의 여진족을 회유할 수 있는 이데올로기가 필요하였을 것인데, 그러한 이데올로기가 바로 "우리, 즉 '너(평양의 여진족)'와 '내(개성의 삼한 사람)'가 다함께 고구려의 후예이다."라는 이데올로기였다. 왕건은 이 이데올로기를 앞세움으로써 여진족을 회유하여 평양과 그 일대를 차지할 수 있었고, 또한 여진족으로부터 실질적인 군사적 도움을 받을 수 있었다.

왕건이 후삼국을 통일하여 고려를 건국하는 데 가장 큰 공을 남긴 사람은 아마도 유금필 장군이었다. 유금필은 후백제를 대상으로 벌인 연산진(燕山鎭)·임존군(任存郡)·조물성(曹物城) 전투 등에서 큰 공을 세웠고, 후백제에 의해 위기에 처한 신라를 지키는 데에도 주도적인 역할을 하였다.[52] 그런데 유금필 장군은 여진족과 밀접한 관련을 맺고 있었다. 유금필은 황해도 평주(평산) 사람으로서 여진족의 군사를 그의 사병으로 편입시켜 막강한 군사력을 갖고 있었다. 이와 같이 왕건이 후백제와 신라를 무너뜨리고 고려를 건국하는 데 여진족들은 군사적으로 대단히 중요한 역할을 수행하였다.

고려 건국의 주역들은 여진족을 회유하고 그 군사력을 이용하여야 하는 상황에서 "우리는 다함께 고구려의 후예이다."라는 이데올로기를 조성하여 이를 적절히 이용할 필요가 있었다. 이런 이데올로기를 조성하고 정당화하기 위해, 왕건은 고구려를 계승한다는 의미에서 국명조차도 고려라고 칭하였던 것이다. 고구려는 왕건이 후삼국을 통일하는 과정에서 상징적으로 혹은 이데올로기적으로 우리 한민족의 역사에 편입되었지만, 왕건이 국호를 고려라고 칭한 이후부터는 의심의 여지없이 고려의 주민들은 고구려·백제·신라를 선대 국가로 인식하였고, 통일신라의 건국을 삼국 통일의 개념으로 인식하였다.

6. 한민족의 형성 과정에 관한 '과학적인 역사관'

1) 동아시아의 국수주의 역사관에 대한 비판

한국·일본·중국의 동아시아 삼국은 오랫동안 민족의 문화적 동화 과정이 진행되어 온 국가들이다. 사실 이렇게 오랫동안 민족의 문화적 동화 과정을 겪은 나라들을 지구상에서 찾기란 쉽지 않다. 이러한 역사의 특수성으로 인하여 이 세 국가들에서는 매우 독특한 국수주의 역사관이 성행하게 되었다.

근대 국민 국가(nation-state) 출발이라는 점에서 보면, 일본은 아시아에서 매우 선두적인 국가였다. 근대 국민 국가로 출발하는 과정에서 일본인들은 그들의 역사를 매우 국수주의적으로 이해하는 경향을 갖게 되었는데, 이러한 일본인들의 국수주의적 시각이 우리나라 근대 사학자들에게도 많은 영향을 미친 것으로 보인다. 일부 재야 사학자들은 이병도 박사를 비롯한 제도권 국사학자들이 일본의 식민사관에 영향을 많이 받았다고 비판하고 있으나, 어떤 측면에서는 그러한 주장을 하는 국수주의 재야 사학자들이야말로 바로 일본인들의 국수주의적 시각을 더욱 많이 계승하고 있다.

중국의 한족(漢族)은 일시적인 기간을 제외하고는 동아시아라는 역사 무대에서 중심적 역할을 지속적으로 맡아왔다.[53] 그리고 오랜 역사 과정 동안에 주변의 수많은 민족들이 한족으로 동화되는 과정을 지켜보았다. 한족으로 동화되지 않은 민족들은 지리적으로 원거리에 자리를 잡은 민족들뿐이었다. 그래서 한족은 타민족이 한족으로 동화되는 것을 매우 자연스러운 역사 과정으로 이해하게 되었다. 이러한 독특한 역사 과정으로 인하여 중국의 사학자들은 한족 중심으로 동아시아 역사를 해석하는 국수주의적인 성향을 일찍부터 가지고 있었다. 우리나라 사학자들은 이러한 중국 사학자의 국수주의적 방법론으로부터 영향을 받아 온 것이 아닐까?

　동아시아의 한국·일본·중국이 국수주의적 역사관을 갖고 있다는 사실은 동아시아의 협력 체제 구축이라는 점에서 걸림돌로 작용하고 있다. 오늘날 유럽의 각국들은 유럽연합(EU)을 통해 단일 경제권을 달성하였고, 또한 미국·캐나다·멕시코가 북미자유무역협정(NAFTA)을 체결함으로써 완전한 경제 통합으로 나아가고 있다. 유럽연합의 범위는 유럽 중심부에서 그 주변까지 확장되고 있고, 멀지 않은 미래에 북미자유무역협정은 라틴아메리카를 포함하는 아메리카의 전역으로 확장될 것으로 예측된다. 그러나 동아시아 상황은 어떠한가? 오늘날 동아시아의 협력 관계는 아직 걸음마 단계에 있다고 하겠다.

　인구 규모에서, 경제력에서, 국가 단위의 민족적 동질성에서, 그리고 문명의 장구성에서 종합적으로 고찰할 때, 동아시아는 이미 세계의 중심으로 부상할 만한 역량을 가지고 있다. 그럼에도 불구하고 현재의 동아시아가 세계의 중심으로 자리 잡지 못하는 이유는 동아시아 각국이 각자의 국수주의적 역사관에 집착함으로써 동아시아의 협력 관계를 구축하지 못하고 있기 때문이 아닐까? 아무튼 동아시아의 국수주의적 역사관이 동아시아 협력관계의 낙후성에 크게 기여하고 있음은 틀림없는 사실이다.

2) 재야 사학자들의 민족주의 사관 비판

　19세기 말 이후 제국주의 세력의 침략에 따라 우리 민족의 정체성과 단결을 강조하는 주장들이 활발하게 제기되었다. 그리고 1905년의 을사조약과 1910년의 일제 강점에 대응하는 반일 감정으로 인하여 이른바 민족주의 사학이 등장하였다. ■54 신채호

(申采浩)의 『독사신론(讀史新論)』에 의하여 토대가 마련된 민족주의 사학은 근대 사학의 단서를 열어 놓았고, 일본의 황국사관(皇國史觀)과 정면으로 대결하였다. 이런 가운데서 단군을 우리 민족의 시조로 옹립하려는 의식이 고조되었고, 나아가 단군을 신앙으로 승화시킨 대종교(大倧敎)가 성립하였다.

민족주의 사학자들은 여진족·거란족·몽고족 등의 동이를 배달족(倍達族)이라는 단일 민족으로 간주하였고, 배달족 전체의 시조를 단군에서 찾았으며, 단군 이래의 고유 신앙을 민족 문화의 핵심으로 높이 선양하였다. 이러한 민족주의 사학은 항일독립운동의 정신적 기초가 되어 일제에 많은 타격을 주었으나, 우리 민족의 범주를 동이족 전체로 확대한 것은 역사적 진실과는 거리가 먼 것이었다.

오늘날 우리 사회에서는 다수의 재야 사학자들이 활발히 활동하고 있다. 재야 사학자들은 제도권 사학계에 소개되지 않은 사료를 발굴하여 독자적으로 재구성함으로써 역사학 발달에 기여하기도 하고, 정통 사학자들이 지나쳐 버린 주제를 새롭게 재조명함으로써 역사학의 연구 대상을 확장하기도 한다. 특히 지방의 향토 사학자들은 지방에서 다양한 문헌을 수집·분류·정리함으로써 국사학계의 연구 축적에 크게 기여하고 있다. 중앙의 사료가 크게 부족한 우리나라 현실에서 이러한 재야 사학자들의 노고는 높이 평가되어야 마땅할 것이다.

그런데 일부 재야 사학자들이 민족주의 사학에 너무 집착하여 역사학을 '비과학적인 역사'에 근거한 이데올로기 학문으로 몰고 있어서 안타깝다. 이러한 재야 사학자들은 그들의 열정에도 불구하고 역사학을 '과학적인 역사'에 근거한 학문으로 발전시키는 데 커다란 지장을 초래하고 있다. 이러한 재야 사학자들의 국수주의적 주장이 우리 사회에 미치는 폐해는 대단히 크다. 그러한 폐해 중에서 가장 문제가 되는 것은 우리의 젊은이들을 선동하여 국수주의 성향을 불어넣는다는 데 있다. 어떤 사람은 애국심만 길러주면 진실은 차선의 문제라고 주장할지도 모르지만, 진정한 애국심은 우리를 정확하게 이해하는 데서 비롯된다.

3) '과학적인 역사관'과 '비과학적인 역사관'

우리 한민족의 기원과 형성 과정을 올바르게 이해하기 위해서는 한반도에 널리 분포하던 다수의 민족들이 오랜 역사 과정을 통하여 한민족이라는 단일 민족으로 형성된 과정에 초점을 맞추어야 한다. 오늘날 우리나라 사람들은 기자조선과 위만조선을 우리 한민족에 의해 건설된 국가로 인식하고, 신라·백제·고구려도 우리 한민족에 의해 건설된 국가로 인식한다. 그리고 통일신라와 발해의 시대를 남북국 시대로 지칭하여 발해조차도 우리 한민족의 역사에 편입시켜 놓고 있다. 일반적으로 우리나라 사람들은 우리 한민족의 역사가 '고조선→삼국 시대→남북국 시대→고려→조선'으로 연결된다고 인식하고 있지만, 이러한 역사 인식은 결코 '과학적인 역사관'이 아니다.

중·고등학교 국사 교과서에서도 신라·백제·고구려의 주민들이 단일 민족인 한민족으로 구성되어 있었다는 것을 전제로 하고 있는데, 그것은 사실과 거리가 너무나 멀다. 신라·백제·고구려는 처음에 서로 다른 민족들에 의하여 건국된 것이었고, 각각의 국가에도 이질적인 민족 요소들이 있었다. 통일신라의 영역은 삼한 사람들의 분포 지역에 매우 근접한 영역이었다. 통일신라의 건국은 한반도 주민들의 문화적 동화 과정을 급속히 진행시켜 단일 민족으로 발전할 수 있는 계기를 마련하였다는 데 역사적인 의의가 있다.

고려 태조 왕건은 고구려를 계승한다는 이데올로기를 앞세워 후삼국을 통일하는 데 여진족의 군사력을 이용할 수 있었고, 북방 여진족을 회유하여 북방으로 영역을 확장하는 데도 성공하였다. 그러므로 고구려가 우리 한민족이 세운 국가라는 것은 후대에 조장된 역사 인식일 뿐 '과학적인 역사관'에 근거한 것이 아니다. 우리는 '과학적인 역사관'과 '비과학적인 역사관'을 구별할 수 있어야 한다. 그리고 우리나라 사람들이 오늘날 가지고 있는 일반적 역사 인식이 '과학적인 역사관'이 아닐 수도 있음을 알아야 한다.

고대에 만주와 한반도에도 매우 다양한 민족들이 유입되어 살고 있었고, 이 지역에는 다수의 정치 체제가 등장하였다가 사라졌다. 우리는 한반도로 들어와 정착한 다수의 민족들을 있는 그대로 기술하고, 그러한 다양한 민족들이 문화적 동화 과정을 거처 오늘날의 한민족으로 통합되는 과정을 정확히 이해할 수 있어야 한다. 한반도에 유입된 민족들은 '통일신라→고려→조선→남북한'이라는 1,350여 년의 기간이 지나서 단일 민족인 오늘날의 한민족으로 발전하였고, 만주에 살던 여러 민족들은 한족으로 통합되어 그들 고유의 민족적 정체성을 거의 잃어버리게 되었고 극히 소수의 인구만이 그들 고유의 민족성을 유지하고 있다. 우리는 우리 민족사에 대하여 '과학적인 역사관'을 갖고 있어야 한다. 우리의 민족사를 날조하는 것은 결코 우리 민족을 사랑하는 행위가 될 수 없다.

주

1   박승우, 2006, 국가, 계급, 민족-그 역동성과 상호작용: 말레이시아와 필리핀의 비교연구, 동아연구(서강대학교 동아연구소), 56, 184-233.
    신용하, 2006, '민족'의 사회학적 설명과 '상상의 공동체론' 비판, 한국사회학(한국사회학회), 40(1), 32-59.
    신용하, 2005, 한국 원민족 형성과 역사적 전통, 나남출판, 301-306.
    신용하, 1985, 민족이론, 문학과 지성사, 17, 32, 39-49.

2   10여 명의 인류학자들이 공동으로 집필한 인류학 교재 『종족과 민족』(김광억 외 지음, 2005, 아카넷)에서 영어의 ethnicity(ethnic group) 개념을 종족으로 사용하기도 하고, 민족으로 사용하기도 한다. 또한 영어의 nation 개념을 국민으로 사용하기도 하고 민족으로 사용하기도 한다. 그리고 nationalism에 상응하는 용어로 국민주의를 사용하기도 하고, 민족주의를 사용하기도 한다. 이와 같이 문화인류학계에서도 종족, 민족, 국민 개념이 명확하게 규정되어 있지 못하다.

3   필자는 1999년 출판한 『우리는 단군의 자손인가』(한울)에서 우리 민족의 기원과 형성 과정을 처음으로 논하였고, 2005년 출판한 『고조선과 고구려』(경상대학교 출판부)에서 이를 좀 더 자세하게 논하였다. 필자는 한반도와 그 인근에 있는 다수의 민족들이 오늘날의 한민족으로 발전하는 역사적 과정을 논하였다.

4   이종욱, 1997(4쇄), 고조선사연구, 일조각, 13.

5   『제왕운기(帝王韻紀)』 「하권」 고시라 고례 남북옥저 동북부여 예여맥개단군지수야(故尸羅 高禮 南北沃沮 東北夫餘 穢與貊皆檀君之壽也)

6 『삼국지』는 진(晉)나라의 진수(陳壽, AD 233~297)가 편찬한 것으로, 『사기(史記)』, 『한서(漢書)』, 『후한서(後漢書)』와 함께 중국 전사사(前四史)로 불린다. 위서(魏書) 30권, 촉서(蜀書) 15권, 오서(吳書) 20권, 합계 65권으로 되어 있으나 표(表)나 지(志)는 포함되지 않았다. 위나라를 정통 왕조로 보고 위서에만 '제기(帝紀)'를 세우고, 촉서와 오서는 '열전(列傳)'의 체제를 취했으므로 후세의 사가들로부터 많은 비판의 대상이 되었다. 그러나 저자는 촉한(蜀漢)에서 벼슬을 하다가 촉한이 멸망한 뒤 위나라의 조(祚)를 이은 진나라로 가서 저작랑(著作郞)이 되었으므로 자연 위나라의 역사를 중시한 것으로 여겨진다. 『삼국지』 「위서동이전」에는 부여·고구려·동옥저·읍루·예·마한·진한·변한·왜인 등의 전(傳)이 있어, 동북아 민족에 관한 최고의 기록으로 동북아의 고대사를 연구하는 데 좋은 사료가 된다.

7 한국역사연구회, 1990(재판3쇄), 한국사강의, 한울아카데미, 66.

8 한국역사연구회 고대사분과, 1994, (문답으로 엮은) 한국고대사 산책, 역사비평사, 51-52.

9 유 엠 부찐 씀(이항재·이병두 역), 1990, 고조선: 역사고고학적 개요, 소나무.
  이 책에서는 요동 반도와 압록강 유역의 선사 문화가 당연하게도 고조선의 문화일 것으로 간주하고 있다. 필자는 이러한 관점에 동의하지 않는다.

10 한국역사연구회, 1990(재판3쇄), 한국사강의, 한울아카데미, 70.

11 한국역사연구회 고대사분과, 1994, 한국고대사 산책, 역사비평사, 64-65.

12 『위략(魏略)』에서는 "箕子之後朝鮮侯 見周衰 燕自尊爲王 欲東略地 朝鮮侯亦自稱爲王 欲興兵逆擊燕 以尊周室 其大夫禮諫之 乃止 使禮西說燕 以止之不攻 後子孫稍驕虐 燕乃遣秦開 攻其西方 取地二千餘里 至滿潘汗爲界 朝鮮遂弱"라고 기록하고 있다.
  김철준, 1990, 한국고대사연구, 서울대학교 출판부, 8.

13 한국역사연구회 고대사분과, 1994, 한국고대사 산책, 역사비평사, 66-69.

14 변태섭, 1998(4판 6쇄), 한국사통론, 삼영사, 62.

15 한국역사연구회, 1990(재판3쇄), 한국사강의, 한울아카데미, 83.

16 이기백, 1988, 한국사신론(개정판), 일조각, 26-27.

17 이기백, 1988, 한국사신론(개정판), 일조각, 29-31.

18 김철준, 1990, 한국고대사연구, 서울대학교 출판부, 10.

19　천관우 편, 1992, 한국상고사의 쟁점, 일조각, 195-196.

20　변태섭, 1998(4판 6쇄), 한국사통론, 삼영사, 63.

21　서영수, 1989, "고조선의 위치와 강역에 대한 재검토," 한국상고사: 연구현황과 과제(한국상고사학회 편), 민음사(대우학술총서), 352-353.

22　난하(灤河; 롼허 강)는 중국 허베이 성(河北省) 북동부를 흐르는 강이다. 길이는 약 800km이다. 허베이 성 북부 몽골 고원 남부에서 발원하여, 많은 지류와 합류하며, 급류를 이루어 남동쪽으로 흘러내린다. 다시 옌산(燕山) 산맥을 가로지르고 롼셴(灤縣)을 거쳐 허베이 평야 하류에 델타를 형성하면서 보하이 만(渤海灣)으로 흘러든다.

23　대릉하(大凌河; 다링 강)은 중국 랴오닝 성(遼寧省) 서부의 강줄기를 합쳐 랴오둥 만(遼東灣)으로 흘러드는 강이다. 길이는 397km이고, 유역 면적은 2만200km²이다. 중국 랴오닝 성 서부에서 흐르는 강이다. 북쪽의 누루얼후 산(努魯兒虎山)과 남쪽의 헤이 산(黑山)에서 발원하여 커라친쭤이명구족(喀喇沁左翼蒙古族) 자치현 다청쯔(大城子) 동쪽에서 합류하여 북동쪽으로 흐른 뒤 베이퍄오 시(北票市) 다반(大板) 부근에서 다시 남동쪽으로 흘러 링하이 시(凌海市)를 걸쳐서 랴오둥 만으로 흘러든다.

24　한국역사연구회, 1990(재판3쇄), 한국사강의, 한울아카데미, 85-86.

25　노중국, 1990, 한국 고대의 국가형성의 제문제에 관련하여, 한국 고대국가의 형성(한국고대사연구회 편), 민음사(대우학술총서), 20-26.

26　「동명왕편」은 고구려 동명왕에 관한 전설을 오언시체로 쓴 장편 서사시이다. 본래의 작자나 지어진 연대는 알 수 없다. 오언 장편 282구(句) 운문체(韻文體)의 한시로 총 약 4천자에 이른다. 고려 무신 시대의 문인인 이규보(李奎報)가 지은 그의 문집인 『동국이상국집(東國李相國集)』 제3권에 수록되어 전한다.

27　서병국, 1997, 고구려제국사, 혜안, 15-17.

28　광개토왕릉비문에는 "於沸流谷忽本西城山上而建都"라고 기록되어있다(윤명철, 2004, 역사전쟁, (주)안그라픽스, 74).
　　강경구, 2001, 고구려의 건국과 시조 숭배, 학연문화.

29　국사편찬위원회, 1995, 한국사 6: 삼국의 정치와 사회 II - 백제, 국사편찬위원회, 14-16.

30　여호규, 1996, 고구려의 성립과 발전, 한국사 5: 삼국의 정치와 사회 I - 고구려, 국사편찬위

원회, 14.

31 여호규, 1996, 고구려의 성립과 발전, 한국사 5: 삼국의 정치와 사회 I - 고구려, 국사편찬위원회, 24.

32 서병국은 고구려의 통치자들은 평소 국내성(국내의 위나암성)에 거처하다가 유사시에 환도성으로 들어가 적들을 막아냈다고 설명한다. AD 3년 수도를 국내성으로 정한 뒤 AD 427년 평양으로 수도를 옮길 때까지 고구려는 두 차례나 환도성을 수도로 삼았다고 본다(서병국, 2004, 펼쳐라 고구려, 서해문집, 88-90).

33 여호규, 1996, 고구려의 성립과 발전, 한국사 5: 삼국의 정치와 사회 I - 고구려, 국사편찬위원회, 18-19.

34 서병국, 1997, 고구려제국사, 혜안, 8-9.

35 여호규, 1996, 고구려의 성립과 발전, 한국사 5: 삼국의 정치와 사회 I - 고구려, 국사편찬위원회, 20-21.

36 공석구, 1998, 고구려영역확장사 연구, 서경문화사, 9-12.

37 강길중·박종현·신성곤, 1998, 중국·중국사, 경상대학교 출판부, 81-83.

38 강길중·박종현·신성곤, 1998, 중국·중국사, 경상대학교 출판부, 81-83.

39 국사편찬위원회, 1996, 한국사 5: 삼국의 정치와 사회 I - 고구려, 국사편찬위원회, 5-6.

40 대왕의 밝으신 덕에 매달려 척촌(尺寸)의 공을 세우게 된 것입니다. 지금 삼한이 한집안이 되고 백성이 두 마음을 가지지 아니하니 태평에는 이르지 못하였다고 하더라도 크게 편안해졌다고 하겠습니다(『삼국사기』「열전」「김유신」).

41 1982년 3월 충북 청주시 운천동(雲泉洞)에서 신라의 사적비(寺蹟碑)가 발견되었다. 이 사적비는 신문왕 6년(686년)에 건립된 중수비(重修碑)로 밝혀졌다(이호영, 1997, 신라 삼국통합(新羅三國統合)과 여제 패망원인 연구(麗濟敗亡原因研究), 서경문화사, 167).

42 『삼국사기』「신라본기」「신문왕 12년조」에는 "선왕 춘추도 자못 현덕이 있었고 더구나 김유신이라는 양신(良臣)을 얻어 정치에 한마음으로 힘써 삼한을 통일하였으니 그의 공덕이 많지 않다고 할 수 없다."라는 기록이 있다.

43 김성호, 2002, 단군과 고구려가 죽어야 민족이 산다, 월간조선사, 297.

44 최치원(857년~?)은 통일 신라 말기의 문장가이다. 자는 고운(孤雲)·해운(海雲)이다. 869년(경문왕 9) 13세로 당나라에 유학하여 874년 과거에 급제하였고 879년 황소(黃巢)의 난이 일어나자 토황소격문(討黃巢檄文)을 써서 문장가로서 이름을 떨쳤다. 최치원은 경주최씨의 시조로 문장에 뛰어났고 시무책(時務策) 10여 조를 써서 진성여왕에게 상소하는 등 어지러운 나라를 잡는 데 힘을 기울였다.

45 『삼국사기』 잡지(雜志) 3 지리(地理) 1

46 노태돈, 1982, 삼한에 대한 인식의 변천, 한국사연구(한국사연구회) 38, 141.
   김병곤, 2008, 최치원의 삼한관 재고, 한국사연구(한국사연구회) 141, 51-82.
   최치원은 한편으로는 마한=고구려, 변한=백제, 진한=신라의 대응 관계로 설정하였고, 진한=신라의 기원을 중국계 사람들이 동으로 피난하여 이주해 온 데 있다고 보았다. 그래서 최치원은 진한(辰韓)을 진한(秦韓)으로 표기하면서 진한(秦韓)이 우리나라의 별칭이라고 하였다. 최치원의 견해는 『삼국지』 「위서동이전」 진한조에 있는 "진한은 마한의 동쪽에 위치한다. 그 노인들은 옛날에 진(秦)나라의 고역을 피하여 한국으로 온 망명인들이라고 전한다. 지금도 진한(辰韓)을 진한(秦韓)으로 부르는 사람이 있다(辰韓在馬韓之東 其耆老傳世 自言古之亡人避秦役來適韓國····今有名之爲秦韓者)."에 근거를 두고 있다. 이러한 최치원의 견해는 모화적(慕華的) 자세를 보여 주며, 신라 중심적인 인식을 보여 준다. 그런데 최치원은 다른 한편으로는 마한이 백제로 발전하였다고 이해하고 있었다. 최치원은 한편으로 상태사시중장(上太師侍中狀)에서 '마한=고구려(馬韓則高麗)'라는 기사를 통해 마한이 바로 고구려라고 표현하였고, 다른 한편으로는 봉암사지증대사적조지탑비문(鳳巖寺智證大師寂照之塔碑文)에서 '유백제소도지의(有百濟蘇塗之儀)'라는 기사를 통해 마한이 백제와 대응된다고 표현한 셈이었다. 하여튼 최치원의 삼한관은 재고의 여지가 있다.

47 吾原三國之始 馬韓先起 後赫世勃興 故辰卞從之而興 於是百濟開國金馬山六百餘年 摠章中 唐高宗以新羅之請 遣將軍蘇定方 以船兵十三萬越海 新羅金庾信卷土歷黃山之泗沘 餘唐兵合 攻百濟滅之 今子敢不立都於完山 以雪義慈宿憤乎.

48 박인호, 2008, 전통시대의 신라인식, 역사교육논집(역사교육학회) 40, 322-323(『고려사』 권2, 세가 2, 태조 2, 태조 계묘 26년).

49 한국역사연구회 고대사분과, 1994, (문답으로 엮은) 한국고대사 산책, 역사비평사, 265-271.

50 최광식, 2004, 중국의 고구려사 왜곡, (주)살림출판사, 34-35.

51 최광식, 2004, 중국의 고구려사 왜곡, (주)살림출판사, 35-36.

52 유금필은 고려 태조 6년(AD 923년)에 북방의 골암진의 여진족을 굴복시켜 북방을 안정시켰다.

이정신, 2004, 고려시대의 정치변동과 대외정책, 경인문화사, 33.

53 서남아시아-지중해 연안-유럽이라는 역사의 무대에서는 이집트인, 유태인, 앗시리아인, 바빌로니아인, 페르시아인, 그리스인, 카르타고인, 로마인, 터키인, 노르만인, 포르투갈인, 스페인인, 프랑스인, 영국인 등은 각기 다른 시기에 중심적 역할을 맡았다.

54 한영우, 1990, 근대 한국역사학의 발달, 한국사특강(한국사특강편찬위원회 편), 서울대학교출판부, 9.

참고문헌

강경구, 2001, 고구려의 건국과 시조 숭배, 학연문화사.
강길중 · 박종현 · 신성곤, 1998, 중국 · 중국사, 경상대학교출판부.
공석구, 1998, 고구려영역확장사 연구, 서경문화사.
국사편찬위원회, 1995, 한국사 6: 삼국의 정치와 사회 II - 백제, 국사편찬위원회.
국사편찬위원회, 1996, 한국사 5: 삼국의 정치와 사회 I - 고구려, 국사편찬위원회.
국사편찬위원회, 1997, 한국사 4: 초기국가 - 고조선 · 부여 · 삼한, 국사편찬위원회.
김광억 외 지음, 2005, 종족과 민족, 아카넷.
김기혁 · 윤용출, 2006, 조선-일제 강점기 울릉도 지명의 생성과 변화, 문화역사지리, 18(1).
김병곤, 2008, 최치원의 삼한관 재고, 한국사연구(한국사연구회) 141, 51-82.
김성호, 2002, 단군과 고구려가 죽어야 민족이 산다, 월간조선사.
김철준, 1990, 한국고대사회연구, 서울대학교출판부.
남영우 · 서태열, 1995(전정판), 도시와 국토, 법문사.
노중국, 1990, 한국 고대의 국가형성의 제문제에 관련하여, 한국 고대국가의 형성(한국고대사 연구회 편), 민음사(대우학술총서), 20-28.
노태돈, 1982 삼한에 대한 인식의 변천, 한국사연구(한국사연구회) 38, 129-156.
박승우, 2006, 국가, 계급, 민족—그 역동성과 상호작용: 말레이시아와 필리핀의 비교연구, 동아연구(서강대학교 동아연구소) 56, 184-233.
박인호, 2008, 전통시대의 신라인식, 역사교육논집(역사교육학회) 40, 319-353.
변태섭, 1998(4판 6쇄), 한국사통론, 삼영사.
서병국, 1997, 고구려제국사, 혜안.
서영수, 1989, 고조선의 위치와 강역에 관한 재검토, 한국고대사: 연구현황과 과제(한국상고사학회 편), 민음사, 349-357.

신용하, 1985, 민족이론, 문학과 지성사.

신용하, 2005, 한국 원민족 형성과 역사적 전통, 나남출판.

신용하, 2006, '민족'의 사회학적 설명과 '상상의 공동체론' 비판, 한국사회학(한국사회학회) 40(1), 32-59.

여호규, 1996, 고구려의 성립과 발전, 한국사 5: 삼국의 정치와 사회 I - 고구려, 국사편찬위원회, 12-42.

이기백, 1988, 고조선의 국가 형성, 한국사시민강좌 제2집, 1-18.

이기백, 1988, 한국사신론(개정중판), 일조각.

이기백, 1997, 한국고대사론(증보판 중쇄), 일조각.

이전, 1999, 우리는 단군의 자손인가, 한울.

이전, 2005, 고조선과 고구려, 경상대학교 출판부.

이전, 2008, 인류학의 이해, 경상대학교 출판부.

이정신, 2004, 고려시대의 정치변동과 대외정책, 경인문화사.

이종욱, 1997(4쇄), 고조선사연구, 일조각.

이항재·이병두 역(유 엠 부찐 씀), 1990, 고조선: 역사고고학적 개요, 소나무.

천관우, 1992, 한국상고사의 쟁점, 일조각.

최광식, 2004, 중국의 고구려사 왜곡, 살림출판사.

한국고대사연구회 편, 1990, 한국 고대국가의 형성, 민음사.

한국고대사연구회 편, 1997(초판2쇄), 삼한의 사회와 문화, 신서원.

한국상고사학회, 1991(2판), 한국상고사, 민음사(대우학술총서 공동연구).

한국역사연구회, 1990(재판3쇄), 한국사강의, 한울아카데미.

한국역사연구회, 1997, 고구려왕조 700년사, 오상.

한국역사연구회 고대사분과, 1994, (문답으로 엮은) 한국고대사 산책, 역사비평사.

한영우, 1990, 근대 한국역사학의 발달, 한국사특강(한국사특강편찬위원회 편), 서울대학교 출판부.

제3장

영토와 행정 구역

부산대학교 김기혁

1. 영토와 지방

국토는 자연 공간이 국가 공간, 즉 정치적 공간으로 전환된 결과물로 국가의 기본적인 요소이다. 국경선으로 구별되는 영토는 사람들을 정치적, 경제적, 사회·문화적 공간으로 결속시켜 '국민'을 만든다. 국민을 문화적으로 결속시켜 동질감을 부여하기 위해 상징을 구성하고 상징 세계의 중심에 국어, 국가, 국기 등을 배치시키고 이와 함께 역사·지리서를 편찬한다. 역사와 지리는 국민들의 인식 세계를 동일한 시·공간에 배치시킴으로써 내부적으로 동질적인 국가의 정체성을 각인시킬 수 있기 때문이다. 이와 같이 국토는 종합적으로 '만들어지는' 개념이며 국민들에게는 자아 정체성을 부여하는 도구이다.

전근대 국가와 근대 국가의 차이는 변경(frontiers)과 경계(boundaries)의 존재 여부이다. 변경은 문명의 끄트머리로서 선이 아니라 대(帶)나 역(域)으로 존재한다. 변경을 가진 사회는 국경으로 구분된 세계처럼 유한하지 않고 그 너머에는 변경을 사이에 두고 다른 문명이 존재하는 경우도 있다. 반면에 경계는 영역의 한계를 표시하는 선(線)이다. 그것은 특정 정치 권력이 미칠 수 있는 범위를 명확하게 획정하고, 다른 영역과 구별한다. 경계를 가진 사회는 적어도 자기 경계 내부의 세계는 폐쇄된 유한의 영역이다. 외부에 같은 방식으로 경계를 주장하는 타자(타국)가 존재하지 않는다면 자신의 경계를 설정할 필요가 없다. 경계의 설정은 국가가 영토적 주권을 동반한 근대 국가로 되어 가는 과정에서 설정된다.

국경은 물리적으로는 일정한 표식에 의해 표현되며, 지도를 이용해 표상화(表象化)가 된다. 지도 위에 국경을 긋는 행위는 인접 국가 간 합의에 의해 측량 등을 이용하여 정밀하게 이루어지기 때문에 지도 제작의 발달을 수반한다. 한편 탐험 혹은 식민지 시대에 제국주의 국가들은 영토 확장, 경제 수탈, 문화적 제국주의의 달성을 위해 선점의 원칙에 의해 땅 위에 선을 그었다. 식민지는 유럽인들의 거울이 되었으며 자신들의 유럽 대륙에 국경을 그어 나가면서 근대 국가를 완성하기 시작하였다.

국가는 법으로서 권력의 정당성이 보장되고, 관료 조직을 통해 권력의 이념과 사상이 실천되며, 조세를 통해 권력의 경제적인 기반이 마련된다. 종교와 윤리로 권력의 권위가 이념적으로 보장된다. 이와 같은 국가 정체성의 확립 과정은 공간을 바탕으로 진행된다. 대외적으로 국가 권력의 범위를 한정짓고 내부적으로는 각 공간에 역할을 부여하면서 조직화하게 된다. 따라서 국가의 주체가 바뀌면 국토의 효율적인 지배와 경국(經國)을 위하여 공간을 재구성하며 '지방'이 만들어진다.

2. 조선 시대 이전

　동아시아에서 국경선을 배타적으로 획정하기 시작한 시기는 오래되지 않았다. 전통 시대에 변경에서 생활하는 주민들은 절차 없이 국경을 넘나들었고 이 일대에서 배타적인 공간 개념은 존재하지 않았다. 따라서 이 시기에 우리나라와 중국과 일본 사이에 국경이 어디였는지를 획정하기란 쉽지 않았다. 우리나라 주변에서 존재하였던 변경 지역이 영토로 전환되기 시작한 것은 임진왜란 이후 북방에서 청(淸)나라, 동해상에서 일본의 출현과 시기를 같이 한다.

1) 강역

　고고학적 유물을 바탕으로 볼 때 한민족은 구석기 시대부터 한반도와 만주를 중심으로 생활 영역을 형성하여 다른 민족과 구별되는 문화를 발전시켜 왔다. 초기 국가의 형태는 성읍 국가였으나 기원전 8~7세기에는 정치 집단이 성장하면서 고조선이 국가의 형태로서 등장하였다. 고조선에 이어 송화강(松花江) 유역에 부여, 압록강 중류 지역에 예맥, 동해안 함흥 일대에 옥저, 한강 이남에 진국(辰國) 등 여러 연맹 왕국이 형성되었다. 고조선의 위치에 대해서는 평양을 중심으로 하는 대동강 유역이었다는 견해와 현재 중국의 랴오닝 성(遼寧省) 일대, 혹은 전기에 랴오닝 성에 있다가 기원전 4세기 이후 평양 일대로 이동했다는 견해가 있다.

위만(衛滿)에 의해 고조선이 멸망하고(기원전 194~180), 이후 한나라 무제의 침략으로 위만조선이 멸망하면서 고조선 강역에 한사군이 설치되었다. 그러나 4군은 낙랑군을 제외하고 모두 없어졌다. 이 무렵에 한반도와 만주에는 쑹화 강 유역의 부여, 압록강 유역의 고구려, 동해안 지역의 옥저와 동예, 한강 이남에 마한, 진한, 변한이 있었다. 기원전 108년 고조선이 멸망한 이후 한반도의 남쪽에서는 백제와 신라가 성립하면서 고구려, 백제, 신라가 정립(鼎立)하는 시대가 시작되었다.

6세기 후반부터 1세기 한반도와 만주의 정세는 복잡하게 전개되었다. 동맹과 전쟁의 반복을 거듭하면서 국제적인 고립에 처한 신라가 당나라와 연합하여 백제와 고구려를 멸망시키고, 이후 당나라의 안동도호부가 만주 땅인 신성(新城)으로 후퇴하면서 668년 삼국 통일의 완결을 보게 되었다.

고구려가 멸망하자 유민들의 일부는 남하하여 신라의 속민이 되었고, 일부는 당에 의해 중국 본토로 강제 이주되었다. 만주에 남아 있던 고구려 유민은 말갈족과 합세하여 대조영을 중심으로 길림성 동모산(東牟山) 일대에 당나라 세력을 몰아내고 만주를 지배하였다. 이후 8세기 초부터 10세기 초까지 200여 년간은 만주 땅에 발해, 한반도에 신라가 존재하면서 한반도의 역사에서 남북국 시대가 시작되었다.

발해는 영토를 확장하여 서쪽으로는 요하 이동의 만주와 오늘날 함경북도에서 두만강에 연한 연해주 땅을 포함하였고, 한족(漢族)과의 경계는 압록강 하류에서 훈허 강(渾河江) 상류인 흥경 지방을 지나 개원 지방에 이르는 선이었다. 북쪽은 쑹화 강 상류에서 하류 지역에 이르는 선으로 흑수 말갈과 경계하였고, 두만강에 연한 연해주 땅으로 서로 경계를 지었다.

신라와 발해의 접경은 서부는 대동강 하구에서 중화, 상원 곡산 지방을 잇는 선과 동북에서는 청령, 북쪽의 안변, 덕원, 원산 지방을 포함하고 그 중간의 산지가 발해와 경계를 이루는 변경 지대였다.

통일 신라 하대에 나타난 사회 분열 속에서 견훤의 후백제와 궁예의 후고구려가 일어나 후삼국 시대가 시작되었다. 궁예의 뒤를 이은 왕건이 918년에 재통일을 하면서 후삼국 시대는 마감되고 고려 시대가 시작되었다. 고려는 발해의 멸망으로 남쪽으로 유입하는 유민을 받아들이고 북진 정책을 실시하였다. 고려 시대는 한족(漢族)과 호족(胡族), 한족(韓族) 간에 북방 아시아 패권 다툼이 격렬한 시기였다. 발해 멸망으로 만주를 지배하게 된 호족인(胡族人) 거란, 여진, 몽고족들은 한(漢)·한(韓)족의 거주지인 남방에 계속적인 압력을 가하였고, 고려는 이에 맞서 북방의 진출에 노력하였다.

북쪽의 여진족을 몰아내자 거란족이 고려의 대적 세력으로 등장하였고, 이에 고려는 북방 지역에 요새를 쌓고 국방을 강화하였다. 현종 때에는 용주(용천), 철주(철산) 등에 축성을 하였고, 한반도 동쪽에는 선주(덕원), 상음현(안변) 등에 성을 쌓아 거란에 대한 방어 태세를 갖추었다. 덕종 때에 들어서는 북방의 각성을 연결하는 천리 장성을 축조하였다. 이 성은 높이와 폭이 각각 23자의 석축 성으로 우리 역사상 가장 대규모의 축성 공사였다.

13세기 들어 동아시아에 몽고 제국이 등장하면서 동아시아 정세는 크게 변하게 되었다. 원(元)나라는 유라시아 대륙에 일찍이 볼 수 없었던 대정복 국가를 형성하고, 100년 이상 위세를 떨쳤으나 14세기 중엽에 쇠운을 맞게 되면서, 고려는 공민왕을 중심으로 옛 영토의 수복에 나섰다. 원·명 교체기에는 북으로 길주, 갑산, 강계, 벽동 이남의 한반도가 고려의 강역에 포함되었다.

2) 지방의 분할과 지배

(1) 통일신라

삼국 시대 한반도에 중앙 집권적인 국가가 완성되면서 각 국가는 영토의 지배와 경영을 위해 군현제를 바탕으로 국토를 하위 단위로 분할하였다. 군현제는 중앙 정부가 강역을 일원적으로 지배하기 위하여 각 행정 구역에 관리를 파견하여 지배와 행정을 전담하는 제도이다. 이는 백성을 효과적으로 지배하기 위한 제도로서 중앙 정부는 군현을 단위로 조세와 노동력의 수취를 통해 물적 기반을 마련하였다.

고구려는 373년(소수림왕 3)에, 신라는 520년(법흥왕 7)에 율령 반포를 통해 지방 행정 조직을 완성시켰다. 신라의 경우 초기에는 소국을 정복하여 주·군·현을 설치하였으나 6세기 이전까지는 지방에 관리가 정기적으로 파견되어 상주하는 것이 아니라 각 지방에 있는 지배층의 기득권을 인정하여 간접적으로 지배하는 형식이 유지되었다. 505년(지증왕 6) 이후로 주(州)가 설치되고 군주(軍主)가 파견되었다. 신라의 군현제는 통일기에 들어오면서 현이 설치되고, 685년(신문왕 5)에 9주 5소경 제도가 성립하면서 완성되었다.

소경(小京) 제도는 이전부터 있었으나 전국적으로 통일적 체계를 갖추지는 못하였다. 676년 당나라를 축출하고 삼국을 통일한 뒤 678년(문무왕 18)에 북원소경(北原小京, 지금의 원주)이, 680년(문무왕 20)에 금관소경(金官小京, 지금의 김해)이 각각 설치되었다. 그리고 685년(신문왕 5)에 서원소경(西原小京, 지금의 청주)과 남원소경(南原小京, 지금의 남원)이 설치되었고, 이와 함께 557년에 설치되었던 국원소경이 중원소경(中原小京)으로 개칭되면서 5소경으로 정비되었다.

5소경은 동·서·남·북과 중앙의 방향에 맞추어 설치되었는데, 이것은 왕경(王京, 지금의 경주)이 신라 영토의 동쪽 끝에 치우쳐 있는 약점을 보완하려는 의도였다. 또한 원래 신라의 영토가 아닌 곳에 5소경이 설치된 것은 소경에 왕경의 귀족들을 이주시켜 지방의 피정복민들을 회유하고 통제하고자 한 의도로 볼 수 있다.

발해는 5경·15부·62주로 강역을 나누어 국가를 경영하였다. 경(京)은 전략적 요충지에 둔 행정 구역으로, 상경 용천부(上京 龍泉府), 중경 현덕부(中京 顯德府), 동경

표 3-1 　남북국 시대의 행정 구역

발해	5경	상경 용천부(上京 龍泉府), 중경 현덕부(中京 顯德府), 동경 용원부(東京 龍原府), 서경 압록부(西京 鴨綠府), 남경 남해부(南京 南海府)
	15부	위 5부 외, 장령부, 부여부, 막힐부, 정리부, 안변부, 솔빈부, 동평부, 철리부, 회원부, 안원부
	62주	용천부 용주, 호주 발주 외
신라	9주	상주, 양주, 광주, 한주, 삭주, 명주, 웅주, 전주, 무주
	5소경	국원, 중원, 서원, 북원, 남원
	군·현	117군·293현

용원부(東京 龍原府), 서경 압록부(西京 鴨綠府), 남경 남해부(南京 南海府)가 있었으며, 이 다섯을 5경이라 불렀다. 부(府)는 5경을 포함하여 15곳이 있었으며 지방 행정 중심지였다. 주(州)에는 모두 62곳을 두었다. 이외에 100여 개의 현(縣)과 촌락을 두어 지방을 지배하였다.

(2) 고려

고려가 통치 기반을 확립하는 데에는 상당한 시간이 소요되었다. 신라 시대 이래 지방 각지에 웅거해 온 지방 세력들을 새 왕권하에 복속시키는 데에는 많은 노력이 필요했기 때문이었다. 983년(성종 2) 최초로 12목제를 시행하였다. 양주, 광주, 충주, 청주 등에 두었던 이들 목은 행정 구역이라기보다는 지방 호족들을 감독하는 데 목적이 있었다. 12년 뒤인 995년(성종 14) 종래 행정 구역을 재획정하여 지방을 10도(道)로 나누고, 각 도 밑에 12주와 부·군·현을 설치하였다. 그러나 10도 역시 중앙의 관리가 상주하는 행정 구역으로 발전하지 못하였으며 10년 뒤에 폐지되었다.

성종 때의 행정 구역은 몇 차례 변경을 거쳐 현종 초(1009~1031)에는 전국을 경기와 5도 및 양계로 나누는 5도 양계제를 완성하였다. 5도는 일반 행정 구역으로, 양계는 군사적인 목적을 위한 특수 지역으로 국경 지대에 설치된 동계와 북계가 있었다. 이들 안에는 4경, 4도호부, 8목을 두었으며, 다시 그 밑에 15부 129군 335현, 29진을 두었다. 4경은 풍수설과 밀접한 관계가 있다. 개경(현 개성), 서경(현 평양), 동경(현 경주)을 두었으나 뒤에 동경 대신에 남경(서울)이 이에 속하였다.

표 3-2 고려 시대 행정 구역

983년 (성종 2)	12목	양주, 해주, 광주, 충주, 청주, 공주, 진주, 상주, 전주, 나주, 승주, 황주
995년 (성종 14)	10도	관내도(개성, 황해도)*, 중원도(충청북도), 하남도(충청남도), 강남도(전라북도), 해양도(전라남도), 영남도(경상북도), 영동도(경상북도 일부), 산남도(경상남도 일부), 삭방도(강원도 일부 및 함경도 일부), 팬서도(평안남북도)
현종 (5도 양계제)	경기	경기도
	5도	양광도, 경상도, 전라도, 교주도, 서해도
	양계	동계, 북계

*괄호 안은 지금의 행정 구역

이후 동계와 북계는 각각 서북면과 동북면으로 명칭이 바뀌었다. 경기도가 확장되고, 교주도가 동계의 일부 지역과 통합되어 교주강릉도로 개편되는 등 일부 변화가 있었다. 고려 시대 행정 구역의 의미는 도제(道制)의 출현이다. 도(道)라는 명칭을 처음 사용한 이 제도는 995년(성종 14)에 당나라 제도를 도입한 것이며, 그 후 5도 양계제를 거쳐 조선 시대 8도제로 바뀌고 현대 우리나라 지방 행정 제도의 근간을 이루게 되었다.

3. 조선 시대

중국 대륙에서 원·명의 교체라는 동북아시아 정세의 변동을 배경으로 한반도에서도 고려·조선으로의 왕조 교체가 진행되었다. 현재 북으로 백두산, 남으로 한라, 동으로 우산(于山)을 범위로 하는 우리나라의 영토가 완성된 것은 조선 시대부터이며 특히 1712년 백두산에 정계비를 세우면서 압록강과 두만강은 영토의 북방 경계로 표상화되기 시작하였다.

1) 동북아시아와 조선

(1) 조선의 북방 정책

고려 말 북방의 경계는 서쪽으로 압록강을 따라 초산을 거쳐 강계 북쪽에서 개마고원의 요지인 장진을 지나 함경도 땅인 갑주(지금의 갑산)와 길주에서 동해로 이어져 있다. 이들 북쪽은 여진족의 거주지였고■1 이들이 생활하는 거주지는 대부분 험악한 산지로 생활 물자가 부족하여 우리나라에서 식량을 구하였다. 때로는 약탈 행위를 하여 북방을 소란하게 만들기도 하였는데 이들 중 건주 여진을 야인(野人)이라고 부르며,

우리나라는 이들에 대해 강온 양면 정책을 쓰기도 하였다.

고려의 동북면 출신인 태조 이성계는 동북 두만강 유역 땅에 대한 집념이 대단하여 이를 확보하기 위해 각고의 노력을 하였다 즉위 원년에 아들 방원을 공주(孔州, 지금의 慶興 남쪽 고읍)에 파견하여 선조인 목조와 그의 비 이씨의 능을 보살피게 하였고, 이듬해에는 동북면 안무사인 이지란(李之蘭)으로 하여금 공주와 갑주(甲州, 지금의 갑산)에 성을 쌓도록 하였다. 즉위 7년에는 정도전(鄭道傳)으로 하여금 공주를 경원부로 삼고, 이 지방의 군·현 경계를 정하도록 하였다.

이와 같은 영토의 확장과 함께 대여진 정책에는 회유와 무력을 동시에 사용하였다. 회유 정책으로 귀순을 장려하고 관직, 토지, 주택을 주어 귀순자를 우대하였다. 그리고 여진의 한 부족인 알도리(斡都里)가 침범하자, 1406년(태종 6) 함경도 경성, 경원에 무역소를 설치하고 조공 무역 및 국경 무역을 허락했으며, 한양에는 북평관까지 설치하였다. 이 당시 여진은 말, 모피 등의 토산물을 바치고, 식량, 의복 재료, 농기구, 종이 등을 교환해 갔다. 동시에 무력 정책으로 국경 지방에 진보를 설치해 전략촌으로 바꾸어 방비를 강화하고 복속하지 않는 여진의 본거지를 토벌하였다. 이후 태종은 1403년에는 강계부, 1414년에는 여연군을 두어 여진을 통제하였다. 이와 같은 정책을 바탕으로 조선은 두만강까지 국경을 확대할 수 있었다.

세종은 이전보다 더욱 적극적인 북방 정책을 실시하였다. 조정 대신들이 경원을 보다 남쪽인 용성(龍城)으로 읍치를 옮기자는 경원배태론을 주장할 때 이를 물리쳤다. 실질적인 조선의 행정력이 미치지 못하였던 두만강 하류와 압록강 만곡부에 4군과 6진을 설치하면서 개척민의 이주 정책을 실시하였다.

조선은 이처럼 북쪽으로 국경을 확대하였으나 여진족의 위협은 계속되었다. 일부 지역에 대해 장성이 축조되기도 하였다. 그러나 중앙 정부에서 워낙 먼 거리에 있고 국방상 방비가 매우 곤란한 점과 함께 경제적인 가치가 크지 않다는 이유로 1455년과 1459년에 사군(四郡)을 철폐하고, 주민의 입주를 금지시켜 공지 정책을 실시하였다. 이들 땅이 다시 조선의 강역에 들어오게 된 것은 임진왜란 이후인 17~18세기였다.

(2) 청나라와 만주의 봉금

임진왜란 이후 17세기 동아시아의 정치 질서는 크게 변하였다. 명나라가 국력이 약해지자 여진족은 세력을 확장하여 1616년(광해군 8) 건주여진의 추장 누르하치(奴兒哈赤)가 허투알라(赫圖阿剌)에서 스스로 칸(汗)의 자리에 올라 심양(瀋陽)에 후금(後金)을 세웠다. 2년 만에 명과 조선의 연합군에 승리하면서 만주의 지배권을 확고히 하였다. 여진족은 중원을 정벌하기 전에 배후인 조선과의 관계 정리가 필요하게 되었고 홍타이지(黃太極)는 조선을 정벌하였다. 1627년에는 정묘호란, 1636년에는 병자호란을 일으켜 조선의 항복을 받았다. 1636년(인조 14)에 국호를 청(淸)이라 개칭하였고, 1644년 만리장성을 넘어 중원으로 진출하여 명을 멸망시키고 8월에 수도를 심양(盛京)에서 북경(北京)으로 천도하면서 실질적으로 중원을 통일하였다.

청나라는 그들의 성역인 만주에 대해 봉금(封禁) 정책을 쓰고, 책문의 설치를 통해 개원봉황성(開元鳳凰城) 장책 이남에서 압록강 사이의 땅에 무인(無人) 정책을 실시하였다. 이보다 앞서 누르하치(努爾哈赤)가 만주에 있는 여진족의 장정들을 뽑아 가면서 두만강 여진족이 북으로 이동할 때 공백이 생긴 틈을 이용하여 현종 15년에는 동량북(東良北) 땅인 삼봉평(三峰坪)에 무산진을 설치하였다.

한편 백두산은 우리나라에서도 영산으로 여겼지만 청나라도 이를 장백산이라고 부르며 청조 발상의 영산으로 여겼고, 늘 신성시해 왔던 명산이었다. 그러나 압록강과 두만강의 발원지인 백두산 부근의 국경에 대해서는 양국 간에 명확한 합의가 없어 충돌 사고가 잦았다. 17세기 중반 청 왕조가 중국 천하를 안정적으로 통일시킨 후 비로소 청나라는 안정된 화이(華夷) 질서에 입각하여 지배 체제를 구축할 수 있었다(김현영, 2004). 황제가 사는 북경에는 중앙 정부 기관을 두었으며, 과거 명나라의 지배 영역에 해당하는 본토에는 18개의 성을 두었다. 성을 둔 지역(直省)에서는 명나라와 비슷한 지방 관제에 의해 과거 관료가 지방관으로 파견되어 통치하였고 대부분은 한족이 거주하였다.

만주 일대는 특별 지역으로서 관리하였다. 청 왕조의 발상지인 동북 지역은 특별 행정 구역이 되어 봉천(奉天, 지금의 심양)에는 수도 북경의 중앙 관제에 준하는 관제(6부에서 이부를 제외한 5부)를 두는 외에 봉천, 길림, 흑룡강의 세 장군이 지역을 나누어서 통치하였다. 청 왕조의 발상지인 길림 지역은 봉금 정책으로 지배하였다.

청나라는 명나라 때 있었던 요동변장의 기초위에서 유조변(柳條邊)을 수축하였다. 1670년(강희 6)에서 1681년 사이에 동쪽으로는 길림시에서 시작하여 서쪽으로 개원(開元), 위원보(威遠堡) 변문에 이르는 유조변을 수축하였는데, 이를 '신변(新邊)'이라 하였다(김현영, 2004). 이 유조변은 산해관, 위원보변문, 봉황성변문, 길림 법특합(法特哈) 변문의 네 곳을 연결하는 선으로 '人'자 형상의 변장을 완성하였다. 1682년(강희 21) 강희제의 동북 지방 순행은 이와 관련하여 중요한 의미를 지닌다.

이후 이들 변문을 경계로 18세기 초반에 동북 만주 지방에 대해 봉금 정책을 실시하였다. 이전에 순치, 강희, 옹정조에서 이들 관외 지방에서는 초민 개간 정책이 이루어졌다. 그러나 청나라에게 있어서 용흥지지(龍興之地)였지만 100만의 팔기병(八旗兵)들과 그 가솔들이 종용입관(從龍入關)한 이후에 동북 남부의 전통 농업 지구가 쇠락하였을 뿐만 아니라 러시아가 흑룡강 유역에 침입하여 동북 북부의 방변(防邊)이 급하였기 때문이었다. 이에 청나라는 1653년(순치 10)에 영고탑앙방장경(寧古塔昂邦章京)을 임명하여 러시아의 침략에 저항하게 하고, 요동을 초민 개간하여 농업 생산을 발전시키는 조치를 취하였다. 그러나 이 초민 개간은 성공하지 못하고 이후 한족의 유입을 막기 위해 봉금 정책을 실시하였으며, 동북성 일대는 계속 청나라의 변지로 남게 되었다.

조선과 청나라 사이에는 동북 봉금 지역에서 압록강-백두산-두만강으로 이어지는 계선(界線)으로부터 120리 지역의 완충 지대 혹은 무인 지대가 설정되어 있었다. 당시 청나라와 조선의 사료에는 양측 유민들의 월경을 방지하기 위하여 양국의 경계에서 서로 120리에 이르는 지역에 사람들이 거주하여 개간하지 못하도록 하고 있었다(김현영, 2004).

(3) 러시아의 동아시아 진출

유럽의 신대륙 발견 이후 대부분의 서부 유럽 국가들은 대서양을 통해 식민지 개척에 나선 반면에 러시아는 동쪽으로 활로를 개척하기에 이르렀다. 러시아의 동진 정책은 16세기 말엽 재정 수입원인 모피 자원을 얻기 위해 까자크 부대가 우랄 산맥을 넘어 시베리아 지방을 원정하면서 시작되었다. 1582년 예르마크(Yermak)가 이끄는 까자크(kazak) 부대가 원정을 시작한 이래 시베리아를 횡단하면서 오호츠크 해에 도착하기까지는 50~60년밖에 걸리지 않을 정도로 동진 속도는 경이적이었다. 17세기 들어서면서부터 러시아의 동진 정책은 본격화되어 1630년 야크츠크(Yakstsk) 지방이 모스크바 정부의 행정 조직에 편입되고, 1650년대에 네르친스크(Nerchinsk) 지방이 거점 도시로 형성되었다(반윤홍, 2001).

1643년 포야르코프(Poyarkov)가 흑룡강 탐사를 시작하여 이듬해에 흑룡강에 도달하였다. 그 탐사 목적은 흑룡강 부근의 현지인에게 모피세를 거두고 은·동·연 등의 광물과 곡물을 조달하기 위함이었다. 그러나 러시아의 흑룡강 진출은 용이한 것이 아니었으며 하바로프(Khabarov) 원정군에 이르러서야 본격화되었다. 하바로프 원정대는 1650년 흑룡강에 진입하여 원주민을 약탈하였으나 저항을 받아 물러났다가 그해 9월에 흑룡강 상류 지대인 아극살(Yakesa) 지방을 점령하여 알바진(Albazin)이라 명명하고 이를 거점으로 삼아 다시 흑룡강 하류로 내려오면서 부근 원주민을 제압하여 모피와 식량을 약탈하기 시작하였다.

러시아의 흑룡강 진출이 본격화되면서 청나라의 순치제는 주민 보호를 목적으로 흑

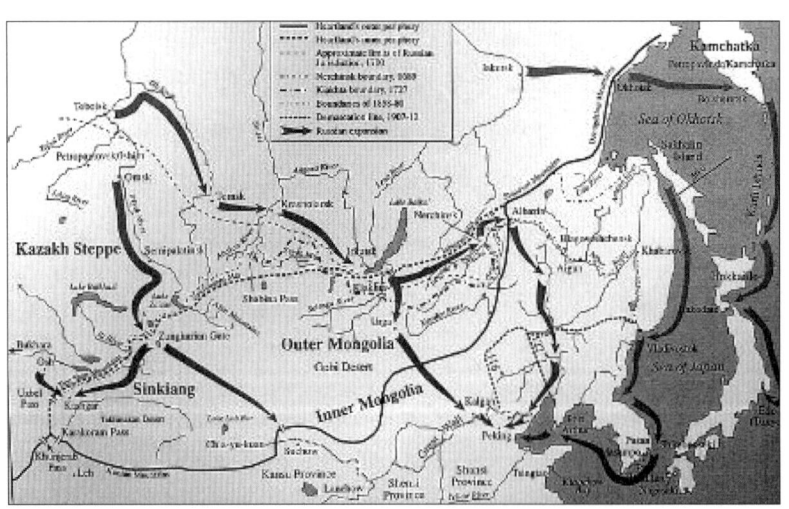

그림 3-1 17세기 이후 러시아와 중국의 국경
자료: Li, 2006

룡강 남쪽의 거점도시인 영고탑에 정규군인 만주 팔기군을 출동시켜 러시아의 동진 군대를 요격하였다(그림 3-1). 1652년 4월 청나라 군대는 흑룡강 하류 연안인 오찰납(烏札拉)에서 하바로프의 군영을 급습하였으나 러시아의 총포 무기의 위력에 밀려 수적으로 우세한 병력에도 불구하고 실패하였다. 이 접전이 러시아와 청나라 사이에 최초로 벌어진 전투였다. 이 전투에서 주방영고탑장경(駐防寧古塔章京) 해색(海塞)은 문책 처형되고 다음해 1653년 6월에 사이호달(沙爾虎達)을 앙방장경(昻邦章京, 지방관=장군)으로 승격시켜 반격 작전을 시도하였다. 그러나 러시아의 화력에 역부족인 청나라는 조선 조총군의 화력 지원 부대를 요구하였다. 조선은 나선정벌(羅禪征伐)을 통해 최초로 러시아와 접하게 되었다.

1689년 청나라가 러시아인이 구축한 알바진성을 공격한 것을 계기로 네르친스크 조약이 맺어지고 두 나라의 국경이 확정되었다. 조약의 내용은 아르군 강, 케르비치 강의 두 강과 외(外) 싱안링 산맥을 잇는 국경선 획정, 월경자의 처리, 양국 간 통상의 자유 등이었다. 그러나 그 후 중국 세력이 약화되면서 1858년 아이훈 조약(愛琿條約)에 의해 청, 러시아의 공동 관리하에 놓였다가 1860년 베이징 조약(北京條約)에 의해 러시아령이 되면서 두만강이 조선과 러시아와의 국경 하천이 되었다.

2) 조선의 영토

(1) 백두산과 『황여전람도』

압록강과 두만강이 영토의 경계로 지금과 같이 그려진 것은 동아시아의 지도 발달과 관련이 있다. 중국에서 『황여전람도』가 제작될 당시 청나라의 양강 지대에 대한 지리적인 지식은 비교적 상세하였다. 강희제는 조선에 8도가 있으며, 북으로는 와이객(瓦爾喀) 지방의 토문강과 접하고, 동으로 왜국과 접하였으며 서쪽으로는 봉황성, 남쪽으로는 바다와 접하고 있다는 인식을 가지고 있었다(청조실록, 1706, 강희 44, 10월 丁酉). 1711년 조선인의 월경 사건을 계기로 강희제는 당시 오라(烏喇) 총관이었던 목

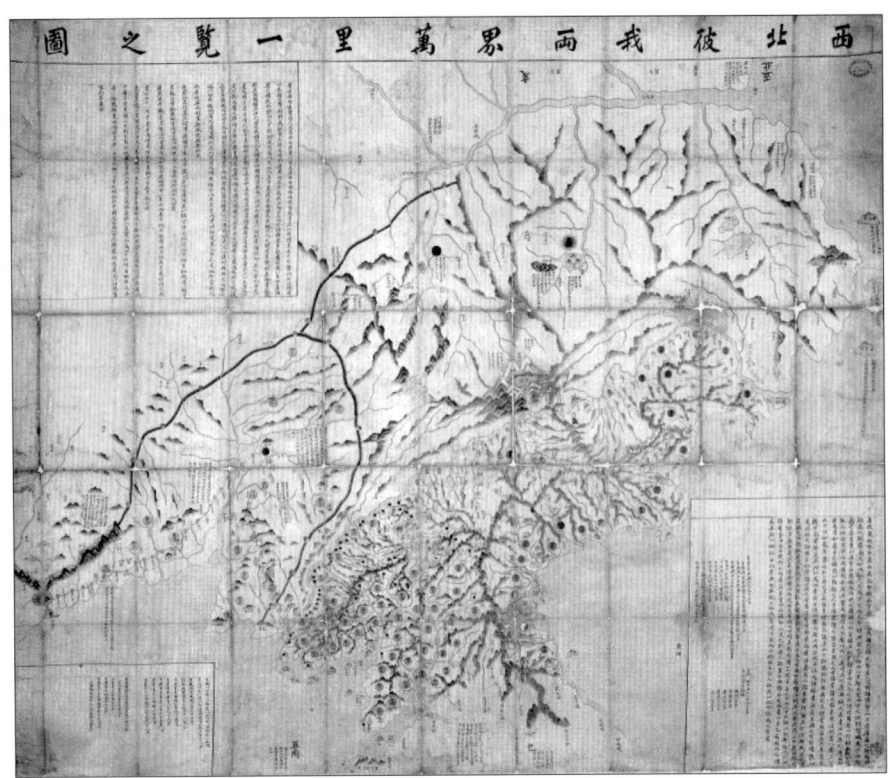

그림 3-2 18세기 서북피아양계만리일람지도
자료: 국립중앙도서관

목극등(穆克登)에게 동북 지방 일대의 정확한 지도를 그리라고 지시하였다.

목극등 일행은 측량 도구와 기사를 대동하여 경계 획정에 수반되는 지도를 병행하였으며(장존무, 1980) 1712년 조선 관리들과 함께 백두산에 정계비를 설치하였다. 1713년에도 목극등 일행은 조선에 파견되어 한성의 위도와 경도를 측정하였다. 이들은 조선의 지도를 요구하였고 조선 조정은 고심 끝에 지도를 내주게 되었다. 이들은 희주에서 한성까지의 거리 등을 측정하기도 하였으며, 이들이 수집한 자료들은 만주의 봉황성에 있던 예수회 선교사들에게 전달되어 『황여전람도』에 포함된 「조선도」 제작의 기초가 되었다. 조선도에서 두만강과 압록강 일대의 지도는 선교사들의 측량에 의해 만들어지고, 그 남부 지역은 조선에서 얻은 지도를 바탕으로 제작되었다. 이와 같이 측량을 바탕으로 확인된 압록강과 두만강의 유로는 이전의 조선 지도와는 달리 북동-남서로 이어지는 유로로 표현되어 비교적 정확하게 표현되었다.

백두산에 정계비가 세워지면서 이를 한민족 강역의 중심으로 인식하기 시작하였고, 18세기에는 상업이 발달하여 각종 광물 및 임산 자원에 대한 가치가 높아지면서 이 일대의 경제적인 중요성도 높아졌다. 압록강과 두만강에 성곽, 진, 보 등의 방어 시설을 대대적으로 구축하였고, 인구가 증가하면서 백성들의 생활 공간이 되었다. 북방 영토의 중요성이 높아지면서 지리 정보가 수집되어 상세한 지도가 그려진 것은 이 시기부터이다.

(2) 동해와 독도

조선인들에게 생활 공간으로 존재하였던 바다가 영토 개념의 대상이 되기 시작한 것은 왜구의 출몰과 임진 왜란 이후 동해에서 일본인들의 잦은 출현에서 비롯되었다.

울릉도·독도의 경우 신라 시대에 우산국(于山國)이 매년 토의를 바침으로서 한반도의 강역에 포함되었다. 고려 시대에는 울진현에 속하였다고 조선 시대 초기 백성이 섬으로 도망가 생활하였다는 기록은 이 섬이 조선인들의 생활 공간이었음을 보여 준다. 조선 전기 울릉도 주민을 대상으로 쇄환 정책이 실시되었다.

변경으로만 존재하였던 울릉도와 독도가 영토로 인식되기 시작한 것은 임진왜란 이후부터이다.

1614년 일본 대마번이 동래부에 사람을 보내 기죽도(磯竹島) 조사를 위해 통행증을 보내달라고 요청하는 과정에서 조선 조정은 일본에서 울릉도를 '기죽도'로 부른다는 사실을 알게 되었다. 이후 일본인들의 울릉도 왕래가 잦아지면서 그들이 사용하는 지명인 죽도(竹島)와 송도(松島)가 지금의 울릉도와 독도임을 인지하게 되었다. 다음은 이와 관련하여 역사지리학자인 신경준의 『강계고』에 수록된 기사이다.

> 내가 안험컨대 『여지지(輿地志)』에 이르기를 '일설에는 우산(于山)과 울릉(鬱陵)은 본래 한 섬이라 하나 여러 도지(圖志)를 상고하면 두 섬이다. 하나는 왜가 이르는 바 송도(松島)인데 대개 두 섬은 모두 다 우산국(于山國)이다' 라고 하였다(『강계고』, 울릉도조).

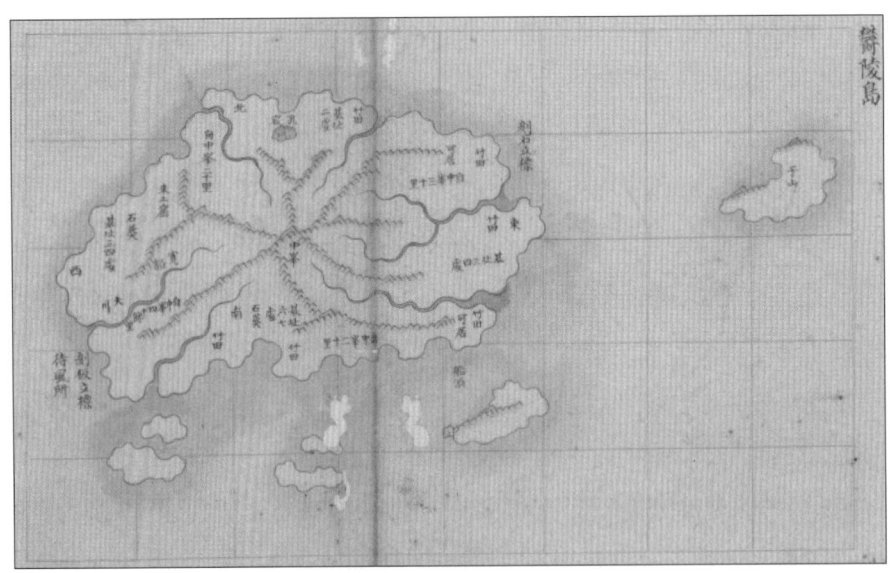

그림 3-3 조선 지도 울릉도
자료 : 규장각한국학연구원

이 기록은 18세기 편찬된 책에 수록된 내용이지만, 1656년 유형원이 간행한 『輿地志』에 내용이 전재된 것이다(배성준, 2002). 이 기록은 조선 전기에 울릉도와 우산도가 동일한 섬인지 여부에 대한 혼동을 극복하고, 두 섬을 분리된 실체로 인지하기 시작하였음을 보여 준다. 동시에 일본이 부르는 송도는 우리가 부르는 우산도와 동일한 섬이라고 한 것에서 이 지명이 강역의 범위를 확인하는 수단이 되었음을 보여 준다. 동시에 두 섬을 포함하는 우산국은 조선 강역의 동쪽 끝이라는 상징적인 지명으로 사용되기 시작하였음을 의미한다.

이후 숙종 19년(1693)과 22년(1696) 두 차례에 걸친 안용복 사건을 통해 울릉도 일대의 지리적인 지식이 국내에 유입되었고 울릉도 일대의 영토 정책에 대해 구체적인 논의가 시작되었다. 대마도주의 도발에 유화적인 정책을 쓰던 조선 정부는 남구만(南九萬, 1629-1711)의 건의로 강역에 대해 강한 대응책을 시행하기 시작하였고, 같은 해 삼척 영장 장한상(張漢相)으로 하여금 울릉도를 심찰하게 하였다. 장한상이 기록한 『울릉도사적』의 내용■2은 독도의 위치를 확인하였음을 보여 준다. 이후 매 2~3년 간격으로 울릉도의 수토가 이루어지고, 지도가 제작되었다. 이와 같은 과정을 통해 동해의 지리 정보가 유입되었다. 당시 박세당은 『서계잡록』을(김기혁·윤용출, 2006), 이익(李瀷, 1681-1763)은 『성호사설』을 통해 울릉도 동쪽에 위치한 섬이 조선의 강역임을 확인하고 있었다.

이후 수토(搜討)를 통해 울릉도와 주변 도서에 대한 발견과 탐험을 거치면서 조선인들이 바라보는 '울릉도'와 독도는 단순한 통치의 대상에서 벗어나 영토에 대한 의지가 반영되는 공간으로 변용되었다. 수토를 통해 공간을 파악하여 그것에서 뭔가 다른 것을 끌어내려는 시도는 동해 공간이 영토라는 정치 공간으로 변화되는 것임을 의미한다.

3) 지방의 분할과 지배

조선은 역성혁명(易姓革命)에 의해 새로운 나라를 개국하였고 힘의 원천은 태조 이성계의 군사력과 신흥 사대부들의 뒷받침이었다. 조선은 성리학적 유교 사상을 중시하는 세력에 의해 국가를 완성하여 나아갔다. 그러나 개국 공신이 여말의 사대부들이었고 역성에 불과하였기 때문에 조선 초기의 통치 조직과 지방 제도는 고려의 제도가 그대로 답습될 수밖에 없었다. 그 특색은 유교적 사상에 기반을 둔 것이었고 왕권과 양반, 중앙과 지방 사이의 권력적 조화 속에서 절대 왕권을 지켜 나가는 것이었다.

조선의 국가 경영은 제3대 태종 때부터 왕권의 확립과 더불어 자리를 잡아가기 시작하였다. 정도전(鄭道傳)에 의해 이성계의 위화도 회군 이후의 조례를 망라한 『경국대전』이 제정·시행되었으며 세종대를 거쳐 세조대에 이르러서 법전의 편찬에 본격적으로 착수하여 1471년(성종 2)에 『경국대전』의 완성을 보게 되어 국가 통치 조직과 지방 제도의 기본 규범이 되었다. 세조와 성종 연간에 확립을 보게 된 지방 통치 제도는 1894년(고종 31)의 갑오경장에 이르기까지 골격은 큰 변경 없이 유지되었다.

조선의 지방 제도는 대체로 중앙 직할지의 한성부와 개성부 등 4개 도(都)를 제외하고는 상급 행정 구역으로 8도제와 하급 행정 구역으로 부·대도호부·목·도호부·

군·현제도에 입각하고 있었다.

(1) 8도제

조선 시대의 8도(경기, 충청, 경상, 전라, 황해, 강원, 함경, 평안도)는 고려 시대 경기와 5도 양계에서 변천되어 발전된 것이었다. 경기도는 고려 말의 경기도 지역이 1394년(태조 3) 관할 군현의 확대와 함께 좌·우도 양도로 나뉘어졌다가 1402년(태종 2)경에 다시 통합된 이래 1413년(태종 13)과 세종 대에 관할 구역의 조정이 이루어졌다.

함경도·평안도의 전신은 고려의 양계이다. 고려 말에 이르러 동계는 동북면으로, 북계는 서북면으로 개칭되었는데 1398년(태조 7)에 동북면을 분할하여 영흥도와 길주도를 설치하였다가 1413년(태종 13)에 영길도로 통합하였고, 다시 함길도와 영안도(永安道)라는 이름을 거쳐 1509년(중종 4)에 함경도로 되었다. 서북면은 1413년(태종 13)에 평안도로 되었다.

강원도는 고려 말에 동계의 일부가 교주도에 편입 개편된 교주강릉도가 1394년(태조 3)에 개칭된 것이다. 황해도는 고려 때의 서해도(西海道)가 같은 시기에 풍해도(豊海道)로 되었다가 1417년(태종 17)에 황해도로 개칭된 것이다.

충청도는 1355년(고려 공민왕 5) 고려 시대 양광도(揚廣道) 지명이 충청도로 바뀐 이래 조선 시대에 이르러 관할 구역만이 조정되었을 뿐이다. 전라도는 인조대에 전남도·양광도로 두 차례 명칭 변경이 있었으나 영조대에 이르러 전광도(全光道)로 했다가 다시 전라도로 복칭하였다. 경상도의 경우 중종대와 선조대에 이르러 두 차례 좌·우도로 일시적으로 나뉘었으나 대체로 고려 말의 범위가 그대로 계승되었다.

(2) 군현 제도

8도의 하부 행정 구역이었던 군현은 역시 고려 시대의 제도가 바탕이 되어 변천·발전된 것이다. 1471년(성종 2)에 완성된 『경국대전』에 의하면 부 4, 대도호부 4, 목 20, 도호부 44, 군 82, 현 175곳이었으나 1865년(고종 2) 편찬된 『대전회통』에 의하면 부 5, 대도호부 5, 목 20, 도호부 75, 군 27, 현 148로 변천되었다. 군현은 그 수에 있어서 뿐만 아니라 규모의 변동도 적지 않았다.

조선 시대에 군현에서 자주 나타난 것은 위계의 승강이었다. 예를 들어 군이 도호부로 승격된다든가 반대로 군이 현으로 강등되는 경우가 있었다. 이는 인구나 민호, 혹은 지역 사정의 변동 때문에 행해지는 때도 있었지만, 지역 자체의 상벌(賞罰)로서 가해지는 경우도 있었다.

조선 시대 지방 장관은 모두 중앙에서 파견되었다. 도에는 관찰사(監司)가 파견되었는데 이를 방백(方伯)이라 별칭하였다. 관찰사는 도내의 예하 수령들을 감찰하는 직임을 맡고 행정·사법의 전권을 행사하였을 뿐 아니라 병사(兵使), 수사(水使)를 겸하여 병권까지 함께 관장하였다. 관찰사에는 이와 같은 막중한 권한을 부여하는 대신에 지방 세력화를 막기 위해 자기 출신 지역에는 임명될 수 없고, 임기도 1년을 넘지 못하도록 하였다.

관찰사에 두는 수령으로는 부윤(使), 대호부사, 목사, 도호부사, 군수, 현감, 현령 등이 있었으며 이들 또한 중앙에서 파견되는 외관(外官)으로 보하였다. 이들 지방의 수령은 일반 국민들을 직접 다스리는 이른바 목민관으로서 행정·사법 등 광범위한 권한을 위임 받고 있었으나 주된 임무는 공세·부역 등을 중앙에 조달하는 일이었다. 이들 수령에 대해서도 지방 세력화의 방지를 막기 위해 자기 출신 지역에의 임명을 금했고, 임기도 처음에는 6년으로 제한하였다가 후에는 3년으로 단축시켰다.

4. 개화기 이후

1) 개화기

(1) 1895년 23부제

19세기 후반 조선은 외세가 개입되면서 격동의 시기를 맞이하였다. 1895년 일본은 청나라와 청일전쟁에서 승리하면서 조선 조정에게 내정의 개혁을 요구하였다. 이전의 1884년 개화 세력에 의한 갑신정변이나 1894년 동학 농민 혁명에서 우리 민족의 자주에 의한 개혁 움직임이 있었다. 그러나 갑오개혁(1894~1896)은 일본의 침략적인 행동에서 비롯된 것이었다.

1894년 6월 8일 노인정 회담에서 제시한 내용 중에는 '현재 부·군·현치는 그 수가 과다하므로 마땅히 이를 작량폐합(酌量廢合)하여 민치에 무방하도록 소수라 할 것'이라는 내용을 담고 있어 지방 제도의 개혁을 예견하였다. 한편 조선은 1895년 1월 7일 고종이 대원군과 세자와 문무백관을 거느리고 종묘에 나아가 조종의 영전에 정치의 기본 강령으로 홍범 14조를 경고하였는데 이 중에는 '지방 관제를 개정하고 지방 관리의 직권을 제한한다'는 내용이 담겨져 있었다.

조선은 1895년 5월 26일에 칙령 제 98호를 반포하여 지방 제도의 대개편을 단행하여 1413년 이래 지속되어 온 8도제를 폐지하고 23부제를 새로이 도입하였다. 종래의 부·목·군·현 등에 대해서도 이를 모두 군(郡)으로 통일하는 동시에 각 부에는 관찰사를 두고 각 군에는 군수를 두어 다스리게 하였다. 이 결과 전국은 23부 336군으로 되었고, 동년 9월에 칙령 제164호로 〈군수 관등 봉급에 관한 건〉이 반포되어 각 군을 면과 결, 호수에 따라 5등급으로 구분하였다.

23부제 개편의 특징은 팔도제에 입각해 있던 대지역주의로부터 소지역주의를 취하면서 좀 더 세밀한 피라미드형으로 개선하여 근대 국가에 맞는 중앙 집권적인 구역 체계를 갖춤과 동시에 권력의 과도한 집중을 막아 지방 관리의 부정부패를 근절하고자 함에 목적이 있었던 것으로 보인다.

(2) 1896년 13도제

1895년 개편된 23부제는 짧은 기간으로 폐지되고 1896년 8월 4일에 종래의 8도제를 근간으로 한 13도제의 시행을 보게 되었다. 이는 종래 23부제가 외견상으로는 획일적이고 간편하여 상당히 합리성을 지니고 있었던 것으로 보이나 소지역주의에 입각한 과대 분할로 실제 운영상에 어려움이 없지 않을 뿐만 아니라 종래의 8도제를 무시한 인위적인 획정으로 전통과 현실 사이에 마찰이 적지 않았기 때문이었다.

13도제는 대체로 종래의 8도제에 바탕을 두어 경기, 강원, 황해의 3도를 제외한 충청, 전라, 경상, 평안, 함경 등 5개 도를 남북 양개 도로 분할하는 것이었고, 13도 밑에 두는 하부 행정 구역으로 종래 군으로 일원화되었던 것을 부·목·군으로 구분하였다.

수도인 한성부만은 정부 직할로 두어 도(道)와 격을 같이 하였다. 한성부를 제외한 일반 부(府)는 광주, 개성, 강화, 인천 등 경기도 관할하의 4부와 경상남도의 동래, 함경남도의 덕원, 함경북도의 경흥 등 모두 7개부였다. 목은 제주목 한 곳이었으며, 군은 23부제 발족 당시 336개 군에서 일부 통폐합을 통해 329개 군으로 확정하였다.

이와 같이 1895년과 1896년 두 차례에 걸친 대규모의 변화와 함께 1909년(융희 3)과 1910년(융희 4)에 법령 제20호와 각도의 도령(道令)을 통해 면(面) 지명이 법정 행정 구역으로 발전하게 되었다.

(3) 연안 도서 지방의 설읍

1900년 울릉도에 울도군(鬱島郡)이 설치되면서 독도는 '석도(石島)'라는 지명으로 행정 구역에 편입되었다. 동해 외에도 남부 해안 지방에서 설읍(設邑) 논의는 자주 있었다. 조선 후기 영조 때 연안 도서 지역에 군을 설치하자는 논의가 있었으나 이루지 못하였다. 남서부 도서 지역에 군이 설치되기 시작한 것은 19세기 이후부터이다. 대표적인 것은 완도와 신안군이다. 완도의 경우 설읍되기 이전까지는 전라도 강진, 장흥, 해남, 영암의 관할하에 분리되어 있었다. 1896년에 들어서 독립된 군이 되어 완도군이 되었다. 신안군 지도면도 1895년 이곳에 있었던 지도진이 폐지되었고 군이 신설되었다.

2) 일제 강점기

1910년 8월 29일 일본이 조선을 강점하면서 조선은 국가의 주권을 완전히 상실하였으며, 일본은 식민 통치를 위해 행정 구역의 체계와 규모를 재정비하였다. 일제 강점기는 크게 3기로 구분할 수 있다. 제1기는 총독 통치가 시작된 1910년부터 3·1운동이 일어난 1919년까지로 무차별적인 무단 통치 시대이다. 제2기는 1919년부터 1930년까지로 줄기찬 식민 저항 운동으로 회유 정책을 바탕으로 한 강점기이다. 제3기는 1930년부터 패전할 때까지로 이 시기는 내선 일체를 표방하면서, 한반도를 대륙 침략의 병참 기지로 삼았던 민족 문화의 말살기였다. 지방 행정 구역의 변화도 이러한 흐름에 따라 변천되었다(한국지방구역발전사, 1979).

일제는 1910년부터 1913년까지는 임시적인 조치로 주로 일본인들이 집중 거주하는 도시 지역과 면(面)에 대해 정리를 하여, 13도 12부, 317군, 4,322면이 되었다. 토지 조사사업이 마무리되고, 한반도에 대한 지명과 측량 조사가 마무리되면서 전면적인 행정 구역 개편을 하였다. 1913년 12월 29일 공포하고 1914년 3월 1일부터 시행된 총독부 부령 제111호에 의거하여 도의 관할 구역, 부·군의 명칭, 지명 변경이 대폭적으로 이루어졌다. 일정한 규모에 미달하는 군은 인근 군에 병합하고, 면 지명과 리·동 지명도 일본의 기준에 맞게 변경하였다. 이로서 전국 지방 행정 구역은 13도, 12부, 220개 군, 518면, 28,181리로 재편되었다.

  1914년의 변화는 한반도를 강점한 일본에 의해 주도되었으며, 그 목적이 일본을 중심 공간으로 하여 식민지 경영 차원에서 공간을 재편하는 것이었기 때문에 당시의 행정 구역의 통폐합과 지명 변화는 우리나라 국토 역사에서 큰 오점을 남기게 되었다.

주

1 여진족은 '여직(女直)'이라고도 하였으며 명칭은 시대에 따라 춘추전국 시대에는 숙신(肅愼), 한(漢)나라 때에는 읍루, 남북조 시대에는 물길(勿吉), 당(隋)·수(唐)시대에는 말갈로 불렸다. 10세기 초의 송나라 때 처음으로 여진이라 했고, 청나라 때에는 만주족이라 칭하였다. 여러 민족이 송화강, 목단강, 흑룡강 유역과 동만주 해안 지방에서 살았다. 그중 흑룡강 유역의 '야인여진(野人女眞)', 송화강 유역의 '해서여진(海西女眞)', 공만주 산간부에 자리 잡은 '건주여진(建州女眞)'이 가장 유력하였다(김기혁, 2005).

2 이 기록 중에 '東望海中有一島 杳在辰方而其大未滿蔚島三分之一不過三百餘里'라는 내용이 있어 동해상의 울릉도의 약 1/3이 되고 거리는 300여 리 떨어진 곳에 있는 섬을 인지하고 있음을 보여준다.

참고문헌

강석화, 2000, 조선후기 함경도와 북방영토 의식, 경세원.
고성훈, 2003, 조선후기 조·청 국경문제에 대한 연구사 검토, 한중관계사 연구의 성과와 과제, 1-23.
고승희, 2004, 조선후기 평안도지역 도로방어체계의 정비, 한국문화 34, 201-233.
김기혁 외, 2005, 조선후기 고지도에 나타난 조·청·러 국경인식의 변화, 부산지리연구소.
김기혁·오상학·이기봉, 2007, 울릉도·독도 고지도첩 발간을 위한 기초연구, 한국해양수산개발원.

김기혁 · 윤용출, 2006, 울릉도 · 독도 역사지리 사료 연구, 한국해양수산개발원.
김기혁 · 윤용출, 2006, 조선-일제강점기 울릉도 지명의 생성과 변화, 문화역사지리 18(1), 38-62.
김지남 외, 1998, 조선시대 선비들의 백두산 답사기, 혜안.
김지영, 2003, 개항기 지도에 표현된 울릉도 · 독도 연구, 성신여자대학교 석사학위논문.
김태원, 2003, 울릉도민의 이주와 정책과정, 울릉도 · 독도 동해안 어민의 생존전략과 적응, 영남대학교.
김현영, 2004, 조선후기 조 · 청 변경의 인구와 국경인식, 한국사론 41, 109-144, 국사편찬위원회.
김혜자, 1982, 조선후기 북방월경문제 연구, 이대사원 18 · 19, 57-81.
김호동, 2004, 개항기 울릉도 개척정책과 이주실태, 대구사학 77, 71-97.
김호동, 2008, 지방행정체계상에서 본 울릉도 · 독도 지위의 역사적 변화, 한국행정사학회, 23.
내무부, 1979, 한국행정구역발전사.
노영구, 2004, 조선후기 평안도지역 내지 거점방어체계, 한국문화 34, 235-271.
바른역사정립기획단 편저, 2005, 독도자료집 I, 바른역사정립기획단.
반윤홍, 2001, 비변사의 나선정벌 주획(籌劃)에 대하여, 한국사학보 11, 123-143.
배성준, 2002, 울릉도 · 독도 명칭변화를 통해서 본 독도 인식의 변천, 진단학보, 94.
배성준, 2005, 독도문제를 보는 비판적 시선을 위하여, 문화과학 42.
배우성, 1995, 고지도를 통해 본 18세기 북방정책, 규장각 18, 69-125.
백산학회, 1998, 한국의 북방영토, 백산자료원.
소치형, 2004, 중국의 '동북공정'과 정치적 의도, 중국연구 23, 47-68.
송병기, 1999, 조선후기의 울릉도 경영 : 수토제도의 확립, 진단학보 86.
신용하 편, 2001, 독도영유권 자료의 탐구 제1권(독도연구총서 5), 독도연구보전협회.
양보경, 1996, 옛지도에 나타난 북방인식과 백두산, 역사비평 여름호, 300-322.
양태진, 1983, 두만강 국경하천 논고, 군사 6, 262-295.
양태진, 1984, 압록강 국경하천에 관한 고찰, 군사 8, 276-307.
오상학, 2006, 조선시대 지도에 표현된 울릉도 · 독도인식의 변화, 문화역사지리 28(1), 78-101.
오수창, 2002, 조선후기 평안도 사회발전 연구, 일조각.
유지원, 1999, 청대 전기 동북의 변성 영고탑, 명청사연구 10, 37-52.
육낙현, 2000, 백두산정계비와 간도 영유권, 백산자료원.
윤재천, 1977, 울릉도의 개척과 그 정착에 대한 고찰, 상명여사대 논문집 6, 166-173.
윤휘택, 2001, '변지'에서 '내지'로:중국인 이민과 만주(국), 중국사연구 16, 37-80.
이경식, 1992, 조선 초기의 북방개척과 농업개발, 역사교육 52, 1-49.
이근택, 1999, 조선 숙종대 울릉도분쟁과 수토제의 확립, 국민대학교 석사학위논문.
이현종, 1985, 조선시대 울릉도 · 독도 경영, 독도연구, 147-187.

이형석, 1989, 압록강의 명칭과 하계망 분석, 동국대학교 석사학위논문.

장존무, 1980, 「간도」 설적 형성, 동방학지, 23·24, 323-330.

조 광, 1974, 조선후기의 변경 의식, 백산학보 16, 149-186.

조병학, 2004, 후금(淸)의 흑룡강 주변 부족에 대한 평정 과정 및 복속정책, 몽골학 17, 143-169.

한국문화역사지리학회, 2008, 지명의 지리학, 푸른길.

Ledyard, G, 1994, Cartography in Korea, in Harley, J. B. *The History of Cartography*, vol 2.2, The University of Chicago Press.

Li Narangoa, 2006, Geopolitics in Manchuria : Settlement and Technology, 동북아의 국가와 민족 관계, 육군사관학교 심포지움 논문집, 35-54.

제4장

전통적 자연관

경상대학교 김덕현

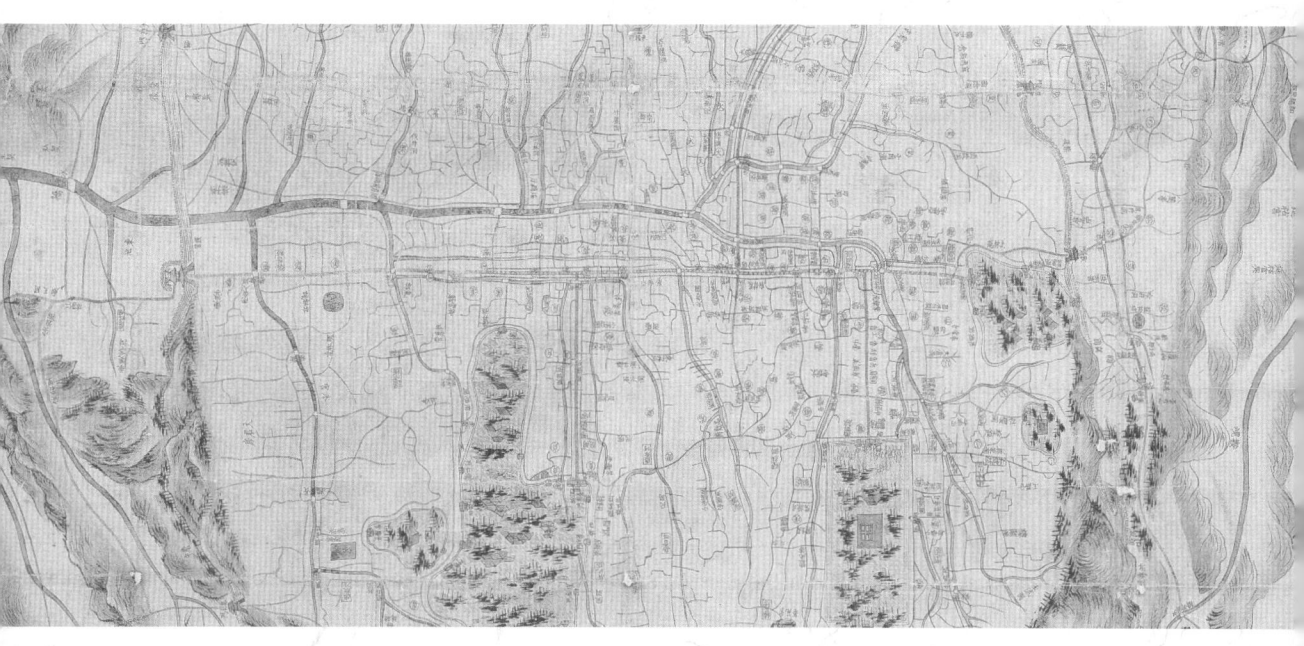

1. 역사지리·문화·자연관

　역사지리학은 과거의 지리학일 뿐 아니라 지리학적 문제에 대한 역사적 접근이다. 역사적 접근은 공간 구조·지역·경관·장소를 역사적으로 탐구하고, 그 의미를 역사적 맥락에서 해석하는 것이다. 역사적 접근을 위해서는, 먼저 그 시대 사람들이 공간을 인식하고 구성하는 방법을 이해해야 한다. 다음으로 그것이 구체화된 표현 형태를 밝혀야 한다. 공간을 인식하고 구성하는 방법은 곧 한 시대 한 지역의 문화에서 나온다. 인류 역사는 지표 상에 자신의 문화를 반영하는 경관과 장소를 만들어 온 과정이기도 하다. 따라서 시대와 지역의 문화라는 눈을 통해서 그 표현 형태인 경관과 장소를 탐구하고 의미를 해석할 수 있을 것이다.

　수천 년의 역사적 생활 공간이 중층적으로 누적된 한국 땅의 역사지리를 탐구한다는 것은 역사적 경관과 장소를 구성하는 원리가 된 전통 시대의 문화에 대한 이해를 전제로 한다. 문화는 인간의 행동 규범과 사회·자연·우주에 대한 총괄적이고 체계적 관점까지 포함하는데, 이를 세계관이라 부를 수 있다. 세계는 자연계로 나타나는 자연적 환경과 인간 사회로 나타나는 사회적 환경으로 구성된다. 사회적 환경도 궁극적으로는 자연적 환경에 대한 인간 집단의 적응 과정에서 형성된다고 할 수 있다. 자연을 보는 관점인 자연관은 세계관, 그리고 넓게는 문화의 바탕을 이룬다. 따라서 특정한 자연관에 대한 고찰은 그 문화의 형성 요인과 표현 형태를 역(逆)으로 추적하는 것이 된다.

　자연관은 거리로 이루어지는 공간, 존재하는 사물로 이루어지는 우주, 그리고 인간 주체에 대한 이것들의 영향인 환경에 대한 관점이다. 나아가 자연관은 '우주는 어떻게 만들어지게 되었는가?', '이 자연계에서 인간은 어떠한 존재인가?' 그리고 '특정한 자연관 혹은 세계관을 가진 문화 집단이 자연을 어떻게 평가하고 활용하는가?' 하는 질문까지도 포함한다. 따라서 자연관에 대한 이해는 과거 문화에 대한 이해일 뿐 아니라 현재의 문화에 대한 고찰이 되고, 미래 문화의 예측 혹은 교훈이 될 수도 있다. 자연관이 문화의 바탕이 된다는 의미는 인간의 역사가 자연에 대한 지식과 지배력의 확충 과정이었다는 것에만 있지 않다. 동시에 인간은 자신과 세계를 이해하기 위하여 자연을 인간과 인간 사회에 유비(類比; analogy)해 왔다는 점에 주목해야 한다. 다시 말해서, 자연에 대한 이해가 세계에 대한 이해, 그리고 인간 자신에 대한 이해와 유사하다는 생각이다. 고대에서는 자연이라는 대우주와 인간이라는 소우주를, 르네상스 시대에는 신의 작품인 자연과 인간의 작품인 기계를 유비했다. 19세기 말~20세기 초에는 자연과학자들이 연구한 생물계의 진화(進化) 과정과 역사학자들에 의해 연구된 인간 역사의 진보(進步) 과정을 질적으로 유사한 발전의 과정처럼 유비해 왔다.■1

　자연관은 자연적 환경에 대한 관점이지만 이 역시 지역적으로 상이하고 시대적으로 변화하는 역사적 문화 현상이다. 자연관을 문화 현상이라고 할 때, 자연관은 주도하는 계층이 있으며 혁신과 확산 과정에서 변화되어 지역적으로 다양하게 나타난다. 환경에 대한 인간 사회의 적응은 인간의 보편적인 원형적 지리 인식보다는 지역적·시대적으로 다양한 자연관으로 설명되는 부분이 많다. 따라서 지역적으로 다양한 자연관에 대한 이해는 사회와 공간에 대한 역사적 설명을 심화시키고 풍부하게 한다.■2 한국의 역사적 공간 구조나 전통 문화 경관의 탐구에는 동아시아의 자연관에 대한 역사적 이해가 요청되며, 서구의 전통 문화 경관이나 한국을 포함한 현대 자본주의 도시 경관을 탐구하기 위해서는 서구적 자연관이 근대적 세계관 형성에 미친 영향에 대한 이해가 요청된다.

　20세기 전반에 걸쳐 일본 제국주의 강점과 광복 후 경제 개발 과정에서 한국인의 전통 자연관을 포함한 문화 전통은 크게 망각되고 단절되었다. 따라서 전통 자연관의 적절한 이해가 우리의 역사와 지리를 설명하는 데 기초가 된다는 점을 특별히 강조할 필요가 있다. 한국 역사지리학 정립에 전통 자연관에 대한 심화된 이해가 중요하다는 점은 아무리 강조되어도 모자랄 것이다.

2. 원형적 지리 인식과 자연관의 문화적 차이

1) 원형적 지리 인식

"우리들 대부분은 태어나면서부터 지리학자이다."[3]라고 한다. 인간은 누구나 미지의 장소와 공간에 대한 호기심을 가지고 있고, 경험하는 공간을 체계적으로 인식하고 의미를 부여하려 한다는 점을 말한 것이다. 인간이 거리·방향·크기로 주변 공간을 경험하면서 공간에 체계를 부여하여 의미를 해석하는 방식은 인류 공통적인 원형이 있다. 이 원형은 궁극적으로 인간이 만물의 척도라는 관념에서 비롯된 것이다. 공간 조직의 원형은 두 가지 종류의 사실, 곧 인간 신체의 기본자세와 구조, 그리고 인간관계의 멀고 가까움에서 도출된다.[4] 인간은 누구나 자기 자신을 중심에 두고 그 멀고 가까움에 따라 거리를 구분한다. '멀고 가까움'이란 공간적 접근성인 동시에 사회적 친밀성의 정도를 의미한다. 인간 신체의 자세와 구조는 또 다른 공간 분할의 방식이다. 직립(直立)하는 인간은 일차적으로 전후(前後)를 구분하고 이차적으로 좌우(左右)를 나누며, 또 상하(上下)를 차별한다. 길이와 면적에 대한 척도도 인간의 신체에서 나왔다.[5] 보통 전방은 밝은 미래이며 후방은 어두운 과거로 인식된다. 이차적인 신체적 공간 경험에 속하는 좌우 구분은 보통 오른편이 왼편보다 우월하고 정당한 것으로 간주된다. 사회적 지위는 "크다 작다"가 아니라 "높다 낮다"로 표현된다. 신성한 것은 중심에 있으며 중심은 높은 곳으로 인식된다. 고귀함과 비천함 같은 가치적 위계를 표현하는 방법은 중심으로부터의 거리가 많이 사용된다.

2) 상징적 공간 구조화

인간의 신체적 특징과 자기중심성에서 출발한 공간의 구조화는 도시의 발전과 같은 문명의 진전에 따라 상징적 공간 구조화로 발전한다. 공간 인식의 근거가 실존적 주체에서 시작한다는 의미에서 자아 중심성은 주체가 신체를 소우주(小宇宙)로 보고 이를 기준으로 설정되는 전후좌우(前後左右)의 방향성으로 확인된다. 그리고 우주론 내지 세계관은 대우주(大宇宙)의 중심에 주체를 두고 세계를 인식하면서 다양한 상징을 활용하여 대우주 혹은 초월적 존재와의 관계를 맺는 관점이다. 즉 공간을 상징적으로 구조화하는 방법은 상징적 중심성(symbolic center), 기본 방위(cardinal directions), 그리고 인간과 세계 간의 연결과 조화를 유지하기 위한 우주론적 상징주의 세 가지로 정리될 수 있다. 첫째, 중심은 개별 신체가 아닌 문명의 중심 곧 도시가 된다. 도시는 생산된 잉여를 제공하는 지역의 중심일 뿐 아니라 그들에게 인식되는 세계의 중심이다. 도시 내부에서 세계의 중심을 상징하는 경관을 구축하는 방식은 첨탑과 같은 수직적 구조물이나 산과 같은 지형을 활용하여 최고를 추구하거나, 축대와 계단을 통한 접근으로 상승 구조를 만든다. 그리고 성벽과 같은 벽으로 격리하여 내부와 외부를 구분함으로써 내부의 중심성을 강조한다. 둘째, 도시는 4가지 기본 방향을 지향한다. 도시 구조를 남북과 동서 방향으로 배열함으로써 나타나는 도시의 기하학적 형태는 우주의 질서가 도시 공간 구조에 반영되었다는 의미에서 도시의 권위를 높여 준다.

기독교 세계에서는 태양이 뜨는 방향 혹은 예루살렘이 있는 동쪽을 우위에 둔다. 원래 '정위(orientation)'라는 말은 해 뜨는 방향 즉 동방(orient)에서 유래한 것이다.■6 동서남북이라는 기본 방향은 중국에서 매우 풍요한 의미를 함축하게 되는데, 동아시아 문화의 음양오행설(陰陽五行說)이 그것이다. 음양오행설은 인간을 중앙에 두고 동서남북의 기본 방위를 춘하추동(春夏秋冬)과 같은 자연계의 순환 법칙과 관련시켜 자연의 구성 요소를 조직하고 이해하는 기본 원리가 되었다. 특히 방위에서 좌측이 우선하는 이유는 남쪽을 향하여 앉는 군자의 자세(君子南面)에서 왼편이 동쪽이 되어 해가 뜨는 양(陽)의 방향 곧 만물이 생명을 틔우는 봄이 되고, 서편은 해가 지는 음(陰)의 방향이 되기 때문이다.

인간이 세계(우주)와 맺는 관계를 상징하는 우주론적 상징주의는 지역과 문화에 따라 다양하게 나타난다. 자연환경과 문화에 따라 우주론·영적 세계 혹은 신의 세계가 다르게 경험되기 때문에 신화가 고유하듯이 이를 표상하는 공간 구조도 다양할 수 있다. '인간의 세계가 신의 세계와 어떻게 조화되는가?' 혹은 '지상의 세계와 천상의 세계는 어떤 방식으로 연결되는가?' 하는 것에서 개별 문화의 특성이 나타난다. 수직성(垂直性)은 고귀한 차원을 상징하는 보편적 경관으로 인정된다. 그러나 수직성이 표현되는 방식은 첨탑(尖塔)·고루(高樓)와 같은 고층 건축물, 산 위의 성곽이나 높은 곳에 위치한 신전에 오르도록 하는 상승 구조, 산을 배경으로 하는 배산 구조(背山 構造) 등 문화적으로 다양하다. 따라서 문화적으로 특성 있는 우주론적 상징주의는 중심성·방향성·수직성이라는 보편적 상징 구조가 개별 문화와 결합되어 개성적인 도시 구조와 경관으로 표현된다. 중심성·방향성·우주론이 상징화되는 과정에서 문화 경관은 지역의 고유한 문화를 자연적 질서처럼 정당화(자연화: naturalizing)하기 때문에 장소와 경관에 대한 문화적 해석이 중요하다.

3) 동·서 문화권의 자연관 차이

자연관과 세계관에 의해 구성된 역사적 공간 구조와 경관을 이해하기 위해서 우리는 세계관의 바탕이 되는 자연관의 문화적 특성을 살펴야 한다. 현대 자본주의와 도시 문화를 형성한 서구적 자연관은 고대 그리스-기독교 문화의 자연관에서 기원하였다. 고대 그리스-기독교 문화는 온난한 지중해 기후와 해양적 상업 문화, 그리고 절대 유일신 사상에서 형성된 것이다. 중국을 중심으로 하는 동아시아의 자연관과 세계관은 사계절이 뚜렷하게 순환하는 온대 계절풍 기후에서 자연의 변화에 순응하는 농민의 역사적 경험에서 나온 것이다. 그리스-기독교 전통과 동아시아 전통은 우주를 창조한 절대자의 존재 유무, 자연계에서 인간의 지위와 역할, 그리고 변화와 발전에 대한 관점 등에서 근본적 차이가 있다. 그리스-기독교 전통의 서구적 자연관은 자연을 창조주의 의지(목적)에 의하여 만들어진 것으로 본다. 근대에 들어와서 인간은 이성을 통하여 수학적 질서로 표현되는 자연계의 보편적 법칙을 발견함으로써 창조주를 대리하는 지위를 얻어 합리적으로 자연을 지배(관리)할 수 있는 존재가 되었다고 본다. 따라서 자연은 인간의 필요와 욕구에 따라 개발되는 자원이며, 과학은 그러한 자연을 이해하고 활용하는 수단이다. 근대 자본주의의 바탕이 된 서구적 자연관은 자연을 합리적으로 개발하는 것, 곧 '인간의 자연에 대한 지배'가 창조주의 목적이 실현된 결과이며, 이것이 곧 발전(진보)이라고 본다.

　동아시아의 자연관에는 우주 만물은 '스스로 그렇게 된 것(物之自然, 自己而然)'이므로 창조주가 따로 없다.[7] 자연계는 만물이 서로 낳고 낳는 '오행(五行)'과 사계절에 의해서 스스로 순환하는 질서이다. 자연계에서 인간의 지위는 대자연계를 구성하는 하나의 물(物)임에 분명하다.[8] 다만 인간은 영적(靈的)이기 때문에 다른 존재보다 고귀하다. 영적인 인간은 조화로운 자연의 생명 질서를 본받아 끊임없이 노력함으로써 천지의 조화에 참여할 수 있다. 인간이 천지조화에 참여하는 '천인합일(天人合一)'은 동아시아 전통 사상의 주류인 유가(儒家)의 최고 이상이다. 유가의 자연 현상 탐구 목적은 천인합일을 추구하는 인간 존재를 해명하고 그러한 인간 사회를 실현하기 위한 것이다. 인간과 관련 없는 자연 자체의 법칙을 찾고자 하지 않은 것이 동아시아 자연관의 특성이다. "다시 돌아오는 봄에서 천지의 마음을 볼 수 있는 것(復, 其見天地之心乎)"[9]처럼 사람은 자연과 동일한 구조를 가지고, 그 일부이며, 자연과 감성적으로 서로 통하는 존재이다. 인간이 자연의 이치를 체득하여 윤리적으로 실천하는 방법은, 자연을 분리시키고 대상화하여 분석하는 것이 아니라, 자연을 정감화·윤리화하여 감성적으로 일체화되는 것이다.

3. 자연을 개발의 대상으로 보는 서구적 자연관

　인간은 공간을 인지하여 조직할 뿐 아니라, 기후·지형·토양·생물과 같은 자연환경에 적응하면서 자연을 자신의 삶과 관련시켜 이해한다. 자연관이란 자연에 대한 문화적 관점이다. 자연관은 항상 인간의 삶 혹은 사회와의 관련 속에 있었다. 인식 주체인 인간의 입장에 따라 자연에 적응하고 평가하기 때문이다. 자연관은 세계관의 기초가 될 뿐 아니라, 나아가 특정한 문화에서 탄생한 세계관을 정당화하는 데 결정적으로 기여했다. 현대 세계의 경관과 공간 조직의 배경에는 현대의 지배적 세계관이 된 서구적 자연관이 있다.

　고대 그리스-기독교 전통에 뿌리를 둔 서구적 자연관은 현상 세계인 자연과 분리되어 존재하는 창조주인 신이나 이성(로고스) 혹은 정신을 믿는다. 고대 그리스와 기독교의 자연관, 그리고 이를 혁신한 근대의 과학적 자연관은 우주와 삼라만상의 물질세계를 창조한 외적 존재를 상정한다. 아리스토텔레스의 이성(로고스), 기독교의 하느님이 그것이다. 서구의 자연관은 신화적 껍질을 벗기 시작하면서, 탈레스의 '만물은 물(水)'·엠페도클레스의 '사원소설(四元素說)' 등으로 근원 물질을 찾아왔다. 그러나 그리스의 자연학이 성숙되면서 물질의 개념은 추상화되기 시작한다. 차츰 인간의 이성이 자연을 통일적으로 파악할 수 있는 초월적 존재라고 인식하고 인간과 자연을 이원적으로 분해하는 경향을 보이기 시작한다. ■10 아리스토텔레스는 자연의 질서와 운동을 합목적의 로고스로 설명하고자, 이성의 최고 형태로 우주 질서의 최고 계층에 있는 우주의 신, 즉 '순수 형상'을 도입하였다. 아리스토텔레스의 물리-신학적 자연관은 모든 사물의 운동은 스스로의 목적(로고스)에 따라 진행된다는 목적론적 견해를 취함으로써, '신(神)'을 궁극적 원인(목적)으로 보는 기독교의 자연관과 손쉽게 결합될 수 있었다. ■11 기독교의 자연관에 의하면, "태초에 하느님께서 하늘과 땅을 창조하셨다."라는 구약성서의 '창세기'에 따라 처음부터 자연을 초월한 존재로서 신이 있고 다른 모든 존재는 신에 의하여 창조된 것이다. 인간은 다른 피조물과 구별되는 존재인 신의 모습으로 창조되었다. 따라서 기독교에서 인간의 위치는 모든 피창조물이 인간을 위해 존재한다는 수준으로, 그리스 세계보다 격상된다.

그리스 사상과 기독교가 결합된 중세 유럽에서 15~16세기까지 자연은 유기체로 간주되었다. 고대 그리스의 자연 철학과 중세 기독교에는 위계질서로 구성된 '존재의 사슬' 개념이 수용되고 이 위계의 꼭대기에 신(神)이 있다는 인과론적 목적론(目的論)이 관통되고 있었다. 르네상스 시대에 들어와 수학적 성향이 우세해지면서 유기체적 자연 관념은 '자연은 기계'라는 관념으로 바뀌게 된다. 인간을 다른 피창조물과 구별시킨 기독교의 자연관에 이미 '죽은 자연 혹은 자연은 기계'라는 기초가 있었던 것이다. 근대 자연과학에 의하여, 유기체적 자연관이 소실되고 수학으로 설명되는 기계론적 자연관이 본격 등장하였다. 근대 과학의 성립과 발전은 자연계의 궁극적 동인(動因)인 창조주의 목적에 대한 질문(why)을 현상계의 본성에 대한 설명(how)에서 배제하는 자연관을 통해서 가능했다. ■12 과학은 신학의 목적론적 유기체 자연관으로부터 벗어나 수학적·기계론적 자연관으로 이행하면서 탄생할 수 있었던 것이다.

16세기 이후 수학적 추론의 결과로 설명되고 실험되는 '기계로서의 자연'을 운전하는 인간의 지배자적 태도를 정당화하는 이데올로기가 요청되었다. 제일의 창조주인 신과 그것을 구상·설계하고 조립하는 인간의 정신(이성)을 전폭적으로 신뢰하는 이데올로기가 있어야 했던 것이다. 뉴턴에서 아인슈타인에 이르기까지 물리학자들의 자연관은 신이 처음부터 자연을 그렇게 만들었기 때문에 '자연은 이렇게 되어야만 한다(Sollen)'는 사고방식, 곧 수학적으로 표현된 자연 이데올로기에 근거한다. 자연을 인간의 사용과 소비 그리고 발전을 위해 존재하는 물질로 간주하는 이데올로기이다. 이 자연 이데올로기가 인간-자연의 이원론에 기초한 자연관과 세계관을 강력하게 지탱하여 산업화와 자본주의적 세계 질서를 발전시킨 것이다. 인간과 자연을 분리하고 인간이 자연을 지배한다는 인간 중심적 태도의 출발은 이데올로기적인 것이었다. 그러나 인간 중심적 자연관은 점차 진화론 같은 각종 이론으로 무장하고, 목적이나 가치와는 결별해서 자유롭게 자연을 관찰한다는 과학적 방법론이라는 3단계 전개 과정을 거쳐 마침내 현대 사회의 주류 자연관으로 자리 잡게 된다.[13]

물론 서구적 전통에도 일출의 아름다운 광경이 영혼 깊이 스며들고, 무지개를 바라볼 때의 두근거리며 경건한 마음을 노래하는 총체적인 인간-자연을 근원적 관계로 보는 일원론적 자연관이 있다. 그러나 근대 서구 전통에서 낭만주의자들이 노래한 자연 찬미의 전통은 과학적 자연관에 밀려 '여가의 정서'를 반영하는 세계로 물러나 있다. 인간과 자연을 분리하는 과학적 자연관이 지배자의 세계관이 되고, 이용·착취의 대상에 불과한 자연을 사유화·상품화하는 것이 진보와 자유의 영역 확대로 정당화되어 왔다. 자연을 정복한다는 세계관은 "사람이 자연으로부터 배우고자 하는 것은 자연과 다른 사람들을 완전히 지배하기 위해 자연을 이용하는 방법"[14]으로 구체화된다.

서구의 자연관은 근대에 들어와 기계론적 자연관으로 진화해 자연을 대상화하여 분석하는 근대 과학을 성립시켰다. 서구의 이원론적 자연관은 인간의 자연에 대한 지배, 자연에 대한 착취를 정당화함으로써, 자본주의 체제의 발전에 기여하였다. 자연을 지배와 착취의 대상으로 보는 서구적 자연관은 서구의 중세 도시 경관, 르네상스 시대 회화의 원근법, 절대 왕권 시대의 궁전 정원, 그리고 근 현대 도시의 계획과 공간 구조에 보다 광범위하게 나타난다. 중세 유럽 도시의 교회는 신에 대한 중세 유럽인들의 복종과 찬미가 경관에 표현된 것이다. 교회는 도시의 중심에 있는데, 이는 하나님이 그들 생활의 중심에 있다는 의미이다. 교회는 가장 높은 건축물인데, 이는 신이 가장 높은 권위를 가진다는 의미이다. 또 교회는 가장 견고한 석재로 지어졌는데, 이는 영원한 하나님을 상징한다.

15세기 르네상스 시대에 인간은 이성을 가진 개인으로 자각한다. 이 시기에 도입된 회화의 원근법이 이성적 개인이라는 자연관을 잘 나타낸다. 르네상스 이전의 예술가들은 모든 대상을 신으로부터 똑같은 거리에 있도록 고정시킴으로써 신을 중심으로 하는 자연관·공간관을 표현했다. 그러나 르네상스 시대의 사람들은 세계를 신의 무대가 아닌 인간의 무대로 자각하기 시작하여, 세계를 인간의 시각(視覺)으로 지각되는 경관으로 표현한다. 이것이 풍경화에서 도입된 원근법이다. 원근법은 시각적 체험을 표현하는 방법으로 기하학을 도입함으로써, 인간 주체의 영역 확대의 관점에서 외부 세계를 화면상에 포착한 것이다. 원근법은 3차원의 공간적 사상(事象)을 2차원의 평면 화면 위에 지각 주체의 위치에서 보는 시각 경험으로 재현하는 기법이다. 고정된 시점(視點)에서 출발하는 원근법은 개인의 중요성이 인식되는 근대 서양사의 전개와 병행하였다. 또 원근법적 공간은 서로 환치할 수 있는 기하학적 공간, 균질적인 '공간 일반'이 탄생할 수 있도록 하여, 자연에 대한 과학적 사고를 촉진시켰다. 회화에 도입된 기하학적 공간은 물리적 환경을 감각적으로 지각되는 상징적 실재로 재현할 뿐 아니라, 원근법의 소실점(消失點)이 함축한 무한한 연속체인 공간을 평면에 그려 낸 것이다. 원근법을 사용해서 무한성의 세계까지 인간의 시각에 보이도록 풍경화에 표현한 것은 과거 신의 영역에 속했던 초월적 무한 세계를 신학으로부터 끌어내려 인간(시각)이 장악하는 과학(기하학)의 영역에 편입시켰다는 의미가 있다.

17세기 바로크 시대의 궁전 건축과 도시 계획에서 활용된 원근법은 세속적 왕권의 절대 권력을 상징적으로 뒷받침하였다. 프랑스의 베르사유나 빈의 쇤브룬 궁전, 독일의 카를스루에 시 등 절대주의 왕권의 궁전과 도시가 그것이다. 절대주의 시대에는 개별 건축이나 정원뿐 아니라 모든 공간과 자연이 인간의 지배와 소유 욕구를 실현하는 무대가 되었다. 원근법을 활용한 도시 공간 계획은 인간의 공간 지배 욕구를 구현하는 설계도로 일반화되었다. 19세기 중반 나폴레옹 3세 치하에서 파리 시장 오스만의 지휘로 이루어진 '파리 재정비 사업'은 파리의 주요한 역사적 건조물을 주체의 눈에 원근법이 적용되는 풍경화처럼 보이도록 광장과 가로를 정비한 것이다. 현대의 도시와 공간을 채우는 건축물은 교환과 대체가 자유로운 '거주를 위한 기계'라는 생각으로 개념화되고 이를 실현하는 수단으로 도시 계획이 등장하였다. 현재 광범위하게 시행되는 각종 공간 계획의 주요 목적은 공간적 부조화와 비효율을 극복하기 위한 것이다. 인간과 사회가 공간을 효과적으로 조직하고 최선의 방법으로 활동을 배치하고 토지를 이용한다는 공간 계획은 서구적 자연관이 공간 현실로 재현된 것이다.

4. 자연을 본받고자 하는 동아시아 자연관

1) 생명계로서 자연

동아시아 전통문화에서 자연은 우주와 거기에 존재하는 모든 존재, 곧 천지만물(天地萬物)이다. 자연은 '우주(宇宙)'와 비슷하다. 우주라는 말에는 자연이 시간과 결부된 공간이라는 인식이 있다.[15] 자연은 위대하지만, 스스로 '생겨난 것(自然)'으로 자족적인 것이다. '자연'이란 말이 처음 등장하는 『노자(老子)』에는 거대한 우주의 생성 원리를 도(道)라고 부르고 그 도는 스스로 생겨난다는 의미로 자연을 사용했다. 점차 자연은 만물(萬物) 곧 자연 현상을 말하는 용어로 사용되었다.[16]

"뒤섞여 이루어진 것이 있으니 하늘과 땅보다도 앞서 생겼다. 고요하고 모습이 없다. 홀로 서서 변하지 않는다. 두루 다니면서도 위태롭지 아니하므로 천지 만물의 어미로 삼을 만하다. 나는 그 이름을 알지 못하나, 글자로 말하기를 도라 하고, 억지로 이름 붙인다면 크다고 한다. 큰 것은 지나가게 마련이고, 가면 멀어지고, 멀어지면 다시 돌아온다. 그러므로 도는 크다. 하늘도 크고, 땅도 크고, 왕 역시 크다. 세상에서 네 가지 큰 것이 있으니, 왕이 그 하나이다. 사람은 땅을 본받고, 땅은 하늘을 본받고, 하늘은 도를 본받는다. 도는 자연을 본받으니 저절로 그러하다는 것이다.[17]

동아시아 온대 계절풍 기후 지역에서 농업에 종사해 온 사람들은 오랜 역사적 경험을 통하여 자연을 농경적인 생명 현상으로 인식한다. 자연에 순응하여 생업을 영위하는 농업인에게 자연은 '자연과 인간(天人)' 그리고 '과거와 현재(古今)'가 항상 연관되어 있는 생명계로 받아들여진다. 인간이 포함된 거대한 생명계인 자연은 스스로 이루어진 법칙적 질서(所以然의 天理)인 동시에 인간이 따라야 할 당위적 규범(所當然의 人倫)으로 생각된다. 자연계와 인간 사회의 원리가 동일하다는 사고가 '천인합일(天人合一)'이다. 천인합일의 자연관은 생명계를 구성하는 우주적 질서와 인간적 규범은 서로 감통(感通)·감응(感應)하는 피드백의 조절 관계를 이룬다고 보고 이를 '천인감응(天人感應)'으로 부른다.

중국 자연 철학의 효시이자 동아시아 철학의 최고 권위인 『주역(周易)』 「계사전(繫辭傳)」에는, "끊임없는 생성 과정을 역이라 하는데(生生之謂易), 천지(자연)의 큰 공덕을 일컬어 생이라 부른다(天地之大德曰生)." 하였다. 우주 자연의 특성이 생명 활동이기 때문에 자연의 변화는 생명체의 생성과 소멸로 대표되고 자연 자체를 생명체로 인식한 것이다. 또 "자연계의 운행은 건전하고, 군자는 그것을 본받아 끊임없이 노력한다."[18]하여, 자연에 도덕적 성격을 부여하고 자연에 합치하도록 노력하는 삶이 군자의 길이라고 하였다. 이처럼 자연관과 인생관의 통일을 추구하는 '천인합일'에 대하여 『주역』은 다시 "무릇 대인은 천지와 그 덕을 합하고, 일월과 그 밝음을 합하고, 사시와 더불어 그 순서를 합하고, 귀신과 더불어 그 길흉을 합하는 사람이다."[19] 하였다. 사람은 반드시 천도에 순응하고 음양의 이치에 따르고, 자연(天) 역시 인간의 품격과 성능을 가진다는 의미이다. 여기서 자연과 인간은 하나가 되고, 인간과 자연은 서로 '감통(感通)'하여 인간이 자연(天地)의 변화에 참여한다는 생각으로 발전한다.[20] 인간의 감성이 우주적 원리와 공감한다는 감통(感通)이 '천인감응(天人感應)' 사상이다. 천인감응은 『주역』에서 '천인동구(天人同構)'의 세계관으로 표현된다.[21] '천인동구'란 인간 주체의 심리 정감과 외계 사물이 같은 형태와 같은 구조를 가진 것으로 관찰하고 추측하는 방법이다. 이러한 세계관은 외재 자연을 의인화하여 도덕적 품성과 정감적 내용을 갖춘 것으로 보고, 자연 현상을 인간적 정감에 다양하게 비유하였다.[22] 천인합일의 자연관에 따라 인간이 자연과 감응하는 방식은 사회적 차원에서 천지의 모습을 본받은 각종 제도로 구현되거나, 개인적 차원에서 천인합일의 삶을 실천하는 것으로 나타났다. 전자가 음양오행설에 기초한 도식적 우주론이고, 후자가 심성수양론이다.

2) 음양오행설과 천인우주론 도식

동아시아 '천인감응'의 자연관은 추연(騶衍: B.C. 350~270)을 비롯한 음양가(陰陽家)에 의하여 음양과 오행이 결합된 '음양오행설(陰陽五行說)'로 체계화되었다. 음양오행설은 자연계의 상관적 변화에 관한 사상이다. 존재하는 모든 것은 기(氣)로 구성되었으며, 기의 움직임이 클 때 양(陽), 움직임이 작을 때 고요함의 상태인 음(陰)이다. 이것이 우주를 움직이는 기본적인 두 가지 힘이다. 일기(一氣)가 음양(陰陽)으로, 다시 오행(五行)으로 나누어진다. 오행은 물질적 요소(元素) 또는 실체가 아니다. 오행은 다섯 가지 기본적 작용과 기능·힘·순서, 그리고 효과라고 하는 것이 옳겠다. 오행의 기원은 다양하지만 『서경(書經)』「홍범(洪範)」에 오행(五行)·오사(五事)·황극(皇極) 등으로 나타난다. '홍범'은 오행·오사·황극이 정상적으로 운행되지 않을 때 자연 현상에 여러 가지 재이(災異)가 나타난다 하였는데, 이를 천견(天譴)이라 한다.

중국 사상의 특징은 물질의 본체를 떠나 상호 관계에 주목하는 관계론이다. '기(氣)'의 운동 과정은 오행의 상생(相生)과 상승(相勝·相剋)의 관계이다. 상생의 순서는 목(木)은 화(火)를 낳고, 화는 토(土)를 낳고, 토는 금(金)을, 금은 수(水)를 낳으며, 다시 수는 목(木)을 낳는 관계이다. 상생의 관계는 하늘이 질서 지은 순서로 본다. 따라서 계절의 순환이나 부자 관계에 비유된다. 상승의 관계는 '목은 토를 이기고, 금은 목을 이기고, 화는 금을 이기고, 수는 화를 이기고, 토는 수를 이긴다.'는 순환적 관계이다. 다시 오행은 사계절의 순환으로 유추되어, 목은 봄이 되고 화는 여름이며 토는 늦여름이 되고 금은 가을이 되고 수는 겨울로 비정된다. 상생과 상승은 자연의 피드백 체계를 구성하는데, 이것을 하늘의 도(道)라고 부른다.[23]

한(漢)나라 때부터 중국의 사상은 유가(儒家)에 의하여 주도된다. 동중서(董仲舒)는 음양가의 오행설을 개조하여 유가의 인본주의 사상과 결합시킨다. 동중서는 음양오행설과 유가 윤리, 자연과 인간을 결합시킨 이른바 '천인우주론(天人宇宙論)'을 체계적으로 도식화하였다. 우주에는 10가지 표상 형태(十端) 즉 '天·地·陰·陽·木·火·土·金·水·人'이 있다. 천지의 기(氣)는 합해지면 하나가 되고 나누어지면 음양이 되고, 쪼개져서는 사시가 되고, 나열되어서는 오행이 된다. 하늘에는 오행이 있는데 '목화토금수(木火土金水)'가 그것이다. 이러한 우주론은 분명 음양가에서 나온 것이다. 그러나 "천지인은 만물의 근본이다. 하늘은 만물을 낳고 땅은 기르고 인간은 완성시킨다. 이 세 가지는 서로 수족이 되어 일체를 이루니 이 중 하나라도 없어서는 안 된다."[24] 라는 동중서의 주장은 인간을 중심에 두고 인간의 주동적 위치와 능동적 노력을 강조했다는 의미에서 음양가 이론의 중대한 발전이다. 하늘과 인간, 그리고 땅이 이처럼 밀접하고 친근한 까닭에 정치의 모든 잘못은 하늘의 이상한 현상, 즉 천재지변을 통하여 표현된다는 것이 '천인감응설(天人感應說)' 혹은 '재이설(災異說)' 이다. '재이설'은 통치자로 하여금 과오를 시정하도록 하는 경고로 이해된다. 그는 나아가 유가의 다섯 가지 규범 도덕인 오상(五常), 곧 '인의예지신(仁義禮智信)'을 오행과 천지운행에 관련시켰다. 이처럼 동중서는 유가의 인간 주도적 정신을 전국 시대(戰國 時代) 이래 유행하던 오행의 우주론과 구체적으로 배합시켜 오직 사람만이 '천지와 함께 셋이 된다.'는 세계관을 확립하였다. 유교에서 윤리적 질서는 우주적 질서를 따른다고 본다. 즉 '天-地-人'의 3가지 질서는 원리와 작용에서 깊은 내재적, 형태적 관련성이 있다고 믿는 것이다.[25] '천-지-인'의 관련성을 음양오행, 원초적인 방위 감각, 사계절의 운행에 적용한 결과를 〈표 4-1〉과 같이 정리할 수 있다.

천인감응 사상에 기초한 '음양오행론'의 기원은 매우 오래지만, 중국 한나라 시대에 이르러 오행체계론적 우주 도식으로 성립된다. 자연계의 운행 질서를 상징하는 음양오행(天)과 왕도정치(人)의 상호 영향을 강조하는 음양오행의 우주 도식은 선악·윤리·관제·도읍계획·행정·복식 등 모든 것에 적용되었다. 또 상생·상극하는 우주와 인생의 관련 구조는 자연 현상은 물론 왕조의 변천을 예언하는 데 사용되기에 이르렀다. 자연 현상과 왕조 교체를 도식적으로 예언하는 유명한 '오덕종시설(五德終始

표 4-1 오행을 적용한 관련성들

陰陽	陽	陽		陰	陰	음양의 관계
五行	木	火	土	金	水	相生의 관계
方位	東	南	中央	西	北	하루의 순환
위치	왼쪽	앞쪽	가운데	오른쪽	뒤쪽	전후좌우의 관계
季節	春	夏	늦여름	秋	冬	계절의 순환
動物	靑龍	朱雀	人(黃龍)	白虎	玄武(龜)	상징적 동물
色	靑	赤	黃	白	黑	상징적 색깔
味	신맛	쓴맛	단맛	매운맛	짠맛	대표하는 맛
五常	仁	禮	信	義	智	인간의 도리

說)'이 그것이다. 각 왕조는 오덕 가운데 하나를 자신의 덕(德)으로 하는데 왕조는 자신의 덕에 의해서만 통치가 가능하다. 그 덕이 쇠퇴하면 오행의 본성을 잃고 다른 덕을 가진 왕조로 교체된다는 것이다. 오행체계론 우주 도식이 국가 질서의 이념으로 자리 잡아 후대에 미친 나쁜 영향이 이른바 '참위신학(讖緯神學)'이다.■26 왕조의 흥망(덕의 쇠퇴)을 지기(地氣)의 쇠퇴 과정으로 보는 것이 '지리쇠왕설(地理衰旺說)'이고, 이를 인위적으로 보완하여 연장하려는 것이 '연기비보설(延基裨補說)'이다.

현대까지 영향을 미치고 있는 풍수도 그 근본은 자연과 인간이 감통·감응한다는 동아시아의 유기체적 자연관에서 나온 것이다. 풍수는 장소를 근거로 하는 공동체 혹은 개인의 운명이 땅을 통하여 흐르는 생기에 감응한다는 사상이다. 풍수가 발생한 시대적 배경인 지연적(地緣的) 공동체 사회와 풍수 논리의 신비적 측면을 벗기고 보면, 풍수 사상은 자연이라는 큰 생명계의 일부인 인간이 자연과 조화를 추구하는 동아시아 자연관의 하나로 재해석될 수 있다.

3) 심성수양론의 심미적 천인합일 전통

　'천인합일·천인감응'의 자연관이 한(漢)나라 이후 음양가의 오행을 도입하여 국가 사회를 조직하는 유교 이념으로 재구성된 것이 오행체계론 우주 도식이다. 다른 한편으로 자연의 이치와 인간의 윤리를 하나의 도리로 일체화하려는 유교적 자연관의 큰 줄기가 공자와 맹자에서 기원하여 송대(宋代) 성리학자로 이어지는 심성수양(心性修養)의 전통이다. 심성수양의 전통은 자연과 인간이 심미적 정감을 통하여 일체화되는 '천인합일론'으로 전개되고, 자연 세계의 생명력과 봄기운을 인간 세계의 도덕심에 비유하여 드러내고, 체득인식(體得認識)하려는 '인지지락(仁智之樂)'의 자연관으로 나타난다. 인간과 자연을 정감적으로 일체화하는 동아시아 자연관의 심미 전통은 일찍이 공자로부터 수립된 것이다. "가버리는 저와 같은가! 밤낮을 쉬지 않으니!(逝者如斯夫, 不舍晝夜)"■27하는 공자의 영탄은 유한한 인간이 무한한 자연의 영속성을 정감화한 것이다. 사물에 의탁하여 말을 일으키고 흥을 내는 '비흥(比興)'은 주관적 감정을 객관화·대상화하는 일반적 예술 형식이다. 동아시아 문학 전통에서 사물을 빌어 자신의 정감과 뜻을 표현하는 비흥이 폭넓게 활용되었다. 자연 경물을 빌어서 정감을 표현하는 비흥은 다시 자연 경물을 도덕·윤리·철학에 비유하는 '비덕(比德)'으로 발전한다. 산과 물을 인(仁)과 지혜에 비유하는 『논어』의 '요산요수(樂山樂水)'■28는 자연을 비덕하여 천인합일의 느낌을 체득하려는 장구한 동아시아 산수 문학 전통의 시작이다.

　중국 송나라 시대의 신유학자(性理學者)들은 감성적으로 지각되는 '천인합일'을 '인(仁)'이라는 도덕 세계로 격상시켰다. 주돈이(周敦頤)는 창 앞에 무성한 잡초를 뽑지 않고 바라보는 이유를 묻자, '살려고 하는 마음이 내 뜻과 같기 때문'이라고 하였다. 장재(張載)는 "백성은 모두 내 동포요, 만물은 모두 내 짝이다(民吾同胞 物吾與也)." 하여, 자연계의 모든 것이 자신과 직접적으로 연결되지 않은 것이 없다고 하였다. 정호(程顥)는 "인이란 것은 천지만물을 한 몸으로 여기니 나 아닌 것이 없다(仁者以天地萬物爲一體 莫非己也)." 하고 "배우는 자는 모름지기 인을 체득해야 한다(學者須先識仁)." 하였다. 또 천지만물과 일체가 되는 것이 인(仁)을 인식하는 방법이라고 하였다.

그들은 자연이 스스로 이치를 가지고 있다고 보았고(萬物靜觀皆自得, 事事物物皆有定理), '자연이 만물을 낳는 마음(生意)'을 가장 볼만한 아름다움으로 받아들여(萬物之生意最可觀), 자연과 하나가 되는 것을 성인의 경지로 추구했다. 성리학자들은 만물이 새로운 생명을 틔우는 봄날 생의 넘치는 자연을 즐기는 증점(曾點)의 뜻에 크게 찬동하여 "나는 증점과 함께 하리라!"라고 한 공자의 말을 천인합일의 인을 체득한다는 의미에서 주목한 것이다.

"증점이 말하기를 '저는 늦은 봄날 봄옷이 완성되면 관을 쓴 어른 5~6인과 동자 6~7인과 함께 기수에 가서 목욕하고 무우에 올라서 바람을 쏘이고 시를 읊조리며 돌아오고 싶습니다'라고 하자, 공자께서 탄식을 하며 말씀하시기를 '나는 증점과 함께 하고 싶구나' 하였다." ■29

신유학을 종합한 남송(南宋)의 주자는 이에 대하여 "그 마음이 유연하여 곧바로 천지만물과 함께 위아래로 흘러 각기 그 묘한 곳을 얻으니 은연 중 말 밖으로 스스로 드러났다."■30고 풀이하였다. 이 '증점의 즐거움(曾點之樂)'을 유학자들은 '공자와 안자가 즐거워 한 바(孔顔樂處)'로 보아 인생 최고의 경지로 생각했다. 따라서 그들은 '이 즐거움을 바꾸지 않는(不改其樂)' 삶을 통하여 천인합일의 경지에 얻고자 했다. 천인합일을 느끼는 장소는 생기 넘치는 아름다운 자연 경관이며, 그 뜻을 담아서 표현하는 방법은 시문이다. 정호(程顥)는 새 생명이 찬란한 봄철 한낮 꽃을 끼고 버들길 따라 시내를 건너며 느끼는 천인합일 경지의 즐거움을 읊었다.■31 "인이란 천지가 만물을 낳는 마음이다. 사람이 그것을 얻어 자기의 마음으로 삼는 것(仁者 天地萬物生之心, 而人之所得以爲心)."■32이라 한 주자는 따뜻한 봄날 정자에 올라 건너편 시내와 숲의 신록에서 '만물을 낳는 마음(生意)'을 느끼고, 이를 천지의 말없는 조화(仁)로 깨닫는다.■33 생기로 가득한 자연 경물과의 정감적 일체화를 통하여 천인합일의 인을 체득하는 것은 성리학자들의 심미적 자연관인 동시에 인격 수양 방식이었다.

산수 자연 경치에 대한 감흥을 통해서 인격 완성을 추구하는 유교 문화 전통은 우리나라에도 전파되어 조선 유학자들의 자연관과 인생관이 되었다. 조선 중기 이후 유학자들은 점차 현실 정치에 직접 참여(外王)하는 것보다 개인의 심성 수양(內聖)에 비중을 두는 경향을 나타냈다. 유학자들은 향촌에 살면서 정신을 즐겁게 하고 감정을 화창하게 하는 경승지 계곡(洞天)에 정자 혹은 정사(精舍)를 짓고 심성 수양과 학문에 힘썼다. 그들은 은거하여 '무이구곡(武夷九曲)'을 경영하며 학문에 전념한 주자를 경모하여 자신의 구곡(九曲)을 설정하고 경영하기도 했다. 자연과 심정적으로 합일하는 문화 전통은 중국과 우리나라에서 산수 문학으로 정립되고, 동천(洞天)과 같은 아름다운 산수는 유학자의 심성을 수양하는 수기 공간(修己 空間)으로 인식되었다. 산수 경치를 감상하는 대(臺)·정자(亭子)·누각(樓閣)은 유교 문화를 특징 짓는 주요한 문화 경관이다. 유명 유학자가 학문을 강론하던 정사는 나중에 서원(書院)으로 발전하기도 했다. 『동국여지승람』을 비롯한 지리지에는 산수 경치에 대한 시문과 누정(樓亭)의 제영(題詠)이 실려 있다. 천인합일의 자연관은 수많은 유학자들의 개인 문집에 남아 있고, 그들의 향촌에는 정자와 서원이 그 현장으로 남아 있다.

5. 한국의 전통 자연관

1) 산을 중심으로 하는 지리 인식

한국의 전통 지리 사상은 동아시아의 천인합일 사상에 큰 영향을 받았다. 동아시아 자연관의 맥락에서 한국인의 전통적 자연관은 산을 중심으로 하는 공간 인식을 특성으로 한다. 인간의 삶은 대부분 수평적 공간에서 이루어진다. 그러나 태어남과 죽음, 깨달음을 통한 삶의 전환 같은 초월적 경험은 하늘을 바라보는 수직적 공간과 관련된다. 한국인의 수직적 공간 경험은 산에 집중해 있다. 어디서나 산을 볼 수 있는 한국에서 한국인의 초월적 경험에는 대부분 산이 등장한다. 산의 존재는 한국인들에게 거의 본성처럼 내재화되어 있다. 산은 한국인들에게 자연(天地) 혹은 주재자(主宰者)적 하늘(天)과 거의 동일시되면서 지각과 사유 그리고 행동의 준거(準據)가 되어왔다.

단군신화를 비롯한 많은 시조 신화에는 하늘이 산을 통해서 인간과 접하고 최초의 인간 사회는 산으로부터 시작하는 것으로 기술된다. 단군신화는 태백산(太伯山), 고구려의 해모수는 웅신산(熊神山), 신라의 박혁거세는 양산(楊山), 가야의 수로왕은 구지봉(龜旨峯)에서 나라를 열었다고 한다. 고대인들은 이러한 산을 천산(天山)이라 부르고, 특히 태양의 밝은 기운이 스민 산이라 하여 백산(白山)이라 하였다. ■34 신화에서 시조는 하늘에서 산으로 내려와, 인간이 되어 다스림을 베풀고, 죽어서는 다시 산으로 올라가 산신(山神)이 되어 나라와 마을을 수호한다. 초월적 세계인 하늘과 현실적 세계인 땅은 산(神山)에 의해서 매개된다. 한국인들은 초월적 세계인 하늘을 산이라는 시각적 대상에서 체험한다. 산은 또 일상 공간과는 단절되어 하늘과의 만남이 이루어지는 신성 공간으로 수용되었다. 산에 오른다는 것은 초월적이고 신비한 세계에 참여를 의미한다. 산과의 만남은 제의(祭儀) 행위로 구현되었다. 산에 신당을 짓고 제단을 쌓아 하늘과의 만남을 의례로 만들었다. 하늘과의 통로를 상징하는 거대한 인위적 건축물을 만들지 않고, 대신 산을 하늘과의 통로로 표상(表象)하는 방식은 서구나 이슬람 문화와 완전히 다르고, 중국과도 차이가 있다.

산을 신성시하고 생활 공간의 근거로 의탁하는 관념은 삼국 시대부터 명산대천(名山大川)에 제사하는 의식으로 나타났다. 고려 시대부터는 수도를 비롯하여 각 군현에 진산(鎭山)을 지정하고 고을 수호신격인 '성황지신(城隍之神)'으로 제사하기에 이르렀다. 조선 시대 발간된 대부분의 지리지에는 '진산(鎭山)'의 이름과 구체적 위치, 그리고 내맥(來脈)까지 기록되고 비보(裨補)를 하는 대상으로 특별히 관리되었다. 진산은 일반적으로 취락의 후면에 위치하여 그 취락을 진호하는 산이다. 따라서 진산의 대부분은 취락의 뒷면에 위치하는 풍수적인 주산(主山)과 일치한다. 그러나 군현의 진산은 고대의 신산 개념에서 유래한 것으로 제사의 대상이 되는 상징적 산이므로 풍수 형국의 중심이 되는 주산과는 개념상으로 구분해야 한다. ■35 나아가 산은 마을과 고을을 대표하는 상징적 의미를 가지게 되어 멀리서도 취락을 인식시킬 수 있는 존재이다. 진산의 상당수는 과거 산 위에 고을의 치소(治所)가 있었기에, 진산의 이름이 고을의 지명이 되기도 했다.

조선 후기, 중국에서 명(明)과 청(淸)의 왕조 교체 및 서세동점(西勢東漸)과 같은 세계사의 변동은 조선의 지식층을 민족과 국가에 대한 정체성 각성으로 이끌었다. 이에 따라 국토 전체를 하나의 유기체적 공간으로 보고 이를 산과 하천 중심으로 체계적으로 인식하려는 경향이 나타난다. 16세기 중엽의 것으로 추정되는 『혼일역대국도강리지도(混一歷代國都疆理之圖)』에서부터 백두산이 국토의 조종산(祖宗山)으로 표시되고, 한양으로 뻗은 산줄기가 뚜렷하게 그려지기 시작한다. 이는 백두산과 한양을 조선의 산천 체계의 중심으로 인식하고 있다는 증거이다. 17세기 이후 실학자들의 저서에서 국토 산천 체계에 대한 인식이 본격적으로 나타나는데, 대표적인 것이 각종 지리서에 백두산을 나라의 조종산으로 기록한 것이다. 실학자 이익은 『성호사설(星湖僿說)』에서, "백두산은 우리나라 산맥의 조종이다. … 대체로 큰 산맥이 백두산에서 시작되어 중간에 태백산이 되었고 지리산에서 끝났으니, 당초에 이름 붙인 것도 의미가 있었던 듯하며 인물이 산출된 것으로 보아도 이 지역이 인물의 창고라 할 수 있다."라고 하였다. 백두산에서 비롯된 산줄기를 통해서 국토를 체계적으로 인식하고, 또 조종산에서 내리 뻗는 산줄기가 인물의 배출과 관련이 있다는 생각을 나타낸 것이다. 『택리지』 「팔도총론」 첫머리에는, 곤륜산에서부터 시작되는 산줄기가 동쪽으로 달려 백두산이 되었고 조선 산맥의 머리가 되었다고 기술하고 있다. 산줄기를 '달린다(走, 行)' 하는 생각은 남해의 섬들은 물론이고 바다 건너 제주도 한라산에까지 적용된다.

자연을 생명계로 보는 자연관이 『대동여지도』에도 나타난다. 백두산에서 시작되는 산줄기(지맥)는 백두산에서부터 바다까지 끊이지 않고 연결되어 있는데, 이는 산줄기가 생기(生氣)를 전해 주는 맥으로 인식되기 때문이다. 따라서 산줄기는 끊어져서는 안 될 뿐 아니라 생기로 가득한 것이 되어야 한다. 생기를 인위적으로 보전하는 방법이 조선 시대 국가적 차원에서 주요 지맥을 보호하기 위해 시행된 금산(禁山) 제도이다.[36] 마을에서는 주산과 마을 숲을 보호하는 '금송완의(禁松完議)'가 있었다.[37] 금산과 금송(禁松)은 나무 자원과 환경을 보전하는 효과가 크지만, 땅을 살아 있는 생명으로 보는 자연관에 근거한 것이다.[38] 조선 왕조를 기획하고 설계한 정도전은 "대숲을 보호하려 길을 굽게 만들었고, 산을 아껴 누각을 작게 세웠네."[39]라고 자연에 순응하여 길과 집을 짓는 마음을 읊었다. 이처럼 조선의 길과 집은 곡선이 많고 작게 지어 잘 드러나지 않는다. 굽고 작은 것은 지형 탓도 있지만, 산과 숲을 존중하여 훼손하지 않으면서 공존하려는 자연관에서 나온 배려이기도 하다.

국토 공간을 산을 중심으로 한 하나의 체계로 인식하려는 사고는 산줄기의 계통을 족보처럼 기술한 『산경표(山經表)』에 일목요연하게 제시된다. 신경준의 「산수고(山水考)」를 기초로 만들어진 『산경표』는 조선의 산줄기 체계를 백두산에서 시작되는 1개의 대간(大幹)과 1개 정간(正幹), 그리고 13개의 정맥(正脈) 등 15개의 산맥으로 정리하여 제시한다. 산경 체계는 백두산에서 시작하여 지리산에 이르는 백두대간을 근간으로 하고, 이 산줄기가 북에서 남으로 가지를 치면서 각 군현의 읍 치소 뒤에 이르러 멈춘다는 것을 족보처럼 정리한 것이다. 산 중심의 전통적 지리 인식은 마치 사람 몸의 경락(經絡)을 파악하듯이 국토를 살아 있는 생명체로 간주한 것이다. 특히 강과 관련하여 산줄기 이름을 정한 것은 산줄기가 분수령이 되고, 산이 곧 강을 이루는 수원이 되며 이에 따라 유역권이 형성된다는 생각을 나타낸 것이다.

2) 재이설과 도참사상

천재와 지변이 인간에게 길흉을 경고한다는 생각은 중국의 역사서뿐 아니라 우리나라의 『삼국사기』에도 많이 보인다. 신라 선덕여왕 말년에 일어난 비담의 반란에 대한 『삼국사기』 기사에는, 큰 별이 월성에 떨어져 왕군(王軍)이 크게 당황하니 김유신이 흉조(凶兆)도 인간의 하기 나름이라고 왕을 설득하고 불을 실은 연을 띄워 올려 별이 다시 올라간 것처럼 하여 진정시키고 반란을 진압하였다고 한다. 우리나라 역사서에 가장 많이 나타나는 천인감응의 자연관은 '재이설(災異說)'이다. 가뭄과 같은 자연재해를 부덕한 왕에 대한 하늘의 경고(天譴說)로 인식하고 반성하여 덕치를 베풀어 노여움을 해결함으로써 비를 내리게 한다는 기록이 보인다. [40]

고려 시대에는 천인감응 자연관에 기원한 '도참설'이 국가 경영 이데올로기로서 큰 영향을 발휘하였다. '도참(圖讖)'이란 장래의 사건, 특히 인간 생활의 길흉화복과 국가의 흥망성쇠에 대한 예언 또는 징조를 말하는 용어이다. 고려는 그 개국에서 멸망에 이르는 전 과정에 지기(地氣)와 왕조의 성쇠를 관련시키는 도참이 개입되어 있다. 고려의 도참은 천인감응 사상과 기타 고유 사상뿐 아니라 특히 불교와 결합되어 있는 것이 특징이다. 왕건은 후삼국을 통일하고 왕씨 고려가 '12대 360년' 이어 나간다는 '고경참(古鏡讖)'의 도참에서 역성혁명의 근거를 얻었다고 한다. [41] 이 '12대 360년' 운세설(運勢說)은 후대 고려왕들의 왕조를 연장하려는 삼경(三京) 설치로 나타났다. 삼경은 초기에는 중경(개경)·서경(평양)·동경(경주)에서 중경·서경·남경(한양)이 되었으나, 나중에는 중경을 제외한 지방 중심지로 서경·동경·남경을 말한다. 이 삼경에 이궁(離宮)을 두고 국왕이 돌아가며 거주(巡住)하였던 것이다. 개경을 포함하면 사경(四京)이 되는 국토의 거점을 국왕이 순주하는 속뜻은 지방 호족 세력과 연립하여 성립한 고려 왕권의 취약점을 보완하는 정치적 목적이지만, 그 명분은 도참설의 지덕(地德)을 얻어 국운을 지속한다는 것이다. 특히 왕건의 '훈요십조(訓要十條)' 제5조는 삼한 산천의 음조(陰助)에 의해 통일의 대업을 이루었다는 것과 서경은 수덕(水德)이 순조하여 나라 지맥의 근본이 되어 있으므로 만대의 대업을 누릴 만한 곳이니 4년마다 방문하여 백 일 동안 머물라 하였다.■42 이는 고려가 고구려를 계승하였으며 북방 경영이 중요하다는 점을 강조하기 위하여 서경(평양)의 수덕을 언급한 것이다. 또 장풍형의 개경과 득수형의 서경이 가진 왕성한 지기를 거론함으로써 고려의 정치적 기반이 이 두 지역에 있음을 나타낸 것이다.

　서경 천도를 주장한 묘청의 서경 반란 이후 서경의 중요성이 떨어짐에 따라 명종 때에는 중경(개경)을 중심으로 그 주변 세 곳에 삼소궁(三蘇宮)을 짓고 돌아가며 머물렀다. 이들 삼소는 좌소·우소·북소로 모두 명산이다.■43 고려는 국가 행정 구역 체제로 3경(三京: 서·동·남)을 두고, 4대도호부(安東·安西·安邊·安北), 8목(廣·忠·淸·晉·尙·全·羅·黃)을 운영하였다. 3경은 실질적 행정 중심지라기보다 상징적·정치적 의미를 가진 곳이다. 상징적 의미는 '지리쇠왕설'에 의존하여 고려 왕조의 안정을 도모하자는 지기감응(地氣感應) 사상에 근거한 것이다.

　'지리쇠왕설'과 함께 천인감응의 자연관에 근거한 또 하나의 고려 시대 자연관은 '비보사탑설(裨補寺塔說)'이다. 고려 태조 왕건은 지기(地氣)와 지맥(地脈)을 중시하는 풍수의 도참적 성격을 정치에 가장 잘 활용한 사람이다. 왕건의 '훈요십조' 제2조 사원남설(寺院濫設) 금지는 지방 호족 세력이 사찰에 기반을 두고 발호하는 것을 도선의 '비보사탑설'을 원용하여 견제한 것이다. 무신 집정기의 권신 최충헌은 국내 각처에서 민란이 자주 발생하자, '산천비보도감(山川裨補都監)'을 설치하고 산천의 길흉과 순역(順逆)을 검토하여 비보가 될 만한 사찰 이외에는 모두 철폐를 명했다. 지맥을 손상한다는 이유로 지방 호족 세력의 거점이 될 수 있는 사찰을 정비하고자 한 것이다. '훈요십조' 제8조 "차령 남쪽 금강 바깥은 지형이 반역의 형세(車峴以南 公州江外 山

形地勢 竝越背逆)"라는 것도 고려 건국에 끝까지 저항했던 후백제 유민들에 대한 경계심을 산천 형상에 유비하여 후손들에게 상기시킨 것이다. 고려 왕조는 전기에 '지리쇠왕설'을 믿고 서경의 왕성한 수덕을 추구하여 서경 순주를 실시하고, 심지어 서경 천도까지도 제기되었다. 말기에 이르러 나라가 어지럽게 되자 송도(松都)의 지기가 쇠퇴하였다는 '도선밀기(道詵密記)'에 의거하여 남경인 한양으로 잠시 천도(遷都)하기도 했다. 고려 시대에 유행한 도참과 풍수는 정치적으로 불교 세력과 밀접한 관련이 있었으므로 당시 신진 세력인 유학자들이 격렬하게 불교를 배격하는 근거가 되었다.

조선의 건국에 따라 수도를 옮겨야 한다는 명분과 새 도읍지 선택에도 도참적 풍수사상이 기여하였다. 조선 태조 이성계는 즉위한 지 한 달이 못되어 천도를 결심하고 옛날부터 도읍지로 물망에 올랐던 한양을 거론하는데, 그 근거는 '망국의 옛 터를 다시 쓸 수 없다'는 지덕쇠퇴(地德衰退)의 '지리쇠왕설'이었다. 이어 술사들이 선정한 계룡산 아래가 부각되었으나, 국토에서 치우친 입지와 하륜(河崙)의 풍수 이론상의 문제 지적에 따라 포기되고 궁극적으로 한양이 새 도읍지로 선정되었다. 새 도읍지 선정 과정에서 수도 이전의 명분은 풍수에서 도출되었지만, 구체적 입지 선정은 국토 중앙적 위치·교통·수도로서 터전의 크기 등을 고려하여 결정되었다. 이와 같이 도참설에 근거한 도참 풍수의 이데올로기적, 정치적 역할은 조선 초의 수도 선정을 마지막으로 효용을 다한 듯하다.

고려와 조선 초에 큰 영향을 미친 이른바 '도참 풍수'에 대하여 오늘날 그 과학적 성격이나 이론적 진위를 문제 삼는 것은 적절하지 않다고 본다. 도참 풍수는 천인감응설과 같은 전통 자연관에 기초한 이데올로기로 해석되고, 그 시대의 정치적·사회적 문제 해결에 어떤 방향으로 기여했는가 하는 차원에서 평가되는 것이 바람직하다.

3) 풍수 사상

전통 시대의 지리학이라면 흔히 풍수를 떠올린다. 실제로 조선 시대 지리는 곧 풍수지리를 의미했다. 전통 지리 사상으로서 풍수를 논의하기 위해서는 '풍수적 사고'와 풍수 술법을 개념적으로 구분할 필요가 있다. '풍수적 사고'가 동북 아시아인들이 그들의 기후와 지형 등 자연환경에 적응하기 위한 공간 지각 양식 혹은 자연관이라면, '풍수 술법'은 길흉화복을 점치는 술법이다. 전통적인 한국 도시와 마을의 입지나 구조, 경관 이해에는 풍수적인 안목이 필수적이다. 풍수적 사고가 우리 조상들이 공간 환경을 이해하고 평가하는 전통적 지리관이었기 때문이다. 다른 한편으로 풍수는 인간의 길흉화복에 영향을 미치는 기(氣)가 토지에 있다고 보고, '지기감응(地氣感應)'을 묘지나 거주지 선택에 활용하는 술법으로 인식되어 왔다. 이러한 풍수 술법은 '천인감응'의 동아시아 세계관에 뿌리를 둔 것이지만, 우리 전통지리학이 가진 신비적 측면을 대표한다.

실제 한국 전통 사회에서 도읍이나 마을 그리고 묘지를 선정하는 입지론 구실을 했던 풍수는 풍수적 사고와 풍수 술법, 이 두 가지 측면을 모두 포함하는 것이다. 도참설에 근거하여 국토 전체를 대상으로 땅의 기운을 논하여 지역의 정치적 성쇠를 예측하는 풍수 술법, 이른바 '국역풍수(國域風水)'는 조선 시대에 들어와 새로운 집권 계급인 유학자들의 정면 비판으로 사라졌다. 그러나 풍수적 사고는 조선 시대 지방 읍치의 이동이 있을 경우 새 입지 선정과 관아 건물의 구성에 여전히 유효했고 풍수 술법도 활용되었다. 고려 시대 산 위에 입지했던 지방 군현의 치소가 조선 시대에는 산 아래로 내려오는데, 새로운 입지는 주로 산의 발치에서 산을 배경으로 풍수적 형국을 이루는 경향이 뚜렷하다. 특히 조선 시대에 풍수 술법은 왕릉을 비롯하여 후손이 복을 받자는 '음택 풍수'에서 힘을 발휘하였다. 풍수적 사고는 전통 시대 한반도에서 너무나 뿌리 깊은 지리 사상이었기 때문에 그 구체적 수단이 되는 '풍수 술법'이 모든 터 잡기에서 공식적으로 채택되지 않았더라도 입지 선택에 중요한 영향을 미쳤다.

풍수는 고대 동북아 사람들의 소박한 주거지 선정 기술[44]이 중국 한(漢) 시대의 음양오행설에 기초한 『청오경(靑烏經)』과 동진(東晉)·곽박(郭璞)의 『장서(葬書)』 등에서 체계화되었다. 풍수라는 말은 '장풍득수(藏風得水)'를 의미하는데, 이는 기운으로서 바람을 갈무리하고 생계를 위하여 물을 얻는 것으로 정의된다. 실제 행해지는 풍수 술법의 목적은 땅속에 흐르는 생기(生氣)에 감응(感應)받음으로써 흉한 것을 피하고 복을 얻을 수 있는 길지(吉地)를 찾는 데 있다. 북반구 온대계절풍 기후에 산과 하천 계곡이 많은 한국에서도 자연환경에 대한 적응 전략으로서 '자생적' 전통의 풍수적 사고가 있었을 것으로 추측된다. 그러나 풍수 술법은 중국에서 체계화되어, 신라 말경에 우리나라에 도입된 것으로 알려져 있다. 오늘날 한국의 풍수는 자생 풍수의 바탕 위에 조선 시대에 성행한 음택(陰宅) 발복(發福)에 적용된 중국의 술법 풍수가 이론 체계를 이룬 것으로 본다. 풍수 술법은 크게 좌향론(坐向論)과 형국론(形局論)으로 나눌 수 있다. 한국 풍수의 특징은 형식 논리적인 좌향을 따지기 보다는 종합적인 형국을 중시하고, 터의 자연적인 조건이 모자라거나 지나칠 경우에는 인위적으로 교정하는 비보(裨補壓勝) 방법이 많이 사용된다는 점이다. 한국 풍수의 시조라고 불리는 신라 말의 승려 도선(道詵)이 비보 풍수의 대가로 알려져 있다.

4) 유교의 천인감응 사상과 풍수

조선 시대에는 유교가 불교를 대체하여 국가 지배이데올로기가 되고, 유학을 존숭하는 사대부들이 지배 계급이 되었다. 사대부 계급은 대체로 유학자를 자처했는데, 이들은 풍수를 잡술(雜術)로 배격하였다. 그러나 왕릉을 선정하는 일에 풍수가 공식적으로 활용되었고, 사대부 가문에서는 묘소를 둘러싼 송사가 무수히 발생하였다. 이런 맥락에서 유학자 자신들도 풍수에 상당한 식견을 가지고 있었다. 조선 사회에서 풍수지리는 완전히 믿을 수는 없으나 완전히 폐할 수도 없는 일종의 권도(權道)로서 유교 사회에 수용되었기 때문이다.[45] 유가들의 풍수 수용 논리는 첫째, 자연도 아름답고 유정한 땅이 있고 무정한 곳이 있다.[46] 또 죽은 사람이 편하다면 산 사람도 편하다는 자연스러운 천인감응(天人感應)의 입장에서 땅을 골라야 한다는 것이다.[47] 둘째, 죽은 조상의 음덕을 후손이 얻게 된다는 것은 유교의 명분을 넘지 않는 범위 내에서 '적선한 집에는 반드시 좋은 일이 생긴다(積善之家 必有餘慶).' 하는 적덕(積德)의 개념, 곧 운명론적 결정론보다는 인본주의적 중용(中庸)의 차원에서 제한적으로 수용되었다. 셋째, 묘지 선정에 풍수를 적용하는 것은 '어진 사람과 효성스런 자식의 마음(仁孝之心)'으로 '사람이라면 누구나 가진 정(人之常情)'의 차원에서 이해되었다.[48] 결과적으로 땅이 윤택하고 초목이 무성하여 생기가 충만한 곳에 묘지를 선택하는 것을 망령되게 복을 구하는 행위로 비난하기보다는, 그 자연스러운 정성으로 용납한다는 것이다. 결국 혈연적·지역적 공동체를 번성시키고 전승하자는 가(家) 중심의 유교적 가치관이 풍수의 복을 구하는 지기감응과 결합되었던 것이다.

자연과 인간의 감응은 조선 시대에 일반화된 '인걸지령(人傑地靈)'[49]의 사고에서 가장 잘 나타난다. 『동국여지승람』에는 "풍천(豊川)의 산수 승경이 관서에서 제일인데 생각하건대 옛사람이 이르기를 인걸은 지령이라 하였으니, 대개 땅이 영험하면 인걸이 반드시 나며, 사람이 뛰어나면 땅이 더욱 영험해지는 것이다."라고 하였다. 『택리지』에는 지역별로 배출 인물을 논하면서, 훌륭한 인물은 땅의 신령스러운 정기로 태어난다고 언급하였다. 전라도 산천의 경치가 좋고 훌륭한 곳이 많은데도 고려에서 조선까지 크게 드러난 인물이 없었으니 한 번쯤은 모여 있던 정기가 드러날 만도 하다고 하였다.[50] 자연의 본체를 생명 현상으로 인식하고 자연(天)이 '생명을 살리는 뜻(生意)'을 최고 가치인 인(仁)으로 보는 유학자들은 생의가 넘치는 땅과 인간이 서로 통하여 감응한다는 지기감응을 거부감 없이 받아들일 수 있었던 것이다.

풍수와 유가는 모두 생기를 중시하고 감응을 인정한다. 풍수의 생기감응은 오행의 기가 땅속을 돌아다니는데, "기가 귀신에 감응하여 복이 산 사람에 미친다(氣感而應鬼, 福及人)."라는 것이다.[51] 이는 땅의 생기가 땅속에 묻힌 부모의 유골을 통하여 후손에게 전해진다는 인과적인 화복론(禍福論)이다. 그러나 유가가 자연 지형에서 구하는 생기감응은 초목의 화창한 모습에서 느껴지는 자연계의 생명 의지에 정감으로 일체감을 얻는다는 심미적 감응이다. 풍수에서 복을 구하는 감응과 유교의 정감적 일체화의 감응은 논리적으로 구분된다. 풍수의 감응이 선천적으로 주어지는 인과적 결정론인데 비하여, 유교의 감응은 후천적 배움과 정성을 통하여 얻어진다는 정신적 자세를 강조한다. 풍수에서 묘지(陰宅)감응이 지나치게 강조되고 있지만, 유교와 풍수는 동아시아의 천인합일 자연관에 함께 뿌리를 두고 천인감응 사상을 공유한다고 볼 수 있다.

현대인에게 풍수지리의 효용과 의미는 더 이상 좋은 땅을 점유하여 복을 받는 기술로서 받아들여질 수 없다. 자연환경과 인간 사회의 적절한 관계 정립이 심각한 문제로 제기되고 있는 현대 사회에서, 풍수는 다음 몇 가지 방향에서 연구·이해·활용될 수 있다. 첫째, 자연적인 것에 우선적 가치를 부여하면서 인간과 자연의 조화를 강조하는 한국인의 독특한 생태 환경 사상, 혹은 세계관으로 연구될 가치가 있다. 둘째, 풍수는 한국 전통 취락의 입지와 구조, 문화 경관의 구성 원리로 이해될 수 있다. 셋째, 자연을 살아 있는 유기체로 보고 개발에 취약한 자연환경을 조심스럽게 보호 관리해야 한다는 환경 관리 이론으로 재평가하여 활용할 수 있다. ■52

6. 한국 땅에 새겨진 전통적 자연관

1) 천인합일의 장소 동천과 구곡

천인합일 사상은 우리나라의 시문(詩文)에도 많이 나타난다. 특히 조선 시대의 명승 유람 문화에서 폭넓게 수용되었다. 조선 왕조의 안정기에 이룩된 『동국여지승람』의 「제영(題詠)」 항목에는 1,353수에 달하는 시문이 수록되어 있다. ■53 『동국여지승람』 서문에서 서거정은 "물상(物象)을 읊조리고 왕화(王化)를 칭송하는 데는 실로 시문(詩文)밖에 없다."라고 하였다. 백성을 교화하고 가르쳐 국가(왕권)를 공고하게 하기 위해서는 자연 경치를 읊으면서 그 아름다움을 임금의 덕택으로 돌리는(比德) 시문(詩文)의 유용성을 언급한 것이다. 고려 시대부터 조선 전기까지 군현 경승의 아름다움을 읊으면서 임금의 덕을 칭송하는 제영은 읍치의 누정, 객관에 게시되고, 지리지에 실려 후대에까지 보전되고 있다.

조선 중기에 이르러 유학자의 주류를 형성하게 되는 사림과 유학자들은 경승지를 유람하면서 공자의 '요산요수(樂山樂水)' 전통을 잇는다. 유학자들은 경승지를 찾아 느끼는 천인합일의 경지를 시문으로 남기고, 후인들은 그곳에 정자를 세워 선인을 추모하고 그 경지를 함께 하고자 했다. 이들의 정신세계를 노래한 기록을 보면, 대체로 풍진 세상으로부터 벗어나고자 하는 탈속적 쇄락(灑落)을 추구한다. 그리하여 현실을 떠난 세계를 노닐면서 정신적 자유와 상쾌함을 맛보려 한다. 근심이 생기는 발원지인 티끌세상을 피해 찾고자 하는 곳이 현실적 고통과 근심이 없는 이상향(理想鄕)이다. 이상향은 청학동(靑鶴洞), 무릉도원(武陵桃源), 도화원(桃花園), 별천지(別天地) 등으로 그려지기도 했다. 그러나 이 선계(仙界)는 도사(道士)들의 세계가 아니라, 유학자들이 생각하는 선계이다. 현실 세계와 갈등과 불화가 없는 곳이며 정신적 자유를 누릴 수 있는 공간이다. 지리산의 화개동천·청학동이 그 예이다.■54

조선 후기에 전국적으로 성행하는 정자 문화는 공자의 요산요수에 연원을 두고, 봄날 친구들과 함께 "기수(沂水)에 목욕하고 무우(舞雩)에서 바람을 쏘이고, 시를 읊조리며 돌아오고 싶다."라는 '증점의 즐거움(曾點之樂)'을 추구하는 문화이다. 정자는 바라보는 시내와 숲에서 느껴지는 생의(生意)를 통해서 만물을 낳은 천지의 조화(仁)를 깨닫는 천인합일 경지를 체득하는 장소였다. 산수의 즐거움은 감정을 화창하게 하는 것(山水之樂)에서 나아가, 산수 속에 흐르는 천리(天理)를 보고 혼연일체가 되어 자신의 심성을 수양하는 구도자(求道者)의 자세로 산수 자연과 일체화되려는 '인지지락(仁智之樂)'이 된다.■55 이중환은 『택리지』에 별도로 산수 편을 두고 전국의 경치 좋은 곳을 논한 다음, 시냇가에 사는 계거(溪居)를 사대부가 가장 살만한 곳으로 꼽았다. 시냇가에 사는 것이 평온한 아름다움과 운치가 있으며, 물을 대어 농사짓는 이로움까지 겸하기 때문에 강가나 바닷가 보다 좋다는 것이다.■56 특히 강가에 정자를 지으면 지리의 변동이 많아 오래 지탱할 수 없는 반면, 정자를 지어 오래 보전할 수 있다는 것도 계거지의 장점이라 하였다. 산수가 아름다운 곳으로 "전국에 산이라고 불리는 곳은 많지만 골(洞府)이 없는 곳은 논하지 않고 천석이 없는 곳도 기재하지 않는다."라고 하였다. 이른바 '동천(洞天)'을 전형적 명승으로 생각한 것이다. '동천'은 깊은 산중의 계곡으로 도가(道家)의 신선이 사는 곳(神仙之居處)을 뜻하는 용어였다. 조선 중기 이후 유학자들이 은퇴하여 계곡에 정자를 마련하고 산수를 벗 삼아 '위기지학(爲己之學)'에 전념하는 장소로 만들자 전국에 수많은 이름 있는 동천이 생겼다. 동천을 줄여서 그냥 '동(洞)'이라고도 한다. 구곡(九曲)은 주자가 경영한 '무이구곡(武夷九曲)'의 영향을 받아 성리학자들이 자신이 은거하는 동천의 굽이에 이름을 붙이고 시를 지어 구곡·칠곡·오곡을 경영하였다. 유학자의 천인합일의 자연관과 관련된 한국의 대표적인 전통 명승을 '동천구곡(洞天九曲)'이라고 할 수 있다. 이중환(李重煥)은 『택리지』 산수편에서 다음과 같이 산수 명승지의 필요성을 논하고 일상생활과 조화의 필요성을 주장하였는데 참으로 실학자다운 논지라 하겠다.

"산수는 정신을 즐겁게 하고 감정을 화창하게 한다. 사는 곳에 산수가 없으면 사람이 촌스러워 진다. 그러나 산수가 좋은 곳은 생리가 박한 곳이 많다. … 그러니 땅이 기름지고 들이 넓고 지세가 아름다운 곳에 집을 짓고 사는 것이 좋다. 그리고 집에서 십리 밖이나 반나절 거리에 산수가 아름다운 곳을 골라 사 두었다가 생각이 날 때마다 때때로 오가며 시름을 풀고 혹은 머물러 자다가 돌아온다면 이것이야 말로 계속 가능한 방법이 될 것이다."

동천구곡은 조선 시대 유학자들의 자연관·인생관을 장소와 경관으로 남기고 시문으로 기록해서 후세에 전한 전통 문화유산이다. 유학자들은 그들이 유람하고 즐긴 감흥을 시문으로 많이 남겼고, 그 교훈적 의미를 현장의 바위에 문구로 새겼으며, 또 산수의 즐거움을 얻는 장소에 정자나 누각을 세워 경치에 대한 감흥을 후대에 까지 전해서 오래도록 많은 사람들과 함께 나누고자 했다.

2) 조선 시대 도시와 건축물

도시는 인간이 창출한 가장 대표적인 문명이다. 도시에는 그 도시를 만든 문화 집단의 우주관·세계관·지리관이 반영되어 있다. 조선 시대에 건설된 옛 도시는 전통적 자연관이 표상(表象)된 곳이다. 서울인 한양과 지방 군현의 행정 중심지인 전국 300여 읍치(邑治)는 유교적 자연관과 세계관을 공간적으로 재현한 것으로 해석될 수 있다. 유교를 지배 이념으로 하는 조선은 유교가 추구하는 천인합일의 세계관과 위계적 사회 질서를 정당화하기 위하여 산과 같은 자연 경관을 권위적 경관의 배경으로

할 수 있도록 도시 입지를 정했다. 도시의 공간 구성은 음양오행설의 우주론을 원용하면서 자연과 조화되도록 설계하였다.

한양을 비롯한 조선 시대 도시의 공간 구조를 자세하게 살펴보면 누적적으로 형성되어 온 전통적 지리 사상이 각 군현의 자연적·역사적 조건을 바탕으로 공간 구조와 경관에 반영되어 있음을 읽어 낼 수 있다. 멀리는 삼한 시대까지 소급할 수 있고 지방관이 파견되기 이전부터 존재하였던 군현의 중심지가 다양한 사유로 이동된 결과 조선 후기에 이르러 조선적인 읍치 경관을 창출했다. 고려 시대까지는 주로 산성에 있던 읍 치소가 조선 시대 이후 산 아래로 내려와 읍성을 쌓고 조선의 건국 이념을 반영하는 경관을 조성하였다. 특히 조선 후기에 새롭게 입지한 지방 읍치는 대부분 주산 혹은 진산의 발치 아래 있거나 상징적 내맥(來脈)으로 산과 연결된 조선적인 도시 입지 경관을 보여 준다. 한국의 전통 중심지는 산을 배경으로 입지함으로써 산을 매개로 하늘과 연결된다는 전통적 자연관에서 상징적 권위를 얻고, 백두산에서부터 이어 오는 백두대간이라는 산경(山經) 체제에 포섭됨으로써 연원을 중시하는 유교적 정통성을 자연화한다. 또 과거 읍치가 있었던 산과 연결됨으로써 역사적 연속성을 가지고 있다는 점을 인식시킨다.

대부분 전통 도시의 입지와 좌향이 배산임수의 구조에 좌청룡 우백호로 둘러싸인 '장풍득수'의 국면을 이루어 풍수적인 요건을 중시한 것을 볼 수 있다. 『동국여지승람』에서 수도 한양의 입지와 국면을 설명한 아래 내용은 한양뿐 아니라 전국 대부분 읍치의 입지와 국면 형성에 적용 가능한 전형을 제시한 것으로 볼 수 있다.

> "북으로 화산을 진산으로 삼아 (동과 서는) 용이 서리고 범이 쭈그리고 앉은 형세요, 남쪽은 개천과 한강으로서 옷깃처럼 띠처럼 둘렀다. 멀리 왼쪽으로는 대관령을 당기고 오른쪽으로는 발해를 두른 그 형세가 훌륭하기는 동방의 으뜸으로서 진실로 산하가 아름답고 지키기에도 더할 나위 없이 좋다." ■57

『동국여지승람』을 비롯한 조선 시대 모든 지리지의 기술 원칙과 순서에서 산과 같은 자연에 권위의 원천을 두고 사회 질서를 정당화하는 자연관과 세계관을 읽을 수 있다. 즉, 형승·산천-존경 경관(제사)-권위 경관(현실권력)의 배열 순서를 취함으로써, 자연을 원천으로 하고 조상을 매개로 하여, 현실적 사회 질서를 정당화하였다. 대부분의 읍치는 진산(鎭山)을 지정하여 읍치가 산을 매개로 하늘과 연결되는 것임을 의식하도록 했다. 주산(혹은 진산) 아래는 궁실(객사)과 수령의 관아인 동헌이 입지하였으며, 그 앞으로 다른 관아 건물과 시장이 위계적으로 늘어선다. 궁실과 관아는 '군자남면(君子南面)'이라는 유교 이념에 따라 남향을 기본으로 한다.[58] 그러나 지역의 지형지세에 따라 반드시 남향을 고집하지는 않는 상대향을 취하여 자연과 조화를 이루었다.

모든 지방 군현의 읍치에는 조선 초기에 제도화된 의례에 따라 문묘(文廟)·사직(社稷)·성황(城隍)·여단(厲壇)이라는 4개의 제사 장소를 배치하였다. 특히 전통 사회의 양대 권위인 현세적 지배 권력과 종교적 제사 권위를 표상하는 장소를 함께 배치하는 방식은 조선 시대 도시 구조의 가장 중요한 특성이다. 관아가 위치한 중심에서 왼편으로 한참 떨어진 장소에는 종묘와 문묘가, 오른편으로 떨어진 장소에는 곡물과 토지의 신에게 제사하는 사직단이 '좌묘우사(左廟右社)'의 원칙에 따라 배치되는 것이 이념형이다. 좌측은 해가 뜨는 동쪽이 되고 우측은 해가 지는 서쪽이 되어 오행의 상생과 부합한다. 현실적 권력의 상징인 관아는 위엄을 나타내도록 중앙적 위치(읍성 내부)에 집중하되 전후 상하로 위계를 나타내도록 배열된다. 한편, 존경 경관인 문묘·사직단·성황사·여단 등 제사 장소는 주로 읍성 밖에서 동서남북 사방을 두르는 방식으로 분산되어 있다. 권력 장소는 '중앙에 위계적으로 집중 배열'하고 종교 장소는 '주변에 격리하여 분산적으로 배치'하는 방식은 중세적 질서를 유지하는 핵심적 요소인 제사(종교)와 통치(권력)라는 이원적 체제를 유교적 가치관에 따라 조화롭게 공간적으로 재현한 것으로 이해된다. 제사 시설은 『동국여지승람』에서 밝힌 것처럼, "조종을 높이며(尊祖宗), 신기를 공경(敬神祇)하는" 중차대한 요소이지만, 귀신을 섬기는 것이 살아 있는 사람을 다스리는 권위에는 도전할 수 없다는 '유교적 현세주의'[59]에 따라 도시 중심이 아닌 주변에 배치한 것이다. 이런 측면에서 한국 전통 도시의 공간 구조는 종교 장소가 도시 중심에 집중하는 기독교나 이슬람 도시와 근본적으로 다르다. 동아시아 세계관이 도시 구조에 전형적으로 반영된 것으로 해석된다.

한국 전통 도시나 마을의 경관에서 찾아지는 전통 자연관의 영향은 다양한 비보(裨補)이다. 제사 장소가 읍치의 사방 영역 경계를 이루는 사신사(四神砂) 아래에 입지한 것도 읍치 영역을 비호하는 비보와 관련해서 이해할 수 있다. 특히 조선 시대 읍치는 산성에서 내려와 대부분 하천의 합류점에 가까이 입지하여 외부의 침략이나 도적 뿐 아니라 수해와 같은 자연재해의 위험에 노출되어 있다. 하천 근처나 취락 입구에 조성된 비보 숲이나 조산, 그리고 비보사찰을 포함하는 비보탑 등 비보 시설은 공동체 차원의 끊임없는 관리와 주목을 요구한다. 비보 시설은 제사 시설과 함께 주민의 관심을 영역 주변에 배정함으로써 외부와는 구분되는 내부 영역을 인지시키는 역할도 한다. 이러한 비보 시설은 자연적·사회적 위협에 대한 고도의 경각심을 유지시키는 실제적이고 상징적 효과를 기대할 수 있는 전통적·생태학적 지혜로 해석된다.

천인합일의 자연관은 일상생활에서 자연과 조화를 추구하는 방식으로 나타난다. 한국의 전통 건축은 자연 경관으로부터 두드러져 보이는 탁월 경관을 만들어 권위와 아름다움을 추구하지 않는다. 한국의 전통 건축은 자연에 순응함으로써 자연이 가진 하늘의 권위를 나누어 받는다. 한양의 북한산 줄기 백악의 발치에 세워진 경복궁, 수백 년 동안 동쪽으로 증축해 가는 과정에서 자연스럽게 길어진 종묘 건축, 태백산과 소백산이 접하는 봉황산 기슭 경사지에 그냥 펼쳐 놓은 영주 부석사 건축물들, 오십천 변 울퉁불퉁한 석회암 바위를 그대로 두고 그 위에 기둥의 길이를 맞추어 지은 삼척 죽서루, 앞산의 생기를 일곱 폭 산수화 병풍에 펼쳐 놓은 안동 병산서원 만대루, 지붕 처마를 길게 내어 낙숫물이 황강에 바로 떨어지도록 한 합천 함벽루 등이 한국식 천인합일의 사례이다.

3) 지명

지명은 일종의 화석화(化石化)된 문화 경관이다. 문화 집단은 한정된 공간에 이름을 붙임으로써 그곳을 자신의 문화가 정체화(identified)된 장소로 만든다. 한국에도 기원을 달리하는 다양한 문화가 전파되었으며, 이 문화들이 지명에 화석화되어 남아 있다. 지명 해독을 통해 문화의 전파 과정과 문화 지역, 그리고 문화 집단이 자연과 사회를 인식하는 방식을 알아 낼 수 있다.

불교문화는 삼국 시대 불교가 도입된 이래 산 이름에 특히 많은 영향을 미쳤다. 명산대찰(名山大刹)이란 말처럼 좋은 산에는 불교 사찰이 많이 들어서 있다.■60 이 과정에서 많은 산과 봉우리 이름이 불교적으로 명명되었다(天王, 毘盧, 般若, 靈鷲, 伽倻, 金剛 등). 그러나 백두대간에 위치하는 산들은 고유의 전통적 이름인 백두, 두리, 태백, 함백, 소백 등 백산(白山) 계열이 많다. 풍수 사상과 비보에 관련된 지명도 전통적 자연관이 지명에 새겨진 예이다. 비봉산(飛鳳山)·옥녀봉(玉女峰) 등 풍수 형국과 관련되는 산 이름과, 풍수상 취약한 부분을 보완하거나 지나친 경관을 막아 주는 비보염승(裨補厭勝) 경관을 의미하는 조산(造山)·조탑(造塔)·수(藪)와 같은 유형 명이 있다. 또 한양성 동쪽 지맥(靑龍)이 허약한 것을 비보하는 흥인지문(興仁之門: 서울성 동대문)과 '남고북저'의 지세를 비보하는 함안의 여항산(餘航山)처럼 비보적 의미로 지어진 지명도 많다.

유교 문화가 지배 문화로 자리 잡으면서 지명이 유교적 가치관에 따라 지명을 바꾸는 경우도 있다. 한국의 산 이름은 불교식 이름이 많은 편이지만, 마을 앞의 산에는 '문필봉(文筆峰)'이라는 이름을 붙여 붓을 연상시키는 산 모양을 보고 열심히 공부하도록 장려했다. 유학자들이 좋아하던 산은 유교식으로 이름이 붙여진다. 경북 청량산(淸凉山)은 주세붕과 특히 퇴계 이황으로 인해 유명해진 대표적 산이다. 한양의 성문과 종루에는 유교의 덕목인 오상(五常: 仁義禮智信)에 따라 동서남북에 흥인지문(興仁之門)·돈의문(敦義門)·숭례문(崇禮門)·홍지문(弘智門: 북소문), 그리고 중앙의 종루에는 보신각(普信閣)이라는 이름이 붙여졌다. 지방 읍성의 성문도 이러한 원칙을 따랐다. 자연과 인간을 같은 구조로 생각하고 서로 감응한다는 천인감응의 자연관은 행정 지명에도 적용되었다. 지역 명칭을 마치 사람에게 주어지는 직위처럼 지역의 위계에 따라 부여하고, 포상과 징벌의 방법으로 수시로 행정 지역 위계의 승강이나 통폐합을 실시했다. 지역 위계의 변화는 오늘날처럼 인구나 경제력에 따른 것보다는 그 지역 출신 인물들의 활동에 대한 윤리적 상벌의 성격이 강했다. 즉 고귀한 인물을 배출한 경우에는 군현 위계가 승격되고, 반대로 반역이나 윤리에 반하는 사건이 발생한 군현은 강등이나 폐합 등의 방식으로 징계한다. 경우에 따라서는 지명을 바꾸어 천인감응에 의한 풍속의 도덕적 변화를 기대하였다.■61

유교적 자연관은 자연을 이상화하여 인간이 자연을 닮고 따르고자 하는 것이다. 따라서 한국의 전통적 지명에는 서양처럼 사람의 이름을 지명에 부여하는 것을 기피했다. 반대로 대부분의 지명이 산(山), 천(川), 골(谷), 양(陽), 해(海) 등 산수 지형을 나타내는 이름을 유형(類型) 명으로 하고 있다. 유학자들은 고향 명이나 고향의 자연 지명을 자신의 이름(雅號)으로 사용하는 것을 선호했다. 인간 사회는 위대한 자연의 법칙을 따름으로써 하늘과 인간이 하나가 되어 더욱 아름다워진다는 자연관이 반영된 것이다.

7. 역사지리학 연구에서 전통 자연관의 의의

　자연관은 인간이 자연환경에 적응하는 과정에서 얻어지는 관념의 체계이다. 자연관은 자연을 포함한 외부 환경에 대한 적응 전략의 기초가 되기 때문에 세계관·인생관과 직결된다. 한국인의 전통적 자연관과 세계관은 과거의 지리를 형성하는 배경이 되었고 현재에도 역사적 문화 경관으로 남아 있을 뿐 아니라, 현대 한국인의 사고와 행동을 이해하는 데에도 도움을 줄 수 있다.

　한국인의 전통적 자연관은 인간의 원형적 공간 지각을 기초로 하고 중국을 중심으로 하는 동아시아 자연관이 큰 틀을 이루고 있다. 동아시아의 자연관·세계관은 현대 자본주의 체제를 성립시킨 서구의 자연관·세계관과 창조주의 존재 유무·자연계에서 인간의 위상·변화 발전을 보는 관점에서 매우 다르다. 근대 서세동점(西勢東漸) 과정에서 중국과 한국인이 경험한 고난의 상당 부분은 서구적 자연관·세계관에 의한 충격이란 측면에서 설명될 수 있다. 과학의 발전과 기술적 활용·새로운 세계의 정복과 착취 등으로 대표되는 근대 역사에서 천인합일과 천인감응의 동아시아 자연관은 인간과 자연을 분리시켜 자연을 지배와 정복의 대상으로 보는 서구적 자연관에 압도되었다고 할 수 있다. 한국의 현대사는 서구의 자연관과 세계관을 수용하는 과정으로 이해될 수 있으며, 이 과정에서 전통적 자연관은 망각되고 폄하되고 다시 왜곡되었다.

　모든 변화를 순환하는 자연 질서에 비유하여 긍정적으로 보는 동아시아 자연관은 서구 자연관의 충격도 적극적으로 수용할 수 있는 문화적 저력으로 다시 주목 받고 있다. 동아시아 전통 자연관을 과거의 낡은 관념이나 비과학적 사상으로 평가해서는 한국 전통문화와 전통 지리학이 가진 가장 의미 깊은 부분을 놓치게 된다. 그것은 단순히 전통 경관이나 전통적 사고의 이해와 관련되는 것만이 아니다. 최근 인간과 자연의 관련성 변화의 세계적 추세는 자연의 물질성을 착취하여 활용하는 하드웨어 중심에서부터 자연의 생명성과 조화성에 대한 친화적 이해가 중시되는 소프트웨어, 그리고 인간관계에 주목하는 휴먼웨어 중심으로 전환되고 있기 때문이다.

유학자들은 수족이 마비되어 혈기가 통하지 않는 증세를 '불인(不仁)'이라고 하였다. 맹자는 '측은지심(惻隱之心)'을 인(仁)의 단서로 보고, 성리학자들은 '온 인류가 나의 동포요, 모든 사물이 나와 관계 있다.'고 설파한다. 그리하여 온 세계 천지만물과 서로 느끼고 통하는 삶을 인(仁)의 경지로 본다. 이러한 감응·감통의 정신은 결국 생명체로서 자연계를 도덕적 공동체로 간주하고 자연계의 생명력과 개성을 존중하는 태도를 형성하도록 돕는다. '천지가 만물을 낳는 마음(天地生物之心)'이라는 유교의 자연관은 현대인이 다시 얻어 자신의 마음으로 삼아야 할 생태 철학이다. 이 천인합일의 생태 철학이 자연을 지배·착취하는 서구적 자연관을 지양하는 현대의 대안적 자연관 형성에 도움을 줄 수 있을 것이다.

『동국여지승람』과 『택리지』, 그리고 『대동여지도』는 한국의 전통 자연관을 종합해서 담아 놓은 귀중한 문화유산이다. 우리 국토의 주택과 묘지, 사찰과 정자·서원, 그리고 도성은 한국인의 전통적 자연관이 구현된 장소이다. 전국에 산재한 동천과 누정, 그리고 방대한 선인들의 산수 시문은 전통 자연관을 그린 아름다운 풍경화이고 노래이다. 한국과 세계의 장소와 경관을 형성하는 이념과 문화 전통인 자연관에 대한 깊은 식견은 아름다운 국토를 만들고 한국인들의 정신세계를 한층 더 풍요롭게 하는 데 더 큰 기여를 할 수 있을 것이다. 나아가 세계를 새롭게 발견하고 이해하는 데에도 도움이 될 것이다.

주

1 R. G. 콜링우드 지음·유원기 옮김, 2004, 자연이라는 개념, 이제이북스, 28-29.

2 "풍토는 역사적 풍토인 까닭에 풍토의 유형에 대한 이해는 동시에 역사의 유형이다(和辻哲郎, 1935, 風土-인간학적 고찰, 岩波書店)."

3 "Most of us are born geographers(Domosh M., 2010, *The Human Mosaic-A Cultural Approach to Human Geography*, 11th edition, Freeman, 1)."

4 이-푸 투안 지음, 구동회·심승희 옮김, 1995, 공간과 장소, 대운, 63-87.

5 생선의 '손', 주택의 '간', 경지의 '마지기'는 모두 인간을 척도로 한 것이다. 서구의 1 야드는 한 걸음이고 1 마일은 일천 걸음이다.

6 Norberg-Schulz, C. 지음/김광현 옮김, 1994, 실존·공간·건축, 43.

7 "중국 사상의 위대한 전통에는 신의 조칙도 없었거니와 그것을 반포할 수 있는 신적 창조자도 없었다. AD 4세기의 향수(向秀)·곽상(郭象)의 『장자』 주석에 다음과 같은 유명한 구절이 있다. "따라서 사물의 창조에는 주인이 없다(無主). 모든 사물은 스스로를 창조한다(物各自造). 모든 사물은 스스로를 생기게 하며 다른 어떤 것에도 의존하지 않는다. 이것이 바로 우주의 정상적인 상태이다(조셉 니담, 1988, 중국의 과학과 문명 Ⅲ, 을유문화사. 294-295)."

8 "사람과 천지는 하나의 사물이다(人與天地一物也)."『정씨유서(程氏遺書)』

9 『역전』,「단전(彖傳)」「복괘(復卦)」

10 다카기 긴자부로 지음·김원식 옮김, 2005, 지금 자연을 어떻게 볼 것인가, 녹색평론사.

11 데이비드 페퍼 지음·이명우 외 옮김, 1989, 현대환경론, 한길사, 75-82.

12 "신은 신을 믿는 과학자들에게서 가장 학대 받는다.··· 과학의 진격 앞에 신은 후퇴하면서 마침내 자연의 전영역이 과학에 정복되고 자연 속에는 더 이상 창조주를 위한 한 자리도 남지 않게 되었다(프리드리히 엥겔스 지음·윤형식 외 번역, 1989, 자연변증법, 중원문화, 201)."

13 데이비드 페퍼 지음·이명우 외 옮김, 앞의 책, 73.

14 Horkheimer & Adorno, 1972, Dialectic of Environment, N.Y: Seabury; 레이먼드 머피 지음·오수길 외 옮김, 2000, 합리성과 자연, 한울아카데미, 24에서 재인용.

15 "옛날부터 지금까지를 주(宙)라고 하고 사방 상하를 우(宇)라고 한다(往古來今謂之宙 四方上下 謂之宇)."『회남자(淮南子)』'제욕훈(齊俗訓)'

16 "도의 길을 따르는 자는 천지자연을 따르므로 … 이로 볼 때 만물은 본래 자연적으로 그렇게 된 것이다(脩道理之數 因天地之自然…由此觀之 萬物故以自然)."(『회남자』, '제일 원도훈', 조셉 니담 저·이석호 외 역, 1986, 중국의 과학과 문명 Ⅱ, 을유문화사, 72-73에서 재인용)

17 "有物混成, 先天地生, 寂兮寥兮, 獨立不改, 周行而不殆, 可以爲天下母, 吾不知其名, 字之曰道, 强爲之名曰大, 大曰逝, 逝曰遠, 遠曰反, 故道大, 天大, 地大, 王亦大, 域中有四大, 而王居其一焉, 人法地, 地法天, 天法道, 道法自然."(『노자』, 25장, 한글풀이는 왕필·임채우 옮김, 2005, 왕필의 노자주, 한길사

18 "天行健 君子以自强不息(『주역』「건괘(乾卦)」「상사(象辭)」)"

19 "夫大人者與天地合其德, 與日月合其明, 與四時合其序, 與鬼神合其吉凶."『주역』「건괘(乾卦)」「문언전(文言傳)」

20 "사람은 만물을 초월하여 천하에서 가장 존귀한 존재이다. 사람은 아래로 만물을 기르며 위로는 천지와 함께 셋이 된다(人之超然萬物之上, 而最天下貴也. 人, 下長萬物 上參天地)."『춘추번로(春秋繁露)』'천지음양(天地陰陽)'

21 "有天地然後 有萬物, 有萬物然後 有男女, 有男女然後 有夫婦, 有夫婦然後 有父子, 有父子然後 有君臣, 有君臣然後 有上下, 有上下然後, 禮義有所錯 …."『주역』'서괘'

22 "봄 산은 화답하는 듯하고 여름 산은 화난 듯하며, 가을 산은 화장한 듯하고, 겨울 산은 잠자는 듯하니, 사계절 산의 뜻을 산은 말할 수 없으나 사람은 말할 수 있다(春山如答, 夏山如怒, 秋山如妝, 冬山如睡, 四山之意 山不能言, 人能言之)."(이택후, 1990, 화하미학, 103-104)

23 『춘추번로』, '오행지의(五行之意)'

24 天地人萬物之本也. 天生之, 地養之, 人成之.『춘추번로』, '입원신(立元神)' 19

25 "무릇 예라는 것은 하늘과 땅의 도, 사람의 행동에 관한 것입니다. 즉 하늘과 땅의 규범이며 사람은 천지의 규범을 본받는 것입니다. 하늘의 밝음을 우러르고 땅의 덕을 존경하며, 천지의 여섯 가지 기운을 받고 태어나 오행을 이용하여 살아갑니다(『춘추좌전』'소공(김公) 25년)."

26 이택후 지음·정병석 옮김, 2005, "오행도식의 역사적 영향," 중국고대사상사론, 한길그레이트북스.

27 『논어』「자한」 17.

28 "지혜로운 자는 물을 좋아하고, 어진 자는 산을 좋아한다. 지혜로운 자는 동적이고, 어진 자는 정적이다. 지혜로운 자는 즐거워하고, 어진 자는 오래 산다(知者樂水 仁者樂山 知者動 仁者靜 知者樂 仁者壽)."『논어』「옹야」 23

29 "子路曾晳冉有公西華侍坐 子曰 以吾一日長乎爾 毋吾以也 居則曰不吾知也 如或知爾 則何以哉 子路率爾而對曰 … 曰 莫春者 春服旣成 冠者五六人 童子六七人 浴乎沂 風乎舞雩 詠而歸 夫子喟然歎曰 吾與點也』『논어』「선진」 25

30 "曾點之學, 蓋有以見夫人欲盡處, 天理流行, 隨處充滿, 無少欠闕. 故其動靜之際, 從容如此. 而其言志, 則又不過卽其所居之位, 樂其日用之常, 初無舍己爲人之意. 而其胸次悠然, 直與天地萬物上下同流, 各得其所之妙, 隱然自見於言外. 視三子之規規於事爲之末者, 其氣象不侔矣, 故夫子歎息而深許之." 『논어집주』

31 "엷은 구름 산들바람 한낮이 다 된 때에, 꽃을 끼고 버들 길 따라 집 앞 시내 지나네. 주변 사람 내 마음의 즐거움을 모르고서, 한창 공부할 소년이 한가로이 거닌다 말하리(雲淡風輕近午天 傍花隨柳過前川 旁人不識予心樂 將謂偸閒學少年)."『이정집』, '우성(偶成)'

32 주자의 仁說.

33 "높이 솟은 정자에서 굽어보는 시내, 이른 새벽에 올라 저녁에 이르도록 보는구나. 아름답고 따뜻한 봄날에, 이 시내 건너편 나무들을 바라보도다. 잇달아 숲을 이루어 아름다움을 뽐내니, 각각 생의가 드러난다. 위대한 조화는 본래 말이 없거늘 뉘라서 이 마음 함께 깨달을꼬(危亭俯淸川 登覽自晨暮 佳哉陽春節 看此隔溪樹 連林爭秀發 生意各呈露 大化本無言 此心誰與晤)." (『주자대전』 권6, '題林澤地之欣木亭')

34 "백두산은 불함산(不咸山)이라 불렀다. '불함'이라는 말은 '밝은'의 역음(譯音)으로 광명(光明) 또는 신명(神明)이라고 하기도 하고, 불(不: 火)은 빛으로, 함(咸: 汗)은 임금이라고 보아 빛의 천신(天神)의 산으로 풀이하기도 한다." - 최원석, 1992, 풍수의 입장에서 본 한민족의 산 관념-천산 용산 그리고 인간화(서울대학교 지리학과, 지리학논총 19, 69-86) -

35 『세종실록』「지리지」의 진산에 대한 기록을 예로 들면 다음과 같다. 도성 한성부: "삼각산(三角山) 성 밖 정북(正北)에 있으니, 일명(一名)은 화산(華山)이다. 신라 때에는 부아악(負兒岳)이라 일컬었다. 도성(都城)의 진산(鎭山)은 백악(白岳)이다. 산정(山頂)에 사당(祠宇)이 있어서 삼각산의 신을 제사 지내는데, 백악을 붙여서 지낸다. 중사(中祀)로 한다." 경기: "명산(名山)으로 말하면, 삼각산(三角山)은 도성(都城)의 진산(鎭山)이 되며, 백악(白岳) 북쪽에 있고", 구도 개성: "진산(鎭

山)은 송악(松岳)이다. 송나라 서긍(徐兢)의 『봉사도경(奉使圖經)』에 이르되, "경성(京城)의 진산은 숭산(崧山)이라 하는데, 꼭대기에 사당 셋이 있으니, 봄·가을에 나라에서 제사를 지낸다. 중사(中祀)에 실려 있다. 첫째는 성황당(城隍堂)이요, 둘째는 대왕당(大王堂)이요, 셋째는 국사당(國師堂)이다." 하였다.

36 "도성 안팎의 산은 표시 목을 세워 부근 주민에게 분담시키고 벌목과 채석을 금하며 감독관과 산지기를 두어 지킨다. … 경복궁과 창덕궁의 주산과 내맥은 산등성이와 산기슭에서 경작을 금하고 외산은 다만 산등성이에서 경작을 금한다. … 지방에서는 금산을 정하여 벌목과 방화를 금한다(『경국대전』「공전(工典)」재식(栽植) 주)."

37 김덕현, 1983, 전통마을 동수연구, 지리학논총 10.

38 성동환, 2005, 풍수논리속의 생태개념과 생태기술, 대동문화연구 50.

39 "護竹開迂徑 憐山起小樓(정도전, 『삼봉집(三峯集)』「산중(山中)」)."

40 이희덕, 1999, 한국고대 자연관과 왕도정치, 예안.

41 이병도, 1975, 고려시대의 도참사상, 한국사상연구회, 한국사상총서 29.

42 "朕賴三韓山川陰佑以成大業, 西京水德順調, 爲我國地脈之根本, 大業萬代之地, 宜當四仲 巡駐 留過百日 以致安寧(이병도, 1979(개정판), 고려시대의 연구 - 특히 도참사상을 중심으로, 아세아문화사 56)."

43 이병도, 앞의 책, 256-272.

44 윤홍기는 풍수가 고대 중국인이 황토 고원에서 좋은 거주지, 특히 양지바른 곳에 따뜻하게 자리 잡은 황토 굴집을 만드는 기술에서 출발했다고 주장한다(윤홍기, 1994, 풍수지리설의 기원과 그 전파, 한국사 시민강좌 14, 특집 한국의 풍수지리설, 일조각)."

45 "地理之說 雖不可盡信 亦不可盡廢." 『세종실록』권61, 세종·5년 7월 신유

46 "정자의 장설(葬說)에 이르기를 '묏 자리를 택함은 땅이 아름다운가를 택하는 것이고, 음양가가 말하는 화복이 아니라고 한 것은 땅이 아름다운 것은 흙빛이 윤택하고 초목이 무성한 것으로 징험이 되는 것이다(『세종실록』권106, 세종26년 12월, 병인)."

47 "死者安則生人安, 必自後世擇地 而言其自然之應耳(정약용, 『與猶堂全書』)"

48 이화, 2005, 조선조 유교사회에서 풍수 담론, 국립민속박물관 민속학연구17.

49 '인걸지령'이란 말은 당대 시인 왕발(王勃)의 '등왕각서(滕王閣序)'에 나오는데, 홍주의 아름다운 경치를 묘사하면서 이곳에 훌륭한 인물들의 활약이 많았다는 것을 칭송하는 내용이다.

50 『택리지』, '팔도총론' 전라도.

51 『금낭경(金囊經)』 제1 「氣感」

52 윤홍기, 2001, 왜 풍수는 중요한 연구주제인가, 대한지리학회지 36(4), 343-355.

53 이연재, 1989, 동국여지승람의 문학성, 고려 시와 신선사상의 이해, 아세아출판사, 226.

54 "한 마리 학은 구름 뚫고 천상으로 날아가고, 한 줄기 물은 옥구슬 흘려 인간 세계로 보내네. 이제 알겠네, 때 없음이 도리어 때가 되는 줄을, 마음 속 산하는 보지 않았다고 말해야겠네(獨鶴穿雲歸上界 一溪流玉走人間 從知無累飜爲累 心地山河語不看)."(조식, 『남명집』 권1, 청학동)

55 "산은 늦가을의 정취를 머금었고, 시내는 만고의 소리를 간직했네. 평생 동안 추구한 仁智의 즐거움, 해질녘의 경렴정이 바로 그곳일세(山帶三秋色 溪含萬古聲 平生仁知樂 落日景濂亭)."(김령, 『죽하집』 권2, '등경렴정 차판상운')

56 "惟溪居 有平穩之美, 蕭麗之致, 又有灌漑耕耘之利, 故曰海居不如江居, 江居不如溪居. 凡溪居, 必以離嶺不遠, 然後平時·亂世, 皆宜久居, 故溪居, 當以 嶺南 禮安 陶山 安東 河回 爲 第一, 臨川, 奈城村…."『택리지』「복거총론」산수

57 『신증동국여지승람』 권1, 경도 상.

58 읍성이 있는 경우, 남쪽 성문은 보통 '진남문(鎭南門)'으로 부르는데, 수도인 한양보다 북쪽 지방에서도 마찬가지이다. 이는 국왕이 북에서 남쪽을 보고 통치한다는 상징적 의미를 나타낸 것이다.

59 "敬鬼神而遠之, 可謂知矣", 『논어』, 雍也.

60 "옛말에 천하의 명산을 중이 많이 차지하였다 하는데 우리나라에는 불교만 있고 도교는 없으므로 무릇 이 열두 명산을 모두 절이 차지하는 바가 되었다(古語曰 天下名山僧占多 我國有佛敎無道敎 故凡此十二山 皆爲佛宮所據)."『택리지』「복거총론」산수

61 산청군(山淸郡)은 어린아이가 아기를 낳은 이변이 일어난 산음(山陰)을 변경한 것이며, 함양군 안의(安義)는 이인좌의 무신란(戊申亂)에 주모자로 활약한 정희량의 출신 지역인 안음(安陰)을 유교적 윤리관에 따라 교화하기 위해 개명한 것이다.

참고문헌

김덕현 외, 2004, 경상도 읍치경관 연구서설, 문화역사지리 16(1).
김덕현 외 옮김, 2005, 장소와 장소상실, 논형: Relph, 1976, *Place and Placelessness*, Pion.
김덕현, 1986, 전통촌락의 동수에 관한 연구, 서울대학교 지리학과, 지리학논총 13.
김덕현, 1999, 유교의 자연관과 퇴계의 산림계거, 문화역사지리 11.
김덕현, 2001. 역사 도시 진주의 경관 해독, 문화역사지리 13(2).
김덕현, 2010. 택리지의 자연관과 산수론, 한국한자한문능력개발원, 한문화연구 제3집-택리지편.
김해영, 2003, 조선초기제사전례연구, 집문당.
더카기 진자부로 지음·김원식 옮김, 2005, 지금 자연을 어떻게 볼 것인가, 녹색평론사.
데이비드 페퍼 지음·이명우 외 옮김, 1989, 현대환경론, 한길사, 75-82.
레이먼드 머피 지음·오수길 외 옮김, 2000, 합리성과 자연-변화하는 관계에 대한 사회학적 탐색, 한울, 24.
성동환, 2005, 풍수논리속의 생태개념과 생태기술, 대동문화연구 50.
시마다 겐지 지음·김석근·이근우 옮김, 1986, 주자학과 양명학, 까치.
양보경, 1995, 《대동여지도》를 만들기까지, 한국사시민강좌, 일조각.
양보경, 2001, 전통시대의 지리학, 제29차세계지리학대회조직위원회 편, 한국의 지리학과 지리학자, 한울.
오상학, 1994, 정상기의 〈동국지도〉에 관한 연구 -제작과정과 사본들의 계보를 중심으로-, 지리학논총 24, 133-155.
왕필·임채우 옮김, 2005, 왕필의 노자주, 한길사.
윤홍기, 2001, 왜 풍수는 중요한 연구주제인가, 대한지리학회지 36(4), 34-355.
이기백 편, 1994, 특집 한국의 풍수지리설, 한국사시민강좌 14, 일조각.
이기봉, 2007, 조선시대 경상도 읍치 입지의 다양성과 전형성-고려말 이후 입지 경향의 변화를 중심으로, 한국지역지리학회지 13(3).
이기봉, 2008, 조선의 도시, 권위와 상징의 공간, 새문사.
이병도, 1979(개정판), 고려시대의 연구 - 특히 도참사상을 중심으로, 아세아문화사.
이상태, 1999, 한국의 고지도 발달사, 혜안.
이우형, 1990, 대동여지도의 독해, 광우당.
이찬, 1983, 택리지에 대한 지리학적 고찰, 애산학보 3, 1-29.
이택후 저·정병석 옮김, 2005, 중국고대사상사론, 한길그레이트북스.
이택후, 1990, 화하미학, 동문선.
이-푸 투안 지음·구동회·심승희 옮김, 1995, 공간과 장소, 대윤.

이희덕, 1999, 한국고대 자연관과 왕도정치, 예안.

장덕린 지음·박상리 외 옮김, 2004, 정명도의 철학-정명도사상연구, 예문서원.

정창수, 1984, 조선조의 지리지에 나타난 사회설명의 원리 - 동국여지승람을 중심으로 본 조선조 지식층의 인식체계의 특질, 한국정신문화연구원, 국사회와 사상, 59-104.

조셉 니담 저·이석호 외 역, 1986, 1988, 중국의 과학과 문명 Ⅱ, Ⅲ, 을유문화사.

촌산지순 저·최길성 역, 1990, 조선의 풍수, 민음사.

최영준, 1990, 택리지 : 한국적 인문지리서, 진단학보 69, 165-189.

최원석, 2004, 한국의 풍수와 비보, 민속원

최원석, 2001, 영남지방 비보의 기원과 확산에 관한 일고찰, 한국지역지리학회지 7(4).

최원석, 2010, 한국의 수경관에 대한 전통적 상징 및 지식체계, 역사민속학회, 역사민속학 32.

풍우란 저·정인재 역, 중국철학사, 형설출판사.

프리드리히 엥겔스 지음·윤형식 외 역, 1989, 자연변증법, 중원문화.

한국문화역사지리학회 편, 1991, 한국의 전통지리사상, 민음사.

한국문화역사지리학회 편, 2003, 우리 국토에 새겨진 문화와 역사, 논형.

한국문화역사지리학회, 1992, 문화역사지리 4, 석천이찬선생고희기념특집호.

한국문화역사지리학회, 1995, 문화역사지리 7, 특집 한국의 고지도-다학문적 접근.

한국문화역사지리학회, 1999, 문화역사지리 11, 특집 한국전통지리학의 재조명.

한국사상연구회, 1975, 한국사상총서 Ⅴ.

한영우·안휘준·배우성, 1999, 우리 옛지도와 그 아름다움, 효형출판.

錦囊經, 老子, 論語, 三國史記, 三峰集, 新增東國輿地勝覽, 與猶堂全書, 朝鮮王朝實錄, 周易, 朱子大全, 靑烏經, 春秋繁露, 擇里志, 淮南子, 擇里志, 譯註 經國大典(한국정신문화연구원)

C. Norberg-Schulz 저 김광현 역, 1994, 실존·공간·건축, 태림문화사.

Domosh M., 2010, *The Human Mosaic-A Cultural Approach to Human Geography*, 11th edition, Freeman.

F.W. 모트 지음, 김용현 옮김, 중국의 철학적 기초, 서광사.

제5장

공간의 표상, 고지도

제주대학교 오상학

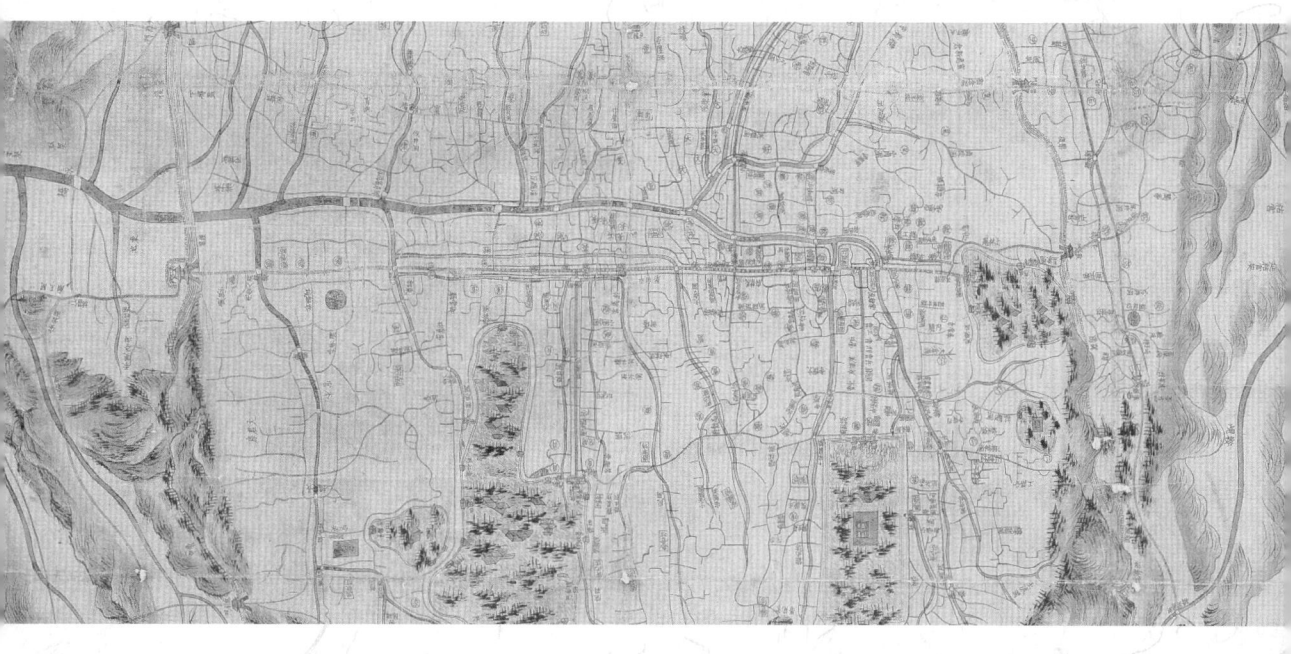

1. 한국 고지도의 사회·문화사

1) 지도 제작의 사회사

(1) 제작의 주체

중앙집권적 관료 체제였던 조선 왕조 사회에서 지리적 정보는 국가 경영의 중요한 기초 자료였다. 따라서 각 지역의 정보가 수록된 지지와 지도의 제작 사업은 일찍부터 국가 기관의 관장하에 이루어졌다. 중국에서는 고대에서부터 직방씨(職方氏)라는 관직을 두어 천하의 지도를 관장하게 하였는데, 이러한 전통이 후대에도 지속적으로 내려왔다.

중국과 달리 조선 왕조의 경우 지도 제작만을 전담하는 관서는 없었던 것으로 보인다. 『경국대전』과 같은 법전에 지도 제작을 관장하는 기관이 명시되어 있지 않다. 세조 때 지도 제작을 주도했던 양성지가 공조(工曹)에서 국가의 지도와 지적과 관련된 법령의 제정을 청하는 상소를 올렸던 사실로 보더라도 당시 지도 제작을 전담하던 기관은 없었던 것으로 보인다. 다만 조선 초기 태종 때의 육조의 직무 분담과 소속을 상정(詳定)하는 계문에 지도의 고열(考閱)을 병조(兵曹)의 무비사(武備司)에서 담당했다고 하는데, 제작된 지도를 검토, 수정하는 정도였다고 판단된다. 전담 기관에 의한 지도 제작보다는 시기별로 다양한 기관에서 지도를 제작하거나 또는 여러 관료들의 공동 작업을 통해 제작되었다.

지도 제작을 주도하는 관료와 더불어 화원, 상지관, 산사 등의 실무진이 참여하였는데, 산천의 형세를 상지관이 파악하면 산사가 구체적으로 방위나 거리들을 측정한 후 그림에 정통한 화원이 직접 지도를 그리는 방식을 취했던 것으로 보인다. 지도 제작에 다양한 분야에서의 참여는 전통 시대 지도 제작이 지니는 특성에서 비롯된 것으로 이러한 경향은 조선 시대 전 시기에 걸쳐 유지되었다고 볼 수 있다. 즉, 조선 시대의 지도제작은 전체적인 산천의 형세 판단, 그리고 각지의 방위와 거리 측정, 이를 토대로 직접 그리는 작업이 종합적으로 어우러져 이루어졌던 것이다.■1

실지의 측량과 답사에 기초한 지도 제작과는 달리 주로 편집에 의해 제작되었던 세계지도의 경우에는 다양한 부서와 분야에서 참여하기보다는 특정 기관이 전담하여 제작하기도 했다. 이 경우에도 항상 특정 기관만이 제작을 주도했던 것은 아니고 시기별로 주도했던 기관이 다르게 나타나는데, 주로 의정부·홍문관·관상감 등의 기관이 대표적이다. 이 가운데 1402년에 행해진 『혼일강리역대국도지도』의 제작은 의정부가 제작을 주도했던 가장 대표적인 예이다.

조선 시대의 지도 제작은 중앙 관청에서 주도하는 것 이외에 지방 관청에서도 활발하게 행해졌다. 각도의 감영, 병·수영을 비롯하여 일반 군현에서도 지도제작이 이루어졌다. 지방 관청에서의 지도 제작은 지리에 능통한 관료가 관장하고 서리가 그를 보좌하여 기존에 있는 구본을 바탕으로 다시 수정·보완하는 형식을 띠고 있다. 이 경우 실제 지도를 그리는 작업은 지방의 화원이 담당했던 것으로 보이는데, 조선 시대에는 팔도의 감영, 수·병영, 통제영 등에 사자관(寫字官), 화원(畵員) 각 1명씩이 파견되어 있었다. 이렇게 파견된 사자관, 화원 등이 지도 제작에 주요 인력으로 활용되었다.

조선에서는 국가 기관과 더불어 민간에서도 지도가 제작되었다. 특히 양대 전란을 겪은 후 민간 주도의 지도 제작이 전기에 비해 매우 활발하게 진행되어 민간에서 뛰어난 지도들이 제작되었다. 조선 전기에서도 일부 관료 출신의 사대부 계층을 중심으로 지도의 사장(私藏)이 이루어졌는데, 조선 후기에는 이러한 현상이 광범하게 나타나면서 민간에서도 뛰어난 지도제작자들이 나타나게 되었다. 그리하여 이러한 지도가 조정에 알려져 다시 제작되어 국가적 차원에서 활용되기도 했던 것이다.

민간에서의 지도 제작은 각종의 지리적 정보에 접근이 용이했던 관료 출신의 사대부나 유학자들을 중심으로 전개되었다. 조선 후기 민간에서의 지도 제작을 선도했던 가장 대표적인 인물로 김수홍(金壽弘, 1601~1681)과 윤두서(尹斗緒, 1668~1715)를 들 수 있다. 김수홍은 1666년 『천하고금대총편람도(天下古今大總便覽圖)』라는 세계지도를 제작했고, 1673년에는 『조선팔도고금총람도(朝鮮八道古今總覽圖)』라는 조선전도를 목판 인쇄본으로 제작했다. 그의 지도에는 이례적으로 간기와 제작자를 명시하고 있는 점도 특징적이다.■2 이처럼 사적 개인으로서 목판본 지도로 세계지도와 조선전도를 간행했다는 것은 이 시기 지도제작과 관련된 사회적 환경이 전기에 비해 많이 달라졌음을 시사하는 것이다.

그림에 뛰어났던 윤두서는 전도인 『동국여지지도(東國輿地之圖)』와 『일본여도(日本輿圖)』를 제작했는데 현재 해남의 녹우당에 남아 있다. 윤두서는 고산 윤선도의 증손자로서 당쟁이 극심하던 시기에 관직에의 진출을 포기하고 평생 학문에 전념하였다. 그의 학문은 전통적인 성리학을 바탕으로 실학과 서양 문물까지 수용하였으며, 천문·지리·의학·수학·음악·서화 등 다방면에 능통하였다. 특히 지리에도 관심을 기울여 일찍이 중국지도를 탐구하였고, 조선의 산천에 대해 연구를 거듭하여 지도를 직접 제작하였던 것이다. 그의 지도는 이후 정약용과 같은 대학자에 의해 열람되기도 했다.

무엇보다 조선 후기 민간 주도의 지도 제작은 농포자(農圃子) 정상기(鄭尙驥, 1678~1752)에 의해 한 획이 그어진다. 그는 벼슬을 단념하고 향촌에 은거하면서 『동국지도』라는 뛰어난 지도를 제작하였다. 정상기의 『동국지도』는 1757년 조정에 알려지게 된 이후 관청에서 적극 활용하게 되는데, 이는 정상기의 지도가 행정, 군사적 용도로는 최적의 요건을 갖추고 있었기 때문으로 보인다. 이의 대표적인 사례는 1770년 신경준(申景濬, 1712~1781)의 『여지도(輿地圖)』 제작 사업이다. 그는 영조의 명을 받아 『동국문헌비고(東國文獻備考)』와 짝할 수 있는 지도를 만들었는데 이때 기본도로 사용된 것이 정상기의 『동국지도』였다. 이를 토대로 도별도(道別圖), 군현지도(郡縣地圖) 등을 제작하였던 것이다. 이렇게 제작된 지도는 이후에도 관에서 계속 모사되면서 널리 이용되었다.

민간에서도 정상기의 동국지도는 많은 사람들에 의해 지도 제작에 이용되었다. 특히 해주 정씨 가문의 정철조(鄭喆祚, 1730~1781), 정후조(鄭厚祚, 1758~1793) 형제는 정상기의 지도를 바탕으로 수정, 편집하여 더 뛰어난 해주본(海州本)을 제작하기도 했다. 또한 이후에 제작되는 많은 전도들은 정상기의 대전도를 바탕으로 축소한 것들인데 도리도표(道里圖表)에 수록된 전도, 19세기 전반에 제작된 목판본 『해좌전도(海左全圖)』 등이 대표적이다.

정상기와 더불어 민간에서 지도 제작을 주도했던 인물은 김정호의 『청구도』 범례에서 거론하고 있는 윤영(尹鍈)과 황엽(黃曄, 1666~1736)을 들 수 있다. 윤영은 생애에 대해 알려진 것은 없고 압록강, 두만강의 접경 지방을 중심으로 그려진 관방지도를 제작했던 것으로 보인다. 황엽은 산천의 험하고 평탄함과 도리(道里)의 원근을 알아서 여지도(輿地圖)와 지도연의(地圖衍義)를 만들었다고 전해진다. 이러한 인물 이외에도 『환영지(寰瀛誌)』를 저술한 위백규(魏伯珪, 1727~1798), 서구식 세계지도인 『만국전도』를 모사·제작했던 하백원(河百源, 1781~1844)이 있다. 아울러 박규수(朴珪壽, 1807~1876)는 용강현령 시절에 오창선(吳昌善)과 안기수(安基洙)의 협조로 우리나라 전도인 『동여도(東輿圖)』를 제작하였다.

이상의 양반 사대부에 의한 지도 제작 이외에도 주지하는 바와 같이 고산자 김정호와 같은 중인 계층의 사람들도 뛰어난 지도들을 제작하였다. 『대동여지도』를 제작한 김정호의 경우는 신헌(申櫶)이라는 고위 무관의 후원이 있었기 때문에 순수한 민간 차원의 지도 제작이라고 보기 힘들지만 1834년 그의 초기 작품인 『청구도(靑邱圖)』와 같은 것은 관에서의 지원 없이 순수한 개인적 차원에서의 지도 제작 사업으로 볼 수 있다. 그 밖에 알려지지 않은 많은 사람들이 민간의 지도 제작에 참여했음을 현존하는 지도를 통해 짐작해 볼 수 있다.

(2) 지도의 제작과 이용의 목적

국가가 주도하는 지도 제작은 행정, 군사적인 목적이 주를 이루고 있다. 행정 목적으로 제작되는 경우는 지역의 형세, 인구, 재정 등과 관련된 내용을 지도를 통해 파악하려는 것이다. 군사적 목적인 경우는 외적의 침입으로부터 국가를 보호하고 전쟁과 같은 유사시에 대비하려는 것이 주류를 이룬다.

조선 시대 국가 행정의 용도로 제작되는 지도에는 행정에 필수적인 정보가 수록되어야 하는데, 고을 경내의 관사 배치와 산천의 내맥(來脈), 도로의 원근리수(遠近里數), 사방으로 이웃 고을과의 경계 등이 담겨진다. 이를 통해 고을의 상대적인 위치와 더불어 전체적인 형세, 면적, 도로를 통한 연결 관계 등을 파악해 볼 수 있다.

행정의 용도로 지도가 제작·이용되는 가장 대표적인 사례는 행정 구역 개편에 관한 논의가 이뤄질 때이다. 세종 때 진주에 소속되었던 곤명현을 남해현과 합쳐 곤남군으로 승격시킬 때와 낙동강의 동쪽에 있는 해평현을 경상좌도에 속하게 하자는 논의가 제기되었을 때 지도를 기본 자료로 활용하였다. 그리고 세조 때에도 경상도 관찰사가 풍기군의 관할 지역 조정을 논의하기 위해 지도를 그려 바치기도 했다.

또한 국가의 재정 확보를 위한 기초 자료로도 활용되었는데, 고을에 속한 면(面)의 토지 등급을 매길 때나 고을의 세금을 거두거나 인력을 징발할 때 뿐만 아니라 백성들이 도망가서 사는 한광지(閑曠地)의 상황을 보고할 때도 지도를 제작하여 활용했다.

군사적 목적에 의한 지도의 제작·이용도 많은 비중을 차지한다. 먼저 국방 정책을 논의할 때에 지도가 자주 활용되었다. 태종 때 함경도 경원부의 방어 대책을 논의하면서 지도를 상고했고, 세종이 여러 관리들과 북방 방어책을 논의하면서 지도를 참고했다.

무엇보다 지도가 가장 요긴하게 활용되는 시기는 바로 전쟁 때이다. 군사 작전을 세우기 위해서는 지도가 필수적인데, 세조 때 함경도 도체찰사 신숙주가 야인을 토벌할 때 도리의 원근과 부락의 다소를 지도를 통해 부장들에게 가르쳐 주었다. 특히 임진왜란 때에 지도가 중요하게 이용되었는데, 비변사에서 왜인들의 해로지도(海路地圖)를 보고 그 내용이 매우 상세하게 되어 있어서 남군이 한강을 건널 때 이 지도를 보고 지키기를 청하였고, 인성부원군 정철(鄭澈)이 산천의 도리와 적진의 원근과 방수(防守)의 형세를 알기 위해 방어사 곽영(郭嶸)과 순찰사 허욱(許頊)으로 하여금 지도를 그리게 했다.

국가가 주도하는 지도 제작은 대부분 행정·군사적 목적이 강한 반면, 민간에서 주도하는 경우에는 학습용, 생활용, 감상용 등 목적이 다양하다. 민간에서 지도를 활용하는 일차적인 목적은 지도를 통해 지리적 정보를 획득하는 것이다. 한 지역의 위치나 지형지세, 연결 관계 등을 지도를 통해 파악하려는 것이다. 김득신(金得臣)은 전도를 통해 우리나라의 지형지세를 파악하려 했고 이익(李瀷)은 일본 지도를 통해 일본의 지리를 파악했다. 안정복은 서구식 세계지도인 만국전도를 통해 우리나라의 위치를 경위도의 수치로 산정하기도 했다. 1834는 최한기는 김정호와 같이 『지구전후도』를 제작하여 세계의 지리를 파악하고자 했다.

또한 일상생활과 관련해서는 여행할 때 많이 이용하였는데 이때는 휴대하기에 편리한 수진본 지도들을 주로 사용하였다. 조선 후기에 금강산 유람과 같은 여행이 문인 사대부를 중심으로 활발해지면서 휴대용 지도에 대한 수요도 증가했다. 토지 분쟁과 같은 소송을 제기할 때에도 지도를 이용하였는데, 전라도 금구 지역의 토지 분쟁에서 문서와 더불어 지도를 증거 자료로 사용하기도 했다.

이러한 실용적 차원의 이용과 더불어 예술적 차원에서 지도가 이용되기도 했다. 황윤석은 우리나라의 지도를 보면서 자국의 문화에 대한 자부심을 피력했고, 허균(許筠)은 지도를 펴놓고 우리나라의 산천을 감상하였다. 지도가 심미적 감상의 대상으로 이용되었던 대표적인 사례이다. 이러한 경우를 흔히 '와유(臥遊)'라고 하는데, 유람과 같은 실제의 용도로 이용하지 않고 지도를 집안에 걸어두고 감상하는 것으로 민간에서는 이러한 경향이 적지 않았다. 이외에 역사 공부의 참고 자료로 지도가 활용되었는데, 안정복(安鼎福)은 과거 역사지리적 내용을 고증할 때 지도를 이용하였다. 이익도 고대 왕조의 강역을 고증할 때 지도를 중요한 자료로 활용하였다.

(3) 지도의 유통과 관리

전통 사회도 현대 사회와 마찬가지로 중요한 지리 정보는 국가의 통제하에 관리되었다. 이에 따라 일국의 지리적 정보가 상세히 수록된 지도는 국가적 기밀로 엄격하게 관리되었다. 일찍이 고려 시대 1148년(의종 2) 10월 고려의 이심(李深)과 지지용(智之用) 등이 송나라 사람과 결탁하여 유공식(柳公植)의 집에 보관되어 있던 고려 지도를 송의 진회(秦檜)에게 보내려다 발각되어 옥사했던 사례가 있었고, 고려 사신이 송나라에서 지도를 입수하려 했던 사건이 있었는데, 이 역시 발각되어 지도는 불태워지고 황제에게 사건이 보고되기도 했다. 이 같은 사례는 지도가 국가 기밀로서 중요하게 관리되던 현실을 단적으로 보여 주는 것이다.

조선 왕조에서도 지도는 국가가 관리해야 하는 기밀 사항이었다. 양성지는 도적(圖籍)의 편찬과 관리에 관한 상소문에서 지도를 민간에서 소장하는 것을 금지하고 관부에서 철저하게 관리함과 아울러 중요한 지도는 홍문관, 나머지는 의정부에 보관하도록 건의하였다. 이러한 사실은 이 시기 이미 민간에서의 지도 사장이 행해지고 있는 현실을 반증하는 것이기도 하다. 지도를 관리하는 전문적인 기관의 부재, 지도 관리를 규정하는 법규의 미비 등이 지도의 사장을 초래했다고 볼 수 있다. 민간에서 지도의 소장은 주로 지도를 쉽게 접할 수 있었던 관료 출신의 사대부에서 가능했던 것으로 보인다.

국가적 기밀로서의 지도 인식은 조선 후기에도 이어졌다. 영조 때 안정복은 『동국문헌비고』의 편찬 후 별도로 상세한 지도를 제작했다는 사실을 전해 듣고 이 지도가 해외로 유출될 수 있음을 우려하였는데, 우리나라의 지도 수십 종을 세밀하게 필사하여 보관하고 절대로 간행하여 유포해서는 아니됨을 강조했다.

국가 기밀로서 지도가 중시됨과 아울러 주변 국가의 지도 확보도 중요한 과업으로 취급되었다. 이에 따라 중국에 가는 사신들을 통해 중국의 지도를 구득하려 했던 사례가 종종 있었다. 중종 때 중국에 가는 성절사(聖節使)로 하여금 천하지도를 구입하게 하였고, 동지중추부사(同知中樞府事) 최세진(崔世珍)은 중국에서 얻어 온 지도 1축을 열람용으로 진상했다. 1603년 북경에 사신 갔다 온 이광정(李光庭)과 권희(權憘)는 구라파국의 여지도 6폭을 구해 홍문관에 보내왔는데, 이는 1602년에 마테오 리치가 제작했던 『곤여만국전도』였다. 최신의 지도를 구득하려했던 조선 정부의 노력을 짐작해 볼 수 있다.

중국으로 가는 사신에 의한 지도구득 외에 조선에 오는 중국 사신을 통해 지도를 구하려는 노력도 행해졌다. 중종 때 근정전에서 중국 사신에게 잔치를 베푸는 자리에서 임금이 천하지도를 청하자 사신이 돌아가면 집에 있는 지도를 사은사(謝恩使) 편에 부치겠다고 약속했고, 이후 상사(上使)가 천하도(天下圖), 하사(下使)가 지도를 보냈다는 기록이 있는 것으로 보아 약속이 이행된 것으로 보인다.

중국뿐만 아니라 일본이나 유구국의 지도도 왕래하는 사신들을 통해 입수하였다. 조선 초기 1402년에 제작된 『혼일강리역대국도지도』와 1471년 신숙주가 간행한 『해동제국기』에 수록된 일본 지도들은 당시 사신들이 입수한 최신의 일본 지도를 바탕으로 제작된 것이었다. 단종 때에는 유구국 사신 도안(道安)으로부터 일본과 유구의 지도를 입수하기도 했다. 사신을 통한 지도의 입수는 임진왜란 때 잠시 중단되었다가 일본에 통신사의 왕래가 재개되면서 최신의 일본 지도들이 조선으로 유입되어 국가 기관과 민간에서 활용되었다.

이러한 국가 간의 지도 유통은 국가 기밀의 유출이라는 중요한 문제와 맞물려 있기 때문에 각국에서는 민감한 사안으로 인식하였다. 특히 병자호란 이후 조청(朝淸) 간의 긴장이 해소되기 전에는 사신을 통한 지도의 입수가 문제되는 경우가 많았다. 숙종 때 조선의 동지사(冬至使) 일행이 지도를 매매한 사실을 청나라에서 책망했던 사례가 있고, 지사(知事) 이이명(李頤命)이 연경에 갔을 때 산동의 해방지도(海防地圖)를 얻었는데, 이것이 금지 품목이라 매입할 수 없어서 화사(畵師)로 하여금 베끼게 하여 가지고 왔던 사례도 있다.

조정에서는 주변국을 통해 최신의 정보를 입수하려는 노력을 기울임과 아울러 국내의 상세한 지도가 유출되는 것을 막는 데도 관심을 쏟았다. 중종 때 중국의 사신이 우리나라의 팔도지도를 요구하자 영의정 유순(柳洵) 등이 전도를 간략하게 베껴서 주도록 했고, 한극함의 아들 한격이 중국과 우리나라 지도를 가토 기요마사(加藤淸正)에게 바치자 이를 엄하게 처벌하였다. 또한 왜인들이 우리나라의 지도를 요구하자 애초 조정에서 허락하지 않았는데, 이후 큰 무리가 없는 범위에서 지도를 대략적으로 모사하여 주었다. 숙종 때에는 청나라의 차사원(差使員)이 소지했던 우리나라의 지도가 상당히 정확하고 소상하여 제작의 경위에 대해 논란이 벌어지기도 했다.

주변국으로의 지도 유출을 경계하는 것은 평화 시보다는 국가 간 분쟁이 일어날 때 극명하게 표출되는데, 조선 후기 청나라와의 정계(定界) 문제가 발생했을 때 대표적이다. 숙종 때 백두산 정계의 일을 논하는 자리에서 청나라 칙사(勅使)가 조선 지도의 열람을 요청하자 임금이 직접 지도가 없다고 둘러대었고, 이후 재차 요청해 오자 비변사의 지도는 너무 자세하므로 보여 줄 수 없고 비교적 간략한 지도로 보여 주도록 했는데, 청나라의 국내 염탐을 의심하여 지도를 보여 주는 것을 극도로 꺼려했던 것이다.

지도의 국가 간 유통에 대해서는 조정에서 적극적으로 통제하고 관리했던 것과 달리 국내에서의 지도 유통에 대해서는 국가의 통제가 느슨하였던 것으로 보인다. 특히 양대 전란을 거치면서 지도들이 민간에 많이 유포되었고, 민간에서의 지도 유통은 법적인 규제의 대상이 아니었다. 조선 전기 지도의 사장을 금하자는 양성지의 건의가 있었지만 이러한 것이 법규로 정해져 시행되지는 못했던 것이다. 오히려 『동국여지승람』의 간행과 더불어 이 책에 수록된 『동람도』가 민간에 널리 보급될 수 있었고, 관료 출신 가문을 중심으로 지도를 사장하는 사례들이 많아졌다. 조선후기에 이르러는 이이명이 지적하듯이 민간에서 사사로이 전사(轉寫)하여 유통되는 지도가 많아졌고, 여기에는 필사본뿐만 아니라 인쇄본도 민간에서 널리 유포되어 있었다. 이에 따라 지도에 관심을 갖는 민간의 학자들을 중심으로 지도의 모사(摹寫)·제작이 광범하게 이뤄지면서 정상기의 『동국지도』와 같은 훌륭한 지도들이 탄생할 수 있었다.

조선 왕조는 중앙집권적 관료 사회였기 때문에 지도의 유통도 국가 기관의 주도하에 이뤄지는 경우가 많았다. 특히 지방의 군현에서 지도를 제작하여 중앙 기관으로 수합하는 일은 중요한 국가 프로젝트로 진행되기도 했는데, 대표적인 사례로 1872년 군현지도 제작 사업을 들 수 있다. 이와 더불어 중앙에서 지방으로 지도를 보내어 국방의 자료나 행정 자료로 삼기도 했다. 그리고 일부 관청과 관청 사이에서도 필요에 따라 지도의 유통이 행해졌다.

민간에서의 지도 유통은 주로 인맥을 통해 이루어졌고 상업적으로 지도가 유통되었던 사례는 흔치 않은 것으로 보인다. 물론 조선 후기 상업의 발달로 인해 지역 간의 교역이 활발해졌고 이에 따라 지도에 대한 사회적 수요도 많아졌다고 생각해 볼 수 있다.[3] 그러나 이러한 사회적 수요를 충족시키기 위해 지도가 상업적으로 거래되었다는 기록을 찾아보기 힘들다.[4] 지도는 하나의 상품으로서 매매를 통해 거래되기보다는 여전히 인맥을 통한 유통이 주류를 이루고 있었던 것으로 보인다.

이처럼 민간에서의 지도 유통은 상업적 거래보다는 인맥을 통해 열람하거나 이를 빌려 모사하는 경우가 대부분이었다. 조선 후기 수리(數理)·역산(曆算)에 뛰어났던 황윤석(黃胤錫)은 정상기의 『동국지도』를 소장하고 있었으며, 세계지도에도 관심이 많아 남사성(南司成)의 집에서 만국전도(萬國全圖)을 빌려다가 자신이 소장하고 있는 것과 서로 비교하기도 했다. 이처럼 지도를 빌려다가 자신이 직접 모사·제작하는 이외에 친분이 있는 사람으로부터 직접 얻기도 했다. 선조 때의 장현광(張顯光)은 친구인 서행보(徐行甫)로부터 『청구도』 한 벌을 얻었고 이석형(李石亨)은 전수령(前首領) 직강(直講) 허종항(許從恒)으로부터 전라도 지도를 얻어보았다. 『동국지도』를 제작한 정상기와 친분이 두터웠던 이익은 그로부터 『동국지도』 부본(副本)을 얻기도 했다. 이익은 지도에 남다른 관심이 있어서 많은 지도를 수집하여 소장하고 있었는데, 최신의 일본 지도도 입수하여 소장하고 있었다. 이러한 일본 지도는 통신사를 통해 들여온 것으로 보이는데 부본으로 제작했던 사본이 민간으로 흘러들어간 것으로 보인다.

정약용의 경우 인척 관계를 이용하여 지도를 입수, 열람할 수 있었던 대표적인 사례이다. 정약용의 모친은 공재 윤두서의 손녀였는데, 이로 인해 정약용은 윤두서가 제작한 『일본여도』와 『동국여지지도』를 얻어 볼 수 있었다. 김정희의 경우는 이양선에서 입수한 지도를 열람하여 견문을 넓히기도 하였고 안노원(安魯源)은 윤종의(尹宗儀)가 소장하고 있는 『십오성지도(十五省地圖)』를 얻어 이를 모사한 후 별도로 성경지도를 추가하여 『신주전도(神州全圖)』를 제작하는 등 19세기에도 민간에서의 지도 유통이 여전히 활발하게 행해지고 있었음을 알 수 있다.

2) 지도 제작의 문화사

(1) 지도 제작의 정량적, 기술적 특성

① 측량의 방법

지도 제작의 정량적 특성을 고찰하기 위해 선행되어야 할 것은 당시 사람들의 땅에 대한 인식을 파악하는 것이다. 고대로부터 중국을 중심으로 한 동양 문화권에서는

'하늘은 둥글고 땅은 네모졌다'는 천원지방의 관념을 지녀왔다. 이러한 관념은 인간을 둘러싼 세계에 대한 경험과 관찰을 통해 형성된 것이다. 이에 따라 둥근 지구를 전제로 했던 서양의 고대 그리스·로마의 지도학적 전통과는 달리 네모지고 평평한 땅을 전제로 하여 지도가 제작되었다. 이러한 관념은 중국, 조선을 비롯한 동아시아 지도제작의 강한 전통으로 이어졌는데, 17세기 이후 서구 문명의 충격에도 19세기까지 계속 이어져 내려왔다.

따라서 중국을 중심으로 한 동아시아 지역에서의 지도 제작에서는 둥근 지구를 전제로 하는 투영법의 논의가 전개될 수 없었다. 또한 위도와 경도의 측정을 기반한 경위선이 지도 제작에 활용된 사례도 거의 없었다. 그렇다고 지도 제작을 위한 측량이 없던 것은 아니었다. 당시 과학의 수준하에서 서양과는 다르지만 그 나름의 독특한 측량 문화를 지니고 있었다.

앞서 검토한 것처럼 조선 시대의 지도 제작은 다양한 전문가들의 참여로 이루어지는 협동 작업이었다. 특히 실지 측량에 기반한 지도 제작의 경우 지형과 지세를 잘 살필 수 있는 지관과 중요 지점 간의 거리를 정확하게 측정할 수 있는 산사(算士)의 참여가 종종 이루어졌다. 최초 지도의 제작이 실제 현장의 측량에 기반하여 이루어지는 점을 고려할 때, 이러한 측량에 대한 이해는 전통 시대 지도화의 정량적, 과학적 특성을 파악하는 데 중요한 부분을 차지한다. 그러나 지도 제작을 위한 측량의 구체적인 모습에 대해서는 남아 있는 기록이 별로 없다. 또한 현존하는 측량 기구도 찾아보기가 힘들기 때문에 측량의 실체를 파악하기란 쉽지 않다. 단지 현존하는 단편적인 기록을 통해 당시 측량의 구체적인 모습을 파악할 수 밖에 없다.

먼저 측량의 대상과 관련된 것인데, 지도에 표현될 가장 중요한 내용들이다. 지역의 모습을 정확하게 표현하기 위해서는 지역의 형세가 먼저 파악되어야 할 것이다. 이를 위해 산줄기와 물줄기의 내거(來去)와 교착(交錯)을 정확하게 파악해야 한다. 아울러 각 지점까지의 거리와 방위가 측정되어야 한다. 현대 지도처럼 등고선의 개념이 없던 전통 시대 지도에서는 산의 높이를 측정하는 것은 상대적으로 덜 중시되었다. 일부 산성의 축조나 건물을 지을 때 제한적으로 행해졌다고 볼 수 있다.

이와 같은 측량의 대상 가운데 맥세를 잘 파악하는 지관은 산천의 내거와 교착을 파악하는 일을 담당하고 나침반(패철)을 사용하여 방위를 결정하기도 한다. 계산에 정통한 산사는 지역 간의 거리를 측정한다. 이러한 측량은 지역의 모습을 내다볼 수 있는 산 정상과 같은 높은 곳에서 이뤄지는 것이 보통이었다.

측량에는 여러 기구들도 사용되었는데, 가장 흔히 사용되었던 것은 나침반이었다. 나침반은 풍수가들이 주로 방위를 판정하는 데 사용했으나 천문학자들이 휴대용 해시계의 정확한 자오(남북) 방향을 판정하는 데도 많이 이용했다. 동양에서는 이미 9세기에 지자기의 편각을 이해하고 있었기 때문에 정확한 방위의 측정이 비교적 쉽게 행해질 수 있었다. 거리를 측정하는 데는 주로 줄[繩]을 이용하여 재었는데, 경우에 따라서는 기리고차(記里鼓車, 그림 5-1)라는 수레를 이용하기도 했다. 기리고차는 조선에서 고안된 것은 아니고 이미 중국 진대(晉代, 3세기)에 주행 거리를 재는 장치로 만들어 사용했던 것이다. 당시 천자의 행렬에는 지남차와 비슷한 축제용 장식 수레가 몇 개 있었는데, 그중에 주행 거리를 재던 기리고차도 있었다. 그러나 이러한 기리고거가 일반적으로 사용되지는 않았던 것으로 보인다.

땅을 측량하는 기기로는 인지의(印地儀)와 규형(窺衡)도 사용되었다. 인지의는 세조 때 만든 것인데 일반적으로 땅의 원근을 재는 기기로 알려졌다. 그러나 성종 때 구궁(九宮)의 방위를 측정하는 데 인지의를 사용하는 것으로 보아 풍수적 좌향 판단에 사용했던 기기로 보인다. 세조는 직접 인지의의 사용법을 신하들에게 강하도록 하였고, 신하들에게 영릉에 가서 인지의로 땅을 측량하게 하기도 했다. 규형은 특정 지점의 높이를 측정하던 기기로 보이는데 지도 제작과 관련해서 그리 많이 활용되지는 못했다.

조선 시대에는 땅의 측량과 아울러 북극 고도의 측량도 행해졌다. 일찍이 세종 때

그림 5-1 기리고차의 복원도

에 역관 윤사웅(尹士雄), 최천구(崔天衢), 이무림(李茂林) 등을 마니산, 백두산, 한라산에 파견하여 북극고도를 측정하게 하였으나 그 측정치는 전해지지 않는다. 이후 북극고도의 측정 사업은 지속되지 못하다가 숙종 때 이후에 다시 재개되었다. 1713년 숙종 때에는 청나라 사신 하국주(何國柱)가 와서 한양의 북극고도를 측정하였고, 정조 때 1791년에는 전국 관찰사영의 북극고도와 한양을 기준으로 하는 동서편도를 측정하였다. 이러한 북극고도의 측정은 지도 제작과 직접 관련된 것은 아니고 각 지역의 절기와 시각을 측정하여 정확한 역법을 만드는 데에 필요했던 것이다. 천원지방에 입각하여 평평한 땅을 전제로 하는 한 경위도 측정에 의한 지도 제작은 한계가 있을 수밖에 없었던 것이다.

② 지도 제작의 정량적 방법

중국을 통해 다양한 문화들을 수용하여 변용시켰던 조선 사회에서 지도 제작의 경우도 예외는 아니었다. 중국을 중심으로 하는 동양 사회에서 전통적인 지도 제작의 이론은 그리 많지 않다. 지구 구체설에 입각하여 지도 제작을 주도했던 서양의 경우 르네상스 시기를 거치면서 투영법을 활용한 지도제작의 이론들이 비약적으로 발전하는 것과는 달리, 중국을 중심으로 하는 동양 사회에서는 지도 제작에 있어서 정량적인 차원, 즉 과학적·수학적 부분에서의 이론적 논의는 그다지 많지 않다.

중국을 중심으로 하는 동양문화권에는 천원지방의 관념이 지배적인 천지관으로 19세기까지 이어져 내려왔다. 둥근 지구를 전제로 하는 서양과는 달리 땅을 평평하고 네모난 것으로 인식했기 때문에 지도 제작에서 투영법과 관련된 논의는 거의 없었다. 단지 둥근 하늘인 천구를 2차원의 천문도로 표현할 때 투영법이 제한적으로 논의된 적은 있다.

따라서 지도제작의 핵심적 문제는 평평한 땅의 모습을 2차원의 공간상에 정확하게 표현하는 문제로 귀결된다. 이러한 문제에 대한 최초의 체계적인 이론으로는 중국 진나라 배수(裵秀, 224-271)의 육체론(六體論)을 들 수 있다. 육체는 분율(分率), 준망(準望), 도리(道里), 고하(高下), 방사(方邪), 우직(迂直)인데 지도 제작의 요체를 말하는 것이다. 분율은 광륜(廣輪)의 척도를 밝히는 것이고, 준망은 여기와 저기의 체제를 바르게 하는 것이며, 도리는 경유하는 바의 이수(里數)를 정하는 것이고, 고하와 방사, 우직은 지형의 성질에 따라 이용하여 험이(險夷)의 차이를 교정하는 것으로 실제로는 평원이나 구릉을 평면상의 거리로 환산하는 방법에 해당한다. 이러한 육체론은 지도 제작의 큰 원칙을 제시한 것으로 각각의 항목을 달성하기 위한 구체적인 수학적 지침을 포함하고 있지는 않다. 따라서 이를 실제의 지도 제작에 적용하기에는 다소 모호한 측면이 있는 것이다.

이러한 배수의 육체론도 다른 문화적인 요소와 마찬가지로 우리나라에 일찍 전해졌을 것으로 보이는데, 지도 제작의 이론으로서 세밀하게 검토된 적은 극히 드물다. 다만 최한기의 『청구도제(靑邱圖題)』와 『대동여지도』를 제작한 고산자 김정호의 『지도유설(地圖類說)』에 수록되어 있는데, 이에 대한 특별한 부언 설명은 없다. 신헌(申櫶)의 『대동방여도서(大東方輿圖序)』에도 육체론이 소개되어 있는데, 간단하게 요약 정리한 것이다. 이러한 것으로 볼 때, 조선으로 수입된 배수의 육체론에 대해 조선의 지도제작가들이 좀 더 심도 있는 논의를 진행했다고는 보기가 힘들다. 다만 지도 제작의 대원칙으로 참고했던 것으로 보인다.

중국에서는 일찍부터 육체론을 구현하는 하나의 방법으로 방격법이 사용되었다. 방안 좌표를 이용한 이른바 방격법은 가장 기초적인 도법에 속한다. 이 도법은 선표(線俵), 방격(方格), 방괘(方罫), 계란(界欄), 획정(劃井), 정간(井間) 등으로도 불리는데 동서와 남북을 일정한 거리로 구분하여 방안망을 만들고 그 망을 이용해서 방위와 거리가 정확하게 나타날 수 있게 하는 도법이다. 여기에서의 방안 좌표는 천문학상의 경위선과는 달리 지구를 평면으로 보고 동서와 남북을 일정한 간격으로 구획하여 만든 격자 조직을 말한다. 이러한 방격법은 중국 지도학의 전통적인 방법으로 간주되는데 기원은 배수의 육체론에 두고 있다. 이후 당대(唐代)의 가탐(賈耽, 729~805)이 제작한 『해내화이도(海內華夷圖)』에 의해 계승되었고 원대(元代) 주사본(朱思本, 1273~1333)의 『여지도(輿地圖)』, 명대(明代)의 나홍선(羅洪先)이 개편한 『광여도(廣輿圖)』 등에 이르러 더욱 발전된 모습으로 나타난다. 이러한 중국의 전통적인 도법은 이미 13, 14세기에 서방으로 전파되어 아라비아의 지도 제작에 많은 영향을 주었고 이것은 14, 15세기 이후 유럽 지도학에까지 영향을 주게 된다.

조선에서도 방격법이 일찍 도입되었을 것으로 보이나 현존하는 기록과 지도를 통해서는 17세기에서 처음 등장한다. 1669년 남구만(1629~1711)은 『함경도지도』를 제작하면서 한 눈금이 10리가 되는 방격을 사용하였고, 이이명(1658~1722)도 1687년 『관동지도』를 제작하면서 10리의 방격을 사용하였다. 또한 최석항(崔錫恒, 1654~1724)도 경상도 관찰사로 재임할 당시 10리 간격의 정간을 사용하여 『영남여지도』를 제작한 바 있다. 방격법은 이후 18세기 군현지도책에서 본격적으로 사용되는데 현존하는 여러 지도들에서 확인해 볼 수 있다.■5 또한 이는 전도 제작에도 이어져 신경준이 제작한 『동국지도』에는 종선 76, 횡선 131의 방격을 사용하였다. 이후 19세기 전도 제작에서도 이러한 전통은 계속 이어졌는데 김정호가 제작한 『청구도』나 『동여도』, 『대동여지도』 등은 모두 방격법에 토대를 두고 그려진 것이다.■6

방격법은 거리와 방위, 그리고 동일한 축척의 유지를 목적으로 한 것이지만, 지도의 축소, 확대에서도 방격법을 이용하였다. 이익은 지도를 묘사하는 방법을 소개하면서 지도의 확대와 축소는 방격법을 통해 가능하다고 지적했다. 김정호도 『청구도』의

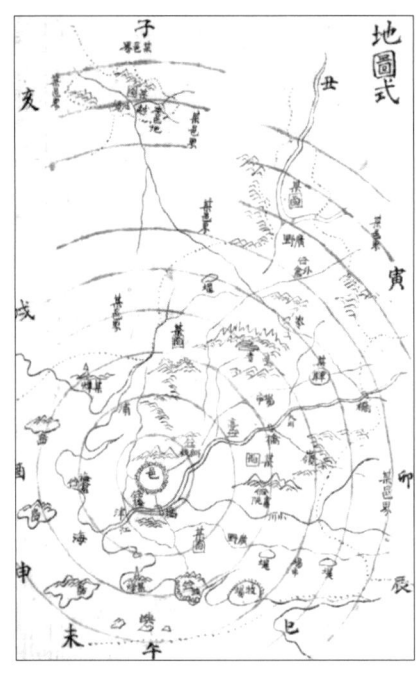

그림 5-2 『청구도』의 평환법

범례에서 『기하원본(幾何原本)』을 인용하면서 방격을 이용한 지도의 축소, 확대 방법을 상세히 기술하였다.

방격법과 더불어 정확한 지도를 제작하기 위해 이용했던 방식은 동심원을 이용한 평환법(平圜法, 그림 5-2)으로 김정호의 청구도 범례에 자세히 소개되어 있다. 이 방식은 사각형의 방격의 경우는 모서리는 정면보다 거리가 멀어져 고르지 못한 단점을 극복하기 위해 고안한 것이다. 지도의 중심에서 사방을 12방위로 나누어 12지(支)를 배치하고, 중심에서 경계 지점까지의 거리를 계산하여 10리 간격의 동심원을 그린다. 이후 각각의 지형지물들을 그려 넣는 데 실측된 거리를 토대로 동심원의 간격을 고려하여 배치하면 방위와 거리가 정확해질 수 있는 것이다. 이러한 평환법은 김정호 자신이 고안한 독특한 방법으로 보이는데 다른 지도제작자들에게도 널리 활용되었던 것 같지는 않다.

거리 관계를 정확하게 표현하는 또 다른 방법은 백리척을 사용하는 것이다. 백리척은 정상기가 『동국지도』 제작 시에 창안한 것이다. 1척이 백리에 해당되고 1촌이 십리에 해당되는 축척인데 여기에서 1척은 당시 통용되던 주척(周尺)에서의 1척이 아니고 지도 제작을 위해 임의로 만들어낸 것이다. 그 백리척을 현재의 자로 재보면 대략 9.6cm에서 9.8cm 정도이다(그림 5-3).

정상기의 백리척은 현대의 과학적 측량에 의해 만들어지는 지도에서 표현되는 축척과는 약간 상이하다. 즉, 현대의 지도에서 축척은 지표상의 실지 직선 거리가 지도에서는 얼마로 표현되는가를 나타낸 것인데 반해 정상기의 지도에서 보이는 백리척은 직선 거리가 아닌 도로상의 거리를 지도상에 표현하기 위한 척도인 것이다. 다시 말해서 제작 과정에서 필요한 측량 단위인 것이지 독도할 때 지표상의 실제 거리를 산출해 내기 위한 축척은 아닌 것이다. 실제로 현대 지도에서와 같이 축척을 이용해서 실제 거리를 산출하는 용도로는 백리척이 쓰이지 않았다.

정상기는 이 백리척으로 도면상에서의 거리를 측량하게 되는데 평탄한 곳에서는 도로상의 거리 백 리가 지도상에서는 1척 즉 9.6cm에 해당하게 했고, 산골짜기나 강이 굽이치는 평탄하지 않은 곳에서는 백이삼리가 1척에 해당되게 하여 도로 거리를 실지 거리로 바꾸어 지도상에 표현하였다. 실지 정상기의 지도상에서 서울에서 각 주현 간

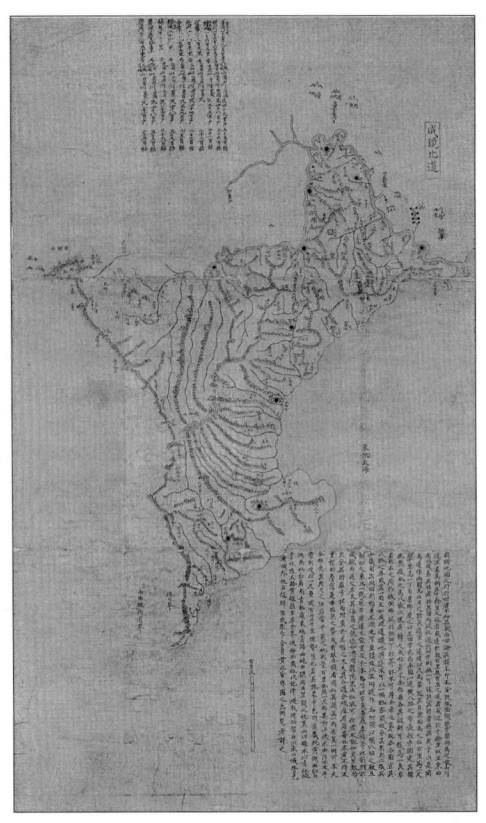

그림 5-3 백리척이 그려진 정상기의 지도
자료: 서울역사박물관 소장

의 거리를 백리척으로 재어보면 도로 거리보다 짧게 측정된다. 도로 자체가 완전한 직선으로 되어 있는 경우는 없기 때문에 이는 당연하다. 특히 도로가 골짜기를 통과하거나 강을 위요하는 경우는 실지 직선 거리와의 편차가 훨씬 크기 때문에 정상기는 이를 고려하여 지도상의 표현이 지리적 실제를 반영할 수 있도록 평탄한 곳과 그렇지 않은 곳을 나누어 거리를 차별적으로 적용하였다. 이는 당시 실지 지표상에서 측량된 직선 거리 자료가 없던 상황에서 오로지 도로 거리 자료만을 가지고 주변의 산천과 같은 지형적 요소들을 고려하여 각 주현의 위치가 정확히 배정되도록 한 것이다. 이렇게 하여 이전 지도에서 보이는 왜곡된 윤곽을 상당 부분 바로 잡을 수 있었다.

(2) 지도 제작의 정성적, 예술적 특성

① 회화와 공유하는 특성

지도는 문자보다 앞서 만들어진 시각 언어이다. 이에 따라 선, 형, 색 등 회화의 기본적인 요소를 공유한다. 『설문해자』에 의하면 원래 그림을 뜻하는 '화(畵)'라는 글자는 경계 또는 밭의 네 경계를 표현한 것이라 한다. 애초 그림은 땅을 그리는 데서 출발했다는 것인데 중국의 송대로 내려오면서 경관을 그린 그림은 회화의 여러 양식 가운데 가장 높이 평가되는 양식이었다. 또한 화보(畵譜)에서 장형(張衡), 배수(裵秀) 등의 유명한 지도제작가들이 수록되어 있는 것을 보아도 지도와 회화 간의 밀접한 관계를 짐작해 볼 수 있다.

회화의 양식 가운데 실경산수화는 지도와 밀접한 관련을 지니는데, 무엇보다 두 장르는 표현하는 대상이 실재하는 공간이라는 점에서 동일하다. 조선 시대 화가들도 지도와 산수화의 이러한 친연성으로 인해 예술적 감흥을 목적으로 그린 자신의 작품이 흡사 지리적 정보를 전달하는 지도로 간주될까 염려하기도 했다. 특히 도성이나 고을 또는 산성, 사찰 등과 같은 미시적 지역을 그린 지도는 회화와의 차이가 두드러지지 않는다. 따라서 지도와 회화를 엄격하게 구분하는 것은 쉽지 않다.■7

지도와 회화 간의 밀접한 관계를 보여 주는 것으로 먼저 들 수 있는 것은 제작 매체의 공유이다. 지도나 회화는 대부분 종이나 비단 등의 매체에 그려진다. 또한 목판 인쇄본 지도나 판화의 경우 종이를 사용하여 찍어내는 것도 동일하다. 다만 그림은 예술작품이기 때문에 인쇄본으로 찍어내는 것은 지도에 비해 제한적이다. 아울러 그리는 도구도 같이 공유하는데 지도와 회화는 대부분 붓으로 그려진다. 또한 천연색의 물감을 사용하여 그린다는 점도 지도와 회화가 공유하는 부분이다.

이러한 제작 매체를 공유함으로 인하여 존재 양식적인 면에서도 공통점이 많다. 회화의 경우 대형 그림은 병풍이나 족자로 제작되는 경우가 많은데 민화나 불화 등이 여기 해당한다. 지도도 어람용으로 제작되는 대형의 지도는 병풍으로 제작되는 경우가 많았는데, 이이명이 제작한 『요계관방지도』나 최석정의 주도하에 제작했던 『곤여만국전도』 등이 대표적이다. 아울러 『평양도』, 『통영도』 등 민화풍의 대형 지도들도 병풍으로 제작되는 것이 일반적이었다. 족자로 제작되는 그림들은 인물화와 같은 양식에서 많이 볼 수 있고, 지도에서는 비교적 규격이 큰 조선전도나 도성도 등에서 볼 수 있다.

그림의 경우 풍속화와 같은 작은 규격의 것은 주로 첩의 형태로 이루어지기도 한다. 지도에서는 전국 팔도를 도별로 그린 지도들에서 흔히 볼 수 있는데, 지도를 접어서 첩으로 제작한 것이다. 또한 드물기는 하지만 두루마리의 형태로 된 것들도 있다. 회화에서는 주로 행렬의 장면을 사실적으로 그린 행렬도 등에서 많이 볼 수 있고 지도에서는 연안해로도처럼 긴 지역을 지도로 제작할 때 사용했다.

지도에서는 회화의 제작 매체와 양식을 공유함과 아울러 제작의 주체를 공유한다. 조선 시대 국가 기관이 주도하는 지도 제작의 경우 반드시 그림에 능통한 화원의 참여가 필수적이었다. 중앙의 행정 기관인 경우는 도화서에 소속된 전문 화가들이 지도를 그렸다. 도화서 화원의 임무는 실용적이고 기록적인 성격의 그림을 전담하였는데, 국가의 중요한 행사의 절차와 내용을 기록한 의궤에 실린 의궤도나 연회도, 궁궐도, 국왕의 초상화를 제작하고 천문도, 기계류와 건축물의 설계도, 책의 삽화를 그리기도 했다. 또한 사행 시 수행하여 중국의 풍물을 그리거나 화보류를 베끼는 일도 종종 담당하였다. 이러한 일 이외에 국가 기관에서 수행하는 지도 제작에 참여하여 지도를 직접 그리는 실무를 맡았던 것이다.

지도 제작에 화원들의 참여는 중앙 관청이 주도하는 경우뿐만 아니라 지방 관청에서 주도하는 사업에서도 이루어졌다. 이와 관련하여 팔도의 감사, 병사, 통제사, 수사가 있는 병영에는 사자관(寫字官) 1명, 화원 1명이 중앙에서 파견되었는데, 2년간 근무 후 교체되었다. 지방 관청이 주도하는 지도 제작의 경우는 바로 이러한 인력이 실무를 담당했다고 볼 수 있다. 이와는 별도로 주요 군현에서는 지방 자체적으로 화원을 확보하여 각종의 그림을 그리는 작업과 더불어 지도 제작에도 활용하였던 사례를 볼 수 있다.

지도 제작에는 전문적인 기술화가들의 참여와 더불어 사대부 계층의 문인화가들이 참여했던 사례도 보인다. 세종 때 시(詩)·서(書)·화(畫) 삼절(三絶)로 유명한 강희안(姜希顔, 1419~1464)은 수양대군이 주도했던 지도 제작에 핵심 일원으로 참여하였다. 『평양도』를 그린 이징, 『동국여지지도』(그림 5-4)를 그린 윤두서 등은 당대 뛰어난 화가

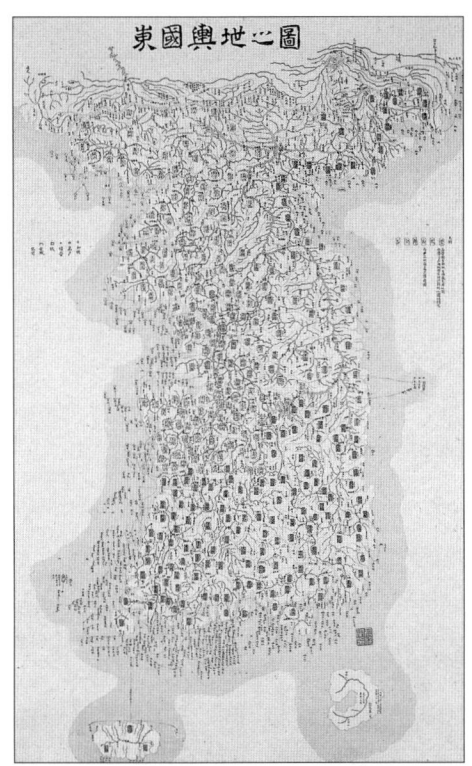

그림 5-4··윤두서의 『동국여지도』
자료 : 해남 녹우당 소장

였다. 조선 후기에도 뛰어난 화가들이 지도 제작에서 탁월한 업적을 쌓는데, 대표적인 인물로는 정철조와 정수영을 들 수 있다.

정철조는 영조 때 문과에 급제한 후 어진을 모사하는 데 참여할 정도로 그림에 소질이 있었다. 특히 겸재 정선, 현재 심사정과 더불어 '석치겸현(石癡謙玄)'이라 불리기도 하였다. 그는 이처럼 그림에 뛰어났을 뿐만 아니라 천문, 역산에도 조예가 깊었는데, 황윤석이 저술한 『이수신편』의 역산에 관한 내용이 대부분 정철조로부터 전수받은 것이라 한다. 이러한 학문적, 예술적 배경을 지닌 정철조는 이전에 농포자 정상기가 제작한 『동국지도』를 새롭게 수정·증보하였는데, 이후 대축척 조선전도 발달에 커다란 기여를 하였다. 정수영은 정상기의 증손으로 산수화에 뛰어났던 화가이다. 정상기, 정항령, 정원림으로 이어지는 가문의 지도 제작 전통을 이어받아 『동국지도』를 수정, 보완한 것으로 유명하다.

이외에도 조선 후기 회화사의 두 거장인 겸재 정선과 단원 김홍도 지도 제작과 관련이 있다. 정선은 실제 금강산을 여행하며 그린 초기의 금강산도는 봉우리, 암자 등의 지명이 세밀하게 표기된 일종의 그림지도에 해당한다. 김홍도는 1789년 대마도에 가서 지도를 그려왔다고 전해지며 일종의 그림지도에 해당하는 『평양성도』를 제작하였다.

② 표현 요소의 회화적 특성

지도에서 회화적 특성이 강한 지도는 대부분 미시적 지역을 그린 경우이다. 도성도, 군현도, 명산도, 궁궐도, 사찰도, 산성도처럼 대축척 지도인 경우가 많다. 세계지도나 전도같은 소축척의 지도는 추상 수준이 높기 때문에 회화적으로 그리기보다는 기호를 사용하여 표현하는 경향이 짙다. 그러나 소축척 지도에서도 파도 무늬나 산맥의 표현과 같이 일부 회화적 특징들을 파악해 볼 수 있다.

회화적 특성과 관련하여 가장 먼저 제시할 수 있는 것은 시점(Perspective)이다. 정적이고 측정 가능한 추상적 공간을 전제하는 서양과 달리 동양에서는 무한성, 무경계를 지닌 존재로서 공간을 상정한다. 따라서 공간의 경험은 역동적이면서 유동적이고 시간의 경험과 긴밀한 관련을 지니기 때문에 공간을 지배하는 추상적인 기하학적 체계가 없다.■8 이에 따라 시점에 있어서도 고정 시점보다는 변동 시점을 선호하기도 했다.■9 즉, 동양 회화의 목적은 형식을 통해 정신을 표현하는 것인데, 시와 마찬가지로 풍경과 감흥을 융합시키고 객관적 세계와 주관적 세계를 결합하면서 자연을 의인화하여 내면적 성찰을 강조한다. 이에 따라 경험적 실재를 표현하는 지도에서도 초월적 경험주의[氣韻]적인 회화적 특징들이 나타날 수 있었던 것이다.

조선 시대 지도의 경우 세계지도나 전국지도와 같은 소축척의 지도들은 대부분 단일 시점에 의해 그려진다. 반면 미시 지역을 그린 도성도나 군현도, 산성도 등에서는 변동 시점이 사용되는 경향을 볼 수 있다. 특히 사산(四山)으로 둘러싸인 도성을 그린 지도에서는 동서남북에 따라 산을 바라보는 시점을 달리하여 표현하였다(그림 5-5). 이러한 일방 시점(고정 시점)이 아닌 사방 시점(변동 시점)으로 표현한 것은 장면의 역동성

그림 5-5 변동 시점이 적용된 도성도
자료 : 서울대 규장각한국학연구원

을 포착하려는 동양의 산수화적 특성에서 유래된 것으로 한 장의 지도에 여러 개의 지표면을 만들어 표현한 것이다. 이러한 변동 시점에 의해 지형이 표현됨에 따라 관련 지명들도 상-하의 단일한 방향으로 표기되지 않고 시점에 입각하여 다양한 방향으로 표기되기도 했다.

시점과 더불어 회화적 특성이 나타나는 것은 축척 부분이다. 축척은 실재의 사상(事象)을 줄인 비율을 말하는데 실경을 그린 회화에서는 모든 사상과 지역들이 동일한 비율로 축소되어 그려지지는 않는다. 작가가 강조하고자 하는 특정의 지형이나 사상은 크게 강조되고 그렇지 않은 부분은 작게 축소되어 처리되는 차별적 축척이 적용되는 것이다. 회화식 지도에서도 이러한 현상을 흔히 볼 수 있는데, 도성도나 군현도에서 많이 나타난다. 도성도에서는 소우주적 공간으로 표현되는 도성의 내부가 외부에 비해 확대되어 그려진다. 군현도에서도 고을의 중심인 읍치가 주변 지역에 비해 확대되어 표현된다.

이외에 회화적 특성이 강하게 나타나는 것은 자연적, 인문적 표현 요소들이다. 산수로 대표되는 자연적 요소인 경우 회화적 성격이 뚜렷하게 나타나는데 산의 표현에서 가장 강하게 드러난다. 도성도나 군현도와 같은 대축척의 지도에서는 진경산수화에서 많이 볼 수 있는 준법(皴法)을 사용하여 산의 입체감을 표현하는 것을 종종 볼 수 있다. 또한 산지에 있는 수목이나 산곡 등을 표현하기 위해 미점법(米點法)을 사용하기도 했다.

실경산수화풍의 산지 표현과 더불어 흔히 볼 수 있는 것은 조선적인 특성이 강하게 반영된 산지의 표현인데, 풍수적 지형인식론에 입각하여 연맥을 강조하는 것이 그것이다(그림 5-6). 이것은 주로 묘지를 그린 산도(山圖)의 산지 표현 방식에 기원을 둔 것으로 산의 외형적 형상보다는 맥세, 기운 등을 고려한 표현이라고 볼 수 있다. 즉, 기맥의 연결관계를 고려하여 산줄기를 그리더라도 맥세가 모이는 결절 지점을 강조하여 표현하였고, 전체적인 산의 모습도 기운의 흐름을 포착하는 방법으로 표현되었다.

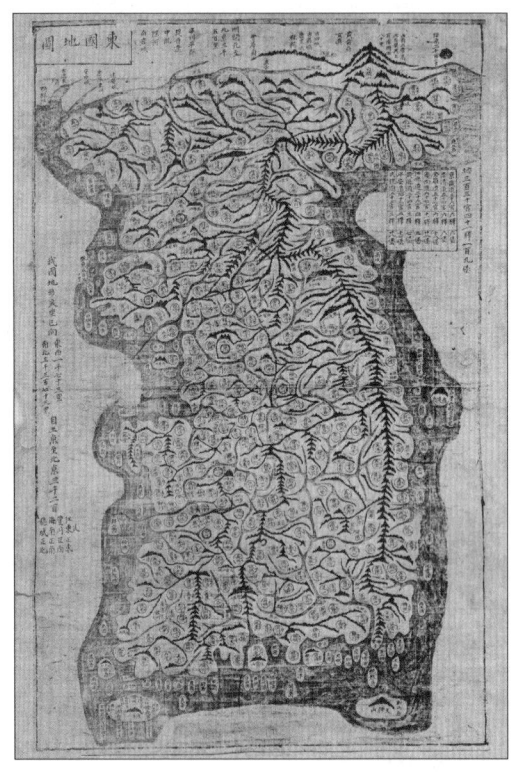

그림 5-6 산지의 연맥식 표현이 두드러진 동국지도
자료 : 개인 소장

하천과 바다로 대표되는 물의 표현은 산지의 표현보다는 회화적 성격이 약하다. 대축척, 소축척의 지도를 막론하고 쌍구법(雙鉤法)을 사용하여 나뭇가지 모양으로 그리는 것이 보통이다. 다만 강폭의 크기를 고려하여 하류로 갈수록 넓어지고 상류로 갈수록 좁아지면서 원류에 이르러서는 단선으로 그려지는 것이 보통이다. 하천은 산지와 달리 고저가 거의 없기 때문에 정사(正射) 시점으로는 그릴 수 없어서 대부분 평사(平射) 시점으로 그려진다. 따라서 산지에 비해 회화적 성격이 약할 수밖에 없는 것이다. 다만 물결무늬[水波描]의 표현에 있어서는 종종 회화적인 기법이 사용되기도 한다.

물결무늬는 동양 고유의 것은 아니고 서양이나, 이슬람의 지도에서도 물결무늬를 볼 수 있다. 조선 시대 지도 가운데에서는 오히려 전도에서 물결무늬를 많이 볼 수 있는데, 『동국여지승람』에 수록된 『팔도총도』가 대표적이다. 목판 인쇄본으로 제작되었지만 바다에 물결무늬를 새겨 넣었다. 이러한 전통은 이후의 지도에도 이어져 1673년 김수홍이 제작한 목판본 『조선팔도고금총람도』를 비롯한 여러 목판본 전도에서 볼 수 있다. 또한 고려대 소장의 『해동팔도봉화산악지도』(그림 5-7)에서처럼 필사본 전도에서도 볼 수 있는데, 곡선을 사용하여 출렁이는 파도를 잘 표현하고 있다. 이러한 물결무늬는 대부분 바다의 파도를 형상화한 것인데, 강물의 물결을 표현한 것도 있다. 1872년 제작된 연천현지도에는 임진강의 물결을 독특하게 표현하고 있는데, 강물이 합류하는 지점에는 여울의 모습을 그려 변화를 주는 것이 이채롭다.

산수로 대표되는 자연적 요소와 더불어 각종의 인문적 요소들에서도 회화적 특성들이 반영된다. 먼저 관청 건물의 모습에서 회화적 특성이 강하게 나타나는데, 지붕의 모양, 대청, 심지어 삼문에 그려진 태극 문양까지 세밀하게 묘사하는 경우도 있다. 전패와 궐패가 봉안된 객사 건물은 양익(兩翼) 구조로 된 지붕 모양이 뚜렷하게 표현되는 것이 일반적이다. 그 밖에 홍살문, 원형의 감옥, 민가 등도 회화적으로 표현되는 경우가 많다.

이외에 다리의 표현에서도 돌다리와 나무다리를 구분하여 세밀하게 표현하는 경우도 있다. 그리고 나루터나 포구에 정박해 있는 다양한 배의 모습도 상세하게 묘사된다. 세선(稅船), 전선(戰船), 병선(兵船), 진선(津船) 등이 세밀하게 그려지기고 한다. 일부 지도에서는 읍성의 아래에 형성된 장시의 모습도 회화적으로 묘사되며 통영의

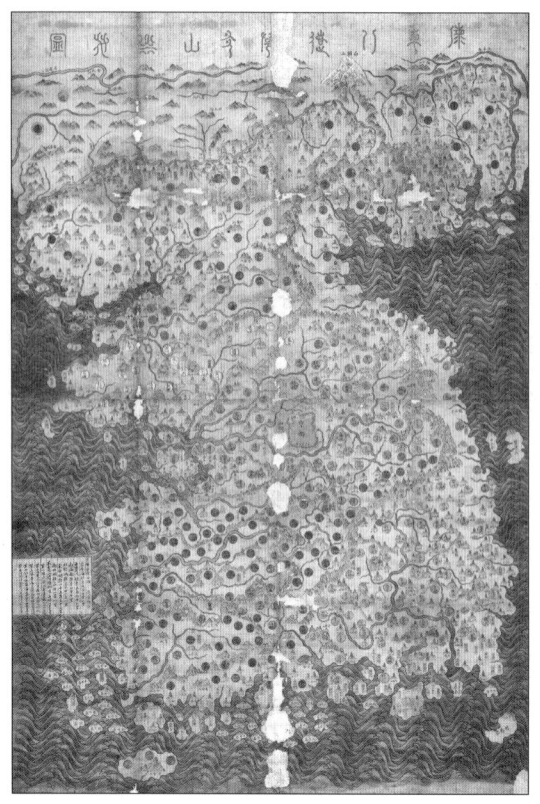

그림 5-7 『해동팔도봉화산악지도』의 물결 표현
자료 : 고려대 박물관 소장

지도에서는 쌀가게를 비롯한 상점들도 눈에 띈다. 그 밖에 성곽이나 봉수의 모습도 회화적으로 묘사된다. 성곽은 옹성(甕城)의 구조나 성가퀴의 모습까지 그려지기도 하고, 봉수는 봉화가 타오르는 모습을 형상화하여 표현하는 경우가 일반적이다.

인문적 요소 중에서도 그 지역의 대표적인 경관은 더 강조되어 세밀하게 묘사된다. 춘향전에 등장하는 남원의 광한루와 오작교는 다른 경관에 비해 확대·강조되어 표현되었다. 익산 왕궁리에 있는 오층석탑과 석장승도 이 지역의 명물로 강조되어 그려졌다. 경주 지도에서는 왕릉과 첨성대가 상징적인 건물로 부각되어 있다. 평양 지도에서는 기자의 정전제(井田制)의 유제를 보여 주는 바둑판 모양의 흔적이 상징적으로 표현되는 경우가 많다.

2. 전통적 세계관과 세계지도

1) 중화적 세계관과 세계지도

중국을 중심으로 하는 동양 문화권의 대표적인 천지관은 천원지방(天圓地方)이라 할 수 있다. 하늘은 둥근 데 비해 땅은 네모난 평평한 땅으로 인식했던 것이다. 이러한 관념은 인간을 둘러싼 세계에 대한 경험과 관찰을 통해 형성된 것이다. 원(圓)은 움직이는 하늘을, 방(方)은 정지해 있는 땅을 상징하는데, 북극성을 중심으로 하는 항성의 일주 운동을 보고 '천원'이라 생각했고 태양 운행의 계절에 의한 변화를 보고 '지방'이라 했던 것이다.

이러한 천지관을 바탕으로 중국 문화권에서는 하늘과 땅이 독립적으로 분리되어 존재하는 것이 아니라 유기적인 관계를 맺고 있다는 천지상관적(天地相關的) 사고가 오랫동안 유지되었다. 서양에서는 천상의 세계가 지상의 세계와 분리된 신이 주재하는 영역이지만, 동양에서는 지상의 질서가 천상에 투영되기도 하고 천상의 변화가 지상에 영향을 미치는 것으로 인식되었다. 이러한 천지 상관적 사고로 인해 하늘을 그린 천문도에 지상의 공간 질서가 표현되기도 하고 땅을 그린 지도에 천상의 별자리가 그려지기도 했던 것이다.

〈그림 5-8〉의 『천지도』는 동양의 전통적인 천지관인 천원지방에 따라 하늘은 둥글

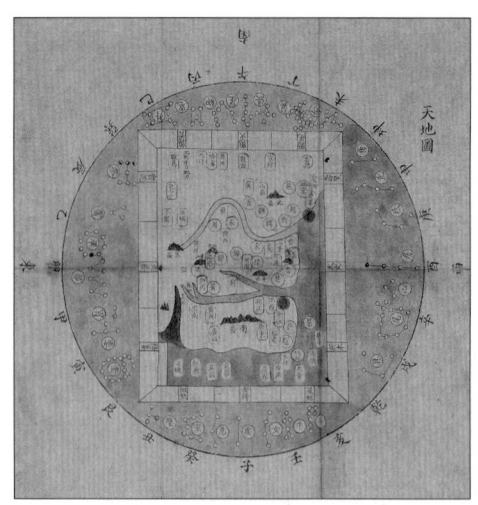

그림 5-8 천지도
자료: 국립중앙박물관 소장

고 땅은 사각형으로 그렸는데, 둥근 원 둘레에 하늘의 대표적인 별자리인 28수(宿)를 그려 천지의 상관적 관계를 잘 표현해 주고 있다. 사각형 내부에는 중국과 주변 나라를 그려 넣었고 그 외곽에는 목성의 운행주기에 따라 구분한 12차(次)의 이름이 방위 표시와 함께 표기되어 있다. 사각형 바깥에 그려진 별자리에는 할당된 지상의 영역이 있는데 별자리의 변화를 관찰하여 해당 지역의 변화를 예측하는 점성술에 이용되기도 하였다.

천원지방의 천지관(天地觀)에 기초하여 중국을 중심에 두고 세계를 인식하는 중화적 세계관이 유학의 확립과 더불어 지배적인 사고로 후대로 이어졌다. 중국 중심의 지리적 중화관은 중국 문명의 뛰어남을 강조하는 문화적 중화관, 곧 화이관(華夷觀)으로 발전되어 조선 사회에서도 지배적인 세계관으로 19세기까지 유지되었다. 이러한 세계관은 조선 시대 세계지도에 반영되어 표현되었는데, 현존하는 여러 지도들을 통해 확인해 볼 수 있다.

1402년에 제작된 『혼일강리역대국도지도』(그림 5-9)는 조선 왕조의 개국 초기 국가적 사업으로 중국, 일본, 조선의 지도를 합하여 편집·제작한 것이다. '혼일강리역대국도지도'란 말 그대로 하나로 어우러진 땅(혼일강리), 곧 세계를 그린 것으로 각국의 역대 도읍지를 같이 그린 지도이다. 지도에는 중앙에 중국이 포진하고 있고 동쪽으로 조선, 남쪽 바다에는 일본이 위치해 있으며 서쪽에는 아라비아 반도, 아프리카·유럽 대륙이 그려져 있다. 이 시기 세계지도로는 종교적 세계관을 표현하고 있는 중세 유럽의 세계지도(Mappa Mundi)와 근세의 해도(Portolano)가 결합된 형식의 지도가 주류를 이루고 있었다. 따라서 다소 왜곡된 형상을 띠고는 있으나 당시의 세계지도로는 동서양을 막론하고 가장 뛰어난 지도로 평가되었던 것이다.

지도 하단에 수록된 권근의 지문(誌文)을 보면, 『혼일강리역대국도지도』는 중국으로부터 수입한 두 장의 지도 즉, 이택민의 『성교광피도』와 청준의 『혼일강리도』를 기초로 하고, 최신의 조선 지도와 일본 지도를 결합·편집하여 만든 세계지도이다. 이 가운데 『성교광피도』에는 중국 이외의 지역이 자세히 그려져 있고, 『혼일강리도』는 중국 역대 왕조의 강역과 도읍이 상세히 수록된 지도이다. 따라서 『혼일강리역대국도지도』에 그려진 유럽, 아프리카 부분은 『성교광피도』를 바탕으로 그렸다고 볼 수 있다.

이택민의 『성교광피도』는 현존하지 않기 때문에 구체적인 모습을 알 수는 없지만, 중국 원나라 때 이슬람 지도학의 영향을 받아 제작된 지도로 추정되고 있다. 중세 이슬람 사회에서는 넓은 사라센 제국을 통치하기 위한 기초 자료를 확보하고 성지 순례·교역 등의 필요에서 지리학과 지도학이 발달하였다. 지도학은 로마 시대의 선진적인 톨레미 지도학을 계승하고 있었는데, 칼리프의 후원에 의해 톨레미의 저서들이 번역되었다. 알 이드리시(al-Idrish)같은 학자는 지구가 둥글다는 지구설(地球說)을 기초로 원형의 세계지도를 제작하기도 했다.

이러한 선진적인 이슬람 지도학은 동서 문화 교류에 의해 중국 사회로 전파되었고, 중국에서 다시 이택민과 같은 학자에 의해 중국식 지도로 편집·제작되었던 것이다. 따라서 『혼일강리역대국도지도』에 수록된 유럽과 아프리카의 모습은 중국을 거쳐 들여온 이슬람 지도학이 반영된 것이라 할 수 있다. 지도의 아프리카 부분에 그려진 나일 강의 모습과 지명들은 이슬람 지도학의 영향에 대한 증거로 제시되고 있다.

『혼일강리역대국도지도』가 이슬람 지도학의 영향을 받아 제작되었지만 기본적으로 바탕에 깔고 있는 세계관은 서로 다르다. 이슬람 지도학은 고대 그리스·로마의 지도학을 계승한 것으로 땅은 둥글다는 지구설에 기초하고 있었다. 그러나 『혼일강리역대

국도지도』에서는 여전히 '하늘은 둥글고 땅은 네모지다' 는 전통적인 천원지방의 천지관에 토대를 두고 있다. 일부의 이슬람 지도에서 보이는 경위선의 흔적은 전혀 볼 수 없다. 지도의 형태도 원형이 아닌 사각형의 형태로 그려져 있다.

아울러 『혼일강리역대국도지도』가 표현하고 있는 세계는 여전히 중화적 세계관에 입각하고 있다. 세계의 중심은 여전히 중국이고 조선은 중국 문화를 계승한 소중화(小中華)로 표상된다. 다만 16세기 이후 나타나는 경직된 대외 인식과 달리 중화적 세계관에 기초하면서도 개방적으로 세계를 파악하고자 했던 것이고, 그것이 지도에서도 반영되어 문화적으로 다른 세계까지 자세히 그려낼 수 있었던 것이다.

왕조의 개창과 더불어 상대적으로 열린 세계를 지향하려 했던 조선 사회는 16세기 이후 주자성리학이 사회의 운영원리로서 정착되면서 다른 모습을 띠기 시작했다. 특히 문화적 중화관인 화이관이 조선 사회의 지배적인 세계관으로 고착됨에 따라 개방적인 대외 인식도 점차 약화되어 초기 『혼일강리역대국도지도』에 그려졌던 아프리카, 유럽, 아라비아는 이후 관심의 대상에서 멀어졌다. 그 결과 이 시기에 제작되는 세계지도가

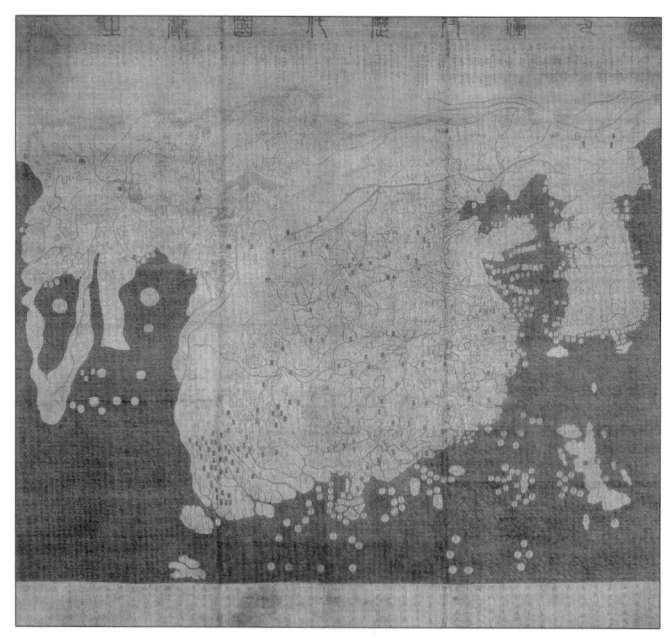

그림 5-9 ˙˙혼일강리역대국도지도
자료 : 日本 京都龍谷大學校 소장

포괄하는 영역은 동아시아 세계로 좁혀지게 되었다. 전통적인 화이관에 기초하여 중국이 크게 과장되어 그려지고 소중화인 조선도 중국에 버금가는 나라로 부각되지만 주변의 여러 나라들은 국명만 표기되는 정도에 그쳤던 것이다.

2) 원형 『천하도』와 세계관

서구식 세계지도를 통한 서양 지리 지식의 유입은 전통적인 세계지도 제작에도 변화를 몰고 왔다. 이의 대표적인 것이 원형 『천하도』(그림 5-10)의 출현이다. 원형 『천하도』가 17세기 이후 조선에서 출현한 것은 내부보다는 외부적 요인에서 기인한다. 17세기 이래로 조선은 중국을 통해 서양의 지리지식을 접하게 되었다. 이로 인해 지리적 세계 인식은 기존의 전통적인 인식에 비해 매우 확장되었다. 원형의 『천하도』는 보다 넓어진 세계 인식을 담아 내기 위해 만들어진 것으로 표현 방식과 내용은 전통에 의존하였다. 인간의 경험을 초월한 다양한 세계까지 묘사하고 있던 중국의 고전 『산해경』을 기초 자료로 삼아 내대륙-내해-외대륙-외해의 구조를 만들고 지명을 각각의 위치에 배치하였다. 이외에 사서(史書)에서 보이는 실제 지명을 내대륙에 배치하고 신선 사상과 관련된 지명도 상당수 기입하였다. 내대륙에는 중국, 조선, 안남, 인도 등의 실재하는 나라들이 그려져 있다. 내해에는 일본국, 유구국 등의 실재하는 나라들과 일목국(一目國), 대인국(大人國), 삼수국(三首國), 관흉국(貫胸國) 등 중국의 고전인 『산해경』에 나오는 가상의 나라들이 혼재되어 있다. 외대륙에는 대부분 가상의 나라들로 채워져 있다. 외대륙의 동쪽과 서쪽 끝에는 신목(神木)도 그려져 있는데, 일월이 뜨는 곳에는 부상(扶桑)이, 일월이 지는 곳에는 반격송(盤格松)이 그려져 있다.

원형 『천하도』에 담겨 있는 세계관의 특성을 몇 가지로 제시해 볼 수 있다. 먼저 원형 천하도는 전통적인 천원지방의 천지관에 입각하고 있다. 원형 『천하도』의 원은 둥근 지구를 상정한 것이 아니라 하늘을 표현한 것이다. 둘째는 중화적 세계 인식을 여전히 고수하고 있다. 직방 세계 보다 훨씬 넓은 세계를 표현하고 있지만 세계의 중심

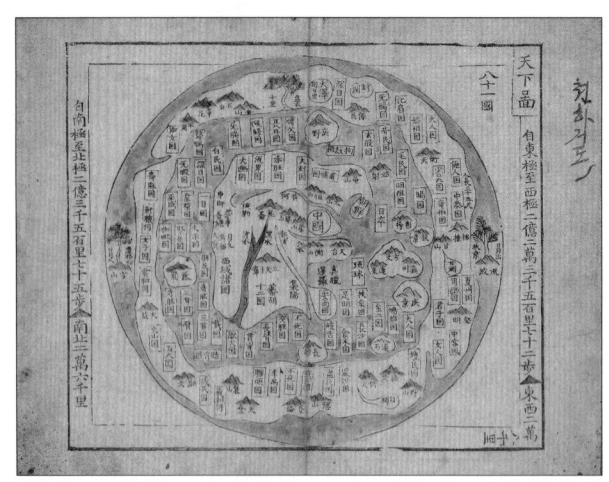

그림 5-10 천하도
자료 : 국립중앙박물관 소장

이 여전히 중국이라는 사실에는 변함이 없다. 셋째, 우주지(宇宙誌)적 특성으로서 삼재(三才) 사상이 반영되어 있다. 단순히 땅만을 그린 것이 아니라 하늘과 땅, 그리고 인간세계를 동시에 표현함으로서 천지인 상관관계를 드러내고자 했다. 넷째는 신선 사상이 반영되어 있다. 도교 관련 서적에 나오는 신선적 지명, 일월처의 신목 등은 무병장수를 갈망하는 당시의 신선 사상과 이어진다. 이는 인간의 기본적인 정서에 해당하는 것으로서 성리학적 원리가 지배하고 있던 조선 사회에서도 비공식적 부분에서 끈질기게 유지되고 있었던 것이다.

3) 서구식 세계지도와 세계관의 변화

17세기 이후 조선에 전래된 다양한 서구식 세계지도는 조선에서 다시 제작되면서 지식인들에 많은 영향을 주었다. 마테오 리치의 『곤여만국전도』를 비롯하여, 알레니의 『만국전도』, 페르비스트의 『곤여전도』(그림 5-11)를 비롯한 서구식 세계지도와 『직방외기』, 『곤여도설』 등의 지리서는 조선의 지식인 사회에 커다란 파장을 불러 일으

컸던 것이다. 당시 대부분의 사람들은 중국을 중심으로 한 직방 세계(職方世界)를 천하로 인식하고 있었는데, 서구식 세계지도를 통해 더 넓은 세계를 천하로 인정하게 되었다. 세계의 중심에 위치한 중국과 그 주위의 이역(異域)으로 구성되는 지리적 중화관을 부정하게 된 것이다. 중국 이외에 더 넓은 세계가 있음을 알게 되었고 그들도 상당한 수준의 문화를 지니고 있다는 사실이 점차로 인정되었다.

서구식 세계지도를 통해 지리적 세계에 대한 인식이 확장되었다 하더라도 전통적인 천원지방의 천지관을 극복하고 서양의 지구설을 즉각 수용할 수는 없었다. 눈에 보이는 평평한 대지에서 눈으로 확인할 수 없는 둥근 지구로 인식을 전환하는 것은 당시의 평균적 지식인에게는 쉽지 않은 일이었다. 그러나 서양의 천문, 역법의 원리를 이해하고 인정했던 학자들은 서양 학문이 기초하는 지구설을 서서히 수용하게 되었다. 그리하여 영조 대에 국가적 사업으로 편찬된 1770년의 『동국문헌비고』에 지구설이 수록될 수 있었다. 이를 통해 지리적 중화관을 서서히 극복할 수 있었으나 문화적 중화관인 화이관까지 극복하기에는 유교적 원리가 너무 강하게 사회를 지배하고 있었다. 일부 홍대용과 같은 학자는 화(華)와 이(夷)를 구분하는 것은 무의미하다는 '화이일야(華夷一也)'를 주장하여 문화적 중화관을 극복하려 했으나 대부분의 학자들은 여전히 문화적 중화관을 고수하고 있었다. 서양의 선진 문물도 그 기원은 중국에 있다는 '중국원류설'이 문화적 중화관 고수의 중요한 논거로 활용되었다.

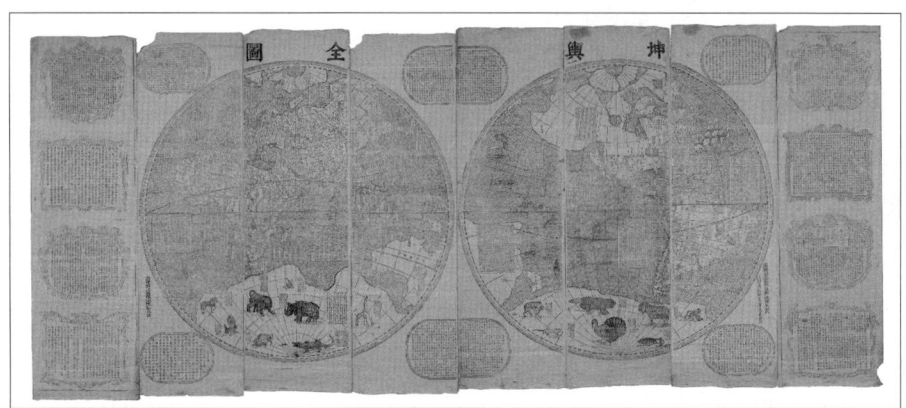

그림 5-11 곤여전도
자료 : 국립중앙박물관 소장

3. 국토 인식과 조선전도

1) 조선 전기 국토의 표현

조선전도는 우리나라 국토 전체를 대상으로 그린 지도이다. 국토를 상징하는 지도로서 권위를 지니는데, 여기에는 국토에 대한 전통적인 인식이 반영되어 있다. 현존하는 전도는 조선 시대 이후의 것들이지만 삼국 시대 이래로 전도 제작이 활발하여 고려시대에 이르러는 전체 한반도의 윤곽을 사실에 가깝게 그려낼 수 있었던 것으로 보인다. 1402년에 제작된 『혼일강리역대국도지도』에 수록된 조선전도는 고려 시대의 지도를 계승한 것으로 볼 수 있는데, 이 지도의 전체적인 모습은 실재 한반도의 모습에 근접해 있다.

조선 전기에는 새로운 왕조의 개창과 국토의 확장으로 행정·군사적 목적으로 최신의 지도 제작이 요구되었다. 특히 조선 초기에는 압록강 상류에 사군(四郡)을 설치하고, 두만강 하류의 육진(六鎭) 개척 등으로 인해 이 지역에 대한 파악이 절실하였다. 이에 따라 1424년(세종 16)에는 구체적인 지도 제작에 착수하였는데, 그 시작은 국경이 확대된 현재의 함경도와 평안도 지방의 지도 제작이었다. 정척(鄭陟, 1390~1475)은 1451년에 함경도와 평안도에 해당하는 양계(兩界) 지방의 지도를 제작하였고, 1463년(세조 9)에는 양성지(梁誠之, 1414~1482)와 함께 『동국지도』를 완성하였다.

동국지도는 그 원본이 전해지지는 않으나 사본 또는 같은 유형의 지도로 추정되는 지도가 전해지고 있다. 『조선방역지도』(국보 제248호, 그림 5-12)는 그중의 하나이다. 정척과 양성지의 『동국지도』는 이회(李薈)의 『팔도지도』에 비해 압록강과 두만강의 유로가 비교적 잘 표현되어 있고 지도의 내용도 자세한 편이다. 그러나 현재의 지도와 비교하면 아직도 압록강과 두만강의 유로가 거의 동서로 직선에 가까워서 두 강의 상류 지방에 대한 지식이 부족하였음을 알 수 있다. 정척·양성지의 지도 유형은 1750년대에 정상기의 동국지도가 출현할 때까지 널리 사용되었을 뿐만 아니라 그 후에도 소축척 지도로서 민간에서 이용되었다.

조선 전기 지도 제작의 성과는 1530년에 간행된 『신증동국여지승람』에 수록되었다.

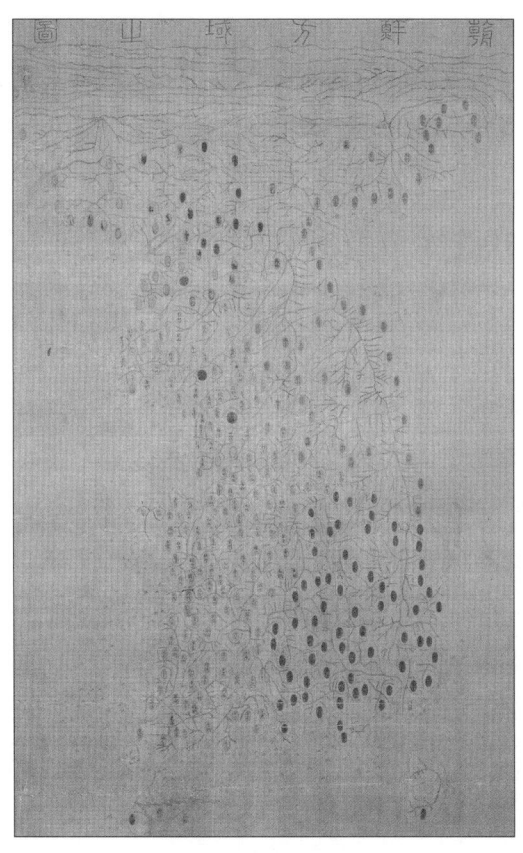

그림 5-12 조선방역지도
자료 : 국사편찬위원회 소장

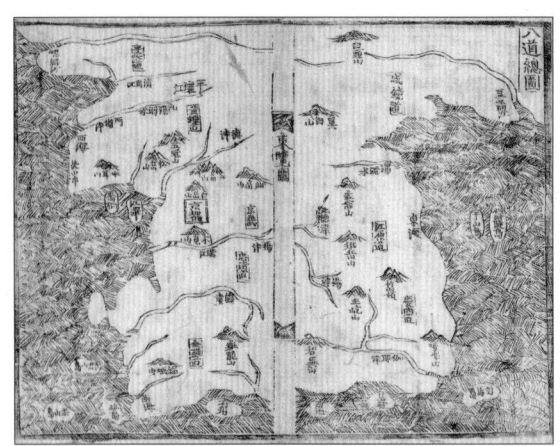

그림 5-13 『동람도』의 팔도총도
자료: 서울대 규장각한국학연구원 소장

『동람도』라 불리는 지도로 지지를 보완하는 부도로서 제작되었기 때문에 표현하고 있는 내용들은 매우 소략하다. 지지에 이미 많은 내용들이 지역별로 수록되어 지도에서는 단지 지역의 개략적인 모습만 보여 주는 정도에 그치고 있다. 또한 규격이 작은 목판본으로 제작되어 지도에 많은 정보들을 담을 수도 없었다. 세종대에 제작된 『세종실록지리지』와 같은 이전 시대 지리지는 국가의 지배 체제를 확립하기 위해 지역을 파악하는 목적이 강했기 때문에 군사·행정·경제 등과 같은 실용적 측면에 비중이 주어졌다. 반면 『신증동국여지승람』에서는 전국적 지배 체제의 확립 이후 왕권의 위엄과 유교적 지배 원리를 강화하려는 목적이 우세하여 시문·인물·예속·고적 등과 같은 항목이 추가되었다. 『동람도』에도 이러한 지지의 특성이 반영되어 있다. 『팔도총도』(그림 5-13)에는 사전(祀典)에 기재되어 있는 악(嶽)·독(瀆)·해(海)와 명산대천 등을 표시하고 있고 팔도의 도별 지도에는 주현의 진산과 사지사도(四至四到)만을 표시하였다. 국토의 산천 파악이 국방과 같은 실용적 차원이 아니라 제사를 통한 왕권의 위엄과 유교적 지배 이념을 확립하려는 의도와 밀접한 관련이 있음을 엿볼 수 있다.

지도의 표현 양식을 보면, 수계를 중심으로 하여 각 주현의 진산을 배치하였고, 산의 모습도 『대명일통지』에 보이는 것처럼 독립적인 산봉우리의 모양으로 표현하였다. 바다는 중국지도에서 흔히 볼 수 있는 물결 모양의 무늬로 채웠다. 이와 같은 『동람도』는 목판본으로 제작되어 많이 보급될 수 있었기 때문에 다른 지도보다도 대중적으로 커다란 영향을 미쳤다. 이후 다소의 변용을 거치면서 후대에 계속 이어져 내려와 우리나라 지도 제작의 큰 흐름을 형성하게 된다.

2) 조선 후기 국토 인식의 진전과 정상기의 『동국지도』

조선 후기는 임진왜란과 병자호란을 겪어 황폐화된 국토를 재건하는 시기였고 이에 따라 국토 상황을 보다 정확하게 파악하기 위해 최신의 지도가 필요했다. 사회·경제적으로는 전쟁 후의 복구 사업에 총력을 기울여 양안(量案)의 정리와 호적(戶籍)의 정비가 국가적 차원에서 행해졌고, 농업 생산력의 회복을 위해 농지의 개간과 농법의 개량이 폭넓게 진행되고 있던 때였다. 이러한 농업에서의 생산력의 증대는 수공업, 광업으로까지 확대되면서 상품 교환 경제의 발달을 자극하였고, 이로 인해 지역 간의 상호 작용이 활발하게 이루어지고 있었다.

또한 학문적으로도 실학이 태동하여 일군의 학자들에 의해 우리나라의 역사지리에 대한 연구가 진전되고 있었는데, 이러한 모든 여건들은 당시 지도 제작에 유리한 환경을 조성하고 있었다. 특히 이 시기에 이르러서는 민간에서의 지도 소유를 금지했던 조선 전기와는 달리 사대부를 중심으로 어느 정도의 지도를 소유할 수 있었고, 이를 바탕으로 민간에서의 지도 제작이 비교적 활발하게 이루어질 수 있었다. 실제로 김정호의 청구도 범례에서 뛰어난 지도제작가로 언급하고 있는 윤영, 황엽과 같은 이도 이 시기에 활약하고 있었다. 또한 17세기를 거쳐 18세기에 접어들면서는 청나라와의 국경 분쟁을 계기로 변방에 대한 관심이 증대되었던 시기였고, 국가적 차원에서도 관방지도(關防地圖)가 제작되기도 했다. 중국으로부터 지도 및 지리지를 적극 수입하고 이를 바탕으로 변경 지역의 지도를 제작하여 국방에 이용했던 것이다.

이러한 시대적 배경 속에서 18세기의 뛰어난 실학자이자 지도학자인 농포자(農圃子) 정상기는 조선 후기 지도학사에 한 획을 긋는 『동국지도』를 제작하였다. 정상기의 지도는 당대까지 축적된 지도 제작의 성과와 지리 지식을 활용했던 것으로 보인다. 현존하는 유일한 저작인 『농포문답』에서도 지적하고 있듯이 그는 병약하여 한 고을 밖을 제대로 벗어나 본 적이 없었다. 따라서 전 국토를 답사하고 측량하여 『동국지도』를 제작한 것은 아니다. 오히려 조선 전기의 대학자이며 고위 관직에 있었던 정인지의 직계 후손으로서 집안에 소장된 지도와 각종의 지리 관련 서적 등을 쉽게 이용할 수 있었고, 당대 최고의 실학자였던 성호 이익을 비롯한 여러 학자들과의 교류를 통해 새로운 자료를 수집할 수 있었다. 이러한 모든 자료를 폭넓게 활용하면서 백리척을 사용한 독특한 방법으로 당대 최고의 『동국지도』를 제작할 수 있었던 것이다.

정상기의 『동국지도』는 대전도(大全圖, 그림 5-14)와 이를 팔도로 나누어 첩으로 만든 팔도분도(八道分圖, 그림 5-15)로 이루어져 있다. 『동국지도』는 정상기의 원도에서 계속 전사되어 후대에 이어졌는데, 현재 국내의 도서관 박물관 등지에 다수가 보존되어 있다. 대전도의 경우는 현존 사본이 팔도분도에 비해 매우 적은 편인데, 이들의 규격은 대략 가로 130~140cm, 세로 240~260cm 정도이다. 조선 전기의 대표적인 지도인 양성지, 정척의 전도 유형에 속하는 『조선방역지도(朝鮮方域之圖)』의 규격이 가로 61cm, 세로 132cm인 것을 보더라도 정상기의 지도는 이전 시기의 전도와는 달리 대축척의 지도이다. 그러나 이러한 대축척의 전도는 여러 장의 종이를 이어 붙여서 그려야 하는 모사의 불편함과 열람·휴대의 문제 때문에 후대까지 활발하게 전사되지는 못하였고 대신에 팔도분도의 형식이 정상기 지도 사본의 주류를 이루게 되었다.

정상기의 팔도분도는 이전의 팔도분도와는 다른 양식으로 되어 있다. 즉, 동국여지승람과 같은 지리지에 실리는 팔도분도는 각 도별 지역의 넓고 좁음에 관계없이 한 지면에 무조건 한 도를 배정하여 그렸기 때문에 축척이 서로 달라 산천의 표현과 도리(道里)가 모두 부정확한 것이 특징이었다. 정상기의 팔도분도는 이러한 문제점이 해결되도록 고안되었는데, 경기도와 충청도는 면적이 다른 도에 비해 그리 넓지 않기 때문에 한 장의 지도에다 합쳤고, 함경도는 넓은 면적으로 인해 남도와 북도로 분리하여 두 장의 지도로 만든 것이다. 따라서 각 분도의 규격도 다소의 차이는 있지만 대략 가로 60cm, 세로 100cm 내외이다.

내용면에서 농포자 지도는 조선 전기의 지도들과 비교했을 때 무엇보다 한반도의

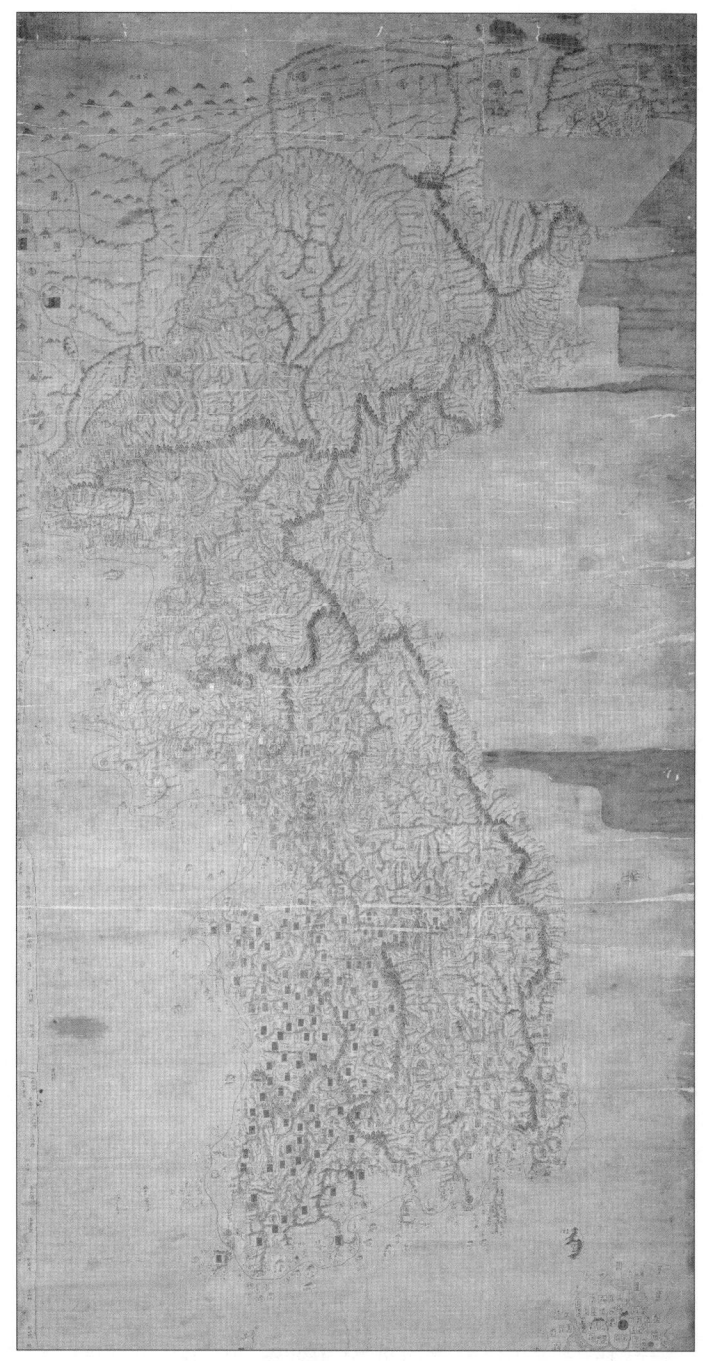

그림 5-14 동국대전도
자료 : 국립중앙박물관 소장

윤곽에서 커다란 차이를 보이고 있다. 이러한 차이는 특히 압록강, 두만강 유역을 중심으로 하는 한반도의 북부 지방에서 현저하게 나타나고 있다. 조선 전기 양성지, 정척의 동국지도를 계승한 대부분의 지도들은 북부 지방이 중·남부 지방에 비해 면적이 작게 표현되어 있다. 또한 압록강과 두만강의 유로가 부정확한데, 압록강과 두만강의 하구가 위도상 상당한 차이가 나는데도 거의 같은 위도상에 있는 것으로 그려져 있다. 농포자 지도에서는 이러한 지도의 결점을 거의 극복하여 현대 지도의 한반도 윤곽과 비교해 보아도 그다지 차이가 나지 않을 정도로 정확하다.

둘째로 지적할 수 있는 것은 산천으로 대표되는 자연적 요소이다. 김정호가 지적한 것처럼 산맥과 물줄기는 지표면의 근골과 혈맥이 되기 때문에 과거의 지도제작자들은 다른 것들보다 우선적으로 산천의 표현에 관심을 두었다. 정상기의 동국지도에서 산천의 표현과 관련하여 가장 두드러진 특징은 산계와 수계가 이전 지도와는 비교가 안 될 정도로 매우 상세해졌다는 점이다. 이전의 지도들은 소축척 지도이기 때문에 산계와 수계를 자세히 표현할 수 없는 측면이 있기도 하지만 기본적으로 산천으로 대표되는 공간에 대한 인식이 후대에 비해 상당히 제약되어 있었다. 그러나 정상기의 동국지도에 이르러서는 대축척의 지도로 제작되어 산계와 수계가 보다 자세히 표현될 수 있는 여지가 마련되었고, 이전까지 축적된 공간 인식을 바탕으로 후대의 김정호의 지도와 비교해도 손색이 없을 정도의 산천 체계를 표현해 내고 있다.

셋째는 인문적 요소인데 이 가운데서 가장 두드러지는 것은 교통로이다. 서울로부터 지방으로 뻗어 가는 대로는 물론 각 군현을 잇는 연결 도로까지 자세히 그렸고, 서해안에서 남해안에 이르는 해로도 표시하였다. 또한 산지상의 영로(嶺路)인 고개도 상세히 그려져 있다. 교통로와 더불어 역보(驛堡), 산성, 봉수와 같은 군사적인 내용이 자세하게 수록되어 있는 점도 특징적이다. 정상기는 국방에 대해 남다른 관심이 있었기 때문에 자신의 지도에서도 이를 중시하여 표현했던 것이다. 역의 경우는 찰방역(察訪驛)만을 그렸지만 진보(鎭堡)의 경우는 연해와 북방의 것이 거의 망라되어 있다. 이 밖에도 유명한 포구와 마을, 사찰, 고읍, 저수지, 나루터 등도 그려져 있다.

정상기는 동국지도를 제작하면서 이전 시기의 지도에서는 전혀 볼 수 없었던 독특한 축척인 백리척을 사용했다. 백리척은 대략 9.6~9.8cm의 긴 막대 모양으로 그려져 있는데, 이 길이가 백리에 해당한다. 전통 시대의 지도 제작에서는 거리와 방위를 고르게 하면서 축척의 기능도 수행하는 격자형의 방격이 사용되고 있었으나 오히려 지도가 번잡해지는 결점을 낳기도 했다. 따라서 정상기는 이러한 방격 대신에 백리척을 고안하여 두 지점 간의 실제 거리를 쉽게 계산할 수 있도록 하였다. 이러한 사례는 동양 문화권의 중국이나 일본에서도 보기 힘든 것이다.

또한 동국지도는 현대 지도의 축척으로 환산했을 때 대략 1:50만 정도로 당시로서는 대축척 지도에 해당한다. 그리하여 지도에 이전 시기 지도에는 거의 불가능했던 다양한 정보를 담을 수 있었고, 이후 대축척 지도의 효시가 되기도 했다. 무엇보다 동국지도는 우리 나라 국토의 원형을 사실에 가깝게 그려냈다는 점에서 큰 의의를 지닌다. 동국지도에서 확립된 국토의 모습은 약간의 수정은 가해지지만 일제에 의한 근

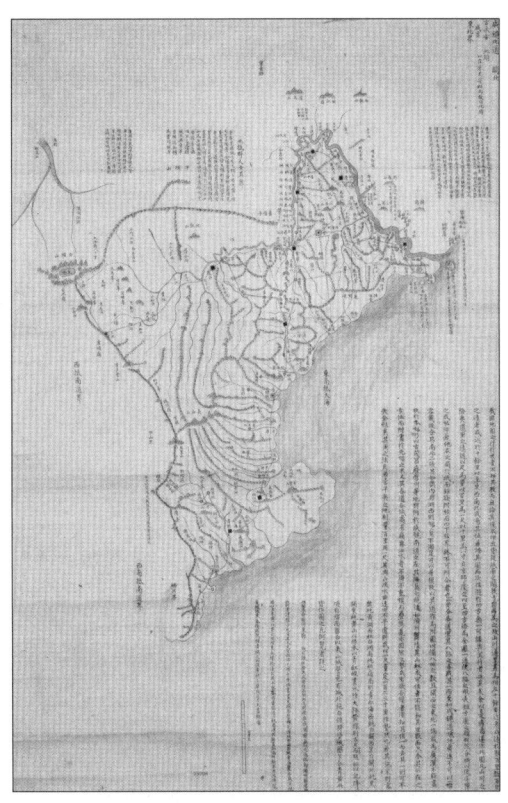

그림 5-15 정상기의 팔도분도
자료 : 서울대 규장각한국학연구원 소장

대적 측량 지도가 나오기 이전까지 계속 이어지게 된다.

1757년 조정에 알려지게 된 정상기의 동국지도는 이후 관청에서 적극 활용하게 되는데, 이는 정상기의 지도가 행정·군사적 용도로는 최적의 요건을 갖추고 있었기 때문으로 보인다. 이의 대표적인 사례는 1770년 신경준의 『여지도(輿地圖)』 제작 사업이다. 그는 영조의 명을 받아 『동국문헌비고(東國文獻備考)』와 짝할 수 있는 지도를 만들었는데, 이때 기본도로 사용된 것이 정상기의 동국지도였다. 이를 토대로 도별도, 군현지도 등을 제작하였던 것이다. 이렇게 제작된 지도는 이후에도 관에서 계속 모사되면서 널리 이용되었다.

민간에서도 정상기의 동국지도는 많은 사람들에 의해 지도 제작에 이용되었다. 특히 해주 정씨 가문의 정철조, 정후조 형제는 정상기의 지도를 수정·편집하여 더 뛰어난 해주본(海州本)을 제작하기도 했다(그림 5-16). 또한 이후에 제작되는 많은 전도들은 정상기의 대전도를 바탕으로 한 것들인데, 도리도표(道里圖表)에 수록된 전도(全

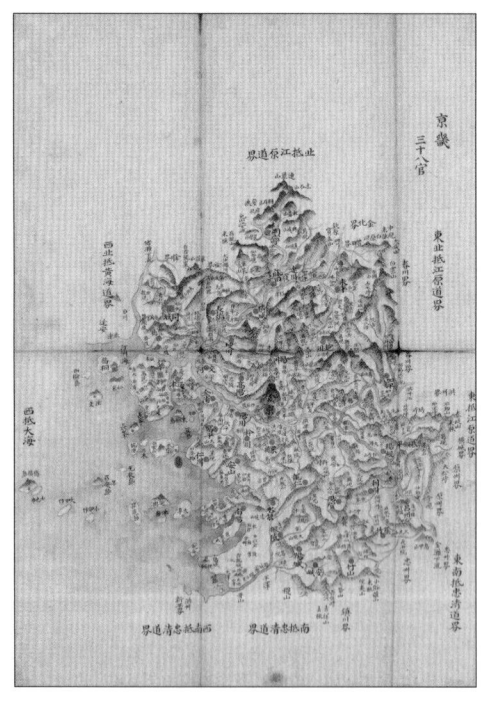

그림 5-16 동국지도의 수정본
자료 : 서울대 규장각한국학연구원 소장

圖), 19세기 전반에 제작된 목판본 『해좌전도(海左全圖)』 등이 대표적이다.

이처럼 정상기의 동국지도는 그의 후손과 다른 지도제작자들에 의해 수정, 보완되면서 조선 후기 지도사의 큰 흐름으로 자리잡게 되었다. 1834년 제작된 김정호의 『청구도(靑邱圖)』도 바로 정상기의 동국지도를 바탕으로 수정, 보완되었던 전도였다고 볼 수 있다. 또한 조선 시대 지도학의 금자탑이라 할 수 있는 1861년 김정호의 『대동여지도(大東輿地圖)』는 그의 『청구도』를 바탕으로 보완·발전시킨 것인데 이 역시 그 뿌리를 거슬러올라가면 정상기의 동국지도로 이어지게 되는 것이다. 구한말 일본을 통해 근대식 지도 제작의 기법이 서서히 도입될 때에도 정상기의 지도는 여전히 정부에 의해 제작되는 각종 전도의 기본도로 사용되고 있었음을 감안할 때, 동국지도가 조선 후기 지도사에 미친 영향은 지대했다고 볼 수 있다.

3) 조선 지도학의 금자탑: 김정호의 『대동여지도』

조선 후기 전도 제작의 흐름은 고산자 김정호에 이르러 완결되었다. 김정호는 1834년에 당시까지 축적된 전도 제작의 성과를 기초로 『청구도』(그림 5-17)라는 지도책을 만들었다. 일반적으로 상·하 2권으로 되어 있으며 상권은 홀수 층으로, 하권은 짝수 층으로 되어 있어서 상하를 잇대면 두 층을 연결시켜 볼 수 있도록 고안되었다. 이어 1861년에는 불후의 명작 『대동여지도』를 목판본으로 간행하였다.

『대동여지도』는 『청구도』의 내용을 보완한 것이지만 그 형식과 내용을 혁신한 것이다. 『청구도』가 책의 형태로 제작된 것에 비해 『대동여지도』는 전국을 22층으로 나누고 각 층을 각각 접어서 22개의 지도첩으로 만들었다. 한반도를 남북 120리 간격으로 나누어 22개의 첩에 지도를 그린 것인데, 각 첩의 지도를 이어붙이면 세로 6.6m, 가로 4.0m의 대형 전도가 된다. 각 첩은 동서 80리 간격으로 나누어 병풍처럼 접고 펼 수 있게 하여 휴대와 열람에 편리하도록 제작되었다. 책으로 제본된 이전 시기의 지도와는 달리 첩을 펼쳐서 상하, 좌우로 연결시켜 볼 수 있도록 고안된 것이다.

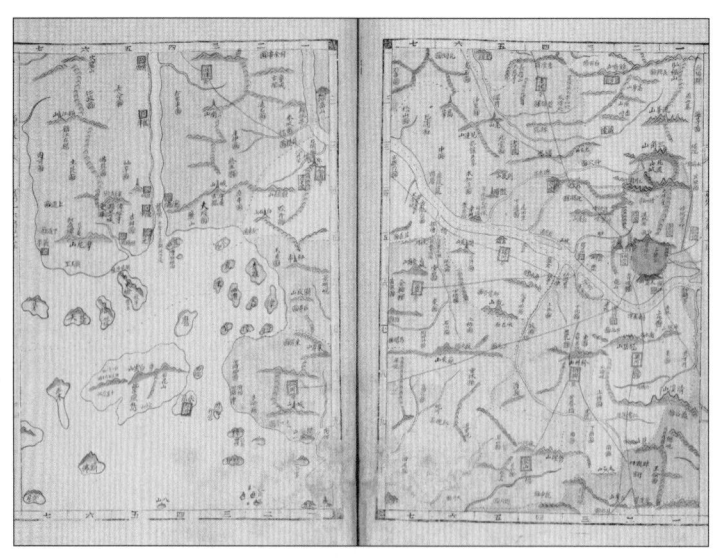

그림 5-17 김정호의 청구도
자료: 서울대 규장각한국학연구원 소장

『대동여지도』에는 조선 시대 사람들이 지녔던 산천에 대한 인식 체계가 생생하게 표현되어 있다. 국토를 하나의 생명체로 보았던 우리의 조상들은 산줄기 강줄기가 각각 분리된 것이 아니라, 서로 어우러진 것으로 인식하였다. 이는 땅을 살아있는 사람의 몸에 비유했던 당시의 국토관이 반영된 결과이다. 날아가는 용처럼 표현된 산줄기는 사람의 근골에 해당하고, 곡선으로 그려진 강줄기는 사람의 혈맥에 해당한다.

전근대 사회에서 산줄기는 지역 간 교류를 차단하는 장벽이 되는 반면, 강줄기는 지역 간에 물자와 사람들이 왕래하는 통로였다. 『대동여지도』에 그려진 산줄기에는 외적을 방어하는 군사 시설이 상세히 표시되어 있고, 강줄기에는 배들이 정박하던 포구들이 곳곳에 기재되어 있다.

또한 서울에서 전국 각지로 뻗어나간 도로망이 세밀하게 그려져 있다. 국토의 구석에 위치한 고을까지 빠짐없이 연결되어 있음을 볼 수 있다. 곡선으로 표현된 물줄기와 구분하기 위해 직선으로 그려졌는데, 10리마다 점을 찍어 거리를 파악할 수 있도록 했다. 현대 지도처럼 축척으로 계산하지 않아도 찍혀진 점의 개수를 세면 두 지점까지의 거리를 쉽게 알 수 있다. 아울러 도로를 따라 위치한 역원과 같은 편의 시설

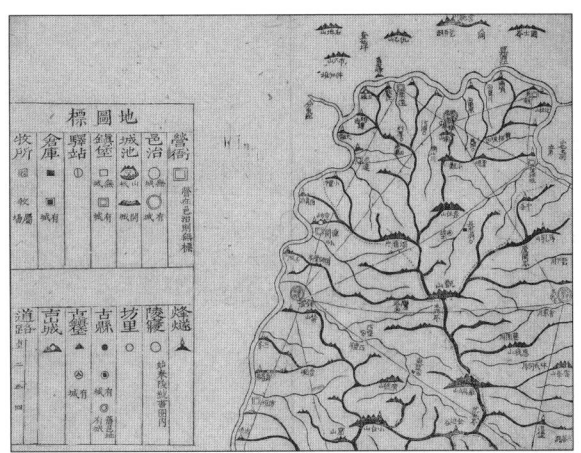

그림 5-18 *대동여지도의 지도표

도 상세히 표시되어 여행객들이 편리하게 이용할 수 있도록 배려하였다.

『대동여지도』는 필사본으로 제작되던 이전 시기의 지도와 달리 목판 인쇄본으로 제작되었다. 목판 인쇄본은 필사본처럼 많은 글자를 수록하기 힘들기 때문에, 지도에 들어갈 내용을 기호로 표현하는 것이 효과적이다. 김정호는 이러한 측면에 연구를 거듭하여 현대 지도의 범례에 해당하는 '지도표(地圖標, 그림 5-18)'라는 것을 만들었다. 여기에는 행정, 군사, 경제, 교통과 관련된 많은 항목이 독특한 기호로 표시되어 있다. 이러한 기호를 사용하여 글자를 획기적으로 줄임으로써 도면을 더욱 효과적으로 활용할 수 있었던 것이다.

『대동여지도』는 최첨단 과학 기술에 의해 제작된 현대 지도에 비교해 보아도 그다지 뒤지지 않는다. 북부 지방의 일부 지역을 제외하면 현대 지도의 한반도 윤곽과 거의 일치하고 있다. 근대적 측량 기술이 도입되기 이전 전통적인 방법으로 제작된 지도라 믿기 어려울 정도이다. 이로 인해 1910년대 일본이 조선을 식민 통치하기 위해 토지를 조사할 때도 『대동여지도』를 기초 지도로 활용했다고 한다.

그렇다면 김정호는 이렇게 탁월한 『대동여지도』를 어떻게 해서 만들 수 있었을까? 이와 관련하여 구체적으로 알려진 것은 거의 없다. 김정호는 미천한 가문 출신이어서 그의 생애에 관한 기록이 거의 없기 때문이다. 전설에 의하면, 김정호는 혼자 백두산을 수차례 오르내리고 10년간에 걸쳐 전 국토를 측량한 후, 『대동여지도』를 목판으로 제작했다고 한다.

그러나 선조들의 전통적인 지도 제작 방식으로 전 국토를 측량하여 우리나라의 전도를 그리는 것은 거의 불가능하다. 더군다나 국가의 전폭적인 지원을 받지도 못한 김정호라는 일개인이 전국을 답사하여 『대동여지도』와 같은 정밀한 지도를 그린다는 것은 더욱 어려운 일이다. 김정호는 이러한 어려움을 누구보다도 잘 알고 있었다. 그리하여 당시까지 축적된 조선 지도학의 성과들을 흡수하고 이를 종합할 수 있는 새로운 방법을 끊임없이 모색하게 된다.

김정호가 『대동여지도』를 제작할 무렵 조선에는 이전 시기에 제작된 많은 지도들이 전해지고 있었다. 한국에서는 예로부터 국가를 다스리는 가장 기초적이면서도 중요한 자료로 지도와 지리지를 활발히 제작해 왔다. 1402년에 제작된 『혼일강리역대국도지도』는 동서양을 막론하고 이 시기 제작된 세계지도 중에서 가장 뛰어난 지도로 평가된다. 또한 15세기에는 서울에서 각 지방까지의 거리 측정을 기초로 전국지도가 여러 차례 제작되었다.

17세기 이후에도 각종의 군사 지도, 지방 지도 등이 활발하게 제작되었고, 18세기 중엽에는 한반도의 윤곽을 실재에 가깝게 그려낸 정상기의 『동국지도』가 탄생되었다. 아울러 『신증동국여지승람』을 비롯해 조선 후기에 편찬된 각종의 지리서 등 수백 년의 전통을 자랑하는 조선의 우수한 인문과학적 지식은 『대동여지도』를 탄생시키는 밑

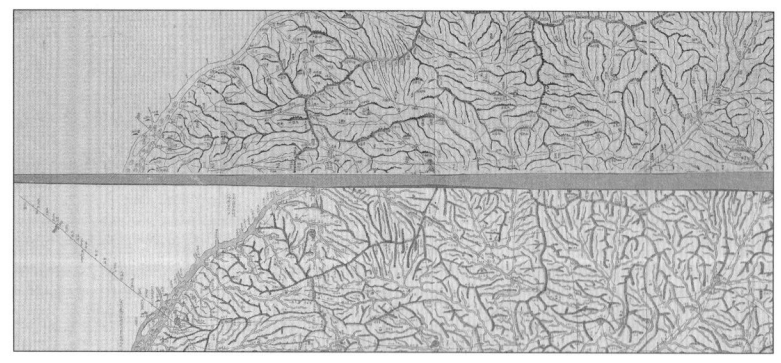

그림 5-19 동여도와 대동여지도
자료: 서울대 규장각한국학연구원 소장

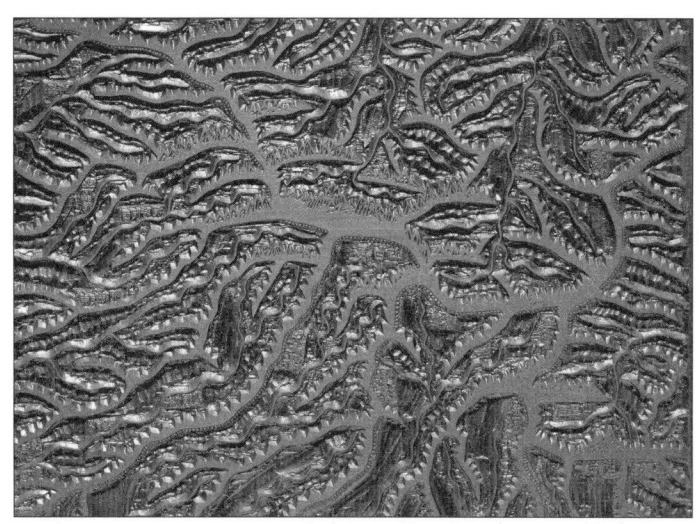

그림 5-20 대동여지도 목판
자료 : 국립중앙박물관 소장

거름이 되었다.

　김정호는 조선의 조정에 보관되어 있던 많은 지도와 서적들을 신헌(申櫶)이라는 고위 관료의 도움으로 열람할 수 있었다. 또한 서양 학문에 정통한 친구 최한기(崔漢綺)와의 교류를 통해 서양의 과학을 접할 수 있었다. 이를 바탕으로 그는 지도 제작에 전 생애를 바치게 된다. 먼저 『대동여지도』를 제작하기 이전 1834년에 『청구도』라는 지도책을 만들었다. 같은 해에 최한기의 부탁을 받고 『지구전후도(地球前後圖)』라는 서구식 세계지도를 판각하였다. 아울러 우리의 국토를 체계적으로 이해하기 위해 『동여도지(東輿圖志)』『여도비지(輿圖備志)』『대동지지(大東地志)』와 같은 방대한 지리서를 저술하기도 했다. 이렇게 축적된 경험과 지식을 바탕으로 불후의 명작 『대동여지도』를 완성할 수 있었던 것이다.

　이처럼 『대동여지도』는 당시까지 이어져 내려오던 조선지도학의 성과들을 집대성하여 새롭게 창조된 것이다. 프랑스의 뛰어난 지도학자인 당빌(d'Anville)이 세계 여러나라를 실제 답사하지 않고 탁월한 세계지도를 제작했듯이, 김정호도 선조들이 이룩해 놓은 업적을 바탕으로 자신의 천재성을 발휘하여 실측지도 이상의 지도를 만들어냈던 것이다.

4. 도성도와 군현지도

1) 왕권의 상징과 도성도

조선의 수도였던 한양을 비롯한 많은 도시들은 성곽으로 둘러싸여 있었다. 도시의 성곽 내부를 중심으로 그린 지도를 도성도라 하는데, 대개는 서울 지도를 지칭한다. 조선은 중앙집권적 사회로서 국토 공간도 서울로 집중되는 구조를 띠고 있었다. 더 나아가 수도 서울은 왕도(王都)로서 왕권을 상징하는 장소로 기능했다. 이러한 왕도를 아름답게 표현하는 노력은 일찍부터 행해져 왔으며, 특히 영조·정조 시대 조선 후기 문예부흥기에는 뛰어난 도성도들이 많이 제작되기도 했다.

도성도는 왕도가 지니는 권위를 부각시켜 표현하는 상징성과 실제 생활에 이용할 수 있는 실용성을 지니기도 한다. 왕권의 상징을 표현하는 것으로는 왕궁과 종묘·사직 등이 위엄 있게 그려진다. 또한 왕도를 하나의 소우주적 공간으로 표현하기 위해 주변의 사산(四山)을 이어 그리고 산지의 표현도 회화적 기법을 활용하여 실감나게 묘사하는 것이 보통이다. 왕도의 내부 공간에는 하계망과 도로망이 매우 상세하게 그려지고, 행정 구역 명칭이 세밀하게 표기되어 실제 생활에서의 활용도를 높여 준다.

도성도는 주로 궁궐과 관청에서 제작하다가 18세기 이후에는 민간에 널리 유포되면서 사적으로도 많이 제작되었다. 또한 18세기 이후 서울에 인구가 집중하면서 한양

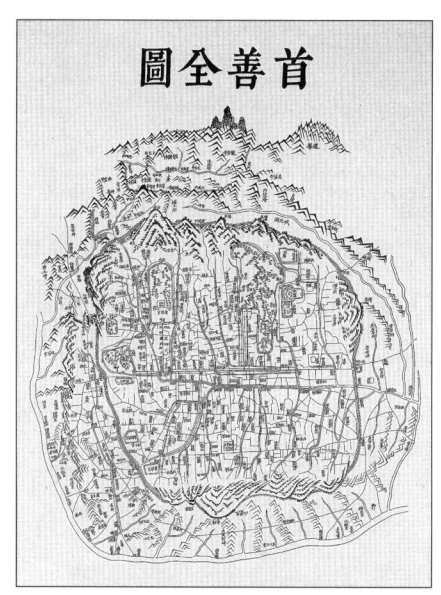

그림 5-21 수선전도
자료 : 국립중앙박물관 소장

의 생활 공간도 외곽으로 확장되는데, 이러한 경향을 반영하여 도성의 주변 지역까지 넓게 포괄하는 지도도 제작되었다. 특히 이 시기에는 도성도에 대한 민간의 수요가 급증하여 『수선전도(首善全圖)』와 같은 목판본 도성도도 널리 유포되었다.

〈그림 5-21〉의 『수전전도』를 보면, 지도는 남쪽으로 한강을 한계로 하여 북쪽으로 도봉산, 서쪽으로 마포·성산리, 동쪽으로 안암동·답십리까지 포함하고 있다. 도봉산, 북한산에서 뻗어 내린 산세가 잘 표현되어 있고, 도성 내부를 흐르는 청계천의 모습도 상세하게 그려져 있다. 도성 내부에는 궁궐·관청·행정구역이 표시되어 있고, 도로망도 세밀하게 표현되었다. 정교하게 그려진 목판본 지도로 판화로서의 가치도 높게 평가되고 있는 대표적인 서울 지도이다.

2) 생활 공간과 군현지도

　조선 시대 지방 행정 구역의 기본 단위는 부(府)·목(牧)·군(郡)·현(縣)으로 이루어졌는데, 백성들의 실생활이 이루어지는 공간이다. 여기에는 지방 관청인 관아가 중심에 위치해 있고, 주변에 백성들이 모여 사는 촌락들과 경지가 펼쳐져 있다. 고을의 중심에는 관아 이외에도 향교와 같은 유교적 이념을 가르치는 교육 기관과 생활 물자가 거래되는 장시도 형성된다. 백성들의 생활은 바로 군현이라는 고을 내에서 이루어지는데 일종의 생활권이라 할 수 있다. 농업과 같은 생산 활동은 촌락 단위로 이루어지고 행정 업무나 장시를 통한 물자 교환은 읍내에서 이루어지는 것이 일반적이었다. 이와 같은 고을의 모습을 그린 지도를 통상 군현지도라 하는데, '읍지도'라고도 불린다.

　국토 전체를 대상으로 그리는 전도는 소축척으로 그려지지만 지방의 행정 단위인 군현을 그린 지도는 대축척에 해당한다. 이에 따라 전도의 경우에는 지도의 표현 방식도 보다 추상화된 형태를 지향하여 각종의 기호가 사용되지만, 군현지도의 경우는 지역의 모습을 회화적으로 표현하는 것을 많이 볼 수 있다. 대부분의 군현지도는 회화적 성격과 지도적 성격이 혼합되어 있는 것이 보통이다. 축척의 경우 대상 지역이 동일한 축척으로 그려지지 않고, 행정의 중심지인 읍치(邑治)는 크게 확대되어 그려지고 나머지 주변 지역은 소축척으로 표현된다. 또한 당시 지방 통치에 중요한 사항들이 우선적으로 선택되고 그렇지 않은 요소들은 생략된다.

　대부분의 군현지도들은 고을의 수령이나 관청의 주도하에 제작되는 것이 일반적이었기 때문에 지도의 성격도 행정적인 면이 두드러진다. 고을 전체의 지형지세, 읍치 공간의 관청이나 제사 공간, 각 촌락의 분포와 거리, 군사적 요충지, 재정적인 요소, 유교적인 교화에 필요한 각종의 상징물 등이 중요하게 표현된다. 또한 행정에 필요한 고을의 정보를 간략하게 정리하여 지도의 여백에 수록하기도 했다.

　〈그림 5-22〉의 『전라도무장현도』는 전라도의 무장현 고을의 모습을 그린 지도이다. 읍성 안 관아의 모습이 상세하고 주변의 산천과 바다, 각 마을의 모습도 정교하게 그려져 있다. 지도의 여백에는 사계리수(四界里數), 호구, 전답 등의 자료가 수록되어 대략적인 고을에 대한 정보를 제공해 주고 있다. 읍성 내부 관아의 모습이 사실

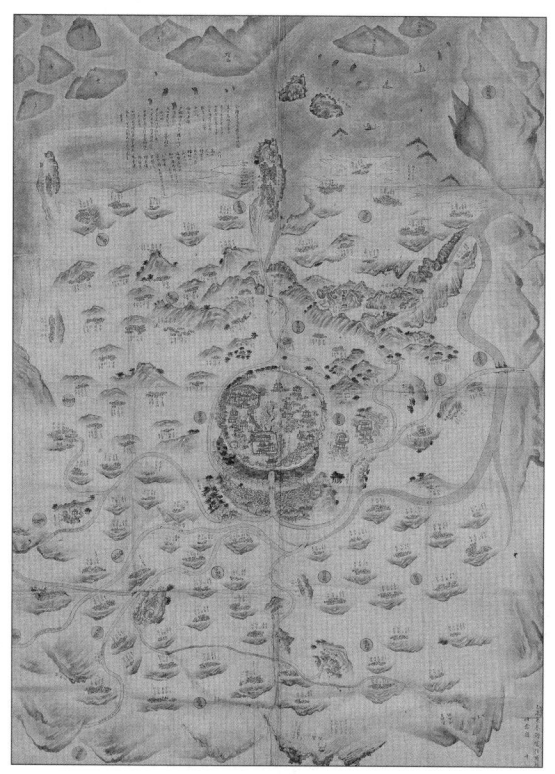

그림 5-22 전라도무장현도
자료 : 국립중앙박물관 소장

적으로 묘사되어 있는데, 객사(客舍), 동헌(東軒), 질청(作廳), 향청(鄕廳), 관청(官廳), 장청(將廳) 등이 그려져 있다.

객사는 국왕의 사당이자 사신의 숙소로도 쓰였던 건물로 고을 내에서 최고의 권위를 지니는데, 고을의 수령은 국왕의 위패인 전패(殿牌)를 모신 객사에서 매달 초하루와 보름날 참배하였다. 동헌은 수령이 집무하는 건물로 객사 다음으로 권위를 지닌다. 지도에도 담장으로 둘러싸인 별도의 공간으로 묘사되어 있다. 동헌 옆에 있는 내아(內衙)는 수령의 숙소이다. 질청은 고을 아전들이 공무를 보던 공간으로 보통 백성들이 접근하기 편리하고 동헌과 가까운 곳에 위치한다. 향청은 조선 시대 양반들이 지방의 수령을 자문, 보좌하던 자치 기구로 본래 설치 목적은 지방의 악질 향리를 규찰하고 향풍(鄕風)을 바르게 하는 등 향촌 교화를 위한 것이었다. 관청은 음식을 만드는 주방으로 일명 반빗간이라고도 한다. 쌀과 식품을 관리하는 주리(廚吏)와 음식을 담당하는 자들이 머문 공간이다. 장청은 고을의 장교(將校)가 근무하는 곳으로 장교는 고을의 군사를 통솔하였던 군관이다.

5. 다양한 유형의 고지도

1) 조선 시대 국방 정책과 관방지도

조선 시대 국가 주도의 지도 제작은 군사적 목적에 의해 수행되는 경우가 많았다. 외적의 침입으로부터 국토를 수호하는 것은 다른 어떠한 사안보다도 중요한 일이었다. 이를 위해 지형지세를 파악하고 적절한 장소에 군사 시설을 마련하게 되는데 이 과정에서 지도가 필수적으로 이용되었다. 관방지도는 이러한 군사지도를 지칭하는 것이다.

조선 시대의 국방 정책은 크게 육군에 의한 육상 방어와 수군에 의한 해안 방어로 나눠진다. 육군에 의한 방어는 유사시 산성에 들어가 항전하는 산성 중심의 방어 체제가 기본을 이루었다. 그러나 임란과 호란의 양난을 겪은 후에는 험준한 고갯길 같은 군사적 요충지에 관문성(關門城)을 쌓고 방어하는 관방 중심의 군사 전략으로 전환되기도 했다. 해안의 방어는 주로 연안 항로를 차단할 수 있는 해안이나 도서 지방의 진보와 같은 군사 기지에 전선을 배치시켜 유사시에 대비토록 하였다.

조선 초기에는 북방의 영토인 4군과 6진이 개척되면서 이 지역의 군사 지도가 많이 제작되었다. 4군 지역에 해당하는 『여연무창우예삼읍도(閭延茂昌虞芮三邑圖)』, 『양계연변방수도(兩界沿邊防戍圖)』, 『평안도연변도(平安道沿邊圖)』 등이 대표적인 군사 지도

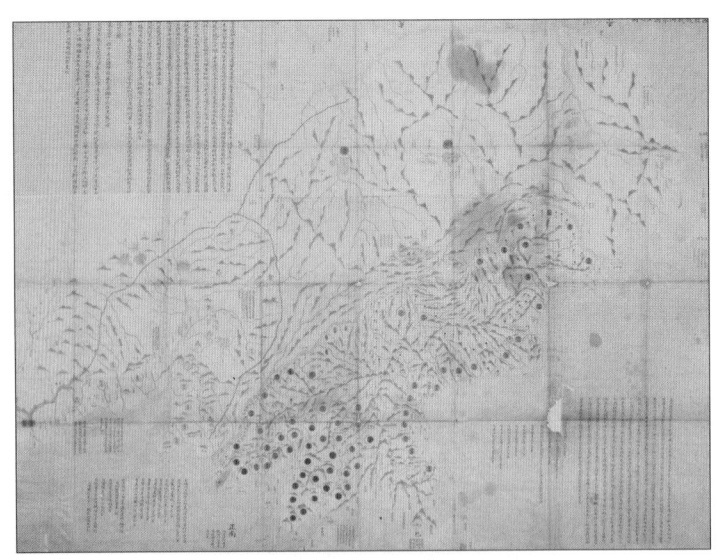

그림 5-23 서북피아양계만리일람지도
자료 : 서울대 규장각한국학연구원 소장

였다. 이후 임진왜란과 병자호란의 양대 전란을 겪은 다음에는 청나라와의 접경 지대를 상세히 그린 『요계관방지도(遼薊關防地圖)』, 『서북피아양계만리일람지도(西北彼我兩界萬里一覽地圖)』 등과 같은 군사 지도가 제작되어 이용되었다. 군사적 요충지에 축조된 산성지도도 활발하게 제작되었는데 견고하기로 유명한 영변의 철옹성을 그린 『철옹성전도』, 수도 방어를 담당했던 북한산성과 남한산성 등의 지도가 이에 해당한다. 또한 해안의 방어를 위한 군사지도도 계속 제작되어 활용되었는데, 여기에는 해안의 수군기지와 더불어 해상교통로도 자세히 그려졌다.

〈그림 5-23〉의 『서북피아양계만리일람지도』는 조선의 서북 지방과 중국의 만주 일대를 그린 대표적인 관방지도이다. 지도 제목의 '피아(彼我)'는 중국 청나라와 조선을 의미한다. 지도는 백두산을 중심으로 만주의 흑룡강으로부터 서쪽 산해관(山海關)에 이르는 지역을 포괄하고 있는데, 길게 세워진 성책과 도로를 따라 설치된 역참, 군사기지의 성격을 지닌 진보 등을 자세히 표시하였다. 조선 후기 청나라의 침입에 대한 방비를 목적으로 제작된 대표적인 군사 지도이다.

2) 천문의 기능과 천문도

예로부터 천문은 제왕의 학문으로 중시되었다. 『주역』에서도 "우러러 천문을 보고 아래로 지리를 살핀다"라는 구절이 있듯이 천문은 지리와 더불어 국가 경영의 중요한 학문이었다. 지리가 국토의 지형지세·토지·인구 및 물산을 파악하여 국정의 기초자료 확보와 관련되어 있다면 천문은 천체의 운행을 관찰하고 예측하여 정확한 역(曆)을 제작하는 것과 관련된다.

특히 하늘을 정치의 근본이념으로 생각했던 전통 시대에서 천체 현상은 하늘의 의지를 보여 주는 것으로 해석되기 때문에 매우 중요하다. 주재자로서 하늘의 의사는 천체 운행을 통해 구체화되는 것으로 이해되고 있었으므로 하늘을 관측의 대상으로 삼아 해마다 관측의 결과를 기록하고 아울러 하늘의 모습을 그림으로 표현했던 것이다.

우리나라에서 하늘의 모습을 그린 천문도는 오래전에 제작되었는데 고구려의 고분벽화에서 구체적인 모습을 확인해 볼 수 있다. 그리고 신라 경주의 첨성대, 개성 만월대의 첨성대 등의 천문 관측 시설이 설치되어 천체 운행의 관찰에 노력하였는데 이러한 성과들이 천문도에 반영되었을 것으로 보이지만 현존하는 것은 없다.

현존하는 가장 오래된 석각 천문도로는 조선의 건국 초기에 제작된 『천상열차분야지도』를 들 수 있다. 이 천문도는 고구려 천문도의 전통을 이어 제작된 것으로 당시 천문학적 지식이 총망라된 것이었다. 이러한 조선의 천문도의 제작은 조선 왕조의 건국이 천명에 의한 것임을 보여주려는 상징성을 지니는 것이기도 하다. 이후에 제작되는 천문도는 실생활에 이용되는 실용적인 측면보다는 이러한 이념적인 성격이 강하여 18세기 이후에도 여전히 태조 때의 천문도가 유행하기도 했다.

〈그림 5-24〉는 별자리를 돌에 새겨 놓은 천문도 탁본으로 1395년(태조 4) 처음 새긴 석각 천문도가 닳아서 잘 보이지 않게 되자 1687년(숙종 13)에 다시 새겨 제작한 것이다. 별자리 그림에는 중심에 북극을 두고 태양이 지나는 길인 황도(黃道)와 남북극 가운데로 적도(赤道)를 그렸다. 또한 눈으로 관찰할 수 있는 별들이 총망라되어, 황도 부근의 하늘을 12등분한 후 1,464개의 별들을 점으로 표시하였다. 아래에는 천문도를 만들게 된 경위와 참여자 명단이 적혀 있다. 구도상 약간의 차이가 있을 뿐

그림 5-24 ¨천상열차분야지도
자료 : 국립중앙박물관 소장

내용은 태조 4년(1395)에 처음 만든 것과 완전히 같고, 설명문으로는 권근의 글이 실려 있다. 중국을 통해 서양의 신법 천문도가 조선에 전래되던 상황이었지만 여전히 전통적인 천문도가 유행하던 현실을 보여 준다.

3) 명당도와 특수지도

풍수지리는 한국, 중국 등 동부아시아 여러 민족의 지형과 기후, 풍토 등 넓은 의미에서의 지리관, 토지관이자 자연에 대한 해석 방법이라 할 수 있다. 음양론과 오행설을 기반으로 주역의 체계를 주요한 논리 구조로 삼는 전통적인 지리과학으로, 복을 추구하고 불행을 피하는 것을 목적으로 삼는 상지기술학(相地技術學)이다. 이것이 후에 효의 관념이나 샤머니즘과 결합되어 이기적인 속신으로 진전되기도 하였으나 기본적으로는 일종의 토지관의 한 형태로 볼 수 있다.

조선 시대에는 초기 한양의 정도(定都)와 같이 도읍을 결정하거나 고을의 읍치 건설에 풍수지리가 위정자들에 의해 이용되었다. 또한 민간에 널리 퍼지면서 주택의 입지나 좌향(坐向)의 결정, 죽은 자를 위한 산소의 자리 잡기에 풍수지리가 중요한 수단으로 활용되었다. 이 과정에서 난해한 풍수지리의 개념을 이해하기 위한 지도가 제작되어 이용되었는데, 이를 명당도(明堂圖) 또는 산도(山圖)라고 불렀다.

이러한 풍수지도(그림 5-25)는 일반의 지도와 다르게 풍수적 개념에 입각하여 그려지는 것이 보통이다. 풍수지리에서는 산을 용으로 인식하는데 풍수도에서도 이러한 인식이 반영되어 산이 단독으로 그려지는 것은 드물고 용이 흘러가는 것처럼 산줄기의 형태로 그려진다. 또한 명당을 이루는 주요 요소인 조종산(祖宗山), 주산(主山), 좌청룡, 우백호, 안산(案山), 조산(朝山), 명당수 등이 독특하게 형상화된다.

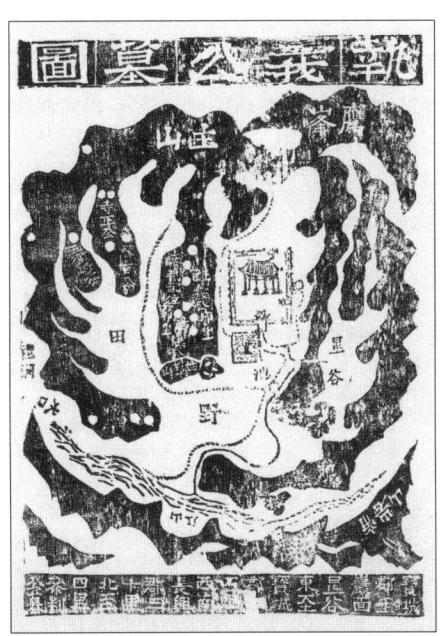

그림 5-25 집의공묘도
자료 : 서울역사박물관 소장

현존하는 명당도들은 거주지, 촌락 등의 양택(陽宅)을 대상으로 하는 것보다는 산소와 같은 음택(陰宅)을 대상으로 그린 것들이 많다. 특히 산도는 가문의 족보에 수록되는 경우가 흔한데 왕릉의 경우는 따로 정교하게 그리기도 했다. 산도에서는 일종의 방위에 해당하는 좌향의 표시도 종종 보이는데, 이러한 전통적인 방위를 측정하는 데 다양한 패철(나침반)을 사용하기도 했다.

조선 후기 지도의 대중화가 진전되면서 다양한 유형의 지도가 제작되어 여러 방면에서 활용되었다. 그 중에서도 여행과 같은 실생활에 중요하게 이용되었다. 관료나 사대부들이 공무상 또는 산천 유람과 같은 여행 시 주로 이용했던 것은 크기가 작고 간편한 휴대용 지도였다. 특히 수진본(袖珍本) 지도(그림 5-26)는 옷소매에 넣을 수 있을 정도의 크기로 많은 인기를 끌었다. 여기에는 지도뿐만 아니라 지지적인 내용, 그리고 당시의 생활 상식까지 수록되는 경우가 많았다. 또한 지도와 각 고을 간의 거리를 정리한 표인 도리표(道里表)가 그려지기도 했는데, 각 고을 간의 거리는 여행의 필수적인 정보가 되기 때문이다.

이 밖에 목장의 모습을 그린 목장지도, 궁궐의 각종 전각을 그린 궁궐도, 관청의 건물 배치를 그린 관아도, 사찰의 가람 배치를 그린 사찰도, 중요 명산의 형세를 그린 명산도, 강역의 역사적 변천을 역사부도 등 실로 다양한 유형의 지도가 제작되어

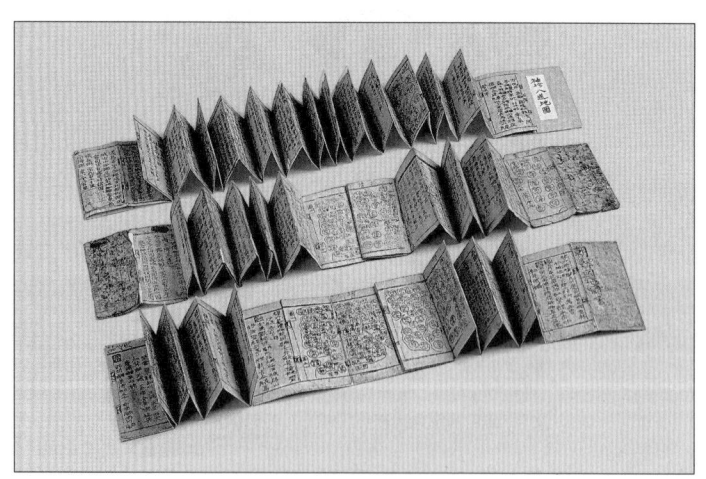

그림 5-26 수진팔도지도첩
자료 : 서울역사박물관 소장

활용되었다.

　이러한 전통적인 지도 제작의 흐름은 1876년 개항과 더불어 새로운 전기를 마련하게 된다. 개항 이후 조선은 일본으로부터 들여온 근대적 측량 기술을 접하고 삼각 측량에 의한 지도의 제작이 행해졌다. 주로 서울을 중심으로 삼각 측량이 행해졌고 일부 지방에서도 측량에 의한 지적도의 제작이 이루어지기도 했다. 그러나 조선 독자의 이러한 근대적 지도제작의 움직임은 1910년 일본에 병합되면서 수포로 돌아갔다. 이후 조선에서의 지도 제작은 일본 제국주의에 의해 주도되었고, 이는 순전히 식민지 경영이라는 목적하에 진행되었다.

주

1 전통 시대 지도 제작이 지니는 이러한 특성으로 인해 풍수지리와 같은 당대의 지리관(지형학), 산학과 같은 과학 기술, 회화로 대표되는 예술 등에 대한 이해가 선행되어야 조선 시대의 지도들을 제대로 해석할 수 있다.

2 김수홍은 1666년 2월 복제 문제로 사판에서 삭제되었다가 1675년 다시 관계로 복귀하는데, 천하도의 경우는 관직에 있을 때 제작한 것이고 조선전도는 관직이 없는 민간인 신분일 때 제작된 것이다. 그리고 지도에 표기된 이름 앞에는 관직명이 없는데 이를 통해 볼 때 관료 자격으로 지도 제작을 주도한 것이 아니고 사인의 신분으로 지도를 제작했다고 볼 수 있다.

3 일본의 경우 일찍부터 나가사키를 통해 네덜란드의 지도제작술이 도입되었고 17세기 전반 인쇄술의 발달에 힘입어 각종의 지도가 민간에서 대량으로 제작되었는데, 이러한 지도는 상인, 해운업자들을 대상으로 판매되었다(織田武雄, 1974, 『地圖の歷史』, 講談社).

4 중국의 사신들이 조선의 지도를 구매한 경우가 있는데, 이같은 매매는 특수한 경우로 주변국의 중요한 지리 정보를 입수하기 위해서는 금전적인 대가가 요구되었기 때문이다. 이와는 달리 국내에서 자국민들끼리의 지도유통인 경우 반드시 금전적인 거래가 필요했다고 보이지는 않는다.

5 서울대학교 규장각 소장의 비변사인이 찍힌 군현지도와 『팔도군현지도』 등이 대표적이다.

6 방격법에서는 기본적으로 도면상 전 지역이 동일한 축척이 적용되기 때문에 회화적 특성이 강한 도성도나 군현지도에서는 채용되지 않았다. 즉, 회화적 특성이 강한 지도에서는 도성 내부나 읍

치 공간과 같은 중요 지역이 주변 지역보다 대축척으로 확대하여 그려지는데, 이러한 차별적 축척 적용으로 인해 방격법을 쓸 수 없었던 것이다.

7 지도와 회화를 구분하는 정해진 기준은 없어 보이는데, 지명의 표기 유무가 흔히 구분하는 지표로 사용되기도 한다. 그러나 이 보다는 제작의 의도를 기준으로 예술적 감흥을 목적으로 제작된 것이라면 회화, 지리적 정보를 전달하는 목적이라는 지도의 범주로 구분하는 것이 좋을 듯하다.

8 중국을 통해 들여온 서양의 원근법은 기하학적인 추상적인 공간 개념을 전제하는 것인데, 이러한 개념에 익숙치 않은 조선의 지식인들에게는 상당히 낯설게 느껴질 수밖에 없었다(李瀷, 『星湖僿說』 제4권, 萬物門, 畵像坳突).

9 동양의 회화에서 시점에 대한 이론적 논의는 곽희의 저작에서 볼 수 있다. 그는 시점을 고원, 심원, 평원으로 구분하였는데, 고원은 산 아래에서 산 위를 올려다보는 것이고, 심원은 산 위에서 산 아래를 굽이굽이 둘러 내려다 보는 것이고 평원은 가까운 산에서 먼 산을 수평적 시각으로 바라보는 것을 말한다(郭熙, 『林泉高致』, 『山水訓』 三遠論).

참고문헌

강화군, 2003, 강화 옛 지도.
국립건설연구소, 1972, 한국지도소사.
국립민속박물관, 2004, 천문: 하늘의 이치, 땅의 이상.
국립지리원·대한지리학회, 2000, 한국의 지도: 과거, 현재, 미래.
국립지리원, 2001, 고산자 김정호 기념사업 자료집.
김정호, 1994, 전남의 옛 지도, 향토문화진흥원.
대한측량협회, 2003, 고산자 김정호 관련 측량 및 지도 사료연구.
리진호, 1999, 한국지적사, 바른길.
방동인, 1985, 한국의 지도, 세종대왕기념사업회.
배우성, 1998, 조선후기 국토관과 천하관의 변화, 일지사.
서울대학교 규장각, 2001, 동국여도, 효형출판.
서울대학교 규장각, 2000, 규장각 명품도록.
서울대학교 규장각, 1995, 해동지도.
서울대학교 규장각, 1995, 조선시대 지방지도.
서정철, 1991, 서양 고지도와 한국, 대원사.

수원시, 2002, 수원의 옛 지도.

영남대학교 박물관, 1998, 한국의 옛 지도.

오상학, 2005, 조선시대 지도제작의 문화적 특성, 국사관논총 제107집.

오상학, 2005, 옛 삶터의 모습, 고지도, 국립중앙박물관.

오상학, 2011, 조선시대 세계지도와 인식, 창비.

원경렬, 1991, 대동여지도의 연구, 성지문화사.

이상태, 1999, 한국 고지도 발달사, 혜안.

이 찬, 1991, 한국의 고지도, 범우사.

이 찬, 1971, 한국고지도, 한국도서관학연구회.

이 찬·양보경, 1995, 서울의 옛 지도, 서울학연구소

이상태, 1999, 한국 고지도 발달사, 혜안.

전상운, 1988, 한국과학기술사 제2판, 정음사.

최창조, 1984, 한국의 풍수사상, 민음사.

한영우·안휘준·배우성, 1999, 우리 옛지도와 그 아름다움, 효형출판.

허영환, 1991, 서울의 고지도, 삼성출판사.

홍시환, 1976, 지도의 역사, 현대과학신서 74, 전파과학사.

海野一隆, 1996, 地圖の文化史-世界と日本-, 八坂書房.

織田武雄, 1973, 地圖の歷史, 講談社, 東京.

陳正祥, 1979, 中國地圖學史, 商務印書館香港分館.

Bagrow, Leo., 1964, *History of Cartography*, Harvard University Press.

Harley, J. B. and Woodward, D., eds. 1987, *The History of Cartography*, University of Chicago Press.

Blakemore, M. J. and Harley, J. B. 1980, Concepts in the history of cartography: a review and perspective, Cartographica 17:4.

제6장

지역 정보의 보고, 지리지

성신여자대학교 양보경

1. 국토의 이력서, 지리지

1) 지리지의 의의

　전통적으로 동양에서는 하늘(天)·땅(地)·사람(人)의 세 가지 요소(三才)를 우주의 근본으로 생각하였다. 그중에서 땅(地)은 만물 형성의 기반이며(周易: 至哉坤元 萬物資生) 만물의 활동 근거지로서 중시되었다. 국가와 국민의 통치에 있어서도 토지는 경제적으로나 정치·군사적으로 기초적인 물적 토대이었다. 그러므로 땅에 대한 이치, 즉 지리(地理)는 오랜 옛날부터 탐구되었으며 중시되었다. 옛 사람들은 하늘과 땅과 사람이 분리된 것이 아니라 우주라는 큰 그릇 속에서 서로 연결되어 있다고 생각했다. 한국의 전통지리학은 사람들의 행위와 제도가 우주의 근본 원리를 찾고, 우주를 닮으려는 소우주의 구현이었음을 보여 준다.

　우리나라에 근대지리학이 도입되기 이전의 전통지리학은 지리지, 지도 및 풍수지리로 대별된다. 특히 활발한 지리지와 지도의 편찬은 조선 시대 지리학의 특징이었다. 지리지와 지도는 각 지역의 모습을 전해 주는 일차적 자료이다. 삼국 시대 이후 조선 시대를 거치며 오랫동안 우리 민족의 삶은 지방의 군현(郡縣)과 도(道)를 중심으로 전개되어 왔다. 오늘날 시군을 중심으로 한 지방지·향토지·향토사의 편찬은 이러한 역사적 전통과 지역적 전통 위에 서 있는 것이라 할 수 있다.

동양의 중세 지리학은 광범위한 지리지(地理志)의 편찬이 특징이다. 지리지는 과거 동양 사회의 정신적인 특징의 하나로 꼽힌다. 지리지는 조선 사회를 지배하고 있던 성리학이라는 철학적 관점과 동양 사회에서 성립된 중세적인 지역 연구 방법이 상호 결합하여 산출한 지리서라 할 수 있다. 지리지는 단순한 지명·행정 자료집을 넘어 지리 사상이 반영된 지리학적 성과물이자 당대 사람들이 자신이 거주하고 있는 지역의 성격과 특징을 추출, 표현하고자 했던 노력의 가시적 결과물이다. 지역의 실태와 구조를 정리하는 작업은 지리학의 본질이며 한국의 지리지는 전통적인 방식의 지리학이자 국토의 이력서라 할 수 있다.

지리지는 담고 있는 내용이 방대하고 다양하여 지명, 지역의 역사 등을 고찰하는 전통적인 연구 외에 최근에는 한의학, 산림, 국가 제도, 민속, 음악, 지역 문화, 씨족과 인물, 사회상, 영토 문제 등의 연구 자료로 활용되고 있어 지리지가 지역의 좋은 보물 창고임을 증명하고 있다.

2) 지리지의 유형

지리지(地理志)는 지지(地志) 또는 지지(地誌)라 부른다. 지리지는 광의의 개념과 협의의 개념으로서의 지리지를 포함하고 있다. 넓은 의미의 지리지는 지리서(地理書), 즉 지리에 관한 서적 전체를 의미한다. 지리지는 여행 안내기나 산천기(山川記), 잡기(雜記) 등 이론적이고 전문적인 지리서까지 광범위한 분야를 포괄한다. 좁은 의미의 지리지는 특정 지역에 대한 종합적이고 총체적인 기록을 지칭한다. 다시 말하면 일정한 지역 내에 분포하는 시간적·공간적·자연적·인문적인 제 현상에 대한 체계적이고 종합적인 기록으로서 근대 이전의 지리학에서 중요한 부분을 지칭한다.

지리학은 땅, 지역에 관한 연구를 하는 학문이다. 즉 지역의 자연환경은 물론, 지역에 살고 있는 사람들이 만들어 놓은 정치·사회·경제 등 모든 삶의 모습을 알려 주고, 설명해 주는 것을 본래의 목적으로 하였으며, 오늘날 지리학에서는 이를 지지 또는 지역지리학(regional geography)이라 부른다. 우리나라 과거의 지리지와 현대지리학에서의 지역지리학은 지역의 성격과 구조를 이해하고자 하는 목적과 필요성을 지닌 학문 체계라는 본질적인 측면은 공통적이다. 단지 시대의 변화에 따른 사상·학문의 변모와 더불어 방법론상의 차이가 발생하였던 것이다. 따라서 지리지는 과거의 지역지리학이라 할 수 있다.

조선 시대에 국가적, 학술적, 행정적 차원에서의 실용적 지리학은 지리지와 지도의 제작이 주류를 이루었다. 광의의 지리지는 지리서라는 개념과 같은 의미로 사용될 정도로 광범위한 영역을 포괄하고 있다. 풍속(風俗)·풍토(風土) 등 민속지적(民俗志的)인 것, 명적(名蹟)·잡기(雜記) 등 안내 서류 및 고적·통속적인 것, 기행(紀行)·외국지(外國志) 등의 여행기, 산천이나 산수에 관한 기록, 그리고 체계적으로 지역을 정리한 방지(方志)와 총지(總志) 등이 지리지의 범주에 포함되었다.

그러나 일반적으로 '지리지'라고 할 경우 협의의 지리지를 지칭한다. 협의의 지리지는 지역적 범위를 기준으로 하는 경우와 편찬자를 기준으로 하는 경우에 따라 더욱 세분된다. 지역적 범위와 대상에 따라 협의의 지리지를 분류하면 전국지리지(全國地理志: 輿誌)와 읍지(邑誌)로 나뉘며, 읍지는 다시 도지(道誌)·군현지(郡縣誌)·촌동면지(村洞面誌)·진영지(鎭營誌)·변방지(邊防誌) 등으로 나뉜다.

여지(輿誌)는 현재 일반적으로 전국지리지(全國地理志) 혹은 통지(統志)라고 부르는 지리지로서 조선 시대에는 '여지'라는 표현을 주로 사용하였다. 국가와 중앙 정부 혹은 개인이 전국을 대상으로 하여 편찬한 전국적 규모의 지지이다.

읍지는 지방의 부(府)·목(牧)·군(郡)·현(縣)을 단위로 하여 지역에서 편찬한 지리지이다. 자기 고장을 단위로 하여 작성하므로 여지와 달리 "널리 수집하여 모두 수록하고(博采俱收)", "작고 큰 것을 모두 빠뜨리지 않아(細大不遺)"한 읍(邑)의 실정을 상세히 기록해야 함을 원칙으로 하였다.

이는 지리지에 수록된 대상의 성격과 다루고 있는 내용의 공간적인 범위에 따라 분류한 것이다. 한편 누가 주체가 되어 지리지를 만들었는가 하는 편찬자의 성격에 따라서 관찬지리지(官撰地理志)와 사찬지리지(私撰地理志)로 구분할 수 있다.

관찬지리지는 국가나 지방 관청에서 편찬 원칙, 자료 수집, 정리, 편집, 간행의 과정을 주관하며, 개인의 의지나 영향력이 관여될 여지가 적다. 조선 초의 『세종실록』 「지리지」, 성종~중종대의 『신증동국여지승람』, 그리고 고종대의 전국적 읍지 편찬 사업에 의해 작성된 읍지들이 이에 해당한다. 관찬지리지는 중앙으로부터 하달된 편찬 범례에 따라 일정한 규식하에서 일률적인 체제로 편찬되므로 지역 간의 특성을 파악하거나 비교하는 데 좋은 자료를 제공한다. 그러나 그중에는 형식(形式)에 치우쳐 내용이 빈약한 경우, 새로 작성하지 않고 기왕의 읍지들을 전사하는 경우도 상당히 있으며, 국가적인 필요성에 따라 작성되어 지방 사정에 대한 풍부한 사실이 누락되는 경우와 같은 단점도 있다.

반면에 개인이나 지방의 유림이 주관하거나 이들의 영향력이 강하게 작용하여 편찬된 지지를 사찬지리지 혹은 민찬지리지(民撰地理志)라 한다. 유형원(柳馨遠)의 『동국여지지(東國輿地志)』, 김정호(金正浩)의 『대동지지(大東地志)』, 안동의 『영가지(永嘉誌)』, 상주의 『상산지(商山志)』 등을 예로 들 수 있다.

이들은 편찬자의 편찬 의도와 성향, 그리고 지역의 차이에 따라 관찬지리지보다 다양성을 지니며, 편찬 욕구를 뚜렷하게 가진 지방의 거주자들이 작성하므로 내용의 정확성·풍부함에서도 뛰어난 지리지가 많다. 그러나 광역에 걸친 공시적인 기록이 못 되는 점, 편찬자의 주관이 깊게 작용하는 점, 일관된 체제를 보이지 않는 것 등은 단점으로 지적될 수 있다.

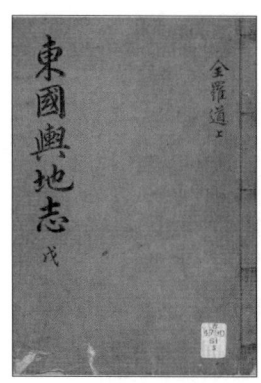

그림 6-1··유형원의 동국여지지

그림 6-2··김정호의 대동지지

2. 조선 전기 전국지리지의 편찬과 국가의 지역 파악

조선 건국 후 중앙집권 체제의 강화 노력과 함께 여러 문물 제도가 정비되고, 국가 통치 자료의 파악을 위한 목적에서 역사서의 부록이 아닌 독자적인 지리지가 만들어졌다. 이들 지리지의 편찬 작업은 15세기에 집중적으로 이루어졌다.

이 결과 세종대인 1432년(세종 14)에 『신찬팔도지리지(新撰八道地理志)』가 완성되었으나, 이 책은 전하지 않는다. 다만 이 전국지리지의 저본이 되었던 각 도별 지리지 가운데 1425년(세종 7)에 작성한 『경상도지리지(慶尙道地理志)』의 부본이 남아 있어 지리지 원본의 내용을 짐작케 한다. 또한 세종대에 편찬되었던 지리지를 『세종실록』에 등재하기로 함에 따라 1454년(단종 2)에 실록에 수록된 것이 『세종실록』「지리지」이며 이를 통해서도 『신찬팔도지리지』의 내용을 추측할 수 있다.

1455년(세조 원년)과 1469년(예종 원년)에도 지리지 편찬령이 하달되었으나 실록 편수로 계속 지연되다가 1477년(성종 8)에 『팔도지리지(八道地理志)』가 완성되었다. 이 지리지 역시 전하지 않으며, 편찬 자료로 만들어졌던 『경상도속찬지리지(慶尙道續撰地理誌)』(1469년) 만이 전한다. 『팔도지리지(八道地理志)』에 국왕인 성종의 뜻에 따라 우리나라 문사들의 시문을 모아 첨재한 것이 1481년(성종 12)에 완성된 『동국여지승람』이다. 현재 영인 번역되어 널리 보급된 『신증동국여지승람(新增東國輿地勝覽)』은 성종대와 연산군대에 수교를 거치고 중종대에 새로 증보하여 1530년(중종 25)에 완성, 1531

년에 간행된 것이다. 『신증동국여지승람』은 조선 전기 지리지의 집성편으로서 이후 조선 지리지의 규범이 되어 조선 후기까지 지대한 영향을 미쳤다.

『신찬팔도지리지』–『경상도지리지』–『세종실록』「지리지」 계통의 세종대 지리지와 『팔도지리지』–『경상도속찬지리지』–『신증동국여지승람』으로 이어진 성종대 지리지들은 책의 성격이 다르다. 즉 세종대 지리지가 호구(戶口), 전결(田結), 군정(軍丁), 토의(土宜), 공물(貢物) 등 경제, 군사, 행정적 측면이 상세한 지리지였음에 반하여 『동국여지승람』으로 대표되는 성종대 지리지는 인물, 예속(禮俗), 시문(詩文) 등에 치중한 문화적 성격이 강한 지리지였다.

조선 전기의 지리지들이 사서(史書)의 부록으로서 역사서에 포함된 책이 아니라 독자적인 지리서로 만들어졌던 점은 한국지리학사상 중요한 의미를 지닌다. 이것은 독립된 형태로 제작되었다는 외형적인 측면을 넘어 내용상의 변화가 병행되었기 때문이다. 기존의 지리서들은 지명의 변천이나 고증에 치중한 행정지명집, 지명연혁집에 지나지 않았다. 그러나 조선 전기의 지리지들은 정치, 사회, 경제, 인물, 예속, 시문, 행정 등 각 분야에 걸쳐 매우 상세하여 지리지의 체제를 갖추게 되었다. 이로써 중세 지리지의 체제가 정립되었으며 조선의 새로운 지리학을 성립시켰다. 이에 따라 역사서에서 기록하지 못하는 각 지역에 관한 종합적인 정보를 수록하여 오늘날까지 당시의 지역 사정을 전해 주게 되었다. 계속적인 증보를 통해 변화된 시대 상황을 사실적으로 반영한 점도 특징으로 들 수 있다. 또한 처음으로 지도를 지리지에 첨부함으로써 초보적인 단계이기는 하나 지리지에 수록된 내용의 공간적 파악과 도시를 달성하려 한 점 등이 이들 지리지가 가지는 의의이며 발전적 면모라 할 수 있을 것이다.

조선 전기에 많은 지리서, 지도들이 편찬되었으나 여러 차례 전란으로 지금까지 전하는 자료들은 매우 드물다. 현전하는 조선 전기의 지리지 중 『해동제국기(海東諸國記)』의 존재는 특별한 의미를 지닌다. 『해동제국기』는 신숙주(申叔舟, 1417~1475)가 일본의 지세(地勢), 국정(國情), 교빙왕래(交聘往來)의 역사, 사신 접대 예절 등의 절목(節目)을 기록한 일본에 관한 지리지이자 외교서이다. 신숙주는 1443년(세종 25)에 세종의 명에 따라 7개월간 서장관으로 일본에 다녀왔다. 그런데 『해동제국기』는 신숙주가 일본에 사행을 다녀온 지 28년이 지난 1471년(성종 2) 겨울에 완성되었다. 이처럼 긴 시일을 두고 완성된 것은 이 책이 단순한 개인 기행문이 아니라 이 책은 저자의 일본 사행 경험을 바탕으로 당시의 외교 관례 등을 체계적으로 정리하여 완성된 책이기 때문이다. 뿐만 아니라 이 책은 조선 전기 대일 외교의 축적된 경험들이 모여 편찬되었다.

해동 제국이란 일본 본국과 큐슈(九州), 이키(壹岐島), 쓰시마(對馬島) 및 류큐[유구국(琉球國), 지금의 오키나와] 등 우리나라 동쪽 바다에 위치한 여러 나라를 총칭한 것이다. 이 책의 앞부분에 「해동제국총도(海東諸國總圖)」, 「일본본국도(日本本國圖)」, 「서해도구주도(西海道九州圖)」, 「일기도도(壹岐島圖)」, 「대마도도(對馬島圖)」, 「유구국도(琉球國圖)」 등 6매의 지도가 첨부되었다. 그 중 해동 지역 전체를 개괄한 지도가 「해동제국총도」이다. 이 지도는 일본 본섬과 주변의 여러 섬들을 망라하여 그린 지도이다. 여기에는 일본의 8도 66주, 70여 개의 이름이 명기된 섬이 그려져 있다. 또한 이 지역들의 상대적 위치를 알 수 있도록 조선의 동남부 일부와 삼포[三浦, 조선 세종 때 왜인(倭人)들의 왕래를 허가한 세 포구. 동래(東萊) 부산포(釜山浦), 웅천(熊川) 내이포(乃而浦: 薺浦), 울산 염포(鹽浦)]가 좌측 상단에 그려져 있다. 뿐만 아니라 조선의 사신 일행이 머무르는 포구, 지역의 작은 지명들이 기입되어 있다. 이 책에 수록된 지도들은 일본에서 단독으로 인쇄된 일본국도로서 가장 오래된 것으로 그 의의를 높이 평가받고 있다.

3. 읍지의 편찬과 지리 정보의 종합

국가 주도의 전국지리지 편찬은 1530년(중종 25) 『동국여지승람』의 신증(新增) 이후 이루어지지 못하였다. 지리지는 16세기 후반부터 양식이 변화하여 국가의 명령에 의하지 않고 지방 단위로 사림과 수령을 중심으로 제작되었는데 이것이 읍지(邑誌)이다. 읍지란 각 고을(읍)의 지리지로서, 지방 행정 단위인 부, 목, 군, 현 등을 단위로 작성되었다. 16세기 이후에는 읍지가 광범위하게 편찬되어 조선 시대의 지리지를 대표한다.

16세기 후반 이후 각 지방에서 읍지를 본격적으로 편찬하기 시작하였다. 읍지는 각 지역에서 지역의 거주자가 자신의 고장에 관해 기술한 내용이 풍부한 책이다. 그러므로 읍지는 지역에 관해 종합적으로 설명하는 지지(地誌)의 본질에 더욱 충실한 형태였다. 읍지의 편찬으로 중세 지지의 체계가 정립되었으며, 조선 시대 국토의 실상과 구조를 생생하게 파악할 수 있는 기본적인 자료가 축적되었다.

16·17세기에는 임진왜란, 정묘호란, 병자호란과 같은 전쟁으로 전 국토와 백성이 피폐한 가운데에서도 당시 지리지의 새로운 조류인 읍지가 다수 편찬되었다. 이것은 당시 읍지가 실용적인 측면에서 활용되고 있었던 것을 보여 주며, 사회적인 필요성과 요구를 반영한 것이다. 조선 중기의 읍지는 현실적인 이용을 일차적인 목적으로 하여 편찬되었으므로 높은 현실성을 지니고 있었다. 또한 당대의 대표적인 학자들이 읍지 편찬에 관여하였으며, 지방의 공론을 통한 여과 과정을 거쳤다. 그러므로 내용이 다

양하고 풍부할 뿐만 아니라 정확성이나 객관성 면에서도 훌륭한 수준을 갖춘 읍지들이 편찬된 점이 특징이다.

　18세기는 국가 주도의 지리서·지도의 편찬 사업이 가장 활발했던 시기였다. 17세기 중엽 이후 사회 질서가 서서히 정비되어 가고, 지방 사회에 대한 국가의 파악도 진전되어 갔다. 중앙의 행정력이 하부 단위까지 침투, 정비됨에 따라 지방 행정 자료의 필요성이 더욱 높아졌다. 이에 따라 중앙 정부는 개별적인 필요에 의해 군현 단위로 작성하였던 읍지들에 관심을 가지게 되었다. 뿐만 아니라 『신증동국여지승람』이 간행된 후 150여 년이 지나 전국 각 지역에 대한 새로운 내용을 담은 종합적인 지리지의 필요성이 증대되고 있었다.

　18세기 중엽 영조대에 편찬된 『여지도서(輿地圖書)』와 18세기 후반 정조대에 편찬된 『해동읍지(海東邑誌)』(또는 해동여지통재 海東輿地通載)가 완성되어 읍지 편찬에 대한 국가의 관심을 살필 수 있으며, 18세기 전국 각 지역의 모습을 보여 주는 자료가 남게 되었다.

　18세기 사회경제적 변화의 교두보를 마련하였던 숙종대(재위 기간: 1674년~1720년)에 몇 차례에 걸쳐 지리지의 편찬이 시도되었으나 완성하지 못하다가, 18세기 중엽인 영조대에 이르러 실현되었으니, 이 책이 『여지도서(輿地圖書)』이다. 이 책의 체제는 16세기 후반 이래 대두된 새로운 읍지 편찬의 경향을 정리하고 종합한 것으로서 18세기 읍지의 종합적 성격을 대표하고 있다. 특히 주목되는 것은 방리(坊里), 도로, 부세(賦稅)에 관한 제 조항 및 각 군현 읍지의 첫머리에 수록된 채색 지도이다. 이 밖에도 군사적인 측면이 강화되어 군병 항목을 신설하고 군정 수 및 조직, 배치 등을 각 군현별로 상세하게 수록하고, 지도에도 진보(鎭堡) 등 군사적인 시설을 자세하게 표시하였다.

　또한 여지도(輿地圖)와 서(書)의 결합이라는 의미의 『여지도서』라는 책 이름이 보여 주듯이 이 책의 체재에서는 지도가 중시되었다. 각 군현마다 읍지도가 첨부되어 지도와 읍지가 밀접하게 결합된 것이다. 읍지의 내용을 지도로 도식화함에 따라 읍지의 기록에 정확성이 증가되고, 지도의 이용으로 당시 사람들의 공간 인식에 변화를 초래하게 되었을 것으로 보인다. 이밖에도 『여지도서』는 공시적(共時的) 기록이라는 점에 의의가 있다.

　영조를 이은 정조도 지리지와 지도에 관한 관심이 남달랐다. 지리지 편찬은 1788년(정조 12)부터 『해동읍지』의 편찬으로 본격화되었다. 정조는 이 책의 편찬을 주도하고, 몸소 서문을 편술하였음은 물론, 호구와 방리 등 항목·호구 숫자 작업 내용을 점검하였다. 또한 『해동읍지』의 편찬을 위해 지리·지도전문가인 정상기의 손자이자 정항령의 아들 정원림에게 군직을 주고 이 일을 맡게 하였으며, 규장각 각신이던 김종수·서호수·이가환·이서구·윤행임·이만수·성대중·유득공·이덕무·박제가 등 당대 최고의 학자와 각 도의 지리전문가 26명을 참여하게 하였다. 읍지 편찬을 위해 읍지청(邑誌廳)을 설치하였으며, 읍지청의 자료가 여타 편찬 사업에도 활용되었음은 1790년(정조 14)의 『증정문헌비고(增訂文獻備考)』의 편찬 과정을 통해서도 알 수 있다.

　가장 많은 읍지가 편찬된 시기는 19세기 후반 고종대이다. 고종대의 읍지는 크게 1871년, 1895년, 1899년 세 차례에 걸쳐 편찬되었다.

4. 주제별 지리서의 편찬과 지역 파악의 체계화

18세기 이후 지지의 종류도 다양해졌다. 『호구총수(戶口總數)』, 『동국문헌비고』「여지고(輿地考)」, 『도로고(道路考)』 등 다양한 주제별 지리서가 활발하게 편찬되었음을 통해 국가가 중앙집권적인 통치 체제를 강화하고, 효율적인 지방 통치를 위해 지리서와 지도의 편찬에 노력하였음을 이해할 수 있다.

국가에서 만든 각종 지리지나 『동국문헌비고(東國文獻備考)』 등의 유서류, 관서지 등은 실용적 성격을 지닌 책으로서 실제 활용되었다는 점에서 또 다른 의의를 지닌다. 그 대표적인 책이 『동국문헌비고』「여지고」이다. 1770년(영조 46)에 간행된 『동국문헌비고』는 천문, 지리를 비롯한 조선 사회 전반의 문물과 제도를 정비한 국가적 사업의 결과였다. 이후 1782년(정조 6) 왕명으로 재편찬에 들어가 계속 수정, 보완되고, 1894년 갑오경장으로 문물 제도가 크게 바뀌자 전면 증보를 하여 1908년에 완성한 것이 『증보문헌비고』이다. 지역의 사정을 파악하는 지역의 지지 외에 관청의 연혁과 기구, 체례, 사례를 정리한 각종 관서지(官署志)들이 18세기 중후반에 집중적으로 편찬되었다. 『춘관지(春官志)』(1744, 1781), 『통문관지(通文官志)』(1720, 1778), 『추관지(秋官志)』(1781, 1791), 『규장각지(奎章閣志)』(1784), 『시강원지(侍講院志)』(1784), 『홍문관지(弘文館志)』(1784), 『태학지(太學志)』(1785), 『탁지지(度支志)』(1788), 『증정교린지(增正交隣志)』(1802) 등 각 관서지들이 편찬 또는 간행되었다. 조선 시대에 지지는 대부분 지역을 단위로 하여 작성되었는데, 이 시기에는 지역 단위 지지의 편찬과 아울러 관청에 대한 지지들이 조선 역사상 가장 활발하게 편찬되었다.

국가는 지리지와 지도, 지리서를 제작함으로써 지방 지배의 효율화를 이룩하고자 하였다. 이들 자료에는 전국 각 지역의 인구, 토지, 산업, 재정, 조세 등의 내용이 종합적으로 수록되었다. 뿐만 아니라 지도를 통해 공간적 현상과 지역 구조를 구체적으로 파악할 수 있게 되었다. 지리지와 각종 지리서에 지도를 삽입하는 것은 이러한 이유에서였다. 이 시기의 지리서, 지도의 편찬은 효율적인 지방 지배라는 도구적 측면에서만 이루어진 것은 아니었다. 국왕을 중심으로 한 국가와 중앙 정부는 당시 변경으로 여겼던 북방 지역과 도서 지역, 그리고 그 지역의 백성들 문제에도 균형적 관심을 가지게 되었던 것이다. 전 국토와 전 국민에 대한 평등적 파악과 대우라고 하는 국가의 정책적 의지는 18세기 영조·정조의 왕권 강화와 더불어 점진적인 실현을 보았다. 국가의 이러한 정치적 정책은 사실상 변방 지역의 자체적 성장에 기반하고 있었다. 이는 가장 궁벽한 지역이라 할 수 있는 함경도·평안도 내륙 및 접경 지역에 1684년의 무산도호부(茂山都護府), 1787년의 장진도호부(長津都護府), 1822년의 후주도호부(厚州都護府), 1869년 자성군(慈城郡)의 신설 등 지방 행정 단위의 신설이라는 제도적 장치로 귀결되었다. 17세기 후반 이후 군현이 새로 설치된 지역은 이들 군현 이외에는 없었다. 이러한 지역 개발과 경제력의 성장, 그리고 유교적 통제로부터 상대적으로 자유로운 사회적 질서는 이 지역에서 상공업을 중심으로 하는 새로운 동향을 이루어 나가게 하였다. 여기에 18세기 영·정조대의 왕권 강화, 국왕을 중심으로 하는 통치 체제의 일원화 노력, 일반 민서·변방 지역에까지 탕평을 실시하고자 하였던 정책도 큰 몫을 하였다.

5. 고산자 김정호의 전국지리지

조선 후기의 전국지리지는 고산자 김정호의 지리지 저술로 대표된다. 『대동여지도』의 제작자로 널리 알려진 고산자 김정호는 지도와 지지가 뗄 수 없는 관계라는 것을 인식하고 실천한 대표적인 지리학자이다.

김정호의 지지 편찬과 지도 제작은 다음과 같이 정리할 수 있다. 김정호는 1834년에 전국지도인 『청구도(靑邱圖)』를 제작한 후, 헌종~철종대에 『동여도지(東輿圖志)』를 편찬하고, 『동여도지』를 저본으로 하여 『대동여지도(大東輿地圖)』를 판각하였다. 『대동여지도』 완성 후 『동여도지』를 기초로 새로운 지지 편찬을 시도하였으니 이것이 『대동지지(大東地志)』이다. 『여도비지』는 『동여도지』를 저본으로 하여 편찬한 지지이나 최성환과 공동으로 작업한 성격을 달리 하는 지지라 할 수 있다. 『대동지지』는 1861년(철종 12) 『대동여지도』 완성 후 편찬에 착수하여 1866년(고종 3)까지 추보하다가 미완으로 끝난 책이라는 점에 의견이 모아지고 있다.

『대동지지』의 체재는 이전의 전국지리지나 읍지에서 예를 찾기 어려운 독특한 구성 방식이다. 즉, 각 지역 단위로 지역의 성격을 기술하는 지역별 지지와 그리고 강역, 도로, 국방, 산천 등 자연환경과 주제별 지리학을 결합시킨 형태로서 주목된다. 이는 조선 전기의 전국지리지 편찬과 조선 후기 읍지 편찬의 맥락을 계승한 후 조선 후기에 새로 꽃을 피운 실학적 지리학의 연구 성과를 지지에 종합하여 집대성하려는 시도

표 6-1 『동여도지』『여도비지』『대동지지』의 수록지역 및 내용

동여도지		여도비지		대동지지	
권수	내용	권수	내용	권수	내용
	서		총목		총목
					문목
					인용서목
1	역대주현				경도, 한성부
2, 3, 4	경도	2	경도, 동반부서		경기도, 사도
5, 6	경기사도	3	서반부서, 한성부	2	경기도
7	경기좌도	4	경기좌도	3, 4	충청도
8, 9, 10	경기우도	5	경기우도	5, 6	경상도
11, 12, 13, 14	충청도	6	충청좌도	7, 8, 9, 10	전라도
15, 16	결(缺)	7, 8	충청우도	11, 12, 13, 14	강원도
17, 18, 19, 20	영남지	9, 10	경상좌도	15, 16	황해도
21, 22, 23, 24	호남지	11	경상우도	17, 18	함경도
25, 26	전라	12	전라좌도	19, 20	평안도
27, 28	결(缺)	13	전라우도	21, 22, 23, 24	산수고(결)
29, 30, 31, 32	강원	14	황해좌도	25	변방고(결)
33, 34	황해	15	황해우도	26	정리고
35	결(缺)	16	강원동도	27, 28	방여총지 (역대지)
36, 37	함경	17	강원서도	29, 30, 31, 32	
* 규장각본		18	함경남도		
5	역대강역	19	함경북도		
6	역대풍속	20	평안남도		
7	역대관제 정리고		평안북도		

를 했던 것으로 보인다. 즉 현대지리학적인 입장으로 해석한다면 지역지리학의 연구 방법과 계통지리학적인 연구 방법을 결합하여 완벽한 지지를 만들어 우리 국토를 보다 정확하게 설명해 줄 수 있는 지지의 체재를 『대동지지』 편찬 단계에서 확립하였다고 할 수 있다.

〈표 6-1〉은 고산자의 삼대 지지인 『동여도지』, 『여도비지』, 『대동지지』의 항목을 비교한 것이다. 『여도비지』는 다른 두 지지와 내용은 유사하지만 항목의 구성 형태가 상이하다. 전체적인 항목 편제를 검토하면 고산자의 세 지지는 『신증동국여지승람』이

나 조선 후기의 일반적인 읍지 구성 양식에서 크게 벗어나지 않는 듯이 보인다. 그러나 김정호의 지지들은 이전의 전국지리지나 읍지들과 중요한 차이점이 있다.

첫째, 인물(人物), 성씨(姓氏), 시문(詩文)에 관련된 항목들과 내용이 제외되었다. 『신증동국여지승람』은 세종대에 편찬된 지리지에 비하여 인물, 시문, 예속 관련 내용이 강화되고, 경제·사회·군사적인 측면이 약화되었다. 『신증동국여지승람』을 저본으로 하여 새로운 지지 편찬을 구상하였다고 명시하였지만, 그의 지지들은 『신증동국여지승람』과는 기본 성격이 전혀 달랐다고 하겠다.

둘째, 군사적인 측면이 강조된 지지라는 특징을 지닌다. 「전고(典故)」조를 독립 항목으로 설정하여 외국의 침략과 그 지역에서 일어났던 역대 전투를 상세하게 기록하고 있는 점이 이를 말해 준다. 뿐만 아니라 각 항목의 수록 범위와 이유 등을 설명하여 놓은 『대동지지』 「문목(門目)」조에 「산수(山水)」, 「성지(城池)」, 「영아(營衙)」, 「진보(鎭堡)」, 「봉수(烽燧)」, 「창고(倉庫)」, 「진도(津渡)」, 「목장(牧場)」 등의 조항도 국가의 방어와 관련된 것으로 설명하였다.

셋째, 내용의 철저한 사실성과 고증을 기초로 한 지지 편찬의 과학적 자세, 계속적인 보완을 통해 지역의 변화상을 반영하고자 하는 노력이 작용한 지지라는 점이다. 다른 어느 문헌에서도 찾아볼 수 없는 역사 지명과 사실들을 간략하면서도 풍부하게 수록하였으니, 『대동지지』 해제에서 이병도 박사는 고대사 연구 중 삼한(三韓)의 여러 소국(小國)의 위치 비정에서 이 책에 힘입어 마한 지침국(支侵國)의 위치를 '대흥'으로, 비미국(卑彌國)의 위치를 '비인'으로, 감해비리국(監奚卑離國)의 위치를 '홍성'으로 비정할 수 있었던 기쁨을 언급한 적이 있다.

『대동지지』는 성숙된 지리학자로서 김정호 일생의 집념과 노력이 결집된 지지로 그의 자세와 의식이 투영되어 있다. 그러므로 이 책의 특징과 이 책에 반영된 김정호 사상의 단편들을 추출해 봄으로써 『대동지지』의 의의를 대표할 수 있을 것이다.

첫째, 『대동지지』의 가장 중요한 특징은 내용이 상세할 뿐만 아니라 저자 자신의 독자적인 견해가 정리되어 있는 점이다. 『동여도지』의 「형승(形勝)」조는 여지승람이나 기타 문헌에서 옮겨 싣거나 광범위하게 수집한 것이 많으나, 『대동지지』에서는 자신이 파악한 지역의 특성으로 대치하여 놓고 자신의 견해가 불확실한 지역에 대해서는 기록을 없애 버렸다. 이러한 측면은 「연혁(沿革)」, 「고읍(古邑)」, 「전고(典故)」 등 이설이 많은 역사적 장소에서 뚜렷이 나타난다.

둘째, 종합적 시각으로 지역의 특성을 반영하는 지지를 편찬한 점이다. 『대동지지』의 항목 수는 『동여도지』에 비하여 대폭 감소되었다. 이는 지지의 내용을 탈락시킨 것이 아니라 항목들을 통합하여 종합화를 시도한 것이다. 일례로 『동여도지』에 개별 항목으로 독립되어 있던 「산총(山總)」, 「수총(水總)」, 「영로(嶺路)」, 「강역(疆域)」 등을 「산수(山水)」 조로 통합하였다. 산수 조에는 이밖에도 사찰(寺刹), 고적(古蹟) 등의 내용도 포함하고 있다. 이러한 변화는 항목을 보다 체계적으로 조정하고, 이를 통해서 지역의 종합적 특성을 전달하려는 목적에서 비롯된 것이다.

셋째, 김정호의 지지는 과학적 사고와 철저한 사실성에 기초하고 있으며, 특히 역사지리학적인 위치 비정, 지명 변천, 산천의 맥세 파악 등에 많은 노력을 기울였다. 『대동지지』에서는 이러한 사실 파악의 단계에서 나아가 새로운 영역에 주의를 기울이고 있음이 발견된다. 『대동지지』 책머리의 「문목(門目)」에는 한자 지명과 우리말 지명과의 관계, 지명과 지형의 관계, 지명의 지역적 특성 등을 예시한 "방언해(方言解)"가 기록되어 있다. 비록 간략한 내용이지만 그의 관심의 변화와 시야의 확대를 볼 수 있는 자료라고 생각된다. 현재 지리학에서 언어지리학으로 부르는 영역이 고산자에게서 배태되고 있었음을 볼 수 있다.

넷째, 『대동지지』에는 고산자의 자주 사상(自主思想)이 발현되고 있음을 지적할 수 있다. 그의 초기, 중기 작품에서는 조선을 '청구(靑邱)', '좌해(左海)', '동국(東國)', '동여(東輿)'로 지칭하였다. 그러나 그의 말기의 작품인 『대동여지도』와 『대동지지』에서는 '대동(大東)'이라고 표현한 바 있어 이러한 명칭은 고산자가 의식적으로 붙인 것으로 보인다. 또 『대동지지』 시작 부분에 책의 편찬 연대를 "신라시조원년갑자(新羅始祖元年甲子)"로부터 기산하고 있는 점도 그의 자주 사상의 일단을 보여 주는 것이라 할 수 있다.

다섯째, 『대동지지』는 물론 그의 지지들은 지리지 본연의 자세에 무엇보다 충실한 지지들로서, 이들 지지를 통해 19세기 조선의 국토상, 즉 각 지역의 모습을 재현하고 복원할 수 있는 풍부한 자료집이다.

6. 실학적 지리서와 지리학 지평의 확대

조선 후기에 이루어진 조선의 역사와 지리에 대한 관심의 증폭, 실학의 발전과 함께 지리학은 지리지의 편찬, 지도의 제작, 실학적 지리학의 발흥 등 조선 후기에 괄목할 만한 성과를 이루었다. 17세기에 이수광의 『지봉유설(芝峰類說)』(1614년), 한백겸의 『동국지리지(東國地理志)』(1615년), 유형원의 『군현제(郡縣制)』, 『여지지(輿地志)』 등 새로운 주제별 지리서의 편찬은 조선 후기 지리학의 발전을 예고하는 것이었다. 특히 18세기 이후 19세기 중엽까지 실학의 체계화, 발달과 함께 많은 실학자들이 활동함으로써 실학적 지리학은 조선 후기 지리학의 발달을 선도하였다.

조선 시대의 자연과 공간, 지리에 대한 인식 체계의 변화는 조선 사회 생활 양식의 변화와 지식의 축적을 반영하는 것이라 할 수 있다. 자연, 지리의 중요성을 학문적으로 정리하고 체계화하고자 하는 노력은 조선 후기에 들어 본격적으로 진행되었다. 조선 후기 사회의 역동적인 변화가 지역 내지 국토의 공간 구조 변화와 밀접한 관련을 맺고 있음을 인식한 실학적 지리학자들이 이를 주도하였다. 이러한 작업은 지리학의 다양화·전문화를 추구하고 있었던 현상을 반영하는 것이기도 하다. 대부분의 실학자들이 사회 변화와 함께 국토·지역 구조가 변화함을 인식하고, 지리학의 중요성과 실용성에 주목하여 지리에 관한 저술들을 남겼다.

조선 시대 중기 1508년(중종 3)에 중국으로부터 서양포가 들어오고, 이어 1520년(중종15)에는 서양 소식이 전해짐으로써 유럽이라는 지역을 구체적으로 인식하게 되었다. 또한 사신을 따라 명(明)에 갔다 돌아온 통사(通事) 이석(李碩)이 전한 불랑기국(포르투갈)이 말래카를 토벌하였다는 귀국 보고도 당시 유럽 소식이 조선에 전해지고 있었음을 보여 준다. 서양에 대한 막연한 지식이 뚜렷이 인식되기 시작한 것은 지봉 이수광(1563~1628)이 『지봉유설』(1614년)을 저술하여 문자로 남기면서부터이다. 『지봉유설』은 총 20권 25부문 3,435항목으로 구성되어 있다. 이 중 권2에는 「지리」와 「제국」의 두 부문이 수록되고, 이들은 각각 7개 항목으로 이루어져 있다. 특히 「제국」부의 외국조에는 일본 및 동남아시아로부터 유럽에 이르는 세계의 지리적 지식이 소개되어 있다. 외국조 마지막에는 서양 지도의 전래를 자세히 소개하였다.

서양 세계에 대한 인식의 확대, 서양의 지리 지식과 지도의 도입은 서양에 대한 새로운 인식과 더불어 조선의 지식인에게 종래의 세계관이나 화이관에서 탈피하는 실마리를 주었다. 실학자를 포함한 당대 지식인들이 유교적인 사상의 범주를 벗어나지는 않았으나, 새로운 지역에 대한 지각은 중국 중심의 세계관에서 벗어나 새로운 세계관을 추구할 수 있는 바탕을 마련하였으며, 지리학에 영향을 미쳤다.

한편 실학자들은 자국 문화에 대한 전통과 가치를 재발견하기 위에 노력하고, 조선 자체의 역사·지리·국어 등 분야에 보다 깊은 관심을 가지고 탐구하게 되었다. 조선 자체의 역사·지리에 대한 관심이 결집되어 나타난 최초의 저서가 한백겸(韓百謙, 1552~1615)의 『동국지리지(東國地理志)』(1615)이다. 『동국지리지』는 우리나라의 강역, 공간의 역사적 변천에 대한 체계적인 최초의 저술이라는 의미를 지닌다.

17세기 후반에 이르러 반계 유형원(柳馨遠, 1622~1673)은 당시 사회에 대한 지리 분야에서의 문제점과 개선책을 제시하였다. 특히 『군현제』에서 그는 서민 생활의 불편함에 기반을 두고 비판을 가하여, 지리적 관점에 또 하나의 새로운 지평을 열었다고 할 수 있다. 이처럼 17세기에는 실학적 지리서의 발흥이라는 새로운 지리학의 조류가 시작되었다.

17세기에 이수광, 한백겸, 유형원에서 실학적 지리학이 싹텄으며, 18세기는 조선 후기 문화의 꽃이 활짝 피었던 시기로, 지리학에서도 지리지지도·실학적 지리학이 이 시기에 절정을 이루었다. 대부분의 실학자들이 사회 변화와 함께 국토·지역의 구조가 변화함을 인식하고, 지리학의 중요성과 실용성을 주목하여 지리에 관한 저술들을 남겼다.

18세기에 성호 이익(1681~1763)의 『성호사설』에 수록된 지리에 관한 여러 편의 글, 청담 이중환(1690~1756)의 『택리지』, 여암 신경준(1712~1781)의 『강계고』·『도로고』·『산수고』·『군현지제』·『사연고』 및 『동국문헌비고』 중의 「여지고」, 순암 안정복(1712~1781)의 『동사강목』 부록의 「지리고」·『잡동산이』 중의 「여지고」·「팔도읍성」·「폐사군」·「팔도역전」·「동국지계설」, 담헌 홍대용(1731~1783)의 『담헌서』, 존재 위백규(1727~1798)의 『환영지』, 이계 홍양호(1724~1802)의 『북새기략』·「북관고적기」·「백두산고」·「해로고」, 영재 유득공(1749~1807)의 『사군지』·『발해고』·『경도잡지』, 다산 정약용(1762~1836)의 『아방강역고』·「지리책」·「지구도설」·「발해론」·「폐사군론」·「풍수설」, 옥유당 한치윤(1765~1814)의 『해동역사』의 속편으로 저술된 한진서의 「해동역사속지리고」, 혜강 최한기(1803~1879)의 『기측체의』·『지구전요』, 고산자 김정호(1801?~1866?)의 『동여도지』, 『여도비지』, 『대동지지』 등을 대표적인 것으로 들 수 있다. 지도 제작에서도 농포자 정상기(1678~1752)와 아들 정항령, 신경준(1712~1781), 정철조(1730~1781), 김정호 등의 활약으로 조선의 실학적 지리학은 비약적인 발전을 이루었다.

실학적 지리학 가운데 17세기의 유형원, 18세기의 신경준과 이중환, 19세기의 정약용, 최한기, 윤정기의 지리서를 예로 들어 조선 후기에 전개되고 있었던 새로운 지리학의 내용을 검토해 보기로 한다.

1) 공간과 사회의 유기적 파악: 유형원

반계(磻溪) 유형원(柳馨遠, 1622~1673)은 실학의 선구자, 사회개혁가, 사회사상가로 널리 알려진 학자이다. 유형원은 국토와 지역을 살피기 위하여 많은 여행을 하였고, 지리와 관련된 저술로 『군현제』, 『동국여지지』, 『지리군서』 등의 저술을 남겼으나, 현재는 『군현제』와 『동국여지지』만이 전한다.

『군현제(郡縣制)』는 유형원의 저작으로, 당시의 지방 행정 체계인 군현제의 내용, 문제점과 그 개선책을 다룬 책이다. 『군현제』는 크게 세 부분으로 구성되어 있다. 책의 첫 부분은 머리말에 해당하는 내용으로서 우리나라 군현의 수가 너무 많아서 야기되는 폐단과 군현 병합의 필요성을 제기하였다. 즉 책의 작성 의도와 군현제의 폐단을 밝힌 부분이다. 둘째는 「각도(各道)」라는 제목 아래, 도(道)의 행정 구역과 명칭, 그에 대한 개편 방안, 관원 등 도 행정 체계에 관한 내용이다. 셋째는 「각읍(各邑)」 부분으로 이 책의 핵심이면서 대부분의 양을 차지하고 있는 내용이다. 군현 경계와 군현의 명칭, 읍호(邑號)의 승강(陞降), 군현의 규모 및 등급, 관직 체계, 군현 통치 기구 등의 문제점과 그에 대한 대안을 제시하였다.

반계는 도(道) 행정 체계에서의 문제점으로 도 행정 구역의 불합리성과 도 명칭의 잦은 변경을 지적하고, 도의 행정 구역을 산천, 지형 등 자연적인 지표를 따라 정할 것을 강조하였다. 자연적인 구분에 의해 행정 경계가 정해지면 행정 지명도 자연적인 것을 기준으로 정해질 것으로 보았다.

「각읍」에서는 군현의 규모를 확대할 것, 군현의 경계를 자연 지형에 따라 정할 것, 월경지(越境地)의 폐지, 군현의 품계와 그 기준의 변경, 군현 등급의 승격·강등 제도의 폐지, 읍성(邑城)의 중시, 군현 병합 처리의 제 문제, 군현 관직 체계의 개편, 군현 하부 조직의 개편, 군현 통치에 관련된 기구의 설치와 폐지 등을 상세히 거론한 후, 각 도·읍별로 행정 구역 개혁안을 일일이 제시하였다.

이를 정리해 보면 첫째, 행정 구역의 정비를 강조하였다. 즉 군현의 병합, 군현 경계의 조직의 개편, 월경지의 정리, 군현 등급의 재조정, 관직 체계 및 행정 조직의 변경 금지 등을 상세히 논하였다. 둘째, 군현 하부 조직의 체계화를 주장하였다. 하부 조직을 관직 체계로 편입하고 이를 통해 향촌 사회를 통제하고 안정시킬 것을 제시하였다. 셋째, 군현의 유지와 백성의 생활에 필요한 각종 기구의 설치 및 적극적 토지 이용을 주장하였다. 넷째, 군현 방어를 강화할 것을 강조하면서 읍성(邑城)을 중시하고, 도로·역원 체계를 개편할 것을 논하였다.

유형원이 구상한 『군현제』의 문제점과 개혁안은 행정 구역에 관한 내용에 그 초점이 있어, 그가 지리적 시각을 가지고 있었음을 살필 수 있다.

『군현제』가 지니는 가장 큰 의의는 문제의식의 포착과 그에 대한 접근의 창조성이다. 조선의 지방 행정 제도인 군현제에 대하여는 조선 초기의 뛰어난 지리학자 양성지(梁誠之)도 그 문제점 등을 지적한 바 있다. 그러나 반계는 행정 체계와 행정 구역의 문제가 백성들의 생활에 매우 중요하게 관련되어 있음을 절실하게 느끼고, 국가 행정의 합리적인 측면에서도 개편되어야 한다고 보았다. 특히 반계가 행정 체계의 개혁을 주장한 근본적인 목적은 일반 백성들의 고통의 해결, 생활의 개선에 있었다. 새로운 사회를 지향하는 그의 사상의 일단을 보여 주는 것이다. 『군현제』는 사회 개혁과 지역 개혁이 서로 관련이 있으며, 상호 보완적이라는 사실을 유형원이 통찰하고 있었음을 가장 잘 보여 주는 책이다.

무엇보다도 이 책에서 돋보이는 점은 실제 자신이 답사하고 경험한 바를 바탕으로 저술한 내용이라는 점이다. 따라서 문제점을 비판하는 데 그치지 않고, 구체적이고 매우 적절한 대안을 제시하였다는 점이다. 지역적인 문제를 인식하고 그에 대한 대안을 제시하는 것은 실제로 국토를 체험하고 산천의 자리 잡음과 그 품안에서의 삶의 현장을 목도하지 않으면 불가능하다. 유형원은 책상 위에서의 공상적인 계획가가 아니었다. 지역의 현실을 접함으로써 문제를 파악하고 해결하려 하였던 지리학자였다.

유형원은 양란으로 피폐된 국토의 문제와 재정비 과정에 있는 사회 현실을 파악하고 전달하는 수단으로 지리지 즉, 『동국여지지(東國輿地志)』를 편찬하였다. 이는 16세기 후반부터 활발하게 만들어졌던 사찬 읍지의 성과를 수용한 것이었다. 읍지의 편찬자들은 지방의 지리지인 읍지를 통해 지역의 현실을 파악하고 지역 사회의 문제를 해결하려고 하였다. 반계는 읍지가 지니는 지방적 한계를 극복하고, 전국적인 범위로 확대시켜 국가적인 차원에서 지역과 사회 현상을 올바로 파악하고, 파악된 문제들을 근본적으로 다루고자 하였다. 반계는 『동국여지지』를 바탕으로 사회개혁안과 지역개혁안을 구상하여, 후에 『반계수록』과 그 보유편인 『군현제』로 종합 정리하였다. 반계 유형원이 조선의 역사에 빛을 남기고 있는 것은 자신이 살고 있던 시대와 살고 있는 지역의 문제를 고민하고 그에 대한 개혁안을 제시한 실학자라는 데 있다.

또 하나의 중요한 측면은 유형원이 사회적 모순과 지역의 문제가 연결된 점을 자각하였으며, 이를 해결하려 노력하였다는 점이다. 즉 유형원은 실학 초기의 흐름이었던 역사지리적인 고증이나, 또는 중국·서양의 새로운 동향을 소개하는 것을 넘어서, 사회적 문제와 모순들이 실제로 백성들이 살고 있는 지역 위에서 전개되고 있다는 사실을 파악했다. 반계의 뒤를 이은 실학자들은 이러한 사상을 주목하였다. 성호 이익, 순암 안정복, 여암 신경준, 다산 정약용, 혜강 최한기, 고산자 김정호 등이 편찬한 지리지나 지리서는 반계의 영향을 받아 이를 한층 발전시켜 조선 후기 실학적인 지리학의 꽃을 피웠던 것이다.

2) 종합적, 실천적 지리학의 구현: 신경준

여암(旅庵) 신경준(申景濬, 1712~1781)처럼 방대한 지리학 저술을 남기고, 자신의 지리적 지식을 인정받아 국가적인 편찬 사업으로 연결시켰던 경우는 매우 드물다. 많은 실학자들이 재야에서 활동하였음에 반하여 그는 국가적인 사업에 그의 재능과 학식을 발휘하여 조선 후기에 광범위한 영향을 미친 지리학자라는 점에서 다른 실학파 지리학자들과 구별된다.

신경준은 당대에 왕을 비롯한 많은 사람들이 인정하였던 뛰어난 지리학자였다. 사실 신경준은 지리학자보다도 국어학자로 일찍부터 평가를 받았으나 주요 저작은 지리학에 관한 것이었다. 신경준의 저서 중에 시문과 성리학적인 글들, 『훈민정음운해』 외에 대작은 『산수고(山水考)』, 『강계고(疆界考)』, 『사연고(四沿考)』, 『도로고(道路考)』, 『군현지제(郡縣之制)』, 『가람고(伽藍考)』, 『차제책(車制策)』 등 대개 지리학적인 것으로서, 이만큼 다방면에 걸친 지리학 저술을 남긴 사람은 없다.

1756년에 신경준이 편찬한 『강계고』는 우리나라의 역대 강계와 지명 등을 고찰한 역사지리서로서 일본, 대만, 유구국(오키나와), 섬라국(태국) 등도 별도 항목으로 설정되어 있다. 역사지리학은 당시에는 지명의 고증, 영토·국경·수도와 도시의 위치 및 그 변화 등을 고찰하는 것을 지칭하였으며, 오늘날 역사지리학의 개념과는 상이하다.

조선의 역사지리학을 체계화하였다고 평가받은 『강계고』의 서술 체재는 대체로 국가적 단위를 중심으로 각국의 국도(國都)와 강계(疆界)를 정리하는 것으로 구성되어 있다. 국도와 강계 항목에서는 각 조항마다 관련이 있는 지명이나 산천, 국가들을 덧붙였다. 서술 방식 및 자료 이용과 관련된 특징을 보면, 문헌실증적인 입장이 관철되고, 내용적으로는 주로 강역에 대한 비정과 지명 고증이 특징이다. 특히 언어학이나 금석학 지식을 역사 연구에 적극 응용하였으며, 역사지리 고증에 방언을 활용하거나 음사(音似)·이찰(吏札) 등의 자료를 적극 활용한 점도 발전적인 면모이다. 『강계고』에 나타난 강역 인식은 주로 기자조선 및 한사군, 고구려 등의 국가들의 초기 중심지를 요동 일원으로 비정함으로써 확대된 영역관을 보여 주고 있다. 『강계고』는 당시까지 개인적인 차원에서 이룩한 우리나라 역사지리에 관한 가장 종합적이고도 체계적인 연구서 중의 하나였다(朴仁鎬, 1996).

옛 국가, 영토, 지명의 변천 등을 주요 연구 대상으로 하였던 역사지리학의 탐구는 주체로서 국토의 중요성과 자국의 역사성에 대한 자각과 더불어 이루어졌으며, 신경준 이후 한진서, 정약용 등으로 이어졌다.

신경준은 유통과 유통로에 관한 저술로 『도로고』와 『사연고』를 남겼다. 『도로고』(4권 4책)는 임금의 행차로인 어로(御路)와 서울부터 전국에 이르는 6대로(六大路), 팔도 각 읍에서 4계(四界)에 이르는 거리, 그리고 사연로(四沿路, 白頭山路, 鴨綠江路, 豆滿江路, 및 八道海沿路), 대중소(大中小)의 역로(驛路), 파발로(擺撥路), 보발로(步撥路), 봉로(烽路), 해로(海路), 외국과의 해로(海路), 조석(潮汐), 전국 장시의 개시일 및 정기 시장 등 각종 도로, 즉 육로와 해로가 망라된 글이다.

1770년에 쓴 『도로고』 서문에 나타나 있는 신경준의 사상을 정리하면 다음과 같다. 도로의 공익적 성격을 뚜렷이 부각시켰으며, 도로의 중요성을 최초로 인식하고, 도로를 본격적이고 체계적으로 정리하여 『도로고』를 저술하였다. 사회와 경제가 발전함에 따라 그 중요성이 가장 먼저 점증되는 분야가 도로임을 간취하였으며, 환경 지각(environmental perception)의 개념을 알고 있었다. 중국 고제(古制)를 바탕으로 현실 문제를 개혁하고자 하였고, 실천성을 강조하였다. 정밀한 이론의 추구를 기했으며, 도로 이정(里程)에서도 정확한 측정을 요구하였다. 또한 도로의 중요성을 잘 인식하고, 치정(治政)의 기본으로 치도(治道)를 내세웠다(崔昌祚, 1986).

『도로고』는 유통 경제, 시장 경제, 화폐 경제가 활성화되고, 육로와 수로 등 도로의 중요성이 증대되고 있던 당시의 사회상을 가장 잘 정리하여 반영하고 있는 책이다. 특히 사회·경제적인 변화와 공간적인 변화의 상호 작용, 그리고 양자 관계의 중요성을 파악하였다는 점에서 높이 평가된다. 18세기 중엽 이후『도로표(道路表)』,『정리표(程里表)』,『도리표(道里表)』등의 책자들이 많이 제작되고, 도리표를 함께 그린 지도, 즉 도로 지도가 출현하는 것도 이 책의 영향과 당시의 사회 변화를 반영한다.

『사연고(四沿考)』는 압록강, 두만강과 8도해연로(八道海沿路), 그리고 중국과 일본으로의 해로, 조석간만 현상 등 바다를 낀 연안 지역의 교통로와 자연 현상을 정리한 글이다. 자원이나 도로의 측면에서 바다와 해안·도서가 지니는 경제적인 효용성, 연해 지역에 대한 국가·민간의 관심 증대, 바다가 지니는 국방상의 중요성 등을 깊이 인식한 데서 출발한 글이라는 점에서 신경준의 사회와 지역에 대한 통찰력과 체계적 정리를 보여 주는 저술이다.

우리나라 지도 발달의 전환기였던 18세기 중엽에 신경준은 지도 제작에도 중요한 업적을 남겼다. 조선 후기 지도 발달에 중요한 전기를 마련하였던 농포자 정상기(鄭尙驥, 1678~1752)와 아들 정항령, 손자 정원림, 종손 정수영까지 4대에 이어졌던 지도 제작의 기법을 정항령과 친교가 있었던 신경준도 나누어 가졌음을 지도에 관한 그의 글에서 살필 수 있다. 1769년 국왕 영조가『강역지』편찬에 관해 물었을 때, 신경준은 360주의 각 읍 지도를 따로 만들 것을 건의하였으며,『동국문헌비고』편찬을 진행하면서 영조의 명에 따라『동국여지도(東國輿地圖)』를 제작하였다.

『여암유고(旅菴遺稿)』권5,「동국여지도발(東國輿地圖跋)」에 의하면 신경준은 정항령(鄭恒齡)과 친분이 매우 두터웠음을 알 수 있다. 영조가『문헌비고(文獻備考)』를 편찬하게 하고, 신경준에게 별도로『동국지도(東國地圖)』를 만들 것을 명하자, 신경준은 관청에 있는 지도 10여 건을 검토하고, 여러 집을 방문하여 소장된 지도들을 살펴보았으나 현로(玄老, 정항령)가 그린 지도만한 것이 없어 정항령의 지도를 사용하였다고 기록했다. 그 결과로 열읍도(列邑圖) 8권, 팔도도(八道圖) 1권, 전국도(全國圖) 족자 1축을 임금께 올렸다. 이 지도는 주척(周尺) 2촌(寸)을 하나의 선으로 하여 세로선 76,

가로선 131개의 좌표 방안 위에 그렸던 방안지도(方眼地圖)였다. 이 지도는 조선 후기 지도 제작의 흐름을 바꾼 대표적인 지도였다.

조선 후기의 실학자들은 산천을 체계적으로 정리하기 시작하였으니, 여암 신경준의 『산수고(山水考)』가 그 선구였다. 『산수고』는 우리나라의 산과 하천을 각각 12개의 분(分)·합(合) 체계로 파악한 한국적 지형학 책이다. 이 책은 산수를 중심으로 국토의 자연을 정리하였으나, 그 속에는 인간 생활과 통합된 자연의 모습이 드러나 있다. 『산수고』는 국토의 뼈대와 핏줄을 이루고 있는 산과 강을 체계적으로 정리한 최초의 지리서이며, 한국적인 산천 인식 방식을 전해 준다(楊普景, 1994). 다음과 같은 글로 시작하면서 『산수고』를 쓰게 된 동기와 산수의 원리에 대하여 설명하였다.

하나의 근본에서 만 갈래로 나누어지는 것은 산(山)이요, 만 가지 다른 것이 모여서 하나로 합하는 것은 물(水)이다. (우리나라) 산수는 열둘로 나타낼 수 있으니, (산은) 백두산으로부터 12산으로 나누어지며, 12산은 나뉘어 八路(팔도)가 된다. 팔로의 여러 물은 합하여 12수(水)가 되고, 12수(水)는 합하여 바다가 된다. 흐름과 솟음의 형세와 나누어지고 합함의 묘함을 여기에서 가히 볼 수 있다.

이 서문에는 나라의 근간이 되는 산과 강을 분합(分合)의 원리로 파악하여 대칭적이면서도 조화를 이루는 음양의 구조로 이해하였던 저자의 생각이 분명하게 표현되어 있다. 조선의 주요 산과 하천을 각각 12개로 파악한 점도 매우 주목할 만한 점이다. 이것은 당시 사람들이 지니고 있던 자연관과 우주관을 반영한 것이라 볼 수 있다. 자연의 운행을 보면 1년은 열두 달로 완결되며, 우주 만물에는 양과 음이 있다. 우리나라의 산천도 일반 자연 법칙과 동일한 구조로 되어 있어 12개의 산줄기와 물줄기가 있으며, 산수의 흩어짐과 합함, 우뚝 솟아 있음과 아래로 흘러내림이 절묘하게 조화를 이루고 있었던 것으로 생각한 것이다. 이러한 사고는 자신이 살고 있는 국토를 소우주로 이해하여 완결적인 존재로 파악하던 당시 사람들의 전통적인 자연관을 대표하고 있는 것이라 볼 수 있다.

산중에는 삼각산을, 물은 한강을 으뜸으로 쳤으니, 이는 경도(京都, 수도)를 높이기 위한 것이라 하였다. 서문에서는 백두산에서 조선의 산들이 시작하는 것으로 기록하였으면서도 실제 산의 분포를 서술할 때는 한양의 삼각산에서 시작함으로써, 그가 백두산 중심의 사고와 수도 중심의 사고를 동시에 가지고 있었음을 보여 준다.

『산수고』는 이와 같이 우리나라 전국의 산과 강을 거시적인 안목에서 조망하여 전체적인 체계를 파악하고, 촌락과 도시가 위치한 지역을 산과 강의 측면에서 파악한 책이다. 신경준은 조선의 산천을 산경(山經)과 산위(山緯), 수경(水經)과 수위(水緯)로 나누어 파악하였다. 조선의 산줄기와 강줄기의 전체적인 구조를 날줄(經)로, 각 지역별 산천의 상세하고 개별적인 내용을 씨줄(緯)로 엮어 우리 국토의 지형적인 환경과 그에 의해서 형성된 단위 지역을 정리한 것이다. 신경준의 우리나라 산천에 대한 이와 같은 체계적인 파악은 전통적 지형학 또는 자연지리학의 체계화로 평가할 수 있으리라 생각된다. 자연 현상을 주제로 하여 전문적으로 접근하였던 『산수고』에서 우리는 지리학의 다양화와 계통지리학적인 요소, 나아가 근대지리학적인 측면을 발견할 수 있다. [1]

신경준은 왕명에 의한 『동국문헌비고』의 편찬에 참여함으로써 당시까지의 문물과 제도를 정리하는 데 기여하였다. 그는 지리 관련 내용을 총정리한 「여지고(輿地考)」 부문을 담당하여, 그의 지리에 관한 저술을 「여지고」에 종합해 놓았다. 『동국문헌비고』는 상위(象緯), 여지(輿地), 예(禮), 악(樂), 병(兵), 형(刑), 전부(田賦), 재용(財用), 호구(戶口), 시적(市糴), 선거(選擧), 학교(學校), 직관(職官) 등 13고 100권으로 구성되었으며, 이 가운데 「여지고」는 17권으로 양적으로나 질적으로 핵심적인 위치를 구성하였다.

『동국문헌비고』「여지고」는 신경준의 고려 및 조선 전기의 자료와 연구 성과뿐만 아니라 17세기 이후 전문적으로 역사지리를 연구하였던 한백겸, 유형원, 홍만종, 임상덕 등 관련 학자들의 연구 성과를 종합 정리하고 있다. 따라서 『동국문헌비고』「여지고」는 전장·제도를 역사적인 관점에서 정리한 백과전서적 연구에, 개인들이 발전시켜 온 역사지리학의 연구 성과를 정부적인 차원에서 최대한 결집시킨 것이다. 한백겸 이후 일련의 역사지리 연구를 집대성한 조선 후기 역사지리학의 중요한 결과물이자 발전의 지표라고 평가할 수 있다(朴仁鎬, 1996).

『동국문헌비고』「여지고」는 역사지리학뿐만 아니라 교통, 시장, 군사, 방어, 산천과 같은 경제지리학, 국방지리학, 자연지리학, 문화지리학 등이 종합된 책으로, 신경준의 사상이 결집된 책이다. 또한『동국문헌비고』「여지고」는 개인적인 수준의 학문 연구를 사회적인 차원으로 승화시킨 저술이며, 사회적인 검증을 거친 실천적 지리서라 할 수 있다. 이는 신경준이 지식의 사적 소유를 넘어 공유화하려는 노력에서 이루어진 것으로 평가된다. 특히 지리적·공간적 지식의 공유화는 개인과 사회의 공간 인식의 범위를 확대시키고, 사회·경제 변화를 촉진한다는 점에서 신경준의 저술들은 더욱 빛을 발한다.

3) 새로운 지역지리학의 체계화: 이중환

청담(淸潭) 이중환(李重煥, 1690~1756)이 쓴『택리지』는 기존의 전통적인 지리지 체계와 달리 저자 나름의 독자적인 주제 의식과 지역에 대한 체계적 서술로 18세기 중엽 한국의 모습을 생생하게 묘사한 책이다.『택리지』는 지리책일 뿐만 아니라 조선의 역사, 정치, 사회 등을 정리한 명저로 알려져 왔다.

『택리지』는 팔역지(八域誌), 팔역가거지(八域可居誌), 동국산수록(東國山水錄), 진유승람(震維勝覽), 동국총화록(東國總貨錄), 형가승람(形家勝覽), 동국지리해(東國地理解), 동악소관(東嶽小管), 박종지(博綜志), 팔역기문(八域紀聞), 청화산인팔역지(靑華山人八域誌) 등 여러 이름으로 필사되었다. 책의 다양한 명칭은 이 책이 정치, 경제, 사회, 문화 등 폭넓은 내용을 지녔음을 보여 주며, 다양한 관심 속에서 모사되면서 보급되었음을 반영한다.

『택리지』는 전국을 도별, 즉 지역별로 서술한 지역지리서이면서 동시에 사대부로서 살만한 곳을 선택하는 문제를 주제로 계통적인 접근을 시도하여 실용성에 중점을 둔 실학적 지리서이다. 전국의 방방곡곡을 답사한 귀중한 체험을 바탕으로 한 점, 타고난 문필의 재능을 발휘하여 쓴 간명한 문체, 각 지역에 대한 저자의 예리한 관찰과 이를 기반으로 한 지역에 대한 흥미 있는 서술에 의해 『택리지』는 조선 시대에 가장 널리 보급된 책 중의 하나였다. 조선 시대에 간행되지는 못하였으나 이 책은 필사본으로 널리 보급되어 우리나라의 지리를 일반에게 보급시킨 공로가 매우 크다. 조선 후기에 많이 편찬된 읍지 특히 관찬읍지(官撰邑誌)는 그 목적이 중앙에서 지방을 통치하기 위한 자료적 성격이 강한 것이었다. 반면에 『택리지』는 일반 국민이 쉽고 흥미 있게 전국의 사정을 파악할 수 있도록 서술한 책으로, 사대부를 비롯한 일반 국민을 위한 지리서였다.

『택리지』에 대한 평가는 조선광문회(朝鮮光文會)의 도서 간행에서 잘 드러난다. 1910년에 설립된 조선광문회는 빼앗긴 국토와 역사의 줄기를 되찾으려는 하나의 방법으로 "조선 구래의 문헌 도서 중 중대하고 긴요한 자료를 수집, 편찬, 개간하여 귀중한 도서를 보존, 전포함을 목적으로" 설립되었다. 조선광문회에서 간행한 최초의 지리책이 『택리지』였다. 즉 1912년에 육당 최남선(崔南善)이 교정한 『택리지』가 활자본으로 간행됨으로써 일반에게 널리 알려지게 되었으며, 1970년대 이후 몇 차례 번역본이 출간되어 더욱 친근한 책이 되었다.

지리학의 발달은 사회와 지역의 변화라는 현실이 반영된 것이었다. 특히 지리학은 땅과 지역을 대상으로 하는 학문이므로, 땅의 모습과 그 땅 위에 살고 있는 사람의

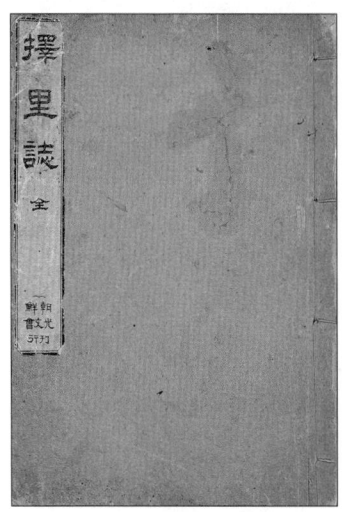

그림 6-3 이중환의 택리지

생활 모습이 변화함에 따라 학문과 지리서의 내용도 변화해 왔다.

그중에서도 『택리지』는 주목할 만한 저서이다. 기존의 지리지처럼 행정 구역을 단위로 지역을 정리하지 않고, 풍속·물산·자연 등을 기준으로 국토 전체를 거시적으로 조망하였다. 이는 기존의 지역 정리 방식을 탈피한 것으로, 근대적인 지리지 형식을 보여 주는 점에서 서양의 근대 지역지리학에도 비견된다.

『택리지』는 「사민총론(四民總論)」, 「팔도총론(八道總論)」, 「복거총론(卜居總論)」, 「총론(總論)」의 4장으로 이루어져 있다. 「사민총론」은 조선의 사회 구성을, 「팔도총론」은 각도별로 역사·자연환경·산업·취락·인물·지역의 특징 등을 서술하여 현재의 지역지리와 같은 방식을 취하고 있다. 「복거총론」은 자연환경적 측면, 사회적 측면, 경제적 측면 등을 기준으로 살만한 곳을 선택하기를 주장하여, 지금의 계통지리적인 내용에 해당한다. 「총론」에서는 3장의 내용을 종합하여 결론을 서술하였다.

『택리지』의 기본 정신은 이상향의 추구라고 할 수 있다. 특히 「복거총론」은 당시 한국인이 가지고 있던 거주지의 선호 조건과 기준, 지리관을 잘 보여 준다. 이중환은 취락의 입지를 결정하는 기준으로 지리(地理), 생리(生利), 인심(人心), 산수(山水)의 4대 기본 조건을 제시하여 이를 절 제목으로 내세웠다. 이러한 마을 선택의 체계는 서구 문명의 영향을 받기 전 우리의 고유한 취락 선택 기준과 지리관을 전해 준다.

지리는 수구(水口), 야세(野勢), 산형(山形), 토색(土色), 수리(水利), 조산(祖山), 조수(朝水) 등을 살펴보아야 한다고 하였는데, 이는 이중환이 조선 후기 가거지 선정의 요소들을 자신의 안목으로 재정리한 것이었다. 생리(生利)는 현대지리적인 관점에서 보면 경제지리적인 내용에 해당한다. 재물은 하늘에서 내리거나 땅에서 솟는 것이 아니므로 땅이 기름진 것이 제일이고, 다음은 배·수레·인물이 모여들어 있는 것과 없는 것을 바꾸는 것이 그 다음이라고 하였다. 즉 토지의 비옥함, 물자의 교역과 유통을 가장 중요한 것으로 인식한 것이다. 생리조에서 가장 주목되는 점은 이중환이 상업에 대하여 적극적이고 긍정적인 생각을 진술한 점이다. 상업을 억제하였던 유학자들의 생각과 달리 그는 좀 더 개혁적이고 진보적인 경제 정책을 염두에 두었다고 생각된다. 이중환이 다른 유학자들처럼 농촌 경제의 안정을 가장 중시한 것은 사실이지만, 나아가 그는 물자의 교역과 유통을 중시하고 강조하였으며, 양반들도 일정한 범위

내에서 상업 활동에 종사할 것을 제시하였다. 명분에만 매달려 있는 양반 사대부들을 비판하고 실용을 강조하며, 자유로운 상업 활동의 장려, 사상(私商) 중심의 상업 구조 편성, 유통 경제의 활성화, 수운(水運)의 중요성 등을 제시하였다. 이는 당시 국토에서 변화되고 있던 현실을 직접 목도한 체험을 바탕으로 한 것으로 짐작된다. 생리에 이어 인심과 산수를 살만한 곳, 즉 가거지(可居地) 조건으로 제시하였다. 인심은 당파와 관련된 당색(黨色)을, 산수는 산천의 아름다움을 거론하였다. 특히 산수에서 가장 좋은 주거지로 계곡에 자리 잡은 계거(溪居)를 꼽았으며, 강변에 산을 등진 강거(江居)를 다음으로, 바닷가에 위치한 해거(海居)를 가장 좋지 않은 것으로 보았다.

『택리지』에는 산지, 하천, 평야, 해안, 기후, 식생 등 자연환경에 관한 내용이 비교적 풍부하게 수록되어 있다. 또한 『택리지』는 조선 시대 사람들의 생활과 자연의 관계를 잘 묘사한 책이다. 강원도 영서 지방의 개간과 그에 따른 산림의 황폐화를 언급하고, 인구 증가에 따른 경지의 확장과 산지의 황폐화는 이곳뿐만 아니라 전국적인 것이라고 하였으며, 화전(火田)의 증가에 따라 홍수가 날 때마다 산지의 침식이 커지고 토사가 운반되어 한강이 얕아지고 있음을 설명한 데서 그 예를 볼 수 있다.

『택리지』는 18세기 중엽의 전국 각 지역의 특성을 핵심적으로 묘사하였으며, 도 단위 이하에서는 기존의 행정 단위별 지역 서술과 다른 지역 단위를 설정하여 서술함으로써, 새로운 지역 개념의 체계를 정립하였다고 할 수 있다.

조선의 전통적인 지리지(혹은 地誌)는 연혁·군명·산천·성씨·형승·토산·누정·학교·고적·인물 등의 항목을 열거하고, 그에 관해 간략히 서술을 하는 형식이었다. 그러나 『택리지』는 지역별, 주제별 설명 형식을 취함으로써 전통적인 지지의 틀을 완전히 벗어났다. 서술 방식은 물론, 내용에서도 사실의 나열에 그치지 않고, 한 단계 나아가 저자의 안목에 의해 포착된 특징적인 지역의 모습을 설명하고, 해석하는 새로운 지지의 형식을 성립시켰다. 또한 행정 구역을 단위로 하여 편찬, 서술되었던 종래의 지리서와 달리, 생활권을 대상 지역으로 한 점도 커다란 차이며, 진전이다. 「팔도총론」에서 일차적으로는 도별로 지역을 구분하였으나, 도내에서는 몇 개의 군현을 합쳐 풍속이 같은 지역을 하나의 단위로 보았으며, 때로는 도의 경계를 넘어 하천 유역 또는 해안을 따라 형성된 생활권을 언급하기도 하였다. 이것은 군현 단위였던 과거의 생활권이 더 넓은 지역으로 점차 확대되어 갔던 변화를 반영하는 것으로 보인다. 또한 화폐·유통 경제의 활성화, 장시의 발달로 인한 지역과 사회의 변화를 포착한 결과라 할 수 있다.

4) 하천 중심의 국토 인식의 체계화: 정약용

다산(茶山) 정약용(丁若鏞, 1762~1836)은 조선 후기 실학의 집대성자로 잘 알려져 있다. 다산이 그의 저술을 통하여 남겨 놓은 그의 경학, 정치, 경제, 문학, 교육, 국방사상 등에 관하여 여러 학문에서 많은 접근이 이루어졌다. 그러나 그의 사상과 그가 살았던 시대에서 지리적인 의미를 추구한 연구는 매우 적다(임덕순, 1987, 1991; 한영우, 1983; 조성을, 1992). 다산은 일찍부터 지리학을 매우 중시하고 관심을 가졌다. "지리학은 유자(儒者)가 반드시 힘써야 할 바이며, 왕자(王者)가 구할 바"이며, "천하에서 다 궁구할 수 없는 것이 지리요, 또 천하에서 밝히지 않으면 안되는 것도 지리보다 더한 것이 없다"■2라고 하였다. 이러한 그의 생각은 『아방강역고(我邦疆域考)』, 『대동수경(大東水經)』 등 주목할 만한 지리 관련 저술로 정리되었다. 독립된 저술 외에 시문집에 실린 단편적인 글들로 「지리책(地理策)」, 「문동서남북(問東西南北)」, 「지구도설(地毬圖說)」, 「갑을론(甲乙論)」, 「풍수론(風水論)」, 「고구려론(高句麗論)」, 「백제론(百濟論)」, 「폐사군론(廢四郡論)」, 「요동론(遼東論)」, 「일본론(日本論)」, 「동해무조변(東海無潮辯)」, 「지수화풍(地水火風)」 등 다수가 있다.

그중에서도 『대동수경』은 『아방강역고』와 함께 가장 지리학적인 저술로서 다산의 국토에 대한 이해를 체계적으로 보여 주는 글이다. 『대동수경』은 압록강, 두만강, 청천강, 대동강, 예성강, 임진강 등 주요 하천이 발원하여 바다로 들어가기까지의 유로 및 주요 지류의 경로를 경(經)으로 기록한 후, 그의 주(注)에 하천이 통과하는 곳의 상세한 지명, 역사적 사실, 여러 문헌의 기록을 발췌하여 한눈에 파악할 수 있도록 기술한 하천에 관한 지리지이다.

18세기 후반 신경준은 『산수고』를 저술하여 우리 국토 산천의 체계와 그 중요성을 정리하고자 시도하였다. 『산경표』가 산을 대상으로 국토의 구조를 체계적으로 정리한 책이라면, 『대동수경』은 강을 대상으로 하여 국토를 재정리한 책이다. 물론 강의 흐름은 산줄기에서 나누어지므로 수경(水經)이라 하여 산이 배제된 것은 아니었다. 그러나 수로(水路)를 중시하였던 다산의 구상은, 당시 경제·사회적 변화, 사람들이 생활하는 많은 부분이 수로를 통해 전개되고 있었던 것을 깨달은 데에 기반한 것이라 할 수 있다. 이러한 깨달음은 다산의 정리를 통해 조선 후기 지리학을 한 단계 발전시키는 디딤돌이 되었으며, 우리 국토의 옛 모습으로 후손에게 남겨지게 되었다.

『대동수경』은 하천이라는 주제를 중심으로 편찬한 계통적 지리서로, 우리나라의 하천 및 지류의 유로, 그리고 하천 유역에 있거나 그와 관련된 주목할 만한 역사적 사실, 관방 등을 기록한 책이다. 주요 하천의 유로가 경(經)으로 줄기를 이루며, 지류나 하천과 관련된 역사적 사실 등은 주(注)로 설명되어 있다.

『대동수경』의 내용에서 발견되는 특징은 다음 몇 가지로 정리된다.

첫째, 기존의 전통적인 지리서의 체제에서 벗어나 특정한 주제와 대상을 가지고 서술한 자연지리서이다. 『대동수경』이라는 이름에서 알 수 있듯이 하천을 중심으로 서술한 조선 시대 유일한 독립된 지리서이다. 즉 하천이 시작되는 산과 고개, 하천이 흐르면서 거치는 군현·마을·골짜기·벌판, 중간에서 합치는 물의 발원지·경유지·사적 등에 대하여 지도를 보듯이 세밀하게 서술하였다.

둘째, 다산은 우리나라 하천의 이름을 새로 부여하여 하천 명칭의 체계를 정립하고자 하였다. 중국에서 북부의 하천을 하(河)로, 남부의 하천을 강(江)이라 불렀던 것과 구별하여 다산은 조선의 물줄기를 수(水)라는 명칭으로 통일하고자 하였다. 이는 다산이 조선의 하천을 중국과 구별하고 독자성을 드러내기 위하여 조선 하천의 독자적인 체계 확립을 시도한 것이다. 사물이나 현상의 이름은 자신의 정체성을 확립하는 가장 기초적이고 근본적인 수단이므로, 명칭에서 독자성을 확보함으로써 조선의 하천으로 인정받고, 자리 잡을 수 있을 것이다.

셋째, 하천을 설명하면서 특히 역사적 논란이 되어 온 지명을 중국·조선·일본의 문헌을 망라하여 면밀하게 비교 검토한 후 각 문헌의 잘못된 점들을 지적하고 자신의 견해를 정리하였다. 이처럼 『대동수경』은 하천의 자연적 현상을 기록하는 데 중점을 두기보다, 하천을 통해 조선의 각 지역과 그 지역 위에서 일어났던 역사의 전개 과정을 살필 수 있도록 구성하였다. 따라서 『대동수경』은 단순한 자연지리서를 넘어 역사지리서로서의 성격을 뚜렷하게 지닌 책이다.

다섯째, 『대동수경』에서 다산은 문헌뿐만 아니라 지도를 매우 풍부하게 활용하여 자신의 논거를 증명하였다. 특히 정상기의 아들 정항령(鄭恒齡)의 지도와 윤두서(尹斗緖)의 지도[3]를 수십 차례 인용하여 지도에 표시된 강줄기로 보충하여 설명하였다. 이러한 지도의 활용은 18세기까지 축적된 지리학의 발달, 특히 지도 발달의 토대 위에서 가능한 것이었다. 또한 지도가 당시 사람들에게 공간 인식의 정확성을 일깨워 주는 데 큰 역할을 하고 있었음도 보여 준다.[4]

여섯째, 하천에 대한 정확한 이해를 함으로써, 국토의 영토적인 측면뿐만 아니라 국토에 대한 균형적인 관심과 이용으로 나아갔다.

이상에서 살펴보았듯이 『대동수경』은 하천이라는 주제를 중심으로 편찬한 계통적 지리서로 조선 후기 지리학 발달의 중요한 측면을 보여 주며, 중국과 구별되는 우리나라의 독자적인 하천 체계를 부각시키기 위하여 하천의 이름을 새로 명명하였던 조선 중심의 공간 인식을 반영하고 있다. 또한 역사서와 지리서·시문집 등을 광범위하게 활용한 문헌고증적 치밀성과 역사지리적 접근의 확대, 지도의 활용, 국토에 대한 균형적 관심 등을 통한 공간 인식의 정확성이 투영된 지리서였다.

이 책이 지니는 보다 주목할 만한 의의는 강을 중심으로 하여 국토의 공간 구조를 파악하였던 지리적 사고이다. 다산은 역사의 무대, 삶의 터전이 하천 중심으로 이루어지고 있었던 현상을 논리적으로 체계화하였던 것이다. 18세기 이후 활발하게 전개된 상공업의 발달과 유통경제의 확대, 지역 간의 교류의 증대 등 사회경제적인 변화를 반영한 것으로도 볼 수 있다. 이중환이 『택리지』에서 지적하였듯이 우리나라는 산지가 많은 지형적 조건 때문에 육로 교통보다 수로 교통이 유리하였다. 조선 후기 사회의 경제적인 성장과 지역 간의 유통 증대는 도로나 교통망의 확대를 기반으로 한 것이었으며, 특히 하천의 수로 교통 기능을 풍부하게 활용함으로써 가능하였다. 하천 중심의 자연 인식과 그것의 정리 작업은 당시 사회에서 하천이 중요한 교통로이며 지역 간 교류의 통로로 기능하였음을 인식하고 그를 학문적으로 정리한 것으로 볼 수 있다는 점에서 실학적인 지리학의 중요한 성과이다.

그러나 『대동수경』에는 단점이라고 지적할 수 있는 측면들도 보인다. 예를 들면 하천 이름을 다시 부여하면서 지나치게 중국 중심의 한자명을 채택하고, 지역의 주민들이 불러 생활화된 토착적인 이름을 배제한 점을 들 수 있다.

5) 세계에 대한 파악과 세계지리의 중시: 최한기

최한기(崔漢綺, 1803~1877)는 김정호와 더불어 19세기 중엽 조선의 지리학을 집대성한 인물이다. 국내를 대상으로 한 지지와 지도의 제작을 친우 김정호에게 맡기고, 최한기 자신은 세계를 대상으로 한 지지와 지도를 편찬하였다. 이것은 세계의 급격한 변화와, 이에 따른 세계에 대한 정보와 지식의 필요성을 깨닫고 이를 실천하기 위한 노력이었다. 그러므로 최한기는 서양 지리 지식의 파악에 역점을 두었다. 특히 그는 서양의 지구과학, 지리학, 기계, 무기의 발전에 충격을 받고, 이에 대한 적극적인 수용과 상호 교류를 주장하는 등 근대적이고 세계적인 안목을 지니고 있었다. 혜강은 서양식 세계지도인 『지구전후도(地球前後圖)』를 판각·인쇄하였으며, 당시로서는 가장 체계적이고 정확한 세계지리서인 『지구전요(地球典要)』를 편찬하여 동양 중심의 세계관·지리관을 극복하는 데 기여하였다.

최한기는 지구와 지리에 대한 정밀한 이해를 통해 운화기(運化氣)를 깨닫게 되며, 기화(氣化)를 깨달을 때 인도(人道)가 펴질 수 있다고 생각하였다. 자신의 시대가 '변통(變通)'의 시대임을 이해하고, 이에서 나아가 이러한 논리와 주장을 철학적으로 발전시켜 '운화기(運化氣)'를 주축으로 한 기철학을 정립하고, 이를 응용하여 독자적인 지지 서술 체계의 정립을 시도하였다. 혜강은 이론과 실천, 철학과 실용의 양 측면을 겸비한 학자였다고 할 수 있다. 이는 지리학 발달의 흐름 속에서 독특한 위치를 갖는데, 혜강이 지리학에 대하여 가지고 있던 인식의 특징을 정리해 보면 다음과 같다.

첫째, 혜강은 지지(地志)와 지도를 중시하여, 이에서 경륜을 쌓고 이를 통해 국가를 다스릴 수 있다고 믿었다. 혜강은 지지와 지도의 상호보완적인 측면을 중시함은 물론, 한걸음 나아가 양자를 종합해야 하는 필요성을 이론적으로 명시하였다. 경륜을 지닌 사람만이 지지와 지도의 중요성을 올바로 인식하고 이를 활용할 수 있으며, 지지와 지도를 가지고 세계와 국가를 다스릴 수 있다는 유용론을 적극적으로 주장하였다.[5] 혜강이 지도인 『지구전후도』, 지지인 『지구전요』를 편찬한 배경을 이에서 알 수 있다.

또한 지지와 지도의 쓰임새를 구체적으로 열거하였다.[6] 천하와 국가를 다스리는 자부터 군사, 외교, 무역, 상업, 행정, 서민들의 유람, 학문의 탐구에 이르기까지 지지와 지도의 효용을 설명하고, 지도와 지지를 활용할 것을 주장하였다. 이어서 "인간 세상의 이른바 경륜과 사업은, 토지를 떠나서는 손쓸 곳이 없고 지도와 지지를 버리고서는 지리를 알 수 없다. 지지를 읽어 익숙하게 궁구하면 이해의 근원을 증험할 수 있고, 지도를 상고하여 지시하면 심신이 멀리서도 밝게 통찰할 수 있으며, 착수할 때의 완급이나 때에 맞는 취사(取捨)도 모두 여기에서 나온다.", "사람은 지지학(地志學)에서 토지 산물에 기인하여 운화를 이해하고 풍속을 체험하여 운화를 알게 된다."[7] 라고 하였다. 이로 볼 때 혜강의 지리 인식은 지지와 지도를 통일적으로 이해하는 데서 출발하고 있다는 점을 알 수 있으며 지지와 지도를 실용적 관점에서 평가하고 있다는 것 또한 알 수 있다. 지리학을 현실적 학문으로 파악하고 지역에 대한 정확한 정보 제공의 역할을 가장 중시하였던 것이다.

둘째, 혜강은 기존의 지리학자들이 주로 다루었던 국내 지역 문제에 대한 관심보다 세계적인 안목 속에서 세계 지역에 관심을 두었다. 지지와 지도의 쓰임새를 열거한 위의 글에서 볼 수 있듯이 지지와 지도의 이용을 주로 세계적인 안목에서 거론하였다. 나아가 여러 지역의 사람들이 다른 지역의 지지를 읽으면 더욱 사방이 밝아질 수 있다고 보았다. 지역 간의 비교를 통해 특정 지역의 성격이 분명하게 밝혀지고, 각각의 장점을 선택할 수 있다는 것이다.[8] 그는 대부분의 지지가 좁은 지역을 기술하고 있음을 비판하였다.[9] 특히 지명이나 지역의 역사 고증에 치중하여 풍토나 산물 등 자연적, 경제적 내용이 소략하였던 옛 지지의 문제점을 날카롭게 지적하였다. 지지의 내용은 역사적 서술이나 지명의 고증과 같은 과거지향적인 측면에 중점을 두기보다 사람의 삶을 구체적으로 알려 주는 환경, 각 지역과 지역 주민의 현재 삶의 방식을 알려 주는 경제적인 내용을 기술하여야 한다고 본 것이다.

셋째, 혜강은 지구과학을 매우 중시하였다. 지지학은 지구에 관한 지식이 밝혀진 이후 발전을 하였다고 보았다. 지구과학의 발전이 지지학의 밑바탕이라는 것이다. 가장 중요한 것은 지구의 형체, 지구의 자전, 지구의 공전 등 지구과학에 대한 정확한 파악이라고 보았다. 서양에서 이루어진 이러한 지구과학의 성과에 대하여 그는 놀라움을 표시하고, 지구에 관한 해명으로부터 기의 운화가 이루어지게 되었다고 보았다.

최한기는 중국에서 간행된 책을 통한 간접적 방식이기는 하지만 서양 과학의 수용에 적극적이었다. 최한기는 『기측체의』를 간행한 1836년 이후에도 서양 과학의 수용에 꾸준히 노력하였다. 『기측체의』에는 지구에 대한 이해 수준이 지구자전설 정도였으나, 1857년에 편찬한 『지구전요』에 이르면 코페르니쿠스의 설을 받아들여 지구의 자전과 공전을 말하고 있다(박성래, 1978).

이상으로 볼 때 최한기의 지리학에 대한 인식을 크게 세 가지로 정리할 수 있다. 첫째로 지지와 지도의 중요성, 그리고 양자의 종합을 강조한 점이다. 둘째로 세계지리적인 지지, 지도의 필요성과 중요성을 강조하였으며, 국내의 지지와 지도보다는 세계적인 관점에서 세계의 지지와 지도를 이야기하였다. 셋째 지구에 관련된 자연지리적 측면 또는 지구과학적 측면을 중시하였으며, 이는 서구 지리학을 수용한 것이었다.

지리학에 대한 최한기의 이러한 생각은 조선의 전통적인 지리학의 내용과는 다른 독특한 점이다. 조선 시대의 지리학은 국내 지역의 파악에 역점을 둔 국내 지지 및 지리서의 편찬, 그리고 국내 지도 제작이 주요한 흐름이었다. 또한 지구의 형태와 같은 지구과학적 내용이나 지형과 같은 자연지리적인 측면보다는 인문지리적 측면에 중점을 두었다. 지지의 항목 중에 자연적인 내용은 산천, 영애(嶺阨) 등의 항목이 있을 뿐이었다. 따라서 혜강의 관심은 전통적인 지리학의 주요 흐름과 대비할 때 그 독특함이 잘 드러난다.

혜강의 지리에 대한 관심의 목표는 기화를 깨닫는 것에 있었다는 점에서 서구지리학과는 근본적인 차이가 있었다. 『지구전요』의 서문에서 그는 지구와 지리에 관한 정밀한 이해가 있어야만 운화기를 깨닫게 되며, 기화를 깨닫게 되었을 때 인도가 한결같이 펴질 수 있다고 강조하였다. 이어서 자연 현상의 차이는 기화의 알선(斡旋)에 의해 생겨나는 것이며 사람들이 지구와 칠요(七曜)의 작용을 탐구하는 것은 기화를 깨닫기 위한 것이니, 이러한 지식도 기화를 깨닫지 못하면 헛된 것[10]이라 하였다.

최한기가 1834년에 판각한 『지구전도』, 『지구후도』, 『황도북항성도』, 『황도남항성도』는 당시로서는 가장 정확한 세계지도이자 천문도였다. 혜강은 최초로 서양식 근대 지도와 천문도를 판각하여 지도와 천문도를 대중화하는 데 기여하였다. 최한기는 더욱 정밀한 세계지도를 만드는 데 힘쓴 결과, 23년 후인 1857년에 편찬한 세계지리서 『지구전요』에는 한층 정확하고 근대적인 지도를 수록할 수 있었다.

『지구전요』에서 가장 주목되는 부분은 독자적인 지지 서술 체계를 제시한 점이다. 세계 각국의 지지를 서술하는 데 혜강은 독특한 분류 방식을 취하고 있다. 항목명은 전통적인 방식을 따르고 있으나, 항목의 배치와 분류에 있어 기화를 기준으로 4부문으로 구분하였다. 즉 기화생성문(氣化生成門), 순기화지제구문(順氣化之諸具門), 도기화지통법문(導氣化之通法門), 기화경력문(氣化經歷門) 등이다.

첫 번째 '기화생성문'은 기화가 만들어 놓은 부문으로 강역, 산수, 풍기, 인민, 물산 즉 지형, 기후, 인구, 산물에 관한 내용이다. 이들은 자연적 위치나, 자연 환경, 그리고 그러한 위치와 자연 환경에 자연적으로 존재하는 사람들과 물산으로서, 사람이 인위적으로 바꾸거나 고칠 수 없는 것들이다. 두 번째 '순기화지제구문'은 기화에 순응하여 나타나는 여러 부분으로 의식, 도시, 문자, 산업, 기용 등이다. 이들은 기화의 부합 여부에 따라 이루어지는 일들인데, 기화에 따라 지역마다 다르게 형성된 것이다. 세 번째 '도기화지통법문'은 기화를 이끄는 통법으로 정치, 종교, 학문, 예속, 형법, 외교 등이 이에 속한다. 이들은 인간이 기화와 교류하며 능동적으로 만들어 가는 제도적인 것들이다. 따라서 이 부분은 인간이 변통하고 개조할 수 있는 인위적이고 능동적인 부분이라 할 수 있다. 네 번째 '기화경력문'은 기화가 지나온 자취로서 국가를 구성하고 있는 하부 지역의 상황, 지역의 역사와 관련된 내용이다.

『지구전요』의 지지 부분, 즉 세계 각 지역의 설명은 이 순서에 따라 항목을 설정하고, 배열하였다. 이러한 지지 서술 방식은 지지 구성의 기준을 기화, 즉 기의 운화에 둔 것이다. 이는 역사적 내용인 연혁을 앞에 두고 지나온 자취를 상고하게 하는 전통적인 지지 서술 방식과 상이한 체계이다.

특히 『지구전요』는 세계지지이므로 국내 지지의 체제에서는 설정되지 않았던 항목들이 새롭게 중시되고 있음이 눈에 띈다. 그중에서도 기화를 이끄는 통법 '기화지통법문(氣化之通法門)'은 정치, 종교, 학문, 예속, 형법, 외교 등은 기존 지지에 설정되지 않았던 항목일 뿐만 아니라 혜강이 중시하였던 항목이다. 혜강이 이 분야를 중시한 것은 인간의 적극적 의지와 노력에 따라 개선될 수 있는 부분이라 보았기 때문일 것이다.

『지구전요』는 최한기의 지리학에 대한 인식이 잘 반영된 책이다. 그는 지지와 지도의 중요성을 강조하였으며, 훌륭한 지지와 지도의 바탕을 지구에 대한 과학적 지식의 증가와 규명이라 보았다. 특히 좁은 지역의 지지와 지도를 넘어 세계에 대한 이해가 절실하다고 보고, 『지구전요』를 편찬하였다. 그의 생각은 지구과학적 지식과 역상도(歷象圖)를 앞에 두고, 이어 세계지지, 세계지도 및 각국의 지도를 배치한 데서 잘 드러나며, '기화(氣化)'를 기준으로 지지의 항목을 배치함으로써 자신의 독특한 지지 체계를 만들어냈다. 그리고 이러한 간접적인 지식과 정보로 견문을 넓혀 경륜을 쌓을 수 있다고 본 것이다.

중국을 통해 서양 사정에 접하던 조선은 중국이 천주교에 대한 금교(禁敎) 조치를 단행하고 서양 선교사를 축출함에 따라 서양 소식을 접하기 어렵게 되었다. 이러한 가운데 중국에서 세계지지들이 편찬된 직후 곧바로 그것을 수입하여 재편집하고, 정확한 서양 사정을 알리려는 시도를 하였던 최한기의 노력은 선진적인 것이었다. 더욱이 독자적인 철학적 바탕 위에서 새로운 지지 체계를 정립하여 여러 책들을 발췌 편집하는 작업은 그의 철학적 면모를 반영하는 것이다. 『지구전요』는 19세기 후반 조선에서 편찬된 가장 정확한 세계지지였으며, 세계의 사정을 전해 주는 통로였던 것이다.

최한기는 세계에 대한 지식의 상호 교환이 이루어지고, 세계 각국의 인적·물적 상호 교류가 이루어지기를 기대하였다. 서양이라도 우리보다 나은 점이 있으면 나라를 다스리는 도리로 보아 당연히 취해 써야 한다■11고 주장하였다. 그중에서 측량학과 계산학 및 윤기(輪機), 풍차(風車), 선박과 대포 등의 기계는 실용에서 더욱 중요한 것들■12로 보았다.

나아가 세계의 모든 나라가 동일한 문자를 쓰게 되기를 희망하였다.■13 국가 간의 교류에 장애가 되는 것은 언어의 불통이다. 혜강은 전 세계가 하나의 문자를 사용함으로써 서로 뜻이 통하고 화목한 세계를 이룰 수 있을 것으로 보았다. 특히 서양의 나라들이 중국의 문자를 사용할 것으로 기대하기도 하였다.

그리하여 그는 사람들이 세상의 급격한 변화를 직시하고, 상업과 유통을 개방하며, 국제 교역에 적극 나설 것을 주장하였다.■14 중국에서 편찬된 『해국도지』와 『영환지략』에는 서양을 오랑캐(夷)로 지칭하였으나 최한기는 '양인(洋人)'으로 표현하였으며, 서양과의 교류를 통해 조선이 한층 발전된 국가로 진보할 것을 믿었다. 이 주장의 근거는 "마땅히 변한 것을 가지고 변한 것을 막아야 하고, 불변한 것을 가지고 변한 것을 막아서는 안 된다"■15는 것이었다. 그는 지식의 증가와 지식의 상호 교류에 의해 세계의 평화가 이루어질 것으로 본 것이다.

각국이 상호 교류를 통하여 함께 발전할 것으로 믿었던 혜강의 생각은 세계적인 안목이며, 공정하고 객관적인 관점이다. 폐쇄적이었던 당시 조선 사회에서 문호를 개방하여 세계 여러 나라와 교류하며, 그들의 장점을 취해야 한다는 것은 선각자로서 그의 예지를 반영한다. 특히 중국 중심의 "중화적(中華的) 세계지리 인식의 전통적 지리관을 초극한(李元淳, 1992)" 측면은 높이 평가해야 할 것이다.

그러나 혜강이 기대했던 열린 세계는 이상적인 꿈이었던 점에서 세계에 대한 인식의 부정확성을 보여 주는 측면도 있다. 중국에서 아편전쟁을 옆에서 지켜보며 저술한 세계지리서 『해국도지(海國圖志)』의 저자 위원(魏源, 1794~1856)은 '오랑캐로써 오랑캐를 제압한다'는 제국주의 침략에 대한 경계 의식이 강했다. 그러나 최한기의 『지구전요』에는 그러한 의식이 상대적으로 약화되어 있다. 혜강의 이러한 세계 인식은 당시 열강의 제국주의적 침략이라는 세계정세에 비추어 볼 때 동양에 대한 서양 침략의 본질적인 측면을 간과한 낭만적인 생각이라 할 수 있다. 위원의 『해국도지』와 비교해 볼 때 최한기는 『지구전요』를 편찬한 목적과 그 중심점이 달랐음을 짐작할 수 있다. 『지구전요』는 앞에 지구의 구조, 지구에 관한 서양의 지구과학 지식의 소개에 중점을 두었던 것이다. 위원이 『해국도지』의 저술에 정치가·행정가적 입장이 앞섰다면 혜강은 학자적 입장이 더욱 크게 작용한 것으로 볼 수 있을 것이다.

6) 조선 후기의 역사지리학과 윤정기의 『동환록』

조선 전기부터 시작된 자국 문화에 대한 전통과 가치의 재발견은 특히 임진, 병자 양난을 겪고, 중국을 통해 서양에 대한 소식과 서학을 접하면서 조선 자체의 역사·지리·국어 등 분야에 보다 깊은 관심을 갖고 탐구하게 되었다. 조선 후기 지리학의 발달 속에서 역사지리학은 중요하고 큰 줄기를 형성하였다.

조선 자체의 역사·지리에 대한 관심이 결집되어 나타난 대표적인 저서가 한백겸 (韓百謙, 1552~1615)의 『동국지리지(東國地理志)』(1615)이다. 이후 『강계고』·『동국문헌비고』 중의 「여지고」, 순암 안정복(1712~1781)의 『동사강목』·『잡동산이』, 영재 유득공(1749~1807)의 『사군지』·『발해고』, 다산 정약용(1762~1836)의 『아방강역고』, 한치윤(1765~1814)의 『해동역사』의 속편으로 저술된 한진서의 「해동역사속」 지리고 등으로 이어지고 많은 사찬 역사서, 지리지, 그리고 유서류 속에도 역사지리적 관점과 고증이 포함되어 있었다.

그런데 조선 후기의 역사지리학은 현대 지리학 가운데 하나의 분야인 역사지리학과 동일한 개념은 아니다. 오늘날의 역사지리학은 과거의 지리를 복원해서 그것을 설명하고 서술하는 과학을 의미하며, 인문·자연 분야를 모두 포함하고 있다. 지리학사에서 일관되게 지리학의 본질로 지적되어 온 것은 '인간 집단이 생활을 위해 어떻게 공간을 조직하고 있는가'이며, 이런 의미에서 역사지리학의 대상은 인간 집단이 삶을 영위해 온 역사적 공간이다. 역사지리학은 과거의 공간에 나타난 제 현상을 통합해서 그 공간의 지역성이나 지역 차에 의한 지역 구조의 개성을 기술하는 과학으로 설명된다. 이러한 관점에서 보면 영토와 행정 구역, 지명 등을 중심 대상으로 삼았던 조선 후기의 역사지리학은 현대 역사지리학의 극히 일부분에 해당한다. 그러나 서양에서도 19세기까지 역사지리학은 역사의 변화에 따른 지역적 변화라는 고증적인 관점이 주류를 이루었다.

『동환록』(1859)은 다산 정약용의 외손자 윤정기(尹廷琦, 1814~1879)가 찬집한 4권 4책의 역사지리서이다. 1908년 조선에 거주한 일본인들이 결성해 조선의 주요 고서들을 '조선군서대계(朝鮮群書大系)'로 발간한 조선고서간행회에서 1911년에 신연활자본으로 발행해 널리 알려지게 되었다.

윤정기는 외할아버지 다산 정약용의 영향을 받았다. 『동환록』도 정약용의 역사지리서인 『아방강역고』의 내용을 간략하게 정리하여 쉽게 전달하고, 소략하게 다룬 기사를 보유하려는 목적에서 저술된 것으로 추정된다. 『동환록』의 체재를 살펴보면, 먼저 윤정기의 서문에 이어, 지도 4매가 수록되어 있다. 권1은 「방역총목(方域總目)」, 「역대(歷代)」, 권2는 「역대」, 「제국(諸國)」, 권3은 「강역(疆域)」, 「팔도주현(八道州縣)」, 권4는 「팔도주현」, 「방언(方言)」, 「악부(樂府)」, 「압수외지(鴨水外地)」로 이루어져 있다.

권1의 「방역총목」은 역사 지명에 대해 중국과 조선의 자료를 통해 정확한 고증을 하고자 한 부분이다. 이는 지역과 명칭에 대한 사전적인 지식을 제공해 주며 시대가 변함에 따라 지칭하고 있는 지역이 다를 수 있음을 보여 준다. 권1, 2의 「역대」는 단군조선, 기자조선, 위만조선, 삼한, 마한, 서토후마한, 진한, 변한, 신라, 고구려, 백제, 고려, 조선의 연혁과 강역을 정리하였다. '서토후마한'은 기준(箕準)이 남쪽으로 옮겨간 후 후손 중에 평양에 남은 사람들이 있어 서쪽 땅(西土)에 마한이라는 명칭이 있게 된 것을 기록한 것이다. 임둔을 경기도 북부 일원에 비정한 점, 진번을 흥경 남쪽에 비정한 점, 대방을 임진강 입구로 비정한 점, 안시·대방·불이 등 지명에서의 모칭 관계를 밝힌 점, 개마대산을 백두산으로 비정한 점 등도 특징적인 내용이라 할 수 있다.

권2의 「제국」은 낙랑·대방·북옥저·말갈부터 여진·몽고·요·일본 등 한국사와 관련된 많은 국가들을 정리해 놓았다. 권3의 「강역」은 한사군, 고구려 초기 도읍지, 안시성, 대방, 패수, 불이화려, 개마, 목멱산 등에 대한 지리 비정을 하였다.

권3, 4의 「팔도주현」은 경기도, 충청도, 전라도, 경상도, 강원도, 황해도, 평안도, 함경도 순으로 각 도의 역사를 설명하고, 이어서 각 현을 단위로 연혁을 정리하고 있다. 일부 지역에서는 관련된 산천, 관방, 물산, 전고 등을 별도의 표제를 붙여 정리하였다.

『아방강역고』는 팔도만 서술하였으나, 『동환록』은 각 도의 군현별로 역사지리적 쟁점이 되는 지역을 일목요연하게 정리해 놓아 매우 편리한 체재가 되었다. 경도, 경기도 28, 충청도 20, 전라도 33, 경상도 49, 강원도 19, 황해도 13, 평안도 36, 함경도 22개 군현 등 총 221개 군현이 기재되어 총 330여개 군현 중 3분의 2정도가 수록되었다. 설명의 상세함도 군현마다 상이하다.

윤정기의 『동환록』은 전통적인 역사 서술 형식의 역사지리서에 지리지 형식을 지리서 편찬에 적용시킨 점이 다산의 『아방강역고』와의 차이점이다. 그러나 정약용의 역사지리 고증을 대부분 그대로 수용, 계승하고 연구 성과를 정리, 요약한 점이 특징이다. 한국사의 강역을 한반도 중심으로 파악하고 만주의 여진족과 구별되는 한반도만의 고유한 민족적 정체성을 추구한 점, 사군 중 임둔 강릉설을 비판하고 경기도 북부에 비정한 점, 국내성·환도성 등의 위치 비정, 말갈·발해·예·맥 등의 설명도 다산의 견해와 동일하다. 따라서 『동환록』에 반영된 윤정기의 역사지리 인식은 정약용 이후 다산학의 행방을 보여 주는 예이기도 하다.

혜강 최한기와 고산자 김정호로 대표되는 19세기 지리학에 윤정기의 『동환록』은 역사지리학의 맥을 이어 주는 저술이다. 다산 정약용이 쓴 『아방강역고』(1811년, 1830년대 증보)·『해동역사속』(1823)과 『아방강역고』를 위암 장지연이 증보해 1903년(광무 7)에 펴낸 『대한강역고』를 이어 주는 19세기 중엽의 역사지리서로서 의의를 지닌다. 『동환록』의 서문에서 윤정기는 "먼 것에 힘쓰고 가까운 것에 소홀히 하는 것이 우리나라 선비들의 오래된 습속"이라고 지적하면서 우리 역사와 지리를 저술하는 목적을 분명하게 강조하였다. 또한 우리나라 역사에 전해지는 기이한 일들을 비판하고 합리적이고 상식적인 틀 속에서 역사를 파악하고자 한 합리주의적인 태도를 지향했으며, 역사 지도의 중요성을 인식하고 상세한 지도를 첨부한 점도 역사지리서로서 발전된 면모를 보여 준다.

학문의 내용과 수준은 그 시대 생활 양식의 구조와 지식의 축적 속에서 형성된다. 조선 시대의 자연과 공간, 지리에 대한 인식 체계의 변화는 조선 사회의 생활 양식의 변화와 지식의 축적을 반영하는 것이라 할 수 있다. 조선 시대에 자연과 지리의 중요성을 학문적으로 정리하고 체계화하고자 하는 노력은 전기에는 전국지리지의 편찬으로, 중기에는 읍지의 편찬으로 구현되었다. 조선 후기 지리서는 읍지를 주로 하는 지지류의 성행과 새로운 학풍으로서의 실학적 성향이 지리학에서 발아한 실학적 지리서라는 두 계통으로 나눌 수 있다. 읍지는 19세기를 지나면서 이전의 독창성과 현실성이 약화되고 점차 고답적인 형태와 관학적 성격으로 변모하여 갔다. 반면에 실학이 지니는 근대 지향적인 성격이 반영된 실학적 지리서는 근대지리학적인 맹아를 보였다. 그러나 지리학의 이러한 두 흐름은 뚜렷이 분리되기보다는 상호 보완적인 측면도 가지고 있었다.■16 이는 한편으로는 오늘날의 계통지리학과 지역지리학의 공존과도 상통하는 것으로 생각할 수 있다. 조선 후기 사회의 역동적인 변화가 지역 내지 국토의 공간 구조 변화와 밀접한 관련을 맺고 있음을 인식한 실학적 지리학자들은 조선 후기의 다양한 지리적 저서로 공간 정보를 집약하였다. 이러한 작업은 지리학의 다양화·전문화의 추구가 이루어지고 있었던 현상을 반영하는 것이기도 하다.

한국의 지리학은 19세기 후반에 이르러 전환기를 맞이한다. 1876년 개항과 함께 외국, 서양의 여러 나라들과 직접 접촉을 하게 되면서, 지리학의 내용에도 변화가 일어났다. 이 시기에 일어난 가장 뚜렷한 변화는 서양 지리학의 내용과 서양 세계에 대한 소개가 근대 학교의 교과서를 통해 도입되어, 계몽적인 세계지리와 한국지리가 저술되는 점이다. 1880년을 전후로 하여 시작된 이 경향은 『사민필지(士民必知)』, 『여재촬요(輿載撮要)』 등을 비롯한 많은 지리 교과서를 탄생시켰다(장보웅, 1970).

『여재촬요』는 1887년(고종 24)에 오횡묵(吳宖默)이 편찬한 개화기 지리서이다. 『여재촬요』는 1책, 2책, 5책, 8책, 10책본 등 다양한 판본이 남아 있는데, 대부분 필사본이며 1책으로 구성된 본이 가장 초기의 저술로 목판본이다. 국가 부강과 인재 양성을 위해 근대 학교를 설립한 고종은 실용 위주의 교육을 강조했으며 그중 지리는 중요한 교과목이었다. 우리 국토는 물론 세계 각국의 지리와 정세를 파악하고 세계에 대한 안목을 키우는 것이 시급했기 때문이다. 근대 지리 교과서의 효시로 널리 보급된 『여재촬요』는 세계지리 및 한국지리를 지도와 함께 수록했다. 세계지리는 1886년에 영국에서 발간된 정치 연감의 내용을 기초로 하였으며 영국의 도량형을 따랐다. 우리나라 지리는 전국 및 각 지방의 읍지(邑誌)를 요약했다. 이후 국한문 혼용으로 쓴 지리 교과서 『사민필지(士民必知)』, 『대한지지(大韓地誌)』와 『만국지지(萬國地誌)』로 점차 전환되었다.

　과도기적인 이 시기의 지리학은 민족의 애국심과 국제적 시야 수용의 필요성을 고취하면서 지리교육이라는 측면으로 지리학의 방향이 변화되었던 것이다. 그러나 이러한 교과서 편찬은 일제의 통감부 체제로 편입되면서 서술 및 내용이 왜곡되는 경향을 보인다. 이에 대해 당시 재야 지식인들은 비판적인 태도를 취하였다. 애국계몽운동가인 현채(1856~1925)가 『대한지지』를, 장지연(1864~1921)이 『대한신지지』, 『대한강역고』 등을 저술한 것은 이러한 입장에서 나온 것이다. 이들의 연구는 기본적으로 전통사상, 전통 문화를 계승한다는 입장에서 실학파의 연구 업적에 주목하였다. 이러한 경향은 식민지 체제로 이행되면서도 하나의 큰 흐름을 형성하면서 지속되었다.

주

1　백두대간 등의 명칭으로 조선의 산줄기를 정리하여 유명한 책 『산경표』는 『산수고』와는 체제, 내용, 양식이 전혀 다른 책이다. 많은 사람들이 『산경표』를 신경준의 작으로 단정하고 있으나, 『산경표』는 신경준이 지은 책은 아니라는 것이 필자의 생각이다. 이의 근거로 일본 정가당문고(靜嘉堂文庫)에 전하고 있는 같은 제목의 『여지편람(輿地便覽)』과 한국학중앙연구원 장서각에 소장된 『여지편람』이 영조가 동국문헌비고 편찬의 과정에서 언급한 『여지편람』과 내용이 일치하지 않는 점, 현전하는 『산경표』에는 19세기 초에 변화된 지명 등이 기재된 점, 『산경표』에 『문헌비고』의 오류를 지적하고 있는 점 등을 고려해 볼 때 저자를 신경준으로 단정하기 어렵다. 그러나 『산경표』가 신경준이 편찬한 『산수고』와 『문헌비고』의 「여지고」를 바탕으로 하여 작성된 것임은 분명하다.

2　與猶堂全書, 第1集 詩文集, 第8卷, 對策, 「地理策」 영인본 I, 150~157. 영인본은 景仁文化社 간, 增補與猶堂全書 7책.

3　다산의 어머니는 고산 윤선도(孤山 尹善道)의 후손으로, 학자이자 뛰어난 화가였던 윤두서(尹斗緒)의 손녀였다.

4　『여유당전서(與猶堂全書)』 I, 시문집(詩文集), 서(書), 「상중씨(上仲氏, 辛未冬)」, p.428.
　다산이 그의 형 정약전에게 보내는 편지 글 중에도 『성경지도(盛京地圖)』와 윤두서의 「일본지도」

를 보고 지리의 명확함을 깨닫고 찬탄한 내용이 있다.

5 『추측록(推測錄)』 권6 「추물측사(推物測事)」 '지지학(地志學)'

6 『추측록』 권6 「추물측사」 '지지학'

7 『인정(人政)』 권13 「교인문(敎人門)」 6 '지운화최절(地運化最切)'

8 『추측록』 권6 「추물측사」 '지지학'

9 『인정』 권12 「교인문」 5 '지지'

10 『지구전요(地球典要)』 권1 '논기화(論氣化)'

11 『추측록』 권6 「추물측사」 '동서취사(東西取捨)'

12 『추측록』 권6 「추물측사」 '동서취사'

13 『신기통(神氣通)』 권1 「사해문자변통(四海文字變通)」

14 『추측록』 권6 「추물측사」 '해박주통(海舶周通)'

15 『추측록』 권6 「추물측사」 '해박주통'

16 이는 실학자들이 지리지 편찬에 관여하는 사례를 통하여 확인할 수 있다. 이수광이 『홍양지』, 『승평지』, 유형원이 『동국여지지』, 안정복이 『대록지』, 유득공이 『경도잡지』를 편찬한 것이 그 실례이다.

참고문헌

건설교통부 국립지리원, 2001, 고산자 김정호 기념사업 연구보고서.
국토해양부 국토지리정보원, 2008, 한국지리지-총론편.
국토해양부 국토지리정보원, 2009, 한국지도학발달사.
권혁재, 1976, 지리학, 한국현대문화사대계Ⅱ, 고려대학교 민족문화연구소, 193-235.
남영우, 1992, 일제 참모본부 간첩대에 의한 병요조선지지 및 한국근대지도의 작성과정, 문화역사지리 4, 77-96.
노도양, 1979, 한국의 지지 편찬사, 한국지지 총론, 건설부 국립지리원, 77-107.

대한측량협회, 2003, 고산자 김정호 관련 측량 및 지도 사료 연구.
문중양, 2006, 우리 역사 과학 기행, 동아시아.
박성래, 1983, 한국과학사, 한국방송사업단.
박인호, 1996, 조선후기 역사지리학 연구, 1996, 이회문화사.
박인호, 2003, 조선시기 역사가와 역사지리인식, 이회문화사.
양보경, 1987, 조선시대 읍지의 성격과 지리적 인식에 관한 연구, 서울대학교 박사학위논문.
양보경, 1992, 반계 유형원의 지리사상: 동국여지와 군현제의 내용을 중심으로, 문화역사지리 4, 33-52.
양보경, 1994, 조선시대의 자연 인식 체계, 한국사시민강좌 14, 70-97, 일조각.
양보경, 1996, 최한기의 지리사상, 진단학보 81, 275-298.
양보경, 1997, 정약용의 지리인식-대동수경을 중심으로, 정신문화연구 67, 한국정신문화연구원, 97-116.
양보경, 1997, 18세기 지리서·지도의 제작과 국가의 지방지배, 응용지리 20, 성신여자대학교 한국지리연구소, 21-42.
양보경, 1998, 이중환과 택리지, 한국 지성과의 만남, 부산대학교 한국민족문화연구소, 269-284.
양보경, 1998, 조선 중기 사찬읍지에 관한 연구, 국사관논총 81, 국사편찬위원회, 43-72.
오상학, 1994, 정상기의 동국지도에 관한 연구-제작과정과 사본들의 계보를 중심으로, 지리학논총 24, 서울대학교 사회과학대학 지리학과, 133-153.
이상태, 1988, 김정호의 삼대지지 연구, 손보기박사 정년기념 한국사학논총, 지식산업사, 517-550.
이상태, 1989, 고산자 김정호의 생애와 신분연구, 국사관논총 8, 국사편찬위원회, 183-214.
이원순, 1991, 조선실학지식인의 한역서학지리서 이해, 한국의 전통지리사상, 민음사.
이찬, 1968, 한국지리학사, 한국문화사대계 Ⅲ, 681-734, 고려대 민족문화연구소.
이찬, 1992c, 해동제국기의 일본 및 유구국지도, 문화역사지리 4, 1-8.
임덕순, 1987, 다산 정약용의 지리학연구, 지리학논총 14, 서울대학교 사회과학대학 지리학과, 1-17.
장보웅, 1970, 개화기의 지리교육, 지리학 5, 41-58.
전상운, 1966, 이조초기의 지리학과 지도, 고문화 4, 1-16.
전상운, 1988, 한국과학기술사, 정음사.
최영준, 1990, 택리지: 한국적 인문지리서, 진단학보 69, 165-189.
한국문화역사지리학회, 1991, 한국의 전통지리사상, 민음사.
한국문화역사지리학회, 2003, 우리 국토에 새겨진 문화와 역사, 논형.

제7장

인구의 역사지리

한국학중앙연구원 한국학대학원 정치영

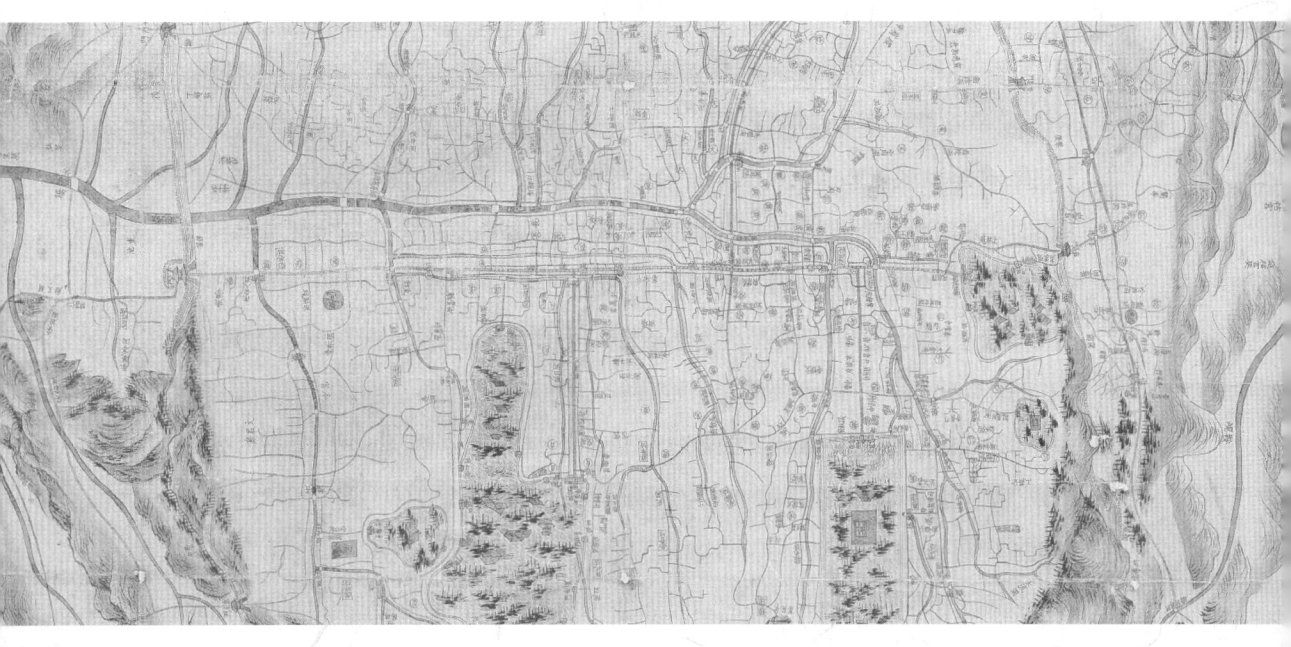

1. 인구와 역사지리학

　인구는 일정한 지역에 사는 사람의 총수를 말한다. 인구는 한 사회나 국가를 이루는 기본 요소로, 모든 사회적 현상을 단적으로 표시하는 기초라는 점에서 매우 중요하다. 따라서 여러 학문 분야에서 인구에 대해 관심을 가져왔는데, 인구 현상만을 체계적으로 다루는 인구학이라는 학문이 있을 뿐 아니라 경제학·사회학·인류학·의학·지리학 등에서도 이에 대해 연구해 왔다.

　지리학에서는 인문지리학의 한 분야인 인구지리학에서 주로 인구를 다루어 왔다. 모든 지리학이 그렇듯이 인구지리학은 인구학·경제학 등 인구를 다루는 다른 학문과 달리 인구 현상을 공간적인 관점에서 연구한다. 인구지리학의 주요 관심사는 인구의 분포와 밀도, 인구의 성장과 변천, 인구 구조와 인구 이동, 인구와 자원, 인구와 환경 등이며, 특히 인구의 지역적 차이, 그리고 인구 현상과 자연 및 인문 등 각종 지리적 요인과의 상호 관계를 분석하는 데 초점을 맞춘다는 점에서 다른 학문과 구분된다.

　그러면 "과거를 대상으로 하는 지리학"인 역사지리학과 인구 연구는 어떤 관계가 있을까? 역사지리학은 과거의 지표 현상을 연구하여 현대와 과거를 구분하지 않고 지표 그 자체와 지표에 전개되는 제 현상을 이해하는 데 기여하는 것을 주된 목적으로 한다. 이 때문에 역사지리학의 연구 범위는 인문지리학이 다루는 모든 주제는 물론 과거의 자연환경을 복원하는 등의 자연지리학의 영역까지 걸쳐 있다. 그래서 영국·

미국·일본 등의 지리학계에서는 연구 주제를 가리지 않고 역사적 방법론에 의해 이루어진 연구의 집합을 역사지리학이라 불러왔는데, 이들 나라에서는 역사지리학의 연구 주제 가운데 하나로, 인구가 중요하게 다루어져 왔다. 인구가 역사지리학의 주요 연구 주제가 된 데에는 인구의 규모와 구조가 끊임없이 변화한다는 특성이 중요하게 작용하였다. 인구는 이를 구성하는 개인의 출생과 사망, 그리고 공간적 이동에 의해 시공간적으로 그 양이 변화하는 동시에, 구조와 속성 같은 질적인 내용도 계속 변동하기 때문에 시공간적인 변동을 규명하는 역사지리학이 관심을 가질 수밖에 없다.

역사지리학에서의 인구 연구는 그 주제 면에서 인구지리학의 그것과 크게 다르지 않다. 즉 각 시대마다 인구의 수와 인구 현상의 특성을 파악하고, 그 공간적 형태를 설명하며, 인구의 지역적 차이와 다른 지리적 요소와의 상호 관련성을 고찰하고 이를 통해 궁극적으로 어떤 지역의 지역성을 파악하는 것이다. 또한 시간의 흐름에 따른 인구 변천에 대한 연구는 역사지리학에서도 주요한 주제이다.

2. 인구 연구의 자료

1) 인구 연구와 문헌 자료

역사지리학에서는 과거의 경관이나 지리적 상황의 복원을 위해 당시의 상황을 담고 있는 풍부한 자료의 획득이 매우 중요하다. 이 때문에 역사지리학자들은 고지도·고문서·통계 등 기초적인 자료에서부터 신문·그림·가계 기록·구술 기록, 그리고 시·소설·일기·여행기 등의 문학 작품에 이르기까지 사용 가능한 모든 문헌 자료를 연구에 활용해 왔다.

사람의 수를 다루는 인구 연구에서는 무엇보다도 정확하고 풍부한 인구 조사 자료의 확보가 필수적이다. 어떤 지역에 사람들이 얼마나 살고 있는지를 알기 위한 인구 조사는 고대에도 동서양을 막론하고 널리 행해졌다. 기록에 의하면, 바빌로니아에서는 B.C 3800년경에 최초로 인구 조사가 이루어졌으며, 중국에서도 2,000여 년 전인 한나라 때의 인구 조사 자료가 남아 있다. 이러한 고대의 인구 조사는 주로 징병이나 징세의 목적으로 이루어졌다. 인구 조사를 뜻하는 '센서스(census)'란 말도 '평가'나 '세금'을 의미하는 라틴어 'censere'에서 기원하였다고 한다.

한편 직접적인 인구 조사 자료가 아니더라도 인구와 관련된 내용이 담겨 있는 다양한 문헌 자료들이 연구에 이용되는데, 각 지역의 인구가 적혀 있는 지리지(地理誌)가 그 좋은 예이다. 영국·프랑스 등 유럽의 역사지리지학자들은 교회가 보유한 각 교구의 신도 등록부인 교구대장(敎區臺帳, parish register)을 인구 연구의 주된 자료로 활용해 왔으며, 일본에서는 17세기부터 기독교도의 단속을 위해 주민들의 신앙 상황을 조사·기록한 종문개장(宗門改帳)이 주요한 연구 자료로 이용되고 있다. 또한 서양에서는 문헌 자료가 남아 있지 않은 지역의 경우에 가옥의 규모와 숫자 등을 이용해 인구 규모를 추산하기도 한다.

2) 고대부터 고려 시대까지의 인구 관련 자료

우리나라에서는 고대부터 세금이나 역을 부과하기 위해 호구 조사,[1] 즉 인구 조사가 이루어진 것으로 믿어지나, 남아 있는 자료는 매우 적으며 그 기록도 단편적이다. 가장 이른 시기의 기록으로는 낙랑군을 비롯한 한사군의 호구 수가 기재되어 있는 중국의 『한서(漢書)』를 꼽을 수 있다. 우리나라의 자료 가운데 현존하는 가장 오래된 호구 관련 기록은 일본 동대사(東大寺)의 정창원(正倉院)에서 발견된 통일신라 때의 『신라민정문서(新羅民政文書)』를 들 수 있는데, 당시 서원경(西原京)[2] 부근의 4개 마을에 대한 호구수·농경지 면적·과일나무 수·가축 수 등이 기록되어 있다. 특히 호구에 대해서는 성별·연령별 인구수와 3년간 발생한 출생 및 사망 건수, 전·출입자 수 등이 기록되어 있어 당시 상세한 호구 조사가 이루어졌음을 짐작할 수 있다. 『신라민정문서』는 이러한 상세한 인구 관련 기록 때문에 당시 인구 동태를 추정할 수 있는 중요한 자료로 인정받고 있다. 이 밖에도 『삼국유사』·『동사보유(東史補遺)』·『삼국사기』 등 우리나라 문헌과 중국의 『신당서(新唐書)』 등이 삼국 시대 인구에 대한 기록을 싣고 있으나, 그 내용이 매우 소략하여 연구에는 큰 도움이 되지 않는다.

고려 시대에도 호구 조사가 정기적으로 이루어졌을 것으로 보이나, 현존하는 자료는 거의 없다. 『고려사』·『고려사절요』, 그리고 중국의 『송사(宋史)』에 고려 시대 인구에 대한 부분적인 정보가 수록되어 있을 뿐이다. 고려 시대 호구 조사는 성종 때 설치된 육부(六部) 가운데 하나인 호부(戶部)가 담당하였으며, 3년마다 이루어졌다. 그리고 호구 조사의 목적에 있어서 기존의 세금과 역의 부과, 징병 이외에 신분 확인이라는 새로운 기능이 추가된 것이 특징이었다.

3) 조선 시대의 인구 관련 자료

인구 조사 자료는 조선 시대 들어오면 훨씬 풍부해지고 다양해지며, 비교적 많은 자료가 지금까지 남아 있다. 가장 대표적인 것이 호구 조사의 결과물인 호적대장(戶籍臺帳)이다. 조선 시대에도 3년에 한 번씩 호구 조사가 실시되었으며, 그 조사 내용은 가구의 소재지, 호주의 이름·나이·본관·신분, 호주와 그 부인의 사조(四祖),[3] 가족과 소유 노비의 이름·나이·부모 등이었다. 호구 조사는 호주가 위의 내용을 기록한 호구단자(戶口單子)를 지방 관아에 제출하면, 이를 모아 지방 수령이 확인하여 중앙에 보고하는 방법으로 진행되었으며, 이를 집계하여 만든 호적대장은 3벌을 만들어 중앙의 호조(戶曹)와 지방의 도와 군현에 각각 보관하였다.

현재까지 발견된 조선 시대 호적대장은 630여 책으로, 이 중 1896년의 갑오개혁 이전에 작성된 구식 호적이 420여 책, 1896년부터 1908년 사이에 만들어진 신식 호적이 210여 책이다.[4] 호적대장이 350여 군현에서 400여 년에 걸쳐 3년마다 만들어졌다는 점을 고려하면, 현존하는 양이 매우 적다고 할 수 있다. 그리고 현재 남아 있는 구식 호적은 모두 17세기 이후에 만들어진 것으로, 18~19세기의 것이 대다수를 차지하며, 지역적으로는 경상도 군현의 호적대장이 대부분이다. 이러한 시공간적인 한계는 인구 연구의 제약으로 작용한다. 참고로, 호적대장은 국내의 서울대학교 규장각한국학연구원, 한국학중앙연구원 장서각, 전북대학교 박물관 등에, 국외의 일본 가쿠슈인(學習院)대학과 텐리(天理)대학 도서관, 미국 하버드대학교 옌칭도서관 등에 보관되어 있다.

호적대장 이외에도 호구와 관련된 호구단자, 준호구(準戶口), 호적중초(戶籍中抄) 등이 인구 연구의 자료로 활용된다. 호구단자는 각 호주가 자신의 호구 상황을 작성하여 관아에 제출한 문서이며, 준호구는 호주가 노비 소유권 확인이나 토지 소송, 과거 응시 등을 위해 관에서 발급 받은 문서로, 최근 없어진 호적 등본과 유사한 것이다. 이러한 호구단자, 준호구는 전국적으로 남아 있으며, 각 집안이 개별적으로 소장하고 있는 것이 많은데, 당시의 가족 구성, 인구 구조 등을 엿볼 수 있는 자료이다. 한편 호적중초는 호구단자를 기초로 작성한 마을이나 면 단위의 호구 통계로, 호적대장 작성 전 단계의 문서이며, 마을 또는 면별 총호수와 인구수를 쉽게 파악할 수 있는 자료이다.

호적 관련 자료 이외에 조선 시대 인구 연구에 많이 사용되는 자료로 지리지를 빼놓을 수 없다. 지리지는 지역의 각종 정보를 체계적이고도 종합적으로 기술한 책이다. 이 책은 자연지리 내용뿐 아니라, 역사·문화, 사회·경제, 정치·행정·군사 등과 같은 인문지리 내용까지 풍부하게 담고 있어, 조선 시대를 이해하려는 연구자에게 최적·최다의 정보를 제공하는데, 여기에 지역의 호구 수가 기록되어 있다.

현존하는 조선시대 지리지는 1,000여 종이 훨씬 넘는 것으로 추산되며, 편찬 주체에 따라 관찬지리지와 사찬지리지, 다루는 지역 범위에 따라 전국지리지와 지방지리지로 구분할 수 있다. 관찬지리지는 국가나 도, 각 군현의 관아에서 편찬한 지리지를, 사찬지리지는 개인이나 지방 유림 등 민간에서 편찬한 지리지를 말하며, 전국지리지는 『세종실록지리지(世宗實錄地理志)』, 『대동지지(大東地志)』와 같이 전국을 대상으로 편찬한 것으로 '여지(輿誌)'라 하고, 지방지리지는 부·목·군·현이 편찬의 대상이 되며 '읍지(邑誌)'라 한다.

이 가운데 전국 모든 군현의 호구 수를 담고 있는 전국지리지가 인구 연구에 많이 쓰이며, 대표적인 자료가 『세종실록지리지』와 『여지도서(輿地圖書)』이다. 1454년(단종 2)에 만들어진 『세종실록지리지』는 1432년(세종 14)경의 전국 군현의 호구 수를 담고 있어 조선 전기 인구의 규모와 지역적 분포를 이해하는 데 가장 기초가 되는 자료이다. 그러나 『세종실록지리지』는 조세 확보 등을 위한 국가의 통치 자료로 만들어졌기 때문에 기재된 호구 수가 당시 실제 가구와 인구의 수가 아니라, 호수는 '편호(編戶)'의 수,[5] 구수는 '남정(男丁)'의 수인 것으로 추정된다.[6] 1757~1765년 사이에 각 군현에서 편찬한 읍지를 모아 책으로 묶은 관찬지리지인 『여지도서』는 방리조(坊里條)에 군현의 면과 리(里)의 호수와 남녀 인구수를 기록하고 있어 당시의 지역별 인구 규모를 추산하는 데 이용할 수 있다.[7] 호구 수는 대부분의 군현에서 '기묘장적(己卯帳籍)'을 기준으로 작성되었으므로, 1759년(영조 35)의 상황을 담고 있다.[8] 전국에 걸친 18세기 후반의 공시적인 기록이라는 점에서 활용 가치가 높은 연구 자료라 평가할 수 있으나, 당시 존재하였던 군현 중 39개 군현의 읍지가 누락되어 있다는 문제점도 지니고 있다. 한편 1864년경에 김정호가 편찬한 사찬 전국지리지인 『대동지지』에도 별도의 도별 통계표로 평안도를 제외한 전국 각 군현의 호구 수가 정리되어 있다. 책 앞머리에 민호(民戶)의 근거는 "순조무자년(純祖戊子年)의 실수(實數)"라고 적혀 있어 1828년(순조 28)의 통계로 생각된다.

각 군현 단위로 편찬된 읍지에도 중요한 항목으로 호구 수를 싣고 있다. 읍지는 16세기 이후 19세기 말까지 활발하게 편찬되었기 때문에 군현마다 편찬 시기가 다른 여러 종의 읍지가 남아 있어서, 지역 인구의 시계열적 변화 연구에 이용할 수 있다. 다만 일부 읍지는 앞 시기에 발간된 읍지의 기재 내용을 그대로 베껴 쓴 경우도 있으므로, 주의가 필요하다.

조선 시대 만들어진 일부 지도에도 호구 수가 기재되어 있다. 호구 수를 담고 있는 지도는 군현 단위를 그린 군현지도(郡縣地圖)가 대부분이며, 대표적인 예로 『해동지도(海東地圖)』와 『광여도(廣輿圖)』를 들 수 있다. 『해동지도』는 18세기 중엽에 만들어진 군현 지도집으로, 경기도, 경상도의 모든 군현과 전라도 일부 군현의 지도 여백에 호구 수가 기재되어 있다. 19세기 전반에 제작된 군현 지도집인 『광여도』에는 『해동지도』와 달리, 지도와 분리된 설명문에 호구 수가 쓰여 있다.[9]

조선 시대 인구 자료 중 가장 널리 활용되고 있는 것은 『호구총수(戶口總數)』이다. 이 책은 정조 대에 간행된 인구 통계집으로 모두 9책으로 구성되어 있는데, 1책에는 1395년부터 1789년까지 전국의 호구 수가 기재되어 있고, 2~9책은 1789년 당시 전국 군현의 면별 소속 리의 이름, 호수, 구 수, 남녀 인구수가 일목요연하게 정리되어 있다. 이 때문에 『호구총수』는 조선 시대 인구 통계 중 통시성과 공시성을 고루 갖춘 가장 완성도가 높은 자료로 꼽힌다. 그러나 당시의 호구 파악 능력이나 조사 방법 등을 고려할 때, 호수·구수 등의 수치는 그 완전성이 상당히 떨어질 것으로 판단된다. 『호구총수』에 따르면 1789년 전국의 총호수는 1,752,837가구, 총인구는 7,403,606명인데, 선행 연구에서는 이 수치가 당시 실제 호구 수의 반 정도를 반영하고 있을 것으로 추정하고 있다.

이 밖에 『조선왕조실록』, 『탁지지(度支志)』, 『증보문헌비고(增補文獻備考)』 등 국가에서 편찬한 문헌에도 호구 조사의 결과를 기록하고 있다. 『조선왕조실록』의 호구 기록은 호구 조사의 결과를 실록 편찬 때에 등재한 것으로, 전국 및 도별 호수와 인구수 등이 기재되어 있으나, 기록이 누락된 시기가 있다. 『탁지지』는 정조의 명에 따라 1788년(정조 12) 호조의 모든 사례와 소관 업무 내용을 정리하여 편찬한 책으로, 외편(外篇) 권2의 '장적(帳籍)'에 1395년(태조 4)·1397년(태조 6)·1648년(인조 26)·1657년(효종 8)·1669년(현종 10)·1678년(숙종 4)·1723년(경종 3)·1774년(영조 50)·1786년(정조 10) 등의 도별 호구 수가 적혀 있다. 그리고 1908년 고종의 명에 의해 편찬된 『증보문헌비고』는 고대부터 대한제국 시기까지의 문물 제도를 총망라하여 정리한 책으로, 호구 관련 기록은 권 161의 호구고(戶口考) 1, '역대호구(歷代戶口)'와 권 162의 호구고 2, '부호패(附戶牌)'·'부노비(附奴婢)'이다. 호구 수는 『탁지지』와 마찬가지로 도별 통계가 실려 있다.

조선 시대에 각 집안에서 편찬한 족보 역시 인구 연구의 자료로 활용할 수 있다. 족보에는 인물들의 생몰연대, 자호, 배우자, 자녀 등의 정보와 묘소의 위치 등이 담겨 있기 때문에 친족 및 가족 구조, 출생과 사망 등에 대한 자료로 이용할 수 있다. 인구의 연령 구성, 직업 구조, 계층, 가구 구성 등을 파악할 수 있는 호적 자료와 서로 보완적인 관계에 있다고 할 수 있다. 다만 조선 시대의 족보는 왜곡되고 미화된 부분이 적지 않다는 점을 유의해야 한다.

지금까지 살펴본 근대 이전 인구 관련 자료의 특성을 정리하면, 문헌자료들이 단편적으로 존재하여, 역사지리학적 연구에 필요한 동시성과 등질성을 구비한 자료를 얻기 어렵고, 동일한 지역에 걸쳐 어느 정도 기간에 걸친 사료를 얻는 것이 쉽지 않다. 이러한 경향은 시대를 거슬러 올라갈수록 더하다. 그리고 인구 관련 자료들이 오늘날과 같은 인구 조사의 결과물이 아니라, 징세와 과역을 위해 조사된 자료여서 누락되거나 완전하지 못한 자료가 대부분이다. 호구 자료의 경우에, 세금이나 역을 면하기 위해서 허위 신고를 하는 경우가 많았으며, 높은 유아 사망률 때문에 어린 아이가 성인이 되기 전에 신고를 기피하거나, 노비를 고의로 신고하지 않는 사례도 있었다. 따라서 조선 시대 인구 자료가 당시 현존하는 모든 인구를 그대로 수록하고 있다고 생각해서는 안 된다.

또 한 가지 유의할 점은 조선 시대 인구 관련 자료의 호와 구가 현재의 가구·인구와 그 의미가 다르고, 자료에 따라서도 의미의 차이가 있다는 점이다. 앞에서 언급했듯이 『세종실록』「지리지」에 실려 있는 구는 '남정(男丁)'을 의미하는데, 자료에 따라서 이렇게 성인 남자의 숫자만을 조사·기록한 것도 있고, 여기에 성인 여자를 합한 경우, 그리고 어린아이와 노인을 모두 합한 전체 인구를 뜻하는 경우도 있다. 호구 통계에 나타난 호의 개념에 대해서는 학자에 따라서 여러 주장이 제기되고 있다. 즉 호를 각종 역의 부과와 징세를 위해 일정한 편성 원칙에 따라 만들어진 편호로 보는 경우, 역시 각종 역과 세금을 부과하기 위해 정부에서 실제의 호수를 참작하여 각 도와 군현에 적절하게 배정한 호총(戶總)으로 보는 경우, 농경지를 소유하고 있는 한울타리 내에 위치하는 자연 상태의 가호(家戶)로 보는 경우 등이다. 따라서 조선 시대 호구에 관한 자료를 이용할 때는 조사 목적과 대상 등에 대한 이해가 선행되어야 한다.

4) 일제 강점기의 인구 관련 자료

일제에 의한 한국 강점은 인구 조사에도 큰 변화를 가져왔다. 일제는 식민지 통치를 위한 기초 작업으로 토지와 인구의 파악에 중점을 두었다. 토지 조사 사업이 토지의 정확한 파악을 위한 것이었다면, 호구의 정확한 파악을 위한 작업은 1909년 제정된 민적법(民籍法)에 의해 실시된 민적 조사였다. 이러한 민적 조사의 결과물이 바로 1910년에 발간된 『민적통계표(民籍統計表)』이다. 민적법에 따르면, 각 개인은 본적지에 출생·사망·혼인·이동 등이 발생할 때마다 신고를 해야 했다. 그 신고 결과를 바탕으로 경찰관이 추가로 호구 조사를 한 결과를 모은 것이 『민족통계표』로, 여기에는 면 단위의 호수와 남녀 인구수와 함께, 11종으로 분류·조사된 직업 통계표가 실려 있다.[10] 이 자료에 실려 있는 호구 수는 1925년 이후 실시되는 국세 조사에 비하면 상당히 불완전하지만, 그 이전의 자료에 비해 훨씬 정확하고 신뢰할 만하기 때문에 조선 말기의 인구를 추정할 수 있는 단초를 제공해 준다. 또한 전국적인 직업 조사의 결과를 담고 있다는 점에서 그 가치를 높이 평가할 수 있다.

우리나라에서 근대적인 인구 조사가 처음 실시된 것은 1925년이다. 일제는 원래 1920년에 일본, 대만과 함께 최초의 국세 조사(國勢 調査, 센서스)를 실시할 계획이었으나, 1919년 삼일 운동이 일어나면서 우리나라에서의 국세 조사 계획을 취소하였다. 대신 5년 뒤인 1925년 10월 1일에 간이 국세 조사가 실시되었으며, 이때부터 우리나라에서는 거의 5년마다 센서스가 이루어졌다. 1925년에 실시된 최초 국세 조사의 조사 항목은 생년월일·연령·혼인 상태·성별·국적·본적·상주지 등이었고, 그 후 조사 항목이 점차 늘어났다. 일제 강점기 국세 조사의 결과는 조선 총독부에서 책자로 간행하였으며, 주요 내용은 통계청에서 운영하는 '국가통계포털(KOSIS)'에서도 확인할 수 있다.

5) 해방 이후의 인구 관련 자료

1945년 해방 이후 우리나라의 인구 조사는 남한만을 대상으로 실시되었다. 1946년에 미군정에 의해 인구 조사가 처음 시행되었으나, 이 조사는 기존의 자료에 귀국자 통계 등을 참고해 작성된 것이었다. 그 뒤 대한민국 정부가 수립되고 체계적인 인구 조사가 1949년 '총인구조사'라는 이름으로 실시되었다. 우리나라 인구센서스의 가장 큰 전환점이 된 것은 1960년의 '인구주택국세조사'이다. 이 조사는 세계 센서스의 해에 유엔의 규정에 따라 실시되었고 인구뿐 아니라 인구의 경제적 속성과 주택에 관한 사항까지 조사 내용에 포함되었다. 1965년에 실시될 예정이었던 인구센서스가 예산

사정으로 1966년에 실시된 이후 현재까지 '5'와 '0'으로 끝나는 매 5년마다 인구센서스가 실시되고 있으며, 1980년부터는 센서스 일자가 10월 1일에서 11월 1일로 바뀌었다. 그리고 2000년부터는 다양한 통계 수요자들의 요구에 대응하여 조사 항목을 50개로 확대하였다. 이러한 인구센서스 자료는 모두 책자로 간행되었고, 역시 '국가통계포털(KOSIS)'을 통해 쉽게 이용할 수 있다.

우리나라의 센서스 자료는 질적으로 매우 우수한 것으로 알려져 있다. 조사의 완전성이 항상 96% 이상을 유지하고 있는데, 상대적으로 인구의 수, 성 및 연령 구성의 자료가 더 정확하고, 인구 이동, 산업과 직업 구조 등은 오류가 있을 가능성이 있다. 따라서 이러한 정보를 사용할 때에는 유의할 점들이 있다. 특히 시기가 다른 센서스 자료를 이용해 비교 연구를 할 때에는 먼저 각각의 항목에 대한 정의가 어떠한지, 같은 용어가 센서스마다 같은 내용을 뜻하는 것으로 사용되었는지, 자료 수집에 있어 어떤 문제점은 없었는지 등을 꼼꼼하게 검토하여야 한다.

그밖에 센서스 연도가 아닌 해에는 상주인구를 조사하였다. 상주인구 조사는 주민 등록과 같은 거주지 신고 자료를 사용하여 조사가 이루어지는 것이 보통이었는데, 자료의 신뢰성이 낮다는 문제로 중단되었다. 그 대신 1992년 말부터는 주민 등록에 의한 상주인구 통계가 작성되고 있다.

3. 인구의 변천

1) 고대부터 고려 시대까지의 인구 성장

우리나라의 가장 오래된 인구에 대한 기록은 중국의 『한서』 지리지에 적혀 있는 한사군의 호구 수이다. 한사군 중 낙랑군에는 전성기에 25개 현(縣)에 6만 2,812호, 40만 6,748인이 거주하고 있었으며, 현도군에는 3개 현에 4만 5,006호, 22만 1,845인이, 그리고 요동군에는 18개 현에 걸쳐 6만 5,000호의 27만 인이 살고 있었다고 한다. 우리나라의 기록으로는 『삼국유사』 칠십이국조에, 진한 · 마한 · 변한이 78국으로 나뉘어져 있으며, 각국 당 1만 호로 이루어져 있다고 기재되어 있다. 이러한 기록들을 토대로, 서기 원년 경 한반도의 인구를 적게는 약 300만 명, 많게는 약 600만 명으로 추정하는 학자가 있다.

고구려 · 백제 · 신라 등 삼국의 인구는 단편적인 기록만 남아 있다. 『삼국유사』 고구려조 · 변한백제조 · 진한조에는 각각 세 나라의 전성기 때 호수가 쓰여 있는데, 고구려는 21만 508호였고, 백제는 15만 2,300호, 그리고 신라는 경주에만 17만 8,946호가 살고 있었다. 한편 『신당서』 동이열전에 따르면, 백제에는 멸망 당시 약 76만 호가 거주하고 있었고, 고구려는 멸망할 때 호수가 69만 7,000호였다. 이와 같이 삼국 시대 인구의 기록은 그 숫자가 매우 적을 뿐 아니라, 기록 간에도 편차가 커서 이들을 이용해 당시 인구 규모를 추정하는 것이 매우 어렵다. 다만 삼한 시대 마한과 삼국 시대의 백제가 거의 동일한 지역이라 가정하고, 『삼국유사』에 나오는 마한의 호수와 백제 멸망 당시의 호수를 이용해 서기 원년 경부터 백제 멸망기인 7세기 중엽까지의 연평균 인구 증가율이 0.0518%이며, 7세기 중엽 한반도의 인구를 약 675만 명으로 추산한 연구가 있었다.

앞서 살펴보았지만, 고려 시대에는 호구 조사가 정기적으로 이루어졌으나, 현존하는 자료가 거의 없다. 고려의 전체 인구에 대한 기록은 중국 『송사』 고려전의 "인구는 총 210만 명으로, 병사·백성·승려가 각각 3분의 1을 차지한다."라는 것이 유일하다. 그러나 이 수치가 언제 파악된 것인지 확인할 수 없어 다른 시기와의 비교가 불가능하며, 고려의 실제 인구를 얼마나 반영하고 있는 것인지도 전혀 알 수 없다.

이러한 자료의 한계 때문에 고려 시대의 인구 규모를 추산하기는 매우 곤란하나, 7세기 중엽 한반도 인구를 약 675만 명으로 추산한 것을 근거로, 연평균 인구 증가율을 0.0518%로 다시 적용하면, 고려 초인 937년경의 인구는 약 780만 명에 달하였을 것이다. 그리고 고려 말의 인구는 약 1000만 명으로 추정하는 설이 있으나, 뒤에 살펴볼 조선 초기의 인구 기록과 비교해 보면, 과대평가한 것으로 보인다. 한편 고려 시대 묘지명(墓誌銘)을 이용해 당시 사람들의 자녀 수 자료를 분석한 연구[11]에 따르면, 무인 정권이 끝난 뒤인 14세기에 전반적인 인구 증가 현상이 나타났으며, 이러한 인구 증가는 향약 의술의 발달에 따른 소아 사망률의 감소가 중요한 원인으로 작용하였다.

2) 조선 시대의 인구 성장

조선 시대의 인구 조사 자료는 비교적 많이 남아 있다. 〈표 7-1〉은 『조선왕조실록』, 『호구총수』 등 정부가 집계한 자료에서 발췌한 조선 시대의 전국 호구 수를 정리한 것이다. 이 표를 보면, 대체로 조선 전기, 즉 16세기까지는 인구가 꾸준히 증가하

표 7-1 　 조선 시대 정부 자료에서 발췌한 전국 호구 수

연도	왕조	호수	구수	비고
1393	태조 2		301,300	양계(兩界) 누락
1406	태종 6	180,246	370,365	한성부, 경기도 누락
1440	세종 22	201,853	692,475	한성부, 개성부 누락
1519	중종 14	754,146	3,745,481	
1543	중종 38	836,669	4,162,021	
1639	인조 17	441,827	1,521,165	
1657	효종 8	668,737	2,201,098	
1675	숙종 1	1,250,298	4,725,704	
1693	숙종 19	1,547,237	7,045,115	
1711	숙종 37	1,466,245	6,394,028	
1726	영조 2	1,614,598	6,955,400	
1747	영조 23	1,759,692	7,340,318	
1765	영조 41	1,675,267	6,974,642	
1789	정조 13	1,752,837	7,403,606	
1801	순조 1	1,757,973	7,513,792	
1811	순조 11	1,761,887	7,583,046	
1829	순조 29	1,563,216	6,644,482	
1837	헌종 3	1,551,951	6,708,572	
1847	헌종 13	1,587,181	6,751,656	
1859	철종 10	1,600,434	6,869,102	

자료 : 국사편찬위원회, 1998, 한국사 30 – 조선 중기의 정치와 경제, pp.374-376.

는 경향을 보이고 있다. 그러다가 임진왜란과 병자호란이라는 큰 전쟁을 겪으면서 인구가 감소하였으며, 조선 후기에는 증가와 감소가 번갈아 일어난 것으로 보인다.

그런데 앞에서 다룬 바와 같이, 이러한 기록상의 인구수는 당시 실제의 인구를 그대로 반영한 것이 아니다. 따라서 연구자들은 여러 방법을 동원하여 당시의 실제 인구수를 추정하였는데, 그 주요 결과가 〈표 7-2〉이다. 이 표에 따르면, 조선이 건국한 14세기 말 전국의 인구는 적게는 약 450만 명에서 많게는 약 750만 명까지로 추산되었다. 그리고 임진왜란 직전인 1590년경의 인구 규모는 인구학적 연구 방법에 의해 인구를 추산한 권태환·신용하의 경우, 이 시기 연평균 인구 증가율을 0.4%로 가정하여 인구를 약 1400만 명으로 추정하였으며, 한영우는 약 958만 명으로 추산하였다. 한영우도 연평균 인구 증가율을 0.4%로 보았으나, 조선 초기의 인구를 권태환·

표 7-2 조선 시대 추정 인구(단위: 1,000명)

연도	표 7-1의 인구	A 인구	A 증가율	B 인구	B 증가율	C 인구	C 증가율	기타
1392				5,549	0.40	7,500		4,500①
1519	3,746	4,000	0.24	10,469	0.47			7,210①
1590				14,039	-0.25			9,580①
1639	1,521			10,665	0.31			
1657	2,201			11,226	0.77			
1675	4,726			13,145	1.95			
1693	7,045			16,030	-1.77			
1711	6,394			15,457	1.07			
1726	6,955	7,500	0.24	17,089	0.92			
1747	7,340			18,544	0.20			
1765	6,975			17,682	0.02			
1789	7,404	9,500	0.36	18,269	-0.39			17,203~17,977③
1801	7,514			18,497	0.11			
1810				18,383	0.43	15,100	0.08	
1830				16,476	0.12			7,412②
1837	6,709			16,479	0.05			
1858		12,000	0.40	16,845	-0.03			
1870				18,835	0.05			8,272②
1884				16,950	0.05	16,000	0.34	
1900		15,300		17,082	0.20			11,436②
1910				17,427	0.20	17,500		13,820②

자료 : 국사편찬위원회, 1998, 한국사 30 - 조선 중기의 정치와 경제, pp.374-376.
주 : 1) 증가율은 연평균 인구 증가율
  2) A: 김재진(1967), B: 권태환·신용하(1977), C: 이호철(1992),
   ①: 한영우(1977), ②: 石南國(1972), ③ 김두섭(1990)

신용하의 약 550만 명보다 적은 약 450만 명으로 잡았기 때문에 이러한 차이가 발생하였다.

 이와 같이 인구 규모의 추정치에는 차이가 있으나, 모든 연구자들이 조선 초기부터 임진왜란이 일어나기 직전까지는 인구가 증가 일로에 있었다는 데 의견을 같이 하고 있다. 이러한 조선 전기의 인구 증가는 농업 생산성의 향상과 비교적 안정적이었던 사회 분위기에서 비롯된 것이었다.

조선 후기에도 전반적으로 인구가 증가하였으나, 전쟁, 자연 재해로 인한 흉년과 기근, 전염병 등이 발생하거나 사회적 혼란이 야기되면 일정 기간 동안 사망률이 높아져 인구가 감소하기도 하였다. 권태환·신용하는 임진왜란과 병자호란이 일어난 17세기 초와 자연재해가 잦았던 19세기에 인구가 감소한 것으로 추정하였다. 이들은 19세기 말의 전국 인구를 1700만 명 정도로 추정하였으며, 이 밖에 1500만 명 또는 1600만 명으로 추정한 연구도 있다.

한편 〈표 7-1〉과 〈표 7-2〉를 비교해 보면, 추정치 보다 기록상의 인구 감소가 더욱 현저한 것을 알 수 있다. 예를 들어, 기록상으로는 1519년에 약 374만 명이었던 인구가 1639년에는 절반에도 못 미치는 약 151만 명으로 감소하였다. 이것은 실제로 인구가 감소한 상황에 더하여 전쟁을 겪으며 호적 등의 자료가 없어지고 행정력이 약화되면서 정확한 집계가 불가능해진 데 따른 현상이다. 바꾸어 말하면, 정확한 인구 조사가 불가능하였던 전근대 사회에서 인구의 '증가'와 '감소'는 두 가지 의미를 내포하고 있다. 즉 실제의 증가와 감소가 있고, 국가에서 파악할 수 있는 수준에서의 증가와 감소가 있는 것이다. 따라서 만약 인구의 증가 현상이 발생하였다면, 그것은 실제의 증가뿐만 아니라 국가의 통제력 강화로 철저한 조사가 이루어진 결과로도 볼 수 있다.

인구 변천 이론의 관점에서 볼 때, 조선 시대는 높은 출산력과 사망력으로 특징지어지는 전통적 성장기에 해당한다.[12] 조선 시대는 전형적인 농업 사회였으며, 이에 따라 인구의 증가는 매우 낮은 상태에서 안정되어 있었다. 조출생률은 35~45% 정도의 높은 수준에서 안정되어 있었으며, 조사망률도 30~35% 정도로 높았던 것으로 추정된다.[13]

3) 일제 강점기의 인구 성장

우리나라의 인구는 일제 강점기에 커다란 변화를 맞게 되었다. 19세기 말부터 도입되기 시작한 서양 의학과 서양식 의료 시설이 일제 강점기에 들어서 전국적으로 확산되면서 1920년대부터 사망력이 떨어지기 시작하였다. 구체적으로 1910~1915년 사이에 34 정도이던 조사망률이 일제 강점기 말기인 1940~1945년에는 23의 수준으로 감소하였다. 반면, 출산력은 높은 수준으로 유지되었으며, 보건 환경의 향상과 서양 의학의 보급으로 인해 같은 기간 동안 38에서 44로 약간 상승하는 경향이 나타났다.

이러한 사망률의 감소와 출생률의 증가는 인구의 급속한 자연 증가를 가져왔다. 〈표 7-3〉에서 보듯이, 1915년의 0.4%에 불과했던 자연 증가율이 1935년 이후에는 연평균 2.0%를 상회하게 된다. 이에 따라 1910년 약 1743만 명이던 총인구는 1930년 약 2044만 명으로 늘어났으며, 1944년 인구 조사 결과, 우리나라의 총인구는 2512만 명으로 집계되었다. 34년간 약 770만 명의 인구가 증가된 셈이다. 그러나 이 기간 동안 약 330만 명이 해외로 이주하였다는 점을 감안한다면, 실제로 34년간의 인구 증가는 약 1100만 명으로 볼 수 있다.

이와 같은 급격한 인구 증가는 토지에 대한 인구의 압력을 가중시키는 결과를 낳았으며, 특히 농촌 지역은 인구의 증가로 인해 여러 가지 문제가 발생하였다. 여기에 일제의 수탈 정책이 더해지면서 농촌의 경제 상태는 갈수록 악화되었고, 대규모의 이농 현상이 벌어지게 되었다.

한편 일제 강점기의 지역별 인구 증가 추세를 살펴보면, 1925년 이후 함경도·평안

표 7-3 일제 강점기의 인구 성장

연도	인구 (1,000명)	연평균 증가율(%)		
		자연 증가	국제 이동	총증가
1910	17,427			
1915	17,656	0.40	-0.14	0.26
1920	18,072	0.70	-0.23	0.47
1925	19,020	1.20	-0.18	1.02
1930	20,438	1.87	-0.43	1.44
1935	22,208	2.02	-0.36	1.66
1940	23,547	2.06	-0.89	1.17
1944	25,120	2.02	-0.22	1.80

자료 : 김두섭·박상태·은기수 편, 2002, 한국의 인구 1, 통계청, p.52.
주 : 1910년, 1915년, 1920년의 인구는 추정 인구임

도·황해도 등 북한 지방의 인구가 급격하게 증가하였고, 경기도·강원도도 인구가 비교적 빠르게 증가한 데 비해, 상대적으로 남부 지방은 인구 증가가 더뎠다. 이러한 인구 성장의 지역적 차이는 광공업의 발달에 따른 도시화의 정도, 농촌의 붕괴로 인한 인구의 해외 유출 정도 등이 지역에 따라 달랐기 때문에 나타난 현상이었다.

4) 해방 이후의 인구 성장

1945년의 해방과 뒤이은 남북의 분단, 6·25전쟁 등은 인구 변천에도 많은 영향을 미쳤다. 분단 이후에는 북한의 자료가 매우 제한적이며 신뢰성도 낮기 때문에 인구 상황은 남한에 한정하여 살펴볼 수밖에 없다. 〈표 7-4〉에서 보는 것처럼, 1949년 남한의 인구는 2016만 6,756명이었다. 그 후 6·25전쟁 동안 많은 북한 주민이 월남하였음에도 불구하고 전쟁으로 인한 인명 손실과 개성·연백 등 경기도와 황해도의 인구가 조밀한 지역이 북한으로 넘어가면서 약 130만 명의 인구가 줄어들었다. 그러나

표 7-4 해방 이후 남한의 인구

연도	인구	성비	인구 밀도(인/km²)
1949	20,166,756	100.1	204.9
1955	21,502,386	100.1	218.4
1960	24,989,241	100.8	253.9
1966	29,159,640	101.4	296.4
1970	30,882,386	100.8	320.4
1975	34,706,620	101.3	351.1
1980	37,436,315	100.5	378.8
1985	40,448,486	100.2	408.8
1990	43,410,899	100.7	437.7
1995	44,608,726	100.7	449.4
2000	46,136,101	100.7	463.9
2005	47,278,951	99.5	474.5

자료: 국가통계포털(http://kosis.kr/)

휴전이 성립되고 사회가 안정을 찾아가면서 인구는 폭발적으로 증가하여 1960년에는 해방 직전의 남북한을 합친 전국 인구와 거의 같은 수준에 도달하였다. 인구가 가장 급증한 시기는 1955년부터 1960년까지로 인구의 사회적 증가가 거의 없었는데도 불구하고, 연평균 3%라는 높은 인구 증가율을 기록하여 매년 70만 명 씩 인구가 늘어났다. 이와 같은 인구 증가는 전쟁 후의 출산붐(baby boom)에 의한 것이었다. 새로운 의약품인 항생 물질과 의료 시설의 보급으로 인한 사망률 감소도 이러한 인구 증가에 상당히 기여하였다.

급격한 인구 증가는 1960년대에 들어서도 계속되었다. 1960~1966년 동안 인구는 연평균 2.6%씩 증가하였고, 1967년에는 인구가 3000만 명을 넘어섰다. 그래서 정부는 높아지는 인구 압력을 줄이기 위해 인구 억제 정책을 수립하고, 그 일환으로 1962년부터 가족계획 사업을 시작하였다. 가족계획 사업은 정부의 주도하에 매우 강력하게 추진되었으며, 이에 따라 출산력이 저하되면서 1970년대 후반부터는 연간 인구 증가가 60만 명 이하로 줄어들게 되었다. 이 시기에는 출산력의 저하와 함께 사망력도 상당히 감소하였다. 남녀의 평균 기대 수명은 1960~1965년에 각각 48.5세와 55.9세에 불과하였으나, 1985년에는 65.9세와 72.7세로 증가하였다. 이러한 사망력의 감소

표 7-5 우리나라 인구 변천의 단계별 특성

단계	기간	인구 증가	출산력	사망력	국제 이동	정치·경제·사회적 요인
전통적 성장기	~1910	매우 낮은 상태로 안정됨	높음	높으나 소폭 변동	거의 없음	전형적 농업 사회/기아, 질병, 전쟁으로 사망률 상승
초기 변천기	1910~1945	급격히 증가	높음	높은 상태에서 낮아지기 시작	일본과 만주로 대규모 이동	일본의 식민지화/식민지 경제 정책, 보건·의료 시설 도입
혼란기	1945~1960	급격히 증가하나, 1949~1955년 사이는 정체	높음	중간 수준, 1949~1955년 사이는 높음	일본과 만주에서 대규모 귀환/북한에서 피난민 유입	해방, 남북한 분단, 6·25전쟁, 사회적 혼란, 극심한 경제적 곤란
후기 변천기	1960~1985	증가율 계속 감소	급격히 낮아짐	계속 낮아짐	1970년 이후 이민 약간 증가	근대화, 경제 발전, 도시화, 인구 정책의 실시
재안정기	1985~	증가율 계속 감소하여 이론적 감소 상태에 돌입	재생산 수준 이하로 낮아짐	더욱 낮아짐	낮은 수준 유지	지속적 경제 성장/사회 발전, 교육 팽창, 생활 양식의 변화, 의료 보험의 실시

자료: 김두섭·박상태·은기수 편, 2002, 한국의 인구 1, 통계청, p.61.

는 경제 발전으로 인한 생활 수준의 향상과 보건 및 의료 시설이 확충된 결과로 보아야 할 것이다.

총인구는 1984년에 4000만 명을 넘어섰고, 2005년 총인구 조사에서 4727만 8,951명을 기록하였다. 인구 변천 이론에 따라 우리나라의 인구 변천을 단계별로 정리하면, 〈표 7-5〉와 같다. 우리나라는 20세기에 들어와 비로소 인구 변천을 시작하였고, 1980년대 후반부터는 출산력과 사망력이 선진국의 수준으로 낮아져서 인구의 안정기에 접어들었다. 서구 국가들에서 인구 변천에 150~200년이 걸린 데 비해 짧은 기간에 인구 변천의 모든 단계를 마친 셈이다.

4. 인구의 지역적 분포

1) 조선 시대의 인구 분포

한 나라의 인구 분포는 기후·지형·토양·자원 등의 자연 조건과 정치·경제·사회·역사 등 인문 조건에 의해 결정된다. 세계적인 차원에서 가장 결정적인 요인으로 작용하는 기후는 한 나라 안에서도 중요하게 작용하며, 특히 농업에 지대한 영향을 미치므로 농업을 위주로 하는 국가나 지역일수록 기후가 인구 분포에 미치는 영향이 크다. 지형·토양의 측면에서는 예로부터 평평하고 비옥한 평야 지대나 물을 얻기 용이한 골짜기가 척박한 산지보다 인구가 훨씬 조밀하였다. 인문 조건으로는 경제 활동의 유형과 규모 등이 가장 중요하게 작용하며, 정치·사회적 분위기도 인구 이동을 유발하여 인구 분포에 영향을 준다.

조선 시대 이전까지의 우리나라 인구 분포는 자료의 한계 때문에 파악이 매우 어렵다. 다만 우리 조상들이 고대부터 농경을 위주로 생활해 왔으므로 인구 분포의 차이를 가져온 가장 중요한 요인은 농경지의 분포와 규모였을 것으로 추정된다. 기후가 온화하고 저평한 남부와 서부의 평야 지대와 해안 지역에 인구가 많았고, 상대적으로 춥고 지형이 험준한 북부와 동부의 산간 지역에는 인구가 희박하였다.

조선 시대는 군현별 인구 자료가 남아 있으므로, 이를 이용해 인구의 지역적 분포

표 7-6 1789년 인구 밀도별 군현 수

인구 밀도 (인/km²)	도별 군현 수(주요 군현)								계(%)
	경기	강원	충청	전라	경상	황해	평안	함경	
200 이상	한성			1(만경)	1(동래)				2(0.6)
175~200							1(함종)		1(0.3)
150~175	1(교동)			1(옥구)	1(웅천)				3(0.9)
125~150			3 (평택 등)	4 (여산 등)		1 (강령)			8(2.4)
100~125	6(강화 등)		2(당진, 한산)	4 (임피 등)	1 (사천)	1 (연안)	1 (영유)		15(4.5)
75~100	3 (죽산 등)		15 (서천 등)	9 (전주 등)	15 (영산 등)	2(안악, 은율)	11 (숙천 등)		55(16.5)
50~75	13 (안성 등)		16 (대흥 등)	15 (진도 등)	27 (고성 등)	5 (풍천 등)	6 (강서 등)		82(24.6)
25~50	10 (여주 등)	4 (평해 등)	15 (옥천 등)	21 (보성 등)	19 (장기 등)	8 (옹진 등)	11 (곽산 등)	6 (덕원 등)	94(28.1)
0~25	5 (양근 등)	22 (철원 등)	3 (연풍 등)	1 (곡성)	7 (영해 등)	6 (평산 등)	12 (위원 등)	18 (함흥 등)	74(22.1)
계	38	26	54	56	71	23	42	24	334(100)

자료 : 정치영, 2004, 조선후기 인구의 지역별 특성, 민족문화연구 40, p.35.

양상을 살펴볼 수 있다. 지역별 인구 분포를 파악하는 데 있어 가장 좋은 방법은 단위 면적에 대한 인구수 즉 인구 밀도를 구해 지역 간을 비교하는 것이다. 조선 시대 지방 행정 구역의 면적을 비교적 정확하게 계산한 연구 성과를 활용하고, 『호구총수』에 기재된 구수를 이용해 1789년의 전국 군현별 인구 밀도를 구해 본 결과, 당시 인구 밀도가 가장 높은 곳은 한성부로 802.70인/km²이었으며, 가장 낮은 군현은 함경도 장진으로 2.17인/km²이었다. 이를 다시 몇 개의 단계로 나누어 도별로 정리한 것이 〈표 7-6〉이다.

인구지리학에서는 일반적으로 인구 밀도의 차이에 따라 지역을 크게 희박 지역(인구 밀도 1인/km² 미만)·희소 지역(인구 밀도 1~25인/km²)·소밀 지역(인구 밀도 25~100인/km²)·과밀 지역(인구 밀도 100인/km² 이상)으로 구분한다. 이에 따르면, 1789년 전국 334개 군현 중 인구 밀도가 100인/km²이 넘어 과밀 지역에 속하는 곳은 모두 29곳으로, 8.7%를 점하였다. 그리고 소밀 지역에 속하는 군현은 231곳으로, 69.2%를 차지하였으며, 나머지 74개 군현이 희소 지역이었다. 이를 지도화한 것이 〈그림 7-1〉인

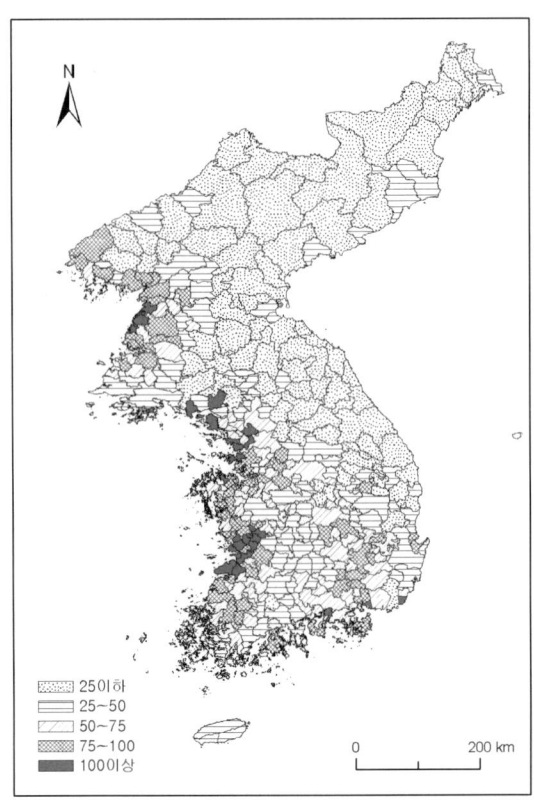

그림 7-1 1789년 군현별 인구 밀도

데, 100인 이상의 인구 밀도를 지닌 지역은 대부분 서·남해의 해안 지방에 위치해 있으며, 인구 밀도 50~100인의 군현들도 역시 해안 지방에 치우쳐 분포하는 것을 알 수 있다. 반면 인구 밀도 25인 이하의 군현들은 대부분 동북쪽에 위치하고 있어, 만약 서북단에 위치한 평안도 용천과 동남단에 위치한 경상도 동래를 잇는 임의의 선을 긋는 다면, 당시 인구의 대부분이 그 선의 서남부에 분포하였을 것으로 추정된다.

이러한 양상은 인구 밀도에 따른 군현의 순위를 정리한 〈표 7-7〉에서도 잘 나타나, 20위권 내에 든 군현들은 대부분 해안의 평야나 도서에 위치해 있는 곳들이었다. 도별로는 상위 20위권 내에 전라도 8곳, 충청도 4곳, 경상도 3곳, 경기도 2곳, 황해도 2곳, 평안도가 1곳이 포함되어, 자연 조건이 양호하고 농경지가 넓은 삼남 지방의 인구가 조밀하다는 것을 확인할 수 있다. 한편 하위 10위권은 강원도와 함경도가 5곳씩

표 7-7 인구 밀도에 따른 군현 순위

순위	군현 명	인구 밀도(인/km²)	소속 도
1	동래	250.87	경상도
2	만경	211.20	전라도
3	함종	188.09	평안도
4	웅천	174.47	경상도
5	교동	171.41	경기도
6	옥구	166.61	전라도
7	평택	147.23	충청도
8	여산	137.22	전라도
9	함열	136.05	전라도
10	용안	133.68	전라도
11	은진	132.33	충청도
12	석성	132.33	충청도
13	강령	131.78	황해도
14	김제	128.51	전라도
15	임피	123.15	전라도
16	당진	118.79	충청도
17	강화	117.45	경기도
18	익산	115.48	전라도
19	연안	115.05	황해도
20	사천	114.55	경상도
⋮	⋮	⋮	⋮
325	회양	7.63	강원도
326	양양	7.50	강원도
327	홍천	7.35	강원도
328	고성	6.22	강원도
329	경성	6.08	함경도
330	무산	5.80	함경도
331	삼수	5.21	함경도
332	인제	4.46	강원도
333	갑산	3.60	함경도
334	장진	2.17	함경도

자료 : 정치영, 2004, 조선후기 인구의 지역별 특성, 민족문화연구 40, p.38.

표 7-8 군현의 면적과 인구 규모 및 인구 밀도와의 관계

면적순위	군현명	인구규모 순위	인구밀도 순위
1	경성(함경도)	29	329
2	갑산(함경도)	101	333
3	무산(함경도)	49	330
4	장진(함경도)	212	334
5	강계(평안도)	13	314
6	북청(함경도)	40	308
7	강릉(강원도)	56	309
8	함흥(함경도)	6	264
9	단천(함경도)	48	306
10	영흥(함경도)	17	265
⋮	⋮	⋮	⋮
325	마전(경기도)	331	214
326	웅천(경상도)	177	4
327	옥구(전라도)	193	6
328	석성(충청도)	268	12
329	만경(전라도)	192	2
330	강령(황해도)	292	13
331	양천(경기도)	332	166
332	교동(경기도)	298	5
333	용안(전라도)	322	10
334	평택(충청도)	320	7

자료 : 정치영, 2004, 조선후기 인구의 지역별 특성, 민족문화연구 40, p.39.

을 차지해 양분하고 있다. 산지가 많고 기후가 열악한 자연 조건을 잘 반영하고 있다. 이러한 경향은 〈표 7-6〉에서 더 잘 드러난다. 당시 강원도와 함경도는 인구 밀도가 50인/km²이 넘는 군현이 하나도 존재하지 않았음을 알 수 있다.

한 가지 흥미로운 점은 일반적으로 인구가 많은 것으로 알고 있는 크고 중요한 군현들이 예상과 달리 인구 밀도는 그다지 높지 않은 경우가 많다는 사실이다. 이것은 군현의 절대면적 때문이다. 〈표 7-8〉은 군현의 면적과 인구수 즉 인구 규모, 그리고 인구 밀도와의 관계를 정리한 것인데, 면적으로 1~10위를 차지한 군현들 중 강릉을 제외하면 모두 함경도에 속한 군현들로 인구 규모 면에서는 대개 100위권 안이나, 인구 밀도는 대개 300위권으로 최하위의 그룹에 속하였다. 즉 면적이 넓은 군현들이 대

체로 인구 규모 순위에서 상위권을 차지하고 있는 것이다. 북부 지방의 군현들이 인구 규모가 큰 것으로 집계된 것도 이 때문이다. 당시 평안도·함경도·황해도 군현의 평균 면적은 각각 917.4km²·2,355.3km²·712.6km² 정도인데 반해, 충청도·전라도·경상도 군현의 평균 면적은 각각 284.9km²·371.1km²·437.3km² 가량으로 추산된다. 마찬가지로, 상위 행정 중심지들이 인구 규모가 큰 것도 이들 행정 구역의 면적이 상대적으로 넓기 때문이다.

한편 인구 밀도 역시 군현 면적과 상관관계가 높아, 인구 밀도가 높은 군현들은 대개 면적이 좁은 곳들이었다. 〈표 7-8〉에서, 면적으로 하위 10위권에 속한 군현들은 인구 규모 면에서도 하위권에 속하나, 인구 밀도로는 마전·양천을 제외한 8개 군현이 상위 10위권 내외를 차지하였다.

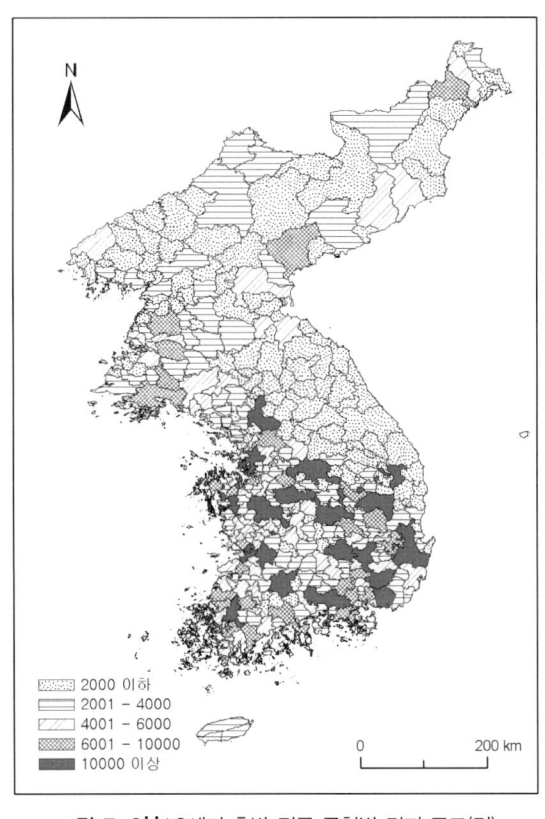

그림 7-2 18세기 후반 전국 군현별 경지 규모(결)

표 7-9 경지 밀도의 군현별 순위

순위	1km² 당 농경지 결 수	1km² 당 논 결 수	1km² 당 밭 결 수
1	**만경**(전라도)	**임피**(전라도)	**김제**(전라도)
2	**김제**(전라도)	**평택**(충청도)	**석성**(충청도)
3	**평택**(충청도)	**김제**(전라도)	오천(충청도)
4	**임피**(전라도)	한산(충청도)	직산(충청도)
5	**석성**(충청도)	**용안**(전라도)	**당진**(충청도)
6	한산(충청도)	고부(전라도)	덕산(충청도)
7	**용안**(전라도)	**석성**(충청도)	**만경**(전라도)
8	서천(충청도)	서천(충청도)	**은진**(충청도)
9	**은진**(충청도)	**교동**(경기도)	**함종**(평안도)
10	고부(전라도)	옥구(전라도)	서천(충청도)
11	익산(전라도)	**익산**(전라도)	아산(충청도)
12	덕산(충청도)	여산(전라도)	예산(충청도)
13	**여산**(전라도)	동래(경상도)	신창(충청도)
14	아산(충청도)	금구(전라도)	하양(경상도)
15	오천(충청도)	**은진**(충청도)	회덕(충청도)
16	직산(충청도)	임천(충청도)	**평택**(충청도)
17	이산(충청도)	이산(충청도)	현풍(경상도)
18	금구(전라도)	광주(전라도)	경산(경상도)
19	**교동**(경기도)	함열(전라도)	**임피**(전라도)
20	**동래**(경상도)	나주(전라도)	영산(경상도)

자료 : 정치영, 2004, 조선후기 인구의 지역별 특성, 민족문화연구 40, p.39.
주 : 굵은 글씨체로 표시한 군현은 인구밀도 순위 20위권 내에 포함된 군현(표 7-7)

　오늘날과 달리 농업이 국가 경제의 근간이었던 조선에서는 이러한 인구의 분포 양상이 무엇보다도 농경지의 분포와 긴밀한 관계를 지니고 있었다. 앞에서 살펴보았듯이 전라도·경상도·충청도 등 삼남 지방의 인구 밀도가 다른 지역에 비해 높은 것도 상대적으로 이 지역에 많은 농경지가 분포하기 때문이었다. 〈그림 7-2〉는 『여지도서』에 실려 있는 각 군현별 논과 밭의 결수(結數)를[14] 합해 이를 지도화한 것이다. 전라도·경상도·충청도 등 삼남 지방의 군현에 많은 농경지가 분포하며, 북부 지방의 경우에는 일부 해안 지방을 제외하고는 농경지의 면적이 협소함을 알 수 있다.
　또한 인구 분포와 농경지 규모와의 상관관계를 보다 정밀하게 규명하기 위해 각 군현의 경지 밀도를 구하여 그 군현 별 순위를 정리한 것이 〈표 7-9〉이다.[15] 논과 밭을 합한 전체 농경지 밀도의 순위를 살펴보면, 전라도 만경현이 1위를 차지하였으며, 20위권 내에 전라도·충청도·경상도·경기도의 군현이 각각 8·10·1·1곳씩을 점하였다. 또한 논의 밀도에서는 20위권 내에 전라도의 군현이 11곳을 차지해 상대적으로 많은 논이 분포하였음을 알 수 있다. 밭의 밀도 순위는 20위권 내에 충청도의 군현이 12곳이나 포함되었고, 경상도가 4곳을 차지하였다. 한편 〈표 7-7〉의 인구 밀도 20위권의 군현들을 〈표 7-9〉와 비교해 보면, 무려 15곳이 〈표 7-9〉에 포함되어 인구 밀도와 경지 밀도가 서로 긴밀하게 연관되어 있음을 증명하고 있다.

2) 일제 강점기의 인구 분포

농경지의 분포와 깊은 관계가 있는 것으로 나타난 조선 시대의 인구 분포는 일제 강점기 들어서도 큰 변화가 없었다. 여전히 북부와 동부 지방에 비해 남부와 서부 지방에 더 많은 인구가 분포하였다.

처음 센서스가 실시된 1925년의 도별 인구 분포를 살펴보면, 〈표 7-10〉과 같이 경상북도에 가장 많은 인구가 분포하였고, 그 다음으로는 전라남도·경상남도·경기도의 순으로 이들 네 개 도의 인구가 전국 인구의 43.7%를 차지하였다. 20년이 흐른 1944년의 도별 인구 분포는 경기도가 1위로 올라섰고, 전라남도·경상북도·경상남도의 순이었다. 경기도의 인구는 1925년의 약 202만 명에서 1944년 약 309만 명으로 크게 늘어난 데 비해, 경상북도의 인구는 1925년 약 233만 명에서 1944년 약 261만 명으로 약간 늘어나는 데 그치면서 순위의 변동이 있었다. 일제 강점기 동안 경기도의 인구 증가는 서울·인천 등 도시로의 인구 이동이 주된 원인이었다.

일제 강점기 동안 인구 분포의 변화에서 가장 주목되는 현상은 강원도·평안도·함경도 등 조선 시대까지 상대적으로 인구가 희박하였던 지역의 인구 비중이 계속 증가한 반면, 경상도·전라도 등 인구가 조밀하였던 지역의 비중은 줄어든 점이다. 일제

표 7-10 일제 강점기의 도별 인구 분포 변화

도	도별 인구의 구성비(%)		
	1925년	1935년	1944년
경기도	10.34	10.71	11.93
강원도	6.82	7.01	7.17
충청북도	4.34	4.19	3.78
충청남도	6.57	6.67	6.46
전라북도	7.01	7.02	6.46
전라남도	11.06	10.95	10.61
경상북도	11.95	11.19	10.05
경상남도	10.36	9.82	9.33
황해도	7.49	7.31	7.77
평안북도	7.26	7.47	7.26
평안남도	6.36	6.42	7.05
함경북도	3.21	3.72	4.34
함경남도	7.24	7.52	7.78
전국	100	100	100

자료: 한주성, 2007, 인구지리학, 한울아카데미, p.99.

의 근대 공업 원료 확보를 위한 광물 및 임산 자원의 개발이 동부 및 북부 지방의 인구 증가를 가져왔다.

3) 해방 이후의 인구 분포

해방 이후 우리나라의 지역별 인구 분포 양상은 급격한 변화를 겪었다. 특히 1960년대부터 공업화가 급속하게 진전되면서 도시로의 인구 집중 현상이 진행되었다. 이른바 이촌 향도 현상에 의해 서울·부산 등 대도시는 과밀화 현상이 나타난 반면, 농어촌 지역에서는 인구가 계속 감소하였다.

〈표 7-11〉은 이러한 시기별 인구 분포의 경향성을 잘 보여 준다. 1960년에는 우리

나라 전체 인구의 9.79%가 서울에 살았으나, 이후 많은 농촌 인구가 서울로 이주하면서 1990년에는 전체의 1/4에 가까운 인구가 서울에 집중하였다. 서울의 인구는 1990년대 이후 점차 감소하는 추세에 있으나, 대신 서울·인천과 함께 수도권을 이루는 경기도의 인구는 계속 증가하고 있다. 2005년 현재, 서울·인천·경기도 등 수도권의 인구는 전체 인구의 절반 가까이에 해당한다. 반면, 충청도·전라도·경상도 등의 인구는 계속 감소하고 있다. 이에 따라 전체 인구 중 도시에 사는 인구의 비율을 의미하는 도시화 비율은 1955년 24.5%에서 1970년 41%로 증가하였고, 1980년에는 56%, 1990년에는 74.4%가 되었으며, 현재는 약 80%에 달하고 있다.

한편, 인구 밀도를 통해 인구 분포의 특색을 살펴보면, 경기도 연천과 부산 동래를 잇는 경계선을 따라 남서부의 평야 지대와 해안 지방은 인구 조밀 지역에 속하며, 이

표 7-11 해방 이후 시·도별 인구 분포 변화

도	시·도별 인구의 구성비(%)					
	1960년	1970년	1980년	1990년	2000년	2005년
서울특별시	9.79	17.59	22.34	24.44	21.43	20.77
부산광역시	-	5.97	8.44	8.75	7.95	7.45
대구광역시	-	-	-	5.13	5.38	5.21
인천광역시	-	-	-	4.19	5.36	5.35
광주광역시	-	-	-	2.62	2.94	3.00
대전광역시	-	-	-	2.42	2.97	3.05
울산광역시	-	-	-	-	2.20	2.22
경기도	11.00	10.68	13.18	14.18	19.44	22.03
강원도	6.55	5.95	4.78	3.64	3.23	3.10
충청북도	5.48	4.71	3.80	3.20	3.18	3.09
충청남도	10.12	9.09	7.90	4.64	4.00	4.00
전라북도	9.58	7.73	6.11	4.77	4.10	3.77
전라남도	14.22	12.73	10.10	5.78	4.34	3.85
경상북도	15.40	14.49	13.24	6.59	5.91	5.52
경상남도	16.73	9.90	8.87	8.46	6.46	6.46
제주도	1.13	1.16	1.24	1.19	1.11	1.13
전국	100	100	100	100	100	100

자료 : 한주성, 2007, 인구지리학, 한울아카데미, pp.101-102.

경계선의 북동부 지역인 태백산맥 및 소백산맥 등의 산간 지대는 인구 희소 지역이라고 할 수 있다. 현재 인구 밀도가 가장 낮은 지역은 강원도와 충북, 경북의 산간 지역, 특히 휴전선에 인접한 강원도의 인제군과 화천군이 가장 인구가 희박한 곳이다.

5. 인구의 이동

1) 고대부터 고려 시대까지의 인구 이동

인간의 역사는 방랑의 이야기라 할 수 있을 정도로 인구 이동으로 점철되어 있다. 인구 이동은 단순히 사람들의 이주에 그치지 않고, 문화의 전파, 나아가 경관의 변화를 가져오므로 지리학의 오랜 관심거리였다. 역사지리학에서의 인구 이동에 대한 연구는 이동의 양과 방향, 거리에 대한 분석, 이동의 원인, 즉 유출 원인과 유입 원인의 규명, 그리고 이동에 의해 일어난 지역 변화 등을 다루어 왔다.

우리나라에서도 아주 먼 옛날부터 사람들의 이동이 이루어졌으나, 자료의 제약 때문에 그 양상을 파악하기 매우 어렵다. 『삼국사기』의 인구 이동 기록을 추출하여 고대부터 통일 신라 시대까지의 인구 이동을 고찰한 연구에 따르면, 이 시기에는 생태적 힘에 의한 '원시적 이동', 국가와 개인의 관계에 기초한 '강요 이동', 국가의 정책에 의한 '강제 이동', 개인의 의지에 의한 '자유 이동' 등 4가지 유형의 인구 이동이 일어났다.[16]

원시적 이동은 이상 기후나 자연재해 등을 피해 이주하는 것으로 전근대 사회에서는 흔한 사례였다. 강요 이동은 이동의 주체인 개인 혹은 집단이 이동 여부를 결정할 권리를 어느 정도 가지고 있었다는 점에서 강제 이동과 다른데, 고대에 매우 흔하게 일어났으며, 인구 이동의 규모도 컸다. 통치자와의 갈등을 피해 유력자가 자신의 무리를 이끌고 이주하거나, 국가가 멸망하자 유민들이 집단으로 외국으로 이주한 사례 등이 대표적이다. 특히 일본에서 '도래인(渡來人)'이라 불리는 한반도에서 건너간 백제·신라·고구려의 유민들은 일본의 고대 문화 발전에 커다란 기여를 하였다.

강제 이동은 이동자의 의지가 완전히 배제되고 전적으로 타의에 의해 이동하는 것으로, 역시 고대에 빈번하게 이루어졌다. 변경이나 새로운 지역을 개척하기 위해 이루어진 이주, 포로나 반역자를 일정한 지역에 안치한 것, 신라가 통일을 한 뒤에 권력 안정을 위해 중앙의 귀족을 지방으로 분산시킨 것 등이 여기에 해당하는 사례들이다. 자유 이동은 이동에 따르는 위험이 매우 크기 때문에 개인의 의지 뿐 아니라 개인이 소속되어 있던 사회의 분위기가 주요한 원인으로 작용하며, 경제적인 이유도 직접적인 동기가 된다.

고려 시대 인구 이동의 양상도 그 이전 시기와 크게 다르지 않았을 것으로 생각된다. 자연재해 등으로 인한 기근이 인구 이동을 유발하였고, 전쟁도 인구 이동의 중요한 원인이 되었다. 특히 고려 말에는 왜구의 침략으로 남부의 연해 지방이 많은 피해를 입어 인구의 유출이 많았고, 그 인구가 상대적으로 안정된 중부 내륙 지방으로 유입된 것으로 보인다.

2) 조선 시대의 인구 이동

조선 전기의 인구 이동은 크게 흉년·전란 등으로 인한 유이민과 국가 정책에 의한 북방 이민으로 구분해 볼 수 있다. 조선 초에는 왜구의 침입이 잦았던 남부 연해 지방의 인구가 중부의 내륙 지방으로 유출되었으나 세종 이후 왜구가 종식되고 정치·사회적 안정이 이루어지면서 남부 지방으로 인구가 다시 유입되기 시작하였다. 흉년이나 자연재해로 발생한 유민들이 농업 생산성이 높은 남부 해안 지방으로 계속 이동하면서 이 지역의 인구는 계속 증가하였다. 한편 조선 건국과 더불어 추진된 북방 개척을 위한 남부 지방 주민의 북방 이민도 인구 이동을 유발하였다. 세종·성종 때에는 북방 개척을 위해서 남부 지방의 양민뿐 아니라 각 도의 유민과 죄인의 이주도 이루어졌다.

　조선 전기에는 이와 같이 전국적인 범위에서의 장거리 이동도 있었지만, 선진 농법의 보급에 따른 농업 생산력의 증대와 지배층의 교체에 의해 군현 내부에서의 단거리 이동도 활발하게 전개되었다. 고려 말에 이르기까지 각 고을의 읍치는 정치·행정의 중심지로서 많이 개발되었으나,■17 그 외곽 지역인 향촌 지역은 인구가 희소하여 미개발된 상태로 남아 있었다. 이들 지역이 조선 시대에 들어와 신흥사족·유향품관■18·낙향관리들에 의해 개발되기 시작하였다. 이들이 선진 농법을 동원하여 농장을 개설·경영하면서 향촌 지역은 사족의 본거지로 변화하였다. 결국 이러한 향촌 지역의 개발은 재지 사족과 그들의 소유 노비 등을 중심으로 한 군현 단위에서의 인구 이동을 가져왔고, 이러한 현상은 조선 중기까지 지속되었다.

　200여 년 가까이 평화로운 시기를 보내다가 겪은 임진왜란은 전국적인 인구 이동을 일으켰다. 많은 사람들이 피난길에 올랐고, 이 중에는 피난처에 그대로 정착한 이도 적지 않았다. 피난처로 주로 이용된 곳은 산간벽지로, 특히 소백산맥과 태백산맥 인근 지역에 많은 피난민들이 모여들었다. 이러한 지역이 피난처로 선호된 것은 외부와 단절된 깊은 산 속에 숨을 곳이 많다는 지형적 요인 외에도, 당시 유행한 예언서들이 한몫을 하였다. 비결(秘訣)·비기(秘記)·도참(圖讖) 등으로 불리던 각종 예언서에는 '승지(勝地)'라고 불리는 "병화와 흉년을 피할 수 있고 오래도록 편안하게 몸을 보전할 수 있는 곳"들이 기록되어 있다. 그래서 전쟁을 겪으면서 많은 사람들이 이러한 승지를 찾아내어 그곳에 살고자 노력하였으며, 이러한 노력은 자연재해와 사회적 혼란이 끊이지 않았던 조선 후기 내내 지속되었다. 그런데 『정감록(鄭鑑錄)』을 비롯한 예언서에 등장하는 승지의 대부분이 소백산맥과 그 주변에 분포하였다. 그중에서도 태백산맥과 소백산맥 사이에 있는 이른바 양백 지방(兩白 地方)에 승지가 집중적으로 분포하였다. 즉 소백산맥과 그 인근 지역은 조선 시대에 가장 널리 알려진 피병(避兵)·피세지(避世地)였고, 이 때문에 전쟁과 사회적 혼란 등을 피해 이 지역으로 이주하는 사람이 많았다.

조선 전기에 비해 조선 후기에는 인구 이동이 더욱 활발하게 진행되었다. 조선 후기의 인구 이동은 병자호란과 인조 대의 이괄의 난(1624), 영조 대의 이인좌의 난(1728), 순조 대의 홍경래의 난(1811~1812) 등 크고 작은 내란, 그리고 이 시기에 자주 발생했던 대규모의 기근과 전염병이 주된 원인이 되었다. 조선 후기 기근의 규모는 엄청난 것이어서, 1733년(영조 9)에 충청도와 경상도를 엄습한 기근 때에는 연인원 408,808명의 기민(饑民)이 발생하고 13,113명이 굶어 죽었으며, 1809년(순조 9년)에는 전국 기민의 연인원이 8,391,239명에 이르러 그 해의 전국 인구수 7,583,046명을 상회하는 현상도 출현하였다. 한편 1601~1863년 사이의 『조선왕조실록』에는 전염병에 대한 415건의 기록이 기재되어 있어 전염병의 발생이 일상적인 일이었음을 알 수 있다. 전염병으로 인한 인적 손실은 전란으로 인한 피해 못지않아 영조 때에는 영남 지방 등의 민호(民戶) 10집 가운데 7~8집이 빌 정도의 피해를 입기도 했고, 1821년(순조 21)에는 홍수에 뒤이은 괴질의 확산으로 "이품 이상의 관리만 10여 명이 사망했고, 일반 관료와 사대부의 사망자 수는 계산이 불가능할 지경이며, 전국적으로는 수십여 만 명이 사망할" 정도로 피해가 막심했다. 이 때문에 당시에는 벼슬을 사양하고 낙향할 만큼 전염병을 두려워하여 전염병이 유행하기 시작하면 몸을 피하는 경우가 많았으며, 인적이 드문 산지로 이주하는 사례도 적지 않았다. 이상과 같이 조선 후기에는 대기근과 전염병이 발생한 지역에서 살길을 찾기 위한 대규모의 인구 이동이 일어나는 것이 일반적이었다.

이 밖에도 조선 후기에 소위 삼정(三政)의 문란이라[19] 지칭되는 각종 부세와 역의 부담이 갈수록 가중되었고, 이에 편승하여 지방 수령과 향리의 가렴주구가 한층 더 기승을 부린 것도 인구 이동의 원인이 되었다. 특히 삼정의 문란과 관리의 폭정으로 가장 고통을 받은 계층은 농민층이었고, 그 중에서도 빈농층에 부담이 편중되었는데, 이를 피하기 위해서는 고향을 몰래 등지는 수밖에 없었다. 이러한 원인들로 인해 고향을 떠난 농민들은 다른 농촌이나, 화전(火田)·변방 개간처(邊方 開墾處)·해도(海島), 그리고 도시·광산 지역 등 다양한 장소로 유입되었다.

이와 같이 전쟁, 기근과 전염병, 삼정의 문란 등 사회적 혼란에 의한 인구 이동과 더불어, 조선 시대 전 기간에 걸쳐 경제적인 기반 마련, 조상의 묘소 관리 등 일상적이고 평범한 원인들에 의한 인구 이동도 계속되었다. 일반적으로 마을이 형성된 뒤 시간이 경과하면서 분가와 외부인의 이주에 의해 인구가 점차 증가하면, 마을 내에서 집을 지을 수 있는 대지와 농경지의 확보가 갈수록 어려워지게 된다. 그 유일한 해결책은 마을 바깥으로의 분가와 이주이며, 이 경우 대부분 근거리의 인구 이동을 유발하였다. 근거리 이동이 주를 이루는 것은 낯선 지역으로의 원거리 이동보다는 충분한 사전 정보를 가지고 있는 근거리로의 이주를 훨씬 선호하였기 때문이다. 또한 당시의 교통 조건으로는 원거리 이동이 힘들었고, 원격지에 대한 정보가 부족하여 심리적으로 낯선 곳으로의 이동이 망설여졌을 것이라는 점 등을 고려할 때 이는 당연한 결과로 생각된다. 이때 선호된 것이 충분한 사전 정보를 가지고 있으며 여러 가지 생활의 편의를 제공받을 수 있는 외가나 처가가 있는 곳으로의 이주였다.[20]

한편 조상의 묘를 보살피는 일도 중요한 이주 원인이 되었다. 오늘날과 달리 조선시대에는 성묘(省墓)·묘제(墓祭)·개사초(開莎草)·투장(偸葬) 확인 등의 산소 관리가 매우 중요한 일이었으며, 이를 위해 조상의 묘소에서 되도록 가까운 곳에 살려고 노력하였다. 따라서 어떤 곳에 조상의 묘를 쓰게 되면, 이를 관리하기 위해 묘 주변으로 이사하는 사례가 적지 않았다.

조선 말기에는 인구의 국제 이동이라는 새로운 현상이 나타났다. 두만강 북쪽의 간도 지방으로 19세기 후반부터 많은 사람들이 농사를 짓기 위해 건너갔다. 간도를 비롯한 만주 일대는 청의 봉금 정책(封禁 政策)으로 조선인은 물론 중국인의 입주가 금지된 곳이었으나, 청의 국력이 약해지자 국경을 넘는 농민들이 늘어났다. 이들은 대부분 생활이 어려운 빈농들이었으며, 특히 1860년대 연이은 흉년으로 굶주림에 시달리던 함경도 농민들이 많았다. 이들은 상대적으로 넓고 비옥한 만주 지방에 농경지를 개간하여 정착하였고, 러시아의 연해주까지 이주 범위를 넓혔다. 만주와 연해주에서 처음 벼농사가 시작된 것은 이들 조선인 농민들에 의해서였다.

3) 일제 강점기의 인구 이동

일제 강점기는 인구 이동이 본격화된 시기이다. 조선 시대에도 적지 않은 인구 이동이 이루어졌으나, 기본적으로 농업을 위주로 한 자급자족 경제의 사회였기 때문에 일제 강점기 이후에 비해서는 매우 적은 수준이었다. 일제 강점기 인구 이동의 흐름은 크게 국내 이동과 국제 이동으로 나누어 볼 수 있다.

먼저 국내 이동은 남부 지방에서 중부 및 북부 지방으로의 이동이 두드러졌다. 일제 강점기 동안 충청도·전라도·경상도의 인구는 미미하게 증가하거나 정체 혹은 때로 감소한 데 비해, 함경도·평안도·경기도·황해도 등의 인구는 크게 증가하였다. 이러한 현상은 과잉 노동력을 가지고 있던 남부의 농촌에서 인구 밀도가 낮고 광공업의 개발이 활발한 북부 지방으로 인구가 대량으로 이동하였기 때문이다.

국내 이동의 또 다른 경향은 농촌에서 도시로의 이동이다. 일제 강점기 들어 상공업이 발달하면서 도시화가 촉진되기 시작하였다. 서울을 비롯한 전통적인 행정 중심지는 물론이고, 부산·인천·원산·목포 등의 항구와 대전·신의주 등 철도가 지나가는 신흥 교통 도시가 급성장하면서 도시로의 인구 이동은 가속화되었다.

일제 강점기에는 특히 국제 이동이 크게 증가하였다. 조선 말기부터 시작된 만주와 연해주 지방으로의 이주는 한일합방과 3·1독립운동을 계기로 더욱 활발해져서 만주의 경우, 1910년에 약 22만 명이었던 조선인 인구가 1920년에는 약 46만 명으로 두 배 이상 늘었다. 그러나 1920년 이후에는 만주를 중심으로 한 독립운동의 우려 때문에 일제가 이주를 억제한 결과, 만주로의 이주가 한때 줄기도 하였다. 한편 1903~1905년 사이에는 미국 하와이와 멕시코로의 노동 이주가 이루어졌으나, 하와이로의 이주도 그곳의 일본 노동자를 보호하기 위한 일제의 압력으로 곧 중단되었다.

일제에 의한 식민지 수탈이 계속되면서 국제 이동은 꾸준히 증가하였다. 특히 토지조사 사업에 기초한 토지의 수탈은 가난한 농민들의 생활을 더욱 어렵게 만들어 이들의 국제 이동을 촉진하였다. 일본으로 이주한 사람들은 1915년까지 약 5천 명에 불과하였으나 1930년에는 약 30만 명, 해방 직전에는 200만 명 가까이로 늘어났다. 1939

년부터는 징병·징용 제도가 실시되어 연간 10~20만 명이 일본으로 동원되어 갔으며, 징용으로 끌려간 사람들은 도쿄·오사카·나고야·기타큐슈의 공업 지대와 일본 각지의 탄광에 배치되었다. 중국으로의 이주자도 1930년에 약 60만 명 이상으로 늘어났고, 해방 직전에는 약 170만 명으로 추산되었다. 1945년 해방 당시 해외에 거주하던 우리 동포들은 약 500만 명에 달하였다.

4) 해방 이후의 인구 이동

해방 직후에는 일제 강점기 동안 해외로 이주하였던 인구의 국내 귀환이 대규모로 이루어졌다. 특히 귀환으로 인한 인구 이동은 비교적 이동의 역사가 짧고 징병·징용으로 인한 이주가 주를 이룬 일본으로부터의 이동이 많았다.

1950년부터 3년간 계속된 6·25전쟁은 사상 유례가 없는 대규모의 인구 이동을 초래하였다. 북한에서 온 월남민들과 중부 지방의 피난민들이 부산·대구를 비롯한 영남 지방으로 몰려들었고, 상대적으로 중부 지방과 산간 지역은 인구의 공백 상태가 나타났다. 그러나 전쟁이 끝나자, 피난민들이 돌아오고 북한의 월남민들이 정착하여 경인 지방과 강원도의 인구가 크게 증가하였다.

사회가 안정을 되찾은 1960년 이후에는 급속한 공업화로 인해 농촌 인구가 대규모로 도시로 이동하는 현상이 본격적으로 일어났다. 인구 이동 추세를 인구센서스 자료를 통해 살펴보면, 총이동자 수가 1961~1966년에는 약 300만 명이었다가 1975~1980년에는 약 770만 명으로 2.5배 이상 늘어났으며, 이는 5세 이상 전체 인구의 약 22.9%에 해당하는 숫자였다. 1980년대 이후에도 인구 이동이 활발하게 이루어져 1985~1990년에는 983만 명이 이동하였고, 1990~1995년에는 1009만 명이 이동하였다. 한편 주민 등록 신고 자료를 기초로 인구 이동 경향을 살펴보면, 1967년에는 376만 명이 이동하여 12.8%의 이동률을 보였으며, 2001년에는 929만 명이 이동하여 19.4%의 이동률을 나타냈다. 우리나라 국민 100명 가운데 약 20명이 이동한 것으로, 일본(5.3명), 대만(7.4명), 노르웨이(4.1명) 등 다른 나라에 비하면 매우 높은 수준이다. 그러나 이동의 내용을 보면, 시도 간을 오가는 장거리 이동보다는 시도 내에서 단거리 이동이 주를 이루고 있다.

해방 이후에도 국제 이동이 계속되었다. 특히 1962년에 해외 이주법이 제정되어 해외 이민을 국가 정책으로 채택하면서 이주자가 늘어나기 시작했다. 1970년대 들어서 월남의 붕괴, 국내 정치 상황의 불안정 등으로 해외 이주자가 급증하여 1970년대 중반부터 약 10년 동안에는 매년 3만 명 이상이 외국으로 이주하였다. 그 후에는 국내 경제의 성장으로 이민자 수가 감소하였는데, 2000년의 해외 이주자 수는 15,307명이었으며, 계속 줄어 2009년에는 1,153명에 불과하였다.

해외 동포의 분포를 국가별로 살펴보면, 가장 많은 한국인이 거주하고 있는 나라는 중국으로, 2010년 현재 약 248만9천 명이 살고 있으며, 그 다음은 미국(약 210만2천 명), 일본(약 91만3천 명), 캐나다(약 22만3천 명), 러시아(약 22만2천 명), 우즈베키스탄(약 17만6천 명) 등의 순이다. 이 중에서 해방 이후 가장 많은 이민을 기록한 나라는 미국이며, 가족·친지의 초청이나 국제 결혼, 취업 등의 형태로 이주하였다. 재미 교포 가운데 가장 많은 숫자가 살고 있는 곳은 로스앤젤레스·샌프란시스코가 있는 미국 서부의 캘리포니아 주이며, 동부의 뉴욕 등 대도시에도 많은 교포가 거주하고 있다. 한국인이 많이 모여 사는 로스앤젤레스·샌프란시스코·뉴욕 등지에는 한국인 시가지(Korean Town)가 형성되어 있다.

주

1 호구(戶口)는 호와 구를 합한 말이며, 호는 호적상의 집의 수를, 구는 식구 수를 말한다.

2 현재의 충청북도 청주시 일원이다.

3 아버지와 할아버지, 증조할아버지, 외할아버지를 뜻한다.

4 1896년 '호구조사규칙'과 '호구조사세칙'이 제정되면서 만들어진 신식 호적은 내용에 있어 호주 부인의 사조를 기재하지 않은 것을 빼면 구식 호적과 큰 차이가 없었다.

5 편호란 각종 역과 세금 등을 부과·징수하기 위해 실제 호수를 참작하여 위로부터 배정되어 편성된 호수이다.

6 남정이란 16세에서 59세까지의 남자를 말한다.

7 경상도 등 일부 지역은 면별 인구 통계가 기재되어 있지 않다.

8 경기도 금천현은 '갑자장적(甲子帳籍)', 충청도 괴산군은 '병자장적(丙子帳籍)'을 기준으로 하고 있어 각각 1684년(숙종 10), 1756년(영조 32)의 호구 통계로 보인다.

9 도면과 별도로 기록된 『광여도』의 설명문에는 호구, 전결, 부세, 군정 등 군현의 사회경제적 실정을 알려주는 항목들이 주로 기재되어 있다.

10 관공리(官公吏), 양반, 유생(儒生), 상업, 농업, 어업, 공업, 광업, 일가(日稼), 기타, 무직 등으로 구분되어 있다. 일가란 일용직 노동자로 볼 수 있다.

11 묘지명이란 어떤 인물이 죽은 후 그의 이름과 생년, 가계와 행적, 장지, 무덤의 위치 등을 돌에 새겨 무덤에 함께 매장한 것으로, 이 연구에서는 고려 시대 266명의 묘지명을 분석하였다.

12 출산력은 한 인구가 가지는 실제적인 출산의 빈도를 의미하며, 사망력은 사망 빈도를 의미한다.

13 조출생률은 1,000명의 인구 당 특정 기간(대개 일 년) 동안 몇 명이 출생하였는가를 나타내는 지수로 보통출생률이라고도 하며, 조사망률은 1,000명의 인구당 특정 기간 동안 몇 명이 사망하였는가를 나타내는 지수로 보통사망률이라고도 한다.

14 결은 조선 시대 농경지 면적의 단위이다.

15 경지 밀도는 『여지도서』에 실려 있는 군현별 전결 수와 행정 구역 복원을 통해 얻은 각 군현의 면적을 이용해 구하였으며 $1km^2$ 당 전결 수를 말한다.

16 페터슨(Petersen)은 원인과 형태를 고려하여 인구 이동을 '원시적 이동(primitive migration)', '강요 이동(impelled migration)', '강제 이동(forced migration)', '자유 이동(free migration)', '대중 이동(mass migration)' 등 5가지 유형으로 구분하였으며, 남상준은 이를 이용하여 고대 우리나라의 인구 이동을 4가지 유형으로 나누었다. 페터슨이 제안한 사회적 계기에 의한 '대중 이동'은 고대에는 존재하지 않았다고 판단하였기 때문이다.

17 읍치란 군현의 관아 소재지를 말한다.

18 지방에 남아서 살고 있던 전직 벼슬아치를 의미한다.

19 삼정은 전정(田政)·군정(軍政)·환곡(還穀)을 말한다.

20 조선 전기에는 이러한 경향이 더욱 강하였다. 왜냐하면, 조선 전기까지는 아들과 딸, 또는 친손과 외손의 구별이 엄격하지 않았고 재산 상속에 있어서도 자녀 균분을 원칙으로 하고 있었다. 따라서 사위나 외손이 처가나 외가의 경제적 후원을 받아 정착의 기틀을 마련하는 경우가 허다하였으며, 시기적으로 주로 15~16세기에 이러한 현상이 많이 나타났다.

참고문헌

大東地志(漢陽大學校 國學研究院 影印本, 1976)
三國遺事(朝鮮研究會 영인본, 1915)
世宗實錄地理志(朝鮮總督府中樞院, 1937)
輿地圖書(국사편찬위원회 영인본, 1973)
戶口總數(서울대학교 규장각, 1996)

국사편찬위원회, 1981, 한국사 13-양반사회의 변화, 국사편찬위원회.
국사편찬위원회, 1994, 한국사 25-조선 초기의 사회와 신분구조, 국사편찬위원회.
국사편찬위원회, 1997, 한국사 33-조선 후기의 경제, 국사편찬위원회.
국사편찬위원회, 1998, 한국사 30-조선 중기의 정치와 경제, 국사편찬위원회.
권태환·김두섭, 1990, 인구의 이해, 서울대학교 출판부.
권태환·신용하, 1977, 조선왕조시대 인구추정에 관한 일시론, 동아문화 14, 289-330.
권혁재, 2003, 한국지리 제3판, 법문사.
김두섭, 1990, 조선후기 도시에 대한 인구학적 접근, 한국사회학 24, 7-23.
김두섭·박상태·은기수 편, 2002, 한국의 인구 1·2, 통계청.
김재진, 1967, 한국의 호구와 경제발전, 박영사.
김종혁, 2003, 조선시대 행정구역 복원과 베이스맵 작성, 민족문화연구 38, 97-110.
김종혁, 2003, 조선시대 행정구역의 변동과 복원, 문화역사지리 15(2), 97-124.
남상준, 1985, 고대 한국의 인구이동에 관한 연구, 지리학 32, 39-57.
박상태, 1987, 조선후기의 인구-토지압박에 대하여, 한국사회학 21, 101-121.
방동인, 1981, 인구의 증가, 한국사 13-조선: 양반사회의 변화, 국사편찬위원회, 279-321.
변주승, 1997, 조선후기 유민연구, 고려대학교 박사학위논문.
역사문화학회 편, 2008, 지방사연구입문, 민속원.

옥한석, 1994, 향촌의 문화와 사회변동-관동의 역사지리에 대한 이해, 한울아카데미.

이기석 편, 1984, 한국의 인구와 취락 연구-팔역 이지호 교수 정년퇴임 기념논집, 서울대학교 사범대학 지리교육과.

이수건, 1976, 조선초기 호구연구, 영남대학교 논문집 5, 1-54.

이태진, 1988, 고려후기의 인구증가 요인 생성과 향약의술 발달, 한국사론 19, 203-279.

이태진, 1993, 14-16세기 한국의 인구증가와 신유학의 영향, 진단학보 76, 1-17.

이태진, 1996, 소빙기(1500-1750) 천변재이 연구와 조선왕조실록-global history의 한 장, 역사학보 149, 203-236.

이헌창, 1997, 민적통계표의 해설과 이용방법, 고려대학교 민족문화연구소.

이호철, 1986, 조선전기농업경제사, 한길사.

이호철, 1992, 농업경제사연구, 경북대학교 출판부.

이희연, 2010, 인구학-인구의 지리학적 이해(제 5판), 법문사.

임학성, 2000, 17·18세기 단성지역 주민의 신분변동에 관한 연구, 인하대학교 박사학위논문.

임학성, 2003, 18세기 전반 경상도 단성현의 자연재해와 인구·신분구성의 변화-신등면 단계상촌 호적의 사례분석, 조선시대 사회의 모습, 집문당, 309-358.

전종한, 2005, 종족집단의 경관과 장소, 논형.

정치영, 2004, 조선후기 인구의 지역별 특성, 민족문화연구 40, 27-50.

정치영, 2005, 조선시대 유토피아의 양상과 그 지리적 특성, 문화역사지리 17(1), 66-83.

정치영, 2006, 지리산지 농업과 촌락 연구, 고려대학교 민족문화연구원.

정치영, 2009, 조선시대 씨족집단의 이주: 선산김씨를 사례로, 문화역사지리 21(3), 47-61.

조광, 1982, 19세기 민란의 사회적 배경, 19세기 한국전통사회의 변모와 민중의식, 고대민족문화연구소, 181-235.

최봉호, 1994, 우리나라 호구조사제도의 역사적 고찰, 한국인구학회지 17(1), 53-71.

한영국, 1985, 조선왕조 호적의 기초적 연구, 한국사학 6, 191-398.

한영국, 1989, 조선 초기 호구통계에서의 호와 구, 동양학 19, 241-252.

한영국, 1997, 인구의 증가와 분포, 한국사 33- 조선후기의 경제, 국사편찬위원회, 13-33.

한영우, 1977, 조선전기 호구총수에 대하여, 인구문제와 생활환경, 서울대 인구 및 발전문제연구소, 24-41.

한주성, 2007, 인구지리학, 한울아카데미.

Tony Michell(김혜정 역), 1989, 조선시대의 인구변동과 경제사 – 인구통계학적인 측면을 중심으로, 부산사학 17, 75-107.

有薗正一郎·遠藤匡俊·小野寺淳·古田悦造·溝口常俊·吉田敏弘, 2001, 歷史地理調査ハンドブック, 古今書院.

速水融, 2002, 江戸農民の暮らしと人生-歷史人口學入門, 麗澤大學出版會.

藤岡謙二郎 外, 1990, 新訂 歷史地理, 大明堂.

石南國, 1972, 韓國の人口增加の分析, 勁草書房.

Johnston, R. J., Gregory, D. and Smith, D.(ed.), 1986, *The Dictionary of Human Geography*, Oxford: Blackwell.

Clarke, J. I., 1972, *Population Geography; 2nd edition*, Oxford: Pergamon Press.

Butlin, R. A., 1993, *Historical Geography: through the gates of space and time*, London: Edward Arnold.

Jordan, G. Terry and Domosh Mona, 2003, *The Hunan Mosaic; 9th edition*, New York: W. H. Freeman and Company.

Schnell, G. A., and Monmonier M. S., 1983, *The Study of Population: Elements · Patterns · Processes*, Columbus: Charles E. Merrill Publishing Company.

Withers, C. J., 1988, Destitution and migration: labour mobility and relief from famine in Highland Scotland 1836-1850, *Journal of Historical Geography 14(2)*, 128-150.

국가통계포털(http://kosis.kr/)
외교통상부홈페이지(http://www.mofat.go.kr/)

제8장

농업과 농업 공간의 변천 과정

관동대학교 이준선

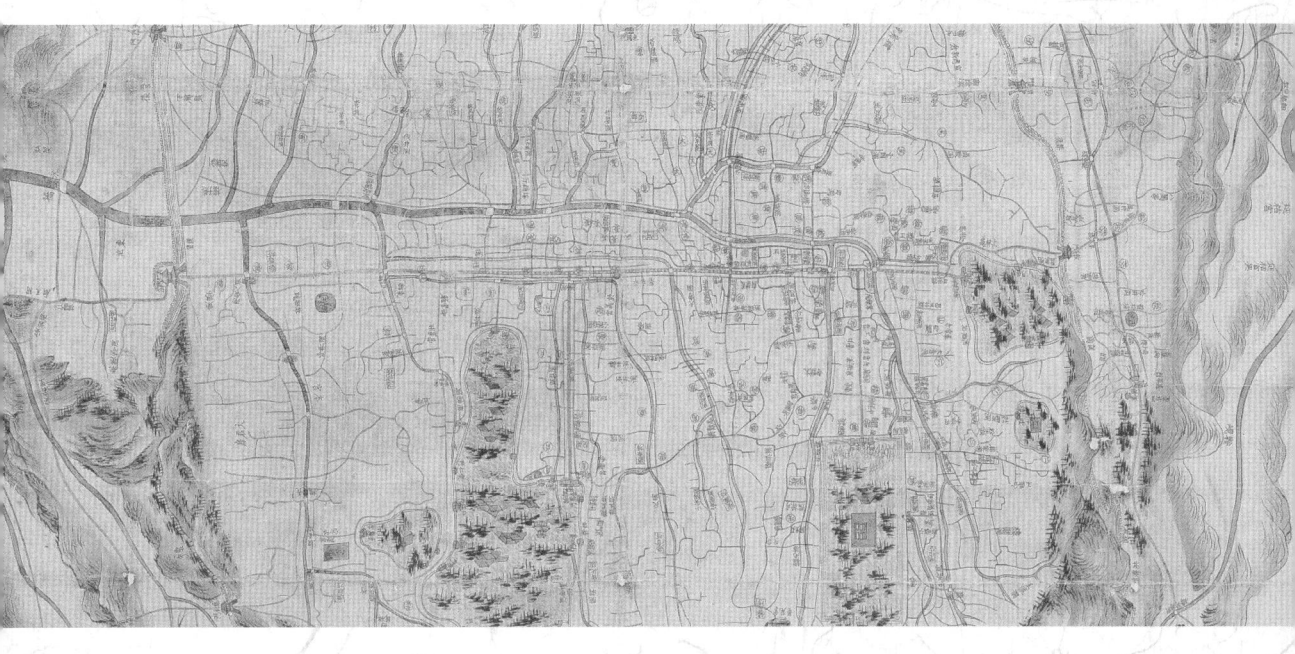

1. 농법과 수전 농업의 발전 과정

　20세기 중기까지도 농업은 한국의 산업 부문에서 중심적인 지위를 차지하고 있었다. 다른 산업 부문과 비교해 볼 때, 농업은 지형과 기후 등 주어진 지표면의 자연환경의 영향을 직접적으로 받을 수밖에 없으므로 지역적 특징을 가장 잘 드러내는 특이한 성격을 지니고 있다. 그런 점에서 과거의 지리적 현상과 지역 및 장소의 복원 작업을 기본으로 하는 역사지리학의 연구 주제 가운데 농업의 중요성은 아무리 강조해도 지나침이 없는 것으로 믿어진다. 전통 시대 한국의 농업은 식량 확보의 차원에서 곡물 위주로 영위되어 왔으며, 특히 조선 후기 이래 주곡으로 자리 잡은 미곡의 증산 추세와 관련하여 한전 농업(旱田農業)에서 수전 농업(水田農業) 중심으로 변천되어 왔다. 이러한 농법과 수전 농업의 발전 과정을 거시적 관점에서 대략 다음과 같이 5개의 단계로 나누어 볼 수가 있다.

1) 고려 중기 이전

(1) 재배 곡물의 변천과 농경지의 분화

한국의 농업은 신석기 후기부터 시작되어 청동기 시대에 들어오면서 본격적으로 발달해 온 것으로 알려져 있다. 황해도 봉산 지탑리와 경기도 여주 흔암리 등의 유적 발굴 결과가 그러한 사실을 말해 준다. 이 시기의 유적에서는 땅을 일구는 데 쓰던 석제 괭이(석초, 石鍬)나 추수용의 반달 모양 돌칼(반월형석도, 半月形石刀), 땅을 가는 데 쓰던 홈돌자귀(유구석부, 有溝石斧) 등이 일부 곡물의 낟알과 함께 발견되었다. 또한 바닥이 납작한 빗살무늬토기(평저즐문토기, 平底櫛文土器)나 물결 무늬가 있는 토기(파상문토기, 波狀文土器), 적갈색의 민무늬토기(무문토기, 無文土器) 등의 생활 도구도 출토되었다.

이러한 선사 시대 유적들 가운데 신석기 유적들이 주로 바닷가나 강가 등 수변 저지에 입지했던 것과 달리, 청동기 유적들은 대부분 하천 주변에 전개된 평야 가장자리의 낮은 구릉지에 입지하였던 것으로 알려져 있다. 이와 같이 청동기 유적이 상대적으로 고지에 해당되는 구릉지에 위치하는 이유에 대해서 종래에는 단순히 농업의 발달에 기인하는 것으로 해석되어 왔다. 그러나 이 시기의 지리적 환경의 변화, 특히 소폭이긴 하지만 해수면 변동에 기인할 가능성도 있었던 것으로 판단된다. 약 10,000년 전부터 시작된 후빙기의 해수면 변동의 추이에서 신석기 후기에 해당되는 4,000년경 전에는 해수면이 상대적으로 저하된 반면에, 청동기에 해당되는 3,000년경 전에는 다시 해수면이 상승 국면을 보인 것으로 추정되고 있다. 말하자면 해수면이 신석기 후기에 저하되었다가 청동기에 들어오면서 상승기를 맞아 하천 하류나 해안의 저습지대가 침수되어 만이나 석호와 같은 환경으로 변화되면서 청동기인들의 주거지도 따라서 구릉지로 이동된 것이라고 여겨진다. 이러한 환경의 변화와 함께 청동기인들의 생업에서 사냥·채집·어로의 비중은 줄어든 반면에, 농경의 비중이 점차 확대되어 간 것으로 짐작된다.

농경 생활의 초기에는 잡곡 중에서도 피, 기장, 조, 수수와 같이 낟알이 작은 곡물(소립 곡물, 小粒 穀物)이 주로 재배되었던 것으로 전해진다. 그러나 나중에는 보리,

밀, 콩 등 낟알이 큰 곡물(대립 곡물, 大粒 穀物)이 재배되는 가운데 벼가 추가되었다. 이렇게 벼가 한전 농업의 주요 작물인 잡곡에 비해서 시기적으로 뒤늦게 재배 곡물로 등장하게 된 것은 우선 생육 조건과 관련된다. 벼는 인도 북동부에서 동남아시아에 걸친 열대~아열대 지역에서 기원한 만큼 잡곡보다 훨씬 더 고온 다습한 기후를 필요로 한다. 일반적으로 수전 농업에는 연평균 강수량이 적어도 1,000mm 이상, 성장기부터 결실기까지의 한낮 기온은 섭씨 30도 이상의 고온과 긴 일조 시간 등의 조건이 필요하다. 더욱이 다른 곡물에 비해서 벼의 생육 기간은 가장 길어 6개월에 이를 정도이다. 이런 점에서 보면 한반도는 수전 농업에 적합한 지역이라기보다는 그 주변부의 한계 지역에 위치하므로, 우리나라의 수전 농업은 중부나 북부보다는 남부 지방에서 이루어지기 시작했다고 여겨진다. 또한 수전 농업을 행하기 위해서는 경지를 수평 상태로 조성하고 저수지와 수로 등 관수와 배수 시설을 하는 것은 물론, 적절한 시기에 관수 및 배수를 해야만 하는 등 번거롭고도 세련된 작업 과정이 필요하다. 그러므로 한국의 경우 초기 농업 이래 잡곡 중심의 화북 지방 한전 농법의 영향을 받은 한전 농업이 오랫동안 주축을 이루었다가 수전 농업 중심으로 전환되어 왔다고 생각된다.

한국의 벼는 양자강 유역에 속하는 강회 지방(江淮 地方)에서 해로를 통하여 한반도 서남부 지방으로 전래되어 온 것으로 생각된다. 이른바 이 해로설이 벼의 생태적 특성이나 한반도와 그 주변의 지리적 환경, 나아가 고대 한중간의 해상 교통로 등을 고려할 때, 화북 지방과 한반도 서북부를 경유하는 육로설보다는 오히려 그 가능성이 크기 때문이다.

한국에서 벼의 재배에 관해서는 "남쪽의 주군(州郡)에 도전(稻田)을 시작하게 했다."라는 『삼국사기』 백제 다루왕(多婁王) 6(33)년의 기록이 최초의 사례에 속한다. 또한 고이왕 9(242)년에는 "남택(南澤)에 도전(稻田)을 만들게 했다."는 기사도 보인다. 두 기록에서 도전을 시작하거나 만들게 한 곳이 공통적으로 남쪽이라고 되어 있는데, 이것은 당시 수도였던 한성을 기준으로 해서 남방의 어느 지역을 지적한 것이다. 특히 후자의 남택이라는 표현은 한전 농업과 구별되는 수전 농업을 말한 것이라고 판단된다. 이 기사들은 백제 수전 농업의 시작을 뜻하는 것이 아니라, 그 이전부터 이미 행해져 오던 것이 점차 확대되고 있었던 사실을 공인해 준 제도적 조치라고 여겨진다.

나아가 당시 한반도의 농경지에서는 한전이 지배적이었으며, 수전은 그에 비해서 미미한 상태에 있었던 사실을 쉽게 짐작할 수 있다.

한편 신라 진흥왕 22(561)년에 건립된 창녕 순수비에는 '…백전답(白田畓)…'이라는 문자가 보이는데, 답(畓)은 수전(水田)을 형상화한 한국식의 한자이다. 이 답자에 대응해서 쓰이고 있는 백전(白田)은 한전(旱田), 곧 일반적인 전(田)을 뜻하는 것으로 볼 수 있다. 이 백전이 중국에서는 수전의 세분된 유형 중 하나였으나, 한전이 농경지의 주축이었던 한반도에 전해지면서는 한전의 호칭으로 전용된 것으로 여겨진다. 말하자면 수전 농업이 발달됨에 따라서 기존의 경지의 주류를 이루었던 전(田=旱田)과 구별하여 새로이 '답(畓=水田)'이라는 한국식 한자(國字)가 만들어져 사용되기 시작한 것이다. 결국 종래의 경지 유형인 전과 새로운 유형에 해당되는 답의 농경지 분화가 이루어진 셈이다. 이것은 수전의 경우 전(田)으로, 한전의 경우 백전(白田)을 형상화한 '畠'으로, 혹은 화(火)와 전(田)을 결합한 '畑'으로 표기하는 일본의 경우와 대조적이어서 흥미롭다. 이와 같이 당시 한국과 일본 모두 중국 한자를 국자화하여 사용하고 있었던 것인데, 이러한 농경지 호칭의 대조적 현상은 결국 두 나라가 중국으로부터 한자를 차용하기까지의 농업 문명의 차이에 유래하는 것으로 생각된다.

그리고 삼국 시대 이래의 수리 시설로 알려진 벽골제와 의림지, 공검지 등은 바로 그와 같은 한전 농업 중심의 토지 이용 상태에서 수전 농업을 확대하려는 노력의 결과였다. 이렇게 해서 생산된 쌀은 일반 농민들의 식량이 된 것이 아니라, 대부분 왕실이나 귀족 등 상류 계층의 식량과 예미(禮米) 등으로 사용되었다. 말하자면 쌀은 한국 고대 사회에서 귀족 곡물이었던 셈이다.

(2) 농법의 변천과 수전 농업의 비중

6세기에 이르러서는 철제 농기구가 널리 사용되기 시작하였으며, 우경(牛耕)도 점차 확대되어 갔다. 전통 시대 한국의 농업 노동에서 소는 장정 9인의 몫을 감당했을 정도로 대단히 중요한 가축이었다. 그러므로 우경의 확대는 농업 노동력의 한계를 극복하게 함으로써 농업 생산력을 향상시키는 계기가 되었다.

그러나 당시에는 경지를 묵혀서 풀이 무성하게 자란 다음에 물을 대거나 태운 후에

갈아엎어서 지력을 유지하던 화경수누(火耕水耨), 혹은 녹비(綠肥) 방식이 일반적이었고, 이러한 녹비에 가축의 배설물을 섞어 만든 퇴비는 양적으로 제한되어 있었다. 이처럼 시비법이 발달하지 못한 상태에서 잡초의 제거와 지력의 유지를 도모하기 위하여 휴한 농법(休閑農法)이 지배적으로 행해졌다.

이러한 휴한 농법은 대체로 고려 중기까지 지속되었다. 이것은 고려 중기의 전품(田品) 규정에서도 잘 드러난다. 첫째, 농경지 중에서 해를 거르지 않고 매년 경작을 할 수 있는 것은 불역전(不易田)으로서 상등전으로 간주하였다. 둘째, 한 해 경작한 후에는 1년을 휴한해야만 하는 것은 일역전(一易田)으로 중등전이며, 셋째, 한 해 경작한 후에는 2년을 휴한해야 하는 것은 재역전(再易田)인데 하등전으로 분류하였다. 이 가운데 불역전은 연속적으로 경작하는 상경전(常耕田)이지만, 이 경우는 극히 적었던 반면에, 일역전과 재역전에 해당되는 중등전과 하등전이 대부분이었던 점으로도 당시 휴한법이 널리 행해진 사실을 알 수 있다.

조선 시대 이전에는 군·현 단위의 수전 면적은 물론이고 경지 면적도 거의 알려진 바가 없다. 다행이 1933년에 일본 나라 현(奈良縣) 동대사(東大寺) 정창원(正倉院)에서 발견된 이른바 '신라 촌락 문서(新羅村落文書)'가 소개되어 농업에 관련된 내용을 일부 확인할 수 있게 되었다. 이 문서는 헌덕왕 7년(815)에 작성된 것으로 알려져 있는데, 서원경(청주) 부근의 4개 촌(村)에 대하여 영역과 농경지의 규모 및 종류, 인구와 소·말의 수, 토산물 등을 상당히 자세하게 기록하고 있다. 이 가운데 농경지의 규모와 한전·수전의 내용을 정리한 것이 〈표 8-1〉이다. 이 표에서 보는 것처럼 4개의 촌 가운데 A촌과 C촌의 수전 비율은 각각 61.8%, 54.6%에 달하는 반면에, B촌과 D촌의 그것은 34.6%, 27.1%에 불과하다. 다시 말하면 A, C 2개 촌의 경우에는 수전 면적이 전체 경지 면적의 50% 이상을 점유하고 있으나, 나머지 B, D 2개 촌에서는 30% 내외를 나타내고 있다. 9세기 당시 촌의 영역이 조선 시대의 군·현 영역에 비해서 소규모인 점을 인정한다고 하더라도 이와 같은 촌 단위의 수전 비율은 8세기 이후 남부 지방에 관한 한 국지적으로는 수전 농업이 우세한 곳들이 존재했을 가능성을 암시하는 것으로 여겨진다. 그리고 앞의 두 촌은 평야부에, 그리고 뒤의 두 촌은 산지나 구릉지에 인접한 경우로 추측된다.

또한 이 문서에서 각 촌의 영역은 '견내산개지(見內山檯地)' 혹은 '견내지(見內地)' 라는 표현 뒤에 둘레 몇 보(步)라는 형식으로 기록되어 있다. '견내산개지'나 '견내지'가 무엇을 의미하는지 정확하게 알려져 있지는 않은 것 같다. '산지'와 '평지'라는 견해도 있고, '분지 속의 구릉성 산지'와 '안이 보이는 곳'이라는 뜻의 '분지(盆地)'라고 간주하면서 촌락의 입지를 나타내는 용어라는 주장도 있다. 한편 경지로 개척되지 못하고 아직 산림지로 남아 있는 부분, 즉 개척 한계지를 따라서 촌역의 둘레를 기재한 것으로 보고 '경지로 개척된 경역(境域)'이라는 견해가 있다.

촌역의 둘레에 관한 기록 중에서는 B촌의 경우가 특이하다. 살하지촌(薩下知村)의 견내산개지 둘레 12,830보 가운데 살하지촌 고지(古地)의 둘레가 8,770보이며, 굴가리하목장곡지(掘加利何木杖谷地)의 둘레가 4,060보로 기재되어 있다. 굴가리하목장곡지는 살하지촌 고지에 대비되고 있다는 점에서 미루어 볼 때, 새로 개척된 경지, 즉

표 8-1 ˙˙신라 촌락 문서의 농경지 내역

촌	지목	면적 (결, 부, 속)	소계 (결, 부, 속)	수전 비율 (%)	경지 면적 / 호 (결, 부, 속)
A	답	102 02 4		61.8	5 69 6 (14 19 2)
	전	62 10	165 21 4		
	마전	1 09			
B	답	63 64 9		34.6	6 90 8 (11 93 5)
	전	119 05 8	182 70 7		
	마전				
C	답	71 67		54.6	9 26 6 (15 93 4)
	전	58 07 1	130 74 1		
	마전	1 0			
D	답	29 19		27.1	4 43 2 (10 21 8)
	전	77 19	107 46		
	마전	1 08			

자료 : 이태진, 1986, 신라 통일기의 촌락지배와 공연, 한국사회사연구, 지식산업사, pp.23-59.
주 : 수전 비율은 필자가 작성한 것이며, ( )안의 수치는 자연호설에 의한 것임
　여기서 호당 경지 면적은 편호설에 따라 산출된 것이나, 자연호설에 의하면 거의 2배 정도임

신지(新地)로 풀이될 수 있으며, 그 둘레는 고지의 반 정도이다. 이러한 촌역의 기재 방식으로 보면, 견내산개지와 고지, 나아가 신지라는 용어가 동일한 성격을 지닌 개척지의 의미로 파악된다. 그러므로 견내산개지는 '무성한 산림의 내부에 거의 고립된 형태로 개척된 경역의 둘레를 따라서 한정된 부분'으로 추정된다.

이렇게 살하지촌의 촌역에 고지와 신지의 구분이 있었던 사실로 미루어 볼 때, 고지로 표현된 부분의 경지들이 지력의 고갈로 폐기 상태에 이른 후에, 이곳 주민들이 하나의 지역 집단으로서 개척 단위가 되어 굴가리하목장곡지에 새로운 경지를 개척한 것으로 이해된다. 당시의 경지 개척 과정에서는 종래 한국에서 널리 행해져 온 화전(火田) 개척 방식을 사용했을 것이다. 이렇게 개척된 부분의 토지 이용 방식은 고려 중기까지도 휴한 농법이 지배적이었던 점에서 일정 기간 경작한 뒤에는 휴한을 해야만 하는 상태에 있었다고 생각된다.

한편 이 문서에는 한전·수전과 별도로 삼을 재배하던 마전(麻田)이 조성되어 있었고, 뽕나무, 호두나무, 잣나무 수도 기록되어 있는데, 이들은 토산물을 징수하기 위한 것이었다. 그리고 소와 말의 수는 각각 53두와 61두로 총 114두에 달한다. 이 중에서 소는 농업 노동력을 위하여 사육되었던 반면에, 말은 주로 군사와 역역(力役)의 용도로 사육된 것이다. 이외에 이 가축들의 분뇨를 이용하여 경지의 비옥도를 유지하는 소위 축분법을 고려한 측면도 있었다고 여겨진다.

2) 고려 후기~조선 전기

(1) 집약적 농법으로의 전환과 한국적 농법의 형성

고려 후기로 가면서 휴한법이 극복됨으로써 연작(상경)법, 바꾸어 말하면 집약적 농법으로 전환되어 갔다. 이것은 농업 기술의 발전에 따라 가축과 사람의 배설물 및 객토(客土) 등 다양한 재료까지 활용하여 경지의 전면 시비법이 발달되었기 때문이다. 이러한 연작법은 먼저 한전 농업에서 이루어진 후에 한 단계 늦게 수전 농업으로 확산되어 갔으며, 한전 농업의 경우 '2년 3작'이라는 새로운 윤작법이 점차 발달하기 시작하였다.

'2년 3작'은 아래와 같이 2년 단위로 첫 해 여름에 조, 가을에 맥류, 다음 해 여름에 두류를 재배한 후에는 휴한을 하는 농법이었다. 즉 2년 기간에 서로 다른 작물을 3번 재배하던 농법이다. 이것은 1년 1작의 연작법에서 진일보한 농법으로서 당시 집약적 농업의 발전 상황을 잘 보여 주고 있는 것이다.

　가. 여름 – 조
　나. 가을 – 보리(혹은 밀)
　다. 여름 – 두류
　라. 겨울 – 휴한

그리고 고려 말기 수전 농업의 경우 기존의 직파법과는 다른 이앙법이 행해지기 시작하였다. 이 새로운 수전 이앙법은 당시의 충선왕을 비롯하여 이제현(李齊賢)과 유연(柳衍) 등 많은 지식인들이 중국의 경제적, 문화적 중심지였던 강남 지방에 빈번하게 왕래하는 과정에서 성리학과 더불어 도입된 것으로 생각된다. 이러한 이앙법에서는 이앙기에 관개용수의 공급이 필수적이었다. 수전 농업에서 관개한다는 것은 단순히 수분만을 공급하는 것이 아니다. 여기에는 관개용수에 용해되어 있는 Ca, K 등 유용한 양분을 작물에 공급하는 동시에, 잡초나 충해를 방지하는 기능이 내포되어 있는 것이다. 이것은 수전 농업이 지니고 있는 장점이기도 하다. 따라서 고려 후기 이래 농업 생산력은 상당히 향상되어 갔다.

또한 조선 왕조는 건국 초기부터 지방관의 임무였던 수령칠사(守令七事) 중에서도 농업에 관련된 농상성(農桑盛)의 항목을 으뜸으로 삼았던 것처럼 적극적인 권농 정책을 추진하여 나갔다. 그 과정에서 환경 적응력이 강한 벼 품종을 도입하여 보급하는 동시에, 수리 시설을 보수·확충함에 따라 수전 농업을 중심으로 하는 집약적 농법은 뚜렷하게 나타나기 시작했다. 그중에서도 벽골제나 눌제 등 기존의 저수지들이 확대·수축되는 한편, 새로운 수리 시설에 해당되는 천방(川防), 즉 보(洑)들이 조성되어 가면서 수전 농업에서의 집약적 농법은 더욱 촉진되었다.

관개용수를 공급하기 위한 시설로서 역사가 오랜 저수지는 대개 산지나 구릉을 배경으로 하는 곡구(谷口)에 다량의 토석을 사용하여 축조된 것이지만, 당시로서는 규모가 큰 토목 공사였기 때문에 입지상의 제약이 많았다. 이에 비해서 새로운 관개 시설인 보는 규모가 비교적 작은 하천의 유로에 나무나 돌 등을 쌓는 방법으로 간단하게 막아서 수위를 높여 양쪽의 수전에 관개할 수 있었기에 입지상의 제약이 훨씬 적었다. 그러므로 저수지는 하천의 최상류부에 근접하는 경향을 보이지만, 보는 하천의 상류부에서 중·하류부에 걸쳐 조성되는 경우가 대부분이었다. 따라서 저수지는 축조 과정에 당시로서는 대규모 노동력이 요구되면서 수적으로는 제한되었지만, 보의 경우에는 소규모 노동력으로도 필요한 곳에 어렵지 않게 많이 조성할 수 있었던 것이다. 바로 이러한 보의 확충이 조선 전기 이래 수전 농업의 발전을 이끌어 온 주요한 배경이 되었다.

이렇게 수리 시설이 증가하면서 종래의 파종 방법인 직파법(直播法) 대신에 이앙법(移秧法)이 삼남 지방의 일부 지역, 특히 경상도에서 보급되기 시작하였다. 그러나 이앙법의 장점에 기인하여 수리 여건이 확보되지 않은 수전들에서도 이앙을 강행하게 된 수전들이 급증하자 태종 때에는 실농(失農)의 위험을 방지하기 위해 이앙을 금지하는 조치가 취해지기도 하였다.

직파법은 조도(早稻)의 경우에 2월, 만도(晚稻)의 경우 3월~망종(芒種)에 벼의 씨앗을 농경지에 직접 뿌려서 재배하는 방식으로, 여기에는 건파(乾播)와 수파(水播)의 두

가지 방법이 행해지고 있었다. 수파는 논에 물이 있는 경우에 곧바로 파종하여 수전 농업을 행하던 방식이다. 그러나 건파의 경우는 물이 없는 경우에 한전 농업과 같은 방식으로 파종하는 것이다. 말하자면 봄철의 한발이 지속되는 해에 한전 농업처럼 파종하였다가 4~5월경 비가 내린 후에는 수전 농업의 방식을 따라서 벼를 재배하던 농법이다. 이것은 봄철에 연평균 강수량의 10~15%만 내릴 뿐 아니라, 강수의 시기도 변화가 심하여 봄 가뭄이 빈번한 한반도의 기후적 특성에 잘 적응된 한국 특유의 농법으로 간주되고 있다. 말하자면 건조 농법과 습윤지 농법이 적절하게 결합된 방식인 셈이다. 이러한 농법은 세종 12년(1430)에 한국의 풍토에 알맞은 농법을 보급할 목적으로 편찬된 농서인 『농사직설(農事直說)』에 기재되어 있다. 이것은 이 시기의 농업 기술이 이미 한반도의 지리적 환경에 적합한 방식을 모색할 수 있는 수준에 이르고 있었던 사실을 짐작하게 한다. 그리하여 당시 벼의 품종도 20여 가지에 달했던 것이다. 또한 가뭄이나 홍수 등의 자연재해를 입게 된 경우에는 수전에서 일부 잡곡의 수확을 목적으로 재배 기간이 짧은 곡물, 주로 메밀을 파종하기도 하였다.

한편 16세기에는 특히 황해와 남해 연안에 해택(海澤)을 개척한 언전(堰田)이 광범위하게 조성되기 시작하였다. 당시 새로운 농경지로 파악되었던 언전은 해안의 간석지에 방조제를 축조하여 해수의 침입을 막고 여러 해 동안 빗물을 가두어 염분을 제거한 뒤, 평탄화 작업을 한 후에 농경지로 활용하던 토지를 말한다. 조선 후기의 실학자 서유구(徐有榘)는 이 언전에 관해서 다음과 같이 기술하고 있다.

> 해안의 염분이 많은 땅에서 둑을 쌓아 조수를 막고, 빗물을 저축하여 염분을 세거 시킨 뒤 이랑을 만들어 벼를 심는 것을 세간에서 언전이라고 일컫는다. 이것은 반드시 둑 안의 지세를 헤아려 도랑을 파서 물을 끌거나 물웅덩이를 만들어 저수한 후에야 염분도 씻을 수 있고, 가뭄도 극복할 수 있게 된다... [『임원경제지(林園經濟志)』「본리지(本利志)」, 1, 「전제(田制)」 언전]

이 경우에 염분 제거를 위해서는 담수의 확보 여하에 따라서 일반적으로 짧게는 3~4년, 길게는 8~10년 정도의 시간이 필요하였던 것으로 알려져 있다. 당시 이렇게 소금기가 많은 지역에 적응할 수 있는 '당도종(唐稻種)'이라는 품종을 중국에서 수입하여 보급하기도 하였다. 이러한 토지는 충적지로서 보수력이 뛰어난 만큼 수전 농업을 하기에 적합한 점에서 언답(堰畓)으로 간주하는 것이 합리적이라고 생각된다.

이러한 유형의 농경지는 일찍이 13세기 중기에 평안도와 경기도 해안의 간석지에서 개척된 바가 있다. 평안도 정주목 해안의 위도(葦島) 간석지는 고려 고종 연간에 이 지역의 병마판관이었던 김방경(金方慶)의 주도로 개척되었는데, 이 간척지가 기록상으로는 최초의 사례로 꼽힌다. 그리고 경기도 해안의 강화도 간석지는 몽고의 침입으로 고려 조정이 이곳으로 천도하면서 전란 중에 현지에서 식량을 확보해야만 했던 절박한 상황에서 중앙 정부 주도로 개척된 것이다. 이 언전도 문헌상으로 확인된 바와 같이 13세기에 비로소 개척되기 시작한 것으로 간주하기보다 그 이전에 비록 소규모 형태로나마 농민들의 차원에서 이미 조성되어 오던 것이 점차 규모가 커지면서 보편화된 현상으로 풀이하는 것이 합리적이다.

이러한 언답의 조성에서는 그 입지 여건상 대규모 방조제의 축조가 선결 조건이었던 점에서 대규모 노동력이 동원되어야만 했으므로 그 주체는 왕족이나 권세가 등이었다. 이들은 자신이 소유하고 있었던 노비들을 동원하기도 하였으나, 지방 수령을 통하여 인근의 농민들이나 군사들까지 동원하는 경우가 있었다. 그중에서 후자의 경우 당연히 이들을 비난하는 상소가 적지 않았다. 그럼에도 불구하고 이들은 대규모의 언답을 개척하여 대토지 소유자의 지위를 이어갔다. 이러한 언답의 확장은 결국 간석지 개척의 신기원을 이룩한 것으로서, 지금까지 특히 황해안의 도처에 전개되어 온 넓은 수전 지대는 이러한 과정의 연장선상에 있는 것이라고 생각된다.

(2) 군·현별 수전 면적의 비율과 그 분포

단종 2년(1454)에 간행된 『세종실록』 「지리지」에는 군·현 단위로 총 경지 면적과 수전 면적이 차지하는 비중이 분수 형태, 혹은 수전이 극소한 경우 결수로 기록되어 있다. 이것을 백분율로 환산하여 지도화한 것이 〈그림 8-1〉이다. 이 그림을 거시적으로 보면 수전 비율의 지역적 분포에서 한반도가 남부와 북부로 크게 양분되고 있는 점을 알 수 있다. 대체로 한강 하구와 충청북도 단양까지의 남한강 본류를 잇는 북서

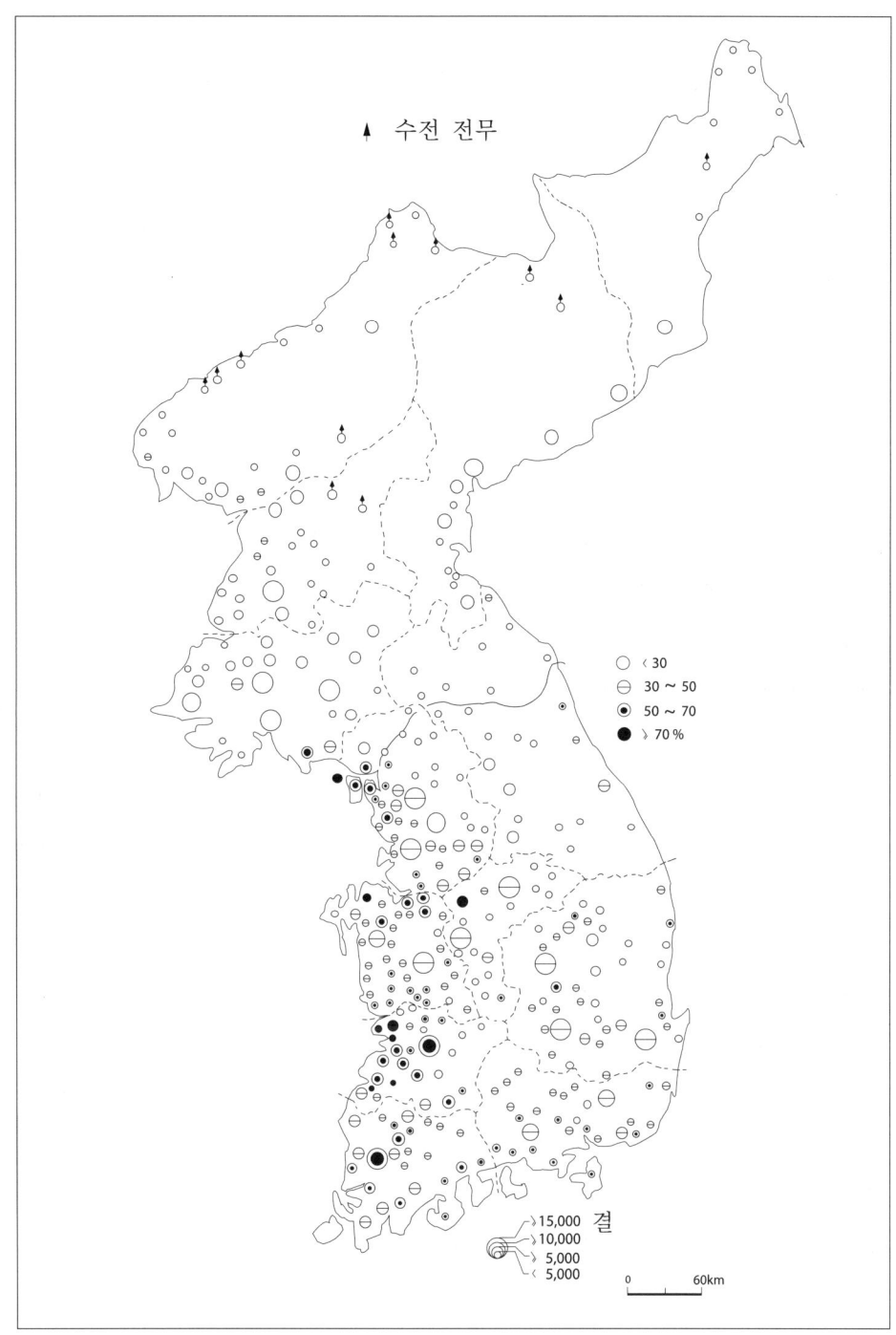

그림 8-1 15세기 전기의 군현별 수전 비율의 분포

~남동 방향의 선(이하 남한강으로 약칭)을 경계로 하여 북부는 30% 미만의 수전 비율을, 그리고 남부는 30~50% 이상의 비율을 보이고 있다. 또한 높은 수전 비율을 보여주는 남부에서도 50% 이상의 비율은 주로 황해와 남해에 접하거나 그에 가까운 군·현들에 집중적으로 나타나고 있다.

이러한 내용을 미시적으로 분석하면 다음과 같다. 수전 비율이 전체적으로 낮은 북부에서 30% 이상의 비율이 나타나는 곳은 황해도의 신천, 평안도의 영유, 숙천, 가산, 박천, 용천, 강원도의 흡곡, 간성, 양양, 강릉, 울진, 평해 등 12개 군·현에 불과하다. 이들은 대부분 해안에 인접한 군·현들이다. 그러나 수전이 전혀 개간되어 있지 않은 군·현은 평안도의 덕천, 맹산, 희천, 삭주, 창성, 벽동, 우예, 자성, 무창, 그리고 함길(함경)도의 삼수, 갑산, 부령 등 12개에 이른다. 이들은 대개 북부 지방의 산악 지대에 위치하는 입지상의 공통성을 지니고 있다. 이외의 나머지 군·현들은 모두 30% 미만의 수전 비율을 보이고 있다. 이 가운데에서도 군·현별 수전 비율을 구체적으로 확인하면 그 차이가 매우 크게 나타난다. 즉, 수전 비율이 3% 이하에 불과한 군·현의 수를 확인하면, 강원도에 24개 중 10개, 평안도와 함경도의 경우 수전이 전무한 군·현의 수까지 포함시키면 각각 47개 중 26개, 21개 중 13개에 달한다. 요컨대 위 3도의 전체 군·현 수의 절반 이상이 수전 비율 3% 이하에 불과한 상태였다. 이렇게 수전 비율이 낮은 곳은 대개 중부 지방과 북부 지방의 산간 지대인데, 이것은 평야 지대에 비해서 일조 시간이 짧아질 뿐만 아니라 고도가 높아지면서 기온의 체감 현상이 나타나 수전 농업에 불리하기 때문이다.

반대로 수전 비율이 높은 남한강 남부의 경우, 50% 이상의 높은 수전 비율을 보이는 군·현들의 밀집 지역은 한강 하구 주변, 안성천·삽교천 하류, 금강 하류, 호남평야, 영산강 중·하류, 그리고 남해안 등의 6개 지역으로 구분될 수 있다. 바꾸어 말하면, 이들 지역은 우리나라 중부 이남의 황해 연안 및 남해안에 인접한 군·현들에 해당되는데, 하천과 관련시켜 볼 경우에는 비교적 규모가 큰 하천의 하구 주변과 하류부, 그리고 소규모 하천의 중·하류부에 해당된다. 특히 호남평야의 만경, 임피, 옥구 등 3개 군·현의 경우는 70% 이상의 수전 비율을 보임으로써 15세기 전기에 이미 한반도 수전 농업의 핵심 지대를 형성하여 미곡의 특화 지역을 이루고 있었다.

이와 관련하여 조선 전기까지도 한국의 수전 농업이 주로 자연적인 수리 여건이 좋고 토지가 비옥한 곳에서 행해지던 상태가 오랫동안 지속되었던 것으로 알려져 있다. 그러한 곳은 대체로 봄철에 해빙과 더불어 강우가 시작되면서 구릉이나 산지의 기슭에 형성되는 소규모의 자연 계류(溪流)를 이용하여 관수와 배수를 자유로이 할 수 있는 산록부의 저지에 해당된다. 이러한 장소는 한반도에서 전통적으로 고정된 주거지의 주요 입지였던 점으로 보아 그 주변에 조성된 소위 '산록지형' 수전이 당시까지 수전의 주류를 이루고 있었다고 생각된다. 이런 장소의 하부 쪽으로는 땅이 우묵하여 물이 머물러 있어서 배수가 잘 되지 않기 때문에, 비가 오래도록 내리면 진흙이 일어나 모가 썩을 염려가 있는 이른바 '저습지형' 수전이 조성되고 있었다. 후자는 하천 하류의 삼각주(delta)에 해당되는 저습지로 이어질 것이지만, 이 경우 규모가 큰 하천은 아니었다고 생각된다. 더욱이 전자에 비하면 그 비율은 훨씬 낮았을 것으로 추정된다. 그 이유는 『택리지』에서도 지적하고 있듯이, 하천이 크면 하곡이 깊게 파이는 만큼 당시의 기술로서는 그러한 하천에서 물을 끌어올려 관개할 수 없을 뿐 아니라, 집중 호우가 내릴 경우에는 오히려 침수 피해를 입는 것이 보통이었기 때문이다. 따라서 이 시기의 '저습지형' 수전이 개척되었던 장소는 하천 중에서도 규모가 작은 지류의 주변부였으며, 비교적 규모가 큰 하천의 경우에는 오늘날보다 훨씬 더 넓은 하도가 자리 잡고 있었던 것으로 판단된다. 1910년대에 작성된 1:50,000 지형도에서 볼 수 있는 것처럼 20세기 초기까지도 대하천의 하류에는 수전으로 개척되지 못한 저습지들이 적지 않게 남아 있었던 사실이 이러한 상황을 증명하고 있다. 이러한 저습지는 20세기 초에 이르러 비로소 근대적인 토목 기술의 도입으로 대규모 간척이 이루어지기 시작하였다.

　그렇다면 『세종실록』「지리지」에 나타난 군·현별 수전 비율은 이를 반영하고 있는 것으로 보인다. 말하자면 15세기 전기의 지역별 수전 비율의 분포 상태는 그 이전 시기로 어느 정도 소급될 것으로 생각된다. 이런 점에서 신라 통일기의 촌락 문서인 이른바 신라 촌락 문서에 보이는 서원경 부근 네 개의 촌에 관한 기록 가운데 전답(田畓)의 내용이 주목된다. 즉, 이 촌들 중 2개 촌의 수전 비율은 각각 대략 50%를 상회하고, 나머지 2개 촌의 그것은 30% 내외를 나타낸다. 이와 같은 촌 단위의 수전 비율은 9세기 이후 남부 지방에 관한 한 국지적으로는 수전 농업이 우세한 곳들이 존재했을 가능성을 암시하는 것으로 여겨진다. 그런 점에서 본다면 호남평야의 중심부에 위치하는 김제의 옛 호칭이었던 '벽골(碧骨)'이 '벼고을'에서 비롯되었다는 풀이는 매우 시사적인 것이다.

한편 내륙 지방에 위치하는 군·현들의 수전 비율은 대체로 30~50%를 보여 주고 있는데, 특히 영남 내륙의 군·현들이 대부분 이 경우에 해당되는 것으로 볼 수 있다. 그러나 좀 더 세밀히 관찰하면, 소백산지에 인접한 군·현들은 대개 30% 미만의 낮은 수전 비율을 나타내고 있다.

이와 같은 수전 비율의 지역적 차이를 도(道) 단위로 보면 〈표 8-2〉와 같다. 『세종실록』「지리지」에서 전국의 간전(墾田) 결 수는 약 163만 결로 기록되어 있으나, 이것

표 8-2 15세기 전기의 도별 경지 면적과 수전 비율

(단위: 결)

도별 구분	『세종실록』「지리지」 기재 내용			필자 계산 내용		
	간전	수전 면적	수전 비율(%)	간전	수전 면적	수전 비율(%)
한 성	1,415			1,415		
개 성	5,357	3/10	30	5,357	1,607	(30)
경 기	200,347	76,173	38.0	194,270	73,695	37.9
강 원	65,916			65,908	8,423	12.7
충 청	236,300			236,114	95,174	40.3
경 상	301,147			261,438	102,814	39.3
전 라	277,588	4/10	40	264,268 (254,856)	122,303 (122,187)	46.2 (47.9)
황 해	104,772			223,880	35,282	15.7
평 안	308,751			311,770	32,235	10.3
함 길	130,413	6,670	5.1	149,306	7,061	4.7
계	1,632,006			1,713,726 (1,704,314) 《1,019,358》	478,594 (478,478) 《403,900》	27.9 (28.0) 《39.6》

자료: 『세종실록』「지리지」(국사편찬위원회, 1970), 『조선왕조실록』 5, 『세종실록』 4)
주: ( ) 표시 내의 수치는 제주도를 제외한 것임
    결 미만의 수치는 무시하였음
    우측의 필자의 계산 내용에서 도별 간전 결 수는 각 군·현별 결 수를 합산한 것이고, 수전 면적은 군·현별 수전 비율을 토대로 계산한 것임
    《 》 표시 내의 수치는 황해, 평안, 함길 등 3도를 제외한 것임

은 착오로 판단되며, 도별 수전의 면적이나 비율이 명시된 곳은 3도(경기·전라·함길) 뿐이다. 그러므로 군·현별 간전 결 수와 수전 비율을 토대로 삼아 각도의 수전 결 수 및 그의 백분율(%)을 직접 계산하여 보면, 당시 전국의 총 경지 면적은 약 170만 결이고, 수전 면적은 50만 결을 약간 밑도는 48만 결 정도이므로 전국의 수전 비율은 대략 28% 내외였다.

뿐만 아니라 8도 간의 수전 비율 차이도 상당히 큰 것으로 나타난다. 가장 높은 비율을 차지하는 전라도는 46.2%, 그 다음 충청도는 40.3%, 경상도와 경기도가 각각 39.3%, 37.9%로서 이들 4도만이 30% 이상에 해당된다. 이와는 달리 나머지 4도(황해, 강원, 평안, 함길)의 경우 수전 비율은 대체로 15%에도 미치지 못하는 형편인데, 그 중에도 함길도는 4.7%로서 최저치를 기록하고 있다. 말하자면, 남방의 4도에서는 전체 경지 면적 가운데 수전 면적이 적어도 1/3 이상을 차지하는데 반해서, 북방의 4도에서는 1/6에도 미치지 못하는 것이다. 결국 이 시기 수전 농업의 발달에서 남북 간의 현저한 차이가 그대로 나타난 셈이다.

3) 조선 중기~후기

(1) 수전 이앙법의 보급과 도·맥 이모작의 성립

이 시기에는 조선 전기에 비해서 쟁기의 형태와 기능의 변화도 나타나고 있었다. 조선 전기까지도 쟁기가 주로 땅을 가는 보습 중심이었으나, 후기에 이르면서 땅을 갈아엎을 수 있는 보습과 볏이 달린 형태로 전환되어 토양의 풍화 작용을 촉진하며 지배력을 증대함으로써 새로운 농법의 전개에 기여한 것이다. 이러한 쟁기를 사용하여 여러 차례 수전을 갈아엎어서 토양을 잿가루처럼 되게 하는 반경(反耕)과, 가축 및 사람의 배설물을 다양하게 이용하는 방법을 통하여 시비법이 한층 더 발전되어 갔다.

이러한 농업 기술의 보급과 15세기 이래 증대되어 온 수리 시설에 힘입어 17세기부터 18세기에 걸쳐 수전 농업에서 이앙법이 전국적으로 확산되었다. 수전 이앙법에서는 먼저 2월 하순부터 3월 상순에 걸쳐 못자리(묘판, 苗板)에 파종하여 벼의 싹(모)을 기르는 양묘(養苗)의 과정과, 소만~망종 무렵 모가 한 뼘 정도로 자라면 본 논(본답, 本畓)으로 옮겨 심는 이른바 이앙의 과정이 필요하였다. 이 가운데 전자는 대체로 40여 일의 기간이 소요되지만, 후자는 매우 짧아서 대개 10여 일 이내에 완료되어야 했다. 만일 이앙의 시기가 늦추어지면 벼의 정상적인 성장과 수확을 기대하기 어려웠기 때문이다. 남부 지방에 비해서 여름 기간이 더 짧은 중부와 북부 지방의 경우에 이러한 이앙의 시기는 대단히 중요한 문제였다.

수전 이앙법은 직파법에 비해서 다음과 같은 장점을 지니고 있는 것으로 알려졌다. 첫째, 이앙 과정에서 잡초가 제거됨으로써 제초 작업은 2~3회로 끝나게 되어 1~2회가 생략되므로 간편해진다. 둘째, 불량한 묘가 제거되며 재배 작물의 실험 결과 생산량이 증대된다. 셋째, 도·맥 이모작(稻·麥 二毛作), 즉 동일한 수전에서 1년에 벼와 맥류(보리 혹은 밀)라는 두 가지 곡물의 생산이 가능하다. 이 가운데 특히 수전에서 매년 쌀 이외에 맥류까지도 재배할 수 있다는 점이 이앙법에서 가장 중요한 사실로서, 이것은 곧 농업 생산력의 향상이었다. 중부 지방의 경우에 현재의 농사력을 기초로 두 작물의 재배 기간을 검토하면, 벼는 4월 초순의 파종기부터 5월 중~하순의 이앙기를 거쳐 10월까지나, 맥류는 대략 10월 하순부터 5월 하순, 늦어도 6월 상순까지이다. 따라서 벼의 파종에서 이앙에 이르는 시기와, 맥류의 성장·결실·수확의 시기가 중복되고 있는데, 그 시기는 4월 상순부터 5월 중~하순까지에 해당된다. 따라서 두 작물의 중복 기간은 거의 2개월에 이르기 때문에, 벼를 직파할 경우에는 이모작이 불가능하다. 그러나 이앙을 하면 묘가 묘판에서 자라는 동안 맥류를 수확하게 되므로 두 작물의 중복 기간을 피할 수 있게 되어 이모작이 가능해진다. 묘판의 면적은 본답 면적의 1/10 정도이기 때문에, 이모작에 지장이 없다.

그러나 수전 이앙법에도 단점이 없는 것은 아니다. 첫째, 가뭄에 약하여 관개 시설이 확보되지 않은 곳에서는 실농의 위험이 크다는 점이다. 둘째, 묘를 뽑아 운반하며 심는 작업을 포함하는 이앙 과정에서 직파법보다 노동력이 훨씬 더 집중적으로 요구된다는 점이다. 더구나 맥류의 수확과 벼의 이앙 작업이 짧은 기간에 연속적으로 진행되어야만 하는 점에서 이 시기가 농민들로서는 일 년 중에 가장 분주하고 힘든 때이다. 전통 시대에 이 시기를 농번기라고 불러왔던 이유가 바로 여기에 있었다.

이러한 단점에도 불구하고 수전 이앙법은 널리 보급되어 도·맥 이모작이 가능해지면서 농업 생산력이 현저하게 발전되었다. 말하자면 수전 농업에서 15세기의 1년 1작 단계에서 1년 2작의 단계로 발전된 것이다. 농업 생산력과 토지 이용의 측면에서 이것을 농업의 혁명적 전환기라고 불러도 무방할 것으로 판단된다.

이와 같이 수전에서의 도·맥 이모작은 중요한 의미를 지니고 있었던 것이지만, 주로 영남 지방과 호남 지방을 중심으로 행해졌다. 당시의 농서에는 도·맥 이모작이 대체로 '금강 이남'에서 행해진 것으로 기록되어 있다. 여기서 '금강 이남'이라는 표현은 지리적 관점에서 볼 경우 대략 차령산지 이남, 특히 충청남도 남동부를 북한계로 하는 지역을 의미하는 것으로 풀이될 수 있을 것이다. 이러한 도·맥 이모작 보급의 지역적인 한계는 한반도의 남부 지방과 중부 및 북부 지방 간의 기후 환경의 차이, 그중에서도 특히 벼의 성장기와 결실기인 여름 기간의 차이에 관련되어 있는 현상으로 풀이된다. 실제로 남부 지방에 비하여 중부 지방이나 북부 지방은 여름철이 짧아서 이앙기나 결실기가 빠를 수밖에 없으며, 그로 인해서 조선 후기에도 충청도에서조차 철이 좀 늦으면 도·맥 이모작이 어려웠던 것으로 전해지고 있다.

(2) 번전의 조성과 새로운 관개 수단의 개발

직파법에 비해서 이앙법이 지니고 있었던 장점들 때문에 기존의 한전을 가능한 한 수전으로 전환하는 이른바 번전(反田, 飜田) 현상이 광범위하게 나타나게 되었다. 여기서도 실제의 토지 이용 방식을 고려한다면, 번전이라기보다는 번답(反畓, 혹은 飜畓)이라고 표현하는 것이 더 적절할 것으로 생각된다. 이렇게 번답이 조성된 장소는 한반도의 지형 특성상 대개 기존 거주지의 배후에 위치한 구릉이나 산지 기슭의 상부에 접근하고 있었던 것으로 판단된다.

이러한 장소에서 한전을 수전으로 전환하였다는 것은 단순히 맥류 대신에 벼를 재배하기만 하면 되는 것이 아니었다. 그렇게 하기 위해서는 먼저 경작지의 구조를 변경하는 힘든 작업이 선행되어야만 했다. 한전은 어느 정도 경사져 있거나 관개용수를 공급하지 않더라도 경작에 그다지 지장이 없다. 그러나 수전은 철저하게 수평을 유지하여 관개용수가 지면 전체에 고르게 퍼지도록 하지 않으면 안 되었다. 이를 위해서 경사면의 상부를 파내리고 하부를 높여서 수평을 이루게 하는 동시에, 토석으로 특히 하부의 경계에 두둑을 조성해야 했다. 경사가 급한 장소일수록 이 작업은 더 큰 노동력을 필요로 하였다. 당시의 빈약한 농기구를 고려해 보면, 이 작업이 상당히 어려웠을 것으로 판단된다. 경사지에 전개되어 있는 계단상의 수전 경관은 바로 이러한 과정에서 비롯된 것이다(그림 8-2).

이렇게 마련된 번답에 관개용수를 공급하는 것은 또 다른 문제였다. 번답의 입지 특성에서 볼 때, 저수지나 보 같은 종래 수리 시설의 혜택을 받을 수 있는 장소가 아니었기 때문이다. 이러한 여건에서 새로이 개발된 수리 수단이 착정(鑿井) 관개의 방식이었다. 이것은 경사지에서 샘물이 나올만한 곳들을 찾아내어 작은 연못의 형태로 판 우물들이다. 그 둘레에는 작은 둑을 쌓아 수온이 낮은 샘물이 수전으로 곧바로 흘러들지 않도록 하였다. 말하자면 이것은 샘물이 야기하는 냉해를 피할 수 있도록 작은 수로를 만들어 우회하면서 수온이 높아진 후에 수전으로 유입하도록 배려한 보조 수단이었다.

그림 8-2 산청군 차황면 상법리의 계단상 수전 경관(다랭이논)
출처 : 산청군청

이와 같이 번답의 조성과 착정 관개 방식의 개발에 힘입어 이 시기의 수전 면적은 괄목할 만한 확장을 보였을 것으로 짐작할 수 있다. 이러한 번답의 증가 현상에 따라 미곡 생산량이 증대되면서 지방에서도 군·현 소재지인 읍내마다 미곡 시장이 열리게 되었다.

한편 이 시기에는 농민들 간에도 토지 소유의 불균형이 심화되어 있었다. 토지 소유에서 배제된 농민들 중에는 심산유곡으로 들어가 화전(火田)을 개척하면서 일부는 정주 농민이 되었던 반면에, 유농형(遊農型) 화전민이 되든가, 아니면 유랑민으로 전락해 간 부류가 있었다. 이러한 현상은 현종대 이후에 뚜렷하게 나타나기 시작하였다.

이 시기에는 서양의 새로운 외래 작물들이 도입되었다. 중요한 식량 작물로서 옥수수와 감자는 중국을 통해서, 그리고 고구마는 일본을 거쳐서 들어왔다. 이 작물들 중에서 특히 감자가 비교적 빠른 속도로 보급되었는데, 이것은 냉량한 지역에서도 잘 성장하는 특성이 있기 때문이었다. 따라서 감자는 옥수수와 더불어 강원도와 북부 지방의 산간 고원 지대에 적합한 작물로서 부족한 식량을 보충하는 역할을 하게 되면서 널리 확산되었다. 이외에 상업적 작물로서 외래 작물인 담배와, 토착 작물인 인삼 등이 이 시기에 널리 재배되기 시작하였다. 이 가운데 담배는 수전 농업에 비하여 10배 이상의 소득을 올릴 수 있었기 때문에, 전국 각지에서 비옥한 곡물 재배지 중 상당한 규모가 담배 재배지로 전환되어 갔다. 일부 지역, 특히 전라북도 진안·장수 지방 등에서는 과도할 정도로 그 재배 면적이 확대되면서 곡물 생산의 손실이 많을 것을 염려하여 담배 재배를 금지하는 문제가 논의되기도 하였다.

(3) 군·현별 수전 면적의 비율과 그 분포

영조 41년(1765)에 편찬된 『여지도서(輿地圖書)』에는 군·현 단위의 한전·수전 결수가 기재되어 있는데, 여기에서도 전체 경지 면적 중 수전 면적이 차지하는 비율을 산출하여 지도화한 것이 〈그림 8-3〉이다. 먼저 거시적으로 보면, 남한강을 경계로 남부와 북부 간 수전 비율의 차이가 현저하게 나타나 있다. 이것은 15세기 전기와 동일한 현상이다. 북부는 대부분 30% 미만의 낮은 비율을 보이지만, 남부는 30~50%, 또는 50% 이상의 높은 비율로 나타난다. 전라도의 경우, 거의 모든 군·현들이 50% 이

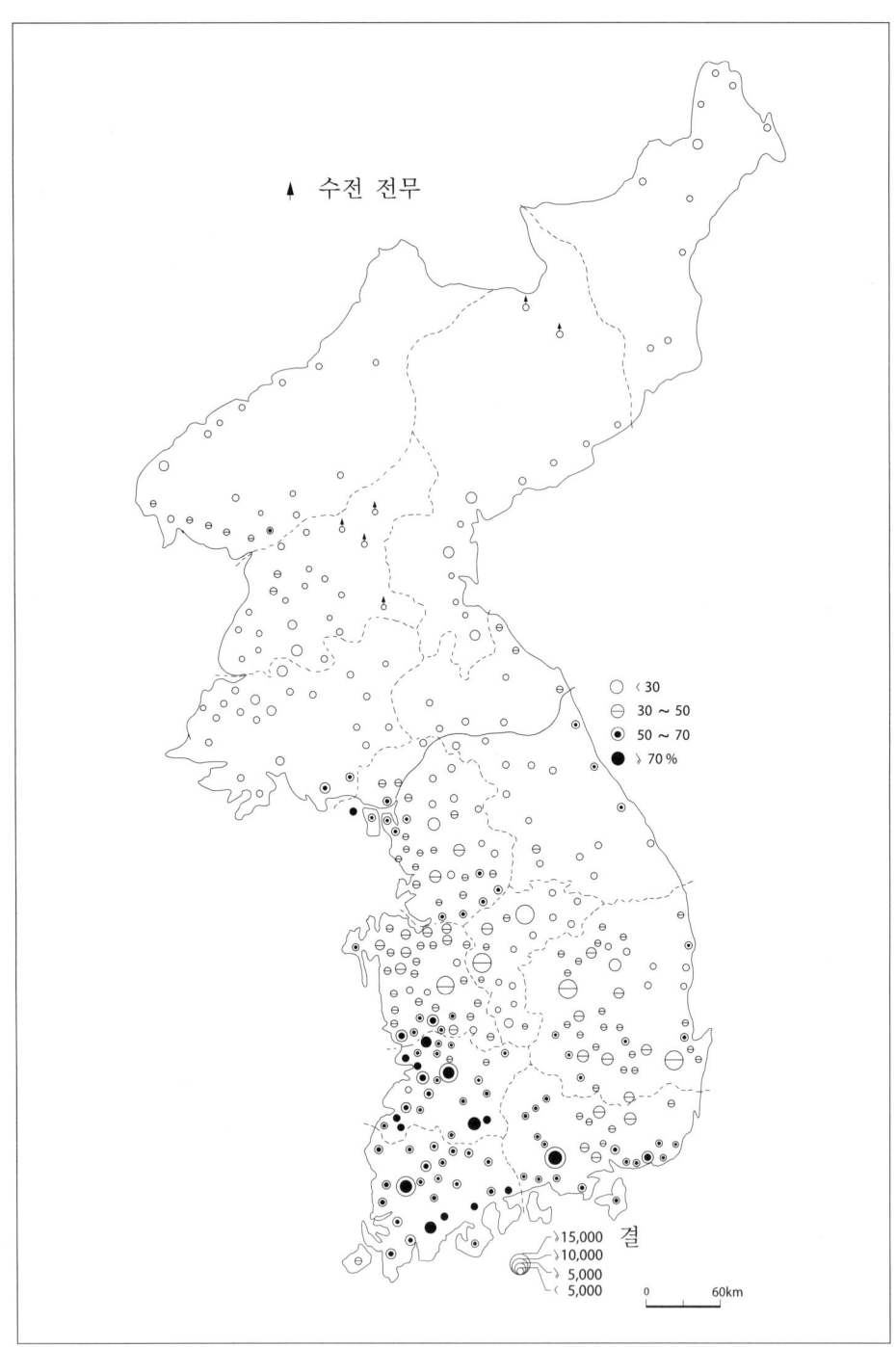

그림 8-3 18세기 중기의 군현별 수전 비율의 분포

상의 수전 비율을 나타내는 점이 특히 주목된다.

미시적으로 관찰하면, 낮은 수전 비율을 보이는 북부에서 30% 이상인 군·현의 수는 평안도에 7개, 강원도에 8개 등 15개에 달하여 15세기에 비해서 약간 진전된 상태이나 그 분포지는 역시 해안에 인접한 곳들이다. 특히 강원도 강릉에서 간성까지의 해안 지역이 50%를 초과하여 최고의 비율을 나타낸다. 또한 수전이 전혀 개척되지 못한 군·현은 평안도에 4개(덕천, 양덕, 맹산, 영원), 함경도에 2개(삼수, 갑산) 등 6개로서 앞의 시기에 비교하면 절반으로 줄어든 셈이다. 그 밖의 군·현들에서는 수전 비율이 30% 미만인데, 그중 3% 이하인 군·현의 수가 평안도에 42개 중 19개, 강원도에 26개 중 8개, 함경도에 23개 중 11개 등으로 15세기보다는 감소하였으나 여전히 전체 군·현 수의 1/3을 초과하고 있다.

남한강 남부에서 50% 이상의 수전 비율은 앞의 시기와 비슷한 지역적 분포 상태를 나타낸다. 그러나 호남 지방에서는 70% 이상을 차지하는 군·현의 수는 11개에 달하여 15세기 전기에 견주어 보면 괄목할 만한 증가 추세라고 하지 않을 수 없다. 특히 만경현은 82%의 수전 비율을 기록하고 있다. 그 다음으로 경상남도의 남부와 서부에 50% 이상인 군·현들이 연속적으로 분포하여 이 지방이 호남에 버금가는 뚜렷한 수전 지대를 형성하고 있다. 그리고 나머지 대부분의 지역은 30~50%의 수전 비율을 보이고 있는데, 오직 소백산지의 북서쪽 사면을 점유하는 충청북도의 동부 지역만이 30% 미만의 가장 낮은 비율을 유지하고 있다.

수전 비율의 분포 상황을 도 단위로 보면 〈표 8-3〉과 같다. 『여지도서』의 기재 내용에는 경기도와 전라도의 전체 수전 및 한전 결수가 명시되지 않았는데, 이것은 감영에 관한 기록이 누락되었기 때문이다. 그 뿐만 아니라 『여지도서』에 기록된 각 도의 총 결 수도 군·현의 결 수를 직접 합산한 내용과 일치하지 않아서 『세종실록』 「지리지」의 도별 간전 결 수의 경우와 마찬가지로 착오에 기인한 것으로 여겨진다. 그러나 도 전체의 간전 결 수를 '실결(實結)'로 기록한 경상도의 경우를 제외한다면, 나머지 도에서는 그다지 큰 오차가 발견되지 않으므로 도별 수전 비율의 대체적인 수준을 파악하는 데에는 큰 문제점이 없다. 그리고 18세기 중기 전국의 총 경지 면적은 약 118만 결이며, 수전 면적은 46만 결 정도로 수전 비율은 39%에 달한다.

표 8-3 18세기 중기의 도별 경지 면적과 수전 비율

(단위: 결)

구분 도별	『여지도서』 기재 내용			필자 계산 내용		
	한·수전	수전 면적	비율(%)	한·수전	수전 면적	비율(%)
한 성						
개 성	2,758	1,018	36.9	2,758	1,018	36.9
경 기				98,246	37,406	38.0
강 원	15,803	3,945	24.9	15,137	4,151	27.4
충 청	255,187	94,733	37.1	254,721	95,217	37.3
경 상	239,016	118,349	49.5	331,637 (249,650)	141,143 (153,222)	42.5 (61.3)
전 라						
황 해	71,132	14,619	20.5	76,879	13,899	18.0
평 안	82,486	11,188	13.5	86,123	11,924	10.3
함 경	68,087	4,960	7.2	67,922	4,954	7.2
계	734,469°°	248,812	33.8	(1,183,073) 《952,149》	(462,934) 《432,157》	(39.1) 《45.3》

자료 : 국사편찬위원회, 1973, 여지도서(상·하)
주 : ( ) 표시 내의 수치는 제주도 제외. 「여지도서」에는 제주도의 간전 결 수가 명시되지 않음
  결 미만의 수치는 무시하였음
  우측의 필자 계산 내용에서 도별 간전 결 수는 군·현별 결 수를 합산한 것임
  《 》 표시 내의 수치는 황해, 평안, 함경 등 3도를 제외한 것임

이 시기에 수전 비율이 높은 도들을 순서대로 살펴보면, 전라도 61.3%, 경상도 42.5%, 경기도 38.0%, 충청도 37.3%로서 역시 남방의 4도가 이에 속한다. 다만 15세기 전기에 2위였던 충청도가 경상·경기의 양도에 뒤쳐지고 있어서 조선 중기를 경과하는 사이에 변천된 내용을 짐작할 수 있다. 한편, 북방 4도의 경우에 강원도 27.4%, 황해도 18.0%, 평안도 13.8%, 함경도 7.2% 순으로 나타나 강원도가 황해도를 앞지르고 있다. 요컨대 북방의 4도는 남방의 4도에 비하여 여전히 한전 농업이 압도적인 비율을 차지하고 있는 사실이 명백하게 나타난다.

4) 일제 강점기

(1) 일제의 산미증식계획과 수전의 확대

이 시기는 일제 강점기로서 식민지 지배하에 한반도의 농업 구조가 비정상적인 변화를 나타내기 시작한 때였다. 일제는 동양척식주식회사(東洋拓植株式會社) 혹은 불이흥업주식회사(不二興業株式會社)와 같은 식민 자본 회사를 앞세우고, '토지조사사업(土地調査事業)'이라는 명분을 내세워서 토지를 교묘하게 침탈하는 것은 물론, 일본 본토의 부족한 미곡을 공급하기 위하여 한반도를 식량 기지화하려는 정책을 강요하였다. 일제는 기본적으로 쌀 증산을 위하여 토지 개량이라는 명목으로 과도할 정도로 한전을 수전으로 전환하는 한편, 근대적인 토목 기술을 활용하여 미개간지의 개척, 특히 황해 및 남해의 연안과, 규모가 큰 하천 하류의 저습지를 대규모로 간척하는 사업을 광범위하게 전개하였다. 전라북도의 동진강과 만경강, 전라남도의 영산강 하구 주변의 간석지, 그리고 한강 하류의 충적지 등은 대표적인 사례에 속한다.

이러한 사업의 일환으로 전국의 수리 시설들을 수축하고 신축하는 동시에, 이를 관리하기 위한 수리 조합을 전국에 150여개나 설립하였다. 당시에 일제는 수력 발전소를 건설하여 전기, 혹은 석유를 사용해서 관개용수를 공급하기 위해 양수 시설을 하기도 하였고, 인조 화학 비료인 질소와 유안 비료를 공급하기 위하여 함경남도 흥남에 비료 공장을 세우기도 하였다. 이와 같은 일련의 정책이 바로 일제가 1920년대 초기부터 1930년대 중기까지 강력하게 추진했던 이른바 '산미증식계획(産米增殖計劃)'이었다.

일제의 이처럼 강력한 미곡 증산 정책이 추진된 결과, 1912~1916년 사이에 1230만 석을 생산하여 106만 석을 일본으로 수출하던 상태였으나, 1932~1936년 사이에는 1700만 석을 생산하여 이 가운데 876만 석을 일본으로 수출한 것으로 알려져 있다. 일본에로의 수출량은 8배 이상에 달하였으나, 미곡 생산량의 증가 비율은 50% 미만에 불과했던 것으로 나타나 있다. 결국 일제의 계획이 기대치에 미달한 반면에, 대일 수출량은 과도했던 것으로 드러났다. 따라서 당시 한국의 식량 사정은 극도로

악화되어 만주로부터 수입한 잡곡으로 보충하는 상태에 있었던 점을 짐작할 수 있다.

이와 같이 일제의 강요로 수전이 확대된 나머지 일부 지방에서는 80~90%의 수전 비율을 기록하였다. 이것은 수전 농업 중심의 단일 경작지대에 해당되는 것으로서, 결코 바람직한 것이 아니다. 농업의 정상적인 발전을 저해하는 것은 물론, 가뭄이나 홍수 등 기상 이변이 닥칠 경우에 대체 방안이 전혀 없기 때문이다. 여기에서도 다양성의 유지가 중요하다는 사실을 확인할 수 있다.

(2) 부·군별 수전 면적의 비율과 그 분포

일제의 식민지 지배 정책으로 전통적인 농업의 발전 과정이 크게 왜곡되기 이전의 수전 비율을 검토하기 위해서, 1911년에 조선 총독부가 발간한 『통계연보』에 의거하여 부·군별 수전 비율을 산출하여 지도화한 것이 〈그림 8-4〉이다. 이 그림에서 수전 비율의 분포 상황을 거시적으로 관찰하면, 남한강 남부는 전체적으로 50% 이상을 보여 주고 있는 반면에, 북부 대부분의 부·군들은 아직까지도 30% 미만의 낮은 비율에 머무르고 있어서 남부와 북부 간의 차이가 크게 나타나고 있다. 이와 같이 남부와 북부 사이에 나타나는 뚜렷한 대조는 앞의 두 시기와 공통되는 현상이지만, 호남 지방을 위시하여 경상남도와 충청남도에는 70% 이상의 매우 높은 비율을 보이는 경우가 지배적이다.

위 그림을 미시적으로 검토하면, 남한강 북부에서 50% 이상의 높은 수전 비율을 보이는 군의 수는 황해도에 2개(재령, 신천), 평안남도에 1개(안주), 강원도에 4개(강릉, 양양, 간성, 고성) 등 7개에 불과하다. 이 중 강릉에서 간성까지의 해안 지역은 70% 이상에 달하여 가장 높은 비율을 보인다. 그러나 수전이 전혀 분포하지 않는 부분은 함경남도의 장진군뿐으로, 이것은 앞의 두 시기에 비하면 조선 후기를 거치면서 북부의 산악 지대까지 수전 농업의 발전이 이루어져 왔음을 여실히 보여 주는 것이다.

그 외 광대한 지역에는 수전 비율 30% 이하의 부·군들이 위치하는데, 이들 사이에도 상당한 차이가 나타난다. 즉 7% 이하인 부·군의 수는 평안도에 40개 중 20개, 함경도에 25개 중 16개 등으로 양도에 해당하는 부·군의 절반 이상을 점유하는 형편이다.

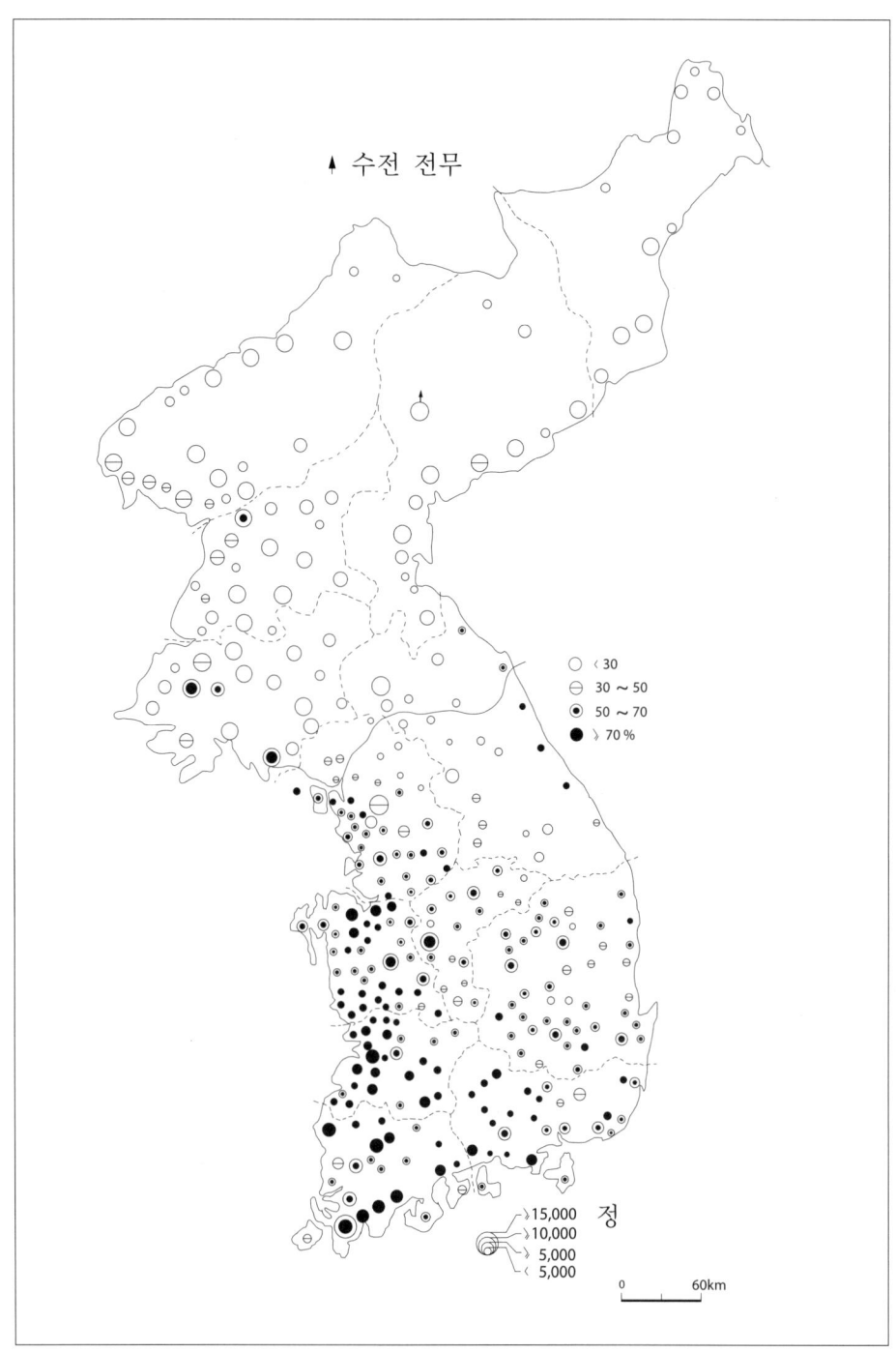

그림 8-4 20세기 초기의 부군별 수전 비율의 분포

제8장 : 농업과 농업 공간의 변천 과정

표 8-4 20세기 초기의 도별 경지 면적과 수전 비율

(단위: 정)

구분 도별	경지 면적	수 전		비	고	
		면 적	비율(%)	경지 면적	수전 면적	비율(%)
경 기	257,191	134,594	52.3			
강 원	167,466	37,794	22.5			
충 북	90,949	48,314	53.1	> 268,118	174,035	64.9
충 남	177,169	125,721	70.9			
경 북	202,913	115,738	57.0	> 346,249	207,086	59.8
경 남	143,336	91,348	63.7			
전 북	139,618	108,248	77.5	>387,179 (336,807)	234,159 (233,893)	60.4 (69.4)
전 남	247,561 (197,189)	125,911 (125,645)	50.8 (63.7)			
황 해	297,715	80,818	27.1			
평 남	275,773	41,390	15.0	> 628,423	89,101	14.1
평 북	352,650	47,711	13.5			
함 남	229,348	31,597	13.7	> 374,811	35,306	9.4
함 북	145,463	3,709	2.5			
계	2,727,158 (2,676,786)	992,896 (992,630)	36.4 (37.0)	《1,375,837》	《787,405》	《57.2》

자료 : 조선총독부, 1911, 통계연보, 부록, pp.1-15.
주 : 정 미만의 수치는 무시하였음
    우측의 비고란은 각각 남·북으로 양분된 도의 합산치임
    ( ) 표시 내의 수치는 제주도를 제외한 것임
    《 》 표시 내의 수치는 황해, 평안, 함경 등 3도를 제외한 것임

    남한강 남부를 좀 더 자세히 살펴보면, 이 지역은 다시 수전 비율이 70% 이상인 구역과 50~70%에 해당되는 구역으로 양분되고 있다. 전자의 경우, 특히 전라북도에서는 28개 부·군 중 12개가 80% 이상의 수전 비율을 보이고, 만경, 김제, 임피 등 3군은 90%를 초과하였다. 그 다음 충청남도에서 70% 이상의 수전 비율이 집중적으로 분포하는 곳은 차령산지의 남부와 북부를 각각 흐르고 있는 금강과 삽교천 유역의 두 저지대에 해당된다. 전라남도와 경상남도의 경우에는 70% 이상의 수전 비율이 남해안을 위시하여 노령산지의 남쪽 기슭과 지리산지의 동쪽 기슭에 주로 나타난다. 그리고 후자의 경우는 경기도를 위시하여 경상북도와 충청북도를 포함한다. 그중에서도 충청북도는 전체 18개의 부·군 중에서 8개가 50% 미만의 수전 비율을 보여 줌으로

써 비교적 수전 비율이 낮은 곳에 해당된다. 이 8군들은 대체로 본도의 동부를 통과하는 소백산지의 북서쪽 사면에 입지한다.

또한 도별로 수전 비율을 정리한 것이 〈표 8-4〉이다. 이 표는 1896년 행정 구역의 변경으로 13도제에 의거한 통계 자료인데, 전국의 총 경지 면적은 약 270만 정(町)이며, 수전 면적은 100만 정 정도이므로 수전 비율은 대략 36%로 파악된다. 전라북도가 77.5%로 가장 높고, 충청남도가 그 다음으로 70.9%의 높은 수전 비율을 보여 준다. 또한 남한강 남부에서 전라남도와 경상남도는 모두 63.7%, 그리고 경기도, 충청북도, 경상북도는 52~57%를 나타낸다. 한편, 북방에 있는 여러 도의 수전 비율은 가장 낮은 함경북도의 2.5%를 예외적인 현상으로 간주한다면, 황해도는 27.1%, 강원도 22.5%, 평안남·북도와 함경남도는 13~15% 정도의 낮은 비율을 유지한다.

이와 같이 수전 비율을 기준으로 볼 때 한반도가 남부와 북부의 두 지역으로 명확히 구분된다는 점에서는 18세기 중기와 마찬가지이지만, 그 구체적인 내용면에서는 남부는 수전 지대로, 그리고 북부는 한전 지대로서 정착되어 갔다.

5) 광복 이후

(1) 공업화·도시화의 진전과 전통적 농업 문명의 변화

1950년대 이후에는 북한의 통계 자료가 없으므로 휴전선 이남의 경우에 한정시켜서 수전 농업의 발전상을 살펴볼 수밖에 없다. 1960년대 초기부터 5년 단위의 경제 개발 계획이 추진되면서 공업화와 도시화가 빠른 속도로 진행되기 시작하였다. 한편으로는 식량 부족 문제를 미곡 증산 정책을 통하여 해결하기 위해서 중앙 정부 주도하에 농업 기반 시설들을 정비해 나갔다. 이 과정에서 대규모의 다목적 댐들과 크고 작은 저수지들이 축조되었고, 지하수가 개발됨으로써 수전 지대에는 조밀한 관개 수로망이 갖추어지게 되었다. 또한 정부가 식량 자급을 목표로 미곡 생산량을 증대시키기 위해 비료와 농약의 생산량을 크게 늘리는 동시에, 다수확 벼 품종의 개발을 적극적으로 지원하였다. 그 결과, 수확량이 가장 많기로 유명한 '통일벼'가 보급됨으로써 1970년대 후반에 이르면서 드디어 식량 자급의 목적을 달성하게 되었다. 이것은 한국의 농업 발전 과정에서 큰 의미를 가지는 것이었지만, 1990년대에 들어오면서 이 기적의 벼 품종은 품질 문제로 자취를 감추고 말았다. 그러나 미곡에 관한 한, 식량 자급을 넘어 잉여 생산물의 보관이 문제시되는 단계에 이르렀다.

이 시기에는 공업 단지와 시가지, 그리고 고속도로 등의 사회 간접 시설들이 대규모로 건설되면서 경지 면적의 증대가 한계에 도달하였다. 이를 보충하기 위하여 해안에 간척지를 조성하기도 하였으나 총 경지 면적은 약 220만 ha에서 정체 상태를 보이고 있었다.

급속한 경제 발전으로 생활 수준이 향상되면서 채소나 과일, 공예 작물 등의 수요가 증가하여 재배 작물의 다양화 현상이 나타났다. 그 결과 한전 농업에서 특히 보리와 밀의 재배 면적이 크게 줄어들었다. 한국 전통 사회에서 미곡 다음으로 중요한 식량 작물의 지위를 누려 온 보리의 경우, 1965년에 한전 면적의 85%까지 차지하였으나, 1980년대에는 10% 미만으로 급속도로 감소하는 경향을 보였다. 이러한 경향은 수전 이모작으로 재배되어 오던 보리의 경우에서도 마찬가지였다. 이것은 20세기 한국 재배 곡물의 변천 과정에서 가장 두드러진 변화의 양상이었다.

또한 이촌향도(離村向都) 현상이 심화되면서 농촌의 인구는 빠른 속도로 감소되어 왔으며, 특히 청년층과 장년층의 전출 현상이 두드러지게 나타났다. 농업 인구는 1960년대까지 60%를 초과하였으나, 1980년에는 29%로 감소하였으며, 그 후로도 지속적으로 감소하는 경향이 나타나고 있다. 따라서 1980년대 이래 농업 노동력이 부족해지면서 농업의 기계화 정책이 시행되어 왔으나, 농촌 사회의 고령화 현상이 가속화되고 있어 그 미래가 불투명한 실정이다.

(2) 시·군별 수전 면적의 비율과 그 분포

일제 강점기 초기인 1914년에는 전국에 걸쳐 지방의 행정 구역이 부·군 단위로 통폐합됨으로써 큰 변화가 나타났다. 따라서 앞의 시기들에 비하여 군 단위 행정 구역의 수효가 크게 감소하였고, 반대로 그 면적은 광대해졌다. 이러한 내용을 고려하면서 1981년에 간행된 『농림통계연보』를 이용하여 휴전선 이남의 시·군별 수전 비율을 지도화한 것이 〈그림 8-5〉이다. 이 그림을 관찰하면 20세기 초기까지도 대부분 30% 이하의 낮은 비율을 보여 왔던 남한강 북부에 위치한 군들의 수전 비율이 대체로 30~50%, 혹은 50%를 상회하고 있는 사실이 가장 특징적인 현상으로 나타난다. 그중에서도 경기도 북부가 대부분 50%를 넘었으며, 특히 철원군은 69%로서 70%에 접근하고 있다. 그러나 이 지역 내에서도 충청북도 북동부에서 강원도 남동부에 이르는 산간 지대는 아직도 30% 미만의 낮은 비율에 머무르고 있어 휴전선 이남에서 수전 비율이 가장 낮은 한전 지대를 형성하고 있다. 이곳의 군별 비율은 자세히 살펴보면 10~22%에 불과하다.

한편 남한강 남부의 시·군들은 충청북도 동부와 남부의 30~50%를 제외하면, 거의 모두 50% 이상의 수전 비율을 나타낸다. 이 가운데 호남 지방 및 경상남도의 경우 70% 이상에 달하는 시·군의 수가 전체의 1/3 이상을 차지하여 여전히 주요한 수전

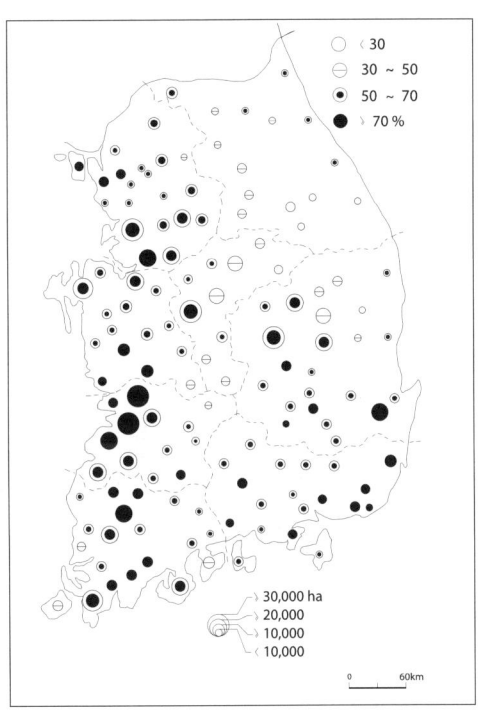

그림 8-5 20세기 후기의 시군별 수전 비율의 분포

표 8-5 · 20세기 후기의 도별 경지 면적과 수전 비율

(단위: ha)

구분 도별	경지 면적	수전 면적	수전 비율(%)	비고 경지 면적	비고 수전 면적	비고 비율(%)
서 울	4,899	2,640	53.8			
부 산	6,075	4,766	78.4			
경 기	295,486	189,530	64.1			
강 원	151,563	61,050	40.2			
충 북	171,986	84,455	49.1	> 460,583	270,719	58.7
충 남	288,597	186,264	64.5			
전 북	249,827	175,441	70.2	> 609,168	395,790	64.9
전 남	359,341	220,349	61.3			
경 북	366,496	213,874	58.3	> 617,929	381,286	61.7
경 남	251,433	167,412	66.5			
제 주	50,116	1,003	2.0			
계	2,195,822 (2,145,706)	1,306,789 (1,305,786)	59.5 (60.8)			

자료 : 농림수산부, 1981, 농림통계연보, pp.242-245.
주 : ha 미만의 수치는 무시하였음
　　우측의 비고란은 각각 남·북으로 양분된 도의 합산치임
　　휴전선 이북의 도는 자료 수집이 불가능하여 제외되었음
　　( ) 표시 내의 수치는 제주도를 제외한 것임

지대를 이루고 있으며, 경기도·충청남도·경상북도가 그에 버금가는 양상을 보인다. 그러나 20세기 후기에는 80%를 초과하는 군은 유일하게 옥구군으로 그 비율도 85%에 불과하다. 이것은 수전 비율이 매우 높았던 지역에서 많은 경우 그 비율이 감소되어 왔음을 보여 주는 것이다.

　이러한 수전 비율의 시·군별 분포 상태를 도 단위로 정리한 것이 〈표 8-5〉이다. 여기에서 보듯이 남한의 총 경지 면적은 약 220만ha이며, 그중 수전 면적은 130만ha 정도이므로 평균 수전 비율은 59.5%로서 60%에 가깝다. 이 가운데 제주, 서울, 부산의 경우는 수전 비율로 보거나 전체 경작지 면적의 규모로 보더라도 일단 예외적인 현상으로 간주해도 좋을 것이다. 그러면 강원도와 충청북도가 40~49%, 경상북도가 58% 정도로 낮은 부류에 속하며, 다른 도들은 모두 61~70% 정도의 수전 비율을 나타내고 있다.

이상과 같이 지역별 수전 비율의 변천 과정을 살펴볼 때, 호남평야는 15세기 전기에 이미 50% 이상의 높은 수전 비율을 나타냄으로써 수전 지대를 형성한 이래 오늘날 까지도 우리나라의 대표적인 수전 농업 지역을 이루고 있다. 그리고 삼남 지방이 비교적 높은 수전 비율을 보여 온 반면에, 북부 지방은 그 비율이 낮은 상태를 유지해 왔다. 이와 같이 수전 비율 면에서 대조적인 남부와 북부 지역을 가르는 경계선은 대체로 남한강이었다. 또한 시간이 흐름에 따라 수전 비율은 전체적으로 증가되어 왔으나, 20세기 초기를 경과하면서 가장 높은 비율을 보였던 호남 지방과 충청남도는 그 비율이 점차 낮아져 20세기 후기에는 지역 간 수전 비율의 격차가 줄어드는 현상이 나타나게 되었다. 따라서 20세기 초기에 22~77%의 매우 큰 격차를 보였던 남한의 도별 수전 비율은 후기에 이르러 40~70%의 수준을 유지하게 되었다.

2. 수전 농업 발전의 지역적 차이

1) 15세기 전기~18세기 중기

고려 후기부터 광복 이후까지 네 개의 시간적 단면들 사이에서 군·현별(혹은 시·군별) 수전 비율의 증가와 감소의 크기를 산출하여 수전 농업 발전 과정에서의 지역적 차이를 순차적으로 살펴보면 다음과 같다. 먼저 15세기 전기와 18세기 중기 까지의 군·현별 수전 비율의 증감을 계산하여 이를 지도화한 것이 〈그림 8-6〉이다. 이 기간에 가장 큰 수전 비율의 증가를 보이고 있는 지역은 두말할 나위도 없이 호남 지방으로서 대부분의 군·현들이 15% 이상 증가하였다. 그중에서도 전라북도의 경우 주로 동부에 위치한 6개의 군·현들(고산·용안·용담·임실·무주·진안)은 30% 이상의 증가율을 기록하고 있는데, 이것은 수전과 한전 모두 시간의 경과에 따라 그 면적이 증대해 온 경향을 감안한다면 대단히 큰 증가율이라고 하겠다. 그 다음 영남 지방에서는 대부분의 군·현들이 0~15%의 증가율을 보이나, 충청도의 경우 상대적으로 감소하는 군·현들이 훨씬 많으며, 경기도는 두 지역의 중간에 해당되는 미약한 증가를 보이고 있다. 이와 같이 그림에서 개괄적으로 파악되는 사실을 〈표 8-2〉와 〈표 8-3〉을 비교하여 보면 다음과 같다. 호남 지방은 이 기간에 제주도를 제외시키면 수전 비율이 평균 13% 정도 증가한 반면에, 영남 지방의 증가는 총 3% 내외에 불과하였다. 이

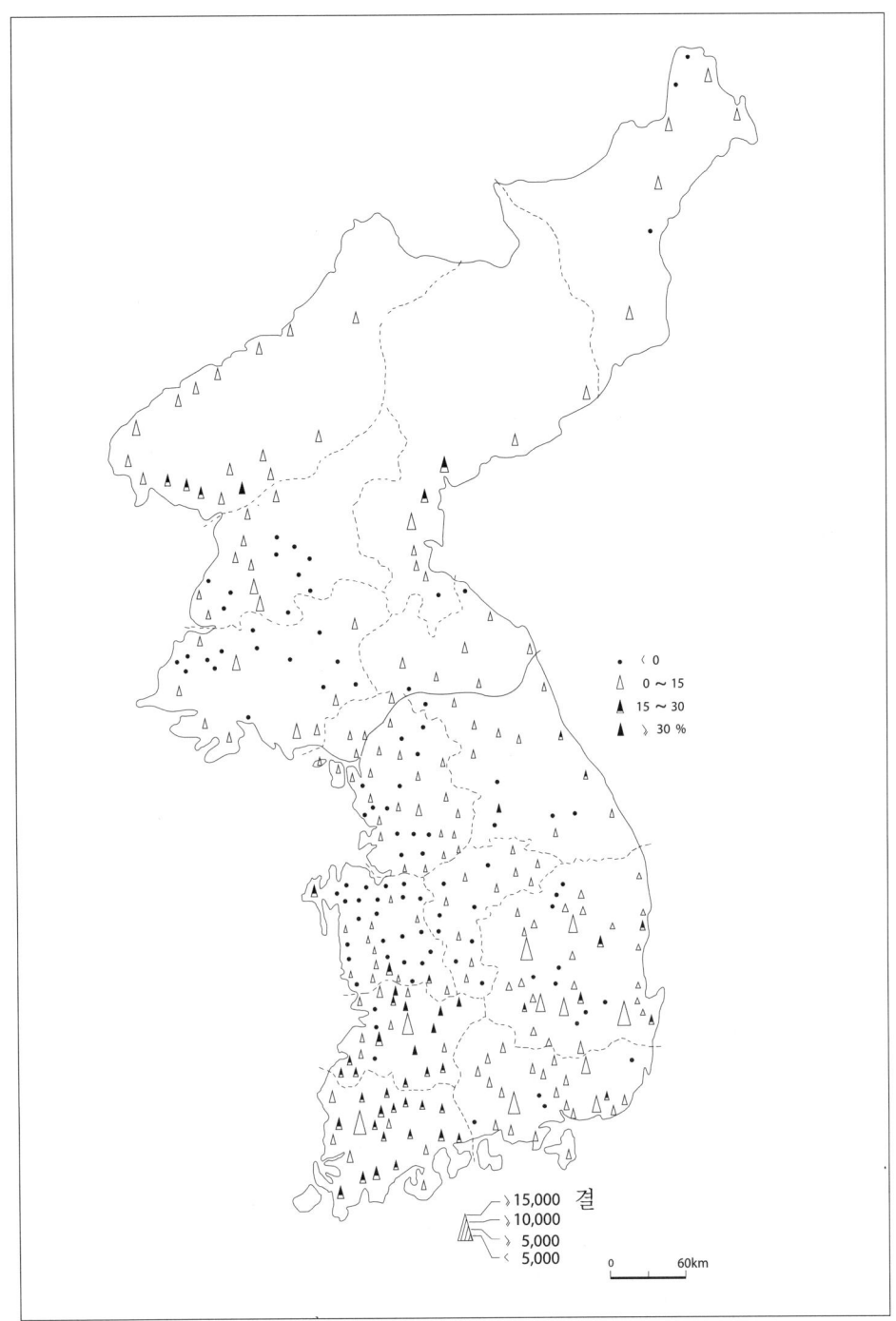

그림 8-6 15세기 전기~18세기 중기의 수전 비율의 증감

제8장 : 농업과 농업 공간의 변천 과정

와는 대조적으로 충청도는 총 3% 정도 감소하였다.

한편 15세기에 이미 70% 이상의 수전 비율을 보였던 호남평야의 중심부는 그 후 증가율이 둔화되거나 상대적인 감소 상태를 나타내게 되었다. 이와 같은 수전 비율의 증가는 새로운 수전 개척은 물론, 제언이나 천방(보), 착정 등 수리 시설을 확충함으로써 종래의 한전을 수전으로 전환하는 이른바 '번답(飜畓)' 현상에 의해서도 나타나게 되었다. 이러한 번답의 확대 현상을 두고 실학자였던 서유구는 "지금 전국 수전의 10분의 3은 모두 번답이다(今南北水田什三皆反田)"라고 할 정도로 이 유형의 수전이 상당한 규모에 이르렀던 사실을 알 수 있다. 이 번답 현상과 관련하여 "약 100년 전부터 쌀밥을 먹는 풍습이 성해졌다(飯稻之風盛)"라고 하는 상황이 전개되었던 것이다. 이러한 표현들은 15세기 전기~18세기 중기의 수전 비율 증가의 분포(그림 8-5)가 보여주듯이 금강 하류에서 호남 지방 전체와 영남 지방의 남부에 이르기까지 대체로 삼남 지방의 높은 수전 비율(그림 8-2)을 그대로 나타낸 것이라고 여겨진다.

그리고 영남 지방에 비해서 호남 지방이 높은 수전 비율을 보이고 있는 것은 수리 시설의 내용을 살펴보더라도 짐작이 간다. 즉 1520년에 경상도와 전라도의 제언 수는 각각 800여개와 900여개였으나, 1800년에는 각각 1,765개와 936개로 파악되고 있었다(표 8-6). 전라도의 경우는 두 시기 간에 큰 변동이 없이 거의 정체 상태를 보여 온

표 8-6 15세기 이래 저수지와 보의 수 변화

도 \ 연도	1460	1520	1780	1800	비 고
경기도			229	314	O
강원도			65	71(61)	
충청도		500	503	525(497)	
경상도	769	800	1,520	1,765(1,339)	O
전라도		900	943	936(164)	O
계			3,260	3,611	

자료 : 이광린, 1961, 이조수리사연구, 한국연구총서 8, 한국연구도서관, 26-28.
주 : ( )안의 수치는 천방(보)의 수를 나타냄. 전라도와 충청도의 경우 1520~1800년에는 저수지의 수가 각각 900여개와 500여개로서 거의 정체되어 있었던 반면, 1520~1800년에는 경상도에서, 1780~1800년에는 경기도에서 저수지의 수가 크게 증가한 사실을 알 수 있다. 또한 천방(보)도 타도와 비교할 수 없을 정도로 경상도에 가장 많이 조성되어 있었던 점이 확인된다.

데 비해서, 경상도에서는 2배 가까이 증가한 것으로 나타난다.

제언 수의 증가 추세로만 보면 일견 경상도 수전 비율의 증가가 전라도의 그것을 능가할 것처럼 생각되기도 한다. 그렇지만 경상도의 면적은 남한에서 가장 클 뿐만 아니라, 이 지역의 내륙부는 한반도 중부와 남부에서 강수량이 가장 적은 소우지에 속한다. 실제로 이 부분의 연평균 강수량은 900mm 내외에 불과하다. 더구나 당시의 제언들이 평균 26결의 수전에 관개할 수 있을 정도의 소규모였던 것으로 알려져 있다. 그렇다면 위의 제언 수의 변동 내용은 역으로 조선 전기에 경상도의 수전 비율이 전라도의 그것에 비해 훨씬 낮은 상태에 있었고, 조선 후기에 이르면서 증가의 경향을 보였던 것이라고 판단된다. 여기서 16세기 이래 널리 개발되어 온 보에 대해서도 언급해야겠지만, 18세기 중기까지는 그 수효가 정확히 알려지지 않았다. 실제로 〈표 8-2〉에 의하면 전라도의 수전 비율이 경상도에 비해 약 9% 높게 나타남은 물론, 조선 후기에도 역시 전라도가 훨씬 높은 수전 비율을 보이고 있다(표 8-3).

한편, 수전 비율이 낮았던 북부의 나머지 도 가운데 강원도에서는 약 14%, 평안·함경 양도의 경우 3% 정도 증가되었는데, 특히 평안도의 선천, 정주, 박천 일대가 20~29%의 높은 증가율을 보였다.

그리고 전국의 평균 수전 비율은 28.0%에서 39.1%로 변천되어 약 11%의 증가를 이룩하였다. 이처럼 전국 평균 수전 비율의 증가가 높게 나타난 것은 농업 기술의 발달에 따른 새로운 수전 개척과 번답 현상에도 기인하지만, 한편으로는 15세기 전기에 수전 비율이 낮은 북부 여러 도의 경지 면적이 18세기 중기에 비하여 3배 정도로 증가된 내용으로 기록되었기 때문이기도 하다. 이것은 세종 26년(1444)에 실시된 공법(貢法)이 토지 생산력을 과대하게 평가하여 하등전을 1·2·3등전으로 상향 조정한 데에 기인하는 것으로 보인다. 또한, 황해·평안·함경 등 3도를 제외시켰을 경우 수전 비율의 증가를 대략 남한 전체의 것으로 간주한다면, 이것은 39.6%에서 45.3%로 변천되어 5~6%의 증가 현상을 보였다.

2) 18세기 중기~20세기 초기

이 기간에 나타난 지역별 수전 농업의 발전상을 살펴보기 위해서 군·현별 수전 비율의 증가와 감소 내용을 지도화한 것이 〈그림 8-7〉이다. 이 그림은 전국 대부분의 모든 군·현들이 크든 작든 수전 비율의 증가한 정도를 보여 준다. 상대적으로 감소 현상을 드러내고 있는 군·현들이 없는 바는 아니지만, 그 비중을 고려하면 무시해도 좋을 정도이다. 그뿐만 아니라 거시적으로 보아 남부와 북부가 수전 비율의 증가 규모에서 양분되고 있는 점도 확인된다. 대체로 삼남 지방과 경기도가 15~30% 증가하였으나, 나머지 북부의 도들은 0~15% 정도 증가하는 데 그쳤다. 남부, 특히 충청도는 30% 이상의 증가를 보이는 군·현 수가 전체의 거의 절반에 이르러 이 시기에 수전 비율의 증가가 가장 큰 지역을 형성하고 있다.

한편 북부에서 수전 비율이 가장 크게 증가한 지역은 황해도 북서부로 이곳은 재령강 유역에 해당된다. 군별로 본다면 신천군과 재령군은 30% 이상, 봉산·안악·은율 3개 군은 15~30%의 증가를 각각 기록하고 있다. 이 지역의 수전 비율 증가가 큰 것은 조선 후기에 절수지(折受地)의 확대라는 당시의 일반적인 추세 속에서 각 궁방(宮房)이 재령강 유역에 대규모의 언답(堰畓)을 개척하여 광대한 장토(庄土)를 설치했던 사실에서 비롯된 것으로 보인다. 본래 이 재령강 유역에는 남쪽에서 북쪽으로 흐르는 본류와 그에서 분기하는 여러 지류들 사이에 침수가 잦은 노전(蘆田) 지대가 넓게 펼쳐져 있었는데, 영조~정조대에 개척되면서 수전 지대로 바뀌었다. 그중에서 상당 부분이 수진궁(壽進宮)과 명례궁(明禮宮)을 위시한 여러 궁방 소속의 장토가 되었고, 그중 여물평(餘物坪) 일대의 장토만 하더라도 그 면적이 약 600결에 달할 정도였다.

이 지역의 이와 같은 언답 개척은 인근의 신천·봉산·황주 등 재령평야의 넓은 범위에 걸쳐 이루어졌고, 따라서 이 수전 지대에 관개용수를 공급하기 위해서 대규모의 보들이 축조되었다. 그중 여물평의 보는 남에서 북까지 80리에 달하며 이는 조선 후기 연해 지역 저습지의 개간 규모를 알려 준다. 특히 봉산 좌곡리의 경우 재령강에 발달된 곡류하도(曲流河道, meander)에 직강(直江) 공사를 함으로써 구하도에 수전을

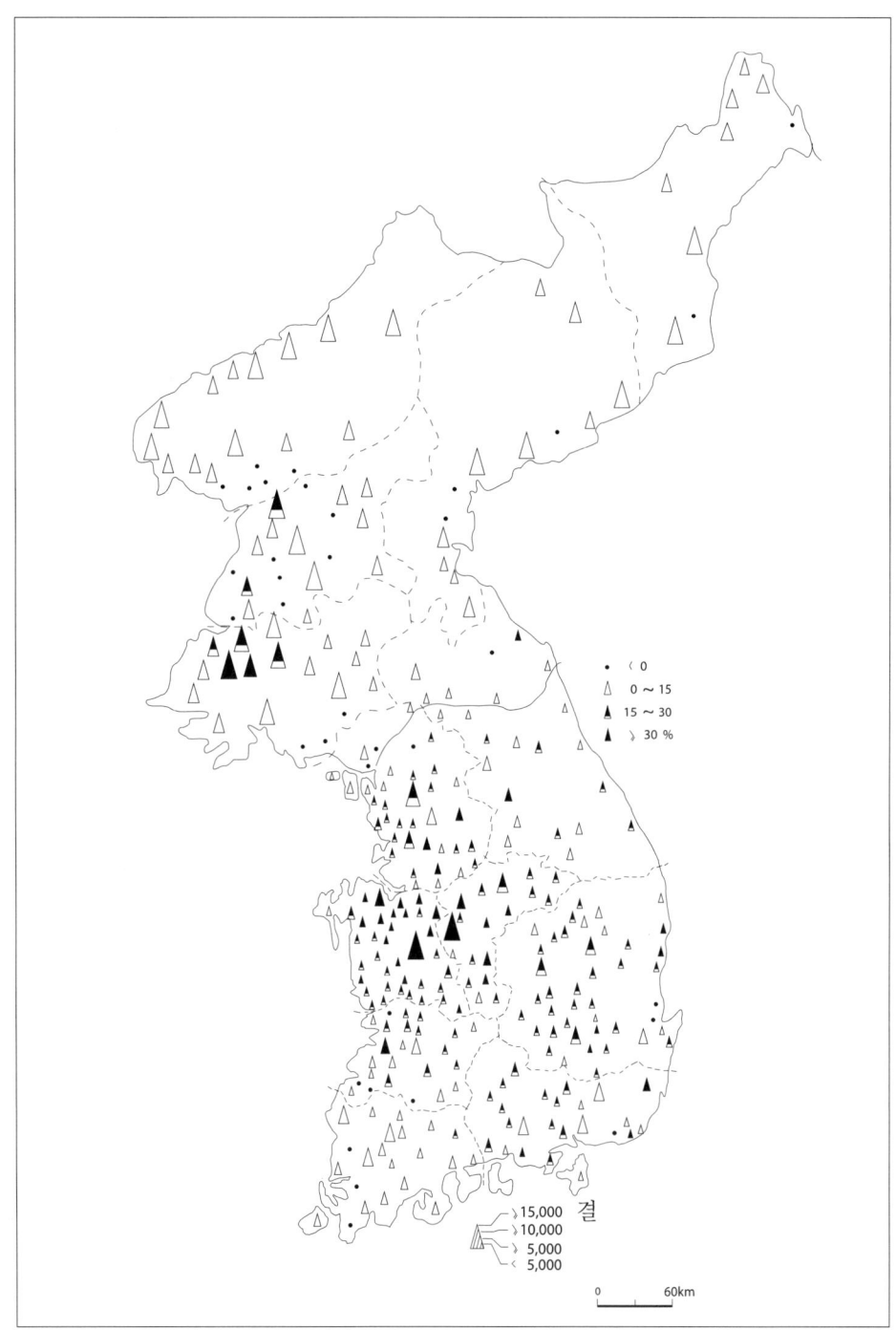

그림 8-7 18세기 중기~20세기 초기의 수전 비율의 증감

개척하는 방법이 당시에 이미 사용되었던 점은 매우 흥미롭다. 이 지역은 앞서 기술한 청천강 하류부와 더불어 관서 지방의 대표적인 평야 지대이면서도 수전 비율의 뚜렷한 증가 경향이 한 단계 늦게 나타나고 있는데, 이것은 이곳이 우리나라의 대표적인 소우(少雨) 지역이라는 사실과도 관련되는 것이라고 생각된다. 실제로 이곳에는 강수량이 연평균 800~1,000mm에 불과한 지역이 상당히 넓게 나타난다. 위에서 지적한 대로 80리에 이르는 대규모 보의 축조는 바로 이러한 배경에서 이루어진 것으로 판단된다.

〈그림 8-7〉에 나타난 수전 비율의 증가 경향을 도별로 보면, 충청도는 이 기간에 약 27%로 가장 크게 증가하였다(표 8-4, 표 8-5). 경상도와 경기도가 각각 17%와 14% 수준으로 그에 버금가는 양상을 보인다. 그러나 15세기 전기~18세기 중기에 최대의 증가를 기록했던 호남 지방이 이 기간에는 제주도를 제외시킬 경우 8% 정도 증가하는 데 그쳤다.

그리고 여전히 도별 평균 수전 비율이 30%를 밑도는 북부의 여러 도 가운데 비교적 수전 비율의 증가가 큰 황해도는 9% 정도, 그리고 함경도와 평안도는 가장 낮아서 그 증가가 2% 미만에 불과하였다. 이와는 달리 강원도는 5% 정도 감소하였다. 또한 전국의 평균 수전 비율은 39.1%에서 37.0%로 변천하여 약 2% 감소하였다. 이것은 18세기 중기에 비해서 20세기 초기에는 수전 비율이 낮은 북부 여러 도의 경지 면적이 전국 경지 면적 중 거의 절반에 가까운 약 130만 정을 점유하고 있기 때문이다. 그러나 황해·평안·함경 등 3도를 제외한 경지 면적을 대략 남한 전체의 경지 면적으로 간주할 경우 수전 비율의 증가는 약 12%였다.

3) 20세기 초기~20세기 후기

마지막으로 20세기 초기부터 후기까지의 지역별 수전 농업의 발전상을 확인하기 위해서 휴전선 이남의 시·군별 수전 비율의 증가와 감소 내용을 지도화한 것이 〈그

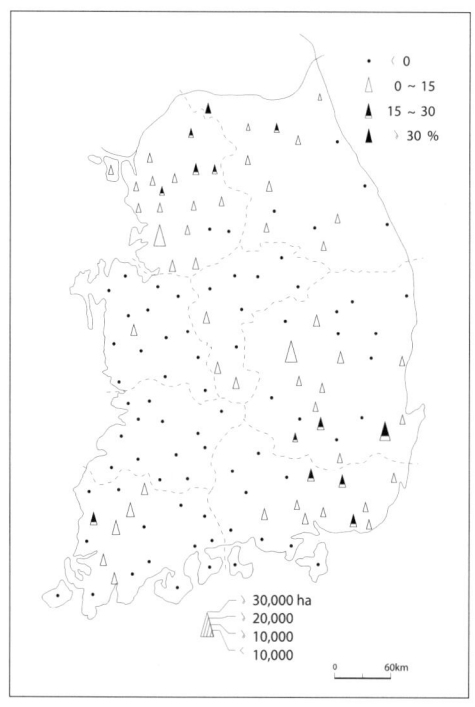
그림 8-8 20세기 초기~후기의 수전 비율의 증감

림 8-8〉이다. 경기도는 거의 모든 시·군에서 수전 비율이 증가하였고, 그 다음 강원도는 전체 15개의 시·군 가운데 2/3 정도가 증가하였다. 그중에도 남한강 북부의 수전 비율이 큰 증가 추세를 드러내고 있는데, 특히 철원군은 50%나 증가하였다.

이러한 수전 비율의 증가 경향은 일제에 의한 '산미증식계획(産米增殖計劃)'이 그의 발단을 이루었던 것으로 보인다. 현무암 대지가 넓은 면적을 차지하는 철원평야의 경우에 암석의 특성상 지표수가 부족하여 수전 개간은 금세기 초까지도 주변의 산록부를 중심으로 부분적으로 이룩되어 왔다. 그러한 상태에서 일제 강점기에 일제가 이곳에 일본 출신의 이주민과 경상북도 영천 등지의 농민들을 강제 이주시켜 토지 개량 사업을 시행하고 수리 시설을 확충함은 물론, '불이농장(不二農場)'을 대지주로 내세워 본격적인 수전 개척 사업을 추진시켰다. 따라서 이 지역의 큰 수전 비율 증가는 일제의 식민 지배라는 특수한 사회경제적 여건에서 나타나기 시작하여 1960년대 이후 식량 자급을 위한 일련의 농업 정책에 의하여 이룩된 것이다.

이와는 대조적으로 호남 지방과 충청도의 경우 대부분 수전 비율이 감소되었다. 전라북도는 77.5%에서 70.2%로, 충청남도는 70.9%에서 64.5%로 변화되어 각각 6~7% 정도 줄어들었다(표 8-4, 표 8-5). 이것은 20세기 전기에 일제의 미곡 증산 정책에 따라서 집중적인 수전 개간이 이루어진 후, 1960년대 이래 우리나라의 공업화·도시화 추세, 그리고 생활 수준의 향상에 따르는 농산물 수요의 다각화에 기인한 것으로 여겨진다.

한편 최저의 수전 비율을 기록했던 강원도의 22.5%는 40.2%로, 그리고 경기도의 52.3%는 64.1%로 변화되어 각각 17%와 11% 정도씩 증가하였다. 여기에서 강원도와 경기도 수전 비율의 증가는, 그 비율이 낮은 휴전선 이북의 일부 군들이 제외되었으므로 다소 크게 산출된 것이다. 그렇더라도 문제의 군들이 경기도 4개, 강원도 7개에 불과하므로 두 시기동안 수전 비율의 증가 경향을 파악하는 데 그다지 큰 착오는 없을 것으로 여겨진다.

그리하여 20세기 초기에 전라도와 강원도의 수전 비율은 각각 69.4%와 22.5%로 그 차이는 46.9%이며, 전자 : 후자의 비는 3 : 1로 산출된다. 그러나 20세기 후기 두 도의 비율은 각각 64.9%와 40.2%로서 그 차이가 24.7%, 그리고 전자 : 후자의 비는 1.6 : 1로 파악된다. 따라서 금세기 초기에서 후기에 이르는 동안에 수전 비율상 전라도 : 강원도의 비는 3 : 1에서 1.6 : 1로 현저히 감소되었다. 다시 말하면 20세기 초기에 수전 비율이 매우 높았던 지역은 점차 감소한 반면에, 그 비율이 낮았던 지역은 빠르게 증가하는 추세를 보임으로써 상호 간의 격차가 대략 25% 이내로 좁혀져 온 것이다. 그 결과 1980년의 도별 수전 비율은 40~65%(9개 도 기준의 경우는 40~70%)의 수준을 유지하고 있으며, 남한 전체의 평균 수전 비율은 57.2%에서 60.8%로 변화하여 3.6% 증가되었다.

그러나 수전 비율의 증가가 이렇게 미약한 것과는 달리, 황해·평안·함경 등 3도를 제외한 남한의 전체 경지 면적은 137만 정에서 214만 ha로, 그리고 수전 면적은 78만 정에서 130만 ha로 확대되었다. 여기서 면적 단위가 정에서 ha로 변화되었으나, 양자는 거의 비슷한 것으로 간주되는 만큼 20세기 초기 이래 총 경지 면적과 수전 면적은 각각 58%와 68%의 괄목할 만한 증가를 이룩한 셈이다.

3. 수전 농업의 발전 요인과 입지 확대

1) 수전 농업 발전의 요인

우리나라 수전 농업의 발전 과정에서 호남 지방은 일찍이 15세기 전기와 18세기 중기 사이에 수전 비율의 큰 증가를 보였다. 그 다음 18세기 중기~20세기 초기에는 충청도가 수전 비율의 가장 큰 증가를 기록하였으며, 영남 지방과 경기도는 그에 버금가는 추세였다. 그리고 20세기 초기~후기에는 경기도와 강원도, 특히 남한강 북부에서 수전 비율이 두드러지게 증가한 반면에, 호남 지방과 충청도에서는 감소 현상이 나타났다. 말하자면 조선 전기 이래 수전 농업의 두드러진 발전은 남쪽의 호남 지방을 필두로 하여 충청도와 영남 지방, 그리고 경기도 쪽으로 북방을 향하여 각기 일정한 시간적 간격을 보이면서 점진적으로 이루어져 온 것이라 하겠다.

이와 같이 조선 전기 이래 한전 농업 중심에서 수전 농업 중심으로 국면의 전환이 이루어짐으로써 전반적으로 수전 비율이 높아져 온 여건은 무엇인가? 바꾸어 말하자면 이것은 조방적(粗放的) 농법에서 집약적(集約的) 농법으로의 전환이라고 하겠는데, 이 과정에서 우선 인구 압력의 여건을 고려할 수 있을 것이다. 그런데 수전 농업을 중심으로 하는 집약적 농법이 성립된 것은 고려 말기~조선 전기로 알려지고 있다. 이 시기는 고려 후기 이래 토산 약재를 활용하는 향약 의술의 발달에 힘입어 세종대에는

'향약집성방(鄕藥集成方)' 등의 의서들이 간행되어 의술이 보급되면서 소아 사망률의 감소로 인구가 증가 일로에 있었던 사실이 밝혀지게 되었다. 조선 왕조 건국 초인 14세기 말 경에 약 550만 명, 15세기 중기에 700만 명, 그리고 16세기 초에 1000만 명을 초과한 후, 임진왜란이 일어난 16세기 말경에는 1400만 명에 달한 것으로 알려졌다. 이러한 인구 증가는 농업 노동력의 확대로 이어지고, 나아가 집약적 농법과 새로운 농경지의 개척 등을 초래하였던 것으로 추리된다. 이렇게 보면 조선 전기 이래 인구 압력과 집약적 농법, 특히 수전 농업의 발달 간에는 긴밀한 인과 관계가 있었음을 알 수 있다. 그렇다면 인구 압력이 커지는 상태에서 한전 농업에 비해 수전 농업이 지니고 있는 유리한 점, 다시 말해서 인구 부양력이 컸을 것이라는 점이 추리된다. 이와 관련해서는 아시아의 곡물들 가운데 밀 등의 다른 작물보다 쌀이 1ha당 평균 약 70% 이상의 더 많은 생산량을 갖는 것으로 조사되어 주목을 끈다(표 8-7). 이것은 곧 동일한 면적을 경작할 경우에 수전으로 이용하는 것이 더욱 큰 칼로리를 얻을 수 있어서 더 많은 인구를 부양할 수 있음을 의미하는 것으로 풀이된다.

또한 우리나라의 경우 전통적으로 수전의 소출은 한전의 소출에 비교할 때, 그 경제적 가치에서 2배에 해당되는 것으로 인식되고 있었다. 말하자면 수전은 한전에 비해서 "경지 면적은 작아도 이익은 크게 얻을 수 있는(地省利博)" 유리한 토지 이용 방식이었던 것이다. 그러므로 조선 왕조는 건국 이래 수리 시설을 확충하여 수전을 새로이 개간할 뿐 아니라, 기존의 한전을 수전으로 전환하는 이른바 '번답'에 의한 수전 농업의 확대와 발전을 가능한 한 장려하는 정책을 추진하게 되었다.

표 8-7 아시아의 곡물별 생산량과 칼로리량의 비교

곡물	kg당 칼로리	평균 소출(kg/ha)	ha당 칼로리(1년)	acre당 칼로리(1일)
쌀	3,400	1,440	4,896,000	5,595
밀		820	2,788,000	3,186
수수		400	1,360,000	1,500
옥수수		860	2,924,000	3,341

자료 : Grigg, D.B., 1978, The Agricultural Systems of the World, Cambridge University Press, p.109.
주 : 1ha당 평균 생산량은 쌀이 1,440kg으로 가장 많고, 옥수수와 밀이 각각 860kg, 820kg으로 그 다음이며 두 곡물 사이에 큰 차이가 없으나, 수수는 400kg으로서 가장 적은 것으로 나타난다. 쌀 생산량은 옥수수와 밀에 비교하면 대략 1.67배와 1.76배에 해당되며, 수수에 비하면 무려 3.6배에 달하는 것으로 나타나 식량 확보의 측면에서 쌀의 우수성이 잘 드러난다.

더구나 18세기경에는 농업 기술의 발달에 힘입어 제초 작업에서의 노동력 절약, 불량한 묘의 제거, 도·맥 이모작에 의한 생산력 향상 등을 기할 수 있는 이앙법이 전국적으로 보급되기에 이르러 수전 농업에 대한 선호도는 더욱 강렬해졌다고 볼 수 있다. 이러한 추세에서 일반 농민들도 가능한 한 수전을 개간하고 더욱더 확대하여 수전 농업을 농업의 주축으로 삼으려 했을 것임은 물론이다. 그리하여 이앙법을 중심으로 한 수전 농업은 18세기 이래 20세기 후기까지도 한국 농업의 중심적 지위를 점유해 온 것이다.

그러나 20세기 초기 이래 호남 지방과 충청도에서는 오히려 수전 비율의 감소 현상이 나타났다. 이것은 1960년대 이래 급속히 진행되어 온 공업화와 도시화에 의한 농경지의 잠식으로 경지 면적이 거의 정체 현상을 보이고 있으며, 경제 성장과 생활 수준의 향상으로 농산물에 대한 수요가 점차 다양해진 경향에 기인하는 것으로 생각된다. 결국 수전 비율의 증가가 최대로 나타났던 시기는 18세기 중기~20세기 초기에 해당되는 셈이다. 한편 20세기 초기~후기에는 수전 비율이 3.6%로 미약한 증가를 보였지만, 전체 경지 면적이나 수전 면적은 각각 58%와 68% 정도의 큰 규모로 확대되었다. 이것은 이 기간에 서양의 근대 의학 기술이 도입되면서 사망률이 급격히 낮아져 1920년에 약 1800만 명, 1944년 2400만 명(남한 1600만 명)으로 증가하였고, 남한의 경우 1960년에 2400만 명, 1980년 3700만 명으로 최대의 인구 증가율이 나타난 사실과 밀접한 관계가 있었다고 판단된다.

2) 수전 농업 입지의 확대 과정

한국의 수전 농업 발전은 고려 후기와 조선 전기를 거치면서 인구 증가와 농업 기술의 발달에 따라서 해안이나 하천 하류의 저습지를 개척한 언답이나, 기존의 한전을 수전으로 전환하여 이루어진 번답의 확대 과정에 기인한 것이다. 수전 입지의 확대라는 관점에서 보면, 언답은 저지로, 그리고 번답은 고지로 향하여 진행되어 온 수전

개척 방식이라고 하겠다. 이 가운데 전자는 16세기 이래 황해와 남해의 연안에 널리 조성되기 시작하여 조선 후기까지 이어지고 있는데, 이런 현상의 배경에는 소폭이지만 기후 변화에 따른 해수면 변동이 있었던 것으로 여겨진다. 세계적으로 나타난 중세의 온난기에 비하여 근세 이래의 한랭화 현상인 소빙기(little ice age)가 그것으로서, 한국의 경우 대체로 조선 중기~후기에 해당되는 16~18세기 무렵에 뚜렷하게 나타난 것으로 알려졌다. 기온의 저하로 극지방과 고산 지대에 빙하가 확장됨으로써 해수면이 하강한 현상인데, 이를 시사하는 기록이 『택리지』에 보인다.

> 개성부(開城府)의 수구문(水口門) 밖 10리 지점에 동강(東江)이 있다. 조수와 통하여 화물을 수운하는 배가 정박하는 곳이었는데, 고려가 망한 뒤부터 조수가 물러가고 물이 얕아져 배가 들어오지 못한다. ...[『택리지(擇里志)』「복거 총론(卜居總論)」,「생리(生利)」]

여기서 동강은 개성부 동문이었던 수구문의 동쪽 약 10리에 위치한 고두산리 일대를 북쪽에서 남쪽으로 흘러내리는 사천(沙川)이다. 동강 하도는 매우 완만하여 고두산리 부근의 해발고도가 10여 m에 불과하며, 하구는 임진강 및 한강 하구와 매우 가깝다. 더욱이 경기만의 최고 수위가 10m에 가깝고, 여름철에 하천의 유량이 증가하므로, 대조(大潮) 시에는 역류하는 임진강의 수위가 높아지면서 배수의 지체 현상이 겹쳐 동강의 수위도 상승하여 고두산리 부근까지도 수운이 가능했을 것으로 보인다. 위 기사가 그런 사실을 전하는 것으로서, 공교롭게도 고려가 망한 뒤부터 조수가 물러가고 물이 얕아져 배가 들어오지 못했다는 것인데, 이것이 조선 중기~후기에 나타난 소빙기의 기온 저하 및 해수면의 하강 현상과 일치하는 셈이다. 이렇게 해수면 하강으로 드러난 해안과 하천 하류의 간석지가 바로 언답 개척의 기반이 되어 온 것이다. 그렇다면 중세 온난기에는 반대로 해수면이 상승하였을 것인데, 이런 현상이 바로 고려시대에 산전(山田), 즉 고지 방향으로 경지가 확대되었던 사실과 관련된 것으로 추정된다.

또한 고려 후기 이래의 인구 증가 추세는 늘어나는 식량 수요 문제에 대처하기 위

하여 농경지를 확대해 온 결과,

　　가. 삼림 벌채 면적의 증대로 인한 나지(裸地) 면적의 확장.
　　나. 집중 호우 시 하천에 의한 토사의 침식·운반 작용의 촉진.
　　다. 해안과 하천 하류에 퇴적물의 증가에 따른 간석지 성장의 가속화.

와 같은 연쇄 작용을 야기하게 되었다. 말하자면 인구 증가 현상으로 말미암아 지표면에서 일련의 지형 변화가 진행되는 과정에서 간석지의 성장이 가속화되어 온 것이다. 바로 이러한 해안 퇴적 지형인 간석지가 16세기 이래 황해와 남해 연안, 그리고 하천 하류의 언답 개척의 기반을 이루어 온 것으로 생각된다. 말하자면 간석지는 그 이전 시기 산록의 하단부를 중심으로 이루어지고 있었던 수전 농업의 입지가 이제 저습지대를 향하여 확대될 수 있는 새로운 공간으로 등장하게 된 것을 알 수 있다.

이와 같이 수전 농업이 발전되어 온 과정에서 수전의 입지가 확대되는 단계를 모식화한다면 대체로 아래와 같이 정리해 볼 수가 있다.

　제1단계: 조선 초기에 이르기까지 기존의 거주지 부근으로 용천, 혹은 여기서 이어지는 자연 계류를 이용하여 관개용수를 공급하기에 편리한 구릉이나 산지의 기슭, 즉 산록의 하단부에 입지한 수전(산록지형 수전).
　제2단계: 조선 전기 무렵 산록의 하단부에서 하부 방향으로 확산되면서 하천의 지류 주변의 충적지, 또는 해안 저습지 중에서도 상부에 입지한 수전(저습지형 수전).
　제3단계: 조선 중기 이래 해안의 간석지와 하천 하류 주변의 충적지에 입지한 수전(언답).
　제4단계: 조선 후기 이래 산록의 하단부에서 상부 방향으로 확산되면서 새로운 수리 시설인 착정 관개에 힘입어 한전에서 전환된 수전(번답).
　제5단계: 근대적인 토목 기술이 보급되기 시작한 20세기 초기 이래 해안의 간석지와 하천 하류의 충적지에 대규모 형태로 개척되어 온 수전(대규모 간척지) 및 산록의 상단부에 조성된 수전.

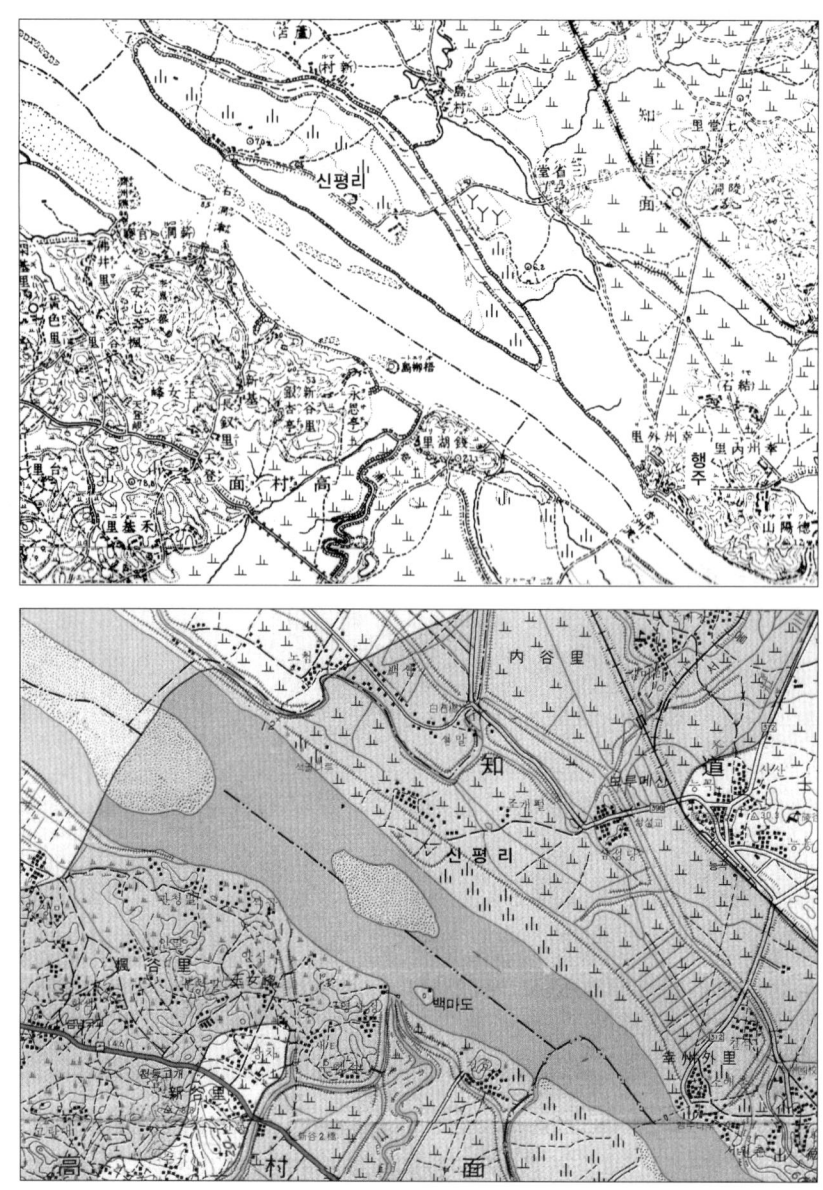

그림 8-9 한강 하류의 대규모 충적지에 개척된 수전의 사례(1 : 50,000)
(상) 1920년대, (하) 1970년대

이 가운데 제2단계인 저습지형 수전에서 해안 저습지의 경우는 해안, 또는 조수의 영향이 미칠 수 있는 하천 하류 일대에 관련되는 곳들이다. 이러한 곳들은 백중사리와 같이 조수의 수준이 특이하게 높아지는 시기에 입구가 좁은 만입부를 중심으로 비교적 높은 부분에까지 형성된 저습지에 해당된다. 이런 저습지형 수전은 말하자면 해발고도가 높은 부분에 조성된 것으로서 개간 기술이 낮은 수준에서도 쉽게 개척할 수 있었던 경우에 속한다.

마지막의 제5단계에서 하천 하류의 충적지에 개척된 대규모 수전은 〈그림 8-9〉에서 보는 것과 같다. 그리고 산록 상단부의 경우는 강원도 강릉의 금광평(제9장의 그림 9-7)이나 충청남도 해미의 농장촌 등의 수전 지대에 해당된다. 이러한 부분은 한국의 산록 지대에 흔히 나타나는 자갈 피복층으로 이루어진 경우가 많아서 개척이 지연되어 오다가 1940년대 말부터 한전으로 개척된 후, 저수지 축조와 더불어 1960년대에 수전으로 전환된 것이다.

그러므로 한국의 농업에서 20세기 후기에 정착된 수전 농업 중심의 농업 구조는 수전의 입지가 확대되어 온 과정 중에서도 특히 16세기 이래의 언답과 번답, 그리고 대규모 간척지 조성 단계에서 비롯된 것으로 생각된다.

위와 같은 수전 입지의 확대 과정은 내륙 지방의 침식 분지, 혹은 해안 지방과 같은 하나의 단위 지역 안에서 배후 산지로부터 개척 전선인 하천이나 바다 쪽을 향하여 미시적으로 살펴보면 비슷한 양상으로 나타난다. 이를 간단하게 도시하면 〈그림 8-10〉과 같은 형태를 보인다.

이렇게 한반도에서 전개되어 온 수전 농업의 지역적 발전 과정을 토대로 한국 농업 문명의 흐름을 전체적으로 개관한다면, 그것은 '수전 농업 확대의 긴 역사'라고 요약될 수 있으며, 그 과정은 수전 농업의 온상인 호남 지방으로부터 북부 지방을 향하여 점진적으로 진행되어 온 것이다. 그리고 조선 전기이래 농업 기술의 현저한 향상에 힘입어 18세기경 조선 후기는 수전 이앙법과 도·맥 이모작의 성립을 계기로 지금까

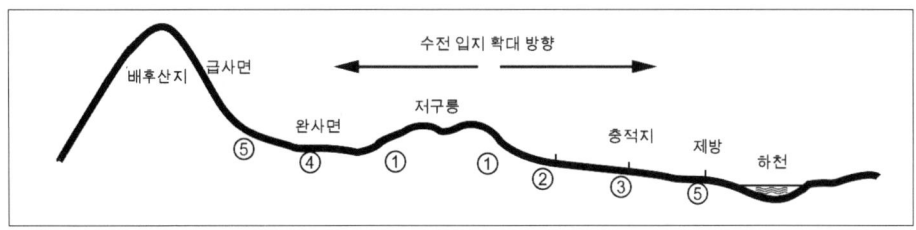

그림 8-10 미시적으로 본 수전 입지의 확대 과정

지 수전 농업의 기본적 틀을 형성한 동시에, 농업 생산력의 향상이라는 점에서 이른바 '농업 혁명기'로 간주할 수 있다. 또한 20세기 중기는 전국적인 수전 면적의 규모나 그 비율, 그리고 농촌 사회의 인구 밀도 혹은 농업 인구의 비중을 감안할 때 한국의 전통적 농업 문명의 절정기를 이루었던 것으로 볼 수 있다.

참고문헌

高麗史
大東輿地圖
大東地志
三國史記
世宗實錄地理志
新增東國輿地勝覽
輿地圖書
林園經濟志
擇里志

강대현, 1980, 도시발달과 도시화, 한국지지 (총론), 건설부 국립지리원, 512-521.
경제기획원 통계청, 1983, 한국통계연감.
권태환·신용하, 1977, 조선왕조시대 인구추정에 관한 일시론, 동아문화 14, 서울대학교 동아문화연구소, 286-330.
김경수, 2001, 영산강 유역의 경관변화 연구, 전남대학교 대학원 박사학위 논문.
김광식 외, 1976, 한국의 기후, 일지사.
김상호, 1969, 이조전기의 수전 농업 연구, 문교부 학술연구보고서.
김상호, 1973, 이조전기의 한전 농업 연구, 문교부 학술연구보고서.
김상호, 1976, 생활공간의 기초지역 연구 - 면·리·동의 지역적 기반 -, 지리학연구 2, 한국지리교육학회, 1-25.
김상호, 1979, 한국 농경문화의 생태학적 연구 - 기저농경문화의 고찰 -, 사회과학논문집 4, 서울대학교, 82-122.
김연옥, 2001, 제4기 기후변동, 한국의 제4기 환경 - 제4기 환경과 인간 -, 서울대학교 출판부, 325-352.

김용섭, 1970, 사궁장토의 전호경제와 그 성장 – 재령여물평장토를 중심으로 –, 조선후기농업사연구 I 일조각 346-393.

김용섭, 1970, 조선후기의 수도작기술 – 이앙과 수리문제 –, 조선후기농업사연구 I, 일조각, 72-103.

김용섭, 1971, 신·구농서의 종합과 그 농학사상, 조선후기농업사연구 II, 일조각, 354-397.

김용섭, 1971, 조선후기의 경영형 부농과 상업적 농업, 조선후기농업사연구 II, 일조각, 134-227.

김용섭, 1972, 한말·일제하의 지주제, 동아문화 11, 서울대학교 동아문화연구소, 45-128.

김용섭, 1917, 조선후기의 수도작기술 – 이앙법의 보급에 대하여 –, 조선후기농업사연구 II, 일조각, 2-39.

김용섭, 1917, 조선후기의 수도작기술 – 도·맥이모작의 보급에 대하여 –, 조선후기농업사연구 II, 일조각, 40-71.

김용섭, 1984, 조선초기의 권농정책, 동방학지 42, 연세대학교 국학연구원, 97-131.

김용섭, 1994, 고려전기의 전품제, 한국중세농업사연구 – 토지제도와 농업개발정책 –, 지식산업사, 107-143.

김원룡, 1964, 한국 재도 기원에 대한 일고찰, 진단학보 25·26·27 합집, 299-308.

김원룡, 1973, 신석기문화 – 생업경제 –, 한국사 1, 국사편찬위원회, 88-99.

김정학, 1983, 청동기시대 – 경제생활 –, 한국사학 13, 국사편찬위원회, 169-194.

김정배, 1973, 청동기문화 – 생업경제 –, 한국사 1, 국사편찬위원회, 195-207.

김태영, 1983, 조선전기 공법의 성립과 그 전개, 조선전기토지제도사연구, 지식산업사, 265-343.

남궁봉, 2001, 한국의 농지개간과정에 관한 연구; 김만경평야를 중심으로, 문화역사지리 13(2), 한국문화역사지리학회, 1-19.

내무부, 1987, 지방행정구역요람.

농수산부, 1981, 농림통계연보.

도진순, 1985, 19세기 궁장토에서의 중답주와 항조, 한국사론 13, 서울대학교 인문대학 국사학과, 307-385.

민성기, 1980, 이조여(犂)에 대한 일고찰(상), 역사학보 87, 역사학회, 145-169.

민성기, 1980, 이조여(犂)에 대한 일고찰(하), 역사학보 88, 역사학회, 71-109.

민성기, 1988, 조선농업사연구, 일조각

박광호 외, 2009, 알기쉬운 벼재배기술, 향문사.

박현채, 1979, 일제 식민지 통치하의 한국농업, 한국근대사론 I, 지식산업사, 309-334.

반성환, 1985, 한국농업의 성장, 한국개발연구원.

손경석·이상규, 1988, 사진으로 보는 근대한국(하) – 산하와 풍물 –, 서문당.

송찬섭, 1985, 17·18세기 신전개간의 확대와 경영형태, 한국사론 12, 서울대학교 인문대학 국사학과, 231-304.

시아루빙(夏如兵), 2009, 중국 벼농사 기술의 한국과 일본으로의 확산, 쌀·삶·문명 연구 3, 전북대학교 인문한국 쌀·삶·문명 연구원, 140-160.
신용하, 1979, 일제하의 '조선토지조사사업'에 대한 일고찰, 한국근대사론 I, 지식산업사, 72-164.
신호철, 1981, 조선후기 화전의 확대에 대하여, 역사학보 91, 역사학회, 57-108.
염정섭, 1994, 15~16세기 수전농법의 전개, 한국사론 31, 서울대학교 인문대학 국사학과, 73-144.
윤무병, 1976, 김제 벽골지 발굴보고, 백제사연구 7, 충남대학교 백제연구소, 67-91.
이기백, 2004, 한국사신론, 일조각.
이광린, 1961, 이조수리사연구, 한국연구총서 8, 한국연구도서관.
이성우, 1978, 고려이전의 한국식생활사 연구, 향문사
이준선, 1979, 고대 남양지역의 중심취락에 관한 연구, 서울대학교 대학원 석사학위논문
이준선, 1980, 신라 당항성의 역사지리적 고찰, 관동대학 논문집 8, 273-290.
이준선, 1982, 임야개척에 의한 촌락형성과정 – 강릉시 남교 금광평 일대의 사례연구 –, 관동대학 논문집 10, 469-484.
이준선, 1989, 한국 수전 농업의 지역적 전개과정, 지리교육논집 22, 서울대학교 사범대학 지리교육과, 45-68.
이준선, 2003, 영동지역 석호(潟湖)의 축소와 경지화 과정 – 경포호를 중심으로 –, 우리 국토에 새겨진 문화와 역사, 한국문화역사지리학회, 논형, 219-244.
이준선, 2005, 칠중성과 고랑포의 역사지리적 고찰, 애산학보 31, 애산학회, 151-194.
이춘영, 1973, 한국농경기원에 관한 소고, 민족문화연구 7, 고려대학교 민족문화연구소, 1-27.
이춘영, 1978, 한국농업기술사, 한국문화사대계 3, 과학기술사, 고려대학교 민족문화연구소, 15-66.
이춘영, 1989, 한국농학사, 대우학술총서·인문사회과학 39, 민음사.
이태진, 1981, 16세기의 천방(보)관개의 발달, 한우근박사정년기념사학논총, 343-370.
이태진, 1981, 15·16세기 신유학 정착의 사회경제적 배경, 규장각 5, 서울대학교 도서관, 1-17.
이태진, 1986, 16세기 연해지역의 언전 개발, 한국사회사연구, 지식산업사, 221-252.
이태진, 1988, 고려후기의 인구증가 요인 생성과 향약의술 발달, 한국사론 19, 서울대학교 인문대학 국사학과, 203-279.
이태진, 1989, 15·16세기의 저평, 저습지 개간동향, 국사관논총 2, 국사편찬위원회, 133-165.
이태진, 1989, 세종대의 농업 기술정책, 조선유교사회사론, 지식산업사, 26-53.
이태진, 1989, 한국의 농업기술 발달과 문화 변천, 조선유교사회사론, 지식산업사, 11-25.
이태진, 1996, 소빙기(1500-1750) 천변재이 연구와 《조선왕조실록》-global history의 한 장-, 역사학보 149, 역사학회, 203-236.

이호철, 1986, 조선전기농업경제사, 한길사.

이희연, 2003, 인구지리학, 법문사.

임효재, 1994, 한국고대문화의 흐름, 집문당.

장호, 2008, 벽골제와 그 주변의 지형 및 지리적 변천에 관한 고찰, 문화역사지리 20(1), 한국문화역사지리학회, 47-55.

조재영 외, 2005, 개정 재배학범론, 향문사.

조화룡, 2006, 한국 동해안에 있어서 완신세 해수준 변동, 한국의 지형발달과 제4기 환경변화, 409-423.

주종환, 1980, 농가경제의 현황, 한국지지(총론), 건설부 국립지리원, 288-291.

최기엽, 1986, 한국촌락의 지역적 전개과정에 관한 연구, 경희대학교 대학원 박사학위 논문.

최영준, 1991, 강화지역의 해안저습지 간척과 경관변화, 학술원 논문집 인문·사회과학편 30, 261-306.

최호진, 1978, 근대한국경제사, 서문문고 81, 서문당.

홍금수, 2008, 전라북도 연해지역의 간척과 경관변화, 전북의 민속문화 5, 국립민속박물관.

홍사준, 1978, 삼국시대의 관개용지에 대하여 - 벽골제(김제)와 벽골지(당진군) -, 고고미술 136·137, 한국미술사학회, 5-21.

황원구, 1976, 설 답(說 畓), 동아세아사연구, 일조각, 26-35.

宮嶋博史, 1980, 朝鮮農業史上における十五世紀, 朝鮮史叢 3, 青丘文庫, 3-83.

西山武一, 1971, アジア的農法と農業社會, 東京, 東京大學出版會.

旗田巍, 1972, 新羅の村落", 朝鮮中世社會史の研究, 東京, 法政大學出版局, 415-462.

朝鮮總督府, 1911, 統計年報, 附錄.

Chunson, Y.(Joonsun, L.), 1992, *Le village clanique en Corée du Sud, Mémoires du Centre d'études coréennes 9*, Paris, Collège de France.

Coque, R., 1984, *Géomorphologie*, Paris, Armand Colin.

Delvert, J., 1976, *Culture en eau, culture inondée et culture irriguée en Asie tropicale, Brochure*, Paris, Centre de documentation universitaire and SEDES.

Grigg, D. B., 1978, *The agricultural systems of the world*, Cambridge University Press.

Juillard, E., 1953, *La vie rurale dans la plaine de Basse-Alsace*, Paris, Les Belles Lettres.

Lacoste, Y. et al., 1991, *Atlas 2000 - La France et le monde*, Paris, Nathan.

Ministry of agriculture and forestry, Republic of Korea, 1986, *Report on the results of production cost survey of agricultural products*, Seoul.

제9장

촌락의 형성 과정과 발달

경인교육대학교 전종한

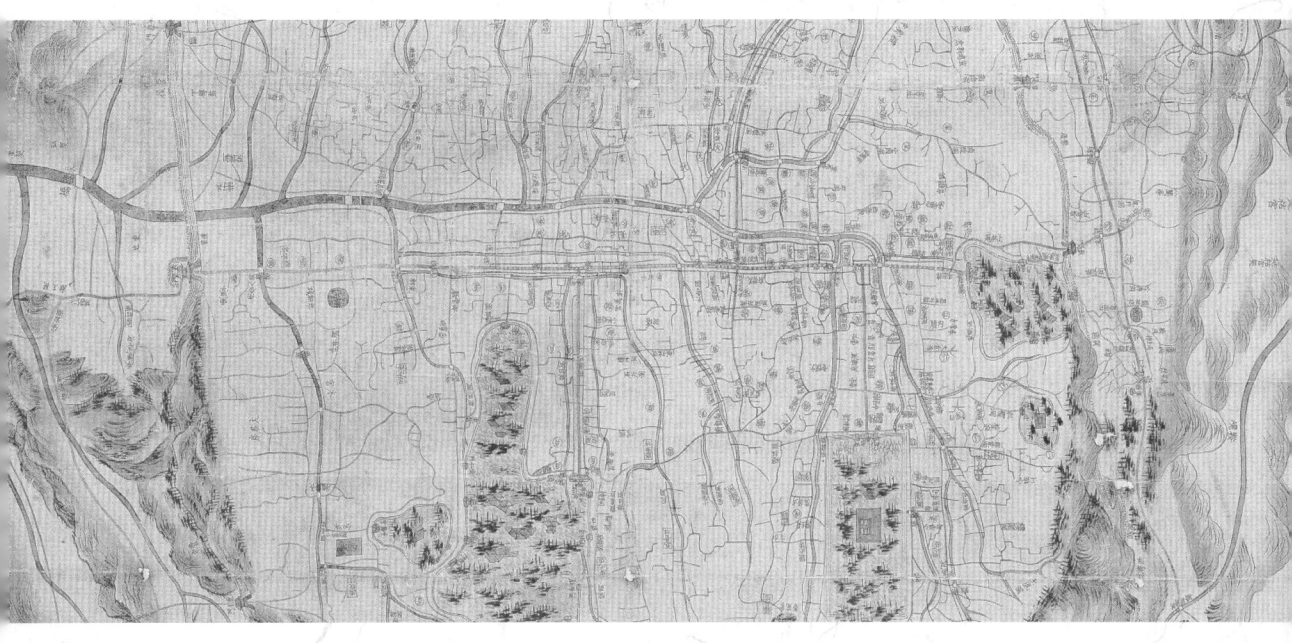

1. 촌락이란 무엇인가?

촌락은 촌락민의 생활이 이루어지는 구체적 장소로 과거로부터 그들의 삶이 집약되어 있는 역사지리적 실체이다. 도시에 비해 촌락의 형성과 발달 과정은 자연환경과의 관계가 깊고 결과적으로 지역적 차이가 나타나기 때문에, 동서양을 막론하고 촌락은 지리학의 전통적 연구 대상으로서 중요하게 다루어져 왔다. 촌락은 지표면의 휴먼 모자이크를 이루는 최소 공간[1]이라는 점에서 기초 지역(基礎 地域)이라 할 수 있으며 동시에 전통적 생활 공동체의 기본 단위라는 면에서 기초 사회(基礎 社會)로도 볼 수 있다. 역사적으로는 중앙 정부의 공간 지배가 최종적으로 미치는 통치·행정의 모세혈관이자 말단 단위일 뿐만 아니라, 다양한 사회 관계가 구조화되는 사회 공간, 공동체 문화가 실천되는 문화 공간으로서 그 의미를 더한다.

촌락(村落, rural settlements)을 간단한 문장으로 정의하기란 그리 쉽지 않다. 왜냐하면 촌락성(rurality)의 문제, 즉 '무엇을 촌락적인(rural) 것으로 규정할 것인가'에 대한 입장에 있어서 합의가 쉽지 않기 때문이다. 인구 규모, 행정적 지위, 경제적 기능, 사회적 성격 등 다양한 지표들이 촌락을 정의하는 데에 동원될 수 있는데, 이들 각각의 지표에 대해 온전한 합의에 이르는 것은 매우 어렵다. 다만 각 지표에 있어서 촌락을 정의하는 개략적 기준을 언급한다면, 인구 규모의 면에서는 소규모일수록, 행정적으로는 도시와 대비되는 지위, 경제적으로는 1차 산업, 사회적으로는 생활 공동체의 성격을 보일수록 촌락으로 규정하는 경향이 있다.

그러나, 설령 이들 지표에 대한 합의가 이루어졌다고 하더라도 촌락에 대한 개념이 명료화될 수 있는 것은 아니다. 세계적으로 볼 때 국가나 민족에 따라 그들이 갖는 촌락의 이미지는 매우 다양하다. 즉 촌락의 이미지가 문화적으로 특수함을 말하는 것이다. 영국의 경우 촌락은 이상적 전원 풍경(idyll)을 지닌 장소로서 인식되고는 하며, 호주에서 촌락은 대륙 저 안쪽에 위치한 거친 오지, 즉 아웃백(outback)의 이미지가 강하다. 미국에서 촌락은 중서부 지역의 프레리(prairie)라는 대초원과 연관된 이미지이며, 우리나라에서 촌락은 모종의 고향과 같은 이미지를 가지고 있다. 심지어는 촌락을 특정한 사회경제적 계층이나 인종, 때로는 성별과 같은 특정 인구 집단과 연결시켜 인식하는 경우도 있다. 이처럼 나라와 민족, 또는 언어권별 문화권에 따라 촌락이라는 단어가 풍기는 뉘앙스와 의미는 다양하므로 사용하는 맥락에 따라 융통성 있게 정의할 필요가 있다.

2. 촌락을 보는 역사지리적 관점

1) 촌락의 '무엇을', '어떻게' 볼 것인가?

촌락을 어떻게 정의하든 간에 모든 촌락에는 촌락민이 존재한다. 입지론적 연구나 형태론적 연구를 표방하는 기존의 일부 지리적 연구들에서는 촌락민의 존재를 간과하거나 소홀히 취급하는 경향이 있었다. 그러나 촌락을 이해하기 위한 중요한 실마리는 바로 그곳의 촌락민이 누구인가, 다시 말해 해당 촌락에서 거주해 온 촌락 사회 집단의 실체와 성격이 어떠한가 하는 것에 있다.

왜냐하면 촌락 사회 집단의 실체와 성격은 해당 촌락의 형성 기원은 물론이고, 토지, 삼림, 어장 등 촌락의 생산 기반과 밀접히 관련되며 가옥의 구조, 촌락의 형태, 경관과 영역, 사회 공간의 분화 등 촌락의 제 지리적 측면들과 연동하는 핵심 고리를 이루기 때문이다. 이러한 인식 위에서, 역사지리학의 촌락 연구에서는 촌락민의 실체와 성격에 대한 이해를 토대로 해당 촌락의 발생과 발달 과정에 접근한다. 구체적으로 말하면 촌락 형성 주체를 매개로 삼아 촌락의 입지, 영역, 기능과 형태, 경관, 사회 공간 등의 시간에 따른 특징과 변화에 관심을 갖는다.

역사지리학에서는 촌락을 지역적 맥락(regional context)과 역사적 변화(historical change)로 이루어진 두 축으로부터 조망한다. 개별 촌락을 내적 완결성을 지닌 하나의 소우주로서 간주하고 접근할 수도 있겠지만, 일반적으로 역사지리학에서는 각 촌락이 지역적 스케일에서 인접 촌락들과 다양한 방식으로 네트워크를 형성하며 존속한다고 이해한다. 자연환경에 대한 적응 과정, 촌락민의 사회·정치적 관계, 문화 경관의 생산, 집단 심성 등에 있어서 하나의 촌락은 지역적 스케일에서 주변의 촌락들과 일정한 체계(system) 내지 연망(nexus) 속에서 존재한다는 점에 주목하기 때문이다.

특정한 시간 단면에서 보이는 이러한 촌락 지역 체계는 당대의 사회·경제적, 문화적 제 요인들과 연동하는 관계에 있다. 따라서 역사지리학의 촌락 연구에서는 특정한 시간 단면 위에서 당대 촌락 지역의 체계와 그것의 제 요인들을 살펴보는 횡단면법(cross-section approach)이 널리 활용될 수 있고, 시간대별 문헌 자료와 경관 증거가 충분히 확보된다면 진화론적 방법(evolutionary approach)이나 발생적/퇴행적 방법(genetic/retrogressive approach)을 적용할 수도 있다.

2) 어떤 자료들이 전하는가?

아쉽게도 고려 시대 이전에 작성된 촌락 관련 문헌 자료들은 매우 드물다. 촌락에 관한 직접적인 자료로는 기껏해야 신라 촌락 문서[2] 정도가 있을 뿐이다. 다만 유적지나 묘소 등에서 출토되고 있는 비문(碑文)과 목간(木簡)의 내용, 그리고 삼국사기, 고려사 등 몇몇 관찬 사료들을 통해 당대 촌락의 일면을 엿볼 수 있다. 요컨대 촌락에 관한 역사적 문헌 자료라고 하면 대부분 조선 시대 이후에 작성된 것들이다.

촌락에 관한 문헌 자료들은 크게 촌락 외부인의 입장에서 통치·행정적 목적을 위해 생산된 자료와 마을 자체에서 집단적, 개인적으로 발간한 자료로 나눌 수 있다. 전자의 예로는 조선 시대의 지리지와 읍지, 고지도, 당대의 토지 대장인 양안, 개인별 호적 신고서인 호구단자, 일제 강점기 이후의 지적도와 토지 대장 등을 들 수 있고,[3] 후자의 예로는 촌락에 거주하는 종족 집단별 혈통 계보를 기록한 가승이나 족보, 재산 분배 내역을 담고 있는 분재기, 농사력과 추수기, 각종 계 문서, 개개인의 일상생활을 기록한 문집과 일기류 등이 거론된다.■4 이들 중 손쉽게 취득하여 활용할 수 있는 문헌들을 몇 가지 선별해서 소개하면 다음과 같다.

우선 촌락 외부인의 입장에서 기록된 자료부터 살펴보자. 조선 시대에 발간된 대개의 지리지와 읍지는 비록 촌락에 관한 구체적 사항은 아닐지라도 많은 간접적인 정보들을 기록하고 있다. 전국을 어우르는 지리지의 예로는 『세종실록』 「지리지」(1454), 『신증동국여지승람』(1530), 『택리지』(1751), 『동국여지지』(17C 중반) 등이 대표적이고 그밖에 각 지방별 읍지가 전한다. 이들 지리지와 읍지는 조선 시대의 군현을 기본 단위로 삼고 있기 때문에 해당 지역의 촌락들을 이해하는 데에 필요한 기초 정보들, 가령 성씨와 지역 출신의 주요 인물, 경제적 생산 기반, 시장, 교통로, 인구와 경지 면적 등에 대한 내용을 담고 있어서 개개의 촌락은 아닐지라도 지역적 스케일에서 촌락을 전반적으로 이해하는 데에 도움이 된다.

조선 시대 촌락의 지명이나 인구 규모를 구체적으로 담고 있는 문헌 자료들도 더러 있다. 『여지도서』(18C 중반)와 『호구총수』(1789)가 대표적이다. 『여지도서』는 군현을 기록의 기본 단위로 하면서 군현의 고지도, 면별 인구, 저수지 현황, 역원 이름, 주요 인물 등에 대한 항목을 기재하고 있다. 『호구총수』 역시 군현을 기본 단위로 하는데 촌락에 관련된 내용은 『여지도서』의 그것보다 자세하여 면별 인구와 각 면에 속한 촌락들의 지명을 모두 수록하고 있다.

일제 강점기에 조사된 『조선지지자료』(1911)는 전국 각 지역의 촌락을 대상으로 우리말 지명과 한자 지명, 촌락 주변의 산천, 평야, 고개, 주막, 시장, 보와 제언, 그리고 역원 촌락, 포구 촌락 등을 비교적 상세하게 기록하고 있다. 『朝鮮の聚落』(1935)과 『朝鮮の姓氏と同族部落』(1943)은 한반도의 주요 종족 마을들을 상세하게 조사하여 기록한 자료이다. 특히, 두 자료는 한반도의 종족 마을들을 형성 시기에 따라 구분하고 있고, 그중에서 다시 저명 종족 마을들을 추출하여 촌락의 형성 기원, 사회적 관습, 공동체 의식, 토지 기반 등에 대해 상세히 기록하였다.

1910년대 이후 현재까지의 정보를 담고 있는 『지적도』와 『토지대장』은 촌락 안팎의 지번 분화, 대지, 경지, 삼림지 등의 토지 이용 패턴, 토지 소유자 및 그 변화를 매우 구체적으로 담고 있다. 지적도란 지번 분포도를 말하는데 축척이 약 1/1,200로 매우 자세하며 토지 대장은 지번별 토지 용도와 소유주를 기록한 자료를 말한다.[5] 이들 자료는 시간을 거슬러 올라가 19세기 말의 촌락 공간을 복원하는 데에 유용할 뿐만 아니라 20세기 이후 촌락 공간의 변화 과정을 파악하는 데에도 크게 도움이 된다.

한편 족보는 촌락 내부자의 입장에서 촌락과 촌락민의 삶을 기록한 가장 대표적인 자료이다. 족보는 주로 사회적 상류층의 가계 기록을 담고 있는데, 조선 전기부터 발간되기 시작하여 조선 중·후기를 지나면서 보편화되었다. 족보에는 주요 인물의 생몰 연대, 타 성씨와의 친족 관계를 비롯해 촌락의 형성 기원, 거주지 이동 과정, 조상의 묘소 분포 등에 대한 정보가 수록되어 있다. 이러한 족보는 유럽의 교회 자료에 비교될 만큼 역사인구학적으로 매우 중요한 자료로 평가되고는 한다. 그러나 조선 말기 이후 사회경제적 재편과 신분제의 붕괴에 따라 족보의 위조와 변조가 적지 않게 행해졌다. 따라서 족보 자료를 타당하게 활용하기 위해서는 혈연 관계가 밀접한 서로 다른 성씨들의 족보를 교차 검토하여 검증하는 전략이 요구된다.

그밖에도 많은 촌락들에는 각종 계 문서가 있었다. 조선 전기에는 사족 중심의 동계[일명 상계(上契)]와 하층민의 촌계[일명 하계(下契)]가 서로 구분되어 있었지만, 조선 중기 전란 이후에는 상하합계(上下合契)의 형태로 일원화되었다는 설이 지배적이다. 동계와 촌계 문서의 내용은 농촌 경제를 위한 공동 노동, 촌락민의 통제를 통한 신분 질서 유지, 촌락에 부과되는 부역의 조정 등에 관한 것이었다.

기타 각 지역(군현)의 유력한 집안 출신의 주요 인물들을 기록하여 그 지방의 재지 사족을 알 수 있게 해 주는 향안(鄕案), 동일한 서당에서 공부한 사람들이 친목을 돈독히 하기 위해 만든 서당계(書堂契), 마을 주변의 삼림을 보호하고 이용하기 위한 목적의 송계(松契), 상례(喪禮)에 필요한 경비와 노동력을 충당할 목적으로 조직된 상계[일명 위친계(爲親契)] 등의 문서들도 촌락 안팎의 지연 조직과 촌락민의 사회 생활에 대한 정보를 제공해 준다.

이들 외에 주요 촌락의 위치와 지명을 묘사한 고지도가 있다. 군현 스케일의 대축척 고지도로서 『조선후기 지방지도』(일명 1872년 지방 지도)[6]가 비교적 상세하다. 그러나 이 지도는 읍치 중심의 지도로서 촌락에 대해서는 다분히 소략하여 묘사하고 있을 뿐이므로 그 정보에 한계가 있다. 한반도 전체를 대상으로 촌락의 위치와 고유 지명을 담고 있는 유용한 지도로는 일본 참모 본부 간첩대가 구한말 제작한 『구한말 한반도 지형도』(1890년대)[7]가 있다. 비록 일부 지역이 누락되어 있기는 하지만, 이 자료는 구한말 촌락의 분포 현황과 고유 지명을 확인하려 할 때 매우 유용하다. 그 이후 발간된 『근세 오만분지일 지형도』(1910~1920년대)[8]와 『일만분지일 조선지형도 집성』(1924)[9]은 과학적 측량을 토대로 제작되어 촌락의 입지나 분포 패턴, 촌락 지명에 관한 한 『구한말 한반도 지형도』비해 훨씬 정확하고 자세한 정보를 담고 있다.

3. 고려 시대 이전의 촌락

1) 신라 시대의 촌락

1933년 일본 나라 현(奈良縣) 정창원(正倉院)에서 발견된 신라 촌락 문서는 신라의 4개 촌락에 대해서 지명, 경관과 영역, 인구, 우마(牛馬), 전답(田畓), 수목(樹木)■10을 기록하고 있다. 4개 촌락 중 1개에 대해서는 '서원경■11에 소재한다'고 기입되어 있지만 나머지 3개에 대해서는 그 소재지가 당현(當縣)이라고만 되어 있어서 어느 군현에 속했는지 불분명하다. 여기에서는 이들 4개 촌락을 편의상 A촌, B촌, C촌, D촌이라 부르기로 한다.

지금까지의 연구에 의하면, 신라 촌락 문서에 기록된 촌락의 성격에 관해서는 일반 촌락이라는 설, 관리들에게 내린 녹읍 촌락이라는 설, 왕실 직속 촌락이라는 설 등 분분하다. 그러나 중요한 것은 기능을 중심으로 촌락의 존재를 파악하기보다는 당시의 촌락이 생활 공간의 기본 단위였다는 점을 인식하는 데에 있을 것이다. 특히, A촌에는 촌주위답(村主位畓), 즉 촌주가 있어 그를 위해 주어지는 경지가 있다는 기록을 볼 때 A촌은 몇 개의 자연촌을 관할하는 중심 촌락이었을 가능성이 크다. 각 촌락의 촌락민 인구(孔烟) 구성, 정(丁)과 정녀(丁女)의 비율, 우마 수, 전답 비율 등은 〈표 9-1〉과 같다.

인구 구성을 토대로 추정해 볼 때, A촌과 B촌은 C, D촌락에 비해 촌락민의 신분이 전반적으로 높다는 점을 알 수 있다. 각 촌락에 있어서 영역, 경지 면적, 우마 수 등에 비해 호수(戶數)가 적은 편임을 볼 수 있는데, 이를 근거로 학자들은 이것이 자연호(自然戶)가 아니라 조세 부과의 단위로서 정치·행정적으로 편성된 편호(編戶)일 가능성이 있다고 주장하기도 하며, 몇몇 지리학 연구들에서는 당시 촌락의 형태가 소촌(小村, hamlet)이나 산촌(散村, disperse settlement)이었을 것으로 추정한다. 전답의 비율을 보면 A, C촌은 논농사 중심의 촌락이고 B, D촌은 밭농사 중심 촌락임을 알 수 있다.

특별히 이 문서에는 신라 시대 촌락의 지리적 특성을 부분적으로나마 엿볼 수 있게 해 주는 대목이 있다. 특히 촌락의 입지, 주변 경관, 영역에 관련된 부분을 옮겨 보면 다음과 같다.

A촌: 當縣沙害漸村 見內山楼地 周五千七百卅五步
B촌: 當縣薩下知村 見內山楼地 周万二千八百三十步 此中薩下知村古地 周八千七百七十步 掘加利何木杖谷地 周四千六十步
C촌: 미상[결락]
D촌: 西原京□□村 見內地 周四千八百步

A촌의 이름은 사해점촌(沙害漸村), B촌은 살하지촌(薩下知村), C촌은 지명이 기입된 부분이 떨어져 나갔다. A, B, C촌은 '당현(當縣)'이라고만 되어 있어서 어떤 현에

표 9-1 신라 촌락 문서에 기록된 촌락의 특성

구분	A촌	B촌	C촌	D촌
인구(孔烟) 구성	중하(仲下) 4 하상(下上) 2 하중(下仲) 0 하하(下下) 5	중하 1 하하 6	하상 2 하중 5 하하 6	 하중 1 하하 9
정남 : 정녀(%)	41 : 59	41 : 59	56 : 44	34 : 66
우마(牛馬)(두)	47	30	19	18
밭 : 논	39.7 : 60.3	66.5 : 33.5	45.7 : 54.3	74.5 : 25.5

속한 촌락이었는지 알 수 없고, D촌은 '서원경(西原京)의 □□촌'이라 되어 있다. '견내산개지(見內山榾地)'의 의미에 대해서는 아직까지 정확한 의미가 알려져 있지 않지만, '나무가 무성한 산으로 둘러싸인 산간 분지', '가시권 안에 있는 삼림과 초지' 등으로 해석하는 것이 일반적이다. D촌 '견내지(見內地)'의 의미는 '견내산개지'와 동일한 표현으로 보는 학자도 일부 있지만, '견내산개지'를 산간 분지(山間盆地)와 대비해서 '평지'의 의미로 쓰였다는 해석이 보다 일반적이다.

B촌에 관한 기록에서, '고지(古地)'란 '촌락의 옛 땅'이라는 뜻이고 '굴가(掘加)'란 '개척하여 보탠(넓힌)'의 뜻이다. 즉 개척하여 넓힌 '이하목장곡지(利何木杖谷地)'라는 신개척지가 4,060보라는 의미이다. 이 점은 마치 열대 지방에서 흔히 볼 수 있는 화전(火田)을 통한 경지 개척을 연상시켜 주는데, 당시 각 촌락이 경지 개척의 기본 단위였을 것이라는 추정과 나아가 생활 공간의 기초 단위, 즉 기초 지역이었을 것이라는 해석을 가능하게 한다.

요컨대 위 촌락들은 생활 공간의 기초 단위로서 자연촌(自然村)일 가능성이 크고 촌락의 형태는 소촌 내지 산촌으로 추정할 수 있다. 촌락의 입지는 대체로 견내산합지, 즉 산간 분지 혹은 산을 낀 계곡형 분지에 입지하고 있는 경향을 볼 수 있다. 각 촌락의 전답 비율을 참고할 때 A촌과 C촌은 논의 비율이 밭보다 높다는 것을 알 수 있는데, 아마도 이것은 A, C촌이 배후의 산간지에서 흘러나온 하천수를 활용하기에 유리한 입지, 즉 산록 입지를 취하고 있었음을 방증하는 것으로 해석된다.

한편 B촌은 촌락의 영역이 원래 '고지(古地)'에 한정되어 있을 때에는 농사 중심의 촌락이었으나 신개척지를 새롭게 확보하면서 밭의 비율이 크게 높아진 것으로 이해된다. B촌의 영역이 여타 촌락에 비해 두 배 이상이나 되는 것도 그 때문일 것이다. D촌은 상대적으로 평지에 입지한 촌락이기 때문에 하천수를 이용하기 어려웠을 것이고 그래서 밭농사가 중심이 될 수밖에 없었을 것이다. 촌락들의 생업은 무엇보다 전답 중심의 농경지를 바탕으로 하였던 것으로 추정된다. 하지만 뽕나무, 잣나무, 호두나무 등의 수목 조성 역시 중요했을 것으로 보인다. 이 외에 우마를 기르는 것도 주요 생업에 포함되었을 것으로 보이는데, B촌의 '이하목장곡지(利何木杖谷地)'라는 신개척지는 아마도 방목지로 활용되었을 가능성이 크다.

2) 고려 시대의 지역촌: '촌'의 두 가지 의미

신라 촌락 문서를 통해 우리는 신라 시대에 있었던 소촌 혹은 산촌 형태의 자연촌을 엿볼 수 있었다. '외방은 산천으로 서로 격리되어 인가(人家)들이 요원하므로 5가(家)로 작통하기가 어려울 듯 싶다'[12]는 기록이 조선 전기까지도 나타나는 것을 보면 자연촌이 소촌을 넘어 집촌화(集村化)를 이룬 것은 지역에 따라 상당히 지연되었던 것을 알 수 있다.

이처럼 자연촌의 발생은 고대 국가 시대부터 이루어졌지만, 이들 자연촌이 본격적으로 집촌으로 성장한 것은 저지대로의 활발한 경지 개척과 논 농사 발달, 그리고 인구가 크게 증가한 조선 중기(16C) 이후였을 것이라는 추정이 학계의 일반적인 견해이다. 『여지도서』(18C 중반)에 수록된 촌락들은 입지, 지명, 규모 등의 면에서 오늘날의 촌락과 가까운 것으로 특히 이해되고 있는데 이 자료에 기록된 촌락들의 규모를 살펴볼 때 이전 시기 자연촌의 상당수가 이 무렵 집촌으로 성장했음을 알 수 있다.

한편, 조선 초기 이전까지는 촌(村)이라는 명칭이 두 가지 의미로 쓰였다. 하나는 앞에서 살펴본 것과 같은 자연촌의 의미이며 다른 하나는 이른바 지역촌(地域村)[13]의 의미이다. 즉 조선 전기까지는 자연촌과 지역촌이 병존하였음을 말한다. 지역촌은 국가의 지방 공간 지배를 위해 편제된 행정 단위로서 일종의 행정촌(行政村)이라 할 수 있는데 일찍이 고대 국가 시대에 출현하여 조선 초기까지 존속하였다.

가령 삼국 시대 초기의 행정 구역 편제가 '국(國)-군(郡)-촌(村)'이었다는 사실이 일찍이 보고된 바 있는데 이러한 편제에서 언급되는 촌은 바로 지역촌이다. 고려 시대에는 관리와 백성들에게 널리 본관(本貫)과 성(姓)을 배정해 주었는데 이 과정에서 등장한 '촌성(村姓)'이라는 용어 역시 지역촌을 단위로 한 것이 분명하다.[14] 그러던 것이 조선 시대에 들어 면리제(面里制)가 시행되면서 국(國)과 촌(村) 사이가 다단계화하여 '국-군현(郡縣)-면-리'로 변화하기에 이른다. 지역촌이라는 명칭이 역사 문헌에서 확인되는 것은 아니지만 많은 학자들은 이렇게 자연촌과 개념적으로 구별되는 촌락을 지칭하기 위해 '지역촌'이라는 용어를 사용하고 있다.

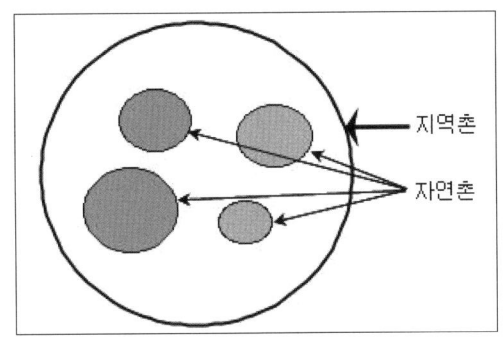

그림 9-1 자연촌과 지역촌의 관계
자료: 이우성, 1961

신라의 6촌처럼 '촌'이 국가 바로 아래의 행정 단위로 존재했던 시대에는 촌이 생활과 정치, 행정의 중심이었다. 이러한 행정촌은 자연 촌락 1개로 된 것이 아니라 몇 개의 자연촌을 포함하는, 넓은 범위에 걸친 지역촌이었을 것으로 추정되고 있다(그림 9-1). 그리고 신라 촌락 문서의 A촌과 같이 촌주가 거주하고 있는 특정한 자연촌이 지역촌의 중심지 기능을 하였을 것이고, 그곳의 촌주는 국가와 촌락민을 연결하는 존재였을 것으로 이해된다.

『삼국사기』에는 이러한 지역촌 중 일부가 '웅진촌(熊津村)→웅진현', '벽성골(辟城骨)→벽성현', '적성홀(赤城忽)→적성현' 등의 경우처럼 후대에 인구 규모가 커지고 정치적 지위가 상승하면서 현(縣)으로 승격한 예들이 종종 확인된다. 『고려사』「지리지」에서도 3~4개 정도의 촌락을 합쳐 현으로 편제하였다는 예가 있는데, 여기서 겨우 자연촌 3~4개만으로 현이 이루어 졌을 것으로 보기는 어려우므로 이 경우에도 지역촌을 일컫는 것으로 볼 수 있겠다.

조선 초기에 이르면 면리제와 함께 몇몇 지역촌들이 면으로 재편되었을 것으로 이해되고 있다. 가령 동촌, 서촌, 남촌 등의 소위 방위촌(方位村)은 동면, 서면, 남면 등의 방위면으로 개칭되었을 것이라 추정되고 있다.

요컨대, 지역촌은 삼국 시대까지는 국가 바로 아래의 행정 단위로 존속하다가 고려 시대를 거치면서 현으로 승격하거나, 조선 시대에 접어들어 면으로 재편되면서 서서히 사라져간 것으로 볼 수 있다. 같은 기간 동안 자연촌은 서서히 인구 규모를 키워

나가면서 조선 중기 이후부터 본격적으로 성장하여 집촌화하였고, 종국에는 국가 권력이 지방 공간을 통치하는 최하위 단위이자 생활 공간의 기본 단위로서 자리 잡게 된 것으로 보인다.

3) 고려 후기 이후 농법의 발달과 촌락의 확산

대략 13세기 이전까지 우리나라의 농업은 휴한(休閑) 농법의 제약하에 있었다고 알려져 있다. 휴한 농법이란 시비(施肥) 기술이 발달하지 못한 상황하에서 지력을 유지하기 위해 미리 정해진 순서대로 경지를 정기적으로 묵히는 농법을 말한다. 따라서 휴한 농법하에서는 지력 유지에 쓸 퇴비를 많이 생산할 수 있는 장소를 중심으로 경지 개간이 진행되었다.

이때 퇴비의 재료는 키가 작은 풀이나 낙엽이 가장 적당했을 것이다. 따라서 이러한 키 작은 퇴비 재료가 풍부하면서도 지형 경사도의 면에서 농업 용수의 공급이 유리한 산록 지대는 경지 개간과 촌락 입지가 어느곳보다도 먼저 이루어졌을 것이다. 신라 촌락 문서에 보이는 4개 촌락들의 입지 역시 이같은 산록 지대를 갖춘 산간 분지였을 것으로 추정되고 있다.

그러나 지형적으로 비슷한 산록 지대라 하더라도 그것의 개간 가능성은 전국에 걸쳐 지역적 차이를 보였을 것이라는 점을 염두에 두어야 한다. 예를 들어 강수량이 적은 경상 분지와 같은 지역에 위치한 산록 지대의 경우 관개할 수 있는 계류가 부족하고 지하수면이 낮아 경지 개간이 일정하게 제한될 수밖에 없다. 따라서 경상도 지방과 같은 소우 지역의 경우 산록 지대를 개간하기 위해서는 다른 지역에 비해 저수지 축조와 같은 수리 시설이 절실했을 것이다. 『증보문헌비고』(18C 후반)에 의하면 삼남 지방의 제언 수는 경상도 1,522개소, 전라도 913개소, 충청도 503개소로 확인되는데, 이러한 제언 분포의 지역차는 강수량의 지역차 및 이로 인한 산록 지대 개간의 지역적 차이와 연관된 것으로 해석할 수 있다. 반면에, 남해안 지방이나 충청·전라도 지방과 같이 비교적 강수량이 풍부한 지역의 산록 지대는 경지 개간이 광범위하게 이루어졌을 가능성이 크다.

휴한 농법은 고려 후기에 들어서면서 점차 극복된 것으로 이해되고 있다. 그것은 시비와 제초, 관개 기술의 발달로 연작(連作) 농법이 가능해졌기 때문이다. 연작 농법 하에서는 산록 지대보다 저평지대, 특히 하천 용수의 혜택을 볼 수 있는 저평 충적지가 경지 개간에 훨씬 유리하였다. 이렇게 시비, 제초, 관개의 문제가 어느 정도 극복된 14, 15세기에는 저평 지대가 본격적으로 개간되기 시작하였다.

특히 16세기 이후 둑과 제방, 저수지 축조가 활발해지고 17세기 이후에는 보(洑)와 천방(川防) 기술이 전국적으로 보급되었다. 그 결과 하천에 대한 관리 능력이 크게 향상됨에 따라 저평 지대로의 촌락 확산이 본격화되었다. 아울러 조선 전기부터 발달한 이앙법, 견종법 등 집약 농법의 발달에 힘입어 농업 생산력의 증대와 촌락의 집촌화, 이와 관련된 지식을 소유한 사족 촌락 중심의 촌락 체계가 뚜렷이 나타났다. 또한 상위 촌락의 동계, 하위 촌락의 촌계, 상하위 촌락을 묶는 대동계 등 촌락 사회 조직도 크게 발달하였다.

다만 16~17세기 저평 지대의 개간과 18세기 이후 대하천 연안의 저습지대 개간은 서로 구분될 필요가 있다. 저평 지대의 개간을 위해서는 무엇보다도 관개 기술의 확보가 중요했던 것에 반해, 대하천 연변의 저습지대를 개간하기 위해서는 관개 기술보다는 배수 기술이 충족되어야 했기 때문이다. 우리나라에서 배수 기술은 18~19세기를 지나면서 크게 발달하기 시작했다. 이에 따라 대하천 연안의 저습지 중 몇몇 지역은 국가 주도하에 국가 소유의 궁방전(宮房田) 등으로 개간되기도 하였다. 특히 대하천 중하류의 하안 저습지가 본격적으로 개간된 것은 근대적 토목 기술이 적용된 일제 강점기부터였다. 실제로 오늘날 대하천 중하류 연안에 분포하는 촌락들은 그 형성 시기가 대체로 근현대 이후인 경우가 대부분이다. 촌락 입지의 면에서는 음용수를 구할 수 있고 침수 피해를 최소화할 수 있는 곳을 선택하여 분포하는 패턴을 보인다.

4. 조선 시대의 촌락 발달과 분화

1) 면리 제도의 실시와 '리' 명칭의 보편화

조선 왕조는 지방 공간을 통치하기 위해 호수(戶數)에 바탕을 둔 면리제(面里制)를 추진하였다. 『경국대전』 권2 호전(戶典) 호적(戶籍) 조에 의하면, '한양을 제외한 각 지방에는 5호(戶)를 1통(統), 5통을 1리(里)로 하고, 몇 개의 리를 1면(面)으로 한다'고 되어 있다. 그리고 통에는 통주(統主), 리에는 리정(里正), 면에는 권농관(勸農官)을 두는 것으로 규정하였다. 그러나 이러한 구상이 실천을 거쳐 보편화된 것은 17세기 이후일 것으로 추정되고 있다. 왜냐하면 조선 전기까지는 아직 산간지나 벽지의 자연 촌락이 충분히 성장하지 않은 상태라서, 한양 인근을 제외하면 통, 리, 면으로 재편하는 것이 행정적으로 수월하지 않았을 것이기 때문이다.

조선 시대의 면리제에서 등장하는 '리(里)'는 고려 시대에도 존재하던 명칭이었다. 그러나 고려 시대의 리는 대부분 개경 인근에 집중적으로 분포되어 있었다. 이에 반해 개경 인근을 제외한 각 지방에는 리보다는 '촌(村)'이 보편적으로 분포했다. 이렇게 볼 때 조선 왕조의 면리제라는 구상은 수도권에 분포하던 '리(里)'라는 행정 단위와 명칭을 전국적으로 보편화하려는 의도에서 나온 것이라 해석할 수 있다. 말하자면 리 명칭의 전국적 보편화를 추구했던 것이고, 이러한 행정 체제의 일원화는 중앙 집권화 과정의 일환이었다고 볼 수 있다.

그 결과 촌락의 인구 성장이 가속화된 조선 중기 이후부터는 지방 공간의 촌락들에 대해 '촌' 대신 '리' 명칭을 사용하여 새롭게 명명하기 시작했다. 조선 중기 이후의 각종 지리지들 역시 촌락에 관한 사항을 기록함에 있어 리를 기본 단위로 삼게 되었고 이들을 면의 하위 행정 단위로 편제하였다. 이러한 사실은 『여지도서』(18C 중반)나 『호구총수』(1789)의 기록에서 확인할 수 있다. 그렇다고 모든 촌의 호칭이 일괄적으로 리로 개칭된 것은 아니다. 가령 충분히 성장한 자연촌은 리로 개칭되었을 것으로 생각되지만 이전부터 지역촌 성격을 지녔던 촌락들은 면으로 승격되었을 것이다. 단 이러한 일련의 호칭 재편 과정 역시 지역적 차이를 보였을 것이다.

2) 자연 촌락의 성장: '모촌-분촌'의 분화

16세기 이후 이앙법과 같은 새로운 농법의 도입이 농업 생산력을 향상시켰고 본격적으로 진행된 둑과 제방의 설치, 저수지 개발 등으로 농경지가 저지대로 확산되었다. 이로 인해 자연히 촌락의 저지대 확산도 뒤따랐을 것이다. 실제로 나주 지방의 촌락들을 사례로 형성 시기와 해발 고도의 관계를 조사한 한 연구에 의하면 17~19세기 사이에 촌락의 저지대 확산이 급속히 진행되었다. 이러한 일들은 조선 전기부터 정보 획득에 유리한 위치에서 사회·경제적 위상을 강화해 온 지방 사족들에 의해 주도된 것으로 보고되고 있다.

따라서 사족이 거주하는 자연 촌락은 그 사회·경제적 중심성을 보다 키워 갈 수 있었고 상대적으로 세력이 약한 주변의 자연촌들은 사족 중심의 자연 촌락에 기능적으로 종속될 수밖에 없었다. 이점을 엿볼 수 있게 해 주는 것이 동계(洞契, 일명 동약)이다. 전라도 영암의 '구림 열두 동네'처럼 10여개 자연 촌락들이 하나의 공동체로 존재했던 사례는 전국적으로 흔히 확인된다.

구림 마을의 경우 1540년경 선산 임씨 임구령(林九齡)이 지남제(指南堤)를 건설한 이후 이들과 친인척으로 연결된 여러 성씨 집단들이 구림 동계와 영암 향약의 주도 세력을 이루었다. 이 제방의 건설로 천여 마지기의 농토가 새롭게 조성되었으며, 새로운 농지의 확대는 구림 열두 동네의 형성에 직접적인 계기를 마련하였다. 구림 열두 동네는 중심 촌락인 서호정 마을을 비롯한 남송정, 북송정, 동정자 등의 반촌과 양지촌, 음지촌, 알뫼, 신흥촌 등의 민촌들을 포함한다. 이들은 하나의 광역화된 공동 생활권을 형성하게 되었는데 구림 동계는 바로 이를 통할하는 사족 집단 중심의 사회 조직이었던 것이다.

그러나 17~18세기에 이르면, 임진왜란과 병자호란 등 전란에 따른 농경지의 황폐화로 사족들의 물적 토대가 약해졌고 권력이 크게 쇠약해졌다. 이에 더하여 새로운 계층이 경제력을 바탕으로 성장하여 사족들과 경쟁적인 위치에 서게 되었다. 이러한 이유로 인해 사족 중심의 촌락 공동체는 약화되었고, 토지에 기반하여 성장 잠재력이 컸던 일부 자연촌들은 독자적인 촌락민 조직과 인구 규모를 토대로 독립하는 경향을 보였다. 조선 중·후기의 이러한 정치·경제적 과정이 모촌(母村)과 분촌(分村)의 분화에 영향을 준 것으로 이해되고 있다.

조선 중·후기 종족 마을의 성장 또한 모촌과 분촌의 분화를 보였다. 종족 마을들은 인구 규모가 커지고 자손이 분가함에 따라 인근 지역에 분촌을 발달시키는 사례가 많았다. 특히 반촌적 배경의 종족 마을들은 모촌 인근 지역에 토지를 소유한 경우가 많으므로 분촌의 형성은 모촌으로부터 비교적 가까운 곳에서 이루어졌다. 민촌적 배경의 종족 마을 역시 모촌 인근에 새롭게 경지를 개척하면서 그렇게 개척한 신개척지에 분촌을 형성하게 된다. 종족 마을에서 진행된 모촌-분촌 분화의 전형적인 사례로 충남 보령시 청라면 일대의 촌락들을 들 수 있다.

청라면 일대는 도참설(圖讖說)에서 지칭하는 '烏棲山南萬年榮華之地', ■15풍수가(風水家)들이 말하는 '烏聖之間萬人可活之地', ■16 『택리지』 복거총론 산수 조에서 기록하고 있는 '오서산의 복지(福地) 청라동(靑蘿洞)'으로 알려지면서 여말선초부터 광산 김씨를 필두로 권력을 지닌 여러 종족 집단들이 집중적으로 거주한 지역이다. 청라동에 정착한 종족 집단들은 조선 전기를 거치면서 최초 정착지 인근에 새로운 촌락을 추가로 형성하며 확산되어 갔다.

예를 들어 복병리의 광산 김씨는 장골(장산리 2구)로 확산되었고, 정골 마을의 능성 구씨는 질골과 서원말을 이루었다. 독정 마을의 경주 이씨는 이몽규의 현손 이후 황룡리의 삼거리 일대와 불무골 등 청라동의 북동부로 확산되며 마을을 형성하였다. 한편, 한산 이씨가 광산 김씨의 사위 집안이 된 것이 계기가 되어 청라동으로 유입한다. 한산 이씨는 청라동 북동부의 계거지를 향해 거주지를 확산시켜 갔는데 이 과정에서 형성된 촌락이 장현리 명대 마을과 울띠마을이다(그림 9-2).

모촌으로부터 분촌의 분화는 고유 명칭을 사용하면서 전개되기도 했지만, 모촌과의 연계가 강할 경우에 지명에 상○○, 하○○, 내○○, 외○○, 원○○, 구○○, 신○○

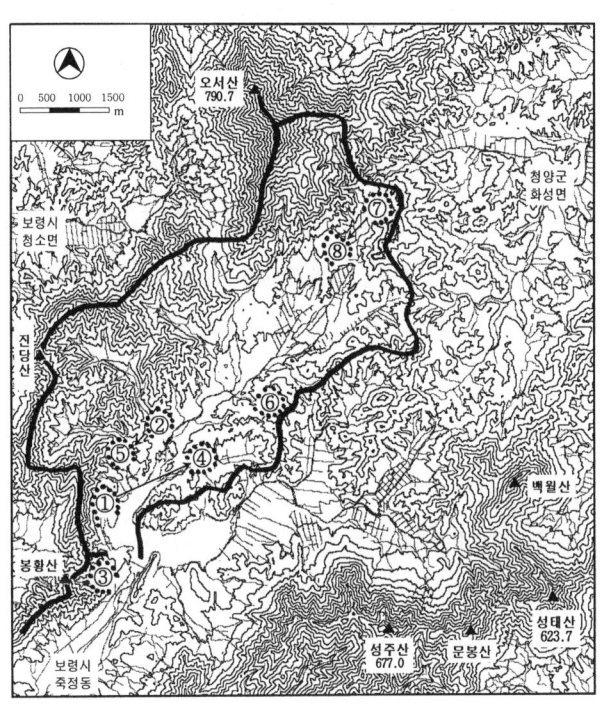

그림 9-2 종족 집단의 모촌-분촌의 분화: 보령시 청라면 일대
자료 : 전종한, 2005

주 : 촌락의 형성 순서
① 복병리(광산 김씨, 14세기말) ⇒ ② 정골(능성 구씨, 16세기 전반) ⇒ ③ 독정 마을(경주 이씨, 16세기 중반) ⇒ ④ 장골(복병리의 분촌, 조선 전기) ⇒ ⑤ 질골(정골의 분촌, 조선 전기) ⇒ ⑥ 누루실(원주 원씨, 16세기 말) ⇒ ⑦ 명대 마을(한산 이씨, 16세기 말) ⇒ ⑧ 울띠 마을(한산 이씨, 17세기 초)
※ 지도상의 화살표(→)는 '모촌(母村)-분촌(分村)' 관계를 뜻함

하는 식으로 모촌과의 관계가 표시되는 경우가 많았다. 이해준(1996)에 의하면 이러한 촌락 분화의 요인은 크게 세 가지로 정리된다. 첫째, 산곡이나 계곡의 마을들이 저지대로 농경지를 확대하면서 경작인들의 마을이 생겨나는 경우, 둘째, 종족 기반을 가진 마을에서 분가나 농지가 있는 인근 지역으로 이주하는 과정에서 마을이 생겨나는 경우, 셋째, 부세(賦稅)의 문제나 마을 주도권을 둘러싼 갈등으로 분화하는 경우가 그것이다.

3) 종족 의식의 성장과 종족 마을의 발달

조선 시대 촌락의 특징 중 중요한 하나는 종족 마을이 널리 분포했다는 점이다. 종족 마을은 동족 마을, 동성 마을, 씨족 마을 등으로 불리면서 지리학뿐만 아니라 역사학, 인류학, 사회학 등에서 많은 연구가 이루어져 왔다. 종족 마을이란 아버지 계열의 혈통을 중심으로 하는, 이른바 적장자(嫡長子) 중심의 가부장적(家父長的) 종법 질서(宗法 秩序)에 기반하는 마을을 말한다. 이러한 가부장적 종법 질서는 유교 이데올로기의 보급과 함께 확산되었기 때문에 조선 중기를 지나면서 종족 마을의 발달로 이어졌다는 것이 학계의 일반적 견해이다.

『택리지』(1751) 총론 부분에는 우리나라에서 성(姓)을 언제부터 사용하게 되었는지 언급되어 있다. 이에 의하면 '신라 말부터 중국의 성씨 제도를 모방하여 쓰기 시작했는데 최초엔 벼슬한 사족만이 성을 가졌고 일반 서민은 성이 없었지만 고려가 삼한을 통일한 후부터 전국의 백성에게 성을 내려주어 모든 사람이 성을 갖게 되었다'고 한다. 실제로 고려 태조는 서기 940년(태조 23년)에 지방 제도를 개편하면서 전국 군현에 토성(土姓)이 나누어졌다. 이때 토성은 '본관(本貫)'과 아버지 계통의 혈통을 의미하는 '성(姓)'으로 구성되었다(그림 9-3).

고려 초의 토성 분정(分定)이 종족 집단 출현의 토대가 되었을 것임은 분명하다. 그러나 토성이 분정되었다고 해서 곧바로 종족 집단이 형성될 수 있는 것은 아닐 것이

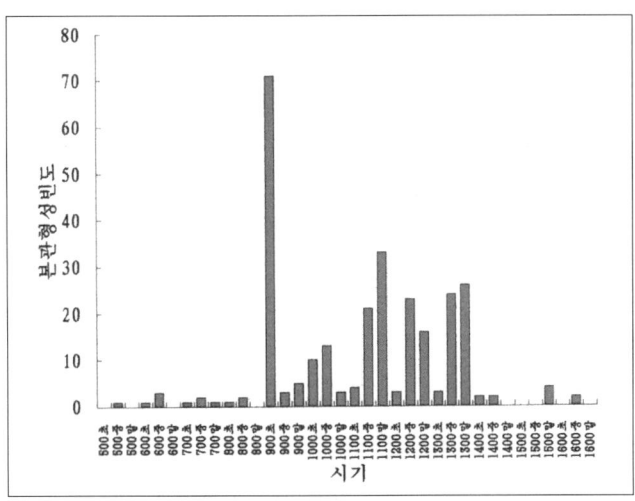

그림 9-3 시기별 본관(本貫)의 형성 빈도
자료: 전종한, 2001

주: 성(姓)의 기원과 밀접한 본관의 형성은 고려 초인 900년 초반에 집중적으로 이루어진 후 고려시대에 걸쳐 지속적으로 발생했음을 확인할 수 있다.

다. 단순히 인구학적으로 본다고 해도 하나의 사회 집단을 이루기 위해서는 적어도 수백 년이 필요했을 것이기 때문이다. 집단적 실체로 부상하기 위해 더 중요한 것은 동일한 종족 집단에 속해 있다는, 말하자면 종족 의식일 것이다. 요컨대 조선 시대의 유교 이데올로기와 이에 따른 가부장적 종법 질서는 종족 의식을 탄생시키고 강화시킬 만한 충분한 조건이 되었을 것이다.

1930년 전국을 조사하여 발간한 『朝鮮の聚落』(1935)에는 저명한 종족 마을 1,685개의 발생 연대가 보고되어 있다. 이에 의하면 연대가 확인된 촌락 중 100년 미만이 약 2%, 100년 이상에서 500년 미만이 약 81%, 500년 이상이 약 17%를 차지하고 있는데, 이것은 저명한 다수의 종족 마을들이 조선 시대에 들어 발생했음을 보여 주는 것이다. 한편 이 자료에서 정리한 종족 마을의 형성 유래는 다음과 같다.

(1) 그 지방에서 세력 있는 자가 부근에 적합한 장소를 택하여 형성된 것.
(2) 그 지방에서 세력 있는 자의 자손이 부근에 분가(分家)하여 발전한 것.
(3) 중앙 관직에 있었던 자가 적합한 장소를 택하여, 혹은 관(官)에서 하사한 토지에

은퇴·정착하여 발전한 것.

(4) 인구가 조밀한 남부 지방에서 인구가 희박한 북부 및 서부 지방으로 일족(一族) 또는 일가(一家)가 이주·개척하여 그 자손이 번영한 것.

(5) 지방관이었던 자가 은퇴한 후에 그 지방에 정착하든지 혹은 수년 후에 다시 돌아와 정착하여 그 자손이 번영한 것.

(6) 불만을 품고서 산간에 숨어 살거나 죄로 인해 도망한 후 정착하여 그 자손이 번성한 것.

(7) 전란으로 인한 피해를 입지 않기 위하여 피난·정착하여 발전한 것.

(8) 두 개 이상의 씨족이 함께 발전한 것.

(9) 한 씨족을 몰아낸 다음 그 장소에서 다른 씨족이 발전한 것.

(10) 선조의 묘소를 지키기 위하여 묘막(墓幕)을 마련한 자손이 번영한 것.

위에 정리된 유래 중 (4), (6), (7)은 특수한 경우라 할 수 있으므로 종족 마을의 주된 형성 요인은 결국 (1)~(3)과 (5), (10)일 것이다. 이를 요약하면, 첫째, 넓은 토지 소유나 경제적 능력 등 세력을 가진 자 혹은 그 자손이 인근 지역으로 이주함으로 인해 형성된 경우, 둘째, 중앙 및 지방 관료 출신이 국가에서 내린 사패지(賜牌地)나 지방 임관지에 새롭게 정착함으로써 발달한 경우, 셋째, 조상 묘소를 지키기 위해 발달한 경우이다.

하지만 위에서 (8)~(9)는 종족 마을의 형성 요인을 제시했다고 보기 어렵다. 이 두 항목이 시사하는 중요한 주제는 '왜 두 개 이상의 종족 집단이 함께 살게 되었는가?' 하는 점일 것이다. 적어도 각성바지 마을이 아니라면, 두 개 이상의 종족 집단이 종족 마을을 이루게 되는 가장 큰 이유는 대부분 통혼(通婚)에 의한 것이다. 특히 정치적 지위가 높을 수록 그들의 통혼망은 지역적 수준을 넘어 전국적 스케일에서 형성되고 이를 매개로 중·장거리 이주가 가능해 진다. 그 결과 이전의 본거지와는 다른 새로운 곳에 종족 마을을 형성하게 되는 사례가 흔히 나타나게 된다.

여기서 '이전의 본거지와는 다른 새로운 곳'이란 대개 통혼 상대인 종족 집단의 본거지를 말하며, 남자가 여자의 고향으로 들어가는 처향(妻鄕)으로의 이주가 일반적이었다. 우리에게 잘 알려진 안동 하회 마을, 아산 외암 민속마을, 경주 양동 마을 등도 모두 처향으로의 이주를 계기로 형성된 종족 마을들이다. 조선 전기까지도 자녀 균분 상속이 유지되었다는 학계의 연구를 감안한다면 당시의 이러한 처향으로의 이주는 비교적 자연스러운 현상이었을 것으로 생각된다. 처향으로의 이주 현상을 보여 주는 전형적인 사례는 충남 논산시 연산면 일대에서 확인할 수 있다.

〈그림 9-4〉의 지도에서 ①(화악리)은 이 일대에서 가장 먼저 종족 마을을 이룬 여산 송씨(礪山宋氏)의 근거지이다. 여산 송씨는 정치적 격변기였던 고려 말에 중앙 정계로부터 도피하여 정착한 것으로 알려져 있다. 여산 송씨에 이어 고성 이씨(固城李氏)가 ②(고양리)에 자리를 잡게 되는데, 고성 이씨 이민(李岷)은 화악리에 정착한 여산 송씨 송윤번의 셋째 딸과 혼인하며 처가가 위치한 이 지역에 낙향한 것이다.

한편, 고성 이씨 이민은 성주 도씨(星州都氏) 도사면(都思勉)을 사위로 맞이하였는데, 이를 계기로 성주 도씨 가문이 연산 어은리 일은(日隱)골에 정착하였다. 그 후 도

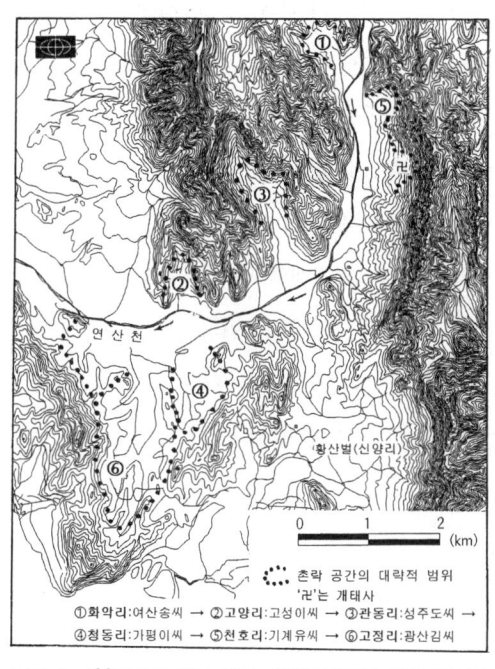

그림 9-4 통혼 관계를 통해 처향에 정착한 종족 집단들
자료: 전종한, 2005

사면의 아들 도경손(都慶孫)은 다시 화악리 여산 송씨의 사위가 됨으로써 화악리에 인접한 ③(관동리)으로 이주하였으며, 그때부터 성주도씨 자손들은 연산 인근의 두마면 농소리, 벌곡면 대덕리와 신양리, 그리고 상월면 한천리에서 촌락을 이루게 되었다.

고성 이씨와 성주 도씨 이외에도, 여산 송씨는 가평 이씨와 기계 유씨가 연산 지방으로 들어올 수 있는 혈연적 배경을 제공하였다. 가평 이씨(加平李氏) 중시조 이다림(李多林)은 여산 송씨 8세 송리의 사위가 되면서 연산 ④(청동리)에 정착하였고, 기계 유씨(杞溪俞氏) 유효통(俞孝通)은 여산 송씨 8세 송전의 사위가 되면서 화악리 맞은 편의 ⑤(천호리)에 자리를 잡았다. 이로써 여산 송씨, 고성 이씨, 성주 도씨는 서로 통혼 관계를 이루며 서로 인접한 동리에 거주하게 되었으며, 이들은 14세기 중반부터 연산 지방의 대표적 종족 집단을 이루게 되었다(그림 8-4).

이와 같이 종족 마을이 형성되는 초기 단계는 혈연 같은 원초적인 사회 관계망과 자연지리적 조건상의 잇점을 배경으로 유리한 생태적 근거지를 확보한다는 점에서 생태적 정착 단계(habitat phase)라 명명할 수 있다. 전종한(2002)에 의하면 이로부터 시작되는 종족 집단의 지역화 과정은 대체로 세 단계를 밟게 된다. 첫 단계는 앞에서 말한 생태적 정착 단계이고, 두 번째 단계는 경관 생산 단계(landscape phase)이며, 세 번째 단계는 영역성 재생산 단계(territoriality phase)이다.

경관 생산 단계란 해당 종족 집단과 관련된 다양한 상징 경관들을 생산하고 사회적 관계망을 확장하여 인접한 지역 사회의 유력한 종족 집단들과 연대하는 단계를 말한다. 영역성 재생산 단계는 통혼을 매개로 다양한 여타 종족 집단들을 영역 내부에 포섭하고 다른 한편으로는 종족 출신의 주요 인물을 배향하는 서원과 같은 상징 경관들을 통해 지역 스케일을 넘어서 기존 영역을 확대·재생산하는 단계이다. 이 같은 세 단계를 거치면서 촌락을 둘러싼 일정 범위의 지역 사회가 갖는 공간성은 '생태적 공간'으로부터 '사회적 공간'으로, 다시 '권력과 정치의 공간'으로 변모하게 된다. 한반도 각 지방에 분포하는 종족 마을들은 이러한 지역화 과정의 어느 단계를 겪으면서 20세기를 맞이했을 것이다.

이와 같이 종족 마을은 역사적 맥락과 사회적 과정 속에서 개념화될 수 있는 '혈연+지연 공동체'이다. 최기엽(1986)이 강조하듯이 그것은 고려의 토성 분정과 조선의 종법 사상이라는 역사적·사회적 과정을 통하여 투시할 때 그 개념과 의미가 보다 잘 드러날 수 있는 사회 구성체이다. 종족 마을은 생산 단위로서의 촌락일 뿐만 아니라 사회적 단위로서의 촌락이며, 오늘날까지도 한국 촌락 지역 체계의 근간을 형성하고 있다는 점에서 역사지리학은 물론이고 사회지리학, 문화지리학 등에서 중요한 의미를 갖는다.

5. 근·현대 이후의 간척 촌락과 산촌

1) 20세기 초 해안 저지대 개척과 간척 촌락의 발달

한반도의 서해안 연안은 세계 4대 갯벌 지역의 하나로 언급될 만큼 광범위한 간석지가 분포한다. 이 간석지는 대부분 갯벌로 이루어져 있다. 서해안의 간석지 지역 중 만입(灣入) 형태를 띤 곳을 골라 그 입구에 제방을 쌓으면 제방 안쪽에 대규모의 땅을 새로 확보할 수가 있다. 강화도의 경우처럼, 역사적으로 전략적 요충지였던 지역에서는 일찍부터 국가 주도하에 해안 저지대의 간척이 적극적으로 이루어졌다.

특히 고려 시대에 몽고군의 침략에 따라 조정은 몽고군이 수전(水戰)에 상대적으로 약할 것으로 판단하고 강화도로 천도(遷都)하였는데, 이러한 고려 왕조의 강화도 천도는 경제 및 군사적 측면에서 해안 저지대의 개발을 유도하였다. 그 결과 조선 후기에 이르면서 강화도 해변은 거의 간척이 완료되어 갯벌 지역이 별로 남아 있지 않았다고 한다. 오늘날 강화도의 해안선 내륙 지역에는 '포', '하', '해', '곶', '도' 등으로 끝나는 지명이 분포하는데 이들 지명은 과거의 해안선이 현재보다 내륙에 있었음을 보여 주는 증거들이다.

강화도의 간척 촌락들은 간척지에서 다소 떨어진 구릉지나 산록 지역에 형성될 수밖에 없었다. 간척된 평야에서는 식수와 관개용수를 구하기 어려웠기 때문이다. 간척 촌락의 분포는 무엇보다 식수원의 분포와 밀접할 수밖에 없다. 간혹 간척지에 촌락이 형성되는 경우도 더러 있는데 이 경우에는 수해에 대비하여 가옥 터를 주변보다 높게 터돋움하여 집을 지었다.

강화도와 달리 특수한 전략적 조건이나 역사적 경험이 없었던 서해안의 여타 간석지들은 본격적인 개간 시기가 훨씬 늦어져 대체로 일제 강점기부터 비로소 간척되었다. 물론 국지적으로 소규모 간석지 혹은 관개용수 공급이 수월했던 곳은 조선 시대 이전부터 간척되었을 것으로 추정되지만 그렇지 않은 대부분 지역의 경우에는 대규모 토목 기술과 관개 시설의 설치가 가능했던 일제 강점기부터 간척되었다.

간석지가 간척되었다고 해서 곧바로 벼농사를 지을 수 있는 것은 아니었다. 관개용수를 지속적으로 흘려보내 간석지에 남아 있는 염분을 제거해야 했기 때문에 용수 공급이 양호한 곳은 2~4년이 걸렸고 내륙의 논처럼 온전한 벼 농사가 가능하려면 길게는 10여 년이나 소요되었다.

영산강 유역의 경우, 상류 유역이나 일부 지류 유역에서는 일찍이 16세기부터 재지사족에 의해 간석지 간척이 이루어지기도 하였다. 그러나 중하류 유역의 저습지와 갯벌은 근대적 토목 기술이 도입된 19세기말부터 수탈을 목적으로 한 일본인들의 근대적 토목 기술에 의해 본격적으로 개간되었다. 일제 강점기를 지나면서 나주 구읍을 대신하며 새롭게 성장한 영산포는 그렇게 개간된 광활한 평야 지대를 배후지로 삼았던 새로운 중심지로서 이해될 수 있다. 당시 영산포 일대 간석지를 개척한 주체는 동양척식회사(東洋拓植會社)였다. 동양척식회사는 자본력을 앞세워 대규모 간석지를 개간하고 농지를 조성하였으며, 이후 소작농에 의해 농지가 경작되었다.

영산강 하류 부근인 일로·삼양 일대의 소규모 간석지는 17~19세기부터 점진적으로 개간되었다(그림 9-5). 20세기 초 장항포 일대에는 5km^2 규모의 간석지가 궁방전(宮房田)으로 개간되기 시작했고 일제 강점기에는 동양척식회사가 그것을 논으로 전환시켰다. 1930년대에는 장항포들 북동쪽 지역에 일본인 지주에 의해 10km^2 규모의 영화농장이 간척, 조성되었는데, 당시 이 부근의 영산강 양안에서 간척된 면적을 모두 합하면 약 20km^{2}에 달한다.

이 일대의 간척 촌락은 기존 육지와 새롭게 간척된 농경지 사이의 경계선을 따라

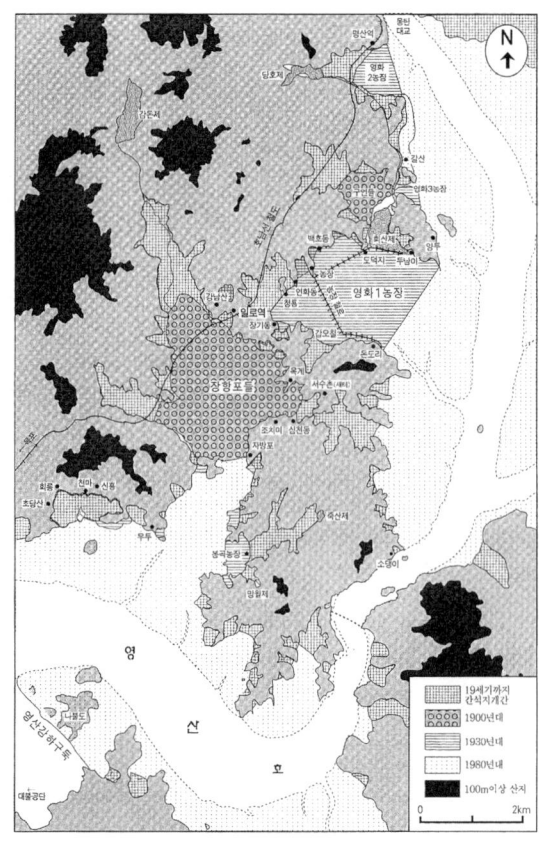

그림 9-5 20세기초 영산강 하류 지역의 간석지 개간
자료 : 김경수, 2001

분포하는 특징을 보인다. 장항포들 가장자리의 자방포, 조치미, 삼천동, 영화1농장 가장자리의 백호동, 연화동, 청룡, 장기동, 돈도리 등의 마을이 그러하다. 이러한 입지 요인은 강화도의 경우와 마찬가지로 수해를 피하고 음용수를 확보하기 위함이다.

일제 강점기의 한 조사에 의하면 일본의 간척 공사비는 한반도 서해안의 그것에 비해 7배나 더 든다고 하였다. 여기에 일제가 확보하고 있었던 근대적 토목 기술과 관개 시설은 서해안의 간척을 급속히 진전시켰던 주된 요인으로 작용했다. 특히 만경강과 동진강 일대의 호남평야, 영산강 일대의 나주평야 등 관개를 위한 용수원이 비교적 풍부했던 지역에서 간척이 매우 활발히 이루어질 수 있었다.

이미 통감부 시기에 일제는 대한 제국 정부로 하여금 '황무지 개간법'을 제정, 공포하도록 하여 일본 자본가들로 하여금 한반도의 토지에 대해 합법적으로 투자할 수 있도록 해 주었다. 대한 제국을 강제 병합한 1910년 이후에는 전국적으로 토지조사사업을 감행하여 토지사유제를 공식화함으로써 일본 자본가들의 토지 소유를 제도적으로 뒷받침하였다.

예를 들면, 호남평야에 위치한 옥구군 미면(米面) 일대의 간석지에는 일본인 토지 회사인 불이흥업주식회사(不二興業株式會社)가 설립되어 이곳의 토지를 소유, 개간하였다. 이때 간척지 안에는 일본인 농민의 유입에 의한 간척 촌락이 형성되었다. 이곳의 간척 촌락은 자연 촌락이 아닌 계획 촌락으로서 간척지 내의 평지에 입지하면서 열촌(列村) 형태를 띠었다.

열촌 형태로 계획된 이유는 수로를 따라 가옥을 배치하여 식수를 비롯한 생활 용수 공급을 원활히 하기 위함이었다. 가옥은 수로 양쪽에 각각 10채씩 배치됨으로써 모두 20채로 구성된 촌락을 이루었다. 이처럼 이곳의 간척 촌락은 일제 강점기라는 특수한 식민지 상황 속에서 진행된 일본 자본가들의 미개간지 개간, 일본 농민들의 한반도 이주와 맞물려 계획적으로 조성된 것이었다.

2) 구릉성 삼림 지대 개간과 산촌 경관의 형성

한반도의 대표적 전통 촌락인 종족 마을이나 조선 후기 수전 농업의 발달과 함께 성장한 전국의 많은 집촌들과 달리, 20세기 이후 우리나라의 몇몇 구릉성 삼림 지대에는 산촌 경관이 발달하였다. 집촌의 경우와 달리 산촌 경관의 특징은 개별 가옥과 그 경지가 공간적, 기능적으로 서로 밀착되어 있다는 점, 곳곳에 삼림지가 섬처럼 잔존해 분포한다는 점, 완사면 혹은 구릉성 지형이 우세한 지역에서 주로 확인된다는 점 등이다. 이러한 산촌 경관은 간척 촌락과 더불어 근현대 이후의 사회·경제적 과정 속에서 출현한 것으로 이해되고 있다. 이들 촌락의 발생 배경에 대해서는 근현대 이후 유이민(遊移民)의 급증과 이에 따른 미개간지(未開墾地) 개척 과정의 결과라는 설명이 일반적이다.

그러나 산촌은 간척 촌락과는 대비되는 점이 있다. 간척 촌락이 일정 수준 이상의 토목 기술과 대규모 노동 및 협동을 필요로 하고, 그 결과 촌락의 형태가 집촌 패턴을 보이는 데에 비해, 구릉성 삼림 지대의 촌락은 산촌 내지 소촌(hamlet) 형태를 취한다. 세계적으로 산지(山地) 지역에서 나타나는 산촌(散村)에 대하여 산지라는 자연 환경과 산지 주민들의 적응 전략 사이에서 결과한 일종의 생활 양식으로서 이해하려는 관점이 우세하다. 우리나라 개마고원이나 태백산지에 발달한 산촌 역시 그러한 사례에 포함될 수 있다. 이에 반해, 전술한 구릉성 삼림 지대의 산촌에 대해서는 한반도의 근현대 시기에 이루어진 특수한 사회·경제적 과정의 산물로서 해석되고 있다.

주지하듯이 이미 통감부 설치 시기를 전후한 1900년대 초부터 일본인 자본가들의 국유 미개간지 획득이 본격화되었다. 동양척식회사를 비롯한 일본인 식민 회사가 창립되었고 그들에 의해 한반도의 미개간지에 대한 토지 점유가 진행되었다. 당시의 대표적인 미개간지 지역이 바로 대하천 유역의 저습지대와 구릉성 삼림 지대였던 것이다. 대하천 유역의 저습지대의 개간 과정과 촌락 발달에 대해서는 앞에서 살펴본 바와 같고, 여기서는 구릉성 삼림 지대를 개척하며 형성된 산촌 경관의 사례로서 충청남도 서산시 고북면 일원과 강원도 강릉 인근의 금광평 일대를 소개하기로 한다.

먼저, 서산시 고북면 일대의 소위 비행기들 부근은 우리나라의 대표적인 산촌 분포 지역이다. 이 지역에는 침식에 의한 구릉성 평지가 완사면을 이루며 넓게 펼쳐져 있다. 해발 고도는 10m~30m에 걸친다. 간혹 소규모 구릉들 사이에 소하천이 흐르면서 개석지(開析地)를 보이는 경우도 있지만, 20세기 초반까지도 대부분 지역은 하천 발달이 미약하고 수리(水利) 조건이 열악한 임야 지대로 잔존해 왔다. 18세기 중엽에 발간된 『여지도서』에서도 이 지역에 해당하는 곳에 촌락 지명이 등장하지 않는 것을 보면 이 일대의 경지화와 촌락 형성은 그 이후에 이루어졌음을 알 수 있다. 이런 여건 아래에서 촌락들은 남정(南井), 상정(上井) 등의 지명에서 볼 수 있듯이 지형적으로 용천대에 해당하는 개석지 말단부에 분포할 수밖에 없었다.

그 후 이곳의 임야 지대는 일제 강점기에 접어들어 일본인 자본가들에 의한 토지 점유가 확대되면서 경지화되기 시작했다. 최기엽(1979)의 연구에 따르면 신상리의 한

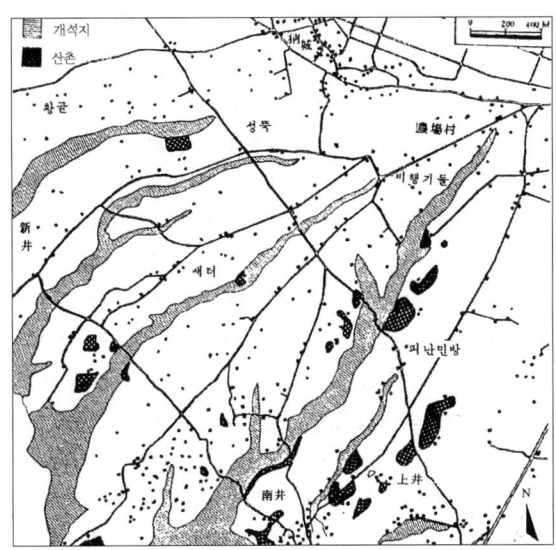
그림 9-6 서산시 고북면 신상리 일대의 산촌 경관
자료 : 최기엽, 1986

주민은 일제 강점기에 척식회사에 고용되면서 이곳에 처음 정착했다고 한다. 현지인들은 당시 이 지역에 관여했던 일본 토지 자본으로서 연초토지주식회사(蓮沼土地株式會社), 조선척식주식회사(朝鮮拓植土地株式會社), 대동생명보험회사(大同生命保險會社), 불이흥업주식회사(不二興業株式會社) 등이 있었다고 말한다.

요컨대 이 지역은 1930년대 일본 토지 자본의 매입지에 수 세대가 정착하여 임야를 개간하기 시작한 것인데, 당시 정착민들은 개별적으로 임차(賃借)된 토지에 각각의 가옥을 건축하고 토지를 개간해 나갔다. 결과적으로 개별 가옥과 경지는 서로 연접하게 되었고 전체적으로 이 일대에는 산촌 경관이 나타나게 된 것이다(그림 9-6).

이 지역에서 일본 토지 자본은 저렴한 토지를 매입하여 '농장'이라는 이름을 붙이고 소작지로 경영하였다. 고북면 신상리에 남아 있는 '농장촌'이라는 지명은 그러한 사회적 과정을 반영하고 있는 일종의 사회적 경관인 셈이다. 이 농장촌을 중심으로 삼림지가 부분적으로 개간되면서 소작인들은 자신의 개간지에 가옥을 축조하고 정착하였다. 불이 농장의 경우 당초 일본인 농민을 정착시킬 계획이 있었다고 하는데 실제로는 소수에 머물렀다. 1930년대 후반에는 한국인 농민도 정착하였는데 그 역시 소수에 불과했다고 한다. 일련의 개간 과정은 시기적으로 1930년대 중반부터 말기까지 이루어졌다. 이것은 1920년대 전후로 전국에 걸쳐 미개간지에 대한 토지조사와 대규모 개간이 일어난 것과 비교해 보면 다소 늦은 것이다.

해방 이후 척식회사나 불이흥업(不二興業) 등 일인 소유의 토지는 각각 신한공사(新韓公社)와 해동흥업공사(海東興業公社)에 승계되어 관리되었다. 그러나 한국 전쟁 이전까지는 개간이 활발하지 못했다. 한국 전쟁 이후 월남 피난민과 영호남 지방으로부터의 인구 유입이 있었고 여기에 1962년 산수 저수지가 완공되면서 경지 개간은 급속히 진행되었다. 가령 황해도 출신 월남민들은 농장촌 서남쪽의 '새터' 지역을 개척해 나갔다고 한다.

특히 산수 저수지의 축조는 이 일대를 몽리 구역으로 포섭할 수 있도록 해 주었고 기존의 밭농사 지역을 논농사 지역으로 전환시켜 주었다. 이러한 토지 이용의 전환 과정에서 경지는 구획 정리되어 규칙적인 형태를 띠게 되었고 직선상의 관개 수로와 더불어 규격화된 경관을 탄생시켰다. 오늘날에는 도상(島狀)의 삼림지가 일부에 분포할 뿐 대부분 지역이 경지화되어 있다. 현재의 생활 공간은 경지와 가옥으로 내적 충전화가 진행되고 있으며 출신지별 주민의 출신지에 따른 사회 공간(social space)의 분화가 이루어져 있다.

다음 사례로, 강릉 인근에 위치한 금광평 지역을 들 수 있다. 금광평으로 불리는 구릉성 완사면은 구정면 어단리, 학산리, 금광리 일대를 말한다. 이 구릉 지대는 해발 30~100m의 고도에 걸쳐 있고 길이 4km, 너비 5km의 규모를 보인다. 금광평 일대가 본격적으로 개척된 것은 20세기 이후로 보고되고 있다. 이준선(1982)은 이곳에 경지가 개척되고 촌락이 형성되어 온 과정을 크게 3단계로 정리하고 있다.

첫 단계는 부분적인 개척이 이루어진 1910~1930년대이다. 1920년대 지형도를 살펴보면, 당시 경작 지역은 금광평을 관통하는 학산천과 금광천 변을 따라서 부분적으로 분포하는 것을 확인할 수 있다. 두 하천 부근의 곡저지(谷底地)가 관개용수를 확보하기에 유리했기 때문이다. 그것은 지도상에서 그곳의 토지 이용이 수전(水田)으로 나타나고 있다는 점에서도 알 수 있다. 즉 배후 산지로부터의 경사 변환점에 분포하는 용천들과 소규모 자연 하천을 수원으로 삼는 이른바 '산록지형 수전'들인 것이다.

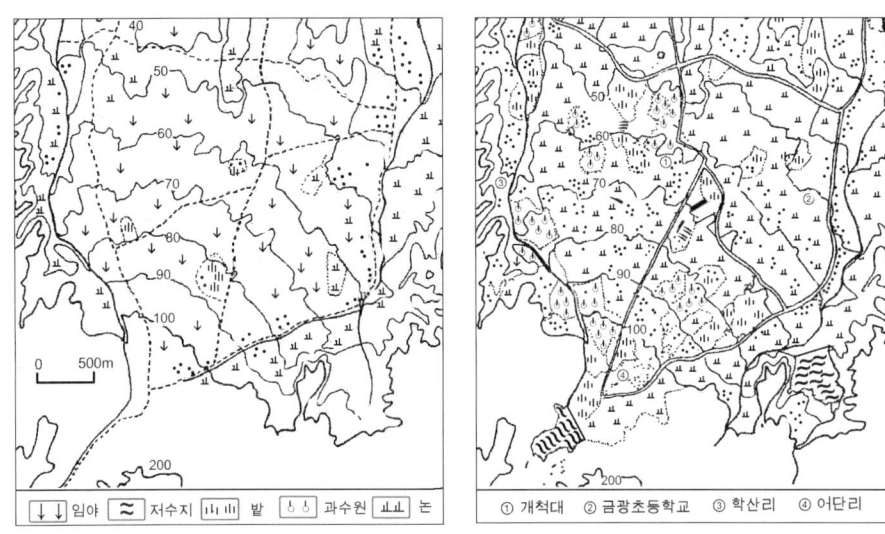

그림 9-7 강릉시 금광평 일대의 경관 변천(왼쪽: 1920년대, 오른쪽: 1990년대)
자료: 이준선, 1982

촌락들 역시 학산천과 금광천 부근에 분포되어 있었다. 윗금광, 신리, 점촌, 윗어단, 석천, 제궁 마을 등이 그곳들이다. 이 마을들은 산촌 내지 소촌의 형태를 띠고 있다. 이들 촌락 역시 서산시 고북면의 사례와 마찬가지로 학산천, 금광천과 그 인근의 용천을 관개 용수 및 식수의 수원으로 삼아 일찍부터 수전을 개척하면서 발달한 촌락들로 이해되고 있다.

학산천과 금광천 일대의 곡저지를 제외하면 금광평 일대는 당시까지 대부분 소나무 숲으로 덮여 있었으며 국지적으로 침엽수림이 분포하고 있었다. 다만 소나무 숲 가운데 고도 60m, 80m, 85m 지점에서 경지와 결합된 독립 가옥이 도상(島狀) 패턴으로 산포할 뿐이었다.

이와 같이 1910년대까지 금광평 일대에서 임야 개척과 촌락 형성이 이루어진 곳은 극히 일부분에 불과했다. 그 후 일제 강점기 토지조사사업에 따라 이 일대는 국유지로 편입된 후 일본인 이민자나 자본가들에게 불하된다. 당시 금광평 일대의 전체 임야 중 하단부를 중심으로 50% 이상이 일본인 소유지였던 것으로 알려져 있으며, 상단부는 학교림(學校林), 국유림, 일부 사유림이 분포하였다. 당시 소나무 숲 가운데에는 7개소 정도의 고립 농가와 경지가 분포했다고 한다.

두 번째 단계는 전면적인 개척이 이루어진 1940년대 말~1950년대 초이다. 해방 후 일본인 소유 토지는 대부분 국유림에 편입되었고, 1948년 이 국유림 지역에 정부의 후원으로 발족된 이른바 '한국개척대'가 투입되어 개척이 본격화되었다. 개척대는 해방과 더불어 월남한 북한 출신의 98인으로 구성되어 있었다. '개척대 마을'은 이러한 과정에서 지명의 유래를 갖게 된 촌락이었다. 그러나 개척대는 척박한 토질과 이에 따른 생활고, 한국 전쟁 등을 겪으면서 점차 이출(移出)하였고 그들이 개척한 경지는 인근 지역으로부터 온 유입민들이 점유하게 되었다.

세 번째 단계는 1960년대 이후로서 이 시기에는 수리 시설의 확충에 힘입어 밭이 논으로 전환되면서 수전 경관이 전개되었다. 1952년부터 1961년까지 강릉수리조합의 주도하에 금광평 배후 산지의 곡지(谷地)에는 칠성 저수지와 동막 저수지가 축조되었다. 이 두 저수지의 완공과 더불어 금광평 일대는 몽리 구역(蒙利 區域)으로 지정되어 관개 용수가 공급될 수 있었다. 그 결과 종래에 잡곡과 감자 등을 재배하던 밭은 수전 지역으로 전환되었다.

이러한 사회·경제적 배경 속에서 이입 인구도 증가하였고 기존의 산촌 경관은 부분적으로 수 호 내지 수십 호의 가옥으로 이루어진 소촌으로 응집되었다. 그러나 이러한 소촌의 발달도 일시적인 것이었다. 1970년대 이후 도시화에 따른 이촌향도 현상으로 인해 이곳으로부터의 인구 유출이 다시 심화되었기 때문이다. 오늘날 금광평 일대의 촌락 형태는 일부 소촌도 확인되지만 과수원 분포지 등에는 여전히 산촌적 경관이 우세하게 나타나고 있다.

위 사례들에서 산촌 경관은 20세기 이후 형성되었음을 볼 수 있다. 이 산촌 경관은 미개간지에 대한 개별적인 토지 개척 과정의 산물이자 사회적 과정의 결과로 이해되고 있다. 두 사례에서 모두 일제 강점기 이후 저수지 축조와 관개 수로의 설치가 급진전되면서 경지화가 가속화될 수 있었고 이 과정에서 근대적 수리 혜택을 입은 농경지는 수전(水田)으로 전환될 수 있었다. 이러한 일련의 사회·경제적 변화 과정 속에서 처음에는 산촌이 형성되었고 다시 소촌(hamlet)으로 진전되었다. 결과적으로 오늘날 이 일대의 산촌들은 촌락민의 출신 지역이나 성분에 따른 사회 공간 분화를 보이고 있고, 촌락민들의 가옥 분포와 경지 소유의 형태에는 과거 시기의 사회·경제적 배경과 입지에 따른 특성이 반영되어 있다.

주

1 프랑스 인문지리학의 시조로 알려진 비달(Vidal de la Blache)은 촌락을 일컬어 지리학의 중요한 연구 대상이라 하면서, 촌락은 인류의 생활 양식(genre de vie)을 보여 주는 주요 요소로서 지표를 이루는 통일된 단위(unité terrestre)라 주장하였다. 이후 프랑스의 인문지리학자들은 촌락의 입지, 경관과 형태, 구조와 기능 등을 중심으로 상세한 지역 조사를 통해 지역별 지방지를 완성하고, 이를 통해 역사학과 사회학의 지식을 뒷받침할 뿐만 아니라 프랑스 농촌을 몇 개의 지역 유형으로 정리하여 농촌 사회 진화의 지역적 특징을 이해하는 데에 기여할 수 있었다.

2 1933년 일본 나라(奈良)현 정창원(正倉院)에서 발견되고 1948년 학계에 소개된 신라 촌락 문서는 신라 시대의 4개 촌락에 대해서 입지, 인구 규모, 경관과 영역 등에 대해 기록하고 있다. 신라 민정 문서라고도 부른다.

3 이들 자료는 대부분 국립중앙도서관, 서울대 규장각, 한국학 중앙연구원의 장서각에 소장되어 있고, 그중 일부는 홈페이지를 통해 제공되고 있다.

4 확인한 바로는, 조선 시대에 발간된 족보는 국립중앙도서관에 주로 소장되어 있고 일제 시대 이후에 간행된 족보의 경우 대전 광역시에 소재한 회상사 족보도서관에서 가장 많이 소장하고 있다. 분재기, 추수기 계 문서 등은 지역 대학의 향토 관련 연구소에서 수집해 온 경우가 종종 있으므로 이들 기관을 통해서도 접근할 수 있고, 촌락에 직접 방문하여 종손이나 이장 등을 통해 접근할 수도 있다.

5 지적도와 토지 대장은 시·군·구청에서 열람할 수 있고 최초의 지적도인 지적원도(1914)는 국가기록원에서 열람 및 복사가 가능하다.

6 이 지도를 포함한 대부분의 고지도들은 규장각 한국학연구원 홈페이지(http://e-kyujanggak.snu.ac.kr)를 통해 서비스되고 있다.

7 2005년 성지문화사에서 총 4권으로 영인하고 간행하여 판매되고 있다.

8 1982년 경인문화사에서 영인하여 간행하였고 대부분의 대학 도서관에 소장되어 있다.

9   1991년 경인문화사에서 영인하여 간행하였고 대부분의 대학 도서관에 소장되어 있다.

10 이 문서에 기록된 수목(樹木)의 종류는 뽕나무(桑), 잣나무(栢子木), 호두나무(楸子木)이다. 이 중 뽕나무의 비중이 가장 높아 A, B, D촌에서는 90% 이상, C촌에서는 약 83%를 차지했고, 잣나무와 호두나무는 대략 서로 비슷한 비중이었다. 뽕나무 비중이 높은 것은 의복 제작을 위한 견직물 수공업 및 국가에 대한 견직물 공납으로 인한 수요가 컸음을 뜻한다.

11 오늘날의 충북 청주 일대를 말한다.

12 『성종실록』 21년(1490) 윤 9월 갑신조.

13 행정적 차원에서 편제된 촌락이라는 뜻에서 행정촌이라 부르기도 하고, 여러 개의 자연촌이 연합된 형태라는 뜻에서 연합촌이라고도 한다.

14 촌성(村姓)이라는 용어는 『세종실록』 「지리지」의 군현별 성씨(姓氏) 조에서 볼 수 있다. 널리 알려져 있듯이 이 지리지는 고려 후기의 사실을 기록한 것으로 여기에서 보이는 촌성은 약 50여 사례이다.

15 도참설에 의하면 내포 지역에는 오서산의 북쪽과 남쪽에 각각 고지(吉地)가 있는데, 북쪽의 것은 '2대에 걸쳐 왕이 나올 자리(二代天子之地)'이고 남쪽의 그것은 '만세토록 영화를 누릴 수 있는 자리(萬年榮華之地)'라는 것이다.

16 여기서 '오성지간(烏聖之間)'이란 오서산(烏棲山)과 성주산(聖住山)의 사이를 의미한다.

참고문헌

東國輿地志
世宗實錄地理志
新增東國輿地勝覽
輿地圖書
增補文獻備考
擇里志
戶口總數

구산우, 1996, 고려전기 촌락의 존재형태와 인보조직, 한국중세사 연구 3, 5-33.
김기섭, 2002, 신라촌락문서에 보이는 '촌'의 입지와 개간, 역사와 경계 42, 49-74.
김상호, 1969, 이조 전기의 수전농업 연구, 문교부 학술연구 보고서.
김상호, 1976, 생활공간의 기초지역 연구 - 면·리·동의 지역적 기초 -, 지리학연구 1·2, 1-25.
남궁봉, 1983, 개척촌의 문화지리학적 연구 - 전북 옥구군 미면 산북리 간석지 개척촌을 중심으로 -, 지리학의 과제와 접근 방법 - 석천 이찬 박사화갑기념논집, 교학사, 492-522.
류제헌, 1994, 한국근대화와 역사지리학, 한국정신문화연구원.
양보경, 1980, 반월면 4리 동족부락에 대한 연구, 지리학논총 7, 29-52.
옥한석, 1986, 영서 태백산지에 있어서 씨족의 이동과 촌락의 형성에 관한 연구, 지리학 34, 30-46.
이문종, 1988, 태안반도의 촌락형성에 관한 연구, 지리학논총, 별호 6.
이우성, 1961, 려대백성고, 역사학보 14.
이종욱, 1974, 남산 신성비를 통하여 본 신라의 지방통치체제, 역사학보 64, 1-69.
이준선, 1982, 임야개척에 의한 촌락형성과정 - 강릉시 남교 금광평 일대의 사례 연구 -, 관동대학 논문집 10, 469-484.
이해준, 1996, 조선시기 촌락사회사, 민족문화사.
전종한, 1993, 촌락의 공간적 확대과정에 관한 연구 - 20세기 이전의 나주 지방을 중심으로 -, 문화역사지리 5, 53-63.
전종한, 2001, 본관의 누층적 의미와 그 기원에 대한 역사지리적 탐색, 대한지리학회지 36(1), 35-51.
전종한, 2002, 종족 집단의 거주지 이동과 종족 촌락의 기원에 관한 연구 - 14~19세기 보성오씨 사례 분석을 중심으로 -, 사회와 역사 61, 87-124.
전종한, 2005, 종족집단의 경관과 장소, 논형.
정치영, 2002, 지리산지 농업과 촌락 연구, 고려대학교 민족문화연구원, 민족문화연구총서 101.
최기엽, 1979, 임야개척과정에서의 기초지역의 형성, 경희대 대학원 박사과정 발표 요약문.
최기엽, 1986, 한국촌락의 지역적 전개과정에 관한 연구, 지리학연구보고 14.
최기엽·홍현옥, 1985, 남양홍씨 동족사회집단의 지역화과정: 화성군 법홍리 동족촌의 사회지리학적 연구, 지리학연구 10, 383-424.
최영준, 1997, 국토와 민족생활사, 한길사.
형기주, 1993, 농업지리학, 법문사.
홍경희, 1985, 촌락지리학, 법문사.
홍금수, 2008, 전라북도 연해지역의 간척과 경관 변화, 국립민속박물관.

朝鮮地誌資料
朝鮮の聚落
朝鮮の姓氏と同族部落

Butlin, R. A., 1993, *Historical Geography - through the gate of space and time -*, Edward Arnold.
Cloke, P. et al., 2006, *Handbook of Rural Studies*, Sage Publications.
Woods, M., 2005, *Rural Geography*, Sage Publications.

제10장

도시의 입지와 구조의 변천

관동대학교 박해옥

국립중앙도서관 이기봉

1. 백제의 도성

　도성(都城)은 역대 왕조의 정치를 볼 수 있는 중요한 곳이다. 따라서 창업하는 왕조와 이를 보좌하는 공신들은 새로운 왕조 수립의 정무(政務)로서 도성 건립을 제일 먼저 시작하였다. 통치자 스스로가 정치·경제상의 필요성을 만족시키기 위해 도성을 어디에 입지시켜야 할 것인가, 그 내부 구조를 어떻게 설계할 것인가 등의 기획에서부터 시작하여, 착공에서 완성에 이르기까지의 도성 건립은, 일관해서 왕조 창시자들의 정치상 의도와 정해진 방침에 따라 진행되었다. 이러한 사정에서 건립된 도성 자체의 성격은 각 시대의 정치·경제·문화 등의 여러 방면에 강하게 작용하여 중대한 흔적을 남기고 있다.[1]

　백제(百濟, B.C.18~A.D.660)는 부여족이 남하하여 처음에는 한강 유역에 위치한 마한(馬韓)의 한 소국(小國)으로서 출발하였다. 백제는 동 시대의 고구려·신라와는 달리, 마한의 땅에서 형성된 부여족의 정권이라는 특수성으로 말미암아, 초기에는 외래 정복자 집단과 토착 세력 집단 간의 이중성(왕은 부여족이고 왕비는 마한족 출신이 많았다) 또는 이질성으로 인해, 통합 과정에서 진통을 겪어야 했다. 백제에서 왕의 재위 기간이 대체로 고구려·신라 왕의 재위 기간보다 짧았던 것도 이러한 이유에서이다. 3세기 초반에 접어들면서 백제 제8대 고이왕(古爾王, 234~286)은 율령을 반포하고 국가 체제를 정비하여 왕권을 강화해 백제의 실질적 시조로 등장한다. 그리고 백제 제13대

근초고왕(近肖古王, 346~375) 시대에 마한을 통합하여 백제의 정치·경제·문화적 기반을 튼튼히 하여, 371년에 서울을 한산(漢山)으로 옮겼다. 5세기 중엽 고구려의 남하 정책 때문에 백제 제22대 문주왕(文周王, 475~477) 원년에 한성에서 웅진도성으로 천도하였으며, 재정비 후 백제 제26대 성왕(聖王, 523~554) 15년에 다시 사비도성으로 천도하였다. 백제는 이와 같은 정치적 상황 아래 몇 차례 천도를 하면서 현 서울, 경기도, 충청남도 지역에 도성을 입지하였다. 이러한 역사를 가진 백제 도성에 관해 한성과 왕궁지의 위치에 대해 재검토하여 정확한 위치에 대해 고증하고, 중기 도성인 웅진도성의 내부 구조 플랜, 그리고 후기 도성인 사비도성 시가지 플랜의 기초가 되는 토지 구획의 존재성에 대해 살펴본다.

1) 백제 전기 도성 한성의 위치

백제의 한성(漢城) 시대(B.C.18~A.D.475)는 한강 유역의 마한(馬韓) 통일을 전후하여, 전기 한성 시대(B.C.18~A.D.369)와 후기 한성 시대(369~475)로 나누어 볼 수 있다. 『삼국사기』·『삼국유사』 등의 고문헌 기록을 참고로 하여, 백제 초기 위례성과 한성의 위치, 천도 과정 등을 구명한 선행 연구자들의 견해는 〈표 10-1〉에서 보는 것과 같다. 이러한 제설들을 검토하면, 대략 백제 온조왕 시대의 '위례성(慰禮城)'과 근초고왕의 백제 왕권 강화 시대인 '한성(漢城)'으로 구분하여 생각할 수 있다. 그러나 근래 고고학의 현 하남시 이성산성(한성의 추정지) 발굴 조사에서 백제 관련 유물이 대량 출토되지 않아, 현 하남시(구 광주 고읍)는 백제의 한성과는 관련이 없다는 견해가 있었다.[2] 이에 백제 전기 도성 '한성'의 위치에 대해 재검토가 요구되는 상황이므로, 종합적 시점을 가진 역사지리학적 연구 방법으로 아래와 같이 고증한다.

연구 방법은 먼저 백제에 관련된 고문헌과 선행 연구 및 근접 학문의 성과를 참고로 하고 지형도와 항공 사진을 이용하여 현지 조사를 실시한다.

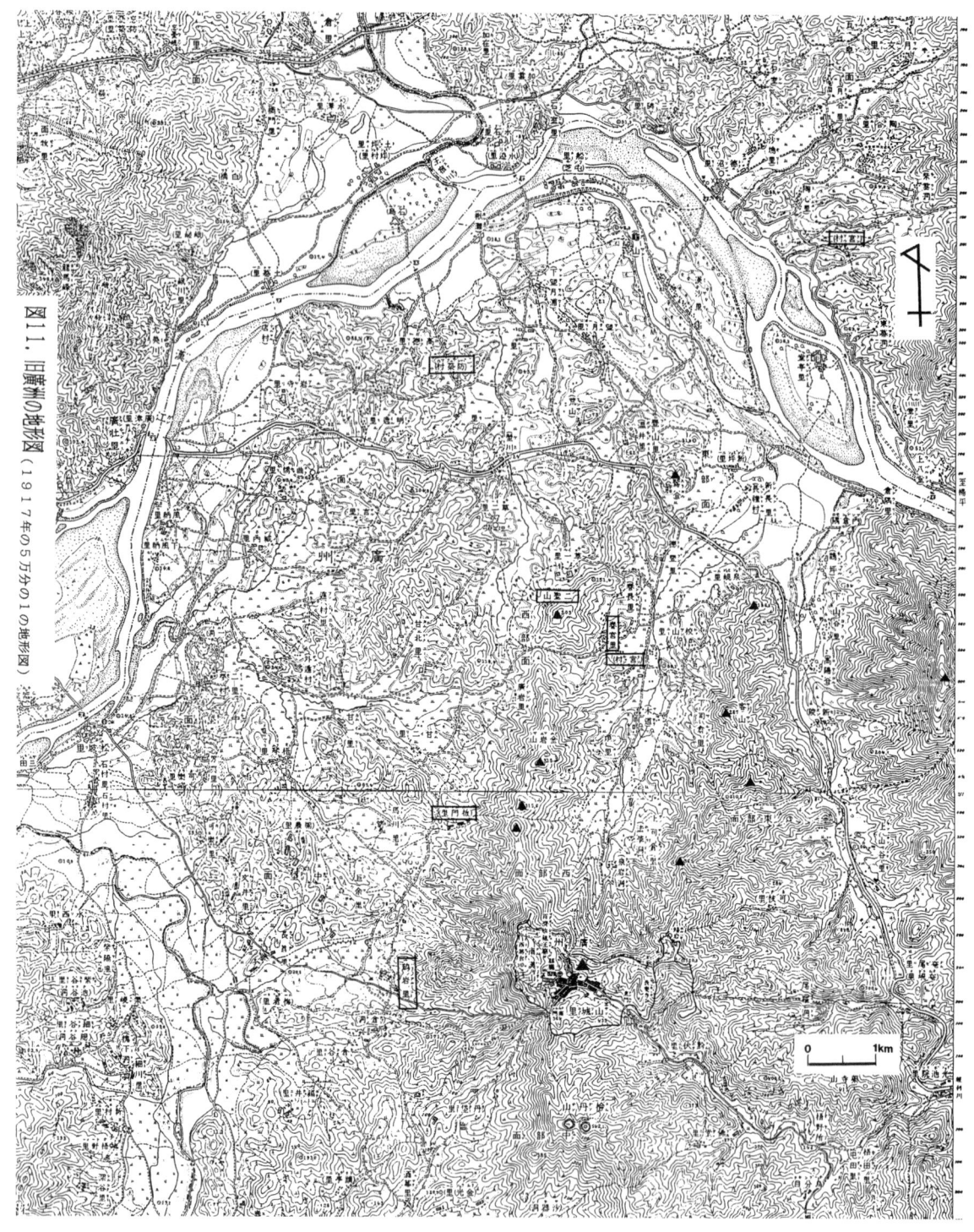

그림 10-1 구 광주의 지형도(1917년 5, 1:50,000)

표 10-1 백제 전기 도성의 위치 및 천도 과정에 대한 추정 설

	하북위례성	하남위례성	한성	천도 과정
정약용[3]	서울 삼각산 동록	경기도 광주 고읍 (현 하남시)		하북위례성→하남위례성→한성
이마니시 (今西龍)[4]	위례성 광주(廣州) 춘궁리(春宮里) 일대 (현 하남시)		남한산성	이성산성(二聖山城)을 백제 개로왕조(蓋鹵王條)의 '北城'으로 추정, 남한산성(南漢山城)을 '南城'으로 추정
쯔다 (律田左右吉)[5]			남한산성	
야모리 (失守一彦)[6]			남한산성	
이기백[7]		몽촌토성		
이병도[8]	서울 세검동 계곡 일대	현 하남시 춘궁리 일대		하북위례성→하남위례성→한성
천관우[9]	서울 강북	현 하남시 춘궁리 일대		
박관섭[10]		현 하남시 춘궁리 일대		
사도우 (佐藤興治)[11]			남한산성	
차용걸[12]	서울 중랑천 일대	몽촌토성과 이성산 사이	남한산성	하북위례성→하남위례성=한성→한산→하남위례성
김연학[13]		풍납동 토성	남한산성	하남위례성→한성
김용국[14]	서울 삼각산 동록	현 하남시 춘궁리 일대	남한산성	
성주탁[15]	서울 중랑천 일대	몽촌토성	이성산성 남한산성	하북위례성→하남위례성→한산→하남위례성=한성
다나카 (田中俊明)[16]		풍납동 토성	남한산성	위례성→한성
최몽룡[17]	서울 중랑천 일대	몽촌토성	현 하남시 춘궁리 일대	하북위례성(?)→하남위례성(온조왕14년, B.C.5)→한산

제10장 : 도시의 입지와 구조의 변천

(1) 유적·도로·지명에서 본 한성의 위치

『삼국사기』「백제본기」제3 제21대 개로왕(蓋鹵王) 21년(475) "고구려왕이 군사 3만을 거느리고 와서 왕도(王都) 한성을 포위하였다. 고구려인이 군사를 네 길로 나누어 협공하고, 또 바람을 이용하여 불을 질러 성문을 태우니 사람들이 두려워하여 나아가 항복하려는 자도 있었다."라는 기사가 있다. 여기에서 왕도 '한성(漢城)'과 도로의 존재를 알 수 있다. 그 존재성을 찾기 위해, 현 서울 강동구, 송파구, 경기도 하남시 지역에 분포해 있는 백제 한성 시대의 관련 유적지와 현 도로를 그린 〈그림 10-1, 10-2〉를 참조하면, 아래와 같은 점을 눈여겨 볼 수 있다.

한강변을 따라 백제의 토성이 입지해 있는 것을 볼 수 있다. 이러한 토성이 한강 하류까지 산재해 있다. 특히 몽촌토성(夢村土城)·풍납동토성(風納洞土城)은 백제 관련 유물이 대량 출토되어 '위례성'으로도 비정되어 있다. 한강(漢江)을 이용한 백제의 교역 활동을 엿볼 수 있는 유적지이다.

〈그림 10-2〉의 A도로는 풍납동토성, 몽촌토성, 이성산성(二聖山城) 및 춘궁리(春宮里)를 연결하고 있다. A도로가 이성산의 남쪽 기슭을 지나서 서쪽으로 향하는 언덕 밑에 남외(南外)라는 마을 지명이 있다. 구 광주군지(1987년)에 의하면, '남외'라는 지명은 남한산성과 이성산성 밖에 위치한 마을이라는 의미에서 이름이 붙여졌다고 서술하고 있다. 또 이병선의 『한국고대국명지명연구』에 의하면, 『삼국사기』「지리」1. 〈居昌郡, …餘善峴縣本南內縣景德王改名 今感陰縣〉이라는 기사 중에 '남내(南內)'라는 지명에 관해서 다음과 같이 해석하고 있다.

"남내의 '남'은 주(主)를 의미하는 'nama'의 표기이며, '내'는 흙을 의미하는 'nama'의 표기이다. 그러므로 남내는 주읍을 의미한다."■18 또 백제는 국호를 남부여(南夫餘)라고 하였는데, 여기서도 남(南)은 주의 의미를 내포하고 있다.■19 이러한 해석에 의하면 '二聖山 = 南 = 主'가 되며, 이성산(이성산성이 입지하고 있는 산)·금암산·청량산(남한산성이 입지하고 있는 산)·객산·검단산에 의해 둘러싸여 있고, 덕풍천에 의해 형성된 곡(谷)분지 지역인 현 하남시 춘궁리 주변 지역(南內 = 主邑)이 한성이 된다(그림 10-3).

〈그림 10-2〉의 B도로는 백제의 전기 고분군(현 서울 강동구)과 연결되어 있다. B도

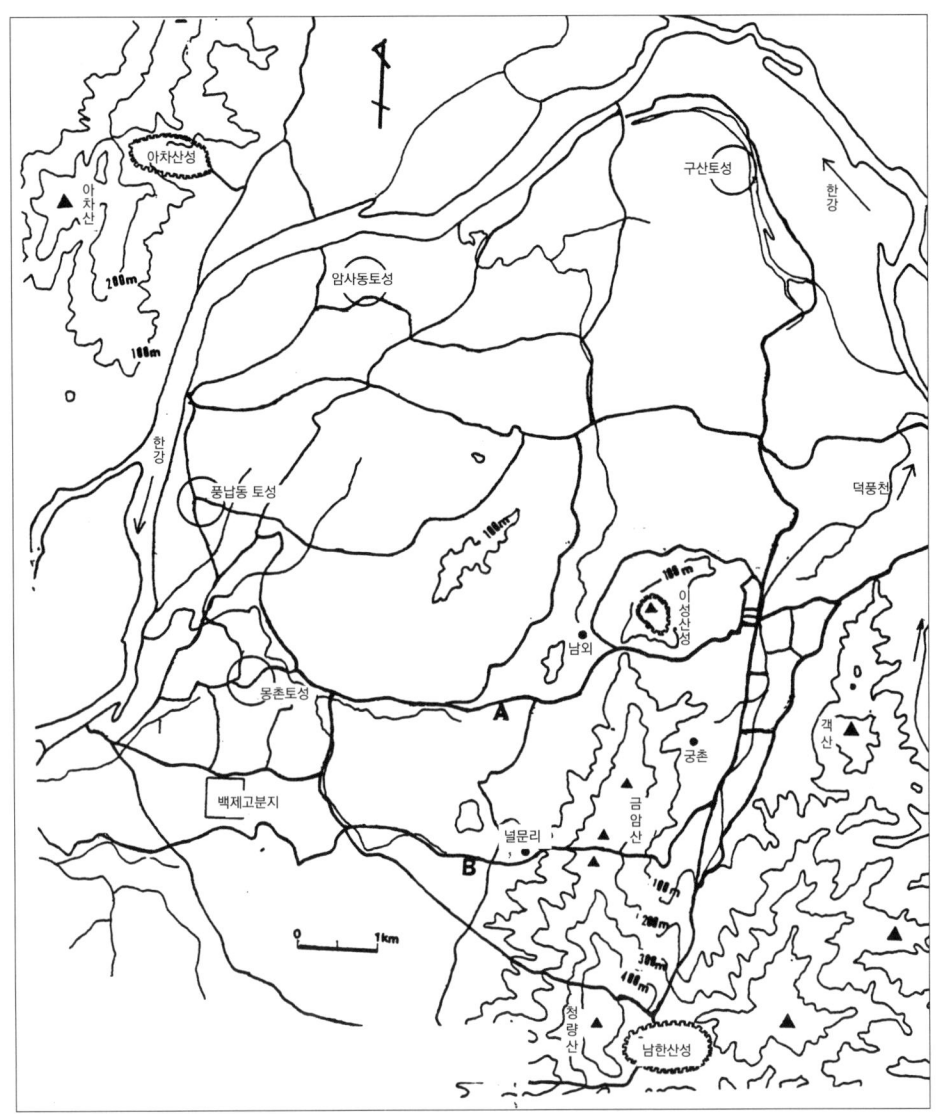

그림 10-2 백제 전기 한성 시대의 유적지와 현재의 도로

로는 금암산 318m봉우리와 313m봉우리 사이의 골짜기를 지나는 산길로, 조선 시대 복장으로는 상당히 걷기 불편한 산골짜기를 타고 올라가는 험한 도로이다. 즉 조선

제10장 : 도시의 입지와 구조의 변천 **479**

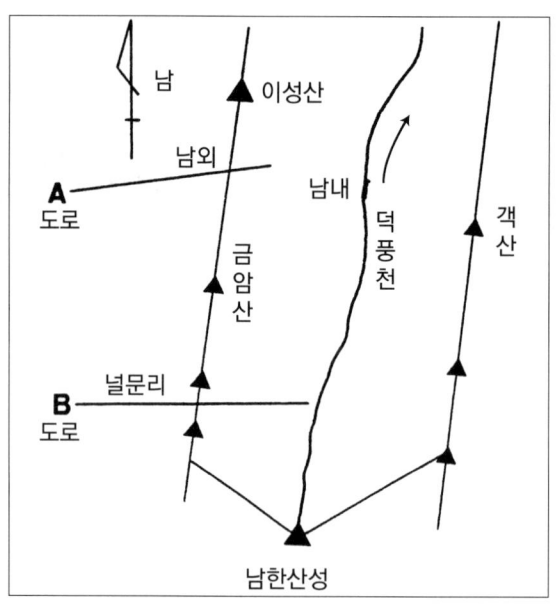
그림 10-3 '남외(南外)'의 지명과 한성

시대 한양을 중심으로 생긴 도로가 아니라는 점에 주목하고 싶다. 더욱이 이 산의 도로가 평지를 향하는 지점(표고 60m)에 널문리(板門里)라는 지명의 마을이 도로를 따라 입지하고 있다. 이 지명의 유래에 관해서 현 하남시 문화공보실이 1992년 8월에 발행한 『하남시의 자연 부락 현황』에 의하면, '널문리' 마을의 입구 쪽에 성황단이 있고 그 주변에 큰 판문이 세워져 있는 것에서 '널문리'라는 지명이 생겼다고 한다. 이러한 상황과 이 마을의 입지 위치 그리고 지명의 유래에서도 백제 전기 도성 한성 지역에 들어가는 입구의 장소이며 성벽이 존재했었다는 점을 추정해 볼 수 있다(그림 10-1, 10-3).

이성산과 금암산은 〈그림 10-1, 10-3〉의 동서도로 A가 없었다면, 청량산에서 북쪽으로 뻗어 내려가는 지맥에 놓여 있는 산들이다. 그리고 남외·널문리와 같은 지명의 장소가 이성산과 금암산의 서쪽 방향에 위치하고 있는 공통점을 발견할 수 있다. 즉 이성산이나 금암산 자체가 한성의 서쪽 성벽 역할을 하고 있었다고 생각해도 무방하다. 현장 조사에서도 시각적으로 이성산이나 금암산은 높이가 비슷하여 남북으로 길게 뻗어 있어 장벽처럼 보인다. 성벽처럼 보이기 위해 삭토 작업을 했을 가능성도 배제할 수 없다.

　이상과 같이 남외와 널문리라는 지명의 위치 및 그 지명의 유래와 이성산(二聖山)과의 관련 등에서 생각하면, 백제 전기 도성의 위치는 청량산에서 발원한 덕풍천이 흐르는 곡분지 지형으로, 현 하남시 춘궁리·춘장리·덕풍리·천현리·교산리·하사창리·상사창리·정리 등의 지역을 포함하는 것으로 보인다.

(2) 한성 시대의 '제언' 흔적

　『삼국사기』「백제본기」제3 제21대 개로왕(蓋鹵王) 21년(475) "강 연변에 따라 둑을 쌓되 사성(蛇城)의 동쪽에서 시작하여 숭산(崇山)의 북에까지 이르렀다."라는 기사를 근거로, 방동인[20]·이병도[21]·이도학[22]은 〈표 10-2〉와 같이 추정하고 있다.

　이상으로 백제 전기 도성 한성시대에 쌓았다고 생각한 제언(堤堰)의 존재에 관한 기존의 선행 연구에 대해 서술하였다. 그러나 이러한 추정이 있음에도 불구하고 제언의 위치와 존재성은 분명하지가 않다. 이에 필자는 추정 백제 전기 도성 한성 지역인 현 하남시 신장동(한강과 덕풍천이 접하는 지역, 홍수 시 한강의 물이 역류하고, 덕풍천 물이 흘러 내려가지 않아 침수되는 지역)에서 제언의 흔적을 찾기 위해, 항공 사진·구 5만분의 1 지형도·5천분의 1 지형도 등을 상세히 검토하여 현지 조사를 실시했다.

　그 결과, 현 하남시 신장동에서 추정 제언의 흔적인 미고지(微高地)를 찾아냈다. 이 연구 방법에 대해 설명하면 다음과 같다.

　〈그림 10-4(신장동의 5천분의 1 지형도)〉를 참조하면 한강과 덕풍천이 접한 현 하남시 신장동 주변에는 다음과 같이 하천의 흐름 방향이 다르다는 것을 알 수 있다. 예를 들면 〈그림 10-4〉의 D·E·F·G의 하천은 한강을 향하여 남쪽에서 북쪽으로 흐르고 있지만, R하천은 서쪽에서 동쪽으로 흐르는 방향을 취하고 있다. 협소한 지역에서

표 10-2 백제 전기 도성 한성 시대에 쌓았다는 제언에 대한 추정 설

방동인	구산(龜山)에서 검단산(黔丹山)까지 제방을 쌓았을 것이다.
이병도	그 제언(堤堰)의 흔적이 현재 남아 있지 않지만, 백제 전기 도성 시대에는 현 풍납리 토성에서 현 검단산의 후록(後麓)에 창우리(倉隅里)까지 쌓았을 것이다.
이도학	백제의 삼성동 토성에서 현 검단산까지 제언을 쌓았을 것이다.

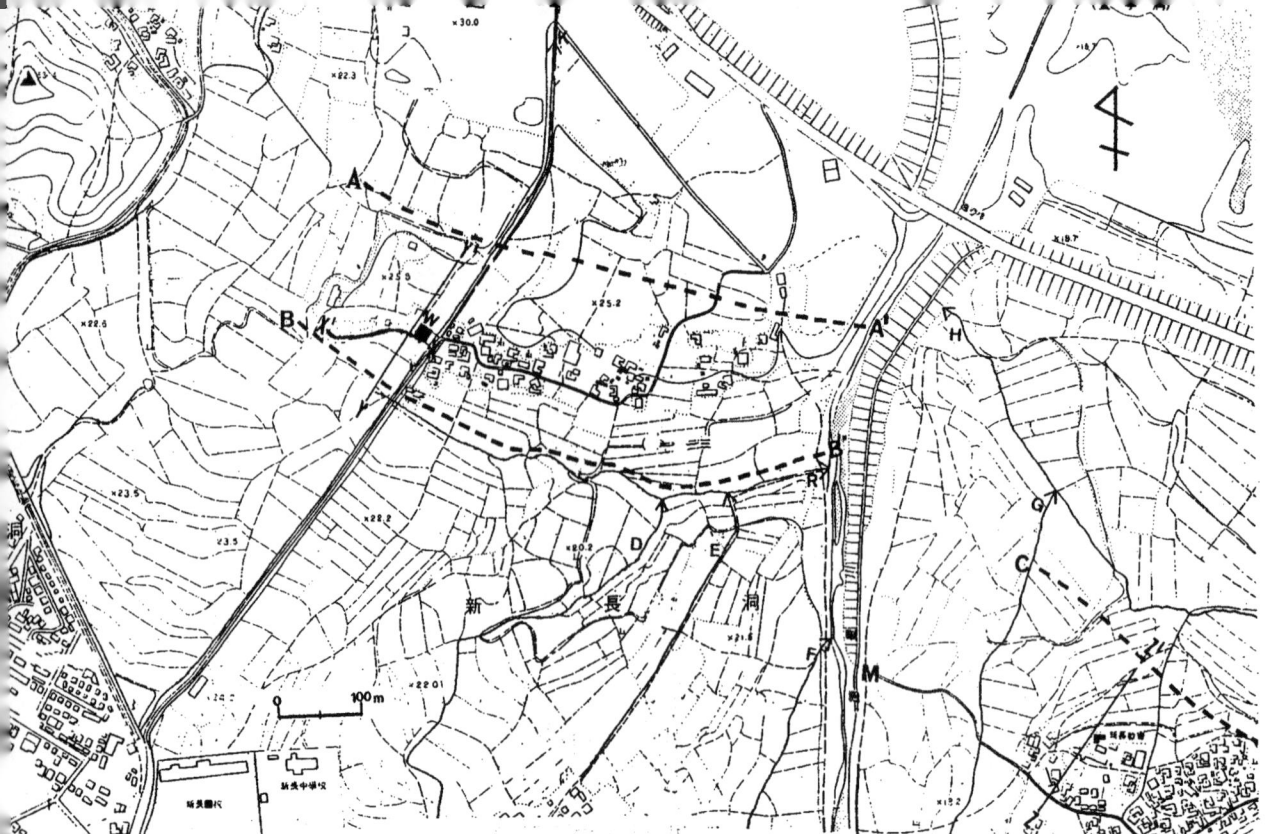

그림 10-4 현 경기도 하남시 신장동에서 볼 수 있는 제방의 흔적

이와 같이 하천의 유로가 다른 것은 어떠한 원인이 있다고 생각 된다. 이 점을 현지 조사에서 확인해 본 결과, 〈그림 10-4〉의 A와 B구간 사이에 〈그림 10-5〉와 같은 미고지가 존재하고 있는 것이 발견되었다. 그래서 그 미고지를 〈그림 10-4〉와 현지 조사(미고지를 줄자로 재었음)에서 비교 검토해 보니, 〈그림 10-5〉의 a~a', b~b'(그림 10-6 참조), c~c', d~d', e~e'의 단차(段差)가 있었다. 그리고 〈그림 10-4〉에서 W지점(건물이 입지)의 동서 구간(그림 10-4의 X~X'구간)에도 미고지가 보인다. 이상으로 현 하남시 신장동에는 높이 약 25.9m의 제방 형태와 같은 미고지가 존재하는 것을 알 수 있다.

덕풍천의 오른쪽에도 〈그림 10-4〉의 점선 C를 경계로 해서 북쪽에서 남쪽으로 〈그림 10-5〉와 같은 동서로 연장된 미고지가 보인다. 그러나 반대로 이 미고지를 남쪽에서 북쪽으로 보는 장소에서는 〈그림 10-4〉의 A~B구간에서 보는 제방과 같은 미고지 형태는 보이지 않는다.

이상 현 경기도 하남시 신장동 주변의 지형에서 부자연스러운 미고지 존재에 관해 현지 조사하여 비교한 결과를 서술한 것이다. 그리고 하남시 신장동 주변에 방축촌(防

築村)이라는 지명이 있다. 삼국사기 개로왕 시대의 "제언을 쌓았다"는 기사, 신장동에 부자연스럽게 존재하는 미고지(그림 10-4, 10-5), '방축촌(防築村)'이라는 지명의 존재에서 현 하남시 신장동의 미고지는 백제 전기 한성 시대부터 쌓은 제방이라는 것을 추정할 수 있다. 그러면 이 제언은 어느 지역을 위해 쌓아야 하였는가 하는 의문이 남게 된다. 이 의문에 대한 답은 〈그림 10-1〉, 〈그림 10-2〉를 참조하면 서쪽의 이성산·금암산, 남쪽의 청량산, 동쪽의 객산·검단산에 둘러싸였고, 그리고 덕풍천에 의해 형성된 곡분지 지역, 즉 현 경기도 하남시 춘궁동·교산동·덕풍동·신장동·천현동·정동·하사창동·상사창동 일대인 것을 명백하게 알 수 있다. 즉 이 지역은 구 지명의 광주 춘궁리 일대이며, 〈표 10-1〉에서 보는 기존의 선행 연구에 의해 백제 전기 도성 시대의 하남위례성 혹은 한성의 위치로서 추정된 지역이기도 하다.

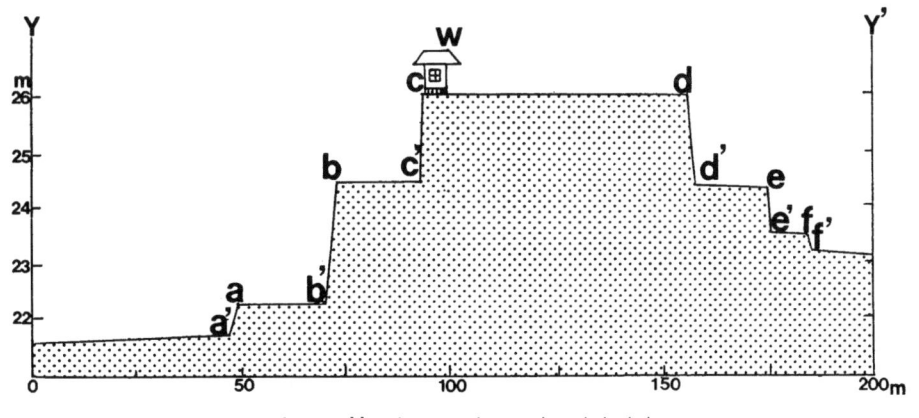

그림 10-5 ∴ 그림 10-4의 Y – Y' 구간의 단면도

제10장 : 도시의 입지와 구조의 변천 483

그림 10-6 그림 10-5의 b~b'의 높이(약 2m)

(3) 항공 사진을 이용한 왕궁지 비정

근래 인공위성 사진 및 항공 사진의 이용이 자유롭게 되어 지형·지질·토지 이용·재해 등의 조사에 많이 이용되고 있다. 항공 사진은 지상에 있는 모든 존재를 그대로 촬영해 주기 때문에 지형도와 현지 조사에서 찾지 못하는 미지형 부분을 쉽게 발견할 수가 있다.

1967년의 약 3만 7천분의 1 항공 사진을 통하여 추정 백제 전기 도성(漢城, 현 하남시 춘궁리 부근) 지역의 미지형을 연구 조사한 결과는 다음과 같다(그림 10-7).

첫째, 이성산 동쪽 사면에서 건물지의 윤곽 흔적이 보인다(그림 10-5의 A 부분 참조).

둘째, 건물지의 크기가 고려척 약 1,000척(365m)에 가깝다.

셋째, 이성산 동쪽 사면에 고려척으로 환산 가능한 토지 구획선이 보인다.

이성산(二聖山)은 백제 한성 시대의 주산(主山)이다. 그 산록에서 건물지의 유구를 볼 수 있는데 그 크기는 약 고려척 1,000척에 가깝다. 이 건물지 유구를 한성의 왕궁지로 추정할 수 있다. 보충 설명하자면, 백제 도성제 중에서 왕궁지는 주산 밑에 배치한다. 백제 중기·후기 추정 왕궁지도 각 도성의 주산 아래 입지하고 있다. 이성산성과 왕궁지가 세트로 배치되어 있다.

백제 전기 한성 시대에도 토지 구획이 실시되었을 가능성에 대해 필자는 '하남시의 고대 도시 토지 구획에 관한 시론'[23]에서 논한 바가 있다. 간략하게 말하자면, 고려척(高麗尺) 1척(尺)=36.5cm, 고려척 6척=1보(步), 1,800척=300보=1보(里)라는 대제(代制) 즉 고대 토지 구획 단위를 소개하면서 유적지와 도로 간의 거리를 측량하여 백

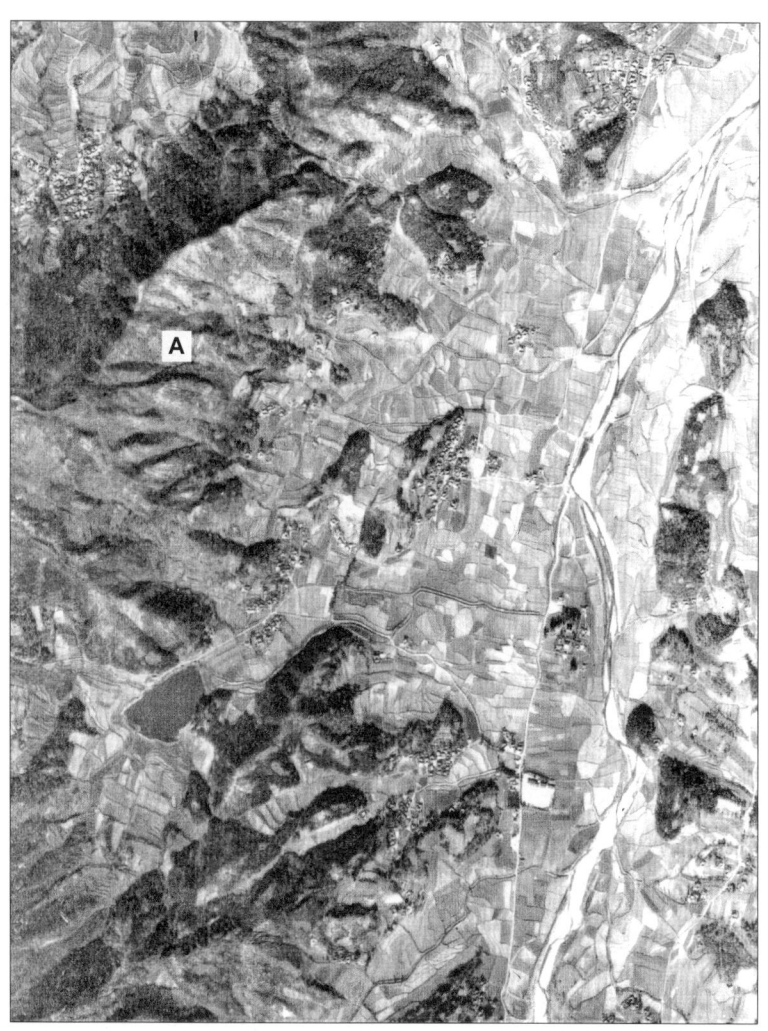

그림 10-7 항공 사진에서 볼 수 있는 하남시 이성산 동쪽 산록면에서의 유적지 흔적

제 한성 시대에 고려척 4,200척·2,100척·450척·300척·150척·토지 구획이 실시되었다고 주장하였다.

다시 말하자면, 완수인 고려척 1,000척이 되는 건물지 유구의 존재와 주산(主山, 이성산)에 입지하였다는 점에서 필자는 이성산 동쪽산록 부근이 백제 한성 시대의 왕궁지라고 추정한다.

2) 백제 중기 웅진도성의 내부 구조

웅진도성(熊津都城, 475~538)은 현 충남 공주시에 해당하며, 백제 제22대 문주왕(文周王, 475~477) 원년에 고구려 군에 패전함으로 인해 백제 제21대 개로왕이 전사하자, 아들인 문주왕은 급히 금강 유역의 웅진(백제 전기 도성 시대의 지방 도시로 추정)으로 천도하여 도성으로 삼아, 백제 제26대 성왕이 사비도성으로 천도할 때까지 약 60년간 도성 역할을 한 곳이다. 백제 왕조의 재정비와 도약이라는 시기가 웅진도성에서 이루어졌다.

백제 중기 웅진도성의 입지 조건은 북쪽에 금강이 흐르고 있으며, 산으로 둘러싸인 곡분지로 백제 전기 한성의 입지 조건과 거의 유사하다. 이러한 도성 입지 지형은 백제와 깊은 교류 관계가 있었던 일본의 아스카(飛鳥京)에서도 볼 수 있으나 그 관련성 내지 입지 지형 선정에 관한 것은 연구된 바가 없다.

웅진도성에 대해 관심을 가진 선행 연구자는 카루베(輕部慈恩), [24] 후지시마(藤島亥治郎), [25] 다카하시(高橋誠一), [26] 김영배, [27] 성주탁[28] 등이 있으며, 왕궁지의 위치 비정·사원의 양식·나성의 존재 유무[29]·나성 내부에 분묘를 만들지 않는 생활 원칙[30] 등에 관해 연구·해명하고 있다.

〈그림 10-8〉을 참조하여 백제 중기 웅진도성의 경관에 대해 요약하면 다음과 같다.

첫째, 웅진도성 북쪽 금강에 접해 있는 산에 석축으로 공산성(公山城)을 만들었으며, 왕궁지는 공산성 내에 입지하였다는 설[31]과 공산성 밖에 입지하였다는 설[32]이

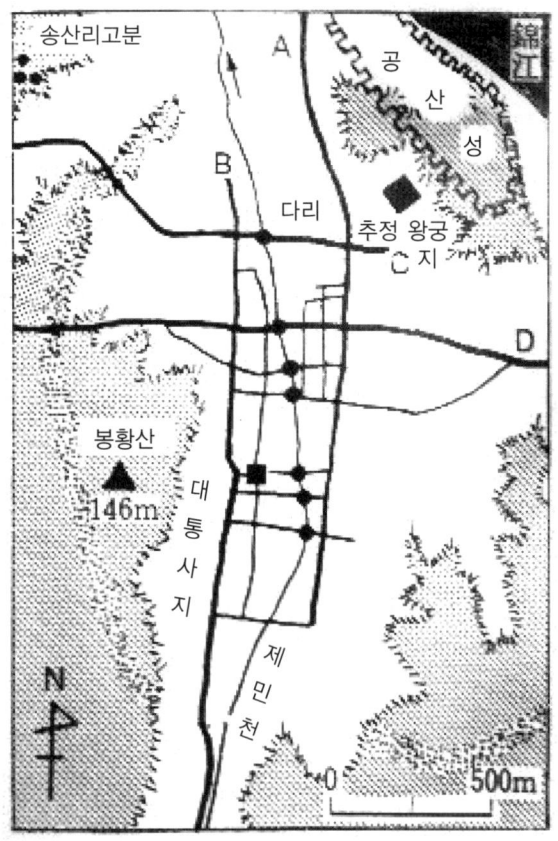

그림 10-8 웅진도성의 지형과 현재의 도로망

있다.

둘째, 무령왕릉 등의 송산리고분군이 나성 밖 서북쪽에 입지하고 있다.

셋째, 『삼국사기』 「백제본기」 제24대 동성왕(東城王) 20년(498) "웅진교(雄津橋)를 가설하였다."라는 기사가 있다. 이와 관련하여 현 도로의 발달 상황을 보면, 〈그림 10-6〉의 A도로는 웅진도성의 왕궁지와 연결하는 남북 도로로 추정할 수 있다. B도로는 사비도성과 직통 연결되는 도로로서 웅진도성 내부의 서쪽 남북 도로로 비정할 수 있다. C도로는 추정 왕궁지와 송산리고분지를 연결하는 도로로 볼 수 있다. D도로는 웅진도성 내부의 동서도로로 비정할 수 있으나, 웅진도성 나성의 서문지·동문지가 아직 발견되지 않고 있다.

넷째, 웅진도성 내부에 백제 제26대 성왕 5년(527)에 대통사(大通寺)가 창건되어, 그 가람 배치가 백제 양식으로 되어 있다.■33 여기서 주목할 점은 대통사가 입지한 위치이다. 〈그림 10-8〉을 참조하면 대통사지는 서쪽에 있는 봉황산(146m)의 산정을 기준으로 입지하고 있고, 또 대통사지를 중심으로 동서·남북 도로가 발달하고 있는 점이다. 백제 전기 한성의 내부 시가지에서는 사원 유적지가 아직 발견되지 않아, 백제 중기 웅진도성에서 불교 세력의 확장을 볼 수 있는 경관이기도 하다.

다섯째, 백제 나성의 존부 문제는 고고학적 입장에서의 견해 차이 때문에 생긴 것이다. 즉 토축·석축 등의 형태가 나타나지 않으면 인정하지 않겠다는 일부 고고학 연구자들의 주장이다. 그러나 백제는 산·구릉지·자연 제방 등의 자연적 지형을 이용하여 라성을 만들었기 때문에 부분적 보축·삭토 등의 방법을 많이 쓰고 있다. 필자가 몇 년간에 걸쳐 실시한 현지 조사에서는, 백제 도성을 둘러싸는 산줄기 군데군데 수비를 위해 인위적으로 지형을 변형시켜 놓은 부분이 많았다.

3) 백제 후기 사비도성의 토지 구획

백제 제26대 성왕(聖王, 523~554) 15년에 웅진도성에서 사비도성(泗沘都城, 백제 후기 도성, 현 충남 부여)으로 천도하였다. 사비도성은 나·당(羅·唐)연합군에 의해 백제가 멸망할 때까지 약 120년간 백제의 도성 역할을 한 곳으로 백제 전기·중기 도성의 입지 지형과는 다른 패턴을 보이고 있다. 백제 후기 사비도성은 백제 전기 도성·중기 도성의 입지 조건과 같이 하천을 끼고 입지하였으나, 입지 지형은 백제 전기·중기 도성과는 달리 곡(谷)분지가 아니라 정연한 격자형을 펴기에 약간 곤란한 수지상(樹枝狀)의 곡이 발달하고 있는 평야 지형(그림 10-9)을 선택하고 있다. 시가지 정북쪽에 부소산성과 왕궁지를 입지시키고 도성 내부에 많은 사원과 큰 연못(宮南池) 등을 배치하였다.

본 장에서는 사비도성의 시가지 토지 구획의 존재에 관하여 먼저 고문헌·선행 연구·고고학 발굴 조사의 결과에서 시가지 토지 구획의 존재 가능성을 검토한다. 그리고 사비도성에 시가지 토지 구획이 실시되었다는 가능성을 전제로 시가지 조영척에 관해 조사하고 고찰해 본다. 또 부여의 5천분의 1 지형도·항공 사진 등을 이용하여 사비도성의 내부 구조를 측량하고, 유적과 도로의 관련성 등을 탐구한다. 이러한 순번으로 사비도성의 시가지 토지 구획의 존재에 관해 연구하고자 한다.

먼저 『삼국사기』 「백제본기」의 사비도성 시가지 플랜에 관한 기사를 살펴보면 〈표 10-3〉과 같다. '사비원(泗沘原)'이라는 지명과 국호를 '남부여(南夫餘)'라고 칭하였던 점, 궁성 남쪽에 큰 연못을 만들어 도교 삼산 중의 하나인 방장산에 비유하였던 점, 궁성 남로(南路)가 존재하였다는 점 등을 알 수 있다. 그러나 고문헌에서는 사비도성 시가지 플랜을 입증할 수 있는 직접적인 자료는 거의 찾기 어려운 상황이다.

사비도성의 시가지 토지 구획의 존재에 관한 선행 연구를 살펴보면, 금서용(今西龍)은 『주서(周書)』·『북사(北史)』의 기사를 근거로 하여 "백제 사비도성 내에 상부(上部)·하부(下部)·전부(前部)·후부(後部)·중부(中部)의 오부(五部)가 있다"■34고 고증하였으며, 나카무라(中村春壽)는 "사비성의 분지에서 중국식 도성의 도성 계획을 엿볼 수 있다"■35라고 기술하고 있다. 이노우에(井上秀雄)는 "백제의 왕도 사비성에도 중국풍의 도성제 형식을 볼 수 있는 가능성이 있다."■36라고 지적하고 있다. 윤장섭은

표 10-3 ·· 사비도성에 관한 『삼국사기』 「백제본기」의 기사

제24대 동성왕(東城王) 조	12년 9월에 왕이 국서(國西)의 사비원(泗沘原)에서 사냥을 하고…23년 8월에 가림성(加林城)을 쌓고 위사자평 백가로 하여금 진수케 하였다.
제26대 성왕(聖王) 조	16년 봄 사비에 서울을 옮기고 국호를 남부여(南夫餘)라 하였다.
제30대 무왕(武王) 조	31년 2월에 사비의 궁성을 중수하고 왕이 웅진성으로 거동하였다. 여름에 가물어서 사비의 역사를 그치었다. 7월에 왕이 웅진에서 돌아 왔다. …35년 3월에 궁성 남쪽에 못을 파고 물을 20여 리나 끌어들였으며 못의 4언덕에 버드나무를 심고 못 속에 섬을 만들어서 방장성선(方丈仙山)에 비기었다.
제31대 의자왕(義慈王) 조	19년 9월에 궁중의 괴목이 사람의 곡성과 같이 울었으며, 밤에는 귀신이 궁성 남도에서 곡했다. …20년 여름 4월에 왕도의 시인(市人)이 까닭없이 놀라 달아나되 마치 잡으러 오는 사람이라도 있는 것 같이 하여 엎드려서 죽는 자가 백여인이나 되었고, 재물을 잃는 자가 셀 수 없었다.

"사비성에는 동서일리삼정(東西一里三町), 남북일리십정(南北一里十町)을 둘러싸는 라성이 있다."[37]라고 구체적인 도성 규모와 토지 구획에 관해 말하고 있다. 천전임(千田稔)은 "부여에도 고려척 250척(약 88m)을 한 변으로하는 단위 방안(單位 方眼)으로 격자형 토지 구획의 플랜이 상정될 것 같다."[38]라고 사비도성 토지 구획의 존재성에 관해 시사하고 있다. 성주탁은 "사비성의 축성 구조는 약 8km의 나성으로 둘러싸여 있으며, 왕궁을 중심으로 오부제로 되어 있다. 이 오부제는 자연 부락 단위에서 성립되었으며, 무왕대(599~640)에 와서 도성내 중앙의 위치에 있는 정림사 부근을 중심으로 구획되었다."[39]라고 시가지 구획에 관해 서술하고 있다.

이러한 선행 연구를 참고로 하여 현지 조사와 지형도에서의 조사를 실시하였다. 부여의 지형도 〈그림 10-11〉을 보면, 사비도성은 금강 유역 하곡 분지 수지상(樹枝狀)의 곡이 발달하고 있는 평야 지형에 입지하고 있는데, 고대 중국식 격자형 시가지처럼 정연한 토지 구획을 시행하기에는 약간 무리가 있다. 또 이 부근 일대의 토양은 실크 샌드가 주성분으로 이루어져 있기 때문에 빈번한 홍수로 인해 구도로 · 유적 등이 침식되어 시가지 복원 작업이 무척 어려운 상황이다. 그러나 그림 〈그림 10-9〉에서 보는 것처럼 사비도성의 입지 지형과 유적과의 관련성을 고려하여 살펴보면, 동서 · 남북 중심선을 다음과 같이 추정할 수 있다. 예를 들면 〈그림 10-10〉의 동서 중심선 X~X'선이 지나는 곳에서는 사비도성 시가지를 남북으로 구분하는 성벽(城壁)의 잔존일 가능성도 매우 크지만, 자연적 분계선이 되는 미고지가 있다. 그리고 X~X'선 상의 동쪽에는 라성의 동문지가 위치하고 있다. 〈그림 10-10〉의 남북 중심선 Y~Y'선 상에는 부소산의 최고봉(표고 106m) · 정림사 5층석탑 · 추정 왕궁지의 문지 초석이 일직선상에 위치하고 있는 점에 주목하고 싶다(그림 10-12). 부소산은 사비도성의 내성이 축조되어 있는 곳으로, 남록 부근에 큰 방형 초석이 발견되어 왕궁지로서 추정되어 있다. 또 정남향에 정림사 5층석탑이 입지하고 〈그림 10-12〉의 도로 H가 존재하고 있다. 즉 사비도성 시가지 플랜의 계획성을 엿볼 수 있는 아주 중요한 단서가 된다. 이상에서 먼저 사비도성 시가지 플랜의 동서 중심선 · 남북 중심선을 가정하였다.

부여 5천분의 1 지형도에 사비도성 시대의 사원지 · 건물지 · 성문지 · 연못지 · 현재의 도로를 그려 넣어 센다(千田稔)가 상정하는 한 변이 고려척 250척(약 89m)[40]인 井

(바둑판 모양)자형의 메시를 〈그림 10-10〉의 사비도성 시가지 플랜의 동서·남북 중심선에 맞추어 덮어 보았다. 그 결과 다음과 같은 점을 추정할 수 있었다.

그림 10-9 부여의 1960년대 항공 사진

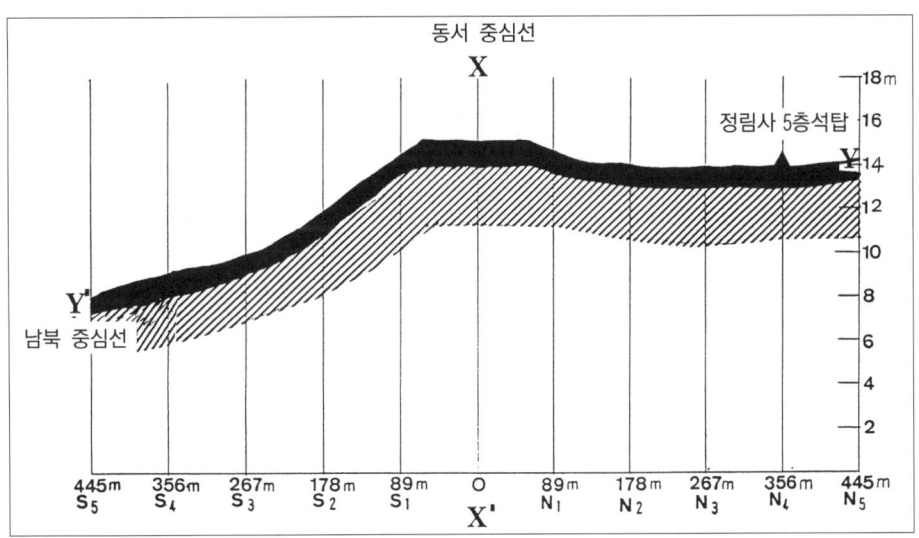

그림 10-10 사비도성 상정 동서 중심선의 단면도

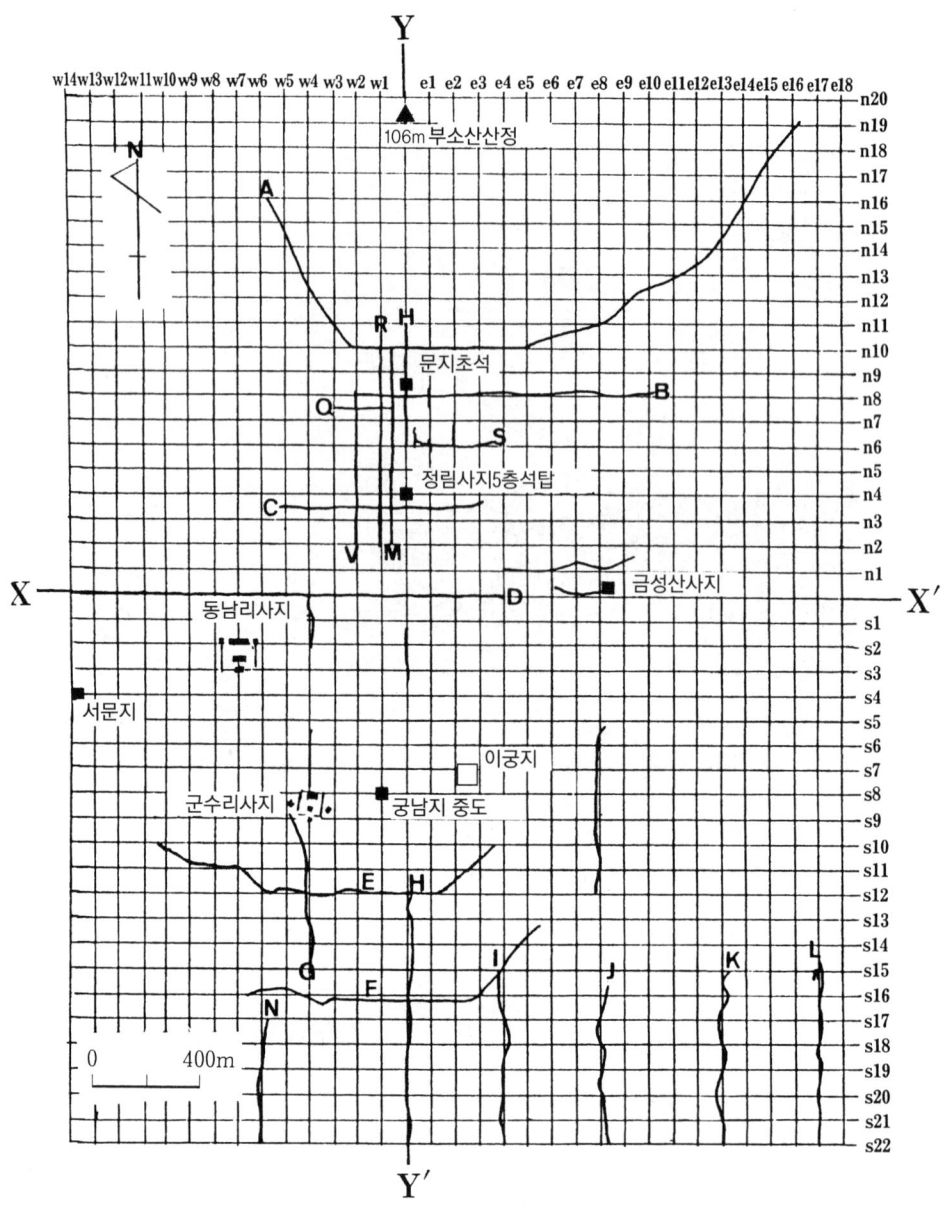

그림 10-13 사비도성의 토지 구획과 현 도로

첫째, 고려척 1,000척의 간격을 두고 유적·도로·휴반이 위치한다. 예를 들면 동서 중심선 X~X'선(D도로의 선상)에서 보면, 남쪽으로 약 1,000척의 간격을 두고 나성의 서문지(s4, w14)가 입지하고 있다. 또 서문지에서 남쪽으로 약 1,000척의 간격을 두고 궁남지(宮南池)의 중도(中島, s8,w1)가 위치하고 있다. 그리고 궁남지의 중도에서 남쪽으로 약 1,000척의 간격을 두고 〈그림 10-12〉의 E (s12)·F (s16)의 휴반이 있다.

남북 중심선 Y~Y'선상(H도로 입지)에서 보면, G(w4)·H(Y - Y')·I(e4)·J(e8)·K(e13)·L(e17)의 도로가 약 1,000척의 간격을 두고 남북 방향으로 위치하고 있다. 그런데 J도로와 K도로 간에는 약 1,250척의 간격이 있어서 그 입지 지형을 살펴보니 J도로에서 약 1,000척 쯤 되는 지점(그림 10-10의 e12, s13-16)에 표고 26.9m의 낮은 구릉지가 있었다.

둘째, 고려척 250의 간격을 두고 H도로(정림사 5층석탑과 남북 중추선에 연결되는 도로, Y~Y'축), R도로(궁남지 중도에 연결되는 도로, w1), V도로(w2)가 위치하고 있다.

셋째, 고려척 125척의 간격을 두고 M도로(현재 일부의 연구자들은 이 도로를 백제 사비도성의 남북주작도로로 추정)가 H도로와 R도로의 중간(y~w1)에 위치하고 있다. 정림사

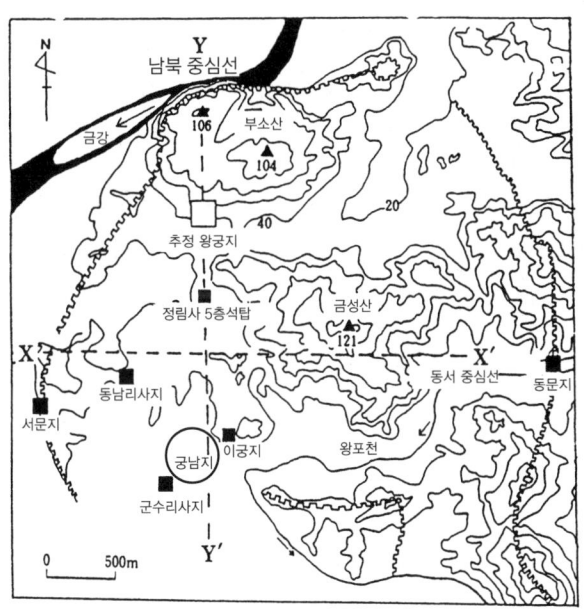

그림 10-11 사비도성 플랜의 상정 동서·남북 중심선

제10장 : 도시의 입지와 구조의 변천

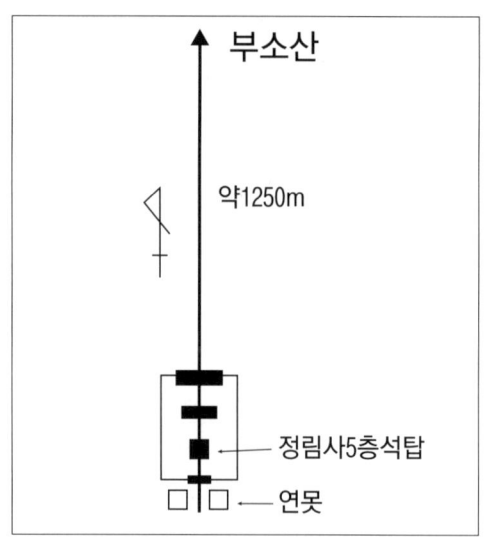

그림 10-12 부소산과 정림사가람의 배치

남문 앞에 있는 C도로도 n3~n4 중간에 있다.

이상의 고증에 의해 사비도성의 토지 구획 실시 가능성에 대해 타진해 보았다. 그 결과, 도로 간에는 일정한 간격이 존재하며, 정림사지·군수리사지·동남리사지 등의 사원지 입지 위치도 상술한 토지 구획안에서 해명할 수 있다. 그리고 궁남지의 중도(도교 삼산의 상징성을 가지고 있는 섬) 배치도 계획된 토지 구획안에 입지하는 것을 알 수 있다.

다시 말하자면, 백제 후기 도성 사비도성은 고려척 250척을 기본으로 계획된 시가지 토지 구획을 실시하였으며, 많은 사원의 배치와 도교 사상에서 수용의 면도 보이는 큰 연못이 입지 하고 있는 점에서 백제의 정치·문화 등의 특색을 엿볼 수 있는 도성이다.

2. 신라의 수도

1) 최초 입지의 특징: 소국 신라의 중심지

진나라(晋, 265-316)의 진수(陳壽, 233-297)가 저술한 『삼국지』 위서 동이전의 한전(韓傳)에 의하면 경상도 지역에 해당되는 진한과 변한에 24개의 나라가 있었으며, 후대 신라의 모태인 사로국(斯盧國)도 그중의 하나였다. 그리고 큰 나라[大國]는 4~5,000가(家), 작은 나라[小國]는 6~700가로서 총 4~5만 호였다. 『삼국사기』 신라본기 시조 혁거세거서간(赫居世居西干) 부분에 의하면 기원전 57년에 혁거세를 임금으로 삼아 신라를 건국하였고, 재위 21년(기원전 37)에 경성(京城)을 쌓아 금성(金城)이라 하였다. 이후 『삼국사기』와 『삼국유사』에는 기원전·후부터 3세기 후반까지 낙랑·왜·백제·가야 등 강국과 전투를 벌일 뿐만 아니라 진한·변한의 여러 소국과 전투를 벌이면서 정복해 나가는 기록이 상당히 많이 나온다.

마한 54국과 진한·변한 24국의 기록에 대해 『삼국지』 위서 동이전과 『삼국사기』·『삼국유사』의 내용 중 어느 것이 더 사실에 가까운지에 대해 고대사 연구자들 사이에 많은 논쟁이 있다. 본 글에서는 신라의 역사 전체가 아니라 도시를 대상으로 하기 때문에 더 이상 앞의 논쟁에 대해서 소개하지 않기로 한다. 다만 그것이 어느 시기를 반영하든 『삼국지』 위서 동이전에 마한 54국과 진한·변한 24국으로 기록된 것, 『삼국사기』・『삼국유사』의 초기 기록에 진한·변한의 여러 소국이 등장하는 것에서 알수 있듯이 신라가 소국으로부터 시작한 것이 신라 수도의 이해에 아주 중요하다.

 백제와 고구려를 멸망시킨 660년대 이후 신라는 대동강 이남의 땅을 200여 년 동안 안정적으로 다스리며 번영했고, 그때 신라의 수도는 현재의 경주 지역이었다. 하지만 경주 지역이 신라의 수도로 정해진 것은 신라가 거대한 영토를 가진 영역 국가가 아니라 현재의 경주통합시만한 소국 시절이었다. 또한 소국 신라가 건국되기 이전부터 6촌으로 불리는 6개의 독자적인 지역 단위로 나누어져 있었으며, 나아가 신라가 넓은 영토를 통치하게 된 이후에도 6부로 불리는 6개의 지역 단위가 상당히 강한 관성으로 남아 있었다. 그리고 이 6개의 독자적인 지역 단위는 현재의 경주통합시에서 북쪽의 안강읍과 강동면을 제외하고 울산광역시 울주군의 두동면과 두서면을 합친 면적이었다.

 신라 수도의 핵심이었던 현재의 경주 시내를 중심으로 북쪽의 신당천 유역, 서북쪽의 소현천 유역, 서쪽의 대천 유역, 남서쪽의 형산강 본류(또는 서천) 유역, 남동쪽의 남천 유역, 동쪽의 북천 유역 등 6개의 작은 유역권이 나누어져 있다. 이는 신라 건국 이전부터 존재했던 6촌의 기본적 토대가 되었는데, 신라의 건국으로 6촌의 평등성을 보장하면서도 6촌보다 우위에 섰다는 것을 상징적으로 보여 줄 수 있는 중심지로 현재의 경주 시내가 선택되었다. 이후 신라가 영역을 확장하여 대동강 이남의 넓은 영토를 차지하는 과정에서 신라 수도 역시 점차적으로 번영하며 확장되었고, 1천년

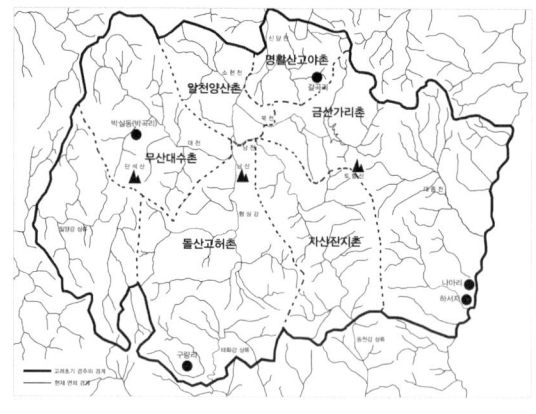

그림 10-14 6촌의 경계와 경주 시내

가까이 한 번도 천도를 하지 않았다.■41

2) 도시의 상징 경관과 기본 구조

『삼국사기』에 기원전 37년 건설되었고 기원전 32년 궁실(宮室)을 지었다는 금성(金城)에 대해 그 실존 여부, 구체적인 위치, 이름의 뜻 등에 대해 연구자들마다 많은 견해 차이가 있어 여기서는 다루지 않기로 한다. 현존하는 월성(月城)에 대해서도 연구자들 사이에 축조 연대에 대한 견해 차이가 있기는 하지만 신라 초기부터 중요 왕성 중의 하나였거나 왕성이었다는 점에는 동의하고 있어 이를 중심으로 신라 수도에 대한 논의를 전개시키기로 한다.

월성은 『삼국사기』에 102년 축조되었다고 나오며, 고고학적 발굴 결과 400년대 후반에 대대적인 수축이 이루어진 것으로 이해되고 있다. 남쪽의 남천을 자연 해자로 이용했을 뿐만 아니라 서북쪽과 북쪽 및 동북쪽에 20~30m의 넓은 해자를 축조하였다. 또한 성벽 내부의 면적이 넓지 않으며, 현재 남아 있는 토석축의 성벽 높이도 고

그림 10-15 월성의 해자와 남천 및 성벽

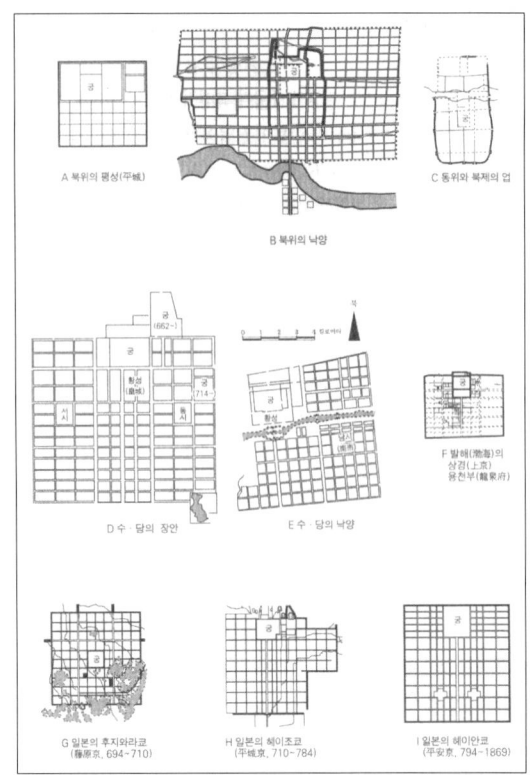

그림 10-16 삼국-통일신라 시대 동아시아 수도의 도시 구조
출처 : 세오다시히코 지음 / 최재영 옮김, 2006, 『장안은 어떻게 세계의 수도가 되었나』, 황금가지, p.115.

려 말 이후 축조된 읍성 성벽의 2~3배가 넘을 정도로 아주 높다. 이것은 장기전이 아니라 중단기전에 강한 전투력을 발휘하기 위한 목적에서 선택된 특징이다. 도당산토성·남산토성·명활산토성 등 경주 시내 바로 주변 중소 규모의 산성도 월성과 비슷한 시기에 비슷한 목적에서 건설되었다.

이와 같은 월성의 특징은 신라 수도의 경관과 구조를 이해하는데 핵심적이다. 7~9세기 신라와 함께 번영을 누렸던 당의 장안, 일본의 후지와라쿄·헤이죠쿄·헤이안쿄, 발해의 상경용천부 등 동아시아 다른 나라의 수도는 처음부터 통일 왕국의 이념을 도시에 반영하고자 북쪽 웅장한 궁성(또는 황성)의 남문에서 나성의 남문까지 뻗은 주작대로를 중심으로 좌우 대칭형의 철저한 계획에 의해 건설되었다. 이것은 평지의 도시에서 웅장한 궁성(황성)을 통해 왕의 권위를 확보하려는 의도에서 선택된 것이다.

하지만 신라의 수도는 초기에는 진한·변한의 여러 소국과, 400년대에서 600년대까지는 고구려·백제와의 경쟁과 전투를 최우선의 조건으로 하여 건설·유지되었다. 그리고 높은 성벽과 넓은 해자 및 우뚝 솟은 권위 건축물이 지어졌을 월성이 그 핵심에 있었다. 아직 월성을 비롯한 도시 지역의 발굴이 모두 이루어지지 않아 확실하게 말하기는 어렵지만 월성을 중심으로 대칭이 아닌 다른 형태의 도시 경관과 구조를 이루었을 것으로 판단된다.■42

신라가 백제와 고구려를 멸망시키고 대동강 이남의 넓은 영토를 확실하게 다스리던 700~800년대는 당의 장안과 같은 도시 구조를 이루었을 것으로 보는 것이 일반적인 견해다. 그리고 그 근저에는 조리제(條里制) 또는 방리제(坊里制)로 이해되는 네모반듯한 격자형(格子型) 도시 구조가 있으며, 현재 황룡사지와 그 부근 등에 대한 발굴 결과 격자형 구조가 확인되기도 했다. 하지만 격자형의 도시 구조는 평지의 도시에서 잘 나타날 수 있는 일반적인 구조일 뿐이다. 중요한 것은 격자형 그 자체가 아니라 그것이 전체의 도시 구조 속에서 어떤 역할을 했는지이다.

6세기 이후 신라 수도의 왕성 역할을 했던 것으로 『삼국사기』에 기록된 것은 월성과 만월성뿐이다. 만월성은 월성의 북쪽에 있었던 것으로 나오는데, 현재 발굴이 이루어지지 않아 구체적인 구조와 형태는 알 수 없다. 하지만 만월성이 어디에, 어떤

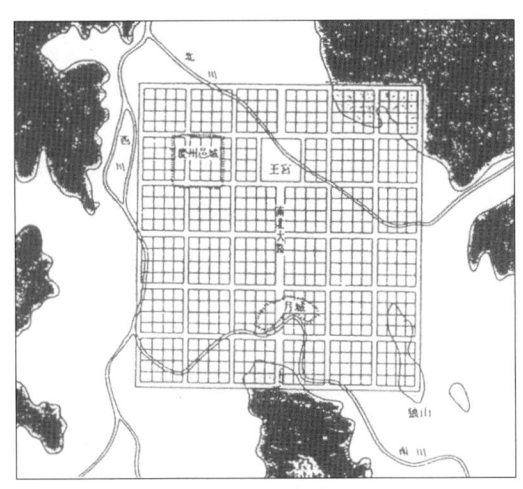

그림 10-17 ˙˙윤무병의 신라왕경 상상도(1987)
출처 : 국립경주문화재연구소, 2004, 『신라왕경』, 46.

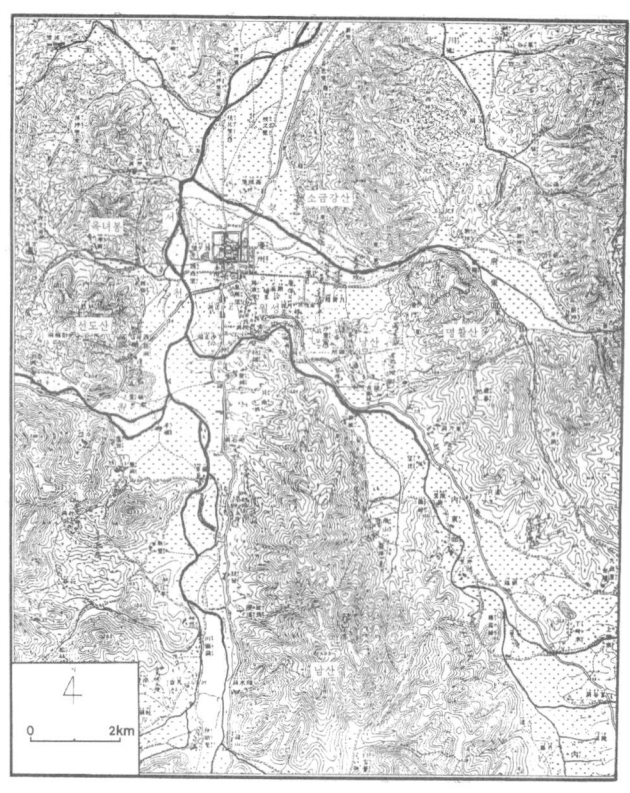

그림 10-18 일제 시대 경주 시내의 하천과 지형
출처 : 조선총독부 1916, 『조선고적도보』.

형태로 있었건 오랫동안 궁성 역할을 했던 월성의 위치와 구조 및 경주 시내의 지형적 조건을 기준으로 볼 때 당의 장안과 같은 도시 구조를 형성하기는 어렵다. 또한 현재까지의 고고학적 조사 결과 당의 주작대로와 같은 남북대로가 발견되지 않았으며, 신라의 수도는 앞쪽에서 언급했듯이 일시에 계획적으로 이루어진 도시도 아니다.

따라서 현재까지의 입장에서 볼 때 신라 수도의 구조는 당의 장안, 일본의 후지하라쿄·헤이죠쿄·헤이안쿄, 발해의 상경용천부 등 동아시아 다른 나라의 수도와는 전혀 달랐을 가능성이 높다. 다른 나라의 도시를 닮는 것은 나쁘거나 피해야 할 것이 아님이 분명하지만 닮기 위해서는 비슷한 조건이 형성되어야 함도 잊지 말아야 한다. 앞으로의 발굴이 지속적으로 이루어지면 신라 수도의 구조가 더욱 분명해질 것이지만 확실히 밝혀지기 전까지는 이념형의 형태를 너무 쉽게 제시하는 것은 피해야 할 것이

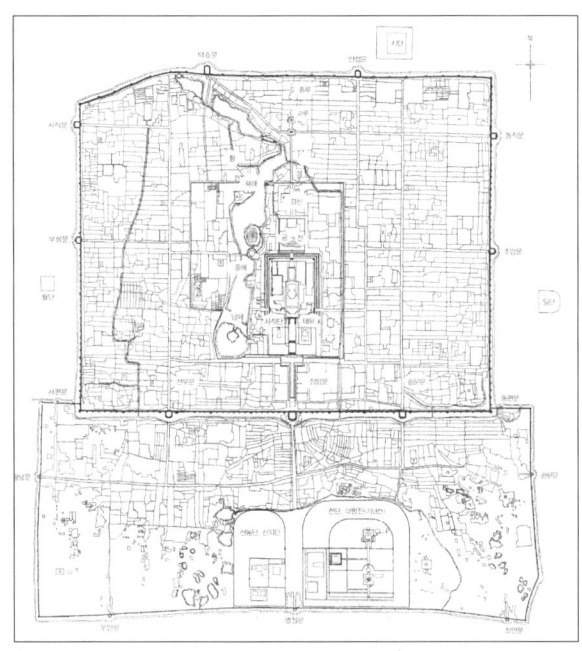

그림 10-19 명·청의 수도 북경
출처 : 러우칭시 글·사진 /이주노 옮김, 『중국 고건축 기행』, 컬처라인, 47.

다. 다만 현재도 분명하게 남아 있으며 늦어도 400년대 후반부터는 왕성의 역할을 했던 월성을 중심으로 볼 때 신라 수도의 경관과 구조 속에 담겨 있는 초기의 원형은 방어 위주의 도시였다는 점은 분명하게 제시할 필요가 있다.

 전통 시대의 어떤 수도도 장기적인 번영을 위해서는 최고 지배자인 왕의 권위가 인간이 범접할 수 없는 초인간적 존재, 특히 자연 최고의 권위를 가지고 있었던 하늘로부터 부여받았다는 이데올로기를 경관적으로 구현해야 한다. 구체적인 형태야 지역마다 시대마다 다를 수 있지만 초인간적 존재로부터 왕의 권위를 부여받았다는 이데올로기가 무너지면 누구라도 왕이 될 수 있어 결국엔 혼란과 경쟁, 그리고 멸망과 새로운 왕조의 탄생으로 이어질 수밖에 없기 때문이다. 또한 수도의 곳곳엔 제사처를 비롯하여 왕의 권위를 뒷받침해 주는 다양한 상징 수준의 신성한 장소가 곳곳에 자리 잡아 수도의 전체적인 신성함을 유지시켜 주어야 한다.

 명·청의 수도인 북경을 예로 들어 보자. 왕성인 자금성 안의 남북축 통로 오른쪽과 왼쪽에 왕의 조상을 모시는 종묘, 토지와 곡식신에게 제사지내는 사직(社稷)이 완전히 대칭적인 좌묘우사(左廟右社)의 배치를 하고 있다. 또한 도시의 남쪽에는 하늘에 제사지내는 천단(天壇)과 농사의 신에게 제사 지내는 선농단(先農壇)이 좌우에 대칭적으로 조성되어 있으며, 서쪽과 동쪽에는 달의 신에게 제사 지내는 월단(月壇)과 일단(日壇), 북쪽에는 땅의 신에게 제사 지내는 지단(地壇)이 자리 잡고 있다. 조선의 한양도 구체적인 형태에서는 달랐지만 왕과 수도의 권위를 상징하는 제사처가 곳곳에 자리 잡고 있었다는 점은 동일하다.

아쉽게도 신라의 수도에서 제사와 관련된 신성한 장소의 종류와 구체적인 위치에 대해 알 수 있는 것이 거의 없다. 따라서 명·청의 수도인 북경과 조선의 수도인 한양만큼 신성한 장소의 이념적 구조에 대해 설명할 수 있는 방법이 없는데, 이는 이미 유적의 대부분이 사라진 전통 시대의 도시에서 일반적으로 나타나는 현상이다. 다만 기록과 현재까지 남아 있는 유적을 통해 이념적 구조의 일단을 엿볼 수 있을 뿐이다.

신라의 수도에서 신성성을 엿볼 수 있는 가장 중요한 유적은 옛 무덤인 고분(古墳)이다. 전통 시대 지배층의 무덤은 단지 죽은자의 쉼터가 아니라 죽은자의 권위를 산자의 권위와 연결시켜 산자의 현재 권위를 유지시켜 주는 중요한 상징적 매개체였다. 500년대 중반까지 신라의 수도에서는 지배층의 거대한 돌무지덧널무덤(積石木槨墳)이

그림 10-20 돌무지덧널무덤 형식의 동봉황대(왼쪽)와 서봉황대(오른쪽)

그림 10-21 ˙˙ 전해지는 법흥왕릉(왼쪽)과 선덕여왕릉(오른쪽)

도시 속에 산자의 공간과 함께 있었는데, 이는 삶의 세계와 죽음의 세계를 직선적으로 연결하는 세계관의 결과물로 볼 수 있다. 그런데 500년대 중반을 거치면서 지배층의 무덤이 도시 주변, 그중에서도 산지로 옮겨가면서 가족장이 가능한 중소형의 옆트기식돌방무덤(橫穴式石室墳)으로 바뀐다.

무덤의 위치와 규모 및 형식의 혁신적인 변화에 대해 인구 증가에 의한 도시의 확장 때문으로 보는 연구자가 있다. 하지만 지배층의 무덤은 상징적 관성을 갖는 장소이기 때문에 그 정도의 요인으로 변할 수 있는 것이 아니다. 그보다는 불교의 도입을 통한 세계관의 변화와 이를 이용하여 적극적으로 추진한 법흥왕(재위: 514-540)의 개혁 정책이 가져온 결과로 보는 것이 더 합리적이다. 혁거세 등 초기의 왕을 제외하면 법흥왕부터 무덤의 위치가 분명하게 기록되어 있으며 모두 도시 외곽에 자리 잡고 있다는 사실이 그것을 간접적으로 증명해 준다. 법흥왕 사망 이후 이제 도시는 산자의 공간만으로 바뀌었으며, 죽은자의 공간은 도시 외곽으로 벗어난다.

도시의 신성성을 알 수 있는 또 다른 것으로 『삼국유사』 아도기라(阿道基羅) 부분의 '칠처가람지허(七處伽藍之墟)'이다. 아도기라란 신라에 처음으로 불교를 전한 것으로 알려진 '아도가 신라에 터를 잡다'는 뜻이고, '칠처가람지허'는 아도가 신라에 올 때

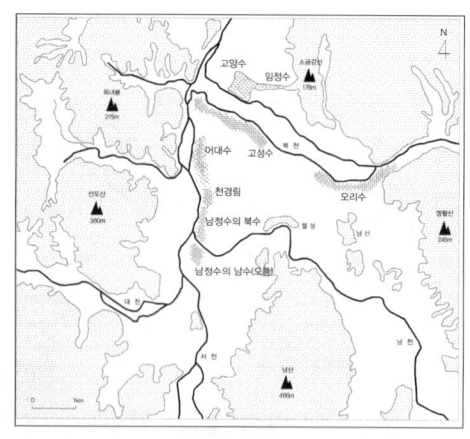
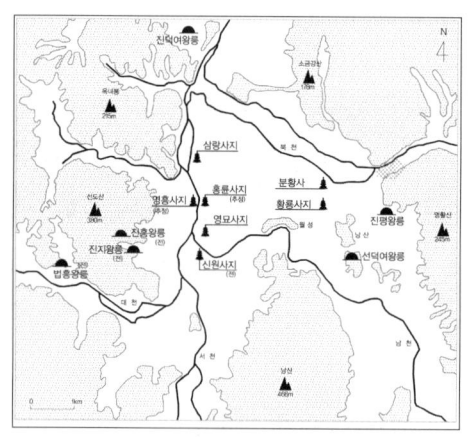

그림 10-22 일제 초기까지 전해지는 경주 시내의 범람 관련 숲

그림 10-23 500~600년대 신라 사찰과 왕릉의 입지

이미 예고된 '일곱 곳의 절터'라는 뜻이다. 일곱 곳 중 서천변의 천경림(天鏡林)이란 숲, 서천과 남천이 만나는 지점의 삼천기(三川岐), 남천이 서천과 만나기 전의 사천미(沙川尾)■43, 현재의 분황사·황룡사와 관련된 용궁(龍宮) 북쪽·남쪽 등 5곳은 서천·남천·북천의 범람과 관련된 곳이다. 이는 현재의 월성 동쪽과 대릉원 등의 고분군 남쪽에 있었던 초기 도시를 하천의 범람으로부터 막아 주는 완충지이기도 하여 신성한 장소로 이해되었다고 볼 수 있다.

그런데 법흥왕이 천경림에 신라 최초의 사찰인 흥륜사(527)를, 삼천기에 두 번째 사찰인 영흥사(535)를 만든다. 또 진흥왕(재위:540~576) 때 용궁 남쪽에 황룡사(553)를, 선덕여왕(재위: 632~647)이 용궁 북쪽과 사천미에 분황사(634)와 영묘사(635)를 만든다. 이밖에도 500~600년대에 걸쳐 서천가에 삼랑사(597)를 비롯하여 많은 사찰이 만들어진다. 이는 하천의 범람과 관련하여 기존의 신성한 장소가 도시를 지켜 주는 존재로서 부처 이미지를 적극 활용하여 또 다른 신성한 장소인 사찰로 바꾸었다는 것을 의미한다. 이후 신라의 전성기인 700~800년대에는 수도 내에 수많은 사찰이 건립되어 불교의 도시로 변모하게 된다.

3) 도시의 행정 구역와 규모

『삼국사기』 진한 부분에 신라 수도의 번영 정도와 규모를 알 수 있는 내용이 다음과 같이 나온다.

신라 전성기에는 경중(京中)에 178,936호, 1,360방, 55리와 35개의 금입택(金入宅, 부윤한 큰 집을 말함)이 있었다. 이것은 남택, 북택, 우비소택, 본피택, 양택, 지상택(본피부), 재매정택(김유신 종가), 북유택, 남유택(반향사 下坊), ·대택, 빈지택(반향사 북쪽), 장사택, 상앵택, 하앵택, 수망택, 천택, 양상택(梁南]), 한기택(법류사 남쪽), 비혈택(앞의 것과 동일), 판적택(분황사 上坊), 별교택(川北), 아남택, 김양종택(양관사 남쪽), 곡수택(川北), 유야택, 사하택, 사량택, 정상택, 이남택(우소택), 사내곡택, 지택, 사상택(대숙택), 임상택(청룡사 동쪽에 연못이 있음), 교남택, 항질택(본피부), 누상택, 이상택, 명남택, 정하택이었다.

앞의 기록에 의하면 신라 전성기에 경중으로 표현된 수도의 총 호수가 178,936호이며, 수도는 55리와 1,360방으로 나누어져 있었으며, 부유하고 큰 집인 금입택이 35개(실제로는 39개)나 있었다. 178,936호의 기록에 대해 대부분의 연구자들이 구(口)를 호(戶)로 잘못 기록한 것으로 이해하지만 『삼국유사』 염불사 부분에 17만 호란 기록이 또 나와 잘못된 기록이라 말하기 어렵다. 또한 이 기록 속의 호(戶)를 대략 5인 가족으로 이루어졌다고 계산하여 인구가 90만 안팎이었던 것으로 이해하는 경우가 대부분이다. '호'가 하나의 독립된 단위임에는 분명하지만 800년대로 추정되는 신라 전성기, 호화롭고 사치스러워 유동 인구가 상대적으로 많은 수도에서 다른 지역과 비슷하게 대략 5인 가족으로 구성되어 있다고 단정 짓기 어렵다. 따라서 지나치게 인구수로 계산하여 이해하기 보다는 178,936호 또는 17만 호라는 기록대로만 이해하는 것이 좋을듯하다.

신라 수도에서는 리(里)가 방(坊)보다 상위의 행정 단위였는데, 앞의 기록처럼 55개의 리와 1,360방으로 이루어져 있었다. 그런데 『삼국유사』 염불사 부분에 1,360방이 아니라 360방이라 기록되어 있어 어느 것이 타당한지에 대해 연구자들 사이에 의견 차이가 있다. 1,360방과 360방 기록의 차이는 단지 '1'이라는 아라비아 숫자가 아니라 '일천(一千)'이란 한자의 삽입과 생략의 문제라는 점이 중요하다. '일천'이란 한자를 실수로 삽입하는 것보다 생략하는 것이 더 쉽다는 점을 고려할 때 1,360방이 더 타당하다 보겠다. 여기서 하나 더 언급해야 할 것은 고려의 개성과 조선의 한양에서 인구 밀집 지역 밖에도 부(部)와 방(坊)이 설정되어 있었듯이 신라 수도에서도 55리와 1,360방이 인구 밀집 지역과 그 밖의 지역에 동시에 존재했다고 이해할 필요가 있다.

앞의 기록에서 또 주목되는 것은 부유하고 큰 집이라는 금입택이 실제로 39개나 있었다는 점이다. 금입택의 규모에 대한 기록이 전혀 남아 있지 않아 그 크기를 알 수는 없지만 다음의 기록들을 통해 금입택이 가지고 있던 부의 규모를 추정할 수 있다.

재상가는 녹(祿)이 끊이지 않고 노동(奴僮)이 3,000명이며, 갑병(甲兵)·소·말·돼지의 숫자도 그 수와 비슷하다. 바다 가운데 있는 산에서 목축하고, 잡아먹어야 할 때 쏘아 잡는다(『신당서』 동이열전 신라).

교(敎)를 내려 망수(望水)·이남(里南) 등의 택(宅)도 금(金) 160분(分), 벼(租) 2,000곡(斛, 1곡은 15~20말)을 내놓아 공덕을 꾸미는 데 도와 충당하고 가지산사는 선교성(宣敎省)에 속하게 하였다(보림사보조선사탑비).

금입택은 신라 최고 지배층인 진골이 살던 곳인데, 첫 번째 기록의 재상은 바로 진골만 될 수 있었다. 그리고 신라에는 재상으로 불리는 사람이 하나만 있었던 것이 아니다. 일본인 엔닌(圓仁)의 『입당구법순례행기』 847년 9월 6일 기록과 『삼국사기』 권48 효녀 지은의 전기에 제3 재상이 등장하기 때문이다. 재상으로 기록된 최고 진골 귀족이 3,000명의 노동 인구를 거느렸으며, 병사·소·말·돼지의 숫자도 비슷하게 보유하였고, 독자적인 목장까지 가지고 있었다고 하니 그 규모가 상당히 큼을 쉽게 짐작할 수 있다. 두 번째 기록에는 39개 금입택 중의 하나인 이남택이 나오는데, 보림사의 창건에 금 160분과 약 3,000~4,000가마 정도의 벼를 희사하고 있어 부의 규모가 컸음을 쉽게 짐작할 수 있다.

신라 수도의 번영을 보여 주는 또 다른 기록으로 다음을 들 수 있다.

9월 9일에 왕이 좌우의 신하들과 함께 월상루(月上樓)에 올라 사방을 바라보니, 서울에 민가가 이어졌고, 음악 소리가 끊이질 않았다. 왕이 돌아보며 시중(侍中) 민공(敏恭)에게 일러 말했다. "내가 들으니 지금 민간에서는 집을 덮는데 기와로써 하지 짚으로 하지 않는다고 하며, 밥을 짓는데 숯으로 하지 땔감으로 하지 않는다고 하니 이런 일이 있습니까?" 민공은 "신도 또한 일찍이 그와 같이 들었습니다."라고 대답하였다. 또 말하기를 "전하께서 즉위하신 이래로 음양이 조화롭고, 풍우(風雨)가 순조로워, 해마다 풍년이 들었습니다. 백성들은 충분히 먹을 수 있었고, 변경은 평온하며, 시정(市井)은 즐거우니, 전하의 성덕 때문입니다."라고 대답하였다. 이에 왕이 기뻐하여 말하기를 "이것은 경들이 보좌한 덕분입니다. 짐이 무슨 덕이 있겠습니까?"라고 하였다[『삼국사기』헌강왕 6년(880)].

봄에는 동야택(東野宅), 여름에는 곡량택(谷良宅), 가을에는 구지택(仇知宅), 겨울에는 가이택(加伊宅)이 있었다. 제49대 헌강대왕 때 성중(城中)에 초가집은 하나도 없었고, 처마와 담이 이어져 있었으며, 노래와 악기 소리가 길에 가득하고 밤낮으로 끊이지 않았다(『삼국유사』 우사절유택).

제49대 헌강대왕 시대에는 경사(京師)로부터 해내(海內)에 이르기까지 집과 담이 연이어져 있었으며, 초가가 하나도 없고 피리와 노래 소리가 도로에 끊이지 않았다. 풍우(風雨)는 사철에 조화로웠다(『삼국유사』 처용랑망해사).

조선의 수도인 한양만 하더라도 초가집이 상당히 많았다. 그런데 앞의 기록에 의하면 신라의 수도에 초가집은 하나도 없고 기와집으로 가득 차 있었다고 한다. 신라 수도의 모든 지역이 이러했을 것으로 판단되지는 않지만 최소한 도시의 인구 밀집 지역에는 기와집으로 가득 차 있었다고 볼 수 있다. 또한 밥을 짓는데 나무로 하지 않고 숯으로 한다고 기록되어 있는데, 신라에는 아직 온돌이 보급되어 있지 않아 나무로 밥을 지으면 집안에 연기가 꽉 차는 문제점이 있었다는 점을 고려할 때 충분히 수긍

그림 10-24 ˙˙ 서역인 모습의 무인상과 괘릉

할 만한 대목이다. 이렇게 번영한 신라 수도의 사람들은 외국산 물품에 대해서도 상당히 많은 소비를 했던 것으로 기록되어 있다.

흥덕왕 즉위 9년(834), 태화(太和) 8년에 하교(下敎)하기를 '사람에게는 상하가 있고, 지위에는 존비가 있어 명례(名例)가 같지 않고 의복 또한 다르다. 풍속이 점점 경박해지고 백성들이 다투어 사치·호화를 일삼아 다만 외래품의 진기함만 숭상하고, 오히려 토산품의 비야(鄙野)함을 싫어하게 되었다. 예절은 자주 참람함에 잃어가고, 풍속은 능이(陵夷)함에까지 이르렀다. 굳게 옛 법에 따라 엄명을 펴서 분명히 하니, 만약 혹 고의로 범하면 나라에는 상형(常刑)이 있을 뿐이다'고 하였다(『삼국사기』 제33권 색복).

이 글 다음 부분의 색복·거기·용기·옥사조에 상당히 놀랄 만한 외래품이 등장한다. 예를 들어 색복의 진골 여인 부분에 나오는 비취모(翡翠毛)는 캄보디아와 같은 동남아시아산 비취조(翡翠鳥)의 털인데, 이 새 자체가 잡기 어려운 희귀한 새라고 한다. 같은 부분에 나오는 슬슬전(瑟瑟鈿)은 타쉬켄트산의 벽색(碧色) 보석으로 만든 비녀와 같은 장식품이다. 타슈켄트는 현재 카자흐스탄의 수도로서 이곳의 물품이 신라까지 도착하려면 일반적으로 말하는 비단길을 지나와야 한다. 이러한 외국산 물품은 진골에서만 사용된 것이 아니다.

5두품 여인 부분에 나오는 대모(玳瑁)는 보르네오·필리핀·자바 등지에서 잡히는 거북이 등의 껍질이다. 이것은 옥사·거재(車財)·상(床)·빗(梳) 등에도 장식품으로 나오며, 이 외에도 수마트라 등에서 나오는 자단(紫檀)·침향(沈香) 등이 거기(車騎) 부분에 나오고, 페르샤산의 구수탑등도 나온다. 4두품과 백성의 경우에도 자단(紫檀)·침향(沈香)·금(金)·은(銀)·옥(玉) 등은 심심치 않게 나온다. 백성들 사이에 사치·호화를 일삼는데, 외래품만 쫓는다는 내용이 단순한 과장만은 아니었음을 쉽게 알 수 있다. 또한 그러한 상황이 너무 심해 법령으로까지 제재를 가하겠다는 정도에 이르렀다는 부분도 과장만이 아님을 알 수 있다. 물론 이런 조항에 나오는 각 물품들은 대부분 규제 대상을 일컫는 것이다. 그러나 규제했다는 자체가 당시에 광범위하게 사용되었다는 것을 잘 보여 주는 것이다.

이렇게 규모가 크고 화려하며 사치스러웠던 신라 수도의 이면에는 수도와 지방의 차별적 구도가 자리 잡고 있다. 백제와 고구려를 멸망시키고 대당 전쟁을 승리로 이

표 10-4 경위와 외위

등위	신분				경위	외위
					태대각간(太大角干)	
					대각간(大角干)	
1					이벌찬(伊伐湌), 각간(角干)	
2					이찬(伊湌)	
3					잡찬(迊湌), 소판(蘇判)	
4					파진찬(波珍湌)	
5					대아찬(大阿湌)	
6					아찬(阿湌)	
7					일길찬(一吉湌)	악간(嶽干)
8					사찬(沙湌)	술간(述干)
9					급벌찬(級伐湌)	고간(高干)
10					대내마(大奈麻)	귀간(貴干)
11					내마(奈麻)	선간(選干), 찬간(撰干)
12					대사(大舍)	상간(上干)
13					사지(舍知)	간(干)
14					길사(吉士)	일벌(一伐)
15					대오(大烏)	일척(一尺)
16					소오(小烏)	피일(彼日)
17					조위(造位)	아척(阿尺)
	진골	6두품	5두품	4두품		

끝기까지 신라에는 수도 출신자들에게만 수여하는 경위(京位) 17관등과 지방 출신자에게 수여하는 외위(外位) 11관등이 존재했다. 외위 11관등 중 가장 높은 1관등의 악간이 7관등의 일길찬과 같을 정도로 차별적이었고, 나아가 중앙에서 임명하는 관직은 경위를 받은 사람만 할 수 있었다. 300년대 중반부터 500년대 중반까지 신라 수도와 지방에 조성된 무덤의 형식이 완전히 다르며, 무덤의 규모와 부장품의 양 및 종류 등에서도 현격한 격차를 보이고 있어 수도와 지방의 차별이 철저하게 이루어졌음을 알 수 있다.

674년 외위제가 공식적으로 폐지되어 지방의 차별이 완화되기는 했지만 신라가 멸망하는 순간까지도 지방 차별은 지속되었다. 이를 잘 보여 주는 것이 신라 초기부터 뿌리가 내린 골품제라는 신분제이다. 골품제는 진골-6두품-5두품-4두품-백성으로 이루어져 있었는데, 수도 출신자만 가질 수 있는 신분이었다. 지방 출신자는 관등의 측면에서 8등인 사찬까지만 올라갈 수 있었으며, 지방 최고의 신분인 진촌주(眞村主)와 차촌주(次村主) 출신이라 하더라도 사회적으로는 5두품과 4두품의 대우를 받았다. 이는 지방 출신자가 골품의 신분을 받을 수 없었다는 의미이기도 하여 지방 출신자에 대한 차별이 지속되었음을 보여 준다. 또 하나는 관리 등용에서 아주 중요한 역할을

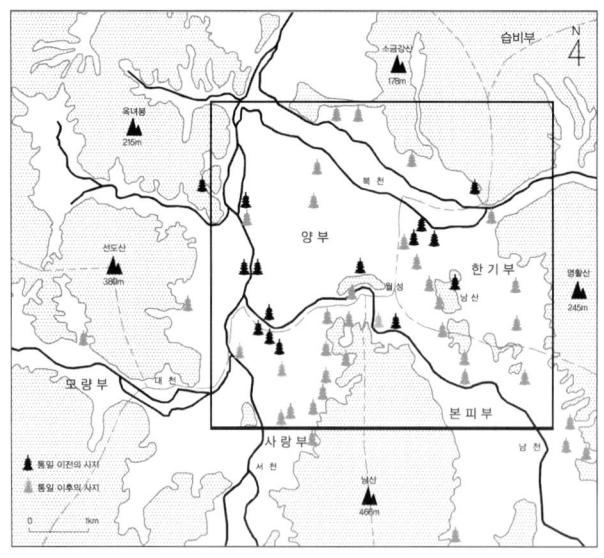

그림 10-25 신라 전성기 인구 밀집 지역의 범위와 사찰의 분포

했던 화랑도로서 지방 출신자는 그 구성원이 될 수 없었다.

　이와 같은 측면들을 고려해 볼 때 일시적으로 수도를 떠나거나 지방에 별장을 둘 수는 있지만 수도 출신자들은 자신의 신분을 자손에게 계속 물려주기 위해 수도를 떠날 수 없었다. 신분의 계승과 유지 및 정치적 지위 향상이 어렸을 때부터 화랑도를 통해 연결된 인적 관계, 동일 신분끼리의 내혼 등에 의해 결정되었기 때문이다. 또한 700년대 후반부터 왕위 계승 쟁탈전이 격화된 사실에서 알 수 있듯이 최고 특권 신분인 진골들 사이의 차이가 상대적으로 약해 이들 사이의 정치적 경쟁뿐만 아니라 사치를 통한 사회적 경쟁 역시 상대적으로 심할 수밖에 없다. 따라서 최고 지배층이 모여 사는 수도로의 물자와 인구의 집중도가 상대적으로 높을 수밖에 없다. 이것이 바로 신라 수도의 도시 규모가 상당히 클 뿐만 아니라 사치스럽고 화려했던 것으로 나오는 여러 기록이 남겨지게 된 근본적인 토대다.

3. 고려의 수도

1) 후삼국 시대 개성의 건설

수도와 지방의 철저한 차별 구도 속에서 운영되던 신라는 '강한 것은 부러진다'는 격언처럼 진성여왕(887~897) 때부터 급격히 흔들리기 시작한다. 지방 곳곳에서 반란군들이 들고 일어나게 되고, 점차 호족화하여 독자적인 체제를 갖춘다. 이윽고 견훤(재위: 892~935)이 892년에 9주 중의 하나인 무주에서 왕을 칭하며 후백제를 세우고, 900년에 역시 9주 중의 하나인 전주로 수도를 옮긴다. 궁예(재위: 901~918)는 철원에서 본격적으로 세력을 규합한 후 현재의 개성인 송악에 수도를 건설하여 901년 후고구려를 세우며, 904년 마진으로 국호를 바꾼 후 905년 철원으로 수도를 옮긴다. 다시 911년에 태봉으로 국호를 바꾸었으며, 918년 왕건(재위: 918~942)이 궁예를 몰아내고 고려를 세운 후 송악으로 다시 수도를 옮긴다.

기존의 연구에서는 신라의 수도에서 바로 고려의 수도로 넘어가는 것이 일반적이었다. 하지만 수도란 국가의 이념이 가장 강하게 담겨 있는 도시이며 영웅호걸이 경쟁하던 후삼국 시대에 4개의 수도가 공존했다는 점을 고려하지 않으면 안 된다. 특히 후삼국 시대는 40년 가까이 신라에 반기를 들고 일어난 세 개의 국가가 경쟁하던 시기로서 새로운 국가의 이념을 투영한 새로운 수도의 건설이 이루어졌다. 따라서 이

그림 10-26ˈˈ견훤의 왕성인 동고산성(오른쪽)과 왕궁터(왼쪽)

시기에 어떤 수도가 만들어졌는지, 그것의 입지적 특징과 상징 경관 및 구조에 대해 이해하지 못하면 고려의 수도 역시 이해하기 어렵다. 다만 개성을 제외하면 유적의 대부분이 사라졌거나 휴전선에 있는 철원의 궁예 도성처럼 접근이 어렵기 때문에 입지적 특징을 중심으로 대략적인 경향성을 찾아보는 것에서 멈추고자 한다. 신라의 수도는 혁신적으로 변한 것이 없기 때문에 더 이상 언급하지 않겠다.

후백제가 36년 동안 수도로 삼았던 전주의 왕성은 동고산성에 있었던 것으로 새롭게 연구되고 있다. 기존에는 조선 시대의 전주 읍성을 중심으로 있었던 것처럼 이해되었지만 고고학적 발굴 결과와 여러 기록에 입각해 볼 때 후백제의 수도는 동고산성의 왕성을 중심으로 그 아래쪽의 평지가 결합된 구조를 하고 있었던 것으로 판단된다. 이와 같은 도시의 구조는 일본 전국 시대 오다노부나가가 건설한 아즈찌 성(安土城)이나 티벳의 포탈라 궁 및 그리스의 여러 도시 국가를 비롯하여 전통 시대 세계 다수의 지역에서 발견되고 있다. 한국 사람들에게는 아주 생소한 구조이지만 방어력을 유지하면서 도시와 국가를 지배하기 위해 가장 적합한 형태 중의 하나이기에 별로 이상할 것은 없다.■44 전주의 사례를 통해 볼 때 견훤이 892년부터 900년까지 수도로 삼았던 무주 역시 현재의 무진도독성을 중심으로 형성되었을 가능성이 높다.

궁예가 905년 천도하여 918년까지 수도의 역할을 했던 철원의 수도는 완전 평지에 건설된 도시다. 철원은 한반도 내륙에서 가장 넓은 평지 중의 하나이며, 궁예의 수도는 사방 약 10km 이상의 평지 한가운데 건설되었다. 이런 수도의 경우 방어력의 장점을 포기하는 대신 당의 장안이나 명·청의 북경처럼 웅장한 왕성과 나성의 남문을

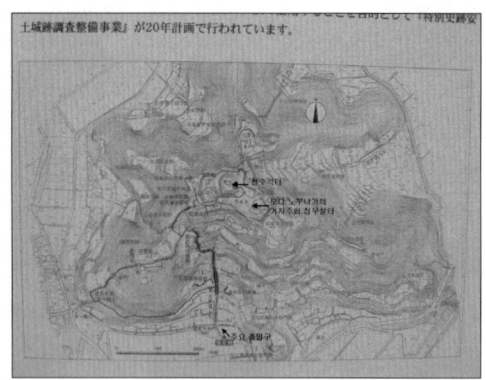
그림 10-27 ˙˙오다노부나가의 아즈찌 성 평면도와 주요 출입구

잇는 남북의 주작대로, 이를 중심으로 형성된 격자형의 도시 구조 및 완전히 대칭적인 제사 장소의 배치 등을 통해 상징 경관을 계획적으로 연출했을 가능성이 높다. 현재까지의 연구에 의하면 궁예의 도성은 둘레가 궁성 1.8km, 내성 7.7km, 외성 11.7~12.5km로 이루어진 사각형의 3중성 형태이며, 북쪽에 궁성이 있었다.

896년 궁예의 명으로 건설되기 시작하여 898년부터 905년까지, 그리고 왕건이 고려를 건국한 918년부터 고려 시대 내내 수도였던 개성은 북쪽의 송악산(489m)을 중심으로 형성된 사방 약 4km의 분지 안에 건설된 도시다. 도시의 입지와 조영에 풍수가 가장 중요한 원리로 적용되었는데, 궁성이 있었던 만월대가 송악산 남쪽 기슭에 자리 잡고 있다. 이와 같은 도시의 입지는 방어력이 아주 낮아 전통 시대 세계 대다수의 지역에서 발견되지 않는 독특한 형태 중 하나다. 방어력이 낮음에도 불구하고 후삼국 시대 후고구려와 고려에서 채택된 것은 풍수적 원리를 중심으로 왕의 도시라는 상징 경관을 계획적으로 연출하여 영웅호걸이 경쟁하던 구도 속에서 이념적 우위를 점하기 위해서였던 것으로 판단된다.

지금까지 언급한 것처럼 후삼국 시대에 존재했던 4개의 수도 중 한국인들이 일반적으로 생각하는 풍수적 원리가 적용된 곳은 개성 한 곳뿐이었다. 이는 풍수의 도입과 정착, 그중에서도 도시에의 적용이 한반도의 지형이나 문화 때문에 자연스럽게 정착한 것이 아님을 의미한다. 신라에 반기를 들고 새로운 국가를 건설한 견훤과 궁예 및 왕건은 신라의 수도와는 전혀 다른 수도를 건설하려 했으며, 그 이면에는 새로운 시

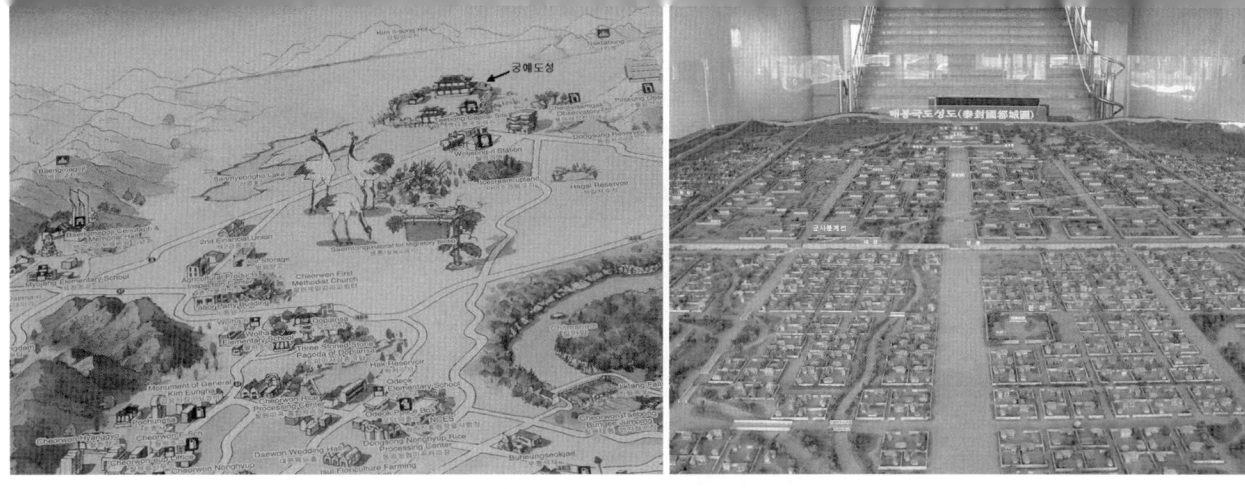

그림 10-28 궁예 도성의 입지와 모형도(철원군청)

대를 이끌어 나갈 수 있는 이념을 새롭게 구현하고자 하는 욕망이 자리 잡고 있다. 신라 말 사찰을 중심으로 확산되기 시작한 풍수적 원리는 왕건에 의해 채택되어 개성에 적극적으로 적용되었을 뿐인데, 왕건의 고려가 후삼국을 통일하면서 한반도에서 유일한 수도의 조영 원리로 정착하게 된 것이다.

2) 도시의 상징 경관과 기본 구조

신라의 수도는 조영 원리나 도시의 구조도 알 수 없을 정도로 기록이 소략하고 유물과 유적 역시 대부분 파괴되었다. 따라서 도시의 상징 경관에 대한 연구는 별로 주목받지도 못했고, 실제로 행하기도 쉽지 않다. 고려의 수도였던 개성 역시 기록도 많지 않고 도시 구조 역시 많이 파괴되었지만 기본적인 구조를 알 수 있을 정도는 되어 상대적으로 많은 연구가 이루어졌다. 다만 기존의 연구에서는 주로 구조에만 초점을 맞추었을 뿐 그런 구조가 만들어지게 된 근본 토대였던 상징 경관의 연구에는 소홀하였다. 현대 도시도 수많은 상징에 의해 형성되어 있지만 인간 외적 존재인 자연으로부터 개인과 집단의 권위와 신분을 정당화하던 전통 시대의 도시는 이념적인 상징 경관의 실현을 위해 훨씬 계획적으로 건설된다.

개성이 풍수적 원리에 의해 건설되었다는 점에 거의 모든 연구자들이 동의하고 있는데, 풍수에서는 명당을 지기(地氣)로 대표되는 땅의 논리로 설명하는 것이 일반적이

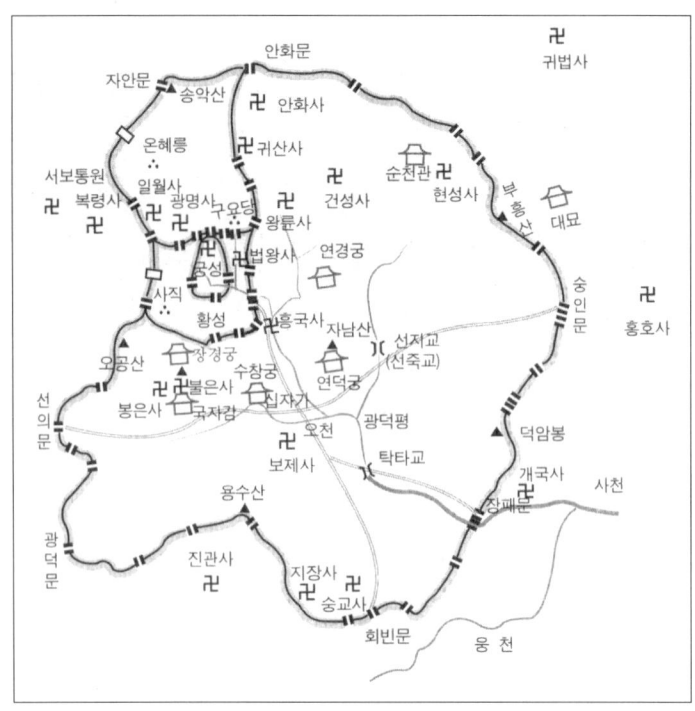

그림 10-29 고려 개성의 나성-황성-궁성
자료: 김창현, 2002, 58 · 162 · 266쪽

다. 하지만 전통 시대 모든 왕의 권위가 자연 최고의 권위를 가지고 있는 하늘(天)로부터 부여받았다는 인식이 고려의 개성에도 적용되었다는 점에 주목하지 못하고 있다. 이는 개성의 수도에 적용된 풍수가 단지 땅의 논리가 아니라 하늘의 권위를 땅 위의 최고 지배자인 왕(또는 왕궁)의 권위와 연결시키는 것을 합리화하는 하늘의 논리라는 새로운 관점을 제시한다. 전통 시대 어느 도시라고 하더라도 인간의 시각적인 인식과 판단에 호소하는 상징 경관의 구현을 중요한 목표로 삼고 있었으며, 풍수는 이를 더욱 세련되게 만들기 위한 논리나 이론이라 볼 필요가 있다.

개성의 입지와 구조에 가장 중요한 지표가 된 자연은 북쪽에 우뚝 솟은 송악산(489m)이다. 그리고 이 송악산은 단지 자연 그 자체로서의 산이기 때문이 아니라 하늘과 왕(또는 왕궁)의 권위를 연결시키는 중간 매개체로서의 산이기 때문에 신성불가침의 존재로 인식된 것이다. 따라서 개성에서는 하늘=송악산=궁성(왕의 상징)이라는 일체화된 상징 경관의 구현이 가장 핵심적인 것이며, 왕을 방문하는 자들에게 그러한 이념을 시각적으로 분명하게 각인시켜 자연스러운 것으로 인식시킬 수 있는 입지와 구조를 만들어내야 한다. 이를 위해서는 첫째, 하늘=송악산=궁성의 일체성을 시각적으로 잘 표현할 수 있는 곳에 왕궁을 입지시켜야 하며 둘째, 왕을 방문하는 자들이 도시에 들어서서 왕을 만날 때까지 통과하는 과정에 이를 시각적으로 잘 경험할 수 있도록 도로 구조를 만들어 내야 한다.

개성이란 수도가 최초로 만들어질 때 궁성은 만월대의 회경전을 중심으로 건설되었는데, 이는 도시 전체의 입장에서 볼 때 서북쪽에 치우쳐져 있다. 한양에서도 비슷한 현상이 나타나고 있고 이를 자연 지형 때문에 변형된 것으로 설명하는 경향이 있지만 변형이란 그 이전에 참고한 모델이 있음에도 바뀐 경우에만 쓸 수 있는 단어다. 현재까지 산을 하늘과 왕의 권위를 연결시키는 상징 매개체로 이용한 도시가 세계적으로 찾기 어렵다는 점을 고려할 때 고려 개성의 모델이 되었던 기존의 도시나 도시 건설의 이론은 존재하지 않았다. 따라서 자연 지형 때문에 변형되었다는 식의 설명은 타당하지 않다. 개성의 궁성을 현재의 만월대에 입지시킨 것은 하늘=송악산=궁성이라는 일체화된 상징 경관을 시각적으로 가장 잘 실현시킬 수 있다고 보았기 때문이다.

하지만 하늘=송악산=궁성의 일체화된 상징 경관은 어느 지점에서 바라보느냐에 따라 달라진다. 시각적 원리 때문에 궁성에 가까워질수록 산보다는 궁성이 상대적으

그림 10-30 고려 개성의 궁성 조감도와 만월대의 축대 및 회경전에서 바라본 송악산
자료: 한국방송기자클럽, 2005, 『서울에서 개성·평양으로』, 174~175

로 커지며, 멀어질수록 궁성보다는 산이 커진다. 따라서 어느 지점부터 하늘=송악산=궁성의 일체화된 상징 경관을 체험하게 할 것인가의 문제가 중요해지며, 이를 최대화시키기 위해 왕을 방문하는 자들이 통과하는 도로 구조가 결정된다. 개성에서 궁성을 이중으로 둘러싼 황성의 정문은 남문이 아니라 동문인 광화문이고, 광화문과 궁성의 남문인 승평문 앞쪽을 연결하는 동서도로변에 고려 최고의 관청들이 들어서 있었다. 따라서 특별한 일이 아닌 이상 궁성에서 직무를 보는 왕을 방문하려면 나성이나 내성의 어떤 문을 통과하더라도 황성 동문인 광화문에서 서쪽으로 승평문 앞쪽까지 갔다가 북쪽으로 꺾어야 하늘=송악산=궁성의 일체화된 상징 경관을 볼 수 있다. 이후 승평문→축대→진봉루→창합문→전문을 지나야 왕이 집무를 보는 회경전에 도달할 수 있다.

　개성의 입지에 큰 영향을 미친 것은 풍수라 하더라도 구체적인 궁성과 회경전의 입지 및 그에 이르는 통로로서의 간선도로는 하늘=송악산=궁성의 일체화된 상징 경관의 조성과 그 체험을 극대화하기 위한 의도 속에서 계획적으로 조성된 것이라 볼 수 있다. 그리고 이미 앞서 설명했듯이 고려 최고의 관청들이 간선도로, 그중에서도 황성의 정문인 동문 광화문을 통과하는 도로의 안팎에 배열되는 것도 아주 자연스러운 것이다. 또한 시전은 나성의 동대문(숭인문)과 서대문(선의문)을 연결하는 동서대로와 나성의 남대문(회빈문)을 통과하는 남북대로의 교차점인 십자로에서 관청 밀집 지역까지의 남북도로 상에 배치되어 있었다.

　이와 같은 구조는 『주례(周禮)』 「고공기(考工記)」에 나오는 왕궁 중앙 배치, 전조후시(前朝後市)와 좌묘우사(左廟右社) 원칙 어느 것과도 공통점이 없다. 회경전에서 승평

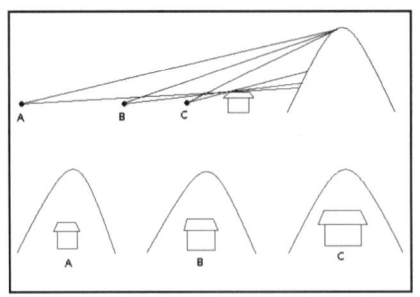

그림 10-31··시점의 변화에 따른 하늘=산=권위 건축물의 비율 변화

문까지 거의 남쪽을 향한 것을 보고 천자남면(天子南面)의 중국 도시 계획 원칙을 따랐다고 보는 경향도 있지만 북반구에서 남면하는 것은 자주 나타날 수 있는 현상일 뿐이다. 더군다나 회경전-승평문의 축은 정남이 아니라 남남동의 방향인데, 이는 송악산과의 관계 속에서 지형을 따라 하늘=송악산=궁성의 일체화된 경관을 만들기 위해 선택된 것이다. 고려의 수도인 개성이 지형을 고려하여 건설된 도시라는 것은 바로 앞과 같은 원리 때문에 취해진 현상으로, 왕의 권위가 자연 최고의 권위를 가지고 있던 하늘로부터 부여받았다는 세계 문명사적 일반 경향성을 고려적인 이념의 형태로 표현한 것이라 볼 수 있다.

개성에서 처음으로 선택된 풍수적 입지, 그리고 구체적으로 하늘=산=궁성의 일체화된 상징 경관과 이를 최대화시키기 위한 간선도로망의 건설은 건축물의 조형 형식에도 지대한 영향을 미쳤다. 이미 법흥왕 이후 신라의 지배층 무덤에서 산을 중간 매개체로 이용하는 초보적인 경향이 나타났고, 700년대부터 불국사 등 사찰의 조영에도 적극적으로 적용되기 시작하면서 중국에서 들어온 풍수 이론이 한반도에 정착하는데 중요한 요인이 되었다. 이들 무덤과 사찰 및 개성의 건축물에서 나타나는 공통점은 세계 문명사적 측면에서 볼 때 권위 건축물의 규모가 상대적으로 작다는 점이다. 이

그림 10-32 안성시 죽산면 죽산리 고려 시대 봉업사터의 5층석탑(6m)

는 궁극적으로 하늘로부터 부여받은 신성한 권위를 표현하는데, 웅장하고 높은 건축물의 조형 방식을 적용하지 않았다는 의미다. 그 이유는 시각적으로 보았을 때 누가 보아도 권위적인 크기와 높이의 웅장함을 산으로 대체했기 때문이다. 이런 표현 방식 속에서는 권위 건축물이 시각적으로 상징적 중간 매개체인 산과 일체화되는 것이 중요했기 때문이다.

고려 광종 때 황성과 황도라는 표현을 썼음에도 불구하고 도시의 구조나 건축물의 크기를 변화시키지는 못했다. 또한 크고 웅장한 권위 건축물이 즐비하고 직선형의 도시 구조였던 송, 요 및 금나라와 수많은 사신을 교환하면서 직접 눈으로 보았음에도 불구하고 고려 수도 개성의 도시 구조나 건축물의 크기는 변하지 않았다. 원 간섭기는 고려라는 국가가 존속했더라도 왕의 교체를 비롯하여 자율적 국가 운영이 거의 어려웠을 정도로 의존이 심했던 시기이다. 또한 이때는 왕이 원의 수도인 대도(현재의 북경)에 머무는 시간이 고려에 머물렀던 시간과 비슷했을 정도로 현재의 중국 지역과 인적 교류가 아주 활발했던 시기다. 원의 대도 역시 크고 웅장한 권위 건축물이 즐비했으며 직선형의 도시 구조였음에도 불구하고 고려 개성의 도시 구조와 건축물의 규모는 변하지 않았다.

앞과 같은 현상이 나타난 것은 후삼국 시대 건설된 개성의 입지 이론인 풍수와 구체적인 조형 과정에서 나타난 하늘=산=권위 건축물의 상징 경관 표현이 고려에서 보편타당한 기준으로 정착했기 때문이다. 그 결과 고려에서는 국도풍수가 발달하게 되었으며, 국가에 중대사가 발생할 때마다 풍수의 지기쇠왕설(地氣衰旺說)을 들어 끊임없이 천도 논의가 나타났다. 묘청의 난(1135) 때 새로 건설된 서경의 대화궁도 풍수적 논리로 최고 명당이라는 곳에 자리 잡았고, 1067년(문종 20) 양주가 남경으로 승격될 때 원래 있었던 현재의 서울시 광진구 아차산성 밑에서 풍수적 형국상 명당인 현재의 서울 시내로 옮겨갔다. 또한 고려가 몽골의 침입으로 강화도로 천도할 때 원래 강화의 중심지인 혈구산 근처가 아니라 풍수적으로 명당 구조에 가까운 현재의 강화 읍내로 옮겨갔다.

3) 도시의 행정 구역과 규모

개경 성곽의 최종적 형태는 궁성, 황성(또는 발어참성), 내성, 나성의 4중 구조로 이루어져 있었다. 이 중 궁성과 황성(또는 발어참성)은 후삼국 시대 개성이 처음 건설될 때부터 축조되었으며, 이어 1019년 거란의 침입을 격퇴한 후 1020년 8월부터 강감찬의 건의에 따라 둘레 약 23km의 나성 축조가 시작되어 1029년에 완성되었다. 고려 말 왜구와 홍건적의 침입 등으로 도성 방어에 대한 논의가 활발해지면서 최영이 나성이 너무 넓어 지키기 쉽지 않아 내성을 축조할 것을 건의하였다. 하지만 곧바로 축조가 시작되지 못하다가 1391년에 공사가 시작되어 조선이 건국 된 후인 1393년에 완성되었다.

고려 시대 개경의 행정 단위는 부-방-리의 구조로 이루어져 있었으며, 919년(태조 2) 설치된 이래 987년(성종 6)과 1024년(현종 15) 두 차례에 걸쳐 개편되었다. 1024년의 완성 형태는 5부 35방 344리이며, 5부는 중부·동부·서부·남부·북부 등 중심과 동서남북 네 방위로 이름을 붙였다. 신라 수도에서 리가 방보다 상위 행정 단위였음에 비해 고려에서는 방이 리보다 상위 행정 단위로 바뀌어 사용되었다. 5부가 『주례』고공기 등 중국의 것을 본받아 만들어진 것으로 보는 경향이 일부 있지만 중심과 동서남북 네 방위를 합해 5를 사용하는 것은 자주 나타나는 현상이다. 5부는 고려와 백제에서도 사용되었을 뿐만 아니라 조선에서도 사용되었다.

송악산(489m)-오공산(204m)-용수산(177m)-덕암봉(108m)-부흥산(156m)을 이어 쌓은 개성의 나성 둘레는 약 23km로 한양의 약 18km보다 규모가 컸다. 이곳에는 고려 초기부터 왕궁뿐만 아니라 수많은 사찰이 건립되었고, 백성들의 집과 시장 등이 밀집되어 있었다. 그리고 1000년대 초중반 이후 창건되는 사찰들이 교외에 집중적으로 분포하는 경향이 나타났으며, 나성 밖까지 5부 방리의 영역에 포함되어 나성 밖에도 방의 이름이 보이기 시작했다. 하지만 나성 밖에 어느 정도의 주거지가 형성되었는지를 확실하게 알 수 있는 자료는 없다. 다만 고려 최대의 국제항구로서 번영한 벽란도가 개경 서쪽 예성강가에 있어 서쪽으로의 주거지 확산이 많이 일어났을 것으로 판단된다. 개경의 규모를 알 수 있는 호수 기록으로는 다음의 2개가 전해지고 있다.

> [고종 19년(1232) 6월] 최우가 재추들을 그의 집에 모이게 하여 천도에 대해 의논하였다. 당시에는 국가가 태평한 지 이미 오래되어서 경도(京都)의 호수가 10만에 이르고 울긋불긋 단청한 집들이 죽 이어졌으므로 인정(人情)이 향토를 편안히 여겨 옮기기를 어려워했으나 최우를 두려워하여 한마디도 말하는 자가 없었다. (『고려사절요』 권16)

> 전조(前朝, 고려)의 전성기 때 나성 안에는 집들이 즐비하였고, 오정문(서대문) 밖으로부터 뒤의 서강(西江, 예성강의 벽란도)에 이르기까지 집들이 거의 이어져 있었으나 천도한 후 날로 줄어들었다. 예전에는 1부가 2만여 호였으나 지금은 4부 7면을 모두 합해 겨우 6천여 호이다. 구지(舊誌)에 실려 있다(『中京誌』 권2 호구).

고려에서는 1170년(의종 24) 문신들에 의한 무신 멸시 때문에 무신들이 난을 일으켜 정권을 잡아 무신정권이 들어선다. 몇 번의 정변이 계속 일어나다가 1196년 최충헌(1149-1219)이 정권을 잡은 후 1258년(고종 45) 네 번째 집권자인 최의(?-1258)가 암살되기까지 약 60년 동안 최씨무신정권이 지속된다. 첫 번째 인용문은 바로 최씨무신정권이 집권하는 동안 몽골의 침입으로 강화도로의 천도를 논의하는 과정에서 나온 것이고, 두 번째의 인용문은 조선 후기에 기록된 개성의 지리지 속에 기존의 자료에 기초하여 기록된 것이다. 두 번째 기록된, 1부가 2만여 호였다는 언급은 개경이 5부로 이루어졌기 때문에 2만여 호에 5부를 곱하면 부 사이의 편차를 고려하더라도 전체가 대략 10만 호 안팎이 되어 첫 번째의 10만 호 기록과 합치된다.

무신정권 시대는 정치적으로 대단한 혼란기였는데, 많은 사람들이 정치적으로 혼란하면 도시가 쇠퇴하는 것처럼 이해하는 경향이 있다. 하지만 외부의 대대적인 침입으로 수도가 위험한 상황에 처하는 경우가 아니라면 정치적 혼란기는 오히려 도시의 번영에 도움이 된다. 정치적 혼란은 수도에 집중한 지배층 사이의 정치적·사회적 경쟁이 심화된다는 의미이며, 한편으로는 이완된 정치 체제와 불안전해진 신분 체제를 이용하여 출세하고자 지방으로부터 상대적으로 많은 사람들이 수도로 몰려드는 경향이 강해진다는 의미이기도 하다. 또한 지배층이 부패하면서 지방에 대한 지배가 강화되고 수도로의 물자 집중 역시 비슷한 경향을 보인다. 이에 따라 수도는 물자와 인구가 집중할 수 있는 가능성이 높은 공간으로 변하며, 사회적 사치가 만연하면서 시너지 효과가 나타난다.

이런 측면에서 볼 때 고려 전성기 1부에 2만여 호, 5부로 보면 10만 호 안팎으로 계산되는 두 번째 기록에서의 '전성기'는 10만 호가 있었다는 무인 집권 시대의 상황을 상정했던 것으로 판단된다. 그런데 이러한 10만 호 기록은 신라 수도의 178,936호 또는 17만 호 기록과 마찬가지로 연구자들 사이에 구(口)를 호(戶)로 잘못 썼다는 식으로 이해된다. 하지만 후대의 연구자 관점에서 이해가 되지 않으면 무조건 잘못 썼다는 식으로 생각하면서 부정하는 태도는 조심해야 한다. 세계문명사적 입장에서 볼 때 전통 사회에서도 시기가 후대에 가까워질수록 도시의 규모가 더 커지는 경향이 있었다고 단정 지을 수 없기 때문이다. 예를 들어 유럽에서 도시의 규모가 컸던 시기는 로마를 비롯한 고대였지, 근대에 가까운 중세는 아니었다. 로마 시대의 경우 단지 로마만 컸던 것이 아니라 지방 도시도 컸다.

고려 수도의 규모를 이해하기 위해서는 수도와 지방의 시스템적 관계를 상정할 수 있어야 한다. 일반적으로 고려 전기는 문벌귀족 사회, 고려 후기는 권문세족 사회라 한다. 하지만 이러한 사회 규정에는 하나 빠진 것이 있는데, 문벌귀족 사회와 권문세족 사회에서의 문벌귀족과 권문세족 모두 수도에 정착한 지배층이라는 점이다. 지방 지배층을 중심으로 보면 호족 사회라고 할 수 있는데, 고려에서 초기인 제4대 광종 때부터 과거제도가 실시되었다고 하더라도 조선에 비해 수도와 지방의 인적 교류가 상대적으로 약했다. 지방에서 수도로 진출한 호족이라 하더라도 일단 진출하고 나면 수도에 뿌리를 박고 살아야 문벌귀족 사회나 권문세족 사회에 동화될 수 있었던 것이 고려였다. 이는 지방의 호족 출신이라도 몇 대를 가면서 수도의 지배층으로 살면 조상 출신지와의 연결 관계가 약화되는 것이라는 의미이기도 하다. 따라서 고려의 수도는 최고 지배층의 대부분이 모여 사는 공간이 되었고, 이는 상대적으로 많은 물자와 인구가 집중하는 기본 토대가 되었다.

고려 수도의 규모를 이해하기 위해 필요한 수도와 지방의 시스템적 관계 중 하나가 기인제(其人制)다. 이 제도는 일반적으로 신라의 상수리(上守吏) 제도에서 기인하며 향리 즉, 지방 지배층인 호족을 회유·억제하기 위한 것으로 알려져 있다. 하지만 이보다는 영웅호걸이 경쟁하던 후삼국을 통일한 고려 왕건이 호족과의 연합 정책을 기본으로 하면서 지방관을 파견하여 직접 지배하는 정책을 취하지 않은 것과 관련이 있다. 고려는 900년대 후반에 가서야 일부 지역에 지방관을 파견하며, 이후 중요한 정치적 격변 속에서 지방관을 파견하는 고을을 꾸준히 늘려갔지만 고려 말까지도 지방관을 파견하지 않은 고을이 대략 1/3에 이를 정도로 많았다. 그래서 고려 지방 행정 제도의 특징을 지방관이 파견된 주현(州縣)과 지방관이 파견되지 않아 주현의 감시와 통제를 받던 속현(屬縣) 즉, 주현-속현 체제로 보고 있다. 또한 지방관이 파견되었다고 하더라도 조선에 비해 지방에 대한 직접 지배력이 약하고 상대적으로 감시와 견제의 역할 경향이 더 컸다.

이러한 고려의 지방 지배 시스템 때문에 선택된 것 중의 하나가 바로 기인제다. 『고려사』지(志) 제29에는 기인제가 "개국 초기에 향리의 자제를 뽑아 서울에 인질로 삼고, 겸하여 그 고을의 사정을 물어보는 고문으로 썼다."라는 유래가 적혀 있다. 이는 기인제가 호족을 견제하기 위한 인질 제도에서 유래했음을 의미하는데, 인질 제도는 지방을 직접 통치하지 않는 간접 통치에서 일반적으로 나타나는 형태다. 그리고 기인제에서는 고을의 크기에 따라 인질의 지위와 규모가 달라지며, 일정한 기간 동안 인질이 된 이후에야 해당 고을에서의 지위를 인정받을 수 있었다. 그리고 이렇게 인질이 된 사람들은 해당 고을에서 지배층 출신이었기 때문에 그들은 혼자 수도에 인질로 잡혀 있는 것이 아니라 그들의 삶을 시중드는 많은 노비들을 동반할 수밖에 없다.

결국 고려의 수도에는 조상의 출신이 지방이라 하더라도 대대로 수도에 뿌리박고 사는 최고 지배층인 문벌귀족 또는 권문세족뿐만 아니라 지방 지배층인 호족의 자제들이 7년에서 15년까지 인질이 되어 사는 공간이었다. 따라서 지배층의 집중도는 지방, 그중에서도 마을에 뿌리를 두고 있던 양반들이 과거제를 중심으로 중앙과 지속적으로 인적 교류를 이어갔던 조선사회보다 상대적으로 더 높을 수밖에 없다. 전통 사회에서 물자의 흐름을 결정하는 가장 중요한 요소는 상업보다는 비경제적 신분 질서에 기초한 지배층의 집중도이기 때문에 고려 수도의 물자 집중도는 조선의 수도보다 더 높을 수밖에 없다. 또한 인적·물적 집중은 경제적 질서에 기초한 상업의 발전 또한 자극하는 중요한 요소로서 고려의 수도는 조선의 수도에 비해 상대적으로 상업이 발달할 가능성이 높은 공간이었다. 10만 호라는 기록은 수도의 지방 지배 시스템이라는 관점에서 볼 때 충분히 가능한 수치라고 보지 않을 수 없다.

4. 신라와 고려의 지방 도시

신라와 고려의 지방 도시에 대한 연구는 통일 신라의 9주와 5소경을 제외하면 거의 없는 것이 현실이다. 기록이 거의 남아 있지 않을 뿐더러 수도에 비해 유적 역시 남아 있는 것이 거의 없어 구체적인 입지와 구조를 이해할 수 있는 자료를 찾기 어렵기 때문이다. 또한 조선 시대에 가장 많았던 풍수적인 배산임수의 지방 도시 입지가 고대부터 일반적이었고, 나아가 조선 시대의 지방 도시 위치도 고대부터 일반적이었던 것으로 이해하는 암묵적인 동의도 있었다. 하지만 최근 들어 고대부터 고려 시대까지 지방 도시의 입지에 관한 새로운 관점이 나타나기 시작하면서 연구가 활성화되기 시작했다. 다만 자료가 많지 않기 때문에 아직 구체적인 구조까지는 밝혀지지 않아 기본적인 경향성을 언급하는 것에 그치고 더 자세한 것은 후속 연구에서 이루어지길 기대하고자 한다.

기존의 연구에서는 통일 신라의 9주와 5소경이 당의 장안에서 비롯된 방리제를 도입하여 격자형의 도시 구조를 이루고 있었다고 보았다. 그리고 9주 5소경이었던 상주·남원·전주·청주 등 일제 시대의 대축척 지도에 네모반듯한 격자형의 도시 구획이 남아 있는 도시를 대표적인 예로 들었다. 신라 수도에서도 당의 장안을 모방한 도시 계획은 이루어지지 않았기 때문에 네모반듯한 도시 계획의 흔적이 남아 있다고 하여 중국식 도시 계획의 흔적으로 볼 이유가 없다. 더구나 신라의 수도에서도 언급한

그림 10-33 ˙˙당성군의 당성 성곽과 당성에서 바라본 서해

것처럼 평지에서 격자형의 도시 구조가 나타나는 것은 중국 이외의 다른 지역에서도 쉽게 발견되는 것이다. 하지만 9주 5소경의 도시 구조에 대한 기존 연구의 문제점이 도시의 입지에 대한 새로운 연구에 의해 더욱 분명해지고 있다.

신라의 한주를 사례로 든 연구에서 산성 발굴 보고서와 고을 이름이 적힌 출토 명문(名文) 및 여러 기록을 통해 볼 때 일반 군현뿐만 아니라 9주의 하나였던 한주의 중심지까지 산성에 있었다는 새로운 연구 결과가 발표되었다. 그리고 고을 통치의 중심이 되었던 산성은 생활면으로부터 200~300m 정도에 있는 테뫼식의 중소형 산성으로, 통치 지역이 한눈에 조망되는 특징을 가지고 있다고 보았다. 고고학적 연구에서도 일부 지역을 사례로 하였지만 고대는 지방 고을의 중심지가 산성에 있었을 것으로 주장하는 연구가 지속적으로 나왔다. 또한 고대와 후삼국 시대를 거쳐 고려 시대 늦은 시기까지 치소(治所)로 이름 붙여진 지방 고을의 중심지가 산성에 있다가 고려 말부터 평지로 내려오기 시작했다는 역사학계의 연구도 나왔다. 이러한 관점에서 볼 때 상주·남원·전주·청주 등 평지에 조성된 도시는 통일 신라 시대부터 존재했던 것이 아니다.

한반도에서 고대는 마한 54국, 진한과 변한 24국으로 기록될 정도로 수많은 소국이 형성되어 있었고, 그 크기는 현재의 군이나 도농통합시 1~3개 정도의 작은 규모였다. 『삼국사기』나 『삼국유사』에는 이들 소국 사이에 서로 경쟁하면서 심하면 전투나 전쟁을 벌였다는 기록이 많이 나오며, 낙랑군이나 대방군 및 왜와도 심심찮게 전투가 벌어졌다. 그렇다고 이들 사이에 항상 전투나 전쟁을 벌이는 긴장 관계만 있었다는 것은 아니며, 평화롭게 살아간 날이 많았을 것임도 당연하다. 이러한 소국 사이의 전투와 전쟁은 특별한 경우가 아니라면 중소규모의 단기전 형태로 일어나는 것이며, 이를 위한 대비가 각 소국마다 있어야 한다. 따라서 소국이 분립하고 있던 시기에는 중소규모의 단기전에 강한 도시가 건설되어야 한다.

여기에 하나 더 이해할 것이 있다. 국가가 형성되면 지배-피지배 관계가 존재했다는 것이며, 왕을 정점으로 한 지배층의 위계질서 역시 분명해졌다는 점이다. 그리고 왕이 소국을 다스리기 위해서는 정치권력의 거점이 필요하며, 왕은 피지배층에 대한 경제 외적 지배를 통해 왕국을 이루는 것이다. 이러한 왕이 사는 곳은 소국의 중심지이며, 지배층 사이의 암투로부터 벗어나기 위해 방어력이 높은 도시를 건설해야 한다. 그리고 이들 도시는 수많은 피지배층을 지배하는 거점이기도 하여 세계문명사 속에서 자주 등장하는 도시 국가 형태를 이루게 된다. 결국 전투나 전쟁까지 벌어질 수 있는 소국 사이의 경쟁을 늘 의식하며 지배층 사이의 암투뿐만 아니라 피지배층으로부터의 저항을 차단할 수 있는 도시는 중단기적 전투에 강한 방어력을 갖는 형태일 수밖에 없게 된다.

삼국 시대에 들어서 신라·백제·고구려가 치열한 공방전을 벌일 때도 특별한 경우가 아니라면 중소규모의 전투 형태였다. 또한 세 나라 모두 소국에서 시작하여 다른 소국을 정복한 형태이기 때문에 지방 도시에서는 정복 지역과 피정복 지역의 긴장 관계 역시 존재했다. 따라서 소국 시절과 마찬가지로 중단기전에 강한 도시의 형태는 지속될 수밖에 없었으며, 이는 통일 신라에 들어와서도 마찬가지였다. 나아가 후삼국 시대는 각 지역의 호족이 자신의 통치 지역을 직접 다스리며 끊임없이 계속된 전투에 대비해야 하는 시절이었기 때문에 중단기전에 강한 도시의 형태 역시 변화하지 않았다. 또한 중앙에 의한 직접 지배보다는 지방 지배층의 지배를 인정하면서 중앙에 의무를 다하게 만든 통치 시스템이 강했던 고려 전기까지만 하더라도 중단기전에 강한 도시의 형태는 쉽게 바뀔 수 없었다.

한반도의 지형에서 적은 힘을 들이고도 높은 방어력을 유지할 수 있는 도시는 평지성이 아니라 산성이거나 자연적인 높은 절벽의 지형을 이용한 요새성이다. 새로운 연

그림 10-34 ** 대구의 달성

구에서 제시한, 산꼭대기를 성곽으로 두른 중소규모의 테뫼식 산성이 바로 그것이다. 그리고 중단기적 전투에 대한 방어만을 위한 것이 아니라 일상적인 통치의 중심도 되어야 하기 때문에 아주 높아야 생활면으로부터 200~300m 정도의 높이에 건설된 것이다. 이런 중소형의 테뫼식 산성에 오르면 통치 지역이 한눈에 조망될 뿐만 아니라 주변에 더 높은 지형이 없기 때문에 높은 방어력을 지니고 있다. 다만 산꼭대기를 성벽으로 두른 것이라 규모가 작고 신선한 물이 공급되는 샘이 없는 경우가 많아 장기전에는 불리하다. 진주의 진주성, 대구의 달성 등 높지는 않지만 자연적인 높은 절벽을 이룬 지형이 있는 곳에는 산성이라 부르기 어려운 요새성의 형태를 띠기도 한다.

중소형의 테뫼식 산성이나 절벽 지형의 요새성이 중심지였다는 것을 보여 주는 증거 중의 하나가 바로 고을의 이름과 동일한 성의 존재다. 몇 개의 예를 들어보겠다. 경상도 대구의 옛날 이름은 달구벌인데, '벌'은 신라에서 '城'을 의미하는 고유어이기 때문에 달구벌은 달성(達城)과 같은 것이다. 경상도 밀양의 옛 이름으로 추화(推火)와 밀성(密城)이 있는데, '火'는 성을 의미하는 불 또는 벌에 대한 한자 표기이고 추(推)는 '밀 추'의 뜻을, 밀(密)은 소리를 따서 기록한 것으로 같은 것이다. 현재 밀양에는 추화산이 있고, 그 꼭대기에는 추화산성이란 테뫼식의 중소형 산성이 있다. 경기도 남양의 옛 이름은 당성군인데, 현재도 테뫼식과 포곡식이 혼합된 당성이 남아 있다. 충청도 단양의 옛 이름은 유명한 단양적성비가 발견된 적성인데, 현재도 적성이 잘 남아 있다.

이와 같이 고을의 이름과 동일한 테뫼식의 산성이나 요새성이 남아 있는 곳은 일반적으로 생각하는 것보다 상당히 많다. 또한 고을의 옛 이름 중 산이나 성을 의미하는 글자가 들어간 곳이 많으며, 거의 모든 고을에서 비슷한 규모와 형식의 테뫼식 산성이나 요새성을 찾을 수 있다. 이러한 성들은 고려 호족의 근거지였기 때문에 각 고을에서 가장 큰 제사이자 축제가 벌어졌던 성황사도 그곳에 있었음이 증명되고 있다. 또한 조선 초기 고을을 지켜 주는 산이라는 의미의 진산(鎭山) 다수가 테뫼식 산성이 있는 산으로 지정되어 있었다. 결국 고대로부터 고려 전기까지 지방 도시는 통치와 관련된 핵심 시설과 인원이 거주하던 중소규모의 테뫼식 산성이나 요새성을 중심으로 비핵심적 각종 시설과 일반인이 거주하던 산기슭이나 평지가 결합된 형태로 이해되고 있다.

현재까지 그 원인이 분명히 규명되고 있지는 못하지만 고려 중기를 지나면서 통치와 관련된 핵심 시설과 인원이 테뫼식 산성이나 요새성을 버리고 산 밑이나 평지로 서서히 이동하는 현상이 나타났다. 고려 말 조선 초를 지나면서 이러한 경향이 완전히 정착되어 지방 도시의 거의 대부분이 산과 평지가 만나는 부분이나 완전 평지에 들어서게 되었다. 조선 전기인 1481년에 완성된 후 몇 번의 교정과 증보를 통해 1530년에 최종적으로 완성된 『신증동국여지승람』에는 테뫼식 산성이나 요새성이 모두 고적 항목에 기록되어 있다. 이는 이들 성들이 더 이상 실질적인 기능을 하지 않게 되었을 뿐만 아니라 사람들에게도 옛날의 유적 정도로만 인식되고 있었음을 의미한다. 고려 중기부터 왜 이런 현상이 나타났는지, 그리고 고려 말 조선 초를 거치면 평지로 이동하는 경향이 완전히 정착하게 되었는지, 그 원인에 대해서는 앞으로의 후속 연구에서 밝혀질 것으로 예상된다.

5. 조선의 수도

1) 풍수적 계획 입지

조선이 개국한지 2년만인 1394년 8월 13일 태조 이성계(1335~1408)는 고려의 남경 옛 궁궐터를 살피고 한양을 도읍으로 정한 이후 신도 궁궐 조성도감을 설치하면서 도성 건설 사업이 시작된다. 그로부터 2개월이 약간 넘은 10월 25일에 태조가 개경을 출발, 28일 한양에 도착하여 한양부의 객사를 이궁(離宮)으로 삼으면서 한양이 공식적인 수도로서 출범하게 되고, 1395년 12월 28일에 태조가 경복궁에 들어가 정무를 보기 시작한다. 1398년 왕자의 난을 겪은 후 1399년 3월 7일 한양에서 개성으로 환도했다가 태종 이방원(1367~1422)이 1405년 10월 11일 개성에서 한양으로 다시 천도하면서 조선이 멸망할 때까지 수도로서의 지위를 굳건히 유지하였다.

하지만 지금까지 언급한 내용만으로는 한양이 왜 수도로 정해지게 되었는지 이해하기 어렵다. 이는 세계문명사적 관점에서 수도로서의 한양이란 도시가 가지고 있는 보편성과 특수성을 종합적으로 이해하지 못하게도 만든다. 이를 위해 몇 가지 측면을 좀 더 깊게 생각해 볼 필요가 있다.

이성계는 역성혁명(易姓革命)에 의해 고려를 멸망시키고 조선을 세우는데, 이는 조선을 이해하는데 중요한 단서가 된다. 고려는 세 개의 왕조로 분열된 후삼국 시대의 치열한 경쟁 후 나타난 통일 왕조이지만 조선은 고려 내의 한 정치 세력이 다른 정치 세력을 밀어내고 새로운 왕조를 내세우면서 세워진 나라다. 따라서 고려적인 것을 무조건 계승하기도, 무조건 부정하기도 어려운 상황 속에 놓여 있던 것이 건국 당시의 조선이다. 무조건 계승하면 새로운 국가의 정통성이 결여되어 장기적으로 확고한 체제를 확보하기 어렵고, 무조건 부정하면 초기부터 기존 세력의 강력한 반발에 빌미를 제공하여 지속적인 혼란의 상태에 놓일 가능성이 높다. 이는 조선의 정통성을 확고히 하면서도 기존 세력의 강력한 반발을 무마시키기 위해서는 고려를 계승하면서도 부정해야 하는 이중적인 상황에 놓여 있었다는 의미이기도 하다. 개성에서 한양으로의 천도 과정이 이를 잘 보여 주고 있다.

　태조 이성계는 즉위한 지 한 달도 안 된 1392년 8월 13일에 한양으로의 천도를 명한다. 이후 천도의 정당성, 새로운 천도 후보지의 적합성 등을 놓고 계룡산 신도안과 한양의 무악 등 다른 천도 후보지가 등장하여 서로 다른 정치 세력끼리 여러 논쟁을 겪다가 결국 한양으로의 천도가 결정되어 실행된다. 여기서 중요한 사실은 천도의 정당성이나 새로운 천도 후보지의 적합성 등에 대한 찬반 논쟁 때 중요한 근거는 풍수였다는 점이다. 고려가 후삼국을 통일한 이후 풍수는 수도의 권위를 정당화하는 확고한 사상적 논리가 되었으며, 그 때문에 고려 시대 내내 다양한 천도에 관한 논의는 모두 풍수를 매개로 이루어졌다. 그런데 고려의 정당성을 부정하고 새로운 국가 탄생의 정통성을 내세우기 위해 시도된 한양으로의 천도가 한편으로는 고려에서 이루어진 풍수 논리를 기반으로 즉, 계승하는 차원에서 이루어졌던 것이다.

　결국 조선의 건국 직후 이루어진 개성에서 한양으로의 천도는 고려를 완전히 부정하기도 계승하기도 어려운, 역으로 말하면 부정하면서도 계승해야만 했던 역성혁명적 새 국가의 딜레마를 잘 보여 주고 있다. 그리고 그 과정에서 자신들의 정치적 견해를 합리화하기 위해 중국적 이론 풍수와 같은 다양하고 새로운 풍수 논리를 도입·동원하였고, 이것이 고려적 풍수와는 다른 조선적 풍수의 특징이 나타나는 기초가 되기도 했다. 하지만 한양에 동원된 풍수가 구체적으로 어떠했든 고려 시대 수도, 나아가 왕의 권위를 합리화하던 '풍수'라는 큰 틀에 포함되는 것임에 틀림없다. 이것은 한양의 입지 선택이 풍수라는 세련된 논리에 의해 계획적으로 선택되었음을 보여 준다.

여기서 기존의 연구에서는 주목하지 않았던 한양의 입지 선택 과정이 보여 주는 세계문명사적 의미가 무엇인지 살펴보고자 한다.

첫째, 풍수의 종류가 어떻게 되었건, 그것이 과학적으로 합리적이건 비합리적이건 고려 시대 내내 풍수는 수도와 왕의 권위를 합리화시켜 주는 이론이자 논리였다는 점이 중요하다. 역성혁명에 의해 건국된 조선은 수도에서 하늘과 왕의 권위를 연결시키는 논리인 풍수를 받아들였고, 최고 지배자인 왕의 권위가 하늘과 연결되어 있다는 논리를 수도에 적용시키던 세계 대부분의 문명에서 나타나는 보편성이 조선에서 구체화된 하나의 형태인 것이다.

두 번째로 조선의 수도인 한양은 풍수라는 세련된 논리를 배경으로 입지 자체부터 철저하게 계획적으로 선택되었다는 점에 주목할 필요가 있다. 세계문명사적 관점에서 볼 때 전통 시대의 도시 대부분은 근대 도시보다도 더 이데올로기적이었고, 그중에서도 수도는 최고 지배자의 권위를 합리화하는 이데올로기를 반영시키고자 입지부터 계획적으로 선정하는 경향이 강하다. 수도로서 한양의 입지 선정은 국토 전체를 대상으로 풍수라는 구체적 논리를 가지고 왕의 권위를 가장 잘 표현할 수 있는 땅을 계획적으로 선정했다는 점에서 세계문명사적 경향성과 일맥상통한다.

2) 도시의 상징 경관과 기본 구조

처음부터 계획적으로 조성된 전통 시대 도시 조영의 핵심은 최고 지배자의 권위를 어떻게 표현할 것인가에 있다. 다만 구체적인 권위 표현의 논리가 시대와 지역마다 다를 뿐인데, 조선에서는 고려의 수도인 개성에서 왕의 권위를 표현하던 풍수 논리를 채택하여 도시의 입지를 선택하였을 뿐만 아니라 도시의 상징 경관과 기본 구조의 큰 틀까지 잡아나갔다. 이제부터 구체적으로 어떻게 이루어졌는지 결과론적 입장에서 하나하나 살펴보도록 하겠다.

1394년 8월 13일 신도궁궐조성도감이 설치된 지 약 11개월이 지난 1395년 9월에

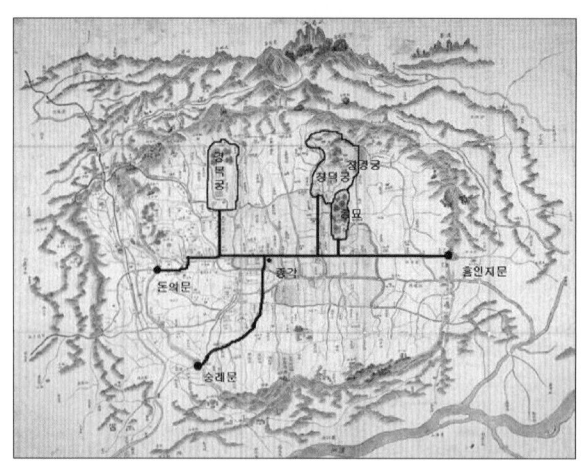

그림 10-35 한양 도성의 핵심 궁궐과 종묘 및 간선도로망
출처 : 『여지도』 (규장각한국학연구원) 3첩 중 1첩

경복궁이 완성되었고, 같은 해 10월 28일에 태조 이성계가 경복궁을 공식적인 집무처로 삼아 살게 된다. 여기서 중요한 사실은 수도 한양의 상징 경관과 기본 구조의 중심이 바로 왕의 권위를 핵심적으로 표현할 수밖에 없는 경복궁이었다는 점이다. 기존의 연구 중 경복궁의 위치가 『주례』「고공기」에서 이상으로 삼은 도시의 중앙이 아니

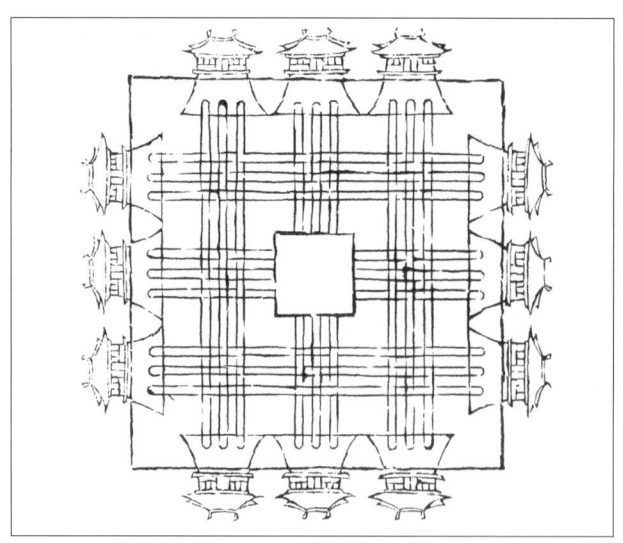

그림 10-36 『주례』 고공기의 도시 모식도
출처 : 러우칭시 글·사진 / 이주노 옮김, 2002, 『중국 고건축 기행』, 컬처라인, 47

그림 10-37 세종로 끝에서 바라본 경복궁 경관과 근정전

라 서북쪽에 치우친 것을 한양의 지형 때문으로 보는 경우가 있다. 하지만 경복궁의 위치 선정에서 가장 중요한 역할을 했던 것은 『주례』「고공기」의 원리가 아니라 풍수였다.

풍수에서 가장 권위 있는 장소 선택의 원리는 기하학적인 중앙이 아니라 하늘과 왕을 연결해 주는 매개체인 주산과의 관계에 의해 결정되는 것이다. 따라서 『주례』「고공기」가 중요한 원리인 것처럼 전제하면서 지형적 이유 때문에 경복궁이 도시의 서북쪽에 치우쳐졌다고 보는 관점은 타당하지 않다. 풍수에서는 완전 평지에서나 가능한 기하학적인 원리가 아니라 조산–주산(백악)·좌청룡(타락산)·우백호(인왕산)·안산(남산) 등의 산줄기와 물줄기가 자연스럽게 형성된 자연과의 관계 속에서 권위 있는 장소인 명당을 선택한다. 그리고 그런 최고의 명당 즉, 최고로 권위 있는 장소에 현세적인 왕의 권위를 상징할 수밖에 없는 경복궁의 위치를 잡은 것이다.

경복궁과 거의 동일한 시기에 위치가 결정된 것이 왕의 조상들에게 제사지내는 종묘(宗廟)와 토지신·곡식신에게 제사 지내는 사직(社稷)으로 최고 지배자로서의 왕의 정통성과 대표성을 상징한다. 사직단은 1395년 1월 29일에, 종묘는 경복궁과 같은 1395년 9월에 완성되는데, 경복궁을 중심으로 사직은 우(서쪽), 종묘는 좌(동쪽), 설치한다는 『주례』「고공기」의 원리를 따랐다. 하지만 『주례』「고공기」의 좌묘우사(左廟右社)라는 방향 원칙만 따랐을 뿐 남북 주축선을 중심으로 정확한 좌우 대칭의 원리는 따르지 않았다. 그 이유는 종묘와 사직의 구체적인 입지 선정에 『주례』「고공기」가 아닌 다른 원리가 적용되었기 때문인데, 사직은 확실하지 않지만 종묘의 위치 선정에는 풍수가 가장 중요한 원리로 기능했다. 경복궁이 백악을 주산으로 하여 뻗은 산줄기 끝에 위치가 선정되었다면 종묘는 응봉을 주산으로 하여 뻗은 산줄기 끝에 조성되었고, 그 결과 정확한 기하학적 좌우대칭의 원리는 적용될 수 없었다.

기존의 연구에서 별로 주목하지 못한 것이 바로 도로 구조이다. 도로 폭의 선정에 『주례』 고공기의 원리가 적용되었다는 것은 여러 연구에서 지적한 바이다. 하지만 왜 남대문인 숭례문에서 경복궁에 이르는 직선 또는 직선에 가까운 도로가 건설되지 않았는지, 나아가 조선 최고의 관청이 좌우로 늘어선 육조 거리가 왜 현재의 세종로 사거리에서 끝나는지에 대해서는 별로 주목하지 않았다. 풍수적 관점에서 지기(地氣)가 바로 빠져나가는 것을 방지하기 위한 것이라거나 전투나 전쟁 때 적군이 직접적으로 왕궁에 접근하는 것을 방지하기 위한 것이라는 설명이 있기도 했다. 하지만 이러한 관점에서는 전통 시대의 사람들에게도 가장 중요했던 것은 실제로 형성되어 있는 경관을 눈으로 보면서 판단하고 느끼는 것이라는 점을 소홀히 여기고 있다.

이제부터 도시와의 관계에서 인간의 가장 중요한 감각인 시각 즉, 눈으로 보며 느끼고 판단한다는 단순한 관점을 중심으로 한양의 도로 구조와 상징 경관을 살펴보도록 하겠다.

한양의 나성은 크게 숭례문(남대문)·흥인지문(동대문)·돈의문(서대문)·숙정문(북대

그림 10-38 일본 에도 시대의 히메지성과 오사카 성 경관

그림 10-39·· 티벳의 포탈라 궁

문)의 4대문과 소의문(서남)·광희문(동남)·혜화문(동북)·창의문(서북)의 4소문 체제로 이루어져 있다. 하지만 북대문인 숙정문은 형식적으로만 존재했을 뿐 실제로 거의 사용하지 않아 3대문 체제로 보는 것이 사실에 더 가깝다. 그리고 한양의 가장 중요한 간선도로는 남대문인 숭례문에서 출발하여 종각까지 활처럼 휘다가 서쪽으로 꺾이고 다시 현재의 세종로 사거리에서 북쪽으로 꺾여 경복궁에 이르는 길이다. 여기에 서대문인 돈의문과 동대문인 흥인지문을 연결하는 동서대로가 겹쳐 있지만 가장 중요한 간선도로는 아니다.

한양에서 국가의 중요 행사 때 참여자가 최고 지배자인 왕을 방문할 경우 남대문인 숭례문을 통해 들어오든, 서대문인 돈의문과 동대문인 흥인지문에서 들어오든 현재의 세종로 사거리에 도착하기까지 경복궁을 전혀 볼 수 없다. 그리고 세종로 사거리에서 북쪽을 향해 보면 하늘-북한산·북악산-경복궁의 일체화된 경관이 나타나며, 광화문-흥례문-근정문을 통해 들어가면 우뚝 솟은 근정전만이 시야에 들어오고, 그 안에 최고 지배자인 왕이 자리 잡고 있다. 이는 왕의 권위가 하늘로부터 부여되었다는 이데올로기를 상징적으로 구현한 경관으로 하늘과 왕 사이에 산이라는 매개체를 적극적으로 끌어들여 표현하였다.

한양이란 도시의 입지와 권위 건축물의 위치 선정 및 구조에 깊은 영향을 미친 것

그림 10-40 종묘의 진입 경관

은 풍수다. 하지만 전통 시대 대부분의 도시에서처럼 구체적인 상징 경관의 조영에는 눈으로 보고 느끼며 판단한다는 인간의 원초적인 감각을 중심으로 할 수밖에 없으며, 한양에서는 하늘=산=왕이라는 3단계적 권위 표현 방식을 개발하여 구체적인 경관에 계획적으로 적용시켰던 것이다. 이는 남북 직선의 넓은 주작대로를 통해 나성의 남대문을 들어설 때부터 궁성의 웅장함을 느낄 수 있도록 조영한 중국적 수도와는 전혀 다른 것이다. 또한 천수각으로 대표되는 높고 웅장한 건축물을 통해 도시 어느 곳에서도 바라볼 수 있게 한 일본 에도 시대의 도시처럼 세계 문명 지역 다수에서 언덕이나 산 위에 웅장한 건축물을 짓는 방법과도 다른 것이다. 이들 지역에서는 하늘=웅장한 건축물이라는 2단계적 권위 표현 방식을 적용시키고 있다.

인간의 시각은 상대적으로 느껴지기 때문에 어느 지점에서 바라보느냐에 따라 경관 구성의 비율이 달라진다. 예를 들어 현재의 세종로 사거리에서 경복궁의 광화문에 가까이 다가갈수록 우리의 눈에 산은 작아지고 광화문은 커지며, 경복궁의 광화문으로부터 남쪽으로 점점 멀어질수록 산은 커지고 광화문과 경복궁은 점점 작아진다. 이런 원리에 입각해 보면 한양의 도시 계획자는 현재의 세종로 사거리에서 바라본 하늘-북한산·북악산-경복궁의 경관 비율을 가장 이상적인 것으로 보았으며, 그 때문에 남대문에서 경복궁의 광화문까지 직선이나 그에 가까운 간선도로를 개설하지 않은 것

그림 10-41 창덕궁의 진입경관과 인정전

으로 해석된다.

경복궁에서 보이는 경관 원리는 종묘와 임진왜란 때 불탄 후 재건되어 조선 후기 대부분의 기간 동안 정궁의 역할을 했던 창덕궁에서도 거의 동일하게 나타난다. 현재의 종로3가와 종로4가 가운데에 종묘로 들어가는 진입로가 있는데, 그 끝에서 바라보면 하늘-북한산·응봉-외삼문(종묘 정문)의 일체화된 경관이 나타난다. 종로3가에서 창덕궁의 정문인 돈화문까지 난 직선 도로에 서면 역시 하늘-북한산·응봉-돈화문의 일체화된 경관이 나타난다. 경복궁에서와 마찬가지로 종묘의 외삼문과 창덕궁의 돈화문에 가까이 갈수록 산은 점점 사라지면서 결국엔 종묘의 정전과 창덕궁의 인정전에 닿게 된다. 창덕궁의 경우 돈화문 안쪽에서 동쪽으로 꺾였다가 다시 북쪽으로 꺾는 진입로가 만들어져 있지만 경관의 변화 원리는 경복궁과 다르지 않다.

한양의 입지 선택과 건위 건축물의 위치 선정 및 도로 구조의 조영에 가장 중요한 사상적 논리였던 것은 풍수임에 틀림없다. 하지만 그것의 기초가 된 것은 보고 느끼는 인간의 시각적 판단이며, 왕의 권위가 하늘로부터 부여되었다는 이데올로기의 입체적인 경관 표현이었다. 이는 도시 구조의 평면만으로는 이해하기 어려운 것으로 경관 속에 담겨 있는 상징적 의미 구조의 해석이란 방법을 동원해야 한다. 그리고 한양은 전통 시대 세계 수도의 보편적인 경향성에서 벗어나 있지 않았으며, 한편으로는 세계 다른 지역에서 찾아볼 수 없는 독특하고 세련된 경관 상징의 방법을 개발하여 적용했음을 발견할 수 있다.

한양의 도시 구조에서 중국의 『주례』 고공기를 따르면서도 지형적인 조건 때문에 변형되었다고 알려진 것 중의 또 하나가 전조후시(前朝後市)의 배치다. 이것은 궁성을 남향으로 건설하면서 최고의 관청들을 앞쪽인 남쪽에 배치하고 시장은 뒤쪽인 북쪽에 배치한다는 원리다. 한양의 최고 관청들은 경복궁의 앞쪽인 남쪽의 육조거리 좌우에 늘어서 있어 『주례』 고공기의 전조(前朝) 원리와 합치된다. 그리고 고려의 수도였던 개성에서 최고의 관청들이 황성의 정문인 동문 광화문(廣化門) 밖의 동서 도로에 배치된 것과 비교하면 분명 변화다. 하지만 그렇다고 이것이 『주례』 고공기의 전조후시 원리에 합치시키기 위한 노력의 결과였다고 보기는 어렵다.

고려의 개성이나 조선의 한양에서 최고의 관청들이 어디에 배치될 것인가의 문제는 풍수적 논리를 바탕으로 시각적 차원에서 주산을 비롯한 자연과 궁성의 권위 관계를 상징적 경관으로 표현하기 위한 제1의 목적에 따라 결정되었다. 그런데 여기에서 고려해야 할 점은 고려 개성과 조선 한양의 자연 조건이 구체적 측면에서 동일하지 않았고 이에 따라 간선도로의 구조와 최고 관청들의 배치 역시 달라질 수 있다는 것이다. 한양에서는 왕을 방문하는 사람들에게 북한산·북악산과 경복궁의 상징적 권위 경관을 시각적 차원에서 체험시키기 위해 경복궁의 정문인 광화문 남쪽에 남북도로를 건설했던 것이다. 이러한 간선도로망 구조에서 최고의 관청들이 광화문 남쪽의 남북도로 좌우에 배치되는 것은 자연스러운 것이며, 결과론적으로 『주례』 고공기의 전조 원칙과도 부합되었을 뿐이다.

시장을 궁성의 뒤쪽에 배치한다는 후시(後市) 원칙은 한양의 기본 구조가 『주례』 고공기의 원리를 따른 것이 아니기 때문에 원래부터 고려의 대상이 아니었다. 따라서 한양의 자연조건 때문에 후시의 원칙이 적용되지 않았다는 설명은 전혀 타당하지 않다. 한양에서 가장 중요한 시장이었던 시전(市廛)의 위치는 1410년 2월에 결정되었고, 시전 행랑 공사는 1412년 2월부터 현재의 교보빌딩 동쪽에 있었던 혜정교에서 현재의 종로3가인 창덕궁 입구까지 3차에 걸쳐 건설되었다. 이러한 시전의 위치는 왕을 상징하는 경복궁의 권위 표현과 직접적으로 관련된, 광화문 남쪽의 남북도로인 육조거리를 피하면서 사람들의 왕래가 가장 많은 도로를 선택한 것으로 기본 원리에서는 고려 개성의 시전 위치의 선정과 동일하다. 『주례』 고공기에서 시장이 궁성의 뒤쪽에 위치한다는 후시(後市)의 원칙도 궁성의 권위 표현과 직접적으로 관련된 남북의 주작대로를 피하기 위해 설정된 것이다.

3) 도시의 행정 구역과 규모

조선의 한양은 풍수적 원리에 의해 입지가 선택되었기 때문에 핵심 범위는 풍수적으로 중요한 주산인 북악산, 우백호인 인왕산, 좌청룡인 타락산, 안산인 남산의 산줄기에 의해 둘러싸여 있다. 1395년 윤 9월 13일에 도성조축도감(都城造築都監)을 설치하였고, 1396년 1월 9일에 118,070명을 징발하여 도성을 쌓게 하여 2월 28일에 1차 도성수축공사가 완료되었다. 이때 건설된 성곽은 석성과 토성이 혼합되어 있었는데, 1422년 1월 15일에서 2월 23일까지 도성수축공사를 벌여 모두 석성으로 바꾸었다. 고려의 개성은 궁성-황성의 구조였다가 거란의 침입 등을 경험하며 나성이 축조되었지만 조선의 한양은 처음부터 궁성-나성으로만 이루어져 있었다.

조선의 수도인 한양의 공식 명칭은 한성부였으며, 고려의 개성과 마찬가지로 중부를 가운데 두고 방향에 따라 동서남북으로 4부를 두는 5부(部) 체제로 구성되어 있었다. 부 밑에는 방(坊)이라는 행정 단위가 있었는데, 조선 초에는 5부 52방이었다가 세종 때 49방이 되는 등 시기에 따라 약간씩의 변화가 있었다. 또한 돈의문과 숭례문의 서남쪽 방향, 흥인지문의 동쪽 방향 등 한강변 및 주변과 연결 관계가 좋은 성곽 밖에도 주거지가 형성되어 방이 설정되어 있었다. 도성 안에는 청계천을 기준으로 중요 궁궐과 관청이 들어선 북쪽 지역에 양반들이 주로 살았으며, 남쪽에는 상대적으로 신분이 낮은 사람들이 많이 살아 크게 북촌과 남촌으로 대비되어 있었다.

조선의 수도인 한양의 호구 통계는 신라나 고려에 비해 훨씬 풍부하지만 조선 전기의 것은 전해지지 않는다. 현재까지 알려진 것을 나열하면 1648년 10,066호에 95,569구, 1657년 15,760호에 80,572구, 1669년 23,899호에 194,030구, 1774년 38,531호, 1783년 42,281호, 1807년 45,707호이다. 그리고 김정호의 『대동지지』한

그림 10-42 " 안동의 하회 마을

성부 호구 항목에는 1831년에 45,700호에 283,200구로 기록되어 있다. 한양의 인구는 적게는 10만 많게는 30만까지였던 것으로 이해되고 있으며, 19세기로 가면서 더욱 증가한 것으로 연구되고 있다. 그러면 이와 같은 한양의 호구 규모를 어떻게 이해해야 할까?

첫째, 최대 45,700호에 283,200구로 기록된 한양의 호구 숫자는 전통 시대 세계문명사적 차원에서 볼 때 큰 도시 중 하나로 평가할 수 있다. 고대에 100만을 넘었던 도시가 상당수 있었고, 조선 후기와 동일 시기의 일본 에도도 100만을 넘었다는 사실 때문에 한양의 호구 규모를 과소평가할 수는 없다. 전통 시대의 도시 중 10만도 안 되는 도시가 10만을 넘는 도시보다 훨씬 많았으며, 특히 최근까지 도시사의 기준이 되어 왔던 근대 이전의 중세 유럽에서 10만을 넘는 도시는 거의 없었다. 이런 차원에서 최대 30만에 육박한 것으로 기록된 한양의 인구 규모는 전통 시대 대도시 중의 하나였다고 이해하는 것이 타당하다.

한양의 호구 규모가 이렇게 클 수 있었던 가장 큰 이유는 중앙 집권 국가였던 조선의 수도였기 때문이다. 조선은 330개 안팎이나 되었던 지방의 모든 고을에 지방관을 직접 파견하여 다스렸을 만큼 중앙 집권성이 높은 국가였다. 세계사적 측면에서 볼 때 모든 지역에 지방관을 파견하여 직접 다스리는 것은 흔한 경우가 아니며, 이러한 중앙 집권 체제는 인적·물적 자원을 수도로 집중시키는 데 효과적인 시스템 중의 하나다.

둘째, 비록 기록의 빈도가 상대적으로 적기는 하지만 통일신라나 고려 수도의 호수 통계가 조선의 수도인 한양의 최대 호수 기록보다 훨씬 더 많다. 이와 같은 현상 때문에 기존의 대다수 연구자들이 통일 신라나 고려 수도의 호수 통계가 구(口)를 호(戶)로 잘못 기록한 것으로 이해하거나 아예 통계 기록을 무시하며 다른 방식으로 호구 수를 추정하기도 했다. 하지만 수도와 지방의 인적 교류 시스템이라는 측면에서 볼 때 조선의 수도가 통일신라나 고려의 수도보다 더 많은 인구가 모여 살았다고 보기 쉽지 않다.

조선은 시기마다 약간씩 차이가 있지만 통일 신라나 고려와 비교해 보았을 때 수도에서 지방으로, 지방에서 수도로의 지배층 이동이 상대적으로 자유로운 시스템이었다. 예를 들어 현재 가장 유명한 전통 마을인 안동의 하회마을에는 선조 때 가장 높은 벼슬까지 올랐던 유성룡의 본가가 자리 잡고 있는데, 이와 같은 현상은 조선 전체에서 아주 흔한 것이었다. 조선은 인적·물적 자원이 수도로 집중하는 데 유리한 중앙 집권 체제이기는 하지만 수도와 지방의 인적 교류가 상대적으로 자유로워 극단적인 수도 집중이 상당히 완화된 시스템이기도 하다. 다만 조선 후기에만 한정지어 언급하면 17~18세기 붕당 정치가 활발해지고 19세기의 세도 정치로 가면서 수도와 지방의 인적 교류가 상대적으로 자유롭지 않으면서 수도 거주자의 특권이 강화되는 방향으로 흘러갔다. 이는 수도로의 인적·물적 자원의 집중도를 높일 수 있는 토대가 될 수 있는데, 정치가 혼란해졌음에도 불구하고 18세기 말과 19세기 전반기의 한양 호구 수 통계가 가장 높게 기록된 것을 이와 같은 차원에서 이해할 수 있다.

6. 조선의 지방 도시

1) 입지와 구조 및 상징 경관

 늦어도 고려 시대부터는 한반도의 지방 도시가 배산임수의 풍수적 입지를 하였다는 설이 일반적이었고, 동일선상에서 조선의 지방 도시도 이해하려 하였다. 하지만 고려 시대 전반기까지만 하더라도 지방 도시의 중심이 산성에 있었다는 최근의 연구 결과가 나오면서 조선의 지방 도시에 대한 새로운 이해 관점이 나타나기 시작했다. 고을마다 시기적인 편차가 있지만 고려 중기를 지나면서 지방 도시의 중심이 산성 밑 또는 완전 평지로 이동하기 시작했으며, 고려 말과 조선 초에 이르면 일반화된 현상으로 자리 잡았다. 하지만 이때까지만 하더라도 배산임수의 입지가 많지 않았으며, 특히 풍수는 지방 도시 입지의 중요한 논리가 되지 않았다.

 1360년대부터 경상도의 해안가를 중심으로 성벽이 상대적으로 낮고 해자가 갖추어지지 못해 대규모 외적의 침입에 방어하기 어려운 평지 또는 평지+산지에 걸친 '한국적' 읍성이 자발적으로 축조되기 시작했다. 이후 고려 말과 조선 초를 거치면서 왜적과 홍건적의 침입에 대한 산성방어론과 읍성방어론이 논쟁을 겪다가 조선의 4대 임금 세종(재위: 1418-1450) 때부터 읍성방어론으로 결론을 내린다. 이때부터 그동안 고을의 중심지 또는 중심적 상징으로 이해되었던 산성은 고적으로 취급되기 시작하며, 국가

그림 10-43 낙안읍성의 안내도와 동헌의 상징 경관

가 적극적으로 관여하여 경상도와 전라도 및 충청도 해안 고을을 중심으로 읍성을 대대적으로 축조한다. 이와 같은 방향 전환 속에서 국가는 조선의 지방도시인 읍치의 조영에 '조선적'인 새로운 유형을 만들어 낸다.

세종 때부터 축조되기 시작한 읍성의 위치 선정에 국가가 적극적으로 관여하기 시작하였는데, 중앙에서 전문가가 직접 파견된 경우도 있었다. 그리고 이때 읍치의 입지 선택에 가장 중요한 논리가 된 것은 한양에 적용되었던 풍수였다. 예를 들어 전라도 낙안읍성의 경우 1424년에 처음으로 축조되는데, 입지 선택에 중앙이 적극적으로 관여하여 원래 낙안군의 중심지가 있었던 현재의 보성군 벌교읍 고읍리에서 풍수적 입지에 적합한 현재의 순천시 낙안면 낙안읍성 지역으로 읍치를 옮긴다. 또한 낙안읍성의 간선도로망과 상징 경관 역시 수도인 한양과 거의 동일한 형태로 만든다.

좀 더 자세히 알아보면 가장 중요한 낙안읍성의 남문에서 시작되는 남북 도로는 동문과 서문을 잇는 동서 도로와 만난 후 서쪽으로 꺾었다가 다시 북쪽으로 꺾어 바라보아야만 한양의 경복궁에 해당되는 낙안의 동헌을 볼 수 있다. 그리고 이 지점에서 바라본 상징 경관이 하늘=산=동헌이라는 일체화된 모습으로 나타나는데, 이는 세종로 사거리에서 북쪽으로 바라본 하늘=산=경복궁의 경관과 동일한 것이다. 나아가 주변의 산줄기 역시 풍수적으로 합당한 주산-좌청룡-우백호-안산의 구조로 이루어져 있으며, 낙안읍성의 남북축 역시 주산-안산의 방향과 일치시키기 위해 정남이 아

그림 10-44 ·· 문경의 동헌터와 주흘산

나라 서남쪽으로 기울어져 있다. 이와 같은 현상은 세종 이후 축조된 읍성 대부분에서 나타났으며, 읍성이 축조되지 않은 상당수 고을에서도 일반적인 경향성으로 자리 잡고 있었다.

하지만 조선의 지방 도시인 모든 읍치가 한양과 같은 전형적인 풍수적 입지와 구조 및 상징 경관을 갖추었던 것은 아니다.

첫째, 고려 말이나 세종 이전에 축조된 읍성 등의 이유 때문에 읍치를 옮기지 못하여 풍수적 입지를 하지 못한 경우를 들 수 있다. 예를 들어 경상도의 경주읍성은 1378년에 축조되었는데, 북천-남천-서천(형산강 본류)으로 둘러싸인 평지 거의 한가운데 남향으로 입지해 있다. 전주읍성은 1388년에 처음으로 축조되었는데, 동쪽에 산이 있고 북쪽에 산이 없음에도 불구하고 동헌과 객사 모두 남향으로 건설되었다. 이와 같은 경우는 경상도의 상주, 전라도의 광주, 충청도의 청주 등 경주와 전주처럼 큰 고을에 많이 나타나는데, 중요한 고을이어서 세종 이전에 읍성이 축조되어 이동하기 어려웠기 때문이다. 읍성은 축조되지 않았지만 전라도의 담양이나 경기도의 여주처럼 고려 시대에 거의 완전한 평지에 입지한 후 풍수에 합당한 위치로 옮겨가지 못한 경우도 있다.

둘째, 산성 바로 밑으로 중심지가 내려왔기 때문에 자연스럽게 배산임수의 입지 형태가 되어 더 이상 읍치를 옮기지 않은 경우가 있는데, 이 역시 한양에 비해서는 풍

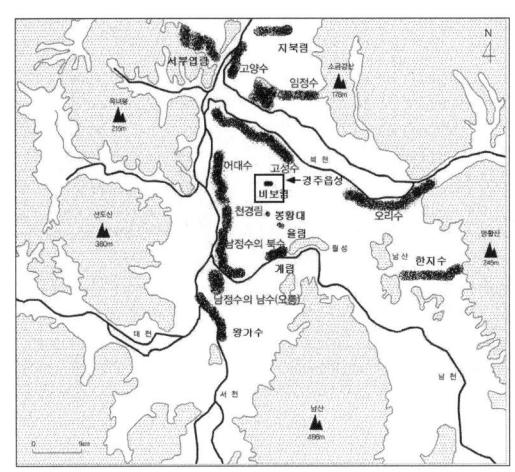
그림 10-45 경상도 경주읍성의 위치와 읍치숲

수적 적합성이 상당히 떨어질 수밖에 없다. 예를 들어 충청도 회덕현의 경우 산성이 있던 계족산의 서쪽으로 중심지가 내려온 후 읍치를 옮기지 않았는데, 주변 지형이 전형적인 주산–좌청룡–우백호–안산의 형국을 이루지는 못했다. 내륙에 있던 상당수의 읍치들이 이 경우에 해당되는데, 산성의 서쪽이 아닌 남쪽이나 동쪽으로 내려간 경우도 많다. 다만 경상도 안의처럼 풍수적 논리에서 가장 선호하지 않는 방향인 산성의 북쪽으로 내려간 경우는 읍치를 풍수적 논리에 적합한 지역으로 적극적으로 옮기는 경향이 있다.

셋째, 한양은 수도였기 때문에 국토 전체를 대상으로 할 수 있었음에 반해 지방 도시인 읍치는 고을이라는 공간 범위 안에서 입지를 선택할 수밖에 없는 한계가 있다. 따라서 풍수적 논리에 합당한 공간으로 읍치를 이동시킨다고 하더라도 상대적으로 한양만큼 완벽한 풍수적 형국을 하기가 어렵다. 대표적인 것이 앞쪽에서 예로 든 낙안읍성의 읍치로서 주산–좌청룡–우백호에 비해 안산의 규모가 너무 작아 상대적으로 완벽한 풍수적 형국을 이루고 있지 못하다.

앞의 몇 가지 요인들 때문에 조선 시대의 지방 도시인 읍치의 입지와 구조 및 상징 경관에는 풍수적으로 가장 적합한 곳 중의 하나였던 한양을 닮아가려는 기본 경향성과 다양성이 동시에 담겨 있게 되었다. 그리고 또 하나 주목해야 할 점은 이와 같은

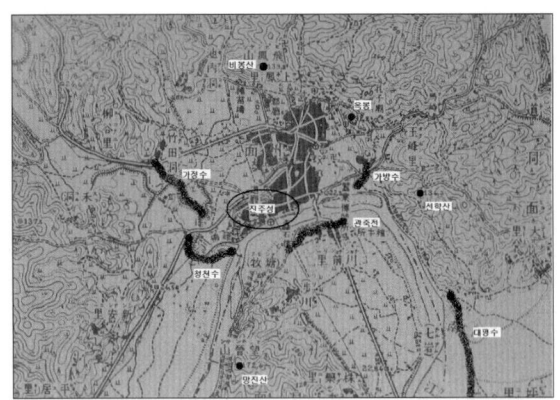

그림 10-46 경상도 진주의 읍치와 비보숲

경향이 모든 고을에서 동시에 나타나지 않았을 뿐만 아니라 1400년대까지만 하더라도 지방에서 확고한 뿌리를 내리지도 않았다는 사실이다. 이것은 조선의 지방 도시인 읍치에서 나타난 풍수 현상을 이해하는데 아주 중요한 요소다. 1500년대를 지나면서 풍수는 고을 읍치의 권위를 표현하는 논리로 점차 확산되기 시작하여 1600년대쯤에 이르면 유일무이한 기준이 된 것으로 보인다.

이에 따라 각 고을에서는 읍치의 풍수적 명당성을 어떻게든 강화하려 하였으며, 이를 위해 경상도의 거제나 하동처럼 고을에서 풍수적으로 가장 합당한 지역을 찾아 읍치를 옮기기도 한다. 하지만 이렇게 읍치의 위치를 이동시키는 경우는 많지 않았으며, 대부분은 이동시키지 않으면서 풍수적 명당성을 강화시키는 방법을 개발한다. 그것이 바로 조선적 비보풍수로서 첫째, 인위적인 비보숲이나 연못을 조성하여 자연적인 결함을 보충하고 둘째, 지명이나 설화 등을 풍수적인 용어에 합당하도록 바꾸어 풍수적 의미 구조를 강화시키며 셋째, 백두산에서 시작된 산줄기를 타고 내려오는 지기(地氣)가 해당 고을에 어떻게 연결되는지를 분명히 하며 넷째, 읍치 주변의 산과 산줄기 및 물줄기를 조산-주산-좌청룡-우백호-안산과 명당수 등으로 위계화시킨다.

조선 후기의 읍치에서 비보풍수의 발달과 함께 주목해야 할 것 중의 하나는 제사처의 재배치다. 조선 초부터 거의 모든 고을에는 지방관이 직접적으로 주관하는 사직단(또는 사단)-문묘-성황사(또는 성황단)-여단의 4개 제사처가 읍치 주변에 설치되어 있었고, 이는 모든 지리지의 단묘(壇廟) 항목에 기록되어 있다. 이 중 토지신과 곡식신에게 제사지내던 사직단(社稷壇)과 돌림병을 예방하기 위해 주인이 없는 외로운 혼령을 국가에서 제사 지내 주던 여단(厲壇)은 명나라의 홍무예제를 본받아 동일 시기에 일률적으로 실시한 것이기 때문에 거의 모든 고을에서 사직단은 서쪽, 여단은 북쪽이라는 방향성이 나타난다.

하지만 유교 성현에게 제사지내던 향교의 문묘(文廟)는 고려 시대부터 지방관이 파견되면 만들어졌는데, 고을마다 향교의 위치를 정하는 데 일정한 규칙이 없었기 때문에 방향성에서 일정한 경향성을 찾을 수 없었다. 고을을 지켜 주는 신에게 제사 지내던 성황사는 고려 시대 때 지방 호족이 주관하여 자신들의 신분적 상징으로 삼은 제사처였기 때문에 주로 산성에 있었다. 고려 말 조선 초를 거치면서 평지로 내려온 것이 많았지만 방향성에서 일정한 경향은 없었다. 그런데 1600년대를 지나면서 문묘가 있던 향교를 읍치의 동쪽으로, 성황사를 남쪽으로 옮겨 4개의 제사처를 동서남북에 배치하려는 흐름이 나타난다. 또한 문묘가 있는 향교의 입지에 풍수적인 명당 논리를 적용하려는 흐름 역시 강화된다. 이런 흐름이 풍수적인 것과 직접적인 관련은 없지만 읍치를 일정한 규칙에 의해 이루어진 이상적인 공간으로 상징화함으로써 읍치의 권위를 높이기 위한 움직임의 하나로 볼 수 있다.

2) 도시의 성격과 규모

인류 문명에서 도시는 지배와 피지배 구조의 탄생과 함께 탄생했다. 도시는 지배자와 지배층의 주거지였으며, 생산의 공간이면서 피지배자의 주거지인 마을을 지배하기 위한 거점으로 기능했다. 한반도에서도 삼국 시대와 통일신라 시대, 나아가 후삼국 시대와 고려 시대까지 지배자와 지배층은 도시를 건설하여 거주하면서 마을 지배의 거점으로 삼아 왔다. 이는 수도뿐만 아니라 지방 도시에서도 나타난 것으로 세계문명사적 관점에서 볼 때 일반적인 현상이었다. 그런데 고려 말과 조선 초를 거치면서 세계 다른 문명 지역에서는 잘 나타나지 않는 현상이 한반도의 도시에서 발생하였다.

고려 전기와 중기에도 지방에서 수도로, 그리고 수도에서 지방으로의 지배층 이동이 있었지만 원 간섭기 이후의 고려 후기에 더욱 강화된다. 뿐만 아니라 중앙으로 진출했던 지방 세력 중 권력 투쟁에서 패배한 부류가 지방으로 낙향할 때 자신의 고향이 아닌 처가나 외가를 따라 가는 경우가 생기면서 지방 지배층의 분포에 변화가 나타나기 시작한다. 여기에 낙향한 지배층 중 뿌리는 같지만 고을의 향리 신분으로 있는 중간 지배층과의 차별성을 강화하면서 지방 도시가 아닌 마을에 정착하는 양반층이 증가한다. 중앙으로 진출하지는 않았지만 사회적 혼란 속에서 나타난 첨설직(添設職)인 품관(品官)이 되거나 학문적으로 높은 명망을 얻은 후 지방 도시를 떠나 마을로 이주하는 양반층도 나타난다. 이런 흐름은 조선의 건국 이후에 더욱 강화되어 조선 중기 이후에는 지방 도시 읍내에 양반 지배층이 거의 거주하지 않게 된다.

안동의 하회마을과 경주의 양동마을 및 아산의 외암민속마을은 모두 양반마을로서 유명할 뿐만 아니라 조선의 권력 구조에서 상당히 높은 지위에까지 오른 최고위층 양반의 본가가 있는 곳이다. 최고위층뿐만 아니라 양반이란 신분을 획득한 지배층 대부분이 지방 도시가 아닌 마을에 세거지(世居地)를 형성하면서 살았던 것은 조선에서 아주 일반적인 현상이었다. 심하게 말하면 양반으로서의 신분 유지에 마을 세거지의 유무가 중요한 요인 중의 하나였으며, 이는 1600년대를 거치면서 동성동본(同姓同本)의 동족 마을로 발전하였다. 이렇게 최고 신분의 지배층이 지방 도시가 아닌 마을에 사는 경우는 세계사적 관점에서 특이한 현상이며, 이는 조선의 지방 사회서 나아가 지방 도시의 성격과 규모를 이해하는 데 가장 중요한 핵심 요소가 된다.

조선의 읍치에는 동헌과 객사 및 질청(作廳) 등 통치를 위한 각종 시설물이 밀집해 있었고, 지방관과 향리 및 이들을 보조하는 각종 인원이 거주하였다. 따라서 읍치라는 공간은 지방 지배의 거점적 성격을 유지했기 때문에 세계문명사적 측면에서 볼 때 마을이 아니라 도시이다. 하지만 고려 말과 조선 초에 지방 최고 지배층인 양반 신분이 마을로 거주지를 옮겨 세거지를 형성하면서 지방 도시인 읍치는 지방 중간 지배층인 향리의 거주 공간으로 성격이 바뀌게 된다. 결국 최고 지배층이 살지 않게 됨으로써 그들을 보조하는 많은 인구 역시 읍치에 없게 되었고, 읍치로 집중하는 물적 자원 역시 상대적으로 적을 수밖에 없게 되었다. 이러한 읍치의 성격 때문에 조선의 지방 도시는 삼국 시대나 통일신라 시대 및 고려 시대에 비해 상대적으로 규모가 작아질 수밖에 없다.

조선에는 지방 도시가 발달하지 않았다는 것이 일반적인 인식인데, 이것은 지방 도시의 규모가 상대적으로 작았다는 의미이지 지방 도시의 수가 적었다는 것은 아니다. 다만 지방 도시의 규모가 작았기 때문에 나타난 중요한 현상 중의 하나가 바로 상설 시장의 미발달이다. 상설 시장이 형성되려면 상인이 이동하지 않고 한 자리에서 상업 행위만을 하면서도 삶을 유지할 수 있는 수요와 공급이 이루어져야 한다. 하지만 조선의 지방 도시에는 최고 지배층인 양반 신분이 살지 않았기 때문에 인적·물적 집중도와 질적 수준이 낮았고, 그 결과 상설 시장을 유지시킬 수 있는 수요가 형성되지 않았다.

상당수의 읍치에 5일 간격의 정기시가 열리기는 했지만 읍치이면서도 정기시가 서지 않는 경우도 꽤 있었다. 또한 각 도를 지휘·감독하는 관찰사가 파견된 감영과 같이 2일장이면서 남문장과 북문장 2개의 정기시가 열려 상설 시장과 비슷한 효과를 발휘하는 큰 지방 도시도 있었지만 그렇다고 그것을 상설 시장이라 보기는 어렵다. 그 결과 조선 후기에는 전국적으로 5일장 형태의 정기시가 그물망처럼 퍼져 발달하게 되었는데, 이는 지방에서 질적으로 가장 높고 양적으로 가장 많은 양반층의 상업 수요가 읍치에 집중되지 못하고 마을에 흩어져 있었던 것과 깊은 관련이 있다. 결국 조선의 지방 도시는 통치의 거점이기는 했지만 상업의 거점으로서는 기능하지 못했으며, 이 점이 세계사적 측면에서 조선 지방 도시의 특징 중 하나로 볼 수 있다.

주

1 양관(楊寬), 1987, 중국도성의 기원과 발전, 서명정생(西鳴定生) 감역, 학생사, p.15.

2 한양대학교 박물관 총서 제12집, 1991, 『이성산(二聖山)』(3차 발굴조사보고서) 경기도, pp.460-478.

3 정약용, 『여유당전서』 강역고, 제3 위례고.

4 이마니시(今西龍), 1916, 조선고적조사보고, pp.70-82.

5 쯔다(津田左右吉), 1934, 백제위례성고, 백제사의 연구, p.80.

6 야모리(矢守一彦), 1970, 조선의 도성과 읍성, 도시플랜의 연구,대명당, p.223.

7 이기백, 1974, 백제문화학술회의록, 백제문화 7-8집, 공주대학교백제문화연구소, p.283.

8 이병도, 1976, 위례고, 한국고대사 연구, 학생사, pp.482-497.

9 천관우, 1976, 삼국의 국가형성 (하), 한국학보 3, pp.134-143.

10 박관섭, 1981, 백제의 국도위치와 지형에 관한 연구, 일본지리학회 예고집 19.

11 사또우(佐藤興治), 1981, 조선고대의 산성, 일본성곽대계, 별권 1, pp.360-361.

12 차용걸, 1981, 위례성과 한성에 대해서,향토서울, p.39, pp.50-51.

13 김연학, 1981, 서울근교의 백제유적, 향토서울, p.39, pp.10-11.

14 김용국, 1983, 하남위례성고, 향토서울, p.41, pp.18-19.

15 성주탁, 1983, 한강유역백제초기성지연구, 백제연구 14, 충남대학교 백제연구소, pp.107-142.

16 다나카(田中俊明), 1989, 한국의 고대유적, 동호 (東湖)·전중중명 (田中俊明)편저, 중앙공론사, pp.45-47.

17 최몽룡, 1988, 몽촌토성과 하남위례성, 백제연구 19, 충남대학교 백제연구소, pp.5-12.

18 이병선, 1982, 한국고대 국명 지명 연구, 아세아문화사, pp.218-219.

19 『삼국사기』「백제본기」 聖王 16년(봄에 泗沘에 서울을 옮기고 국호를 南夫餘라 하였다.)

20 방동인, 1974, 풍납동토성의 역사지리적 검토, 백산학보, pp.16-67.

21 이병도, 1987, 한국고대사연구, p.505.

22 이도학, 1991, 백제 집권 국가 형성과정 연구, 한양대학교 박사학위논문, pp.160-166.

23 박해옥, 2001, 하남시의 고대도시 토지구획에 관한 시론, 하남의 역사와 문화, 국학자료원, pp.55-80.

24 카루베(輕部慈恩), 1969, 백제유적의 연구, 길천홍문관, pp.9-70.

25 후지시마(藤島亥治郎), 1976, 『韓의 건축문화』, 예초당, pp.79-84.

26 다카하시(高橋誠一), 1983, 고대조선의 도시, 등강겸이랑(藤岡謙二郞) 편, 강좌 고고지리학 제2권 고대도시, pp.227-229.

27 김영배, 1972, 백제왕궁지, 大川淸 編, 백제의 고고학, 雄山閣, pp.166-188.

28 성주탁, 1989, 동조(東潮)·전중중명(田中俊明) 저, 한국의 고대유적 2 백제·가야 편, 중앙공론사. pp.116-117.

29 성주탁은 토벽 또는 석벽이 보이지 않으므로 웅진도성에 나성이 존재하지 않는다고 한다.

30 한국의 고대 도시 경주와 일본의 고대 도시는 분묘를 도시 내부에 입지하는 경우가 있는 한편 중국의 고대 도시와 고구려·백제는 도성 밖에 분묘를 입지시켰다.

31 후지시마(藤島亥治郎), 1976, 앞의 책.

32 김영배, 1972, 앞의 책.

33 백제식 가람배치 양식은 남북 자오선을 중축으로 한 가람배치 양식을 말한다.

34 이마니시(今西龍), 백제사연구, 1970, 국서간행회, pp.284-326.

35 나카무라(中村春壽), 일한도시계획, 1978, 육흥출판, pp.66.

36 이노우에(井上秀雄), 조선의 도성, 上田正昭 편, 도성, 1976, 사회사상사, pp.297-301.

37 윤장섭, 1984, 한국의 건축사, 동명사, pp.74-77.

38 센다(千田稔), 도로와 토지구획의 계획 – 河內磯長谷의 고분배치의 문제와 관련하여, 환경문화, 51, p.1981, 51.

39 성주탁, 1983, 백제사비도성연구, 백제연구 13, pp.35-36.

40 센다(千田稔)선생이 상정하는 고려척 250척은 약 88m이지만, 필자는 고대 한국 고려척의 크기에 대한 연구를 참고로 하여 고려척 250척을 약 89m로 잡았다.

41 『삼국사기』에는 689년(신문왕 9) 현재의 대구인 달구벌로 천도하려다 실현되지 않았다는 기록이 나오는데, 이것이 신라에서 이루어진 유일한 천도 논의다.

42 이러한 도시의 예는 일본 에도 시대뿐만 아니라 중세 유럽 등에서도 흔한 것이다.

43 남천에 모래가 많아 사천(沙川)이라고도 한다.

44 백제의 수도인 공주와 부여가 공산성과 부소산성을 중심으로 평지의 도시로 이루어진 것, 고구려의 수도였던 평양성이 대동강의 절벽과 높은 언덕의 왕성(내성)과 평지의 외성으로 이루어진 것도 같은 맥락에서 이해할 수 있다.

참고문헌

김경대, 1997, 신라왕경 도시계획 원형탐색과 보존체계 설정, 서울대학교 박사학위논문.

김낙중, 1998, 신라월성의 성격과 변천에 관한 연구, 서울대학교 석사학위논문.

김덕현, 2001. 역사 도시 진주의 경관 해독, 문화역사지리 13(2).

김덕현·이한방·최원석, 2004, 경상도 읍치경관연구서설 – 읍치경관 조사 연구를 위한 방법적 탐구 –, 문화역사지리 16(2).

김병모, 1984, 도시계획, 역사도시 경주, 열화당.

김선범, 1999, 성곽의 도시원형적 해석: 조선시대 읍성을 중심으로, 한국도시지리학회지 2(2).

김창현, 2002, 고려 개경의 구조와 그 이념, 신서원.

김창호, 1985, 고신라의 도성제 문제, 신라왕경연구 – 신라문화제학술발표회논문집 제16집 –, 동국대 신라문화연구소.

김철수, 1984, 한국 성곽도시의 형성·발전과정과 공간구조에 관한 연구, 홍익대학교 박사학위논문.

권선정, 2003, 풍수의 사회적 구성에 기초한 경관 및 장소 해석, 교원대학교 박사학위논문.

권선정, 2004, 대덕의 풍수, 대덕문화원.

김한배, 1998, 우리 도시의 얼굴찾기 – 한국 도시의 경관변천과 정체성 연구, 태림문화사.

동양사학회 편, 2000, 역사와 도시, 서울대학교출판부.

문경현, 1995, 신라왕경고, 신라왕경연구, 신라문화제학술발표회논문집 제16집, 동국대 신라문화연구소.

민덕식, 1986, 신라왕경의 도시설계와 운영에 관한 고찰, 백산학보 33.

민덕식, 1989, 신라왕경의 도시계획에 관한 시고(상·하) – 제도성과의 비교연구를 중심으로 –, 사총 35·36

민덕식, 1990, 신라의 경주 월성고 – 신라왕경연구를 위한 일환으로 –, 동방학지 66, 연세대 국학연구원.

박방룡, 1976, 통일신라시대의 지방도시에 대한 연구, 백제연구 7, 충남대 백제연구소.

박방룡, 1985, 도성·성지-신라, 한국사론 15, 국사편찬위원회.

박방룡, 1996, 신라도성의 궁궐배치와 고도, 고고역사학지 11·12.

박성현, 2001, 신라「군현성」과 그 성격 - 6~8세기 한주를 중심으로 -, 서울대학교 석사학위논문.

박용숙, 1975, 신화체계에서 본 한국미술론, 일지사.

박용운, 1996, 고려시대 개경 연구, 일지사.

박재용, 1989, 풍수지리설의 사상적 배경과 도시 형성의 영향에 관한 연구, 한양대학교 대학원 석사학위논문.

박태우, 1987, 통일신라시대의 지방도시에 대한 연구, 백제문화 제18집.

성주탁 역주, 중국도성발달사, 학연문화사, 1993

성주탁, 1994, 한국의 고대도성, 동양 도시사 속의 서울, 서울시정개발연구원.

손정목, 1974, 풍수지리설이 도읍형성에 미친 영향, 단국대학교 석사학위논문.

손정목, 1990, 개항기 이전의 도시계획 개관, 일제강점기 도시계획연구, 일지사.

송준호, 1987, 조선사회사연구, 일조각.

신영훈, 1983, 한국의 살림집.

신영훈, 1984, 신라통일기의 옥사건축, 고고미술, 한국미술사학회(Ⅲ-15).

신창수, 1995, 중고기 왕경의 사찰과 도시계획, 신라왕경연구 - 신라문화제학술발표회논문집 제16집 -, 동국대 신라문화연구소.

심봉근, 1995, 한국남해연안성지의 고고학적 연구, 학연문화사.

심정보, 1995, 한국 읍성의 연구 - 충남지방을 중심으로-, 학연문화사.

여호규, 2001, 신라중대 도성의 공간구조와 국가의례, 한국의 도성; 도성조영의 전통 2001 서울학 심포지움, 서울학연구소.

예명해·신상화, 2000(a), 경주의 도시공간 구성원리에 관한 연구 - 고려시대 이후 경주 읍성의 건축과 도시전개를 중심으로, 국토계획 111.

예명해·신성화, 2000(b), 경주의 도시 공간 구성원리에 관한 연구 - 풍수에 의한 입지해석과 도시 개조를 중심으로, 국토계획 106.

오영훈, 1992, 신라왕경에 대한 고찰 - 성립과 발전을 중심으로 -, 경주사학 11, 경주사학회.

원영환, 1990, 조선시대 한성부 연구, 강원대출판부.

유재춘, 2003, 한국 중세축성사 연구, 경인문화사.

윤무병, 1972, 역사도시 경주의 보존에 대한 조사, 문화재의 과학적 보존에 관한 연구(I), 과학기술처.

윤무병, 1987, 신라왕경의 방제, 두계이병도박사구순기념한국사학론총, 지식산업사.

윤장섭, 1996, 한국의 건축, 서울대학교출판부.

윤정섭, 1987, 도시계획사개론, 문운당.

윤장섭, 1984, 한국의 건축사, 동명사.

윤정숙, 1990, 통일신라시대의 도시계획: 구주오소경을 중심으로(미간행), 한국문화역사지리학회 주관 「전통지리학연속강좌」발표문.

윤종주, 1985, 우리나라 고대인구에 관한 소고, 한국인구학회지 8(2).

이기동, 1984, 王京의 번영과 사회생활, 역사도시 경주, 열화당.

이기동, 1984, 신라 금입택고, 신라골품제사회와 화랑도, 일조각.

이기동, 1984, 신라골품제사회와 화랑도, 일조각.

이기봉, 2005, 전통시대 남양도호부의 중심지와 역사적 변화, 지리학논총 45

이기봉, 2007(a), 고대도시 경주의 탄생, 푸른역사.

이기봉, 2007(b), 지리학교실 – 강의를 통해 만난 주제와 해석, 논형.

이기봉, 2007(c), 조선시대 경상도 읍치 입지의 다양성과 전형성 – 고려말 이후 입지 경향의 변화를 중심으로, 한국지역지리학회지 13(3).

이기봉, 2007(d), 낙안읍성의 입지와 구조 그리고 경관 – 읍치에 구현된 조선적 권위 상징의 전형을 찾아서, 한국지역지리학회지 14(1).

이기봉, 2008, 조선의 도시, 권위와 상징의 공간, 새문사.

이기봉, 2009(a), 수도 한양의 조선적 국도숲 이해, 문화역사지리 21(1).

이기봉, 2009(b), 조선적 지방도시로서의 권위 표현과 읍치숲, 문화역사지리 21(3).

이기봉, 2009(c), 거제에서 한반도 도시 역사를 보다, 경남문화연구 30.

이기석, 1997, 한국 고대도시 조방(방리)제 연구에 대한 경향과 과제, 지리교육논집 38.

이도학 외, 1992, 신라화랑연구, 한국정신문화연구원.

이수건, 1984, 한국중세사회사연구, 일조각.

이수건, 1989, 조선시대 지방행정사, 민음사.

이수건, 1990, 영남사림파의 형성, 영남대학교출판부.

이수건, 1995, 영남학파의 형성과 전개, 일조각.

이수건, 2003, 한국의 성씨와 족보, 서울대학교출판부.

이용범, 1969, 삼국사기에 보이는 이슬람 상인의 무역품, 이홍식기념논총, 신구문호사.

이우성, 1991, 삼국유사소재 처용설화의 일분석, 김재원박사회갑기념논총, 1969 ; 한국중세사회연구, 일조각.

이우종, 1995, 중국과 우리 나라 도성의 계획원리 및 공간구조의 비교에 관한연구, 서울학연구 5.

이원근, 1985, 도성 – 통일신라 –, 한국사론 15, 국사편찬위원회.

이종욱, 1980, 신라상고시대의 육촌과 육부, 진단학보 49.

이종욱, 1984, 역사적 맥락, 역사도시 경주, 열화당.

이종욱, 1990, 신라하대의 골품제와 왕경인의 주거, 신라문화 7.

이종욱, 1998, 신라 '부체제설'에 대한 비판 – 하나의 새로운 신라사체계를 위하여 –, 한국사연구 101집.

이종욱, 1999, 신라상대의 왕경육부, 역사학보 161.

이종욱, 1999, 한국 고대사연구 100년: 과거–문제 – 비극과 희극의 세기를 넘어서며 –, 한국사연구 104.

이현군, 2004, 조선시대 한성부 도시구조, 서울대학교 박사학위논문.

임덕순, 1985, 서울의 수도기원과 발전과정, 지학논총 별호 1, 서울대학교 사회과학대학 지리학과.

장명수, 1994, 성곽발달과 도시계획 연구–전주부성을 중심으로–, 학연문화사.

장순용, 1977, 신라왕경의 도시계획에 관한 연구, 서울대학교 석사학위논문.

장지연, 1999, 여말선초 천도논의와 한양 및 개경의 도성계획, 서울대학교 석사학위논문.

장지연, 2000, 개경과 한양의 도서구성 비교, 서울학연구 15, 서울학연구소.

전덕재, 1996, 신라육부체제연구, 일조각.

전덕재, 2009, 신라 왕경의 역사, 새문사.

전종한, 2005, 성곽의 나라 '조선', 인문지리학의 시선, 논형.

주종원·하재명·박찬규, 1998, 도시구조론, 동명사.

최광식, 1995, 신라 상대 왕경의 제장, 신라왕경연구–신라문화제학술발표회논문집 16–, 동국대 신라문화연구소.

최병현, 1992, 신라고분연구, 일지사.

최상철 외, 1994, 동양 도시사 속의 서울, 서울시정개발연구원.

최원석, 2000, 영남지방의 비보, 고려대학교 박사학위논문.

최원석, 2004(b), 경상도 읍치 경관의 역사지리학적 복원에 관한 연구: 남해읍을 사례로, 문화역사지리 16(3), 19–44.

최원석, 2004, 한국의 풍수와 비보, 민속원.

최원석, 2005, "조선의 임수중 경상북도 고을숲(邑藪) 연구 – 풍수적 측면을 중심으로 –", 조선의 임수에 기재된 전통마을숲 고증답사 연구, 생명의숲국민운동, 부록 1–11.

최원석, 2007, 조선시대 지방도시의 풍수적 입지분석과 경관유형, 대한지리학회지 42(4).

최종석, 2004, 나말여초 성주·장군의 정치적 위상과 성, 한국사론 50(한영우선생정년기념호).

최종석, 2005(a), 고려시기 치소성의 분포와 공간적 특징, 역사교육 95.

최종석, 2005(b), 조선 초기 성화사의 입주와 치소, 동방학지 131.

최종석, 2007, 고려시대 '치소성' 연구, 서울대학교 박사학위논문.

최종석, 2008, 대몽항쟁·원간섭기 산성해도입보책의 시행과 치소성, 진단학보.

최창조, 1984, 한국의 풍수사상』민음사.

최창조 외, 1993, 풍수, 그 삶의 지리 생명의 지리, 푸른나무.

최창조, 1990, 좋은 땅이란 어디를 말함인가 - 한국 풍수사상의 이론과 실제, 도서출판 서해문집.
최창조, 1993, 한국의 풍수지리, 민음사.
한국고대사학회 편, 2007, 한국고대사연구 17, 서경문화사.
한국역사연구회, 2002, 고려의 황도 개경, 창작과비평사.
한국종교사연구회 편, 1998, 성황당과 성황제 - 순창 성황대신사적기 연구, 민속원.
한우근, 1992, 고대국가 성장과정에 있어서의 대복속민시책 - 기인제기원설에 대한 검토에 붙여서 -, 기인제연구, 일지사.
형기주, 1995, 도성계획종고: 한·중·일 비교연구사론, 지리학논총 12.
황의순, 2000, 읍 취락에 있어서 풍수의 영향 연구, 경기대학교 국제대학원 석사학위논문.

大川淸 편, 1972, 백제의 고고학, 웅산각.
中村春壽, 1978, 일한도시계획, 대흥출판.
村山智順, 1931, 조선의 풍수, 조선총독부.
坂元義種, 1978, 백제사의 연구, 고서방.
東潮·田中俊明, 1989, 한국의 고대유적, 중앙공론사.
楊寬, 1987, 중국도성의 기원과 발전, 학생사.
今西龍遺, 1970, 백제사연구, 국서간행회.
田中俊明) 1992, 新羅における王京の成立, 朝鮮史硏究會論文集 30.
田中俊明, 1995, 新羅中代における王京と寺院, 新羅王京硏究 - 신라문화제학술발표회논문집 16 -, 동국대 신라문화연구소.
龜田博, 2000, 일한고대궁도의 연구, 학생사.
輕部慈恩, 1969, 백제유적의 연구, 吉川弘文館.
藤岡謙二郞 편, 1987, 지형도에서 역사를 읽다, 대명당.
藤島亥治郞, 1930, 朝鮮建築史論 其一·二.
藤田元春, 1930, 尺度綜考, 東京: 臨川書店.

집필진

홍금수

고려대학교 사범대학 지리교육과 졸업

미국 루이지애나주립대학교 대학원 지리·인류학과 박사

고려대학교 사범대학 지리교육과 교수

<u>대표논문 및 저서</u> "역사지리의 파국적 단절과 미완의 회복"(2009), "경관과 기억에 투영된 지역의 심층적 이해와 해석"(2009), 『전라북도 연해지역의 간척과 경관변화』(2008, 국립민속박물관), 『인간과 자연』(2008, 한길사)

이전

서울대학교 사회과학대학 지리학과 졸업

미국 루이지애나주립대학교 대학원 지리·인류학과 박사

경상대학교 사범대학 지리교육과 교수

<u>대표논문 및 저서</u> "통일신라의 '三韓一統意識' 이념에서 말하는 三韓에 대한 해석상의 문제"(2009), "만주 땅의 역사에 대한 한중의 시각 차이: 문제를 진단하고 대응 방안을 논의하기"(2007), "남해군 연안에 설치된 고정 어구의 유형과 기능에 관한 연구"(2007), 『인류학의 이해』(2008, 경상대출판부), 『고조선과 고구려: 과연 우리 한민족의 역사인가』(2005, 경상대출판부), 『우리는 단군의 자손인가』(1999, 한울)

김기혁

서울대학교 사회과학대학 지리학과 졸업

서울대학교 대학원 지리학과 박사

부산대학교 사범대학 지리교육과 교수

대표논문 및 저서 "조선 – 일제강점기 울릉도 지명의 생성과 변화"(2006), "우리나라 도서관·박물관 소장 고지도의 유형 및 관리 실태 연구"(2006), 『부산고지도』(2008, 부산광역시), 『고지도에 나타난 조선후기 朝·淸·露 국경연구』(2005, 연구보고서)

김덕현

서울대학교 사회과학대학 지리학과 졸업

서울대학교 대학원 지리학과 박사

경상대학교 사범대학 지리교육과 교수

대표논문 및 저서 "진주의 대나무 임수와 풍수설화 – 풍수와 유교이데올로기의 기호로서 문화경관 독해"(2010), "儒敎的 可居地 '내앞'의 경관독해"(2003), 『전통명승 洞天九曲 학술조사』(2006~2008, 문화재청), 『장소와 장소상실』(2005, 역서, 논형)

오상학

서울대학교 사회과학대학 지리학과 졸업

서울대학교 대학원 지리학과 박사

제주대학교 사범대학 지리교육과 교수

대표논문 및 저서 『조선시대 세계지도와 세계인식』(2011, 창비), 『옛 삶터의 모습 고지도』(2005, 통천문화사), 『조선시대 간척지 개발』(공저, 2004, 서울대출판부)

양보경

성신여자대학교 사회과학대학 지리학과 졸업

서울대학교 대학원 지리학과 박사

성신여자대학교 사회과학대학 지리학과 교수

대표논문 및 저서 "반계 유형원의 지리사상(1992), "조선시대 읍지의 성격과 지리적 인식에 관한 연구"(1987), 『일제 강점기 울릉도 주민의 토지 이용에 관한 연구』(공저, 2009, 한국해양수산개발원), 『서울의 옛 지도』(공저, 1995, 서울시립대학교 서울학연구소)

정치영

고려대학교 사범대학 지리교육과 졸업

고려대학교 대학원 지리학과 박사

한국학중앙연구원 한국학대학원 교수

<u>대표논문 및 저서</u> "조선시대 씨족집단의 이주: 선산김씨를 사례로"(2009), "조선후기 인구의 지역별 특성"(2005), 『지리산지 농업과 촌락 연구』(2006, 고려대학교 민족문화연구원), 『백두산 : 현재와 미래를 말한다』(공저, 2010, 한국학중앙연구원)

이준선

서울대학교 사범대학 지리교육과 졸업

프랑스 파리 소르본(제4)대학교 대학원 지리학과 박사

관동대학교 사범대학 지리교육과 교수

<u>대표논문 및 저서</u> "영동지역 읍치의 입지와 경관"(2010), "칠중성과 고랑포의 역사지리적 고찰"(2005), "한국 수전농업의 지역적 전개과정"(1989), "고대 남양지역의 중심취락에 관한 연구"(1979), 『Le village clanique en Coree du Sud』(1992, College de France)

전종한

한국교원대학교 제2대학 지리교육과 졸업

한국교원대학교 대학원 교육학 박사

경인교육대학교 사회과교육과 교수

<u>대표논문 및 저서</u> 『충남지역 마을 연구』(공저, 2011, 민속원), 『지명의 지리학』(공저, 2008, 푸른길), 『지방사 연구 입문』(공저, 2008, 민속원), 『인문지리학의 시선』(공저, 2005, 논형), 『종족집단의 경관과 장소』(2005, 논형)

박해옥

건국대학교 문리대학 지리학과 졸업

일본 나라여자대학교 대학원 지리학과 박사

관동대학교 사범대학 지리교육과 교수

대표논문 및 저서 "백제와 아스카의 도성경관비교"(1997), "한성의 위치"(1994), "백제도성에 관한 역사지리학적 연구"(1994), "백제사비도성 토지구획 시론"(1992), "백제도성플랜에 관한 소고"(1990), 『부산의 도시플랜변천』(2004, 국제일본문화연구센터), 『하남시의 고대도시토지구획에 관한 시론』(2001, 국학자료원)

이기봉

서울대학교 사회과학대학 지리학과 졸업

서울대학교 대학원 지리학과 박사

국립중앙도서관 고서전문원

대표논문 및 저서 『조선의 지도 천재들』(2011, 새문사), 『근대를 들어올린 거인, 김정호』(2011, 새문사), 『고지도를 통해 본 서울지명연구』(국립중앙도서관, 2010), 『평민 김정호의 꿈』(2010, 새문사), 『조선의 도시, 권위와 상징의 공간』(2008, 새문사), 『고대도시 경주의 탄생』(2007, 푸른역사), 『지리학교실』(2007, 논형)

색인

ㄱ

5도 양계	158
6부	496
6촌	496
가거지	316, 318, 319
가람 배치	488
가족계획 사업	356
가탐	241
가호안	50, 69, 70
간전	369, 397, 403
간척 촌락	460, 461, 463, 464
감통	192, 195, 218
갑오개혁	172
갑주	160
강감찬	521
강거	319
강계고	167, 308, 311, 329
강제 이동	369, 370
강희안	246
개성	514, 515
개원봉황성	162
객사	251, 277
거란족	126, 128, 131, 136, 141
거리 조락의 원리	95
거제	548
건파	309, 391
견내지	387
견훤	512
결절지역	33, 34, 36
경계	152
경관 생산 단계	458
경관사	25
경복궁	534
경상도지리지	295, 295
경원배태론	161
경위	509
경주읍성	546
계거	210, 319
고공기	518, 534
고구려	109, 121, 123, 125, 135
고구려족	123, 128, 131, 134
고려	108, 124, 133, 134, 137
고려척	484
고문서	50, 60, 61
고조선	108, 112, 118, 137
고지도	50, 54, 56
곡류하도	418
곤여도설	258
곤여만국전도	234, 245, 258
곤여전도	258, 259
골품제	510
공간	20, 31, 34, 38, 46
공간 분석	38, 41, 44, 86, 95
공주	161
과밀 지역	359
과정 비결정성	85
관념론	44, 45
관동지도	242
관방지도	231, 245, 279, 280
관찬지리지	292, 293
관청	277, 284
광여도	241
광역 주기	29
광화문	540

광희문	536	기법	25, 43, 54, 87, 93
교구대장	341	기술 통계	93
교주강릉도	159	기인제	524
구곡	198, 209	기자	114, 115
구식 호적	342	기자조선	108, 112, 114, 116, 118
구조	26, 29, 33, 43, 46	기죽도	167
구조주의	43, 46, 48	기초 사회	436
구조화 이론	47	기초 지역	436, 445
국가통계포털	347, 348	기측체의	308, 325
국도풍수	520	기화	323, 325, 326
국민 의식	105, 106	김수홍	230, 251
국세 조사	347	김정호	231
국수주의	139, 140		
국역풍수	205		
국제 이동	354, 373, 374, 376	ㄴ	
군수리사지	494	나선정벌	165
군자남면	185	나성	518
군현제	306, 308, 310	나지	427
궁남지	493, 494	나침반	239, 284
궁방전	449, 461	나홍선	241
궁예	512	낙안읍성	545
권문세족 사회	523	남경	158, 520
규형	239	남부여	489
그리스-기독교 문화	185, 187	남북국 시대	134, 142
근린 효과	95	남북 중심선	490, 493
금관소경	157	남산	541
금산	201	남산토성	498
금석문	53	남외	478, 480, 481
금성	495, 497	남원소경	157
금송완의	201	남정	343, 346
금입택	505	남한산성	477, 478
기계론적 자연관	188, 189	낭만주의자	189
기능지역	33	내맥	200, 212
기묘장적	344	냉해	400

널문리	480, 481	도참설	202, 203
네르친스크	164	돈의문	536
네트워크	439	돌무지 덧널무덤	502
노전	418	동경	158
녹비	386	동계	441, 449, 451, 452
농사직설	391	동고산성	513
누르하치	162	동국대전도	265
누적 횡단면법	79, 81, 82	동국문헌비고	300, 308, 313, 315, 316
		동국산수록 → 택리지	316
		동국여지승람	198, 207, 293, 297, 303
ㄷ		동국여지지도	230, 237, 246, 247, 251
단군신화	115, 118	동국이상국집	121, 122, 135
단군조선	108, 110, 113, 118	동국지도	260, 263, 268
단기	28, 29, 32	동국지리지	306, 307, 329
달구벌	529	동국지리해 → 택리지	316
달성	529	동국총화록 → 택리지	316
답사	77, 87	동남리사지	494
당빌	273	동람도	236, 262
대도	520	동모산	155
대동수경	320, 321, 322	동문지	490
대동여지도	55, 201, 218, 269, 271	동성동본	550
대동지지	273, 293, 303, 305	동아시아 자연관	186, 191, 196, 199, 217
대제	485	동악소관 → 택리지	316
대조영	134	동양척식주식회사	405
대통사	488	동여도지	273, 302, 304, 305, 308
대한강역고	331	동예	105
도·맥이모작	397, 398, 425, 429	동이	109, 116, 120, 123, 141
도교 사상	494	동이전	495
도당산토성	498	동족 마을	550
도래인	370	동중서	194
도성	474, 477, 480, 483, 484	동천	198, 209, 218
도성조축도감	541	동천구곡	211
도식적 우주론	193	동헌	277
도참	202, 204	동환록	329, 330, 331

두둑	400	미고지	481, 482, 490
등결과성	85	미지형	484
등과정성	85	민적통계표	346
등질지역	33	민족	102, 105
		민족의식	103, 105, 112
		민족주의	103, 140
ㄹ		민찬지리지	293
랴오닝 성	155	민호	344, 372
		밀성	529

ㅁ		**ㅂ**	
마전	387, 388	박종지→택리지	316
마진	512	반격송	257
마한	105, 109, 112, 126, 129	반경	397
만국전도	231, 233, 237	발해	105, 118, 124, 134, 142
만월대	514	방격법	241, 242
만월성	499	방리제	499
말갈족	112, 126, 128, 131, 134	방법론	20, 25, 33, 37, 43
면리제	446, 447, 450	방위촌	447
명활산토성	498	방장선산	489
모촌	451, 452, 453	방축촌	482, 483
목극등	165	배달족	141
목적론	188	배산 구조	185
몽고족	141	배수	240, 241, 245
몽촌토성	477, 478	백두대간	201, 212, 215
묘청	520	백리척	243, 244, 264, 267
무녕왕릉	487	백산	199, 215
무신정권	522	백전	385
무이구곡	198, 210	백제	105, 122, 126, 130, 142
무진독도성	513	백제 도성	475, 484, 488
문묘	213, 548	번답	399, 400, 416, 424, 427
문벌귀족 사회	523	번전	399
문필봉	215	법흥왕	503
문화 공간	436		

베이징 조약	165	사망력	353, 354, 356
벽골제	385, 390	사민필지	332, 333
벽란도	521	사부법	62
변경	152	사비도성	475, 486, 488, 490, 492
변동 시점	248, 249	사비도성 토지 구획	488, 490
변한	105, 112, 129, 132, 137	사적 유물론	46
복합단면법	83, 84, 85, 86	사직	213, 502, 535
본답	398	사직단	548
봉금 정책	373	사진	43, 24, 44, 53, 82
봉천	162	사찬지리지	292, 293
부상	257	사천미	503
부소산	490, 494	사회 공간	436, 438, 466, 468
부여어군	112, 113	사회적 과정	458, 459, 465, 468
북극고도	240	산경	201, 212
북악산	541	산경표	201
북원소경	157	산미증식계획	405, 421
분재기	439	산사	229, 238, 239
분촌	451, 452, 453	산성방어론	544
분황사	503	산수고	201, 303, 311, 314, 321
불·이·흥업주식회사	405	산전	426
불역전	386	산천비보도감	203
불이흥업주식회사	405	산촌	444, 446, 460, 464, 468
비덕	196	산촌 경관	463, 464, 465, 468
비보	200, 203, 213, 214	산해경	257
비보사탑설	203	삼국사기	109, 121, 132
비보풍수	548	삼국유사	108, 110, 118, 122, 135
비흥	196	삼국지	109, 123, 129, 495
		삼랑사	504
		삼천기	503
ㅅ		삼한	129, 133, 137
사건	22, 24, 44, 53, 82	삼한일통의식	112, 129, 130
사로국	495	상경용천부	498, 500
사료	27, 39, 41, 43, 50	상경전	386
사망	339, 341, 345, 346	상계	441

상생	193, 194, 213	소의문	536
상승	184, 193	소중화	256, 257
상주인구	348	소지역 주기	30
상지관	229	소촌	444, 446, 464, 467, 468
상황	23, 25, 26, 28, 41	속현	524
생기	195, 197, 201, 210, 214	송계	441
생의	197, 207, 210	송도(松島)	167
생태적 정착 단계	458	송산리고분	487
생활 공간	443, 445, 448, 466	송악산	514, 516
생활 양식	464	송화강	154
서경	158, 520	수기 공간	198
서계잡록	169	수선전도	275
서구적 자연관	181, 185, 187, 190, 217	수파	390, 391
서당계	441	숙정문	536
서문지	487, 493	순수 형상	188
서북피아양계만리일람지도	280	순위-규모 법칙	91, 92
서세동점	200, 217	순위-규모 분포	91, 92
서원소경	157	순행법	82
석도	174	숭례문	536
선농단	502	승지	371
선덕여왕	504	시간	27, 30, 68, 79, 82
선비족	126, 131, 136	시간지리학	35
성교광피도	255	시공수렴	34
성찰법	80	시공압축	34
성호사설	169, 201	시대 구분	30, 31, 33
성황	200, 213	시비법	386, 389, 397
성황사	548	시원 지각	31
세계 지각	31	신경준	230, 242, 268, 308, 311
세계관	180, 192, 205, 211, 217	신도궁궐도조성도감	533
세종실록지리지	108, 293, 294, 295, 392	신도안	532
센서스	340, 347, 348, 365, 375	신라	105, 112, 126, 130, 134
소경	157	신라 촌락 문서	386, 395, 439, 443, 448
소밀 지역	359	신라민정문서	341
소우주	181, 184	신문	50, 73

신선 사상	257, 258	여단	213, 548
신숙주	295	여도비지	273, 302, 303, 308
신식 호적	376	여재촬요	332
신증동국여지승람	261, 272, 293, 298, 303	여지	292, 293
신찬팔도지리지	294, 295	여지도	230, 268
실결	403	여지도서	298, 401, 403, 404
실재론	43, 46, 47	여지지	306
실제 세계	38, 39, 41	여진족	112, 134, 142
실증주의	32, 43, 44, 45, 47	역사 경관	25, 38, 39, 50, 80
심상 지도	42	역사 GIS	90, 91
심성수양	196	역사적 변화	438
심양	162	역사적 심상	45
		역사적 전환	22
		역사주의	44
		역사지리학	20, 23, 24, 26, 38

ㅇ

아도기라	503	역성혁명	531
아메리카 원주민	107	역추적법	94
아메리칸 인디언	106	역행법	80, 82
아방강역고	320, 329, 330	연기비보설	195
아스카	486	연속적 횡단면법	81
아시아인	107	연평균 인구 증가율	350, 354, 356
아이훈 조약	165	영묘사	504
아차산성	520	영역성 재생산 단계	458
아프리카인	107	영환지략	328
안용복	168	영흥사	503
안의	547	옆트기식돌방무덤	502
알 이드리시	255	오덕종시설	194
양광도	170	오리엔탈리즘	48
양동마을	550	오상(五常)	194, 215
양묘	398	오스트랄로이드	106
양성지	228, 234, 236, 260, 264	오행	186, 193, 195
양안	50, 66, 68, 439, 461	오호십육국	126, 127
언전	391, 392	옥시덴탈리즘	48
엔닌	506	옥저	105, 124

왕건	132, 137, 142, 512	육체론	240, 241
외암민속마을	550	윤두서	230, 237, 246
외위	509	윤영	231, 263
요계관방지도	245, 280	윤정기	308, 329, 330
요산요수	196, 209, 210	음양오행설	184, 193, 206, 211
용궁	503	음택 풍수	205
우산국	167	읍성방어론	544
운세설	202	읍지	55, 62, 292, 297, 317
울도군	174	읍치	209, 211, 212, 214
울릉도사적	168	응제시주	108
웅진도성	475, 486, 488	이동률	375
원근법	189, 190	이모작	398, 410
원시적 이동	369	이방원	531
원형적 지리 인식	181, 183	이상향	210
월남민	375	이성계	531
월단	502	이성산	477, 478, 480, 484, 486
월성	497	이수광	306, 307
위례성	475, 477, 478, 483	이앙법	389, 390, 397, 435, 429
위만조선	108, 112, 118, 123, 135	이이명	235, 242, 245
위백규	231	이중환	308, 316, 318
위서동이전	109, 123, 144	이징	246
유교적 현세주의	213	이촌향도	410
유금필	137, 138	이회	261
유농형	401	인(仁)	196, 207, 218
유대인	104, 107	인간생태학	25
유물	24, 50, 52, 79, 80	인간-자연 이원론	189
유비(類比)	181, 204	인간-환경 관계	22, 38
유아 사망률	346	인걸지령	207
유입 원인	369	인공위성 사진	484
유적	24, 50, 59, 78, 81	인구 구조	338, 343
유조변	163	인구 밀도	355, 359, 360, 362, 363
유출 원인	369	인구 변천	339, 353, 355, 356, 339
유형 명	215	인구 변천 이론	339, 353, 355, 356, 357
유형원	293, 306, 308	인구 이동	338, 358, 369, 370, 374

인구 조사	340, 342, 345, 346, 350	전라도무장현도	276, 277
인구 증가율	350, 351, 352, 354, 356	전원 풍경	467
인구센서스	347, 348	전조후시	518, 539
인구주택국세조사	347	전주	513
인구지리학	338, 359, 366	전주읍성	546
인본주의	32, 44, 46	전품	386
인왕산	541	절대주의	190
인의예지신	194	절수지	418
인지의	239, 264	점거계열법	83
인지지락	196, 210	접근 방법	23, 25, 27, 43
일단	502	정당화	185, 188, 211
일본여도	230, 237	정도전	161
임원경제지	391	정림사	490, 494
입당구법순례행기	506	정림사 5층석탑	490, 493, 494
		정상기	244, 263, 264
		정수영	247
ㅈ		정약용	308, 320
자금성	502	정척	260, 264
자연 이데올로기	188	정철조	231, 247, 268
자연관	180, 183, 185, 187, 191	정태적 횡단면 비교법	81
자연화	185, 212	정호	196, 197
자유 이동	369, 370	정후조	231, 268
장기	28, 51, 94	제언	481, 483
장소	22, 31, 38, 41, 83	제왕운기	108, 135
장안	498, 500	조리제	499
장청	277, 275	조사망률	353, 354
장토	418	조선	108, 112, 119
장한상	168	조선고적도보	78
재역전	386	조선광문회	317
재이	193	조선방역지도	261, 264
재이설	194, 202	조선팔도고금총람도	230, 251
전광도	170	조출생률	353
전국지리지	292, 294, 297, 302, 332	족보	49, 50, 71, 72, 441
전답	395	종단면법	27, 79, 81, 82, 85

종묘	502, 535	지기쇠왕설	520
종문개장	341	지단	502
종법 질서	454, 455	지덕	203, 204
종족 마을	440, 452, 454, 456, 458	지도	22, 34, 54
종족 집단	439, 452, 454, 456, 458	지도표	271
좌묘우사	213, 518, 535	지리쇠왕설	195, 203, 204
주돈이	196	지리역사학	22, 25, 82
주례	518, 534	지리역사학적 사회과학	22, 23
주몽설화	121, 122	지리적 전환	22
주민 등록	348, 375	지리정보체계	90, 91
주사본	241	지리지	290, 291
주산	203, 212	지명	39, 50, 75
주자	197, 198, 210	지봉유설	306, 307
주작대로	514, 538	지역	27, 31, 36
주제	25, 26, 37, 41, 87	지역 구분	33, 34
주제도	54, 89, 90	지역 연구	22, 38
주현	524	지역 주기	29, 30
준왕	116	지역 지각	31
준호구	342, 343	지역적 맥락	438
중국원류설	259	지역촌	446, 451
중기	28, 32	지적도	439, 440, 441
중도	493	지지(地志)	291, 324
중심지 이론	95	지지(地誌)	291, 297, 319
중원소경	157	지형도	475, 476
중화관	254, 256, 259	직방 세계	257, 258
증보문헌비고	300	직방씨	228
증점	197, 210	직방외기	258
증점지락	197, 210	직파법	389, 390, 398
지각적 세계	41	진성여왕	512
지구과학	38	진수	495
지구설	255, 259	진유승람 → 택리지	316
지구전요	308, 323, 324, 326, 328	진주성	529
지구전후도	233, 273, 323, 324	진한	105, 112, 130
지기감응	203, 205, 207	진화론적 방법	439

진흥왕	503	촌락성	436
질청	277	촌성	446
집촌	446, 448, 449, 463, 464	총인구조사	345, 354, 357
집촌화	446, 448, 449	최영	521
징병	340, 342, 375	최의	522
징용	375	최충헌	522
		최치원	131, 133
		최한기	233, 241, 273
		추론 통계	93
ㅊ		추상적 세계	39, 41
착정	400, 401, 416, 427	추화	529
참위신학	195	춘궁리	477, 478, 481, 483, 484
창덕궁	538	출산력	353, 354, 356
창의문	536	출산붐	356
창조적 파괴	30	출생	339, 341, 345, 346
천견	193	치소	200, 202, 205, 212
천경림	503	칠처가람지허	503
천단	502		
천방	390, 416		
천산	199		
천원지방	238, 256, 259	**ㅌ**	
천인감응	192, 205, 215	타랑산	541
천인동구	192	태봉	512
천인우주론	193, 194	택리지	212, 218, 316, 395, 426
천인합일	186, 196, 209, 217	토성 분정	454, 458
천지도	253, 254	토지 대장	439, 441
천-지-인	194	토지조사사업	409
천하고금대총편람도	230	톨레미	255
철원	513	통일신라	111, 129, 136
청구도	231, 241, 242, 269, 270	퇴행적 방법	439
청화산인팔역지 → 택리지	316	특수도	54
체계	36, 42	팔도분도	264, 267
촉발 요인	30	팔도지리지	294
촌계	441, 449	팔역가거지 → 택리지	316
촌락민	436, 438, 441, 443, 444	팔역기문 → 택리지	316

팔역지 → 택리지	316	해동읍지	298, 299
패턴 비결정성	85	해동제국기	235, 295
페미니즘	47, 49	해동팔도봉화산악지도	251, 252
편호	343, 346	해석학	44, 45
평균 기대 수명	356	해외 동포	376
평양도	245, 246	해외 이주법	376
평환법	242	해좌전도	231, 269
포스트모더니즘	47	해택	391
포스트이즘	43, 47	행태주의	44, 45
표상화	153	향안	441
풍경화	190, 218	향약집성방	424
풍납동토성	477, 478	향청	277
풍수	514, 515, 520, 532	헤이안쿄	498, 500
피세지	371	헤이조쿄	498, 500
		혁거세거서간	495
		현상학	44, 45, 47
ㅎ		형가승람 → 택리지	316
하동	548	혜화문	536
하백원	231	호구 조사	341, 342, 345, 347, 350
하회마을	542, 543, 550	호구단자	342, 343, 439
한민족	102, 112, 128, 135, 139	호구총수	76, 344, 350, 359
한백겸	306, 315, 329	호적 대장	50, 63, 64, 66, 342, 343
한성	475, 477, 478, 480, 483	호적중초	342, 343
한성부	541	호족 사회	523
한성의 위치	475, 478, 483	혼일강리도	255
한양	533	혼일강리역대국도지도	200, 229, 235, 256, 260
한어군	112, 113	홍무예제	549
함경도지도	242	화경수누	386
항공 사진	475, 481, 484, 489, 491	화복론	207
해거	319	화원	229, 246
해국도지	328	화이	162
해내화이도	241	화이관	254, 256, 259
해동여지통재	298	화전	445
해동역사속	329, 331	확산 모델	95, 96

환영지	231
환인	110
황도	520
황룡사	503
황성	520
황여전람도	165
황엽	231, 263
황윤석	237, 247
회덕현	546
횡단면법	27, 79, 80, 82, 439
후고구려	512
후금	162
후기구조주의	48
후기식민주의	38, 48, 49
후백제	512
후삼국	132, 137, 142
후지와라쿄	498, 500
훈요십조	203
휴머니즘	43
휴한 농법	386, 449
흥륜사	503
흥인지문	536
희박 지역	359
희소 지역	359, 367

한국역사지리
The Korean Historical Geography

과거의 지리를 복원하다…